Lambacher Schweizer
Mathematik für Gymnasien

Leistungsfach

Rheinland-Pfalz

Lösungen

erarbeitet von

Dieter Brandt
Hans Freudigmann
Dieter Greulich
Wolfgang Riemer

Ernst Klett Verlag
Stuttgart · Leipzig

Inhaltsverzeichnis

I Folgen und Grenzwerte	1 Folgen	L1
	2 Eigenschaften von Folgen	L2
	3 Grenzwert einer Folge	L3
	4 Grenzwertsätze	L5
	5 Grenzwerte von Funktionen	L7
	Wiederholen – Vertiefen – Vernetzen	L9
II Ableitung	1 Funktionen	L14
	2 Mittlere Änderungsrate – Differenzenquotient	L15
	3 Momentane Änderungsrate – Ableitung	L17
	4 Ableitung berechnen	L18
	5 Die Ableitungsfunktion	L19
	6 Ableitungsregeln	L20
	7 Stetigkeit und Differenzierbarkeit von Funktionen	L21
	Wiederholen – Vertiefen – Vernetzen	L22
III Extrem- und Wendepunkte	1 Nullstellen	L24
	2 Monotonie	L26
	3 Hoch- und Tiefpunkte, erstes Kriterium	L28
	4 Die Bedeutung der zweiten Ableitung	L30
	5 Hoch- und Tiefpunkte, zweites Kriterium	L32
	6 Kriterien für Wendepunkte	L36
	7 Extremwerte – lokal und global	L39
	Wiederholen – Vertiefen – Vernetzen	L41
IV Untersuchung ganzrationaler Funktionen	1 Ganzrationale Funktionen – Linearfaktorzerlegung	L45
	2 Ganzrationale Funktionen und ihr Verhalten für $x \to +\infty$ bzw. $x \to -\infty$	L46
	3 Symmetrie, Skizzieren von Graphen	L46
	4 Beispiel einer vollständigen Funktionsuntersuchung	L48
	5 Probleme lösen im Umfeld der Tangente	L55
	6 Mathematische Begriffe in Sachzusammenhängen	L57
	7 Extremwertprobleme mit Nebenbedingungen	L58
	8 Näherungsweise Berechnung von Nullstellen	L60
	Wiederholen – Vertiefen – Vernetzen	L61
V Alte und neue Funktionen und ihre Ableitungen	1 Trigonometrische Funktionen – Bogenmaß	L68
	2 Die Ableitung der Sinus- und Kosinusfunktion	L69
	3 Neue Funktionen aus alten Funktionen: Produkt, Quotient, Verkettung	L70
	4 Kettenregel	L73
	5 Produktregel	L75

		6 Quotientenregel	L77
		7 Die natürliche Exponentialfunktion und ihre Ableitung	L78
		8 Exponentialgleichungen und natürlicher Logarithmus	L82
		9 Logarithmusfunktion und Umkehrfunktionen	L83
		Wiederholen – Vertiefen – Vernetzen	L86
VI	Integral	1 Rekonstruieren einer Größe	L88
		2 Das Integral	L89
		3 Der Hauptsatz der Differential- und Integralrechnung	L91
		4 Bestimmung von Stammfunktionen	L93
		5 Integralfunktionen	L95
		6 Integral und Flächeninhalt	L96
		7 Unbegrenzte Flächen – Uneigentliche Integrale	L98
		8 Mittelwerte von Funktionen	L99
		9 Integration von Produkten – partielle Integration	L101
		10 Integration durch Substitution	L103
		11 Numerische Integration	L105
		12 Integral und Rauminhalt	L106
		Wiederholen – Vertiefen – Vernetzen	L108
VII	Gebrochenrationale Funktionen	1 Definition von gebrochenrationalen Funktionen	L112
		2 Nullstellen, Verhalten in der Umgebung von Definitionslücken	L113
		3 Verhalten für $x \to \pm\infty$, Näherungsfunktionen	L115
		4 Skizzieren von Graphen	L120
		5 Beispiele von vollständigen Funktionsuntersuchungen	L123
		Wiederholen – Vertiefen – Vernetzen	L129
VIII	Modellieren mit der Exponentialfunktion	1 Exponentielles Wachstum modellieren	L135
		2 Begrenztes Wachstum	L138
		3 Differentialgleichungen bei Wachstum	L140
		4 Logistisches Wachstum	L144
		Wiederholen – Vertiefen – Vernetzen	L147
IX	Lineare Gleichungssysteme	1 Das Gauß-Verfahren	L149
		2 Lösungsmengen linearer Gleichungssysteme	L149
		3 Bestimmung ganzrationaler Funktionen	L150
		4 Die Struktur der Lösungsmenge linearer Gleichungssyteme	L153
		Wiederholen – Vertiefen – Vernetzen	L154
X	Vektoren	1 Punkte im Raum	L157
		2 Vektoren	L157

	3 Rechnen mit Vektoren	L159
	4 Geraden	L161
	5 Gegenseitige Lage von Geraden	L162
	6 Längen messen – Einheitsvektoren	L163
	7 Vektorräume	L165
	8 Lineare Unabhängigkeit	L167
	9 Basis und Dimension	L168
	Wiederholen – Vertiefen – Vernetzen	L168
XI Ebenen	1 Ebenen im Raum – Parameterform	L171
	2 Zueinander orthogonale Vektoren – Skalarprodukt	L173
	3 Normalengleichung und Koordinatengleichung einer Ebene	L174
	4 Lagen von Ebenen erkennen und Ebenen zeichnen	L175
	5 Gegenseitige Lage von Ebenen und Geraden	L178
	6 Gegenseitige Lage von Ebenen	L179
	7 Beweise zur Parallelität und Orthogonalität	L180
	8 Vektorielle Beweise zu Teilverhältnissen	L186
	Wiederholen – Vertiefen – Vernetzen	L189
XII Geometrische Probleme lösen	1 Abstand eines Punktes von einer Ebene	L196
	2 Die Hesse'sche Normalenform	L197
	3 Abstand eines Punktes von einer Geraden	L198
	4 Abstand windschiefer Geraden	L199
	5 Winkel zwischen Vektoren – Skalarprodukt	L200
	6 Schnittwinkel	L201
	7 Das Vektorprodukt	L203
	8 Gleichungen von Kreis und Kugel	L204
	9 Kugeln, Ebenen, Geraden	L206
	Wiederholen – Vertiefen – Vernetzen	L208
	Exkursion: Vektoris3D	L211
XIII Matrizen	1 Beschreibung von einstufigen Prozessen durch Matrizen	L213
	2 Rechnen mit Matrizen	L213
	3 Zweistufige Prozesse – Matrizenmultiplikation	L215
	4 Inverse Matrizen	L215
	5 Stochastische Prozesse	L217
	6 Populationsentwicklungen – Zyklisches Verhalten	L220
	Wiederholen – Vertiefen – Vernetzen	L222
XIV Affine Abbildungen	1 Geometrische Abbildungen	L226
	2 Darstellung von Abbildungen mit Matrizen	L229

		3 Spezielle Abbildungen – Drehung und Spiegelung in der Ebene	L232
		4 Spezielle Abbildungen – Parallelprojektion vom Raum in eine Ebene	L235
		5 Verkettung von Abbildungen – Matrizenmultiplikation	L236
		6 Inverse Matrizen – Umkehrabbildungen	L238
		7 Eigenwerte und Eigenvektoren	L240
		Wiederholen – Vertiefen – Vernetzen	L244
XV	Wahrscheinlichkeit	1 Wahrscheinlichkeiten und Ereignisse	L248
		2 Berechnen von Wahrscheinlichkeiten mit Abzählverfahren	L250
		3 Simulationen von Zufallsexperimenten	L251
		4 Wahrscheinlichkeiten bestimmen durch Simulation	L254
		5 Gegenereignis – Vereinigung – Schnitt	L256
		6 Additionssatz	L257
		7 Bedingte Wahrscheinlichkeit – Unabhängigkeit	L258
		8 Regel von Bayes	L260
		9 Daten darstellen und auswerten	L262
		10 Erwartungswert und Standardabweichung bei Zufallswerten	L264
		Wiederholen – Vertiefen – Vernetzen	L267
XVI	Binomialverteilung und Normalverteilung	1 Bernoulli-Experimente und Binomialverteilung	L274
		2 Wahrscheinlichkeiten berechnen mit der Binomialverteilung	L276
		3 Arbeiten mit den Tabellen der Binomialverteilung	L281
		4 Problemlösen mit der Binomialverteilung	L281
		5 Erwartungswert und Standardabweichung – Sigma-Regel	L283
		6 Zweiseitiger Signifikanztest	L284
		7 Einseitiger Signifikanztest	L288
		8 Fehler beim Testen von Binomialverteilungen	L290
		9 Wahrscheinlichkeiten schätzen – Vertrauensintervalle	L294
		10 Stetige Zufallsgrößen: Integrale besuchen die Stochastik	L296
		11 Die Analysis der Gauß'schen Glockenfunktion	L298
		12 Die Normalverteilung	L300
		13 Arbeiten mit den Tabellen der Normalverteilung	L301
		14 Wahrscheinlichkeiten schätzen: Vertrauensintervalle genau berechnen	L302
		Wiederholen – Vertiefen – Vernetzen	L304

I Folgen und Grenzwerte

1 Folgen

Seite 14

Einstiegsproblem
Mögliche Antworten zu den Besonderheiten der grafischen Darstellung:
- Es werden Block- und Liniendiagramm nebeneinander verwendet und in das gleiche Koordinatensystem eingetragen.
- Es werden Messpunkte geradlinig miteinander verbunden.
- Das Diagramm gibt nur in groben Zügen den Temperaturverlauf wieder. In der Realität verläuft er nicht knickförmig.

Es handelt sich jeweils um eine Funktion, da die Zuordnung einer Zahl aus $\{1; 2; \ldots; 31\}$ zu der zugehörigen Tageshöchsttemperatur (Regenmenge) eindeutig ist.
Die Verbindung der Messwerte durch Strecken ist insofern falsch, da es z. B. bei der Zuordnung *Tagesnummer → Höchsttemperatur* nicht möglich ist, der Zahl 2,35 oder auch π eine Zahl zuzuordnen.

Seite 16

1 a) $\frac{2}{5}; \frac{4}{5}; \frac{6}{5}; \frac{8}{5}; 2; \frac{12}{5}; \frac{14}{5}; \frac{16}{5}; \frac{18}{5}; 4;$
Die Zahlenfolge wächst über alle Grenzen.
b) $1; \frac{1}{2}; \frac{1}{3}; \frac{1}{4}; \frac{1}{5}; \frac{1}{6}; \frac{1}{7}; \frac{1}{8}; \frac{1}{9}; \frac{1}{10};$
Die Folgenglieder gehen gegen null.
c) $-1; 1; -1; 1; -1; 1; -1; 1; -1; 1;$
Die Zahlenfolge alterniert zwischen -1 und 1.
d) $\frac{1}{2}; \frac{1}{4}; \frac{1}{8}; \frac{1}{16}; \frac{1}{32}; \frac{1}{64}; \frac{1}{128}; \frac{1}{256}; \frac{1}{512}; \frac{1}{1024};$
die Folgenglieder streben stark gegen null.
e) $2; 2; 2; 2; 2; 2; 2; 2; 2; 2;$
konstante Folge
f) $1; 0; -1; 0; 1; 0; -1; 0; 1; 0;$ die Folge nimmt nur vier Werte abwechselnd an.

2 a) $1; 3; 5; 7; 9; 11; 13; 15; 17; 19;$
$a_n = 1 + 2 \cdot (n - 1)$
b) $1; 2; 4; 8; 16; 32; 64; 128; 256; 512;$
$a_n = 2^{n-1}$
c) $\frac{1}{2}; 2; \frac{1}{2}; 2; \frac{1}{2}; 2; \frac{1}{2}; 2;$
$a_n = 2^{((-1)^n)}$
d) $0; 1; 1; 2; 3; 5; 8; 13; 21; 34;$
$a_n = ?$

3 a) (p_n) ist zu berechnen. n Anzahl der Jahre, p_n Preis in Euro.
$p_1 = 1 + \frac{5}{100} = 1{,}05;$
$p_2 = 1{,}05 + 1{,}05 \cdot \frac{5}{100} = 1{,}05 \cdot (1 + \frac{5}{100}) = 1{,}05^2;$
$p_3 = 1{,}05^2 + 1{,}05^2 \cdot \frac{5}{100} = 1{,}05^2 \cdot (1 + \frac{5}{100})$
$= 1{,}05^3;$
allgemein: $p_n = 1{,}05^n$.
Graph siehe unten.
b) $2 = 1{,}05^n$, also $n = \log_{1{,}05}(2) = \frac{\log_{10}(2)}{\log_{10}(1{,}05)}$
$\approx 14{,}2.$
Damit hat sich nach gut 14 Jahren der Preis einer Ware verdoppelt.

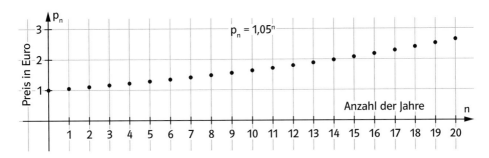

6 a) $a_n = (-1)^{n-1} \cdot n$; $a_{10} = -10$; $a_{20} = -20$.
Die Folgenglieder werden für gerades n laufend kleiner, für ungerades laufend größer.
b) $a_n = \frac{n-1}{n}$; $a_{10} = \frac{9}{10}$; $a_{20} = \frac{19}{20}$. Die Folgenglieder nähern sich mit zunehmendem n der Zahl 1.
c) $a_n = 16 \cdot \left(-\frac{1}{2}\right)^{n-1}$; $a_{10} = -\frac{1}{32}$; $a_{20} = -\frac{1}{32768}$. Die Folgenglieder kommen der Zahl 0 laufend näher.
d) $a_n = -4 + 3 \cdot (n-1)$; $a_{10} = 23$; $a_{20} = 53$. Die Folgenglieder werden laufend größer.
e) $a_n = 4 + (-1)^n \cdot \frac{1}{n}$; $a_{10} = 4\frac{1}{10}$; $a_{20} = 4\frac{1}{20}$ Es erfolgt eine Annäherung an die Zahl 4.

7 a) Volumen des Ausgangswürfels ist 1. V_n soll das Volumen nach der n-ten Teilung sein. Dann ist $V_1 = 1 + \frac{1}{8} = \frac{9}{8}$;
$V_2 = \frac{9}{8} + \frac{1}{8^2} = 1 + \frac{1}{8} + \frac{1}{8^2} = \frac{73}{64}$;
$V_3 = \frac{73}{64} + \frac{1}{8^3} = 1 + \frac{1}{8} + \frac{1}{8^2} + \frac{1}{8^3} = \frac{585}{512} = 1\frac{73}{512}$.
b) $V_n = 1 + \frac{1}{8} + \frac{1}{8^2} + \ldots + \frac{1}{8^{n-1}} + \frac{1}{8^n} = \frac{8^n + 8^{n-1} + 8^{n-2} + \ldots + 8^1 + 1}{8^n}$.

8 $a_1 = 1$; $a_2 = 0{,}75$; $a_3 = 0{,}6160$; $a_4 = 0{,}5349$; $a_5 = 0{,}4814$; $a_6 = 0{,}4438$; $a_7 = 0{,}4162$; $a_8 = 0{,}3951$; $a_9 = 0{,}3786$; $a_{10} = 0{,}3653$
Man kann keine Annäherung erkennen. Es kann sein, dass die Folgenglieder nicht gegen null streben. Arbeitet man mit einem Computer oder GTR, so kann man eher eine Vermutung haben: Die Folgenglieder nähern sich tatsächlich dem Wert 0,25 an.

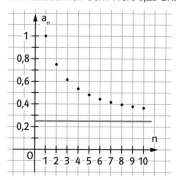

2 Eigenschaften von Folgen

Seite 17

Einstiegsproblem
Mögliche Antworten bei dieser offenen Fragestellung:
– Sortieren nach „monoton steigend":
$\left(-\frac{1}{n}\right)$, (n), $\left(1 - \frac{1}{2n}\right)$, $(1 + n^2)$;
„monoton fallend": $\left(\frac{1}{n}\right)$, $\left(3 + \frac{1}{n}\right)$ und keines von beiden: $((-1)^n)$.
– Sortieren nach „strebt gegen eine reelle Zahl": $\left(\frac{1}{n}\right)$, $\left(-\frac{1}{n}\right)$, $\left(3 + \frac{1}{n}\right)$, $\left(1 - \frac{1}{2n}\right)$;
„strebt nicht gegen eine reelle Zahl": (n), $((-1)^n)$, $(1 + n^2)$.
– Sortieren nach „wächst über alle Grenzen": (n), $(1 + n^2)$.

Seite 18

1 a) $\left(1 + \frac{1}{n}\right)$ ist streng monoton fallend, da $a_{n+1} - a_n = 1 + \frac{1}{n+1} - \left(1 + \frac{1}{n}\right) = \frac{1}{n+1} - \frac{1}{n} = -\frac{1}{n(n+1)} < 0$ ist. Die Folge ist beschränkt, z. B. durch $S = 2$ und $s = 0$.
b) $\left(\left(\frac{3}{4}\right)^n\right)$ ist streng monoton fallend, da $a_{n+1} - a_n = \left(\frac{3}{4}\right)^{n+1} - \left(\frac{3}{4}\right)^n = \left(\frac{3}{4}\right)^n \cdot \left(\frac{3}{4} - 1\right) = \left(\frac{3}{4}\right)^n \cdot \left(-\frac{1}{4}\right) < 0$ ist. Die Folge ist beschränkt, z. B. durch $S = 1$ und $s = 0$.
c) (a_n) ist weder monoton fallend noch monoton steigend, da $a_1 - a_2 = -1 - 1 = -2 < 0$, aber $a_2 - a_3 = 1 - (-1) = 2 > 0$ ist. Die Folge ist beschränkt, z. B. durch $S = 3$ und $s = -3$.
d) $\left(1 + \frac{(-1)^n}{n}\right)$ ist weder monoton fallend noch monoton steigend, da $a_1 - a_2 = 0 - 1{,}5 < 0$, aber $a_2 - a_3 = \frac{3}{2} - \frac{2}{3} > 0$ ist. Die Folge ist beschränkt, z. B. durch $S = 2$ und $s = 0$.
e) $\left(\frac{8n}{n^2+1}\right)$ ist streng monoton fallend, da $a_{n+1} - a_n = \frac{8 \cdot (n+1)}{(n+1)^2 + 1} - \frac{8n}{n^2+1} = \frac{(8n+8) \cdot (n^2+1) - 8n \cdot (n^2 + 2n + 2)}{((n+1)^2 + 1) \cdot (n^2+1)} = -8 \frac{n^2 + n - 1}{((n+1)^2 + 1) \cdot (n^2+1)} < 0$ für alle $n \in \mathbb{N}^*$.

Die Folge ist beschränkt nach oben, z. B. durch S = 5 und nach unten sicher durch s = 0.

2

Folge (a_n) mit	$a_n = n$	$a_n = (-1)^n \cdot n$	$a_n = \frac{(-1)^n}{n}$	$a_n = 1 + \frac{1}{n}$
nach oben beschränkt	nein	nein	ja	ja
nach unten beschränkt	ja	nein	ja	ja
beschränkt	nein	nein	ja	ja
monoton	ja	nein	nein	ja

Die ersten beiden Folgen wachsen über alle Grenzen, Folge 3 strebt gegen 0, Folge 4 gegen 1.

4 a) Monoton steigend sind z. B.:
$\left(-\frac{1}{n^2}\right), \left(1 - \left(\frac{1}{2}\right)^n\right), (3)$
b) Monoton fallend sind z. B.:
$\left(\frac{1}{n+1}\right), (-\sqrt{n}), \left(2 + \frac{1}{n}\right)$
c) Nicht monoton sind z. B.:
$((-2)^n), \left(\sin\left(\frac{\pi}{2} \cdot n\right)\right), \left(\frac{(-1)^n}{\sqrt{n}}\right)$,
d) Nicht nach oben beschränkt sind z. B.:
$(n^2), (2^n), ((-1)^n \cdot n)$
e) Streng monoton fallend und nach unten beschränkt sind z. B.: $\left(\frac{1}{n}\right), \left(\frac{1}{n+1} + 1\right), \left(\left(\frac{9}{13}\right)^n\right)$
f) Streng monoton steigend und nicht nach oben beschränkt sind z. B.: $(n^3), (n+1), (4^n)$

5 a) Wahr. Beispiel: $((-1)^n)$ ist beschränkt, aber nicht monoton.
b) Wahr, da wegen $a_1 > a_2 > a_3 > a_4 > \ldots$ zum Beispiel $S = a_1$ eine obere Schranke ist. Beispiel: $\left(\frac{1}{n}\right)$
c) Falsch, da aus $\frac{a_{n+1}}{a_n} \le 1$ und $a_n > 0$ nur folgt $a_{n+1} \le a_n$, nicht aber $a_{n+1} < a_n$.

3 Grenzwert einer Folge

Seite 19

Einstiegsproblem
$a_n = \frac{2n-1}{n} = 2 - \frac{1}{n}$; siehe Fig. unten
$a_{100} = 1{,}99$; $a_{1000} = 1{,}999$; $a_{1\,000\,000} = 1{,}999\,999$.
Es erfolgt eine Näherung an den Wert 2.
$2 - \left(2 - \frac{1}{n}\right) = \frac{1}{n} < \frac{1}{100}$ ergibt $n > 100$.
$2 - \left(2 - \frac{1}{n}\right) = \frac{1}{n} < 10^{-6}$ ergibt $n > 10^6 = 1\,000\,000$.

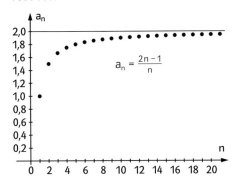

Seite 22

1 $a_n = \frac{6n+2}{3n} = 2 + \frac{2}{3n}$
a) Siehe Fig. auf der nächsten Seite.
Alle Folgenglieder $a_4, a_5, \ldots$ weichen um weniger als 0,2 von 2 ab.
Rechnung:
$\left(2 + \frac{2}{3n}\right) - 2 = \frac{2}{3n} < 0{,}2$ für $n > \frac{10}{3}$.
b) $\left(2 + \frac{2}{3n}\right) - 2 = \frac{2}{3n} < 10^{-6}$ für $n > \frac{2}{3} \cdot 10^6$
$= 666\,666 \frac{2}{3}$. Damit liegen alle Folgenglieder ab Nr. 666 667 näher an 2 als 10^{-6}.

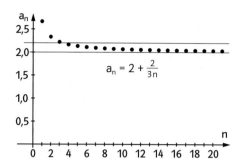

2 a) $|a_n - 1| = \left|\frac{1+n}{n} - 1\right| = \frac{1}{n} < 0{,}1$ für $n > 10$.

b) $|a_n - 1| = \left|\frac{n^2-1}{n^2} - 1\right| = \left|1 - \frac{1}{n^2} - 1\right| = \frac{1}{n^2} < 0{,}1$ für $n > \sqrt{10} \approx 3{,}16$; also ab Nummer 4.

c) $|a_n - 1| = \left|1 - \frac{100}{n} - 1\right| = \frac{100}{n} < 0{,}1$ für $n > 1000$.

d) $|a_n - 1| = \left|\frac{n-1}{n+2} - 1\right| = \left|\frac{-3}{n+2}\right| = \frac{3}{n+2} < \frac{1}{10}$ für $n + 2 > 30$, also $n > 28$.

e) $|a_n - 1| = \left|\frac{2n^2-3}{3n^2} - 1\right| = \left|\frac{-n^2-3}{3n^2}\right| = \frac{n^2+3}{3n^2} =$
$\frac{1}{3} + \frac{1}{n^2} < \frac{1}{10}$ für $\frac{1}{n^2} < -\frac{7}{30}$.
Dies ist für kein $n \in \mathbb{N}^*$ der Fall.

3 Vermuteter Grenzwert ist $g = -\frac{2}{3}$.
Damit gilt: $|a_n - g| = \left|\left(\frac{1}{3n} - \frac{2}{3}\right) - \left(-\frac{2}{3}\right)\right| =$
$\frac{1}{3n} < \varepsilon$ für $n > \frac{1}{3\varepsilon}$, d. h. für fast alle Folgenglieder ist der Abstand zu $-\frac{2}{3}$ kleiner als ε.

Ist $\varepsilon = 0{,}01$, so ist für alle Nummern n mit $n > 33$ der Abstand zu $-\frac{2}{3}$ kleiner als 0,01; für $\varepsilon = 10^{-6}$ sind alle Folgenglieder mit $n > 333\,333$ zu wählen.

4 a) $\left(\frac{3n-2}{n+2} - 3\right) = \left(\frac{-8}{n+2}\right)$ ist eine Nullfolge, da $\left|\frac{-8}{n+2} - 0\right| = \frac{8}{n+2} < \varepsilon$ für $n > \frac{8}{\varepsilon} - 2$.

b) $\left(\frac{n^2+n}{5n^2} - \frac{1}{5}\right) = \left(\frac{n}{5n^2}\right) = \left(\frac{1}{5n}\right)$ ist eine Nullfolge, da $\frac{1}{5n} < \varepsilon$ für $n > \frac{1}{5\varepsilon}$.

c) $\left(\frac{2^{n+1}}{2^n+1} - 2\right) = \left(-\frac{2}{2^n+1}\right)$ ist eine Nullfolge, da der Zähler konstant ist, der Nenner aber über alle Grenzen wächst oder da $\left|-\frac{2}{2^n+1}\right| < \varepsilon$ ist für $2 < \varepsilon \cdot 2^n + \varepsilon$ oder $2^n > \frac{2-\varepsilon}{\varepsilon}$, also für $n > \log_2\left(\frac{2-\varepsilon}{\varepsilon}\right)$.

d) $\left(\frac{3 \cdot 2^n + 2}{2^{n+1}} - \frac{3}{2}\right) = \left(\frac{1}{2^n}\right) = (0{,}5^n)$ ist eine Nullfolge (Nachweis in Beispiel 2b).

6
– beschränkt, monoton, konvergent:
z. B. $\left(\frac{1}{n^2+1}\right)$, $\left(\left(\frac{4}{5}\right)^n\right)$, $\left(\frac{4}{\sqrt{n+1}}\right)$

– beschränkt, monoton, nicht konvergent: keine Folge auffindbar

– beschränkt, nicht monoton, konvergent:
z. B. $\left(\frac{(-1)^n}{n^2+1}\right)$, $\left(\left(-\frac{4}{5}\right)^n\right)$, $\left(\frac{(-1)^{n+1}}{\sqrt{n+1}}\right)$

– beschränkt, nicht monoton, nicht konvergent: z. B. $((-1)^n)$, $\left(\sin\left(\frac{\pi}{4} \cdot n\right)\right)$, $\left((-1)^n \cdot \frac{n+1}{n}\right)$

– nicht beschränkt, monoton, konvergent: keine Folge auffindbar

– nicht beschränkt, monoton, nicht konvergent: z. B. $(\sqrt{n+1})$, (n^2), (-2^n)

– nicht beschränkt, nicht monoton, konvergent: keine Folge auffindbar

– nicht beschränkt, nicht monoton, nicht konvergent: z. B.
$((-1)^n \cdot \sqrt{n+1})$, $((-1)^n \cdot n^2)$, $((-2)^n)$

Randspalte:
Eine nicht beschränkte Folge kann nicht konvergent sein oder anders ausgedrückt: Jede konvergente Folge ist auch beschränkt.

7 a) Da die Zahlenfolge $(1 + n^2)$ nicht beschränkt ist, ist sie auch nicht konvergent.
b) Da die Zahlenfolge $((-1)^n \cdot (n+2))$ nicht beschränkt ist, ist sie auch nicht konvergent.

c) Da die Zahlenfolge (a_n) mit $a_n = \frac{n^2+1}{n+2} = \frac{n^2+4n+4-3}{n+2} = \frac{(n+2)^2-3}{n+2} = n+2-\frac{3}{n+2}$ nicht beschränkt ist, ist sie auch nicht konvergent.

d) $a_n = 2$ für ungerades n, $a_n = 0$ für gerades n. Damit kann es keine Zahl $\varepsilon > 0$ geben weder mit $|a_n - 2| < \varepsilon$ noch mit $|a_n - 0| < \varepsilon$ für fast alle $n \in \mathbb{N}^*$.

8 a) $\left(\frac{n+1}{5n}\right)$ ist monoton fallend, da
$a_{n+1} - a_n = \frac{n+2}{5(n+1)} - \frac{n+1}{5n} = -\frac{1}{5n(n+1)} < 0$ ist.
$\left(\frac{n+1}{5n}\right)$ ist beschränkt nach oben durch 1 und nach unten durch 0. Damit ist $\left(\frac{n+1}{5n}\right)$ konvergent.
Grenzwert ist $\frac{1}{5}$, da $\left|\frac{n+1}{5n} - \frac{1}{5}\right| = \frac{1}{5n} < \varepsilon$ ist für alle n mit $n > \frac{1}{5\varepsilon}$.

b) (a_n) mit $a_n = \frac{\sqrt{5n}}{\sqrt{n+1}} = \sqrt{\frac{5n}{n+1}} = \sqrt{5 - \frac{5}{n+1}}$ ist streng monoton steigend, da
$\frac{a_{n+1}}{a_n} = \sqrt{\frac{5(n+1)}{n+2} \cdot \frac{n+1}{5n}} = \sqrt{\frac{5n^2+10n+5}{5n^2+10n}} > 1$ ist.
(a_n) ist beschränkt nach oben z.B. durch 5 und nach unten durch 0. Damit ist $\left(\frac{\sqrt{5n}}{\sqrt{n+1}}\right)$ konvergent. Grenzwert ist $\sqrt{5}$, da die Folge $(a_n - \sqrt{5})$ eine Nullfolge ist: $\sqrt{5-\frac{5}{n+1}} - \sqrt{5} = \frac{5-\frac{5}{n+1}-5}{\sqrt{5-\frac{5}{n+1}}+\sqrt{5}} = -\frac{5}{(n+1)\cdot\sqrt{5-\frac{5}{n+1}}+\sqrt{5}}$.

c) (a_n) mit $a_n = \frac{n\sqrt{n}+10}{n^2} = \frac{1}{\sqrt{n}} + \frac{10}{n^2}$ ist streng monoton fallend, da die Folgen $\left(\frac{1}{\sqrt{n}}\right)$ und $\left(\frac{10}{n^2}\right)$ nur positive Folgenglieder besitzen und jeweils streng monoton fallend sind.
Die Folge (a_n) ist beschränkt z.B. durch 11 nach oben und 0 nach unten. Damit ist $\left(\frac{1}{\sqrt{n}} + \frac{10}{n^2}\right)$ konvergent. Grenzwert ist 0, da $\left|\frac{1}{\sqrt{n}} + \frac{10}{n^2}\right| < \left|\frac{1}{\sqrt{n}} + \frac{10}{\sqrt{n}}\right| < \frac{11}{\sqrt{n}} < \varepsilon$ ist für $n > \frac{121}{\varepsilon^2}$.

d) (a_n) mit $a_n = \frac{n}{n^2+1}$ ist streng monoton fallend, da die Folgenglieder alle positiv sind und $\frac{a_{n+1}}{a_n} = \frac{(n+1)(n+1)}{((n+1)^2+1)n} = \frac{(n+1)^2}{(n+1)^2 n + n} < 1$.
Die Folge (a_n) ist beschränkt z.B. durch 1 nach oben und 0 nach unten. Damit ist $\left(\frac{n}{n^2+1}\right)$ konvergent.

Grenzwert ist 0, da $\left|\frac{n}{n^2+1}\right| < \left|\frac{n}{n^2}\right| = \left|\frac{1}{n}\right| < \varepsilon$ für $n > \frac{1}{\varepsilon}$.

9 a) (a_n) ist streng monoton steigend, da $a_{n+1} - a_n = \frac{1}{n+1} > 0$ ist.
b) $a_{100} \approx 5{,}187\,377\,517\,633\,144\,268\,0$;
$a_{1000} \approx 7{,}485\,470\,860\,514\,847\,197\,0$;
$a_{10000} \approx 9{,}787\,606\,036\,055\,033\,313\,7$;
$a_{100000} \approx 12{,}090\,146\,129\,953\,513\,581$.
Es ist nicht möglich, über den Grenzwert eine Aussage zu machen.
c) $\frac{1}{n} + \frac{1}{n+1} + \frac{1}{n+2} + \ldots + \frac{1}{2n} >$
$\frac{1}{2n} + \frac{1}{2n} + \frac{1}{2n} + \ldots + \frac{1}{2n} = n \cdot \frac{1}{2n} = \frac{1}{2}$.

4 Grenzwertsätze

Seite 23

Einstiegsproblem

Die Folge (a_n) mit $a_n = \frac{9n^2+4}{3n^2}$ hat den Grenzwert 3, da $|a_n - 3| = \left|\frac{4}{3n^2}\right| = \frac{4}{3n^2} < \varepsilon$ ist für alle n mit $n > \frac{2}{\sqrt{3\varepsilon}}$.
$a_n = \frac{9n^2+4}{3n^2} = 3 + \frac{4}{3n^2}$. Damit ist $(a_n - 3)$ eine Nullfolge, also ist 3 der Grenzwert von (a_n).
$a_n = \frac{9n^2+4}{3n^2} = \frac{(9n^2+4)\cdot\frac{1}{n^2}}{3n^2\cdot\frac{1}{n^2}} = \frac{9+\frac{4}{n^2}}{3}$. Da der Zähler mit wachsendem n gegen 9 strebt, der Nenner aber 3 ist, ist der Grenzwert vermutlich 3.

Seite 24

1 a) $\left(\frac{8+n}{4n}\right) = \left(\frac{2}{n} + \frac{1}{4}\right) = \left(\frac{1}{4}\right) + \left(\frac{2}{n}\right)$; damit ist der Grenzwert $g = \frac{1}{4}$.

b) $\left(\frac{8+\sqrt{n}}{4\sqrt{n}}\right) = \left(\frac{2}{\sqrt{n}} + \frac{1}{4}\right) = \left(\frac{1}{4}\right) + \left(\frac{2}{\sqrt{n}}\right)$; damit ist der Grenzwert $g = \frac{1}{4}$.

c) $\left(\frac{8+2^n}{4\cdot 2^n}\right) = \left(\frac{2}{2^n} + \frac{1}{4}\right) = \left(\frac{1}{4}\right) + \left(\frac{1}{2^{n-1}}\right)$; damit ist der Grenzwert $g = \frac{1}{4}$.

d) $\left(\frac{6+n^4}{\frac{1}{4}n^4}\right) = \left(\frac{24}{n^4} + 4\right) = (4) + \left(\frac{24}{n^4}\right)$; damit ist der Grenzwert $g = 4$.

e) $\left(\frac{4+n^3}{n^3}\right) = \left(\frac{4}{n^3}+1\right) = (1) + \left(\frac{4}{n^3}\right)$; damit ist der Grenzwert $g = 1$.

2 a) $\lim\limits_{n\to\infty}\frac{1+2n}{1+n} = \lim\limits_{n\to\infty}\frac{(1+2n)\cdot\frac{1}{n}}{(1+n)\cdot\frac{1}{n}} =$
$\lim\limits_{n\to\infty}\frac{\frac{1}{n}+2}{\frac{1}{n}+1} = \frac{\lim\limits_{n\to\infty}\left(\frac{1}{n}+2\right)}{\lim\limits_{n\to\infty}\left(\frac{1}{n}+1\right)} = \frac{\lim\limits_{n\to\infty}\left(\frac{1}{n}\right)+\lim\limits_{n\to\infty}2}{\lim\limits_{n\to\infty}\left(\frac{1}{n}\right)+\lim\limits_{n\to\infty}1} = \frac{0+2}{0+1}$
$= 2$

b) $\lim\limits_{n\to\infty}\frac{7n^3+1}{n^3-10} = \lim\limits_{n\to\infty}\frac{(7n^3+1)\cdot\frac{1}{n^3}}{(n^3-10)\cdot\frac{1}{n^3}} = \lim\limits_{n\to\infty}\frac{7+\frac{1}{n^3}}{1-\frac{10}{n^3}}$
$= \frac{\lim\limits_{n\to\infty}\left(7+\frac{1}{n^3}\right)}{\lim\limits_{n\to\infty}\left(1-\frac{10}{n^3}\right)} = \frac{\lim\limits_{n\to\infty}7+\lim\limits_{n\to\infty}\frac{1}{n^3}}{\lim\limits_{n\to\infty}1-\lim\limits_{n\to\infty}\frac{10}{n^3}} = \frac{7+0}{1-0} = 7$

c) $\lim\limits_{n\to\infty}\frac{n^2+2n+1}{n^2+n+1} = \lim\limits_{n\to\infty}\frac{(n^2+2n+1)\cdot\frac{1}{n^2}}{(n^2+n+1)\cdot\frac{1}{n^2}} =$
$\lim\limits_{n\to\infty}\frac{1+\frac{2}{n}+\frac{1}{n^2}}{1+\frac{1}{n}+\frac{1}{n^2}} = \frac{\lim\limits_{n\to\infty}\left(1+\frac{2}{n}+\frac{1}{n^2}\right)}{\lim\limits_{n\to\infty}\left(1+\frac{1}{n}+\frac{1}{n^2}\right)} =$
$\frac{\lim\limits_{n\to\infty}1+\lim\limits_{n\to\infty}\frac{2}{n}+\lim\limits_{n\to\infty}\frac{1}{n^2}}{\lim\limits_{n\to\infty}1+\lim\limits_{n\to\infty}\frac{1}{n}+\lim\limits_{n\to\infty}\frac{1}{n^2}} = \frac{1+0+0}{1+0+0} = 1$

d) $\lim\limits_{n\to\infty}\frac{n^2+n+\sqrt{n}}{n^2+\sqrt{2n}} = \lim\limits_{n\to\infty}\frac{(n^2+n+\sqrt{n})\cdot\frac{1}{n^2}}{(n^2+\sqrt{2n})\cdot\frac{1}{n^2}} =$
$\lim\limits_{n\to\infty}\frac{1+\frac{1}{n}+\frac{1}{n\cdot\sqrt{n}}}{1+\frac{\sqrt{2}}{n\cdot\sqrt{n}}} = \frac{\lim\limits_{n\to\infty}\left(1+\frac{1}{n}+\frac{1}{n\cdot\sqrt{n}}\right)}{\lim\limits_{n\to\infty}\left(1+\frac{\sqrt{2}}{n\cdot\sqrt{n}}\right)} =$
$\frac{\lim\limits_{n\to\infty}1+\lim\limits_{n\to\infty}\frac{1}{n}+\lim\limits_{n\to\infty}\frac{1}{n\cdot\sqrt{n}}}{\lim\limits_{n\to\infty}1+\lim\limits_{n\to\infty}\frac{\sqrt{2}}{n\cdot\sqrt{n}}} = \frac{1+0+0}{1+0} = 1$

e) $\lim\limits_{n\to\infty}\frac{n^5-n^4}{6n^5-1} = \lim\limits_{n\to\infty}\frac{(n^5-n^4)\cdot\frac{1}{n^5}}{(6n^5-1)\cdot\frac{1}{n^5}} = \lim\limits_{n\to\infty}\frac{1-\frac{1}{n}}{6-\frac{1}{n^5}}$
$= \frac{\lim\limits_{n\to\infty}\left(1-\frac{1}{n}\right)}{\lim\limits_{n\to\infty}\left(6-\frac{1}{n^5}\right)} = \frac{\lim\limits_{n\to\infty}1-\lim\limits_{n\to\infty}\frac{1}{n}}{\lim\limits_{n\to\infty}6-\lim\limits_{n\to\infty}\frac{1}{n^5}} = \frac{1-0}{6-0} = \frac{1}{6}$

f) $\lim\limits_{n\to\infty}\frac{\sqrt{n+1}}{\sqrt{n+1}+2} = \lim\limits_{n\to\infty}\frac{\sqrt{n+1}\cdot\frac{1}{\sqrt{n+1}}}{(\sqrt{n+1}+2)\cdot\frac{1}{\sqrt{n+1}}} =$
$\lim\limits_{n\to\infty}\frac{1}{1+\frac{2}{\sqrt{n+1}}} = \frac{\lim\limits_{n\to\infty}1}{\lim\limits_{n\to\infty}\left(1+\frac{2}{\sqrt{n+1}}\right)} = \frac{1}{\lim\limits_{n\to\infty}1+\lim\limits_{n\to\infty}\frac{2}{\sqrt{n+1}}}$
$= \frac{1}{1+0} = 1$

g) $\lim\limits_{n\to\infty}\frac{(5-n)^4}{(5+n)^4} = \lim\limits_{n\to\infty}\frac{(5-n)^4\cdot\frac{1}{n^4}}{(5+n)^4\cdot\frac{1}{n^4}} =$
$\lim\limits_{n\to\infty}\frac{\left((5-n)\cdot\frac{1}{n}\right)^4}{\left((5+n)\cdot\frac{1}{n}\right)^4} = \frac{\lim\limits_{n\to\infty}\left(\frac{5}{n}-1\right)^4}{\lim\limits_{n\to\infty}\left(\frac{5}{n}+1\right)^4} = \frac{(0-1)^4}{(0+1)^4} = 1$

h) $\lim\limits_{n\to\infty}\frac{(2+n)^{10}}{(1+n)^{10}} = \lim\limits_{n\to\infty}\frac{(2+n)^{10}\cdot\frac{1}{n^{10}}}{(1+n)^{10}\cdot\frac{1}{n^{10}}} =$
$\lim\limits_{n\to\infty}\frac{\left((2+n)\cdot\frac{1}{n}\right)^{10}}{\left((1+n)\cdot\frac{1}{n}\right)^{10}} = \frac{\lim\limits_{n\to\infty}\left(\frac{2}{n}+1\right)^{10}}{\lim\limits_{n\to\infty}\left(\frac{1}{n}+1\right)^{10}} = \frac{(0+1)^{10}}{(0+1)^{10}} = 1$

i) $\lim\limits_{n\to\infty}\frac{(1+2n)^{10}}{(1+n)^{10}} = \lim\limits_{n\to\infty}\frac{(1+2n)^{10}\cdot\frac{1}{n^{10}}}{(1+n)^{10}\cdot\frac{1}{n^{10}}} =$
$\lim\limits_{n\to\infty}\frac{\left((1+2n)\cdot\frac{1}{n}\right)^{10}}{\left((1+n)\cdot\frac{1}{n}\right)^{10}} = \frac{\lim\limits_{n\to\infty}\left(\frac{1}{n}+2\right)^{10}}{\lim\limits_{n\to\infty}\left(\frac{1}{n}+1\right)^{10}} = \frac{(0+2)^{10}}{(0+1)^{10}} = 2^{10}$
$= 1024$

j) $\lim\limits_{n\to\infty}\frac{(1+2n)^k}{(1+3n)^k} = \lim\limits_{n\to\infty}\frac{(1+2n)^k\cdot\frac{1}{n^k}}{(1+3n)^k\cdot\frac{1}{n^k}} =$
$\lim\limits_{n\to\infty}\frac{\left((1+2n)\cdot\frac{1}{n}\right)^k}{\left((1+3n)\cdot\frac{1}{n}\right)^k} = \frac{\lim\limits_{n\to\infty}\left(\frac{1}{n}+2\right)^k}{\lim\limits_{n\to\infty}\left(\frac{1}{n}+3\right)^k} = \frac{(0+2)^k}{(0+3)^k} =$
$\frac{2^k}{3^k} = \left(\frac{2}{3}\right)^k$

3 a) $\lim\limits_{n\to\infty}\frac{2^n-1}{2^n} = \lim\limits_{n\to\infty}\frac{(2^n-1)\cdot\frac{1}{2^n}}{2^n\cdot\frac{1}{2^n}} = \lim\limits_{n\to\infty}\frac{1-\frac{1}{2^n}}{1}$
$= \frac{1-0}{1} = 1$

b) $\lim\limits_{n\to\infty}\frac{2^n-1}{2^{n-1}} = \lim\limits_{n\to\infty}\frac{(2^n-1)\cdot\frac{1}{2^{n-1}}}{2^{n-1}\cdot\frac{1}{2^{n-1}}} = \lim\limits_{n\to\infty}\frac{2-\frac{1}{2^{n-1}}}{1} =$
$\frac{2-0}{1} = 2$

c) $\lim\limits_{n\to\infty}\frac{2^n}{1+(2^2)^n} = \lim\limits_{n\to\infty}\frac{2^n}{1+2^{2n}} = \lim\limits_{n\to\infty}\frac{2^n\cdot\frac{1}{2^{2n}}}{(1+2^{2n})\cdot\frac{1}{2^{2n}}} =$
$\lim\limits_{n\to\infty}\frac{\frac{1}{2^n}}{\frac{1}{2^{2n}}+1} = \frac{0}{0+1} = 0$

d) $\lim\limits_{n\to\infty}\frac{2^n-3^n}{2^n+3^n} = \lim\limits_{n\to\infty}\frac{(2^n-3^n)\cdot\frac{1}{3^n}}{(2^n+3^n)\cdot\frac{1}{3^n}} = \lim\limits_{n\to\infty}\frac{\left(\frac{2}{3}\right)^n-1}{\left(\frac{2}{3}\right)^n+1}$
$= \frac{0-1}{0+1} = -1$

e) $\lim\limits_{n\to\infty}\frac{2^n+3^{n+1}}{2\cdot 3^n} = \lim\limits_{n\to\infty}\frac{(2^n+3^{n+1})\cdot\frac{1}{3^{n+1}}}{(2\cdot 3^n)\cdot\frac{1}{3^{n+1}}} =$
$\lim\limits_{n\to\infty}\frac{\frac{1}{3}\left(\frac{2}{3}\right)^n+1}{\frac{2}{3}} = \frac{0+1}{\frac{2}{3}} = \frac{3}{2}$

5 a) Aus $g = \frac{2}{5}g - 2$ folgt $g = -\frac{10}{3}$.

b) Aus $g = -\frac{2}{3}g + 4$ folgt $g = \frac{12}{5}$.

c) Aus $g = \frac{1-g}{2+g}$ folgt $g^2 + 3g - 1 = 0$ und hieraus $g = \frac{1}{2}(\sqrt{13} - 3) \approx 0{,}3028$.

d) Aus $g = \frac{2-g^2}{3+g}$ folgt $2g^2 + 3g - 2 = 0$ und hieraus $g = \frac{1}{2}$.

e) Aus $g = \sqrt{g+4}$ folgt $g^2 - g - 4 = 0$ und hieraus $g = \frac{1}{2}(\sqrt{17}+1) \approx 2{,}5616$.

f) Aus $g = \sqrt[3]{\frac{8}{g}}$ folgt $g^3 = 8$ und hieraus $g = 2$.

5 Grenzwerte von Funktionen

Seite 25

Einstiegsproblem

a) $f(x) = \frac{5x}{x-5}$; $x > 5$. $f(6) = 30$; $f(7) = 17\frac{1}{2}$; $f(8) = 13\frac{1}{3}$; $f(9) = 11\frac{1}{4}$; $f(10) = 10$.
Die Folgenglieder streben vermutlich gegen 5.
Dies trifft zu, da $\lim\limits_{n\to\infty} \frac{5n}{n-5} = \frac{5}{1-\frac{5}{n}} = 5$ ist.

b) $f(10) = 10$; $f(2\cdot 10) = 6\frac{2}{3}$; $f(2^2\cdot 10) = 5\frac{5}{7}$; ...; $f(2^n \cdot 10) = \frac{5 \cdot 10 \cdot 2^n}{10 \cdot 2^n - 5} = \frac{5}{1 - \frac{5}{10 \cdot 2^n}} = \frac{5}{1 - 2^{-n-1}}$.
Auch diese Folge hat den Grenzwert 5, da 2^{-n-1} eine Nullfolge ist.

c) $x_n = 5 + \frac{1}{n}$. Dann gilt $f(x_n) = \frac{5 \cdot (5 + \frac{1}{n})}{5 + \frac{1}{n} - 5} = \frac{25 + \frac{5}{n}}{\frac{1}{n}} = 25n + 5$.
$f(x_n)$ überschreitet jede Schranke: $f(x_n) \to \infty$ für $x \to 5$.

Seite 26

1 a) $\lim\limits_{x\to\infty} \frac{2}{x+1} = \lim\limits_{x_n \to \infty} \frac{2 \cdot \frac{1}{x_n}}{1 + \frac{1}{x_n}} = \frac{\lim\limits_{x_n \to \infty}\left(2 \cdot \frac{1}{x_n}\right)}{\lim\limits_{x_n \to \infty}\left(1 + \frac{1}{x_n}\right)} = \frac{\lim\limits_{x_n \to \infty} 2 \cdot \lim\limits_{x_n \to \infty} \frac{1}{x_n}}{\lim\limits_{x_n \to \infty} 1 + \lim\limits_{x_n \to \infty}\frac{1}{x_n}} = \frac{2 \cdot 0}{1 + 0} = 0$, da für jede Folge (x_n) mit $x_n \to \infty$ die Folge $\left(\frac{1}{x_n}\right)$ eine Nullfolge ist.

$\lim\limits_{x\to -\infty} \frac{2}{x+1} = \lim\limits_{x_n \to -\infty} \frac{2 \cdot \frac{1}{x_n}}{1 + \frac{1}{x_n}} = \frac{2 \cdot 0}{1 + 0} = 0$

b) $\lim\limits_{x\to\infty} \frac{1}{\sqrt{x}} = \lim\limits_{x_n\to\infty} \frac{1}{\sqrt{x_n}} = \lim\limits_{x_n\to\infty} \sqrt{\frac{1}{x_n}} = \sqrt{0} = 0$, da $\left(\frac{1}{x_n}\right)$ eine Nullfolge ist.

c) $\lim\limits_{x\to\pm\infty}\left(\frac{x^3}{x^5} - 3\right) = \lim\limits_{x_n \to \pm\infty}\left(\left(\frac{1}{x_n}\right)^2 - 3\right) = 0 - 3 = -3$

d) $\lim\limits_{x\to\infty}\left(\frac{4}{x+\sqrt{x+1}} + \frac{1}{3}\right) = \lim\limits_{x_n\to\infty}\left(\frac{4}{x_n + \sqrt{x_n+1}} + \frac{1}{3}\right) = \frac{1}{3}$, da mit $\left(\frac{1}{x_n}\right)$ auch $\left(\frac{4}{x_n + \sqrt{x_n+1}}\right)$ eine Nullfolge ist.

e) $\lim\limits_{x\to\infty} \frac{1}{2^x + 1} = \lim\limits_{x_n\to\infty} \frac{1}{2^{x_n}+1} = 0$, da mit $x_n \to \infty$ auch gilt $2^{x_n} \to \infty$ und daher $\left(\frac{1}{2^{x_n}+1}\right)$ eine Nullfolge ist.

$\lim\limits_{x\to -\infty} \frac{1}{2^x + 1} = \lim\limits_{x_n \to -\infty}\frac{1}{2^{x_n}+1} = \lim\limits_{x_n \to \infty} \frac{1}{2^{-x_n}+1} = 1$,
da $(2^{-x_n}) = \left(\frac{1}{2^{x_n}}\right)$ für eine positive nicht beschränkte Folge (x_n) eine Nullfolge ist.

2 a) $\lim\limits_{x\to\pm\infty} \frac{6x+5}{4+3x} = \lim\limits_{x_n \to \pm\infty} \frac{6 + \frac{5}{x_n}}{\frac{4}{x_n} + 3} = \frac{6+0}{0+3} = 2$

b) $\lim\limits_{x\to\pm\infty} \frac{2x^3 + 4x}{3x^3 + 6x + 1} = \lim\limits_{x_n \to \pm\infty} \frac{2 + \frac{4}{x_n^2}}{3 + \frac{6}{x_n^2} + \frac{1}{x_n^3}} = \frac{2+0}{3+0+0} = \frac{2}{3}$

c) $\lim\limits_{x\to\infty} \frac{\sqrt{x}-8}{\sqrt{x}} = \lim\limits_{x_n\to\infty} \frac{1 - \frac{8}{\sqrt{x_n}}}{1} = \frac{1-0}{1} = 1$

d) $\lim\limits_{x\to\pm\infty} \frac{x+12}{2x^2-1} = \lim\limits_{x_n \to \pm\infty} \frac{\frac{1}{x_n} + \frac{12}{x_n^2}}{2 - \frac{1}{x_n^2}} = \frac{0+0}{2-0} = 0$

e) $\lim\limits_{x\to\pm\infty} \frac{2x-19}{\sqrt{x^2+19}} = \lim\limits_{x_n\to\pm\infty} \frac{2 - \frac{19}{x_n}}{\pm\sqrt{1+\frac{19}{x_n^2}}} = \frac{2+0}{\pm\sqrt{1+0}} = \pm 2$

3 a) $\lim\limits_{x\to\pm\infty} \frac{x^2 + 4x + 1}{x^2 + x - 1} = \lim\limits_{x_n \to \pm\infty} \frac{1 + \frac{4}{x_n} + \frac{1}{x_n^2}}{1 + \frac{1}{x_n} - \frac{1}{x_n^2}} = \frac{1+0+0}{1+0-0} = 1$

b) $\lim\limits_{x\to\pm\infty} \frac{x^4 - x^2}{6x^4 + 1} = \lim\limits_{x_n \to \pm\infty} \frac{1 - \frac{1}{x_n^2}}{6 + \frac{1}{x_n^4}} = \frac{1-0}{6+0} = \frac{1}{6}$

c) $\lim\limits_{x\to\pm\infty} \frac{x^4 - x^2}{6x^5 - 1} = \lim\limits_{x_n \to \pm\infty} \frac{\frac{1}{x_n} - \frac{1}{x_n^3}}{6 - \frac{1}{x_n^5}} = \frac{0-0}{6-0} = 0$

d) $\lim\limits_{x\to\pm\infty} \frac{x^4 + x^2}{5x^3 + 3} = \lim\limits_{x_n \to \pm\infty} \frac{x_n + \frac{1}{x_n}}{5 + \frac{3}{x_n^3}}$ existiert nicht.

e) $\lim\limits_{x\to\infty} \frac{\sqrt{x}-8}{\sqrt{x}} = \lim\limits_{x_n \to \infty} \frac{\sqrt{1 - \frac{8}{x_n}}}{1} = \frac{\sqrt{1+0}}{1} = 1$

f) $\lim\limits_{x\to\pm\infty} \frac{(3+x)^2}{(3-x)^2} = \lim\limits_{x_n \to \pm\infty} \frac{\left(\frac{3}{x_n}+1\right)^2}{\left(\frac{3}{x_n}-1\right)^2} = \frac{(0+1)^2}{(0-1)^2} = 1$

g) $\lim_{x \to +1} \frac{(3+x)^2}{(3-x)^2} = \lim_{x_n \to +1} \frac{\left(\frac{3}{x_n}+1\right)^3}{\left(\frac{3}{x_n}-1\right)^3} = \frac{(0+1)^3}{(0-1)^3} = -1$

h) $\lim_{x \to 1} \frac{3^{x-1}}{3^x - 1} = \lim_{x \to 1} \frac{1}{3 - \frac{1}{3^{x-1}}} = \frac{1}{3-0} = \frac{1}{3}$;

$\lim_{x \to -1} \frac{3^{x-1}}{3^x - 1} = \lim_{x \to -1} \frac{3^{-x_n-1}}{3^{-x_n} - 1} = \frac{0}{0-1} = 0$

i) $\lim_{x \to 1}(3 + 6^x) \cdot 3^{-x} = \lim_{x_n \to 1} \frac{3 + 2^{x_n} \cdot 3^{x_n}}{3^{x_n}}$
$= \lim_{x_n \to 1}\left(\frac{1}{3^{x_n}} + 2^{x_n}\right)$ existiert nicht, da die Folge
(2^{x_n}) unbeschränkt ist.

$\lim_{x \to -1}(3 + 6^x) \cdot 3^{-x} = \lim_{x_n \to -1} \frac{3 + 2^{x_n} \cdot 3^{x_n}}{3^{x_n}}$
$= \lim_{x_n \to -1}(3 \cdot 3^{-x_n} + 2^{x_n})$ existiert nicht, da die
Folge (3^{-x_n}) unbeschränkt ist.

5 a) Z.B.: $f(x) = \frac{1}{x+1}$; $f(x) = \frac{1}{2^x + 2^{-x}}$

b) Z.B.: $f(x) = 2 + \frac{2}{x^2}$; $f(x) = \frac{2\sqrt{|x|} + 4}{\sqrt{|x|}}$

c) Z.B.: $f(x) = \frac{\sqrt{3} \cdot (x+1)}{x}$; $f(x) = \sqrt{3}$

d) Z.B.: $f(x) = \frac{1-x}{x}$; $f(x) = \frac{-2^x - 3}{2^x}$

e) Z.B.: $f(x) = \frac{-x^2}{4x^2 + x - 6}$; $f(x) = -1 + \frac{\sin(x)}{x}$

Seite 28

6 a) $f(x) = \frac{x}{x} = 1$ für $x \neq 0$. Ist x_n eine beliebige Nullfolge, so gilt:
$\lim_{x \to 0} \frac{x}{x} = \lim_{x_n \to 0} \frac{x_n}{x_n} = \lim_{x_n \to 0} 1 = 1$.

b) $f(x) = \frac{x^3}{x} = x^2$ für $x \neq 0$. Ist x_n eine beliebige Nullfolge, so gilt: $\lim_{x \to 0} \frac{x^3}{x} = \lim_{x_n \to 0} x_n^2 = 0$.

c) $f(x) = \frac{x}{x^3} = \frac{1}{x^2}$ für $x \neq 0$. Ist x_n eine beliebige Nullfolge, so gilt: $f(x_n) = \frac{1}{x_n^2} \to +\infty$

d) $f(x) = \frac{2^x}{3^x} = \left(\frac{2}{3}\right)^x$. Ist x_n eine beliebige Nullfolge, so gilt: $\lim_{x \to 0}\left(\frac{2}{3}\right)^x = \lim_{x_n \to 0}\left(\frac{2}{3}\right)^{x_n} = \left(\frac{2}{3}\right)^0 = 1$.

e) $f(x) = \frac{2^x - 1}{3^x}$. Ist x_n ein beliebige Nullfolge, so gilt: $\lim_{x \to 0} \frac{2^x - 1}{3^x} = \lim_{x_n \to 0} \frac{2^{x_n} - 1}{3^{x_n}} = \frac{2^0 - 1}{3^0} = 0$.

7 a) $f(x) = \frac{x}{x-1}$. Definitionslücke ist $x_0 = 1$.
Es gilt für $x > 1$ und $x \to 1$: $f(x) \to +\infty$ und
für $x < 1$ und $x \to 1$: $f(x) \to -\infty$. Graph siehe Fig. 1.

b) $f(x) = \frac{x^2 - 1}{x - 1} = x + 1$. Definitionslücke ist $x_0 = 1$. $\lim_{x \to 1} \frac{x^2 - 1}{x - 1} = \lim_{x \to 1}(x + 1) = 2$. Graph s.u. Fig. 1.

c) $f(x) = \frac{x^3 - 1}{x - 1} = x^2 + x + 1$. Definitionslücke ist $x_0 = 1$. $\lim_{x \to 1} \frac{x^3 - 1}{x - 1} = \lim_{x \to 1}(x^2 + x + 1) = 3$. Graph s.u. Fig. 2.

d) $f(x) = \frac{x^2 - a^2}{x - a} = x + a$. Definitionslücke ist $x_0 = a$. $\lim_{x \to a} \frac{x^2 - a^2}{x - a} = \lim_{x \to a}(x + a) = 2a$. Der Graph für $a = 1$ ist der von Teilaufgabe b).

e) $f(x) = \frac{x^4 - 16}{x - 2} = x^3 + 2x^2 + 4x + 8$. Definitionslücke ist $x_0 = 2$.

$\lim_{x \to 2} \frac{x^4 - 16}{x - 2} = \lim_{x \to 2}(x^3 + 2x^2 + 4x + 8) = 32$. Graph s.u. Fig. 2.

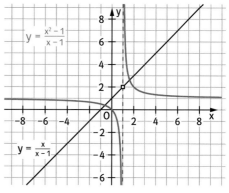

Fig. 1

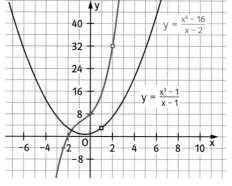

Fig. 2

8 a) $\lim\limits_{x\to 5}(x^2-2x) = \lim\limits_{x_n\to 5}(x_n^2-2x_n) =$
$\lim\limits_{x_n\to 5} x_n^2 - \lim\limits_{x_n\to 5} 2x_n = \lim\limits_{x_n\to 5} x_n \cdot \lim\limits_{x_n\to 5} x_n$
$- \lim\limits_{x_n\to 5} 2 \cdot \lim\limits_{x_n\to 5} x_n = 5\cdot 5 - 2\cdot 5 = 15$

b) $\lim\limits_{x\to -3}(x^4 - 5x^2 + 10) =$
$\lim\limits_{x_n\to -3}(x_n^4 - 5x_n^2 + 10) =$
$\lim\limits_{x_n\to -3} x_n^4 - \lim\limits_{x_n\to -3} 5x_n^2 + 10 =$
$\left(\lim\limits_{x_n\to -3} x_n\right)^4 - 5\cdot\left(\lim\limits_{x_n\to -3} x_n\right)^2 + 10 = 46$

c) $\lim\limits_{x\to -2}\left(x^3 - \frac{1}{x}\right) = \lim\limits_{x_n\to -2}\left(x_n^3 - \frac{1}{x_n}\right) =$
$\lim\limits_{x_n\to -2} x_n^3 - \lim\limits_{x_n\to -2} \frac{1}{x_n} =$
$\left(\lim\limits_{x_n\to -2} x_n\right)^3 - \lim\limits_{x_n\to -2} \frac{1}{x_n} = -8 + \frac{1}{2} = -7\frac{1}{2}$

d) $\lim\limits_{x\to -3}\left(\frac{10}{x^3} + x - \frac{20}{x}\right) = \lim\limits_{x_n\to -3}\left(\frac{10}{x_n^3} + x_n - \frac{20}{x_n}\right) =$
$\lim\limits_{x_n\to -3} \frac{10}{x_n^3} + \lim\limits_{x_n\to -3} x_n - \lim\limits_{x_n\to -3} \frac{20}{x_n} = \frac{10}{\left(\lim\limits_{x_n\to -3} x_n\right)^3} +$
$(-3) - \frac{20}{\lim\limits_{x_n\to -3} x_n} = \frac{89}{27}$

9 a) Es ist $\lim\limits_{\substack{x\to 3\\x<3}} f(x) = \lim\limits_{\substack{x\to 3\\x<3}} x^2 = 9$
und $\lim\limits_{\substack{x\to 3\\x>3}} f(x) = \lim\limits_{\substack{x\to 3\\x>3}} (12-x) = 9$.
Damit gilt $\lim\limits_{x\to 3} f(x) = 9$.

b) Es ist $\lim\limits_{\substack{x\to -1\\x<-1}} f(x) = \lim\limits_{\substack{x\to -1\\x<-1}} (x^2+4x) = -3$ und
$\lim\limits_{\substack{x\to -1\\x>-1}} f(x) = \lim\limits_{\substack{x\to -1\\x>-1}} (2^x - 3) = -2\frac{1}{2}$.
Damit existiert der Grenzwert nicht.

11 a) $f(x) = \sin\left(\frac{1}{x}\right)$ mit $x \neq 0$. Die Folge (x_n) mit $x_n = \frac{1}{n\cdot\pi}$ ist eine Nullfolge.
Damit gilt für die Bildfolge
$(f(x_n)) = (\sin(\pi\cdot n)) = (0)$. Ihr Grenzwert ist 0.
Wählt man hingegen die Nullfolge (y_n) mit $y_n = \frac{1}{2n\cdot\pi + \frac{\pi}{2}}$, so erhält man die Bildfolge
$(f(x_n)) = \left(\sin\left(2\pi\cdot n + \frac{\pi}{2}\right)\right) = (1)$. Ihr Grenzwert ist 1. Da verschiedene Nullfolgen zu unterschiedlichen Grenzwerten für die Bildfolge führen, existiert kein Grenzwert von f für $x \to 0$.

Der Grenzwert $\lim\limits_{x\to\infty} \sin\left(\frac{1}{x}\right) = \lim\limits_{x_n\to\infty} \sin\left(\frac{1}{x_n}\right)$
existiert, da $\left(\frac{1}{x_n}\right)$ eine Nullfolge ist.

Daher gilt:
$\lim\limits_{x\to\infty} \sin\left(\frac{1}{x}\right) = \lim\limits_{x_n\to\infty} \sin\left(\frac{1}{x_n}\right) = \sin(0) = 0.$

Wiederholen – Vertiefen – Vernetzen

Seite 29

1 a) $a_n = \frac{4n-4}{2n} = \frac{2n-2}{n} = 2 - \frac{2}{n}$

a_1	a_2	a_3	a_4	a_5
0	1	1,3333	1,5	1,6

a_6	a_7	a_8	a_9	a_{10}
1,6666	1,7143	1,75	1,7778	1,8

Graph unten

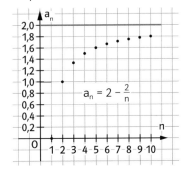

b) Die Folge ist streng monoton steigend, da aus $n < n+1$ folgt $\frac{1}{n+1} < \frac{1}{n}$. Daraus ergibt sich $-\frac{1}{n+1} > -\frac{1}{n}$ und schließlich $2 - \frac{1}{n+1} > 2 - \frac{1}{n}$; also ist $a_{n+1} > a_n$.
Die Folge ist beschränkt. Eine untere Schranke ist $s = 0$, ein obere Schranke $S = 2$.

c) Gibt man $\varepsilon > 0$ vor, so ist $|a_n - 2| < \varepsilon$ äquivalent mit $\left|-\frac{2}{n}\right| < \varepsilon$, d.h. $\frac{2}{n} < \varepsilon$ oder $n > \frac{2}{\varepsilon}$.

Damit ist für fast alle Folgenglieder, nämlich für die mit Nummern n größer als $\frac{1}{\varepsilon}$, der Abstand zu 2 kleiner als ε. Für $\varepsilon = 0{,}001$ erhält man n > 2000.

2 a) $\sqrt{n} < \sqrt{n+1}$ für alle $n \in \mathbb{N}^*$. Damit ist die Folge (a_n) streng monoton steigend. (a_n) ist nicht nach oben beschränkt, damit ist (a_n) auch nicht beschränkt.

b) $a_n = 1 + \frac{1}{n}$. Damit gilt: $1 + \frac{1}{n+1} < 1 + \frac{1}{n}$ für alle $n \in \mathbb{N}^*$. Damit ist die Folge (a_n) streng monoton fallend. (a_n) ist nach oben beschränkt, z. B. durch $S = 2$, nach unten durch $s = 1$; damit ist (a_n) beschränkt.

c) $a_n = \frac{n+1}{n+2} = \frac{n+2-1}{n+2} = 1 - \frac{1}{n+2}$. Es gilt $a_{n+1} - a_n = 1 - \frac{1}{n+3} - \left(1 - \frac{1}{n+2}\right) = \frac{1}{n+2} - \frac{1}{n+3} = \frac{1}{(n+2)(n+3)} > 0$. Damit ist $a_{n+1} > a_n$ für alle $n \in \mathbb{N}^*$; die Folge (a_n) ist also streng monoton steigend. (a_n) ist nach oben beschränkt, z. B. durch $S = 1$, nach unten durch $s = 0$; damit ist (a_n) beschränkt.

d) $a_n = \left(\frac{2}{3}\right)^n$. Es gilt $a_{n+1} - a_n = \left(\frac{2}{3}\right)^{n+1} - \left(\frac{2}{3}\right)^n = \left(\frac{2}{3}\right)^n \cdot \left(\frac{2}{3} - 1\right) = -\frac{1}{3} \cdot \left(\frac{2}{3}\right)^n < 0$.
Damit ist $a_{n+1} < a_n$ für alle $n \in \mathbb{N}^*$; die Folge (a_n) ist also streng monoton fallend.
(a_n) ist nach oben beschränkt, z. B. durch $S = 1$, nach unten durch $s = 0$; damit ist (a_n) beschränkt.

e) $a_n = \sqrt[n]{a} = a^{\frac{1}{n}}$. Es gilt $a_{n+1} - a_n = a^{\frac{1}{n+1}} - a^{\frac{1}{n}} = a^{\frac{1}{n+1}} \left(1 - a^{-\frac{1}{n+1}} \cdot a^{\frac{1}{n}}\right) = a^{\frac{1}{n+1}} \left(1 - a^{\frac{1}{n \cdot (n+1)}}\right) < 0$, da $a > 1$ ist. Damit ist $a_{n+1} < a_n$ für alle $n \in \mathbb{N}^*$; die Folge (a_n) ist also streng monoton fallend. (a_n) ist nach oben beschränkt, z. B. durch $S = a$, nach unten durch $s = 0$; damit ist (a_n) beschränkt.

3 a) $\left(\frac{1}{\sqrt{n}}\right)$ ist eine Nullfolge, da für positives ε gilt $\left|\frac{1}{\sqrt{n}} - 0\right| < \varepsilon$ für $n > \frac{1}{\varepsilon^2}$.

b) (2^{1-n}) ist eine Nullfolge, da in dem Ausdruck $2^{1-n} = \frac{2}{2^n}$ der Nenner bei gleich bleibendem Zähler für wachsendes n unbeschränkt zunimmt. Damit geht der Quotient gegen 0.

c) $\left(\frac{2n+1}{3n+4}\right)$ ist keine Nullfolge, da wegen $\frac{2n+1}{3n+4} = \frac{2 + \frac{1}{n}}{3 + \frac{4}{n}}$ nach den Grenzwertsätzen die Folge den Grenzwert $\frac{2}{3}$ besitzt.

d) $(\sin(n))$ ist keine Nullfolge, da $\sin(n)$ alle möglichen Werte zwischen 1 und −1 annimmt.

e) $\left(\sin\left(\frac{1}{n}\right)\right)$ ist eine Nullfolge, da gilt $\left|\sin\left(\frac{1}{n}\right)\right| < \left|\frac{1}{n}\right|$. Da $\left(\frac{1}{n}\right)$ eine Nullfolge ist, ist auch $\left(\sin\left(\frac{1}{n}\right)\right)$ eine Nullfolge.

f) (n^{-n}) ist eine Nullfolge. Es gilt zunächst $0 < n^{-n} = \frac{1}{n^n}$ und zudem $\frac{1}{n^n} = \left(\frac{1}{n}\right)^n \leq \frac{1}{n}$. Da $\left(\frac{1}{n}\right)$ eine Nullfolge ist, ist auch die Folge (n^{-n}) eine Nullfolge.

4 a) $a_n = \frac{n^2 - 7n - 1}{10n^2 - 7n} = \frac{1 - \frac{7}{n} - \frac{1}{n^2}}{10 - \frac{7}{n}}$, also $\lim\limits_{n \to \infty} a_n = \frac{1}{10}$.

b) $a_n = \frac{n^3 - 3n^2 + 3n - 1}{5n^3 - 8n + 5} = \frac{1 - \frac{3}{n} + \frac{3}{n^2} - \frac{1}{n^3}}{5 - \frac{8}{n^2} + \frac{5}{n^3}}$, also $\lim\limits_{n \to \infty} a_n = \frac{1}{5}$.

c) $a_n = \frac{n + (-1)^n}{n^2 + (-1)^n} = \frac{\frac{1}{n} + \frac{(-1)^n}{n^2}}{1 + \frac{(-1)^n}{n^2}}$, also $\lim\limits_{n \to \infty} a_n = 0$.

d) $a_n = \frac{\sqrt{n^3 + 3n - 1}}{\sqrt{4n^3 + 5}} = \frac{\sqrt{n^3 + 3n - 1} \cdot \frac{1}{\sqrt{n^3}}}{\sqrt{4n^3 + 5} \cdot \frac{1}{\sqrt{n^3}}} = \frac{\sqrt{1 + \frac{3}{n^2} - \frac{1}{n^3}}}{\sqrt{4 + \frac{5}{n^3}}}$, also $\lim\limits_{n \to \infty} a_n = \frac{\sqrt{1}}{\sqrt{4}} = \frac{1}{2}$.

e) $a_n = \frac{\sqrt{n}}{\sqrt{5n}} = \frac{\sqrt{n}}{\sqrt{5} \cdot \sqrt{n}} = \frac{1}{\sqrt{5}}$, also $\lim\limits_{n \to \infty} a_n = \frac{1}{\sqrt{5}}$.

f) $a_n = \frac{2^{n+1}}{2^n + 1} = \frac{2^{n+1} \cdot 2^{-n}}{(2^n + 1) \cdot 2^{-n}} = \frac{2}{1 + 2^{-n}}$, also $\lim\limits_{n \to \infty} a_n = \frac{2}{1 + 0} = 2$.

g) $a_n = \frac{3^{n+1}}{5^n} = 3 \cdot \left(\frac{3}{5}\right)^n$, also $\lim\limits_{n \to \infty} a_n = 3 \cdot 0 = 0$.

h) $a_n = \frac{(2^n+1)^2}{2^{n^2+1}} = \frac{2^{2n} + 2 \cdot 2^n + 1}{2^{n^2+1}} =$
$\frac{(2^{2n} + 2 \cdot 2^n + 1) \cdot 2^{-(n^2+1)}}{2^{n^2+1} \cdot 2^{-(n^2+1)}} = \frac{2^{-n^2+2n-1} + 2^{-n^2+n} + 2^{-n^2-1}}{1} =$
$2^{-(n-1)^2} + 2^{-n(n-1)} + 2^{-n^2-1} = \frac{1}{2^{(n-1)^2}} + \frac{1}{2^{n(n-1)}} + \frac{1}{2^{n^2+1}}$.
Damit gilt: $\lim\limits_{n \to \infty} a_n = 0 + 0 + 0 = 0$.

5 a) $\lim\limits_{n \to \infty} (\sqrt{n+100} - \sqrt{n}) =$
$\lim\limits_{n \to \infty} \left((\sqrt{n+100} - \sqrt{n}) \cdot \frac{\sqrt{n+100} + \sqrt{n}}{\sqrt{n+100} + \sqrt{n}}\right)$
$= \lim\limits_{n \to \infty} \frac{100}{\sqrt{n+100} + \sqrt{n}} = 0$.

b) $\lim\limits_{n \to \infty} (\sqrt{n} \cdot (\sqrt{n+10} - \sqrt{n})) =$
$\lim\limits_{n \to \infty} \left((\sqrt{n^2+10n} - n) \cdot \frac{\sqrt{n^2+10n} + n}{\sqrt{n^2+10n} + n}\right) =$
$\lim\limits_{n \to \infty} \frac{10n}{\sqrt{n^2+10n}+n} = \lim\limits_{n \to \infty} \frac{10}{\sqrt{1+\frac{10}{n}}+1} = \frac{10}{2} = 5$.

c) $\lim\limits_{n \to \infty} (\sqrt{4n^2+3n} - 2n) =$
$\lim\limits_{n \to \infty} \left((\sqrt{4n^2+3n} - 2n) \cdot \frac{\sqrt{4n^2+3n}+2n}{\sqrt{4n^2+3n}+2n}\right) =$
$\lim\limits_{n \to \infty} \frac{3n}{\sqrt{n^2+3n}+2n} = \lim\limits_{n \to \infty} \frac{3}{\sqrt{4+\frac{3}{n}}+2} = \frac{3}{\sqrt{4}+2} = \frac{3}{4}$.

6 a) Es ergibt sich die Folge (h_n) mit $h_n = 0{,}95^n$. Damit gilt $h_5 = 0{,}95^5 \approx 0{,}7738$. Die erreichte Höhe nach dem 5. Aufprall beträgt somit etwas mehr als 75 cm.

b) Gesucht ist ein n mit $0{,}95^n = 0{,}5$. Daraus ergibt sich $n = \frac{\ln(0{,}5)}{\ln(0{,}95)} \approx 13{,}5$. Nach 13-maligem Aufprall erreicht die Kugel gerade noch 0,5 m.

c) Es ist $s = 1 + 2 \cdot 0{,}95 + 2 \cdot 0{,}95^2 + 2 \cdot 0{,}95^3 + 2 \cdot 0{,}95^4 \approx 8{,}05$. Bis zum 5. Aufprall hat die Kugel einen Weg von etwa 8 m zurückgelegt.

7 a) Mithilfe von Fig. 1 erkennt man, dass für den Flächeninhalt gilt: $A = 1{,}5\,\text{m}^2$.

b) Bei jeder neuen Generation von neu hinzugekommenen Quadraten wächst der Umfang u_n um den Wert $2 \cdot 3^n \cdot \frac{1}{3^n} = 2$, da 3^n Quadrate hinzukommen, von denen 2 der Seiten mit der Länge $\frac{1}{3^n}$ den Umfang vergrößern. Damit gilt für den Umfang nach der 5. Generation: $u = 4 + 5 \cdot 2 = 14$. Der Umfang beträgt damit 14 m.

Der Umfang beträgt 1000 für die Generation n mit $4 + n \cdot 2 = 1000$, also für $n = 498$. Obwohl der Umfang unendlich groß wird, bleibt der Inhalt bei $1{,}5\,\text{m}^2$.

Seite 30

8 a) $\lim\limits_{x \to \pm\infty} \frac{2x^3+x}{3x^4} = \lim\limits_{x \to \pm\infty} \frac{(2x^3+x) \cdot \frac{1}{x^4}}{3x^4 \cdot \frac{1}{x^4}}$
$= \lim\limits_{x \to \pm\infty} \frac{\frac{2}{x} + \frac{1}{x^3}}{3} = \frac{0+0}{3} = 0$

b) $\lim\limits_{x \to \pm\infty} \frac{(x+1)^2}{x^2+1} = \lim\limits_{x \to \pm\infty} \frac{(x+1)^2 \cdot \frac{1}{x^2}}{(x^2+1) \cdot \frac{1}{x^2}} = \lim\limits_{x \to \pm\infty} \frac{1 + \frac{2}{x} + \frac{1}{x^2}}{1 + \frac{1}{x^2}}$
$= \frac{1+0+0}{1+0} = 1$

c) $\lim\limits_{x \to +\infty} \frac{2\sqrt{x+1}}{\sqrt{x}} = \lim\limits_{x \to +\infty} \frac{2\sqrt{x+1} \cdot \frac{1}{\sqrt{x}}}{1}$
$= \lim\limits_{x \to +\infty} \left(2 \cdot \sqrt{1 + \frac{1}{x}}\right) = 2 \cdot \sqrt{1} = 2$

d) $\lim\limits_{x \to \pm\infty} \frac{(x+1)^2}{\sqrt{x^4+1}} = \lim\limits_{x \to \pm\infty} \frac{(x+1)^2 \cdot \frac{1}{x^2}}{\sqrt{x^4+1} \cdot \frac{1}{x^2}}$
$= \lim\limits_{x \to \pm\infty} \frac{1 + \frac{2}{x} + \frac{1}{x^2}}{\sqrt{1 + \frac{1}{x^4}}} = \frac{1+0+0}{\sqrt{1+0}} = 1$

9 a) $\lim\limits_{x \to x_0} x^2 = \lim\limits_{x \to x_0} (x \cdot x) = \lim\limits_{x \to x_0} x \cdot \lim\limits_{x \to x_0} x$
$= x_0 \cdot x_0$, da $\lim\limits_{x \to x_0} x = x_0$ ist.

b) $\lim\limits_{x \to x_0} \frac{4x-1}{x^2+1} = \frac{\lim\limits_{x \to x_0}(4x-1)}{\lim\limits_{x \to x_0}(x^2+1)} = \frac{4 \cdot \lim\limits_{x \to x_0} x - 1}{\lim\limits_{x \to x_0} x \cdot \lim\limits_{x \to x_0} x + 1}$
$= \frac{4x_0-1}{x_0 \cdot x_0 + 1} = \frac{4x_0-1}{x_0^2+1}$, da $\lim\limits_{x \to x_0} x = x_0$ ist.

c) $\lim\limits_{x \to x_0} \frac{x+1}{x^2-1} = \lim\limits_{x \to x_0} \frac{1}{x-1} = \frac{1}{\lim\limits_{x \to x_0}(x-1)} = \frac{1}{\lim\limits_{x \to x_0} x - 1}$
$= \frac{1}{x_0-1}$, da $\lim\limits_{x \to x_0} x = x_0$ ist.

10 a) $\lim\limits_{x \to 2} \frac{(x-2)^2}{x-2} = \lim\limits_{x \to 2} (x-2) = \lim\limits_{x \to 2} x - 2$
$= 2 - 2 = 0$

b) $\lim\limits_{x \to 2} \frac{x^2-4}{x-2} = \lim\limits_{x \to 2} (x+2) = \lim\limits_{x \to 2} x + \lim\limits_{x \to 2} 2$
$= 2 + 2 = 4$

c) $\lim\limits_{x \to 2} \frac{x-2}{x^2-4} = \lim\limits_{x \to 2} \frac{1}{x+2} = \frac{1}{\lim\limits_{x \to 2}(x+2)} = \frac{1}{\lim\limits_{x \to 2} x + 2}$
$= \frac{1}{2+2} = \frac{1}{4}$

I Folgen und Grenzwerte

d) $\lim_{x\to 2}\frac{x^2-4}{x^4-16} = \lim_{x\to 2}\frac{1}{x^2+4}$
$= \frac{1}{\lim_{x\to 2}(x^2+4)} = \frac{1}{\lim_{x\to 2}x^2+4} = \frac{1}{\lim_{x\to 2}x\cdot\lim_{x\to 2}x+4} = \frac{1}{2\cdot 2+4}$
$= \frac{1}{8}$

11 a) Definitionslücke von f ist $x_0 = 1$.
$\lim_{x\to 1}\frac{x^2-2x+1}{x-1} = \lim_{x\to 1}(x-1) = 0$
b) Definitionslücken von f sind $x_0 = -4$ und $x_1 = 4$. Da x_0 Zählernullstelle ist, ergibt eine Polynomsivision $(3x^2+11x-4):(x+4) = 3x-1$. Damit gilt $\frac{3x^2+11x-4}{x^2-16} = \frac{3x-1}{x-4}$, also ist $\lim_{x\to -4}\frac{3x^2+11x-4}{x^2-16} = \lim_{x\to -4}\frac{3x-1}{x-4} = \frac{13}{8}$.
Für $x \to 4$ mit $x > 4$ gilt:
$\frac{3x^2+11x-4}{x^2-16} = \frac{3x-1}{x-4} \to +\infty$.
Für $x \to 4$ mit $x < 4$ gilt:
$\frac{3x^2+11x-4}{x^2-16} = \frac{3x-1}{x-4} \to -\infty$.

c) Definitionslücken von f sind $x_0 = -1$ und $x_1 = 1$. Da x_0 und x_1 Zählernullstellen sind, ergibt eine Polynomdivision $(x^4-1):(x^2-1) = x^2+1$. Damit gilt $\frac{x^4-1}{x^2-1} = x^2+1$, also ist $\lim_{x\to \pm 1}\frac{x^4-1}{x^2-1} = \lim_{x\to \pm 1}(x^2+1) = 1+1 = 2$.

d) Definitionslücken von f sind $x_0 = -1$ und $x_1 = 1$. Da x_0 und x_1 Zählernullstellen sind, ergibt eine Polynomdivision $(x^6-1):(x^2-1) = x^4+x^2+1$. Damit gilt $\frac{x^6-1}{x^2-1} = x^4+x^2+1$, also ist $\lim_{x\to \pm 1}\frac{x^6-1}{x^2-1} = \lim_{x\to \pm 1}(x^4+x^2+1) = 1+1+1 = 3$.

12 a) Siehe Graph unten.

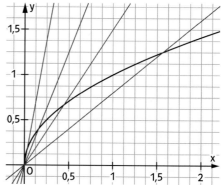

b) $P(a|\sqrt{a})$; $m_{OP} = \frac{\sqrt{a}}{a} = \frac{1}{\sqrt{a}}$. Die Sekantensteigung strebt gegen $+\infty$.
Für den Graphen bedeutet dies, dass die Tangente im Punkt $P(0|0)$ die y-Achse ist.
c) $\lim_{a\to\infty} m_{OP} = \lim_{a\to\infty}\frac{1}{\sqrt{a}} = 0$. Damit wird der Graph laufend „flacher".

13 a) $P(a|0,5\cdot a+1)$, $A(1|0)$. Damit ist
$m = \frac{0,5a+1}{a-1} = \frac{\frac{1}{2}+\frac{1}{a}}{1-\frac{1}{a}}$; $a \neq 1$.
b) $\lim_{a\to\infty} m_{AP} = \lim_{a\to\infty}\frac{\frac{1}{2}+\frac{1}{a}}{1-\frac{1}{a}} = \frac{1}{2}$.
Dies stimmt mit der Anschauung überein, da die Strecke $\overline{AP}$ die Steigung von g annimmt.

14 a) Für den Rechtecksinhalt gilt:
$A(u) = u\cdot f(u) = \frac{u}{u+1}$.
$\lim_{u\to\infty} A(u) = \lim_{u\to\infty}\frac{u}{u+1} = \lim_{u\to\infty}\frac{1}{1+\frac{1}{u}} = 1$.
b) Für den Rechtecksinhalt gilt:
$A(u) = u\cdot f(u) = \frac{u}{u^2+1}$.
$\lim_{u\to\infty} A(u) = \lim_{u\to\infty}\frac{u}{u^2+1} = \lim_{u\to\infty}\frac{\frac{1}{u}}{1+\frac{1}{u^2}} = 0$.
c) Für den Rechtecksinhalt gilt:
$A(u) = u\cdot f(u) = \frac{u}{\sqrt{u}+1} = \frac{\sqrt{u}}{1+\frac{1}{\sqrt{u}}}$.
Es gilt für $u \to +\infty$: $A(u) \to +\infty$.

zu a):

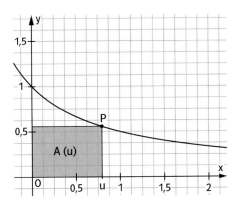

zu b):

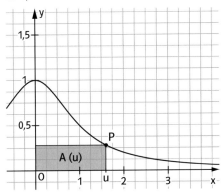

zu c):

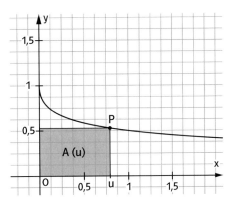

15 a) Die zu $\overline{AC}$ parallelen Stücke haben die Gesamtlänge a, die zu $\overline{BC}$ parallelen ebenfalls. Damit ist die Länge des Polygonenzuges 2a.

b) Dass der Grenzwert der konstanten Folge (2a) den Wert 2a hat, ist klar. Die Hypotenuse wird aber nicht durch diesen Treppenzug angenähert; vielmehr kommt er der Hypotenuse nur laufend näher, weil die Treppenzahl zunimmt.

c) Für den Treppeninhalt bei n Treppen gilt:
$A(n) = \frac{1}{2} \cdot \frac{a}{n} \cdot \frac{a}{n} \cdot n = \frac{1}{2} \cdot \frac{a^2}{n}$; $\lim_{n \to \infty} A(n) = 0$.

II Ableitung

1 Funktionen

Seite 36

Einstiegsproblem
Für die Sachsituation muss der Definitionsbereich der Funktion v auf w ≥ 0 eingeschränkt werden.
Die Verkaufszahlen nehmen laufend zu, zunächst schnell, dann immer weniger schnell.
Die Verkaufszahlen scheinen 2000 nicht zu übersteigen.

Seite 38

1 a) $f(-2) = \frac{1}{2}$; $f(0,1) = -10$; $f(78) = -\frac{1}{78} \approx -0{,}1282$;
$g(-2) = -7$; $g(0,1) = -2{,}8$; $g(78) = 153$;
$h(-2) = -2$; $h(0,1) \approx -1{,}24$; $h(78) = 6$
b) $D_f = \mathbb{R} \setminus \{0\}$; $D_g = \mathbb{R}$; $D_h = [-3; \infty)$
c) Der Punkt $P(1|-1)$ liegt auf den Graphen von f, g und h; der Punkt $Q(5{,}5|8)$ liegt auf dem Graphen von g.

2 a) $f(-2) = 9$; $f(0,1) = 0{,}999$; $f(78) = -474551$; $D_f = \mathbb{R}$;
b) $g(-2) = 0{,}5$; $g(0,1) = \frac{10}{41}$; $g(78) = \frac{1}{82} \approx 0{,}0122$; $D_g = \mathbb{R} \setminus \{-4\}$;
c) $h(-2) \approx -\frac{1}{3}$; $h(0,1) \approx -\frac{10}{9}$; $h(78) = \frac{1}{77}$; $D_h = \mathbb{R} \setminus \{1\}$
Der Punkt $P(1|-1)$ liegt auf den Graphen von f und g. Der Punkt $Q(5{,}5|8)$ liegt auf keinem der Graphen.

3 a) $b = \frac{20}{a}$. Mögliche Funktionswerte: $f(4) = 5$; $f(5) = 4$; $f(10) = 2$.
b) $D = (0; \infty)$

c)

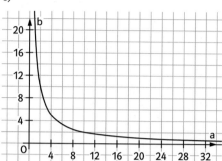

d) Die Funktion $f: a \mapsto b$ mit $b = \frac{20}{a}$ ist eine antiproportionale Funktion.

4 a) Beim ersten Anstieg werden ca. 250 m überwunden. Der erste Anstieg ist ca. 10 km lang.
b) Insgesamt müssen bei der Tour 750 m überwunden werden.
c) Der Umkehrpunkt wird vermutlich bei Streckenkilometer 25 liegen. Dies kann aus der Symmetrie des Graphenabschnitts beim Umkehrpunkt schließen.

6 a)

x	200	400	600	800
A	80 000	120 000	120 000	80 000

b) $f(x) = -0{,}5x^2 + 500x$; $D_f = (0; 1000)$

Seite 39

7 a) Der Ball wurde in einer Höhe von 1,8 m abgeworfen.
b) $D_f = \left(0; \frac{5 + \sqrt{97}}{2}\right) \approx (0; 7{,}42)$
c) Die maximale Höhe des Balles betrug ca. 2,4 m.
d) $D_f = \left(0; 2{,}5 + \sqrt{2{,}5^2 + 10h}\right)$
Die maximale Höhe des Balles betrug ca. 0,625 m + h.

8 a) $V(r) = \frac{1}{3}\pi \cdot r^2 \sqrt{36 - r^2}$;

r	0,5	1	1,5	2	2,5	3
V	1,57	6,20	13,69	23,70	35,70	48,97

r	3,5	4	4,5	5	5,5	6
V	62,52	74,93	84,16	86,83	75,96	0,00

b) $D_V = (0; 6)$

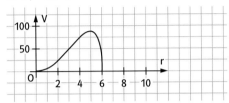

Das Volumen des Kegels ist für etwa r = 4,9 cm am größten.

9 a) $f(r) = \frac{500}{\pi \cdot r^2}$
b)

r	1	2	3	4	5
h	158,93	39,73	17,66	9,93	6,36

r	6	7	8	9	10
h	4,41	3,24	2,48	1,96	1,59

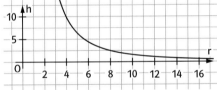

c) r = 5, h = $\frac{500}{\pi \cdot 25}$
$g(r) = 2\pi r^2 + 40r$
Der Oberflächeninhalt für r = 5 beträgt
$50\pi + 200 \text{ cm}^2 \approx 357,08 \text{ cm}^2$

10 a) Individuelle Lösung. Beispiel:
Mit einer 20 m langen Schnur soll ein Rechteck mit den Seitenlängen a und b (in m) gelegt werden. Dabei soll a höchstens 7 m lang sein. Geben Sie die Funktion a ↦ b an.
b) Individuelle Lösung. Beispiel:
Bestimmen Sie eine Funktion, die jeder Zahl die Hälfte der Quadratwurzel zuordnet.

c) Individuelle Lösung. Beispiel:
Der Eintrittspreis für Gruppen in einem Museum wird so bestimmt: Für die Führung pauschal 30 € und für jede Person 5 €. Bestimmen Sie eine Funktion, mit der der Eintrittspreis bestimmt werden kann.

11 a) Wählt man den Koordinatenursprung auf der Fahrbahn in der Mitte der beiden Pfeiler, so lässt sich das Spannseil mit dem Graphen der Funktion f: x ↦ h mit $f(x) = 0,00019719715 \cdot x^2 + 15$ beschreiben. Hierbei ist x (in m) der horizontale Abstand zum gewählten Koordinatenursprung und h = f(x) die Höhe (in m) über der Fahrbahn.
b) $f(100) \approx 16,97$; $f(200) \approx 22,89$; $f(500) \approx 64,30$
c) $D_f = (-995,5; 995,5)$

2 Mittlere Änderungsrate – Differenzenquotient

Seite 40

Einstiegsproblem
Die Grafik gibt einen schnelleren Überblick über das Gesamtgeschehen im betrachteten Zeitraum; allerdings kann man den Anstieg der Bevölkerungszahl leicht überschätzen, wenn man nicht den verschobenen Nullpunkt der y-Achse übersieht.
Der Tabelle kann man leichter die genauen Zahlen entnehmen, insbesondere kann man die Änderung der Bevölkerungszahl in Zehnjahreszeiträumen berechnen.

Seite 41

1 a) –10   b) –0,04167
c) –5000   d) –0,00001

2 a) $\frac{7-0}{9-1} = \frac{7}{8}$ b) $\frac{0-0}{3-1} = \frac{0}{2} = 0$
c) $\frac{7-4}{9-7} = \frac{3}{2}$ d) $\frac{2-0}{6-4} = \frac{2}{2} = 1$

Seite 42

3 a) $v_m = 1{,}25 \frac{m}{min}$ b) $v_m = 12{,}5 \frac{m}{min}$

6 Der Differenzenquotient von f im Intervall I = [a, b] entspricht der Steigung der Geraden durch die Punkte P(a|f(a)), Q(b|f(b))

a)
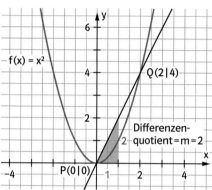

b)
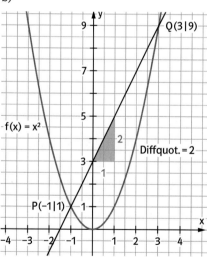

c)
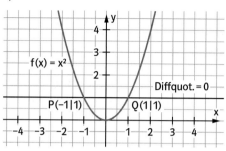

d)
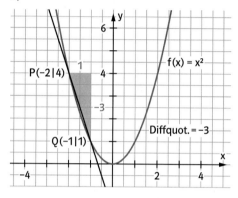

7 Mögliche Lösung:
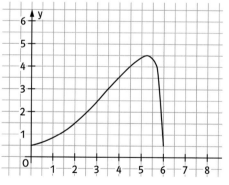

3 Momentane Änderungsrate – Ableitung

Seite 43

Einstiegsproblem
Konstruktion: Die Tangente ist die Orthogonale zur Verbindungslinie vom Berührpunkt zum Kreismittelpunkt. Idee zur näherungsweisen Berechnung. Z.B. Mittelung von Sekantensteigung links und rechts des Berührpunktes.

Seite 45

1 a) $f'(2) = 4$ b) $f'(2) = -0{,}5$
c) $f'(2) = 8$ d) $f'(2) = 32$
e) $f'(2) = 12$ f) $f'(2) = 0$
g) $f'(2) \approx 0{,}35$ h) $f'(2) = 0$

2 a) A) $f'(-1) = -2$ B) $f'(-1) = 3$
C) $f'(-1) = -1$ D) $f'(-1) = -3$
b) A)

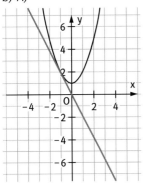

B)

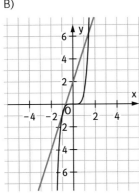

C)

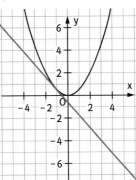

D)

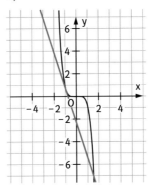

3 $s(t) = 4t^2$
Differenzenquotient: $\dfrac{s(t+h) - s(t)}{h}$
$= \dfrac{4(t+h)^2 - 4t^2}{h} = \dfrac{4t^2 + 8th + 4h^2 - 4t^2}{h} = 8t + 4h$
$t_0 = 1$; $h = 0{,}001$: $8 \cdot 1 + 4 \cdot 0{,}001 = 8{,}004$
$t_1 = 5$; $h = 0{,}001$: $8 \cdot 5 + 4 \cdot 0{,}001 = 40{,}004$
Die momentane Änderungsrate $s(t)$ beschreibt die Geschwindigkeit des Körpers.

4 a) Die Steigung des Graphen ist in den Punkten A und D positiv.
b) $C \mapsto B \mapsto A \mapsto D$

Seite 46

5 a) $f'(x_0) = 1$ b) $f'(x_0) = -1$
c) $f'(x_0) = -0{,}5$ d) $f'(x_0) = 2$

6 a) Die Steigung betrug um 10.15 Uhr ca. 2000 m/h, um 10.45 Uhr ca. -2000 m/h und um 11.15 Uhr ca. -3000 m/h.
b) Die momentane Änderungsrate der Flughöhe war etwa um 10.05 Uhr am größten und etwa um 11.20 Uhr am kleinsten.

9 Der Graph der Funktion f mit $f(x) = -x^2 + 5$ ist eine nach unten geöffnete Parabel, die gegenüber der Normalparabel um 5 in y-Richtung verschoben ist; der Scheitelpunkt liegt bei P(0|5). Da die Steigung des Graphen von f für $x < 0$ positiv, für $x > 0$ negativ und für $x = 0$ ist, erhält man
a) $f'(3) < 0$ b) $f'(-5) > 0$
c) $f'(100) < 0$ d) $f'(0) = 0$.

10 a) Nach 5 Sekunden hat das Fahrzeug einen Weg von 75 Metern, nach 8 Sekunden einen Weg von 96 Metern zurückgelegt.
b) $s'(6) = 8$ und $s'(10) = 0$. Die momentane Änderungsrate $s'(t)$ entspricht der Geschwindigkeit des Fahrzeugs.
c) Die angegebene Formel ist für $t > 10$ nicht definiert und kann für $t = 11$ s nicht gelten, da das Fahrzeug bereits nach 10 Sekunden steht (vgl. Teilaufgabe b): $s'(10) = 0$).

4 Ableitung berechnen

Seite 47

Einstiegsproblem
Es sei $h \neq 0$.
$\frac{h}{h} = 1$, insbesondere $\frac{h}{h} \to 1$; $\frac{h}{h^2} \to 0$; $\frac{h^2}{h} \to \infty$; $\frac{2h}{3h} \to \frac{2}{3}$; $\frac{2h}{3h^2} \to 0$

Seite 48

1 a) $f'(2) = 4$ b) $f'(1) = 4$
c) $f'(2) = -4$

2 a) $f'(5) = -30$ b) $f'(-5) = 30$
c) $f'(-1{,}5) = 9$

3 a) $f'(4) = 8$ b) $f'(3) = -12$
c) $f'(3) = 12$ d) $f'(4) = 16$
e) $f'(-1) = 1$ f) $f'(-2) = -8$
g) $f'(2) = 2$ h) $f'(3) = -1$
i) $f'(7) = 0$

4 a) $y = 2x - 1$ b) $y = 3x - 2{,}25$
c) $y = 8x - 16$ d) $y = 4x - 2$

5 a) $f'(-1) = -1$; $y = -x - 2$
b) $f'(1) = -2$; $y = -2x + 4$
c) $f'(1) = -1$; $y = -x + 2$
d) $f'(1) = \frac{3}{16}$; $y = \frac{3}{16}x - \frac{3}{2}$
e) $f'(1) = -\frac{1}{16}$; $y = -\frac{1}{16}x + \frac{1}{2}$
f) $f'(1) = -4$; $y = -4x + 4$

Seite 49

8 a) Die Ableitung von f mit $f(x) = 3x + 2$ an den Stellen $x_0 = 4$ und $x_1 = 9$ ist 3.
b) Die Ableitung einer linearen Funktion mit $y = mx + c$ an einer beliebigen Stelle x_0 ist m.

9 $f'(1) = 3$

10 a) $f'(2) = 12$ b) $f'(1) = -3$
c) $f'(1) = 1$

11 $f'(1) = \frac{1}{2}$

12 a) $f'(10) = \frac{1}{2\sqrt{10}}$ b) $f'(1) = 1$
c) $f'(8) = -\frac{3}{2\sqrt{8}}$

13 a) α = 45°   b) α = 14°
c) α = 89,4°

14 a) y = x − 0,5   b) y = −8x − 12
c) y = 0,5 · √2 x + 0,35
d) y = −12x + 18

5 Die Ableitungsfunktion

Seite 50

Einstiegsproblem
Die Geschwindigkeit kann man mittels der Steigung der Tangente näherungsweise geometrisch bestimmen.

Zeit in h	0,5	1	1,5	2	2,5	3	3,5
Geschw. in $\frac{km}{h}$	30	10	5	40	2	3	25

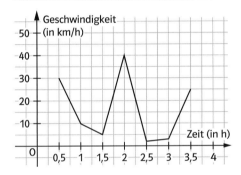

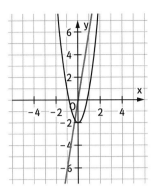

c) $\frac{f(x_0+h)-f(x_0)}{h} = \frac{\frac{2}{x_0+h}+1-\left(\frac{2}{x_0}+1\right)}{h} = \frac{\frac{2x_0-2(x_0+h)}{x_0(x_0+h)}}{h}$

$= \frac{-2h}{h \cdot x_0(x_0+h)} = \frac{-2}{x_0(x_0+h)} \to -\frac{2}{x_0^2}$ für $h \to 0$

Seite 51

1 a) $\frac{f(x_0+h)-f(x_0)}{h} = \frac{3(x_0+h)^2-2-(3x_0^2-2)}{h}$

$= \frac{3x_0^2+6x_0h+3h^2-2-3x_0^2+2}{h} = \frac{6x_0h+3h^2}{h}$

$= \frac{h(6x_0+3h)}{h}$

$= 6x_0 + 3h \to 6x_0$ für $h \to 0$

b) $f'(x) = 6x$

x	−3	−2	−1	0	1	2	3
f(x)	25	10	1	−2	1	10	25
f'(x)	−18	−12	−6	0	6	12	18

Seite 52

2 (A) ↦ (3)
Die Steigung des Graphen von (A) ist immer positiv und wird mit größer werdenden x kontinuierlich größer.
(B) ↦ (1)
Die Steigung des Graphen von (B) ist immer positiv. An der Stelle 0 ist die Steigung 0.
(C) ↦ (4)
Der Graph in (C) hat eine konstante, positive Steigung.
(D) ↦ (2)
Der Graph von (D) hat bis zur Stelle −1 eine negative Steigung. Dann ist bis zur Stelle 1 die Steigung positiv. Danach ist sie wieder negativ.

5 a) Wenn die Funktionswerte einer Funktion f für größer werdende x ansteigen, dann ist die dazugehörige Ableitungsfunktion in diesem Intervall positiv.
b) Je größer die Steigung des Graphen von f ist, desto größer ist die Ableitung von f.
c) Wenn eine Funktion f linear ist, dann ist die dazugehörige Ableitungsfunktion konstant.

d) Wenn die Funktionswerte einer Funktion f konstant sind, dann ist die dazugehörige Ableitungsfunktion null.

6 a) Wenn der Graph von f nach unten verschoben wird, verändert sich der Graph von f' nicht.
b) Wenn der Graph von f nach oben verschoben wird, verändert sich der Graph von f' nicht.
c) Wenn der Graph von f nach rechts verschoben wird, verschiebt sich auch der Graph von f' nach rechts.
d) Wenn der Graph von f nach links verschoben wird, verschiebt sich auch der Graph von f' nach links.

6 Ableitungsregeln

Seite 53

Einstiegsproblem

Funktion	f_1	f_2	f_3	f_4	f_5	f_6
Ableitungsfunktion	g'_2	g'_5	g'_6	g'_1	g'_3	g'_4

Mögliche Begründung:
f_1: im Lehrtext zu Lerneinheit 5 berechnet
f_2: konstanter Anstieg 1 der Winkelhalbierenden
f_3: gestreckte Funktion, also steilerer Anstieg als bei f_1
f_4: fallende Gerade, also konstanter negativer Anstieg
f_5: zusammengesetzte Funktion mit positivem Anstieg
f_6: zusammengesetzte Funktion mit negativem Anstieg

Seite 54

1 a) $f'(x) = 3x^2$ b) $f'(x) = 10x^9$
c) $f'(x) = -4x^{-5}$ d) $f'(x) = 3x^2 + 5x^4$
e) $f'(x) = 11x^{10} - 10x^{-11}$
f) $f'(x) = 12x^3 + 35x^6$
g) $f'(x) = 16x^{-5} - x^4$

h) $f'(x) = 2x^{-3} + 15x^{-6}$
i) $f'(x) = 6x^{-3} - 6x$

2 a) $f'(x) = 2ax + b$
b) $f'(x) = -\frac{a}{x^2}$ c) $f'(x) = (c+1)x^c$
d) $f'(t) = 2t + 3$ e) $f'(x) = 1$
f) $f'(t) = -1$

3 a) $f'(x) = 5 - 2x$
b) $f'(x) = 2x + 3x^2$ c) $f'(x) = 15x^2 + 20x$
d) $f'(x) = 2x + 4$ e) $f'(x) = 4x - 8$
f) $f'(x) = 2x$

4 a) $y = 0{,}5x - \frac{3}{16}$
b) $y = -\frac{4}{27}x + \frac{2}{3}$
c) $y = 24{,}75x - 34{,}25$
d) $y = -3{,}39x + 5{,}99$

Seite 55

7 a) $y = x - 0{,}5$ b) $y = -8x - 12$
c) $y = 3x + 2{,}25$ d) $y = -12x + 18$

8 a) $P(1 | 0{,}5)$ b) $P(-0{,}5 | -2{,}25)$
c) $P\left(\sqrt{\tfrac{1}{3}} \,\middle|\, \sqrt{\tfrac{1}{27}}\right)$

9 Die Funktionen f und g haben an den Stellen $x = 0$ und $x = \frac{2}{3}$ die gleiche Ableitung.
Die Funktionen f und h haben an der Stelle $x = 1$ die gleiche Ableitung. Die Funktionen g und h haben an den Stellen $x = \sqrt{\tfrac{2}{3}}$ und $x = -\sqrt{\tfrac{2}{3}}$ die gleiche Ableitung.

10 Nach 1 Sekunde hat der Körper eine Geschwindigkeit von $10\,\tfrac{m}{s}$.

11 a) $v(t) = 5 - 10t$ (v in $\tfrac{m}{s}$).
Nach 2 Sekunden hätte der Ball eine Geschwindigkeit von $v = -15\,\tfrac{m}{s}$. Nach 0,25 Sekunden hätte sich die Geschwindigkeit halbiert. Nach 0,5 Sekunden hätte er den höchsten Punkt erreicht.

b) $v_0 = \sqrt{70} \approx 8{,}37$
c) $v(t) = v_0 - 10t$ $\left(v \text{ in } \frac{m}{s}\right)$.

14 Differenzenquotient für f: $\dfrac{-\frac{5}{x_0+h} + \frac{5}{x_0}}{h}$;

Differenzenquotient für g: $\dfrac{\frac{1}{x_0+h} - \frac{1}{x_0}}{h}$

$\dfrac{f(x_0+h) - f(x_0)}{h} = \dfrac{-\frac{5}{x_0+h} + \frac{5}{x_0}}{h} = -5 \cdot \dfrac{\frac{1}{x_0+h} - \frac{1}{x_0}}{h}$

$= -5 \cdot \dfrac{g(x_0+h) - g(x_0)}{h}$.

Für den Grenzübergang $h \to 0$ erhält man somit $f'(x) = -5 \cdot g'(x)$.

15 Differenzenquotient für

f: $\dfrac{(x_0+h)^2 - (x_0)^2}{h}$;

Differenzenquotient für g: $\dfrac{(x_0+h)^3 - (x_0)^3}{h}$;

Differenzenquotient für s: $\dfrac{s(x_0+h) - s(x_0)}{h}$

$= \dfrac{(x_0+h)^2 + (x_0+h)^3 - (x_0)^2 - (x_0)^3}{h}$

$= \dfrac{(x_0+h)^2 - (x_0)^2}{h} + \dfrac{(x_0+h)^3 - (x_0)^3}{h}$

$= \dfrac{f(x_0+h) - f(x_0)}{h} + \dfrac{g(x_0+h) - g(x_0)}{h}$

Für den Grenzübergang $h \to 0$ erhält man somit $s'(x) = f'(x) + g'(x)$.

7 Stetigkeit und Differenzierbarkeit von Funktionen

Seite 57

Einstiegsproblem

a)

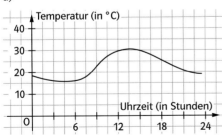

b) Dargestellt ist der Bereich von 1500 bis 2000 cm³.

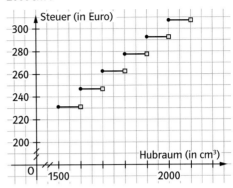

c) Gauß-Klammer [x] oder im Englischen floor-Function floor (x).

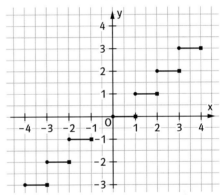

Seite 58

1 Fig. 2: Stetig auf dem ganzen sichtbaren Intervall; überall differenzierbar, außer an den Stellen $x_1 = 1$ und $x_2 = 2$.
Fig. 3: Die zugehörige Funktion f lautet $f(x) = \frac{1}{x}$. Sie ist stetig und differenzierbar auf ihrem gesamten Definitionsbereich $D_f = \mathbb{R} \setminus \{0\}$.

2 a) Falsch, da z.B. der Grenzwert $\lim\limits_{x \to x_0} f(x)$ nicht mit dem Funktionswert $f(x_0)$ übereinstimmen muss.

b) Richtig, aus $\lim_{x \to x_0} f(x) = f(x_0)$ kann die Differenzierbarkeit folgen, muss aber nicht.
c) Falsch, Stetigkeit und Differenzierbarkeit kann nur dann an der Stelle x_0 untersucht werden, wenn die Funktion für x_0 definiert ist.
d) Richtig, aus der Differenzierbarkeit folgt die Stetigkeit.

3 Sei T(x) die Funktion, die jedem Punkt auf dem Äquator die aktuelle Temperatur zuordnet (T(x) in °C, $x \in [0, 2\pi]$ im Bogenmaß).
Nach Voraussetzung ist T stetig und es gilt $T(0) = T(2\pi)$.
Behauptung: Die Funktion f mit $f(x) = T(x) - T(x + \pi)$ hat mindestens eine Nullstelle, denn dann ist die Temperatur in x gleich wie im gegenüberliegenden Punkt $x + \pi$.
Beweis: Ist $f(0) = 0$, so sind die beiden gesuchten Stellen 0 und π.
Ist $f(x) \ne 0$, so gilt für die gegenüberliegenden Stellen 0 und π:
$f(0) = T(0) - T(\pi) = T(2\pi) - T(\pi)$ und $f(\pi) = T(\pi) - T(2\pi)$, also gilt $f(0) = -f(\pi)$.
Die beiden Funktionswerte haben unterschiedliche Vorzeichen. Aufgrund der Stetigkeit von f muss es mindestens eine Stelle x_0 geben, für die $f(x_0) = 0$ ist.

4 Begründung anhand von Graphen:
A und E' sowie A' und E müssen auf derselben Höhe über NN liegen. Die Aufstiegs- bzw. Abstiegsgraphen gehören zu stetigen, monotonen Funktionen. Legt man die Graphen von Aufstieg und Abstieg übereinander, so ist offensichtlich, dass es eine Stelle gibt, die am Vortag zur selben Zeit passiert wurde.
Die Graphen können z.B. so aussehen:
Aufstieg:

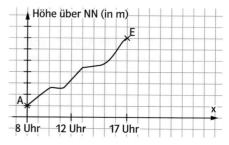

Abstieg:

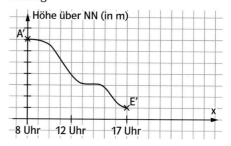

5 Mehrere Sachverhalte sind in dieser Aussage falsch:
1. In der Formulierung des Nullstellensatzes fehlt die Voraussetzung, dass die Funktion stetig auf dem untersuchten Intervall ist.
2. Es wird unterstellt, dass der Nullstellensatz umgekehrt werden kann. Dass dies nicht so ist, zeigt die angegebene Funktion.

Wiederholen – Vertiefen – Vernetzen

Seite 59

1 a) Sind a und b die Seitenlängen des Rechtecks (jeweils in cm) und F der Flächeninhalt des Rechtecks (in cm^2), so erhält man für f: $b = f(a) = 25 - a$ und für g: $F = g(a) = 25a - a^2$.
b) $f(5) = 20$, $g(5) = 100$. $D_f = D_g = (0; 25)$.

2 a) $1{,}5 \dfrac{\text{arbeitslose Jugendliche}}{\text{Monat}}$

b) $-3{,}6 \dfrac{\text{arbeitslose Jugendliche}}{\text{Monat}}$

c) $-8\,\dfrac{\text{arbeitslose Jugendliche}}{\text{Monat}}$

d) $-0{,}45\,\dfrac{\text{arbeitslose Jugendliche}}{\text{Monat}}$

e) Im Sommer steigen die Arbeitslosenzahlen der Jugendlichen sprunghaft an. Dies könnte an den Jugendlichen liegen, die nach Abschluss ihrer Schule im Sommer in den Arbeitsmarkt entlassen werden. Da in den kalten Wintermonaten Januar und Februar weniger Jugendliche eingestellt werden, liegen die Arbeitslosenzahlen der Jugendlichen hier etwas höher als in den Monaten Dezember und April.

f) Mögliche Lösung: Die Anzahl der arbeitslosen Jugendlichen in Deutschland hat sich während des Zeitraums von Januar bis November schon verändert. Insgesamt glichen sich die Veränderungen jedoch fast aus, sodass die Gesamtveränderung über diesen Zeitraum lediglich 1000 Personen ist.

3 a) $f'(x) = 6x^2$ b) $f'(x) = -3x^{-4}$
c) $f'(x) = 15x^4$ d) $f'(x) = -2x^{-3}$
e) $f'(t) = -4x^{-5} + 5x^4$ f) $f'(x) = 1 + 3x^2$

4 a) $f'(x) = 2x$ b) $f'(x) = 4x^3$
c) $f'(x) = 2$ d) $f'(x) = 2x + 2$
e) $f'(x) = \frac{1}{2}$ f) $f'(x) = -x^{-2}$
g) $f'(x) = acx^{c-1}$ h) $f'(x) = (2+c)x^{1+c}$
i) $f'(x) = 3x^2 + c$

5 a) $y = 2{,}7x - 5{,}4$ b) $y = -0{,}125x + 1$
c) $y = -6x - 5$

6 Der Anstieg von f muss -3 sein.
a) $f'(x) = 2$; Der Graph von f ist an keiner Stelle parallel zum Graphen von g.
b) $f'(x) = \frac{1}{x^2} \neq -3$; Der Graph von f ist an keiner Stelle parallel zum Graphen von g.
c) $f'(x) = -0{,}03x^2 = -3$; $P_1(10|-10)$; $P_2(-10|10)$
d) $f'(x) = 2x = -3$; $P_0\left(-1{,}5\,\Big|\,\frac{9}{4} + a\right)$
e) $f'(x) = 2bx = -3$; $P_0\left(-\frac{3}{2b}\,\Big|\,\frac{9}{4b}\right)$
f) $f'(x) = 3bx^2 = -3$; $P_0\left(-\frac{1}{\sqrt{b}}\,\Big|\,-\frac{1}{b^2} + c\right)$

7 a) Für $x_1 = -2$, für $x_2 = 0$ und für $x_3 = 1$ sind die Funktionswerte von f und g gleich.
b) Für $x_1 = \frac{1-\sqrt{7}}{3} \approx -1{,}22$ und für $x_2 = -\frac{1+\sqrt{7}}{3} \approx 0{,}55$ sind die Ableitungen von f und g gleich.

8 a) $(-3|23)$ und $(3|-23)$
$t(x) = x - 18$ und $t(x) = x + 18$
b) $(0{,}5|4)$, $t(x) = 8x$
c) $(0|6)$ und $(2|2)$, $t(x) = 6$ und $t(x) = 2$
d) $(2|-2)$ und $(-2|2)$, $t(x) = x - 4$ und $t(x) = x + 4$
e) $(-2|0{,}25)$, $t(x) = \frac{9}{4}x + \frac{3}{4}$
f) $(\approx 0{,}496 | \approx 3{,}640)$ und $(\approx -0{,}496 | \approx 2{,}360)$
$t(x) \approx 4x + 4{,}343$ und $t(x) \approx 4x + 1{,}656$

Seite 60

9 a) Richtig. Da $f'(x) > 0$ für $x \in [-1;\,1]$ ist die Steigung des Graphen positiv.
b) Falsch. Es ist $f'(x) > 0$ für $x \in [2;\,2{,}5]$, also ist die Steigung des Graphen positiv.
c) Richtig. Es ist
$f'(-2{,}5) = f'(-1{,}5) = f'(2{,}5) = 0$,
die Steigung des Graphen ist an diesen Stellen also gleich null.

10 a) Im Monat Juni sowie in den Monaten September und Oktober nahm die Einwohnerzahl in Deutschland zu.
b) Die Einwohnerzahl von Deutschland lag zum 31. 12. 2006 bei etwa 82 309 000.

11 a) Die elektrische Stromstärke betrug nach 3 Sekunden etwa 1 Ampere. Nach 6 Sekunden war die Stromstärke etwa null.
b) Die elektrische Stromstärke ist nach ca. 4,5 Sekunden mit ca. 2 Ampere am größten.

12 a) $H'(0{,}5) = 0$; $H'(1{,}5) = -5$; $H'(2{,}5) = 0$
b) Die Funktion H ist lediglich an der Stelle $t = 1$ differenzierbar. An der Stelle $t = 1{,}8$ lässt sich kein eindeutiger Grenzwert für den Differenzenquotienten von H bestimmen.

III Extrem- und Wendepunkte

1 Nullstellen

Seite 66

Einstiegsproblem
Der linke Graph gehört zu f, der rechte zu g.
Vorteil der Produktschreibweise: Man kann die Schnittstellen des Graphen mit der x-Achse einfach bestimmen. Vorteil der Summenschreibweise: Man kann die Schnittstelle des Graphen mit der y-Achse ablesen.

Seite 67

1 a) $x_1 = 2$, $x_2 = -5$ b) $x_1 = 0$
c) $x_1 = -1$, $x_2 = 3$
d) $x_1 = -1$, $x_2 = 0$, $x_3 = 10$
e) $x_1 = -2$, $x_2 = 2$, $x_3 = 3$
f) $x_1 = 0$, $x_2 = 1{,}5$, $x_3 = 2$

2 a) $x_1 = -4$, $x_2 = -2$, $x_3 = 2$, $x_4 = 4$
b) $x_1 = -3$, $x_2 = 3$
c) $x_1 = -\sqrt{6}$, $x_2 = \sqrt{6}$
d) $x_1 = -1$, $x_2 = 1$
e) $x_1 = -4$, $x_2 = -1$, $x_3 = 1$, $x_4 = 4$
f) $x_1 = 1$, $x_2 = 3^{\frac{2}{3}} \approx 2{,}0801$

3 a) $x_1 = -4$, $x_2 = -2$, $x_3 = 0$, $x_4 = 2$, $x_5 = 4$
b) $x_1 = -4$, $x_2 = -1$, $x_3 = 0$, $x_4 = 1$, $x_5 = 4$
c) $x_1 = -\sqrt{6}$, $x_2 = 0$, $x_3 = \sqrt{6}$
d) $x_1 = -\frac{1}{2}\sqrt{6}$, $x_2 = -\frac{1}{3}\sqrt{6}$, $x_3 = 0$, $x_4 = \frac{1}{3}\sqrt{6}$, $x_5 = \frac{1}{2}\sqrt{6}$
e) $x_1 = -\frac{1}{2}\sqrt{6}$, $x_2 = -\frac{1}{3}\sqrt{6}$, $x_3 = \frac{2}{3}$, $x_4 = \frac{1}{3}\sqrt{6}$, $x_5 = \frac{1}{2}\sqrt{6}$
f) $x_1 = -\sqrt{3}$; $x_2 = -\frac{1}{3}\sqrt{15}$, $x_3 = \frac{1}{3}\sqrt{15}$, $x_4 = \sqrt{3}$, $x_5 = 2$

4 a) $x_1 = -2\sqrt{2}$, $x_2 = 0$, $x_3 = 2\sqrt{2}$, $x_4 = 3$
b) $x_1 = -4$, $x_2 = 0$, $x_3 = 2$
c) $x_1 = -3$, $x_2 = -1$, $x_3 = 0$

d) $x_1 = -2$, $x_2 = 0$, $x_3 = 2$, $x_4 = 5$
e) $x_1 = -5$, $x_2 = -4$, $x_3 = 0$, $x_4 = 4$, $x_5 = 5$
f) $x_1 = -2\sqrt{2}$, $x_2 = 0$, $x_3 = 2\sqrt{2}$
g) $x_1 = -2$, $x_2 = -\frac{1}{2}$, $x_3 = 2$
h) $x_1 = -\sqrt{3}$, $x_2 = \sqrt{3}$
i) $x_1 = -1$, $x_2 = 1$, $x_3 = 2$

5 a) $N_1(0|0)$; $N_2(2|0)$; $S_Y(0|0)$
b) $N_1(-3|0)$; $N_2(-1|0)$; $S_Y(0|1{,}5)$
c) $N_1(-3|0)$; $N_2(0|0)$; $N_3(3|0)$; $S_Y(0|0)$
d) $N_1(-3|0)$; $N_2(-2|0)$; $N_3(1|0)$; $S_Y(0|6)$
e) $N_1(0|0)$; $N_2(2|0)$; $S_Y(0|0)$
f) $N_1(-3|0)$; $N_2(-2|0)$; $N_3(2|0)$; $N_4(3|0)$; $S_Y(0|36)$

a)
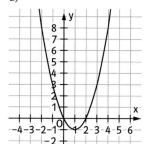

b)
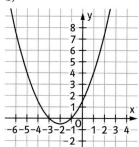

c)
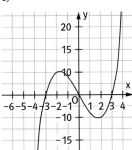

d)
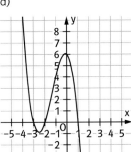

e)
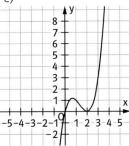

f)
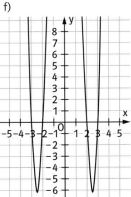

Seite 68

6 Die angegebenen Lösungen sind nur Beispiele.
a) $f(x) = (x - 2)(x + 4)$
b) $f(x) = (x - 1)(x - 2)(x - 3)(x - 4)(x - 5)$
c) $f(x) = (x + 1)(x + 2)(x + 3)$
d) $f(x) = 1 + x^2$

7 Die angegebenen Lösungen sind nur Beispiele.
a) $f(x) = (x - 2)(x + 4)$; $g(x) = (x - 2)(x + 4)^2$
b) $f(x) = (x + 1)x(x - 1)$; $g(x) = (x + 1)2x(x - 1)$

10 a) Gleichung von g: $y = -\frac{1}{5}x + \frac{14}{5}$
Schnittpunkt mit der y-Achse: $S_Y\left(0 \big| \frac{14}{5}\right)$;
Schnittpunkt mit der x-Achse: $N(14|0)$
b) Gleichung von g: $y = \frac{2}{7}x - \frac{27}{7}$
Schnittpunkt mit der y-Achse: $S_Y\left(0 \big| -\frac{27}{7}\right)$;
Schnittpunkt mit der x-Achse: $N(13,5|0)$

11 Ansatz für die Gleichung der Parabel (Maßeinheit 1m): p: $y = 2 - ax^2$
Da P(5|1) auf der Parabel liegt, gilt $1 = 2 - 25a$, also $a = 0,04$. Daher hat die Parabel die Gleichung $y = 2 - 0,04x^2$. Die Breite am Boden ist der Abstand der Schnittpunkte der Parabel mit der x-Achse: $2 - 0,04x^2 = 0$ hat die Lösungen $x = \pm\sqrt{50} \approx \pm 7,07$. Also ist der Erdwall etwa 14,14 m breit.

12 a) Die positive Nullstelle von f bestimmt die Stoßweite.
$f(x) = 0$ wird mit der abc-Formel gelöst. Lösungen sind $x_1 = -2$ und $x_2 = 9$. Der Stoß ist 9 m weit.
b) Es muss gelten $f(x) = f(0) = 1,44$. Das ergibt die Gleichung $-0,08x^2 + 0,56x = 0$ mit den Lösungen $x = 0$ und $x = 7$.
Daher ist die Kugel dann 7 m vom Abstoßpunkt entfernt.

13 Man erhält die Lösungen durch Ausmultiplizieren der Produktdarstellung und Multiplikation mit einer passenden ganzen Zahl. Angegeben ist jeweils die Lösung mit den kleinsten ganzzahligen Koeffizienten.
a) $f(x) = 5x^3 + 16x^2 - 16x$
b) $f(x) = 9x^3 - 54x^2 + 71x + 30$
c) $x^3 - 2x$
d) $f(x) = 5x^3 - x$

14 a) Die Lage der Nullstellen wird nicht verändert. Denn für eine Stelle a gilt $f(a) = 0$ genau dann, wenn $2f(a) = 0$. Allerdings hat der Graph bei $2f(x)$ die doppelte Steigung an den Nullstellen.
b) Die Nullstellen werden verändert, z.B. bei $f(x) = x^2 - 4$ sind die Nullstellen -2 und 2, während bei $g(x) = f(x) + 2$ die Nullstellen $-\sqrt{2}$ und $\sqrt{2}$ sind. Die Gleichung $f(x) = f(x) + 2$ hat keine Lösung.

15 a) Der Zug kommt zum Stehen, wenn $v(t) = 0$ ist, also wenn $0{,}8t = 30$, d.h. nach $37{,}5\,\text{s}$. Wegen $s(37{,}5) = 560$ (gerundet) beträgt der zurückgelegte Weg etwa $560\,\text{m}$, der Zug kommt also noch rechtzeitig zum Stillstand.
b) Es muss gelten $v(t) = v_{max} - 0{,}8t = 0$, also $t = \frac{v_{max}}{0{,}8}$. Eingesetzt in $s(t) = v_{max}t - 0{,}4t^2 = 1000$ ergibt $\frac{v_{max}^2}{0{,}8} - 0{,}4 \frac{v_{max}^2}{0{,}64} = 1000$, also $0{,}625 v_{max}^2 = 1000$, $v_{max} = 40$.

2 Monotonie

Seite 69

Einstiegsproblem
Aufwärtsbewegung in den Intervallen $[0\,\text{s}; 0{,}5\,\text{s}]$, $[1\,\text{s}; 1{,}5\,\text{s}]$, $[2\,\text{s}; 2{,}5\,\text{s}]$. Für Zeitpunkte t_1, t_2 aus diesen Intervallen mit $t_1 < t_2$ gilt: $f(t_1) < f(t_2)$.

Seite 70

1 a) f ist im Intervall $(-\infty; 0]$ streng monoton wachsend und im Intervall $[0; \infty)$ streng monoton fallend.
b) f ist in den Intervallen $[-1; 0]$ und $[1; \infty)$ streng monoton wachsend und in den Intervallen $(-\infty; -1]$ und $[0; 1]$ streng monoton fallend.
c) f ist im Intervall $I = \mathbb{R}$ streng monoton wachsend.
d) f ist im Intervall $I = \mathbb{R}$ monoton wachsend und monoton fallend.
e) f ist im Intervall $I = \mathbb{R}$ streng monoton fallend.
f) f ist in den Intervallen $\left(-\infty; -\frac{1}{\sqrt{3}}\right]$ und $\left[\frac{1}{\sqrt{3}}; \infty\right)$ streng monoton fallend und im Intervall $\left[-\frac{1}{\sqrt{3}}; \frac{1}{\sqrt{3}}\right]$ streng monoton wachsend.
g) f ist in den Intervallen $(-\infty; 0)$ und $(0; \infty)$ streng monoton fallend.
h) f ist in den Intervallen $(-\infty; -1]$ und $[1; \infty)$ streng monoton wachsend und in den Intervallen $[-1; 0)$ und $(0; 1]$ streng monoton fallend.

2 a) f ist in den Intervallen $[-4; 1]$ und $[3; 5]$ streng monoton wachsend und im Intervall $(1; 3)$ streng monoton fallend.
b) f ist im Intervall $[-2; 5]$ streng monoton wachsend und im Intervall $[-4; -2]$ streng monoton fallend.
c) f ist in den Intervallen $[-4; -3]$ und $[-2; 1]$ streng monoton wachsend und in den Intervallen $[-3; -2]$ und $[1; 5]$ streng monoton fallend.

3 a) Die Funktion *Länge eines Drahtes → Gewicht des Drahtes* ist streng monoton wachsend; verlängert man einen Draht, so nimmt auch sein Gewicht zu.

b) Die Funktion *Zeit → Höhe einer Pflanze* ist nur während der Wachstumsphase der Pflanze streng monoton wachsend.
c) Die Funktion *Fahrstrecke → Tankinhalt* ist streng monoton fallend; je länger eine Fahrt dauert, desto mehr Treibstoff wird verbraucht.
d) Die Funktion *Fallzeit → Höhe über dem Erdboden* ist streng monoton fallend; je länger ein Körper fällt, desto geringer ist seine Höhe über dem Erdboden.

Seite 71

4 a) f mit $f(x) = x$ und g mit $g(x) = 2x + 3$.

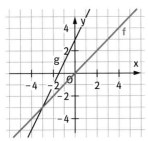

b) f mit $f(x) = (x - 1)^2$ und g mit $g(x) = \frac{1}{2}(x - 1)^2 - 1$

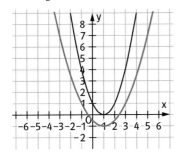

c) f mit $f(x) = x^3$ und g mit $g(x) = \frac{1}{4}(x + 2)^3 + 1$

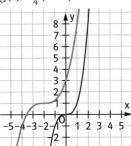

5 Die angegebenen Lösungen sind nur Beispiele.
a) f mit $f(x) = x$
b) f mit $f(x) = x^2$
c) f mit $f(x) = -x^3 + 12x$
d) f mit $f(x) = -x^3 - 9x^2 - 15x$

6 Aussage a) ist falsch, da f' im Intervall $(0; 1)$ positiv ist und f aufgrund des Monotoniesatzes auf diesem Intervall streng monoton wachsend ist.
Aussage b) ist wahr, da f' im Intervall $(-2; 0)$ positiv ist und f aufgrund des Monotoniesatzes auf diesem Intervall streng monoton wachsend ist.
Aussage c) ist wahr, da f' im Intervall $(1; 3)$ negativ ist und f aufgrund des Monotoniesatzes auf diesem Intervall streng monoton fallend ist.

9 a) Die Funktion *Füllhöhe → Flüssigkeitsoberfläche* ist nur für das Gefäß unten links streng monoton wachsend. Beim Gefäß oben rechts ist die Funktion lediglich monoton fallend. Damit die Funktion streng monoton wachsend oder fallend ist, muss die seitliche Begrenzungslinie des Profils entweder durchgehend nach innen oder nach außen verlaufen.
b) Beispiele für eine streng monoton wachsende Funktion:

Beispiele für eine monoton wachsende, aber nicht streng monoton wachsende Funktion:

Beispiele für eine monoton fallende, aber nicht streng monoton fallende Funktion:

10 a) Falsch. Die Funktion mit $y = 1$ ist eine lineare Funktion, aber nicht streng monoton.
b) Wahr. Der Scheitel unterteilt den Definitionsbereich $\mathbb{R}$ in die beiden Monotonieintervalle.
c) Wahr. Ist der Vorfaktor positiv, so ist die Potenzfunktion streng monoton steigend, ist er negativ, so ist die Potenzfunktion streng monoton fallend.
d) Wahr. Wie bei Teilaufgabe b) unterteilt der Scheitel den Definitionsbereich $\mathbb{R}$ in die beiden Monotonieintervalle.

3 Hoch- und Tiefpunkte, erstes Kriterium

Seite 72

Einstiegsproblem
A zeigt die Ableitung von C; D zeigt die Ableitung von B.

Seite 73

1 a) $T(3|2)$ b) $T\left(\frac{1}{3}\Big|\frac{2}{3}\right)$
c) $H(-2,75|30,125)$

2 a) $H\left(-\sqrt{\frac{2}{3}}\Big|\frac{4}{3}\sqrt{\frac{2}{3}}\right)$, $T\left(\sqrt{\frac{2}{3}}\Big|-\frac{4}{3}\sqrt{\frac{2}{3}}\right)$
b) $H\left(-\sqrt{\frac{2}{3}}\Big|\frac{4}{3}\sqrt{\frac{2}{3}} - 5\right)$, $T\left(\sqrt{\frac{2}{3}}\Big|-\frac{4}{3}\sqrt{\frac{2}{3}} - 5\right)$
c) $S(0|0)$
d) $T(-1,08809|-0,51145)$, $H(0|0)$, $T(1,838|-2,077)$
e) $S(0|-4)$, $H(3|2,75)$
f) $T(-1|0)$, $H(0|1)$, $T(1|0)$

3 Hochpunkt $H(-3|2)$; das Vorzeichen der Ableitung wechselt von + nach −.
Tiefpunkt $T(2|-2)$; das Vorzeichen der Ableitung wechselt von − nach +.
Sattelpunkt $S(4|-1)$; das Vorzeichen der Ableitung ist rechts und links des Sattelpunktes jeweils positiv.

4 a) $T(1|-1)$

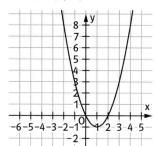

b) $T(-1|0)$

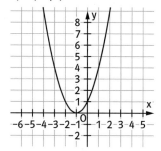

c) Kein Hochpunkt, kein Tiefpunkt, kein Sattelpunkt, da $f'(x) \neq 0$ für alle x.

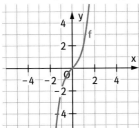

Seite 74

5 a) $x = -\frac{2}{3}$: Tiefpunkt
b) $x = -3$: Hochpunkt; $x = 2$: Tiefpunkt
c) $x = -\sqrt{3}$: Tiefpunkt; $x = 0$: Hochpunkt; $x = \sqrt{3}$: Tiefpunkt

7 $x_1 = -4$: Hochpunkt
$x_2 = 0$: Tiefpunkt
$x_3 = 3$: Sattelpunkt
$x_4 = 6{,}5$: Hochpunkt

d) $H(-1{,}15 \mid 3{,}08)$; $T(1{,}15 \mid -3{,}08)$

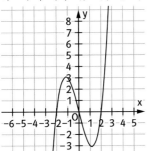

8 a)

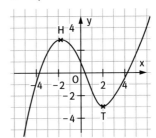

e) $H(0 \mid 0)$; $T(2 \mid -4)$

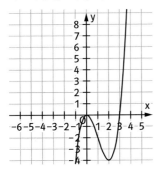

b)

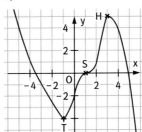

f) $H(-1 \mid -2)$; $T(1 \mid 2)$

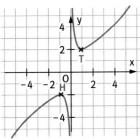

c)

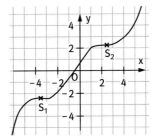

d)

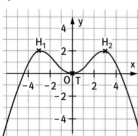

9 a) Hochpunkt H(−1,7 | 2,3); Sattelpunkt S(0 | 0); Tiefpunkt T(1,1 | −0,4)
b)

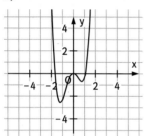

10 a) Lokales Maximum: wenn das Gefäß am schmälsten ist
Lokales Minimum: wenn das Gefäß am breitesten ist.
b)

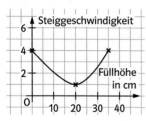

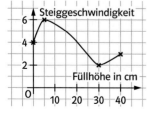

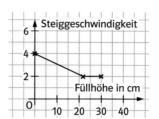

4 Die Bedeutung der zweiten Ableitung

Seite 75

Einstiegsproblem
Hier gibt es individuelle Lösungen.
Der Brief sollte beinhalten, dass beide Umsatzkurven monoton wachsend sind. Die Umsatzkurve von Regionalleiter A ist eine Rechtskurve, die Umsatzsteigerung nimmt ab; die Kurve von Regionalleiter B ist eine Linkskurve, die Umsatzsteigerung nimmt zu.

Seite 76

1 a) $f'(x) = 2x$; $f''(x) = 2$. Es ist $f''(x) > 0$ für alle x, also ist der Graph von f eine Linkskurve.
b) $f'(x) = -8x$; $f''(x) = -8$. Es ist $f''(x) < 0$ für alle x, also ist der Graph von f eine Rechtskurve.
c) $h'(x) = 3x^2 + 6x$; $h''(x) = 6x + 6$. Es ist $h''(x) > 0$ für $x > 1$, also ist der Graph von h für $x > 1$ eine Linkskurve.

2 a) Linkskurve für $x < x_3$ oder für $x > x_5$; bzw. eine Rechtskurve für $x_3 < x < x_5$.
b) $f'(x) = \frac{1}{3}x^3 - 2,25x$; $f''(x) = x^2 - 2,25$. Es ist $f''(x) > 0$ für $x < -1,5$ bzw. für $x > 1,5$. Der Graph von f ist also eine Linkskurve für $x < -1,5$ bzw. für $x > 1,5$. Für $-1,5 < x < 1,5$ ist $f''(x) < 0$, der Graph ist also eine Rechtskurve.

3 a)

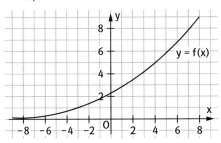

b)

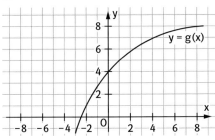

4 a) A: $f(x) < 0$; $f'(x) > 0$; $f''(x) > 0$
B: $f(x) = 0$; $f'(x) > 0$; $f''(x) > 0$
C: $f(x) > 0$; $f'(x) > 0$; $f''(x) > 0$
b) A: $f(x) < 0$; $f'(x) > 0$; $f''(x) < 0$
B: $f(x) = 0$; $f'(x) > 0$; $f''(x) < 0$
C: $f(x) > 0$; $f'(x) = 0$; $f''(x) < 0$
D: $f(x) > 0$; $f'(x) < 0$; $f''(x) = 0$
E: $f(x) = 0$; $f'(x) = 0$; $f''(x) > 0$
F: $f(x) > 0$; $f'(x) > 0$; $f''(x) > 0$
c) A: $f(x) < 0$; $f'(x) > 0$; $f''(x) < 0$
B: $f(x) < 0$; $f'(x) = 0$; $f''(x) = 0$
C: $f(x) = 0$; $f'(x) > 0$; $f''(x) > 0$
D: $f(x) > 0$; $f'(x) > 0$; $f''(x) > 0$

5 a) $f'(x) = x^3 + 6x$; $f''(x) = 3x^2 + 6$;
$f''(x) > 0$ für alle x; f ist Linkskurve für alle x.
b) $f'(x) = 3x^2 - 6x - 9$; $f''(x) = 6x - 6$;
$f''(x) > 0$ für $x > 1$, also ist der Graph von f für $x > 1$ Linkskurve; für $x < 1$ Rechtskurve.
c) $f'(x) = 3x^2 - 8x - 1$; $f''(x) = 6x - 8$;
$f''(x) > 0$ für $x > \frac{4}{3}$, also ist der Graph von f für $x > \frac{4}{3}$ Linkskurve; für $x < \frac{4}{3}$ Rechtskurve.

Seite 77

6 a)

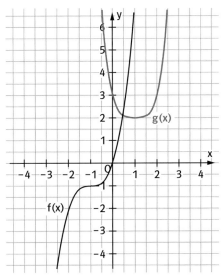

Der Graph von f ist für $x < -1$ eine Rechtskurve; für $x > -1$ eine Linkskurve. Der Graph von g ist für alle x eine Linkskurve.

b)

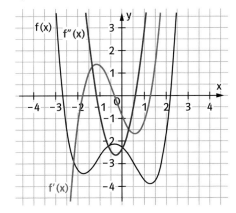

7 a) $f'(x)$ ist an der Stelle x_7 am größten und an der Stelle x_1 am kleinsten.
b) $f(x)$ ist an der Stelle x_4 am größten und an der Stelle x_2 am kleinsten.

10 Graph einer Funktion f, bei der für alle x gilt: f(x) > 0; f'(x) < 0 und f''(x) > 0.

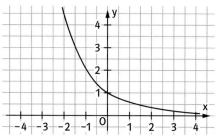

11 a) Falsch. Für x < 0 ist f''(x) < 0 und nach dem Monotoniesatz ist f' streng monoton fallend.
b) Keine Aussage möglich. Aus dem Graphen von f'' kann man nur etwas über das Monotonieverhalten von f' aussagen, nicht aber über Funktionswerte.
c) Wahr. Für x > 0 gilt: f''(x) > 0, der Graph von f ist eine Linkskurve.
d) Wahr. Um Aussagen über das Krümmungsverhalten von f' zu machen, betrachtet man die zweite Ableitung von f', also f'''. Es gilt: f'''(x) > 0 für alle x, also ist f' eine Linkskurve für alle x.

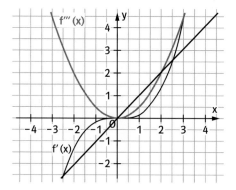

12 a) Gegenbeispiel: f(x) = x²; f'(x) = 2x. f' ist für alle x streng monoton wachsend, f ist für x < 0 aber streng monoton fallend.
b) Gegenbeispiel: f(x) = –x⁴ für x = 0 gilt: f''(0) = 0.

c) Gegenbeispiel: f(x) = x³; f''(x) = 3x²; f'''(x) = 6x. Es gilt: f'(0) = 0 und f''(0) = 0.

13 a) Zum Beispiel:

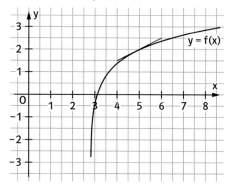

b) Da f streng monoton wachsend ist, kann es maximal eine Schnittstelle mit der x-Achse geben.
c) Für monoton wachsende Funktionen f gilt f'(x) > 0, also hat f keine lokalen Extrema. Für Randextrema untersuchen Sie das Verhalten für x → ±∞.
d) Ja. f kann streng monoton wachsend sein und die Änderungsrate immer geringer werden (f' ist streng monoton fallend).

5 Hoch- und Tiefpunkte, zweites Kriterium

Seite 78

Einstiegsproblem
Der Bodensee hat offensichtlich im Frühjahr (genau Ende Februar) und im Winter (Ende Dezember) im Mittel am wenigsten Wasser, während der höchste Wasserstand durchschnittlich Ende Juni gemessen wird.
Ist der Graph in einem Intervall eine Rechtskurve, so ist in diesem der Hochpunkt (falls vorhanden); ist der Graph in einem Intervall eine Linkskurve, so ist in diesem Intervall der Tiefpunkt (falls vorhanden).

Seite 80

1 a) $f(x) = x^2 - 5x + 5$; $f'(x) = 2x - 5$; $f''(x) = 2$
Notwendige Bedingung $f'(x) = 0$ liefert $x_0 = \frac{5}{2}$.
Wegen $f''\left(\frac{5}{2}\right) = 2 > 0$ ist $f\left(\frac{5}{2}\right) = -\frac{5}{4}$ lokales Minimum.

b) $f(x) = 2x - 3x^2$; $f'(x) = -6x + 2$; $f''(x) = -6$
Nullstellen von f': $x_0 = \frac{1}{3}$.
Wegen $f''\left(\frac{1}{3}\right) = -6 < 0$ ist $f\left(\frac{1}{3}\right) = \frac{1}{3}$ lokales Maximum.

c) $f(x) = x^3 - 6x$; $f'(x) = 3x^2 - 6$; $f''(x) = 6x$
Nullstellen von f': $x_1 = \sqrt{2}$; $x_2 = -\sqrt{2}$
$x_1 = \sqrt{2}$: $f''(\sqrt{2}) = 6\sqrt{2} > 0$; lokales Minimum $f(\sqrt{2}) = -4\sqrt{2}$.
$x_2 = -\sqrt{2}$: $f''(-\sqrt{2}) = -6\sqrt{2} < 0$; lokales Maximum $f(-\sqrt{2}) = 4\sqrt{2}$.

d) $f(x) = x^4 - 4x^2 + 3$; $f'(x) = 4x^3 - 8x$; $f''(x) = 12x^2 - 8$
Nullstellen von f': $x_1 = 0$; $x_2 = \sqrt{2}$; $x_3 = -\sqrt{2}$
$x_1 = 0$: $f''(0) = -8$; lokales Maximum $f(0) = 3$
$x_2 = \sqrt{2}$: $f''(\sqrt{2}) = 16$; lokales Minimum $f(\sqrt{2}) = -1$.
$x_3 = -\sqrt{2}$: $f''(-\sqrt{2}) = 16$; lokales Minimum $f(-\sqrt{2}) = -1$.

e) $f(x) = \frac{4}{5}x^5 - \frac{10}{3}x^3 + \frac{9}{4}x$;
$f'(x) = 4x^4 - 10x^2 + \frac{9}{4}$; $f''(x) = 16x^3 - 20x$
Nullstellen von f': $x_1 = -\frac{3}{2}$; $x_2 = -\frac{1}{2}$; $x_3 = \frac{1}{2}$; $x_4 = \frac{3}{2}$
$x_1 = -\frac{3}{2}$: $f''\left(-\frac{3}{2}\right) = -24 < 0$; lokales Maximum $f\left(-\frac{3}{2}\right) = \frac{9}{5}$.
$x_2 = -\frac{1}{2}$: $f''\left(-\frac{1}{2}\right) = 8 > 0$; lokales Minimum $f\left(-\frac{1}{2}\right) = -\frac{11}{15}$.
$x_3 = \frac{1}{2}$: $f''\left(\frac{1}{2}\right) = -8 < 0$; lokales Maximum $f\left(\frac{1}{2}\right) = \frac{11}{15}$.
$x_4 = \frac{3}{2}$: $f''\left(\frac{3}{2}\right) = 24 > 0$; lokales Minimum $f\left(\frac{3}{2}\right) = -\frac{9}{5}$.

f) $f(x) = 3x^5 - 10x^3 - 45x + 15$;
$f'(x) = 15x^4 - 30x^2 - 45$; $f''(x) = 60x^3 - 60x$
Nullstellen von f': $x_1 = \sqrt{3}$; $x_2 = \sqrt{3}$
$x_1 = \sqrt{3}$: $f''(\sqrt{3}) = 120\sqrt{3} > 0$; lokales Minimum $f(\sqrt{3}) = 15 - 48\sqrt{3}$
$x_2 = -\sqrt{3}$: $f''(-\sqrt{3}) = -120\sqrt{3} < 0$; lokales Maximum $f(-\sqrt{3}) = 15 + 48\sqrt{3}$

2 a) $f(x) = x^4 - 6x^2 + 1$; $f'(x) = 4x^3 - 12x$
$f'(x) = 0$ liefert $x_1 = 0$; $x_2 = -\sqrt{3}$; $x_3 = \sqrt{3}$.
Es ist $f'(x) = 4x(x^2 - 3)$.
Untersuchung an der Stelle $x_1 = 0$: Für Werte x aus einer Umgebung von 0 ist der Faktor $x^2 - 3$ negativ, während $4x$ das Vorzeichen von – nach + wechselt.
$f'(x)$ hat an der Stelle 0 einen Vorzeichenwechsel von + nach –; also hat f das lokale Maximum $f(0) = 1$.
Untersuchung der Stellen $x_2 = -\sqrt{3}$ und $x_3 = \sqrt{3}$: An der Stelle $-\sqrt{3}$ wechselt der Faktor $x^2 - 3$ das Vorzeichen von + nach –, während $4x$ negativ ist. $f'(x)$ hat dort einen Vorzeichenwechsel von – nach +. f hat das lokale Minimum $f(-\sqrt{3}) = -8$. Entsprechend wechselt bei $\sqrt{3}$ der Faktor $x^2 - 3$ das Vorzeichen von – nach +, während $4x$ positiv ist.

b) $f(x) = x^5 - 5x^4 - 2$; $f'(x) = 5x^4 - 20x^3$
Nullstelle von f': $x_1 = 0$; $x_2 = 4$
Faktorzerlegung: $f'(x) = 5x^3(x - 4)$
1) Stelle $x_1 = 0$: $x - 4$ ist negativ; $5x^3$ hat VZW von – nach +. $f'(x)$ hat bei 0 einen VZW von + nach –; lokales Maximum $f(0) = -2$.
2) Stelle $x_2 = 4$: $x - 4$ hat VZW von – nach +; $5x^3$ ist positiv. $f'(x)$ hat bei 0 einen VZW von – nach +; lokales Minimum $f(4) = -258$.

c) $f(x) = x^3 - 3x^2 + 1$; $f'(x) = 3x^2 - 6x$
$f'(x) = 0$ liefert $x_1 = 0$; $x_2 = 2$.
Faktorzerlegung: $f'(x) = 3x(x - 2)$.
1) $x_1 = 0$: $3x$ hat VZW von – nach +. $x - 2$ ist negativ.
$f'(x)$ hat bei 0 einen VZW von + nach –; lokales Maximum $f(0) = 1$.
2) $x_2 = 2$: $3x$ ist positiv, $x - 2$ wechselt von – nach +.

$f'(x)$ hat bei 0 einen VZW von $-$ nach $+$; lokales Minimum $f(2) = -3$.
d) $f(x) = x^4 + 4x + 3$; $f'(x) = 4x^3 + 4$
Nullstellen von f': $x_1 = -1$
Faktorzerlegung: $f'(x) = 4(x^3 + 1)$.
$f'(x)$ wechselt bei -1 das Vorzeichen von $-$ nach $+$. Lokales Minimum $f(-1) = 0$.
e) $f(x) = 2x^3 - 9x^2 + 12x - 4$;
$f'(x) = 6x^2 - 18x + 12$
Nullstelle von f': $x_1 = 1$; $x_2 = 2$
Faktorzerlegung: $f'(x) = 6(x-1)(x-2)$
1) $x_1 = 1$: $x - 1$ hat VZW von $-$ nach $+$; $x - 2$ ist negativ.
$f'(x)$ hat bei 1 einen VZW von $+$ nach $-$; lokales Maximum $f(1) = 1$.
2) $x_2 = 2$: $x - 1$ ist positiv; $x - 2$ wechselt das Vorzeichen von $-$ nach $+$; lokales Minimum $f(2) = 0$.
f) $f(x) = (x^2 - 1)^2$; $f'(x) = 4x^3 - 4x$
Nullstellen von f': $x_1 = 0$; $x_2 = 1$; $x_3 = -1$
Faktorzerlegung: $f'(x) = 4x(x-1)(x+1)$
1) $x_1 = 0$: $f'(x)$ hat VZW von $+$ nach $-$: lokales Maximum $f(0) = 1$.
2) $x_2 = 1$: $f'(x)$ hat VZW von $-$ nach $+$: lokales Minimum $f(1) = 0$.
3) Da f eine gerade Funktion ist, ist auch $f(-1) = 0$ lokales Minimum.

3 a) $f(x) = x^4$; $f'(x) = 4x^3$; $f''(x) = 12x^2$
Nullstelle von f': $x_0 = 0$
Hinreichendes Kriterium nach dem zweiten Kriterium gelingt nicht, denn es ist $f''(0) = 0$. $f'(x)$ hat jedoch bei 0 einen Vorzeichenwechsel von $-$ nach $+$: $f(0) = 0$ ist lokales Minimum.
b) $f(x) = x^5$; $f'(x) = 5x^4$; $f''(x) = 20x^3$
Nullstelle von f': $x_0 = 0$
Hinreichendes Kriterium nach dem zweiten Kriterium geht nicht, denn es ist $f''(0) = 0$.
$f'(x)$ hat bei 0 keinen VZW. Bei 0 liegt keine Extremstelle vor.
c) $f(x) = x^5 - x^4$; $f'(x) = 5x^4 - 4x^3$;
$f''(x) = 20x^3 - 12x^2$
Nullstellen von f': $x_1 = 0$; $x_2 = \frac{4}{5}$

$x_1 = 0$; $f''(0) = 0$ lässt keine Aussage über Extremwerte zu.
$f'(x) = x^3(5x - 4)$ hat an der Stelle 0 einen VZW von $+$ nach $-$: $f(0) = 0$ ist lokales Maximum.
$x_2 = \frac{4}{5}$: $f''\left(\frac{4}{5}\right) = \frac{64}{25} > 0$; $\frac{4}{5}$ ist Minimumstelle $\left(f\left(\frac{4}{5}\right) = -\frac{256}{3125}\right)$.
d) $f(x) = x^4 - x^3$; $f'(x) = 4x^3 - 3x^2$;
$f''(x) = 12x^2 - 6x$
Nullstellen von f': $x_1 = 0$; $x_2 = \frac{3}{4}$
$x_1 = 0$: $f''(0) = 0$ lässt keine Aussage über Extremwerte zu.
$f'(x) = x^2(4x - 3)$ hat bei 0 keinen VZW. Deshalb liegt bei 0 keine Extremstelle vor.
$x_2 = \frac{3}{4}$: $f''\left(\frac{3}{4}\right) = \frac{9}{4} > 0$; $\frac{3}{4}$ ist eine lokale Minimumstelle $\left(f\left(\frac{3}{4}\right) = -\frac{27}{256}\right)$.
e) $f(x) = -x^6 + x^4$; $f'(x) = -6x^5 + 4x^3$;
$f''(x) = -30x^4 + 12x^2$
Nullstellen von f': $x_1 = 0$; $x_2 = \frac{1}{3}\sqrt{6}$;
$x_3 = -\frac{1}{3}\sqrt{6}$
$x_1 = 0$: $f''(0) = 0$ lässt keine Aussage über Extremwerte zu.
$f'(x) = x^3(-6x^2 + 4)$ wechselt bei 0 das Vorzeichen von $-$ nach $+$. $f(0) = 0$ ist lokales Minimum.
$x_2 = \frac{1}{3}\sqrt{6}$: $f''\left(\frac{1}{3}\sqrt{6}\right) = -\frac{16}{3} < 0$; $\frac{1}{3}\sqrt{6}$ ist Maximumstelle.
$x_3 = -\frac{1}{3}\sqrt{6}$: $f''\left(-\frac{1}{3}\sqrt{6}\right) = -\frac{16}{3} < 0$; $-\frac{1}{3}\sqrt{6}$ ist Maximumstelle $\left(f\left(\pm\frac{1}{3}\sqrt{6}\right) = \frac{4}{27}\right)$.
f) $f(x) = -3x^5 + 4x^3 + 2$;
$f'(x) = -15x^4 + 12x^2$;
$f''(x) = -60x^3 + 24x$
Nullstellen von f': $x_1 = 0$; $x_2 = \frac{2}{5}\sqrt{5}$;
$x_3 = -\frac{2}{5}\sqrt{5}$
$x_1 = 0$; $f''(0) = 0$ lässt keine Aussage über Extremwerte zu.
$f'(x) = x^2(-15x^2 + 12)$ hat bei 0 **keinen** VZW. 0 ist keine Extremstelle.
$x_2 = \frac{2}{5}\sqrt{5}$: $f''\left(\frac{2}{5}\sqrt{5}\right) = -\frac{48}{5}\sqrt{5} < 0$; Maximumstelle: $\frac{2}{5}\sqrt{5}$

$x_3 = -\frac{2}{5}\sqrt{5}$: $f''\left(-\frac{2}{5}\sqrt{5}\right) = \frac{48}{5}\sqrt{5} < 0$; Maximumstelle: $-\frac{2}{5}\sqrt{5}$

4 Die angegebenen Lösungen sind nur Beispiele.
a) $f(x) = x^2$; $g(x) = 2x^2 - 3$
b) $f(x) = -x^2$; $g(x) = -2x^2 + x$
c) $f(x) = -x^4$; $g(x) = -2x^4 + 1$
d) $f(x) = x^4$; $g(x) = \frac{1}{2}x^4 - 2$
e) $f(x) = \sin(x)$; $g(x) = 2\cos(x) - 1$
f) $f(x) = x$; $g(x) = x^3$

5

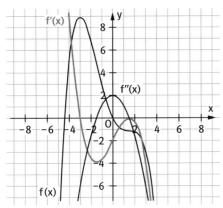

a) Falsch. An der Stelle $x = -3$ hat f ein lokales Maximum, da f' einen VZW von + nach – hat. An der Stelle $x = 1{,}5$ hat der Graph von f einen Punkt mit waagerechter Tangente, aber ohne VZW, also kein Extremwert.
b) Wahr. Für $- < x < 3$ ist $f' \leq 0$, also ist f monoton fallend.
c) Wahr. Begründung wie bei Teilaufgabe a)
d) Falsch. Es ist $f''(0) > 0$, also ist der Graph von f an der Stelle $x = 0$ eine Linkskurve.
e) Falsch. f'' hat an den Extremstellen von f' Nullstellen, im sichtbaren Bereich zwei.

Seite 81

8 a) Ansatz: $f(x) = ax^2 + bx + c$; $a \neq 0$.
$f'(x) = 0$ liefert $x_0 = -\frac{b}{2a}$ mit $f''\left(-\frac{b}{2a}\right) = 2a \neq 0$.
b) Die Ableitung f' einer ganzrationalen Funktion f mit geradem Grad hat einen ungeraden Grad. Für $x \to +\infty$ und $x \to -\infty$ streben die Funktionswerte f(x) gegen $-\infty$ und $+\infty$ (oder gegen ∞ und $-\infty$). Da f eine stetige Funktion ist, schneidet ihr Graph mindestens einmal die x-Achse.
c) Die drei verschiedenen Extremstellen müssen Nullstellen von f' sein. Deshalb hat f' mindestens den Grad 3 (Linearfaktorzerlegung) und damit f mindestens den Grad vier.
d) Da sich beim Ableiten der Grad einer ganzrationalen Funktion vom Grad n um 1 erniedrigt, ist die Ableitungsfunktion eine ganzrationale Funktion vom Grad $n - 1$. Diese hat damit höchstens $n - 1$ Nullstellen. Damit kann f höchstens $n - 1$ Extremstellen aufweisen.

9 a) Wahr nach der Definition für Tiefpunkte.
b) Wahr. Für eine ganzrationale Funktion dritten Grades ist die zweite Ableitungsfunktion vom Grad eins. Diese hat immer eine Nullstelle, somit gibt es immer ein Intervall mit einer Links- und eines mit einer Rechtskurve.
c) Falsch. Gegenbeispiel: $f(x) = x^5$.

10 a) Zum Beispiel:
$f(x) = (x - 2)^2 = x^2 - 4x + 4$
b) Zum Beispiel: $f(x) = (x - 4)^4$
c) Zum Beispiel: $f(x) = 2$

11 a) Zunehmende Geschwindigkeit (Beschleunigung): Man wird nach hinten gedrückt.
Abnehmende Geschwindigkeit (Bremsvorgang): Man wird nach vorne gedrückt.

b) An diesen Stellen wechselt der Bus von Beschleunigung zu Abbremsvorgang oder umgekehrt bzw. unterbricht den Beschleunigungs- oder Bremsvorgang kurz. Wenn man im Bus steht und sich nicht festhält, fällt man weder nach vorne noch nach hinten.

12 a) Der Körper bleibt stehen und wechselt bei Hoch- bzw. Tiefpunkten die Richtung.
b) Der Körper wird schneller bzw. langsamer.
c) Wenn der Graph die t-Achse schneidet.

6 Kriterien für Wendepunkte

Seite 82

Einstiegsproblem
Auf dem gezeigten Streckenabschnitt muss man aufgrund der Kurven abwechselnd das Motorrad nach links (Linkskurve) bzw. nach rechts (Rechtskurve) neigen. Wechselt man die Neigerichtung, wird das Motorrad aufgestellt und steht „gerade", das heißt, es hat keinerlei Neigung.
Anhand des Streckenverlaufs kann man genau voraussagen, in welche Richtung das Motorrad zu neigen ist: in einer Linkskurve nach links, in einer Rechtskurve nach rechts, dazwischen wird es nicht geneigt.

Seite 84

1 a) $f(x) = x^3 + 2$; $f'(x) = 3x^2$; $f''(x) = 6x$; $f'''(x) = 6$.
$f''(x) = 0$ liefert $x = 0$; $f'''(0) = 6 > 0$; $W(0|2)$. Für $x < 0$ ist der Graph von f eine Rechtskurve, für $x > 0$ eine Linkskurve.
b) $f(x) = 4 + 2x - x^2$; $f'(x) = 2 - 2x$; $f''(x) = -2$; $f''(x) = -2 < 0$ für alle x, also ist der Graph von f eine Rechtskurve für alle x und hat keine Wendepunkte.
c) $f(x) = x^4 - 12x^2$; $f'(x) = 4x^3 - 24x$; $f''(x) = 12x^2 - 24$; $f'''(x) = 24x$.
$f''(x) = 0$ liefert $x_1 = \sqrt{2}$ und $x_2 = -\sqrt{2}$.
$f'''(\sqrt{2}) > 0$ und $f'''(-\sqrt{2}) < 0$. Der Graph hat die Wendepunkte $W_1(\sqrt{2}|-20)$ und $W_2(-\sqrt{2}|-20)$ und ist für $x < -\sqrt{2}$ sowie $x > \sqrt{2}$ eine Linkskurve und für $-\sqrt{2} < x < \sqrt{2}$ eine Rechtskurve.
d) $f(x) = x^5 - x^4 + x^3$;
$f'(x) = 5x^4 - 4x^3 + 3x^2$;
$f''(x) = 20x^3 - 12x^2 + 6x$;
$f'''(x) = 60x^2 - 24x + 6$.
$f''(x) = 0$ liefert $x(20x^2 - 12x + 6) = 0$ und $x = 0$ als einzige Lösung.
f'' hat an der Stelle $x = 0$ einen VZW von – nach +. Der Graph von f ist für $x < 0$ eine Rechtskurve und für $x > 0$ eine Linkskurve. Einziger Wendepunkt ist $W(0|0)$.
e) $f(x) = \frac{1}{30}x^6 - \frac{1}{2}x^2$; $f'(x) = \frac{1}{5}x^5 - x$;
$f''(x) = x^4 - 1$; $f'''(x) = 4x^3$; $f''(x) = 0$ liefert $x_1 = -1$ und $x_2 = 1$; $f'''(-1) = -4 \neq 0$ und $f'''(1) = 4 \neq 0$.
$W_1(-1|-\frac{1}{2})$, $W_2(1|-\frac{1}{2})$. Für $x < -1$ und für $x > 1$ ist der Graph von f eine Linkskurve, für $-1 < x < 1$ eine Rechtskurve.
f) $f(x) = x^3(2 + x) = 2x^3 + x^4$; $f'(x) = 4x^3 + 6x^2$; $f''(x) = 12x^2 + 12x$; $f'''(x) = 24x + 12$.
$f''(x) = 12x(x + 1) = 0$ liefert $x_1 = 0$ und $x_2 = 1$. Es ist $f'''(0) = 12 \neq 0$ und $f'''(-1) = -12 \neq 0$.
$W_1(0|0)$; $W_2(-1|-1)$. Für $x < -1$ und für $x > 0$ ist der Graph von f eine Linkskurve, für $-1 < x < 0$ eine Rechtskurve.

2 a) $W(0|0)$; t: $y = x$
b) $W(-1|-1)$ Sattelpunkt; t: $y = -1$
c) $W_1(0,5|-1,3125)$; t_1: $y = 2x - 2,3125$; $W_2(1,5|-0,3125)$ Sattelpunkt; t_2: $y = -0,3125$

3 a) $x = -\frac{2}{3}$ ist Wendestelle von f bzw. Extremstelle von g.
b) $x = 0$ ist Wendestelle von f bzw. Extremstelle von g.
Die berechneten Stellen stimmen überein, da $g(x) = f'(x)$.

4 a) $f(x) = x^5$; $f'(x) = 5x^4$; $f''(x) = 20x^3$; $f'''(x) = 120x^2$. $f''(x) = 0$ liefert $x = 0$; f'' hat an der Stelle $x = 0$ einen Vorzeichenwechsel von – nach +. Somit hat f an der Stelle $x = 0$ eine Wendestelle.
b) $f(x) = 3x^4 - 4x^3$; $f'(x) = 12x^3 - 12x^2$; $f''(x) = 36x^2 - 24x$; $f'''(x) = 72x - 24$.
$f''(x) = 0$ liefert $12x(3x - 2) = 0$;
$x_1 = 0$; $x_2 = \frac{2}{3}$.
$f'''(0) = -24 \neq 0$ und $f'''\left(\frac{2}{3}\right) = 24 \neq 0$.
Somit hat f an den Stellen $x_1 = 0$ und $x_2 = \frac{2}{3}$ jeweils eine Wendestelle.
c) $f(x) = \frac{1}{60}x^6 - \frac{1}{10}x^5 - \frac{1}{6}x^4$;
$f'(x) = \frac{1}{10}x^5 - \frac{1}{2}x^4 + \frac{2}{3}x^3$;
$f''(x) = \frac{1}{2}x^4 - 2x^3 + 2x^2$;
$f'''(x) = 2x^3 - 6x^2 + 4x$
$f''(x) = 0$ liefert $x^2\left(\frac{1}{2}x^2 - 2x + 2\right) = 0$.
$x_1 = 0$; $x_2 = 2$.
$f'''(0) = f'''(2) = 0$. Untersuchung auf VZW: Bei x_1 und x_2 kein VZW: f hat keine Wendestellen.

5 a) Falsch. Für $-0{,}5 < x < 2$ nimmt $f''(x)$ sowohl Werte größer als auch kleiner null an.
b) Wahr. f'' hat an der Stelle $x = 2$ eine Nullstelle mit Vorzeichenwechsel von + nach –.
c) Falsch. $f'(0)$ muss nicht null sein, das ist aber Voraussetzung für einen Sattelpunkt.
d) Falsch. f'' hat an der Stelle $x = 0{,}8$ ein Maximum, f' hat somit an dieser Stelle eine Nullstelle, f ändert sein Krümmungsverhalten nicht.

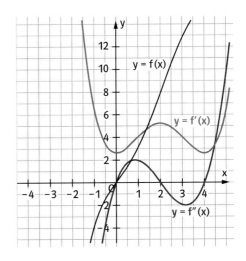

7 a) Bei $x \approx -1{,}4$ hat f ein lokales Maximum und bei $x \approx 1{,}4$ ein lokales Minimum. f hat eine Wendestelle bei $x = 0$.
b)

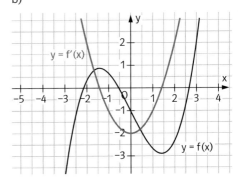

Seite 85

8 a) Die Zunahme der Tierpopulation ist an der Wendestelle t_0 am größten.
b) Die Gerade $y = S$ ist die Wachstumsschranke, sie begrenzt die maximale Größe der Tierpopulation.

c) Grafisches Ableiten liefert die zweite Ableitung (siehe Abbildung).

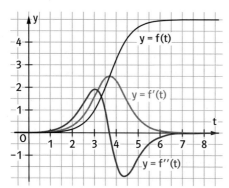

Man erkennt, dass die zweite Ableitung bis zur Stelle $t = t_0$ größer null und danach kleiner null ist. Das Wachstum steigt also bis zur Stelle t_0 an, um anschließend zu sinken.

9 Die angegebenen Lösungen sind nur Beispiele.
a) $f(x) = -x^4$
b) $f(x) = (x-2)^3$
c) $f(x) = x^3 - 3x$

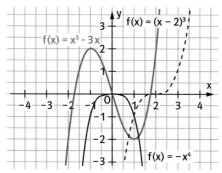

d) $f(x) = -e^x$

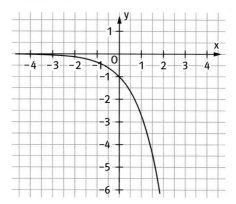

10 a) Der Graph hat Ende September die größte Steigung, sodass etwa hier die größte Umsatzsteigerung war, der größte Umsatzrückgang war Ende Januar.
b) Da der Graph rechtsgekrümmt ist, wird der Umsatz zunächst immer langsamer weiter wachsen. Im ungünstigsten Fall kann er auf Dauer wieder sinken.

11 a) $W(1{,}5 \mid 0{,}875)$; t: $y = -1{,}125x + 2{,}56$
b) $S_1(0 \mid 2{,}56)$; $S_2(2{,}276 \mid 0)$.
Flächeninhalt:
$A = 0{,}5 \cdot g \cdot h = 0{,}5 \cdot 2{,}27 \cdot 2{,}56 \approx 2{,}91$.
Die Tangente schließt mit den beiden Achsen eine Fläche vom Inhalt 2,91 ein.

12 $f(x) = x^3 + bx^2 + cx + d$;
$f'(x) = 3x^2 + 2bx + c$; $f''(x) = 6x + 2b$;
$f'''(x) = 6$. $f''(x) = 6x + 2b = 0$ ergibt $x = -\frac{b}{3}$;
in die Gleichung $f'(x) = 3x^2 + 2bx + c = 0$
eingesetzt: $\frac{b^2}{3} - 2\frac{b^2}{3} + c = 0$ oder $c = \frac{b^2}{3}$.

13 a) Wahr, da $f'''(x)$ stets eine Konstante ungleich null ist.
b) Wahr, da $f''(x)$ immer eine Funktion ersten Grades ist und diese hat genau eine Nullstelle.
c) Falsch, beim Ableiten wird der Grad der Funktion jedes Mal um eins kleiner, also

kann die Funktion n-ten Grades maximal n − 2 Wendepunkte haben.
d) Wahr, da sich zwischen zwei Extremstellen das Krümmungsverhalten ändern muss, liegt zwischen den beiden Extremstellen immer auch eine Wendestelle.

14 a) $f_a(x) = x^3 - ax^2$; $f_a'(x) = 3x^2 - 2ax$; $f_a''(x) = 6x - 2a$; $f_a'''(x) = 6$.
$f_a''(x) = 0$ liefert $6x - 2a = 0$ und $x_1 = \frac{1}{3}a$. Es ist $f_a'''\left(\frac{1}{3}a\right) = 6 \neq 0$.
$W\left(\frac{1}{3}a \mid -\frac{2}{27}a^3\right)$.
b) $f_a(x) = x^4 - 2ax^2 + 1$; $f_a'(x) = 4x^3 - 4ax$; $f_a''(x) = 12x^2 - 4a$; $f_a'''(x) = 24x$.
$f_a''(x) = 0$ liefert $12x^2 - 4a = 0$ und
$x_1 = \sqrt{\frac{1}{3}a}$ und $x_2 = -\sqrt{\frac{1}{3}a}$.
Es ist $f_a'''\left(\pm\sqrt{\frac{1}{3}a}\right) \neq 0$ für $a \neq 0$.
$W_1\left(\sqrt{\frac{1}{3}a} \mid -\frac{5}{9}a^2 + 1\right)$ und
$W_2\left(-\sqrt{\frac{1}{3}a} \mid -\frac{5}{9}a^2 + 1\right)$.

15 a) Das Maximum der Funktion liegt bei t = 9,1. Es kommen also um ca. 18.10 Uhr die meisten Besucher ins Stadion. Da Z(9,1) ≈ 15,1 ist, kommen ca. 15 Zuschauer zu diesem Zeitpunkt an.
b) Gesucht ist das Minimum der Funktion Z'(t) im Intervall [0; ∞]. Mit dem GTR findet man, dass dies bei t = 20 der Fall ist. Um 18.20 Uhr ist die Abnahme der ankommenden Zuschauer am größten.

7 Extremwerte – lokal und global

Seite 86

Einstiegsproblem
Maximaltemperatur um ca. 13 Uhr; Minimaltemperatur um 8 Uhr.
Nein, die Randstellen kann man so im Allgemeinen nicht finden.

Seite 87

1 a) $H_1(0|2)$; $T_1(1|-1)$; $H_2(3|4)$; $T_2(4|2)$; $H_3(5|3)$.
Globales Maximum: f(3) = 4, globales Minimum: f(1) = −1.
b) $H_1(0|-1)$; $T_1(1|-2)$; $H_2(5|2,5)$.
Globales Maximum: f(5) = 2,5; globales Minimum: f(1) = −2.
c) $T_1(1|1)$; $H_1(2|2,5)$; $T_2(3|2)$; $H_2(4|4)$; $T_3(5|1)$.
Globales Maximum: f(4) = 4; globales Minimum: f(5) = 1.
d) $H_1(0,5|3)$; $T_1(1|2,5)$; $H_2(4|4)$; $T_2(5|3)$.
Globales Maximum: f(4) = 4; globales Minimum: f(1) = 2,5.

2 a) Globales Maximum: $x_1 = 2$ mit $f(x_1) = 3$; Globales Minimum: $x_2 = 0$ mit $f(x_2) = -1$
b) Globales Maximum: $x_1 = 5$ mit $f(x_1) = 24$; Globales Minimum: $x_2 = 1$ mit $f(x_2) = 0$
c) Globales Maximum: $x_1 = 0$ mit $f(x_1) = 0$; Globales Minimum: $x_2 = -1$ mit $f(x_2) = -4$ und $x_3 = 2$ mit $f(x_3) = -4$
d) Globales Maximum: $x_1 = 1$ mit $f(x_1) = -2$; Globales Minimum: $x_2 = 2$ mit $f(x_2) = -4$

3 a) D_1: globales Minimum: f(0) = 0; globales Maximum: f(−2) = 4
D_2: globales Minimum: f(0) = 0; kein globales Maximum
D_3: globales Minimum: f(0) = 0; globales Maximum: f(−2) = 4
b) D_1: globales Minimum: f(1) = 2; kein globales Maximum
D_2: globales Minimum: f(1) = 2; globales Maximum f(0,1) = 10,1
D_3: globales Minimum: f(2) = 2,5; globales Maximum: f(3) = 3,33
c) D_1: globales Minimum: f(2) = −4; globales Maximum: f(−2) = 4

D_2: kein globales Minimum; globales Maximum: $f(5) = 16{,}25$
D_3: kein globales Minimum; kein globales Maximum.

Seite 88

4 a) $h_1(x) = f(x) + g(x)$
Globales Minimum für $x = 0{,}67$.
$h_1(0{,}67) = 3{,}33$ (inneres Extremum)
Globales Maximum für $x = 4$.
$h_1(4) = 20$ (Randextremum)
b) $h_2(x) = f(x) - g(x)$
Globales Minimum für $x = 0$ bzw. $x = 4$.
$h_2(0) = f(4) = 0$ (Randextrema)
Globales Maximum für $x = 2$.
$h_2(2) = 2$ (inneres Extremum)
$h_3(x) = g(x) - f(x)$
Globales Maximum für $x = 0$ bzw. $x = 4$.
$h_3(0) = h_3(4) = 0$ (Randextrema)
Globales Minimum für $x = 2$.
$h_3(2) = -2$ (inneres Extremum)

5 Der Flächeninhalt wird maximal für $u = 2{,}5$. Er beträgt dann $3{,}75\,\text{FE}$.

8 Die angegebenen Lösungen sind nur Beispiele.
a) $D = [-3;\,3)$

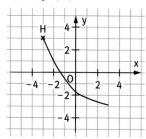

b) $D = (-3;\,3)$

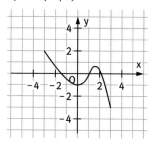

c) $D = (-3;\,3)$

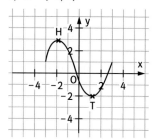

d) $D = (-3;\,3)$

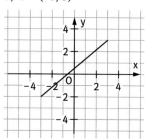

9 a) Fall A: $F(x) = x(50 - x)$
maximal für $x = 25\,\text{m}$, $F_{max} = 625\,\text{m}^2$
b) Fall B: $F(x) = x(100 - x)$ maximal für $x = 50\,\text{m}$, $F_{max} = 2500\,\text{m}^2$
Fall C: $F(x) = x(100 - 2x)$ maximal für $x = 25\,\text{m}$, $F_{max} = 1250\,\text{m}^2$

10 (alle Angaben in Metern): Länge x, Breite y; Fläche: $x \cdot y = 500$
a) Auflösen nach y liefert: $y = \frac{500}{x}$
Umfang $U(x) = 2x + 2y = 2x + 2 \cdot \frac{500}{x} = 2x + \frac{1000}{x}$
b) Definitionsmenge: z.B. $D = [1;\,500]$

c) Am wenigsten Maschendraht wird bei einem quadratischen Pferch mit der Seitenlänge 22,36 m verbraucht. Der Umfang beträgt dann 89,44 m.

Wiederholen – Vertiefen – Vernetzen

Seite 89

1 Funktionen bis auf f) und h) haben als Definitionsmenge die ganzen reellen Zahlen.
a) Schnittpunkte mit den Achsen: $N_1(0|0)$; $N_2(6|0)$
Hoch- und Tiefpunkte: $T(0|0)$; $H(4|32)$
Verhalten für $x \to \infty$: $f(x) \to -\infty$
Verhalten für $x \to -\infty$: $f(x) \to +\infty$
f ist streng monoton fallend für $x \leq 0$ und $x \geq 4$,
f ist streng monoton wachsend für $0 \leq x \leq 4$.

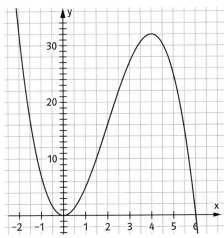

b) Schnittpunkte mit den Achsen: $N_1(-\sqrt{3}|0)$; $N_2(0|0)$; $N_3(\sqrt{3}|0)$

Hoch- und Tiefpunkte: $T\left(-1\big|-\tfrac{2}{3}\right)$; $H\left(1\big|\tfrac{2}{3}\right)$
Verhalten für $x \to \infty$: $f(x) \to -\infty$
Verhalten für $x \to -\infty$: $f(x) \to +\infty$
f ist streng monoton fallend für $x \leq -1$ und $x \geq 1$,
f ist streng monoton wachsend für $-1 \leq x \leq 1$.

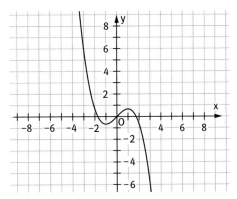

c) Schnittpunkte mit den Achsen:
$N_1(-3\sqrt{2}|0)$; $N_2(0|0)$; $N_3(3\sqrt{2}|0)$
Hoch- und Tiefpunkte:
$H_1(-3|4,5)$; $H_2(3|4,5)$; $T(0|0)$.
Verhalten für $x \to \infty$: $f(x) \to -\infty$
Verhalten für $x \to -\infty$: $f(x) \to -\infty$
f ist streng monoton fallend für $-3 \leq x \leq 0$ und $x \geq 3$,
f ist streng monoton wachsend für $x \leq -3$ und $0 \leq x \leq 3$.

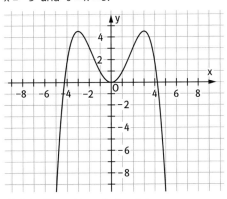

d) Schnittpunkte mit den Achsen: $N_1(0|0)$; $N_2(3|0)$
Hoch- und Tiefpunkte: $H\left(1\big|\tfrac{2}{3}\right)$; $T(3|0)$
Verhalten für $x \to \infty$: $f(x) \to +\infty$
Verhalten für $x \to -\infty$: $f(x) \to -\infty$
f ist streng monoton fallend für $1 \leq x \leq 3$,
f ist streng monoton wachsend für $x \leq 1$ und $x \geq 3$.

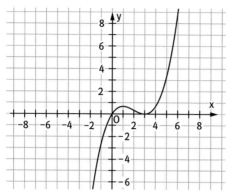

e) Schnittpunkte mit den Achsen: N(0|0);
Hoch- und Tiefpunkte: T(0|0)
Verhalten für $x \to \infty$: $f(x) \to +\infty$
Verhalten für $x \to -\infty$: $f(x) \to +\infty$
f ist streng monoton fallend für $x \leq 0$,
f ist streng monoton wachsend für $x \geq 0$.

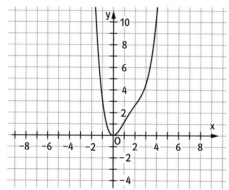

f) Definitionsmenge $x \in \mathbb{R}$ und $x \neq 0$
Schnittpunkte mit den Achsen: keine
Hoch- und Tiefpunkte: $H(-\sqrt{5}\,|-2\sqrt{5})$;
$T(\sqrt{5}\,|\,2\sqrt{5})$
Verhalten für $x \to \infty$: $f(x) \to +\infty$
Verhalten für $x \to -\infty$: $f(x) \to -\infty$
f ist streng monoton fallend für
$-\sqrt{5} \leq x < 0$ und $0 < x \leq \sqrt{5}$,
f ist streng monoton wachsend für
$x \leq -\sqrt{5}$ und $x \geq \sqrt{5}$.

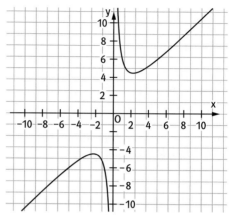

g) Schnittpunkte mit den Achsen: $N_1(-3|0)$;
$N_2(-1|0)$; $N_3(1|0)$; $N_4(3|0)$; $S_y(0|0{,}9)$
Hoch- und Tiefpunkte: $T_1(-\sqrt{5}\,|-1{,}6)$;
$H(0|0{,}9)$; $T_2(\sqrt{5}\,|-1{,}6)$
Verhalten für $x \to \infty$: $f(x) \to +\infty$
Verhalten für $x \to -\infty$: $f(x) \to +\infty$
f ist streng monoton fallend für
$x \leq -\sqrt{5}$ und $0 \leq x \leq \sqrt{5}$,
f ist streng monoton wachsend für
$x \geq \sqrt{5}$ und $-\sqrt{5} \leq x \leq 0$.

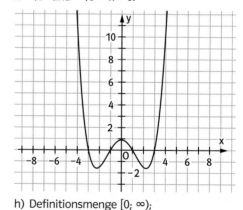

h) Definitionsmenge $[0;\infty)$;
Schnittpunkte mit den Achsen:
$N_1(0|0)$; $N_2(4|0)$
Hoch- und Tiefpunkte: $T(1|-1)$
Verhalten für $x \to \infty$: $f(x) \to \infty$
f ist streng monoton fallend für $0 \leq x \leq 1$,
f ist streng monoton wachsend für $x \geq 1$.

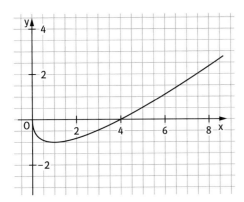

2 A: Wahr, weil f'(x) ≤ 0 für alle x aus [0; 2] gilt.
B: Falsch, weil zwar f'(1) = 0 gilt, aber in einer Umgebung von x = 1 f'(x) > 0 ist. Die Funktion f ist also z.B. im Bereich [−2; 0] monoton wachsend und kann daher kein Extremum bei x = −1 haben.
C: Wahr, denn bei x = 0 gilt f'(x) = 0 mit VZW von + nach −, also hat der Graph von f bei x = 0 einen Hochpunkt, und bei x = 2 gilt f'(x) = 0 mit VZW von − nach +, also hat der Graph von f bei x = 2 einen Tiefpunkt.
D: Das kann man nicht ohne weiteres entscheiden. Zwar ist f in [−2; 0] monoton wachsend, da dort f'(x) ≥ 0 gilt. Wenn f(−2) kleiner oder gleich 0 ist, ist die Aussage D falsch. Wenn f(−2) größer als 0 ist, ist die Aussage D richtig.

3 a) $f_a(x) = x^3 - a \cdot x$: Schnittpunkte mit den Achsen: $N_1(-\sqrt{a}\,|\,0)$; $N_2(0\,|\,0)$; $N_3(\sqrt{a}\,|\,0)$
Hoch- und Tiefpunkte: $H\left(-\frac{\sqrt{3a}}{3}\,\Big|\,\frac{2}{9}a\sqrt{3a}\right)$; $T\left(\frac{\sqrt{3a}}{3}\,\Big|\,-\frac{2}{9}a\sqrt{3a}\right)$.
b) $f_a(x) = x^2 - a \cdot x - 1$: Schnittpunkte mit den Achsen:
$N_1\left(\frac{a - \sqrt{a^2+4}}{2}\,\Big|\,0\right)$; $N_2\left(\frac{a + \sqrt{a^2+4}}{2}\,\Big|\,0\right)$
Hoch- und Tiefpunkte: $T\left(\frac{a}{2}\,\Big|\,-1 - \frac{a^2}{4}\right)$.

c) $f_a(x) = a^2 \cdot x^4 - x^2$: Schnittpunkte mit den Achsen:
$N_1\left(-\frac{1}{a}\,\Big|\,0\right)$; $N_2(0\,|\,0)$; $N_3\left(\frac{1}{a}\,\Big|\,0\right)$.
Hoch- und Tiefpunkte:
$T_1\left(-\frac{\sqrt{2}}{2a}\,\Big|\,-\frac{1}{4a^2}\right)$; $H(0\,|\,0)$;
$T_2\left(\frac{\sqrt{2}}{2a}\,\Big|\,-\frac{1}{4a^2}\right)$.
d) $f_a(x) = x + \frac{a^2}{x}$: Schnittpunkte mit den Achsen: keine
Hoch- und Tiefpunkte: H(−a|−2a); T(a|2a).

4 a) Die Funktion M ist streng monoton wachsend, die Funktion R streng monoton fallend.
Die Summenfunktion ist streng monoton fallend für Kosten kleiner als z und streng monoton steigend für Kosten größer als z; sie hat also bei z ein lokales und wegen des Monotonieverhaltens von M und R sogar ein globales Minimum. Die Kosten sind also bei dem Wert z minimal. Da S bei z ein Minimum hat, gilt S'(z) = 0 und daher wegen der Summenregel M'(z) + R'(z) = 0, woraus M'(z) = −R'(z) folgt.
b) $S(x) = ax^2 + \frac{b}{x}$, $S'(x) = 2ax - \frac{b}{x^2}$.
S'(z) = 0 hat die Lösung $z = \left(\frac{b}{2a}\right)^{\frac{1}{3}}$.

5 a) Wahr, da $(x-1)\cdot(x+2)^2 = x^3 + 3x^2 - 4$.
b) Falsch, da f bei x = 1 ein Extremum hat, g aber nicht.
c) Falsch: $f(x) = \frac{x^2 - 2x + 1}{x} = x - 2 + \frac{1}{x}$;
$f'(x) = 1 - \frac{1}{x^2}$; $g(x) = x^3 - 2x^2 + x$; $g'(x) = 3x^2 - 4x + 1$
f'(x) = 0 und g'(x) = 0 haben zwar die gemeinsame Lösung x = 1 (und dort haben f und g beide ein Minimum), aber die verschiedenen Lösungen x = −1 (Maximum von f) bzw. $x = \frac{1}{3}$ (Maximum von g).

Seite 90

6 a)

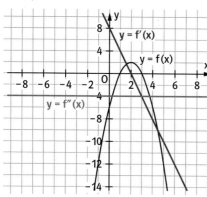

b)

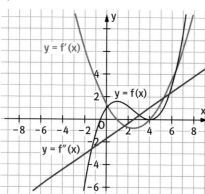

c)

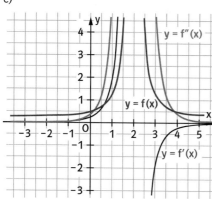

7 a) Streckenlängen: $\overline{SP} = 5$;
$\overline{PQ} = \sqrt{82} \approx 9{,}06$, $\overline{QS} = 13$ (jeweils in km);
Weg-Zeit-Diagramm
$y = 10\,t$ für $0 \leq t \leq 0{,}5$;
$y = 9{,}055\,t + 0{,}472$ für $0{,}5 \leq t \leq 1{,}5$;
$y = 13\,t - 5{,}335$ für $1{,}5 \leq t \leq 2{,}5$
b) Die mittlere Änderungsrate entspricht der mittleren Geschwindigkeit. In den einzelnen Abschnitten entspricht sie der Steigung der Geraden (also 10; 9,055 bzw. 13 $\left(\text{in } \frac{km}{h}\right)$).
Für die gesamte Regattastrecke ist die Durchschnittsgeschwindigkeit
$v_{\text{mittel}} = \frac{27{,}055}{2{,}5} \approx 10{,}8 \left(\text{in } \frac{km}{h}\right)$.

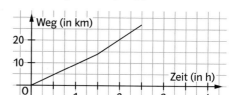

8 a) Behälter 1:

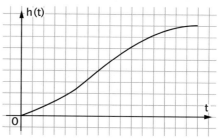

Behälter 2:

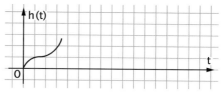

b) Eine Wendestelle gibt in diesem Zusammenhang die größte (die kleinste) Höhenzunahme (-abnahme) an.

IV Untersuchung ganzrationaler Funktionen

1 Ganzrationale Funktionen – Linearfaktorzerlegung

Seite 96

Einstiegsproblem
Man liest z. B. die Nullstellen am Graphen ab und setzt diese in die Funktionsterme ein; ebenso vergleicht man die Stellen mit $x = 0$.
(A) gehört zu f; (B) gehört h; (C) gehört zu g und i.

Seite 97

1 a) $x = 4,8$;
b) $\frac{1}{2} + \frac{\sqrt{57}}{6}$, $\frac{1}{2} - \frac{\sqrt{57}}{6}$;
c) $x_1 = \frac{1}{2}$; $x_2 = 2$;
d) $s = 0$;
e) $x = 3$;
f) $u_1 = -\sqrt{2}$; $u_2 = \sqrt{2}$

2 a) $x^2 + 5x - 2$;
b) $2x^2 - 6x + 3$
c) $x^2 - 3x - 2$;
d) $x^3 - 4x - 1$

Seite 98

3 a) $f(1) = 0$; weitere Nullstellen: -9; -2
b) $f(4) = 0$; weitere Nullstellen: -2; -7
c) $f(3) = 0$; weitere Nullstellen: $-\sqrt{6}$; $\sqrt{6}$
d) $f(-2) = 0$; weitere Nullstellen: $-0,5$; $0,1$
e) $f\left(-\frac{1}{3}\right) = 0$; weitere Nullstellen: -4; 2
f) $f(0,4) = 0$; weitere Nullstellen: -2; 1

4 a) $1; 2; 3$
b) $-1; -2; 2$
c) $-2; 0,5; 1,5$
d) $3; -\frac{1}{2}$
e) $1; -\frac{1}{2}$
f) $-1; 0,2$

8 f: Graph (A); g: Graph (C); h: Graph (B); i: Graph (D)

9 a) Individuelle Lösung.
b) vier Nullstellen: $f(x) = x^4 - 5x^2 + \sqrt{6}$
Mehr als vier Nullstellen sind nicht möglich, da der höchste Grad 4 ist.

10 a) f_1: $x_1 = 0$; $x_2 = \sqrt{2}$; $x_3 = -\sqrt{2}$
f_2: $x = 2$
f_3: $x_1 = 0$; $x_2 = -\sqrt{6}$; $x_3 = \sqrt{6}$
b) zum Beispiel
$f(x) = (x - 4)x^2 + 5$ oder $f(x) = (x - 4)^3 + 5$

11 a) Polynomdivison:
$f(x) : (x + 2) = x^2 - 4x + 5$
$x^2 - 4x + 5 = 0$ besitzt keine weitere Lösung
b) Gleichung für g: $y = 2x + 4$
Schnittpunkte: $S_1(-2|0)$; $S_2(1|6)$; $S_3(3|10)$

12 a) $t = 2$: $x_1 = 0$
$t = 10$: $x_1 = 0$; $x_2 = 1$; $x_3 = 4$
$t = -10$: $x_1 = -4$; $x_2 = -1$; $x_3 = 0$
b) Ausklammern von x ergibt die Nullstelle $x_1 = 0$.
$2x^2 - tx + 8$ führt mit der abc-Formel auf
$x_{2/3} = \frac{t \pm \sqrt{t^2 - 64}}{4}$.
Hieraus ergeben sich zwei weitere Lösungen, wenn die Diskriminante größer als 0 ist, also $|t| > 8$.
c) Die Polynomdivision
$(2x^2 - tx + 8) : (x - 2)$ darf keinen Rest haben.
Hieraus ergibt sich $t = 8$.

2 Ganzrationale Funktionen und ihr Verhalten für $x \to +\infty$ bzw. $x \to -\infty$

Seite 99

Einstiegsproblem

a) (A) gehört zu g; (B) gehört zu f; (C) gehört zu h
b) (A) gehört zu f; (B) gehört zu h; (C) gehört zu g
c) Die Funktionsterme unterscheiden sich im Grad. Die höchste Potenz ist bei a) x^4 und bei b) x^3. Die Graphen dieser Potenzen bestimmen das Verhalten der Graphen für große positive und für kleine negative Werte von x.

Seite 100

1 a) Für $x \to +\infty$ gilt: $f(x) \to -\infty$,
für $x \to -\infty$ gilt: $f(x) \to -\infty$.
b) Für $x \to +\infty$ gilt: $f(x) \to -\infty$,
für $x \to -\infty$ gilt: $f(x) \to +\infty$.
c) Für $x \to +\infty$ gilt: $f(x) \to -\infty$,
für $x \to -\infty$ gilt: $f(x) \to -\infty$.
d) Für $x \to +\infty$ gilt: $f(x) \to +\infty$,
für $x \to -\infty$ gilt: $f(x) \to -\infty$.
e) Für $x \to +\infty$ gilt: $f(x) \to -\infty$,
für $x \to -\infty$ gilt: $f(x) \to +\infty$.
f) Für $x \to +\infty$ gilt: $f(x) \to +\infty$,
für $x \to -\infty$ gilt: $f(x) \to +\infty$.

2 a) $-3x^4$ b) $4x^3$ c) $2x^3$
d) x^4 e) $-2x^4$ f) $-x^4$

4 links: f hat den Grad 3 mit $a_3 > 0$.
Mitte: f hat den Grad 3 mit $a_3 < 0$.
rechts: f hat den Grad 2 mit $a_2 < 0$ oder f hat den Grad 4 mit $a_4 < 0$.

5 Ist der Graph n von f ungerade und $a_n > 0$ (bzw. $a_n < 0$), so gilt:
Für $x \to +\infty$ geht $f(x) \to +\infty$ (bzw. $\to -\infty$)
und für $x \to -\infty$ geht $f(x) \to -\infty$ (bzw. $\to +\infty$)
Die Wertemenge von f ist $\mathbb{R}$. Daher gibt es mindestens eine Stelle x_0 mit $f(x_0) = 0$.

3 Symmetrie, Skizzieren von Graphen

Seite 101

Einstiegsproblem

$f(x) = ax^3$ mit $a > 0$; $f(x) = ax^4$ mit $a > 0$;
$f(x) = ax^3$ mit $a < 0$; $f(x) = ax^4$ mit $a < 0$.

Seite 102

1 a) symmetrisch zur y-Achse
b), c) und e) weder symmetrisch zu y-Achse noch zum Ursprung
d) und f) symmetrisch zum Ursprung

2

	Achsensymmetrie zur y-Achse	Punktsymmetrie zum Ursprung	keine spez. Symmetrie erkennbar
a)		x	
b)	x		
c)		x	
d)	x		
e)			x
f)	x		
g)			x
h)	x		
i)		x	

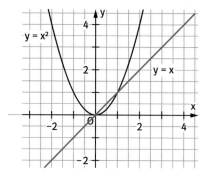

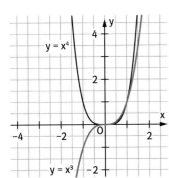

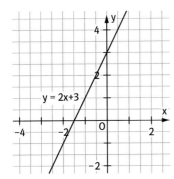

3 a) (B)   b) (A)   c) (C)

Seite 103

4 a) Symmetrisch zur y-Achse. Für $x \to \pm\infty$ gilt: $f(x) \to +\infty$. Nullstellen $x_1 = 2$; $x_2 = -2$.

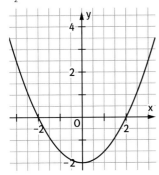

b) Symmetrisch zur y-Achse. Für $x \to \pm\infty$ gilt: $f(x) \to +\infty$. Nullstellen $x_1 = 0$; $x_2 = -3$; $x_3 = 3$.

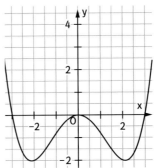

c) Symmetrisch zum Ursprung. Für $x \to +\infty$ gilt: $f(x) \to +\infty$; für $x \to -\infty$ gilt: $f(x) \to -\infty$. Nullstellen $x_1 = 0$; $x_2 = -2$; $x_3 = 2$.

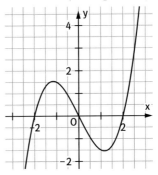

d) Symmetrisch zum Ursprung. Für $x \to +\infty$ gilt: $f(x) \to -\infty$; für $x \to -\infty$ gilt: $f(x) \to +\infty$. Nullstellen $x_1 = 0$; $x_2 = -2$; $x_3 = 2$.

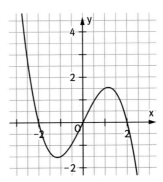

e) Symmetrisch zur y-Achse.
Für $x \to \pm\infty$ gilt: $f(x) \to +\infty$.
Nullstellen $x_1 = -3$; $x_2 = -1$; $x_3 = 1$; $x_4 = 3$.

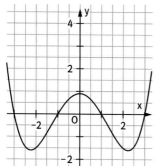

f) Symmetrisch zur y-Achse.
Für $x \to \pm\infty$ gilt: $f(x) \to -\infty$.
Nullstellen $x_1 = 0$; $x_2 = -\sqrt{2}$; $x_3 = \sqrt{2}$.

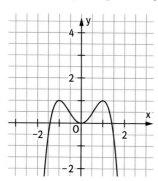

7 (A): j. Der abgebildete Graph verhält sich für große x wie $y = -2x^3$ und für $x = 0$ geht der Graph durch den Punkt $(0|-1)$.
(B) und (C): Wegen des Verhaltens für große x kommen g, h und i infrage. i scheidet aus, weil der Graph durch den Ursprung geht. Zu Fig. 3 gehört wegen der Symmetrie die Funktion h. Also bleibt g für Fig. 2 übrig.
(D): i kommt wegen des Verhaltens für große x nicht infrage, also bleibt noch f.

8 a) 1); 5)   b) 2); 3); 4); 5)

9 a) Punktsymmetrie für $t = 0$
b) Achsensymmetrie für $t = 1$
c) Punktsymmetrie für ungerade t
d) Achsensymmetrie für $t = 2$

4 Beispiel einer vollständigen Funktionsuntersuchung

Seite 104

Einstiegsproblem
f ist monoton steigend für $x < -1$ und $x > 0$ und monoton fallend für $-1 < x < 0$.
Nullstellen: $x_1 \approx -1{,}3$; $x_2 = 0$.
Extremstellen: $x_3 \approx -1$ (Maximumstelle); $x_4 \approx 0$ (Minimumstelle).
Die grafische Methode ergibt einen guten Überblick über den Gesamtverlauf des Graphen und ermöglicht es, Eigenschaften der Funktion und besondere Punkte des Graphen zu erkennen. Genaue Ergebnisse lassen sich jedoch nur mit rechnerischen Methoden bestimmen.

Seite 105

1 a) $f(x) = \frac{1}{3}x^3 - x$
1. Ableitungen:
$f'(x) = x^2 - 1$; $f''(x) = 2x$; $f'''(x) = 2$
2. Symmetrie: Punktsymmetrisch zum Ursprung
3. Nullstellen: $f(x) = \frac{1}{3}x^3 - x = \frac{1}{3}x \cdot (x^2 - 3) = 0$;
$x_1 = \sqrt{3}$; $x_2 = -\sqrt{3}$; $x_3 = 0$
4. Verhalten für $x \to \pm\infty$:
$f(x) \to \infty$ für $x \to +\infty$; $f(x) \to -\infty$ für $x \to -\infty$
5. Extremstellen: $f'(x) = 0$;
$x_4 = -1$; $f''(-1) = -2$;
$f(-1)$ ist lokales Maximum; $H\left(-1 \big| \frac{2}{3}\right)$
$x_5 = 1$; $f''(1) = 2$;
$f(1)$ ist lokales Minimum; $T\left(1 \big| -\frac{2}{3}\right)$

6. Wendestellen: $f''(x) = 0$;
$x_6 = 0$; $f'''(0) = 2$;
x_6 ist Wendestelle mit $W(0|0)$
7. Graph:

7. Graph:

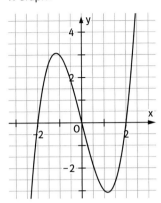

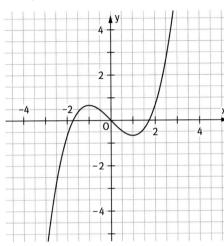

b) $f(x) = x^3 - 4x$
1. Ableitungen:
$f'(x) = 3x^2 - 4$; $f''(x) = 6x$; $f'''(x) = 6$
2. Symmetrie: Punktsymmetrisch zum Ursprung
3. Nullstellen: $f(x) = x^3 - 4x = x \cdot (x^2 - 4) = 0$;
$x_1 = 2$; $x_2 = -2$; $x_3 = 0$
4. Verhalten für $x \to \pm\infty$:
$f(x) \to \infty$ für $x \to +\infty$; $f(x) \to -\infty$ für $x \to -\infty$
5. Extremstellen: $f'(x) = 0$; $3x^2 = 4$
$x_4 = -\frac{2}{3}\sqrt{3}$; $f''\left(-\frac{2}{3}\sqrt{3}\right) = -4 \cdot \sqrt{3}$;
$f\left(-\frac{2}{3}\sqrt{3}\right)$ ist lokales Maximum;
$H\left(-\frac{2}{3}\sqrt{3} \mid \frac{16}{9}\sqrt{3}\right)$
$x_5 = \frac{2}{3}\sqrt{3}$; $f''\left(\frac{2}{3}\sqrt{3}\right) = 4 \cdot \sqrt{3}$;
$f\left(\frac{2}{3}\sqrt{3}\right)$ ist lokales Minimum; $T\left(\frac{2}{3}\sqrt{3} \mid -\frac{16}{9}\sqrt{3}\right)$
6. Wendestellen: $f''(x) = 0$;
$x_6 = 0$; $f'''(0) = 6$;
x_6 ist Wendestelle mit $W(0|0)$

c) $f(x) = \frac{1}{2}x^3 - 4x^2 + 8x$
1. Ableitungen:
$f'(x) = \frac{3}{2}x^2 - 8x + 8$; $f''(x) = 3x - 8$; $f'''(x) = 3$
2. Symmetrie: keine Symmetrie zum Ursprung und zur y-Achse (gerade und ungerade Exponenten)
3. Nullstellen: $f(x) = 0$; $x_1 = 0$; $x_2 = 4$
4. Verhalten für $x \to \pm\infty$:
$\lim_{x \to \pm\infty} \left(\frac{1}{2}x^3 - 4x^2 + 8x\right) = \lim_{x \to \pm\infty} x^3\left(\frac{1}{2} - \frac{4}{x} + \frac{8}{x^2}\right)$
$= \pm\infty$
5. Extremstellen: $f'(x) = 0$; $x_3 = \frac{4}{3}$; $f''\left(\frac{4}{3}\right) = -4$;
$f\left(\frac{4}{3}\right)$ ist lokales Maximum; $H\left(\frac{4}{3} \mid \frac{128}{27}\right)$
$x_4 = 4$; $f''(4) = 4$; $f(4)$ ist lokales Minimum;
$T(4|0)$
6. Wendestellen: $f''(x) = 0$;
$x_5 = \frac{8}{3}$; $f'''(0) = 3$
x_5 ist Wendestelle mit $W\left(\frac{8}{3} \mid \frac{64}{27}\right)$
7. Graph:

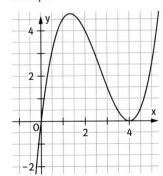

d) $f(x) = \frac{1}{2}x^3 + 3x^2 - 8$
1. Ableitungen:
$f'(x) = \frac{3}{2}x^2 + 6x$; $f''(x) = 3x + 6$; $f'''(x) = 3$
2. Symmetrie: keine Symmetrie zum Ursprung und zur y-Achse (gerade und ungerade Exponenten)
3. Nullstellen: $f(x) = 0$; $x_1 = -2$;
Polynomdivision:

$(0{,}5x^3 + 3x^2 - 8) : (x + 2) = 0{,}5x^2 + 2x - 4$
$\underline{(0{,}5x^3 + x^2)}$
$\quad 2x^2 - 8$
$\quad \underline{(2x^2 + 4x)}$
$\quad\quad -4x - 8$

$x^2 + 4x - 8 = 0$;
$x_2 = 2 \cdot \sqrt{3} - 2$; $x_3 = -2 \cdot \sqrt{3} - 2$
4. Verhalten für $x \to \pm\infty$:
$\lim_{x \to \pm\infty}\left(\frac{1}{2}x^3 + 3x^2 - 8\right) = \lim_{x \to \pm\infty} x^3\left(\frac{1}{2} + \frac{3}{x} + \frac{8}{x^3}\right)$
$= \pm\infty$
5. Extremstellen: $f'(x) = 0$;
$x \cdot \left(\frac{3}{2}x + 6\right) = 0$; $x_4 = -4$; $f''(-4) = -6$;
$f(-4)$ ist lokales Maximum; $H(-4|8)$
$x_4 = 0$; $f''(0) = 6$; $f(0)$ ist lokales Minimum; $T(0|8)$
6. Wendestellen: $f''(x) = 0$;
$x_5 = -2$; $f'''(0) = 3$
x_5 ist Wendestelle mit $W(-2|0)$
7. Graph:

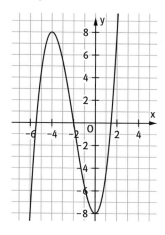

e) $f(x) = 3x^4 + 4x^3$
1. Ableitungen: $f'(x) = 12x^3 + 12x^2$;
$f''(x) = 36x^2 + 24x$; $f'''(x) = 72x + 24$
2. Symmetrie: keine Symmetrie zum Ursprung und zur y-Achse (gerade und ungerade Exponenten)
3. Nullstellen: $f(x) = x^3(3x + 4) = 0$; $x_1 = 0$;
$x_2 = -\frac{4}{3}$
4. Verhalten für $x \to \pm\infty$:
$\lim_{x \to \pm\infty}(3x^4 + 4x^3) = \lim_{x \to \pm\infty} x^4\left(3 + \frac{4}{x}\right) = +\infty$
5. Extremstellen: $f'(x) = 0$;
$x_3 = -1$; $f''(-1) = 12$;
$f(-1)$ ist lokales Minimum; $T(-1|-1)$
$x_5 = 0$; $f''(0) = 0$; noch zu untersuchen
6. Wendestellen: $f''(x) = 0$;
$x_4 = -\frac{2}{3}$; $f'''\left(-\frac{2}{3}\right) = -24$
x_4 ist Wendestelle mit $W_1\left(\frac{2}{3}\big|-\frac{16}{27}\right)$
$x_5 = 0$; $f'''(0) = -24$
x_5 ist Wendestelle mit $W_2(0|0)$
7. Graph:

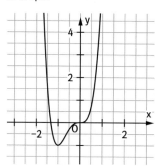

f) $f(x) = \frac{1}{10}x^5 - \frac{4}{3}x^3 + 6x$
1. Ableitungen: $f'(x) = \frac{1}{2}x^4 - 4x^2 + 6$;
$f''(x) = 2x^3 - 8x$; $f'''(x) = 6x^2 - 8$
2. Symmetrie: Symmetrie zum Ursprung (nur ungerade Exponenten)
3. Nullstellen: $f(x) = x\left(\frac{1}{10}x^4 - \frac{4}{3}x^2 + 6\right) = 0$;
$x_1 = 0$
(der zweite Faktor ist biquadratisch und ungleich 0)
4. Verhalten für $x \to \pm\infty$:
$\lim_{x \to \pm\infty}\left(\frac{1}{10}x^5 - \frac{4}{3}x^3 + 6x\right)$
$= \lim_{x \to \pm\infty} x^5\left(\frac{1}{10} - \frac{4}{3x^2} + \frac{6}{x^4}\right) = \pm\infty$

5. Extremstellen: $f'(x) = \frac{1}{2}x^4 - 4x^2 + 6 = 0$ als biquadratische Gleichung lösen:
$x_2 = \sqrt{2}$; $f''(\sqrt{2}) = -4\sqrt{2}$;
$f(\sqrt{2})$ ist lokales Maximum; $H_1\left(\sqrt{2} \mid \frac{56}{15} \cdot \sqrt{2}\right)$
$x_3 = -\sqrt{2}$; $f''(\sqrt{2}) = 4\sqrt{2}$;
$f(-\sqrt{2})$ ist lokales Minimum;
$T_1\left(-\sqrt{2} \mid -\frac{56}{15} \cdot \sqrt{2}\right)$
$x_4 = \sqrt{6}$; $f''(\sqrt{6}) = 4\sqrt{6}$;
$f(\sqrt{6})$ ist lokales Minimum; $T_2\left(\sqrt{6} \mid \frac{8}{5} \cdot \sqrt{6}\right)$
$x_5 = -\sqrt{6}$; $f''(-\sqrt{6}) = -4\sqrt{6}$;
$f(-\sqrt{6})$ ist lokales Maximum; $H_2\left(-\sqrt{6} \mid -\frac{8}{5} \cdot \sqrt{6}\right)$
gerundete Koordinaten:
$H_1(1,41 \mid 5,28)$; $T_1(-1,41 \mid -5,28)$;
$T_2(2,45 \mid 3,92)$; $H_2(-2,45 \mid -3,92)$
6. Wendestellen: $f''(x) = 0$;
$x_6 = -2$; $f'''(-2) = 16$
x_6 ist Wendestelle mit $W_1\left(-2 \mid -\frac{68}{15}\right)$
$x_7 = 0$; $f'''(0) = -8$
x_7 ist Wendestelle mit $W_2(0 \mid 0)$
$x_8 = 2$; $f'''(2) = 16$
x_8 ist Wendestelle mit $W_3\left(2 \mid \frac{68}{15}\right)$
7. Graph:

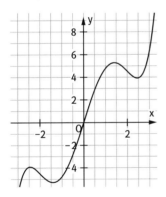

Seite 106

2 a) $f(x) = \frac{1}{6}(x+1)^2 \cdot (x-2) = \frac{1}{6}x^3 - \frac{1}{2}x - \frac{1}{3}$
1. Ableitungen:
$f'(x) = \frac{1}{2}x^2 - \frac{1}{2}$; $f''(x) = x$; $f'''(x) = 1$
2. Symmetrie: keine Symmetrie zum Ursprung und zur y-Achse (gerade und ungerade Exponenten)
3. Nullstellen: $f(x) = \frac{1}{6}(x+1)^2 \cdot (x-2) = 0$;
$x_1 = -1$; $x_2 = 2$
4. Verhalten für $x \to \pm\infty$:
$f(x) \to \infty$ für $x \to +\infty$; $f(x) \to -\infty$ für $x \to -\infty$
5. Extremstellen: $f'(x) = \frac{1}{2}x^2 - \frac{1}{2} = 0$;
$x_3 = -1$; $f''(-1) = -1$;
$f(-1)$ ist lokales Maximum; $H(-1 \mid 0)$
$x_4 = 1$; $f''(1) = 1$;
$f(1)$ ist lokales Minimum; $T\left(1 \mid -\frac{2}{3}\right)$
6. Wendestellen: $f''(x) = 0$;
$x_5 = 0$; $f'''(0) = 1$;
x_5 ist Wendestelle mit $W\left(0 \mid -\frac{1}{3}\right)$
7. Graph:

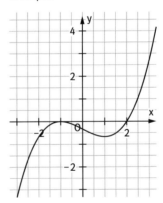

b) $f(x) = \frac{1}{4}(1 + x^2)\cdot(5 - x^2) = -\frac{1}{4}x^4 + x^2 + \frac{5}{4}$
1. Ableitungen:
$f'(x) = -x^3 + 2x;\ f''(x) = -3x^2 + 2;$
$f'''(x) = -6x$
2. Symmetrie: Punktsymmetrisch zur y-Achse (nur gerade Exponenten)
3. Nullstellen: $f(x) = \frac{1}{4}(1 + x^2)\cdot(5 - x^2) = 0$
$x_1 = \sqrt{5};\ x_2 = -\sqrt{5}$
4. Verhalten für $x \to \pm\infty$:
$f(x) \to -\infty$ für $x \to +\infty;\ f(x) \to -\infty$ für $x \to -\infty$
5. Extremstellen: $f'(x) = 0;\ x(-x^2 + 2) = 0$
$x_3 = 0;\ f''(0) = 2;$
$f(0)$ ist lokales Minimum; $T\left(0\big|\frac{5}{4}\right)$
$x_4 = \sqrt{2};\ f''(\sqrt{2}) = -4;$
$f(\sqrt{2})$ ist lokales Maximum; $H_1\left(\sqrt{2}\big|\frac{9}{4}\right)$
$x_5 = -\sqrt{2};\ f''(-\sqrt{2}) = -4;$
$f(-\sqrt{2})$ ist lokales Maximum; $H_2\left(-\sqrt{2}\big|\frac{9}{4}\right)$
6. Wendestellen: $f''(x) = 0;$
$x_6 = -\frac{1}{3}\sqrt{6};\ f'''\left(-\frac{1}{3}\sqrt{6}\right) = 2\sqrt{6}$
x_6 ist Wendestelle mit $W_1\left(-\frac{1}{3}\sqrt{6}\big|\frac{65}{36}\right)$
$x_7 = \frac{1}{3}\sqrt{6};\ f'''\left(\frac{1}{3}\sqrt{6}\right) = -2\sqrt{6}$
x_7 ist Wendestelle mit $W_2\left(\frac{1}{3}\sqrt{6}\big|\frac{65}{36}\right)$
7. Graph:

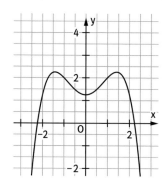

c) $f(x) = 0{,}5\cdot(x^2 - 1)^2 = \frac{1}{2}x^4 - x^2 + \frac{1}{2}$
1. Ableitungen:
$f'(x) = 2x^3 - 2x;\ f''(x) = 6x^2 - 2;\ f'''(x) = 12x$
2. Symmetrie: Punktsymmetrisch zur y-Achse (nur gerade Exponenten)
3. Nullstellen: $f(x) = 0;\ x_1 = 1;\ x_2 = -1$
4. Verhalten für $x \to \pm\infty$:
$f(x) \to \infty$ für $x \to +\infty;\ f(x) \to \infty$ für $x \to -\infty$
5. Extremstellen: $f'(x) = 0;$
$x_3 = -1;\ f''(-1) = 4;$
$f(-1)$ ist lokales Minimum; $T_1(-1|0)$
$x_4 = 0;\ f''(0) = -2;$
$f(0)$ ist lokales Maximum; $H\left(0\big|\frac{1}{2}\right)$
$x_5 = 1;\ f''(1) = 4;$
$f(1)$ ist lokales Minimum; $T_2(1|0)$
6. Wendestellen: $f''(x) = 0;$
$x_6 = -\frac{1}{3}\sqrt{3};\ f'''\left(-\frac{1}{3}\sqrt{3}\right) = -4\sqrt{3};$
x_6 ist Wendestelle mit $W_1\left(-\frac{1}{3}\sqrt{3}\big|\frac{2}{9}\right)$
$x_7 = \frac{1}{3}\sqrt{3};\ f'''\left(\frac{1}{3}\sqrt{3}\right) = 4\sqrt{3};$
x_7 ist Wendestelle mit $W_2\left(\frac{1}{3}\sqrt{3}\big|\frac{2}{9}\right)$
7. Graph:

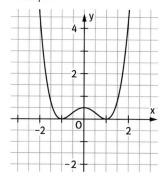

d) $f(x) = (x-1) \cdot (x+2)^2 = x^3 + 3x^2 - 4$
1. Ableitungen:
$f'(x) = 3x^2 + 6x$; $f''(x) = 6x + 6$; $f'''(x) = 6$
2. Symmetrie: keine Symmetrie zum Ursprung und zur y-Achse (gerade und ungerade Exponenten)
3. Nullstellen: $f(x) = 0$; $x_1 = 1$; $x_2 = -2$
4. Verhalten für $x \to \pm\infty$:
$f(x) \to \infty$ für $x \to +\infty$; $f(x) \to -\infty$ für $x \to -\infty$
5. Extremstellen: $f'(x) = 0$; $3x \cdot (x+2) = 0$
$x_3 = -2$; $f''(-2) = -6$;
$f(-2)$ ist lokales Maximum; $H(-2|0)$
$x_4 = 0$; $f''(0) = 6$;
$f(0)$ ist lokales Minimum; $T(0|-4)$
6. Wendestellen: $f''(x) = 0$;
$x_6 = -1$; $f'''(-1) = 6$
x_6 ist Wendestelle mit $W(-1|-2)$
7. Graph:

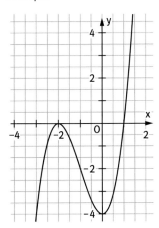

e) $f(x) = 0{,}1 \cdot (x^3 + 1)^2 = 0{,}1x^6 + 0{,}2x^3 + 0{,}1$
1. Ableitungen: $f'(x) = 0{,}6x^5 + 0{,}6x^2$;
$f''(x) = 3x^4 + 1{,}2x$; $f'''(x) = 12x^3 + 1{,}2$
2. Symmetrie: keine Symmetrie zum Ursprung und zur y-Achse (gerade und ungerade Exponenten)
3. Nullstellen: $x_1 = -1$
4. Verhalten für $x \to \pm\infty$:
$f(x) \to \infty$ für $x \to +\infty$; $f(x) \to \infty$ für $x \to -\infty$
5. Extremstellen: $f'(x) = 0$;
$x_2 = -1$; $f''(-1) = 1{,}8$;
$f(-1)$ ist lokales Minimum; $T(-1|0)$
$x_3 = 0$; $f''(0) = 0$; noch zu untersuchen
6. Wendestellen: $f''(x) = 0$;
$x_4 = 0$; $f'''(x)$ hat bei x_4 einen Vorzeichenwechsel
x_0 ist Wendestelle mit $W_1(0|0{,}1)$
$x_5 = -\sqrt[3]{0{,}4} \approx -0{,}737$;
$f'''(-0{,}737) = -3{,}6$
x_6 ist Wendestelle mit $W_2(-0{,}737|0{,}036)$
7. Graph:

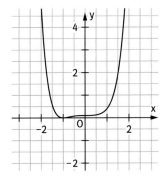

f) $f(x) = \frac{1}{6}(1+x)^3 \cdot (3-x)$
$= -\frac{1}{6}x^4 + x^2 + \frac{4}{3}x + \frac{1}{2}$

1. Ableitungen:
$f'(x) = -\frac{2}{3}x^3 + 2x + \frac{4}{3}$; $f''(x) = -2x^2 + 2$;
$f'''(x) = 4x$

2. Symmetrie: keine Symmetrie zum Ursprung und zur y-Achse (gerade und ungerade Exponenten)

3. Nullstellen: $x_1 = -1$; $x_2 = 3$

4. Verhalten für $x \to \pm\infty$:
$f(x) \to -\infty$ für $x \to +\infty$; $f(x) \to -\infty$ für $x \to -\infty$

5. Extremstellen: $f'(x) = -\frac{2}{3}x^3 + 2x + \frac{4}{3} = 0$;
$x_3 = -1$; $f''(-1) = 0$; noch zu klären
$x_4 = 2$; $f''(2) = -6$;
$f(2)$ ist lokales Maximum;

6. Wendestellen: $f''(x) = 0$;
$x_5 = -1$; $f'''(-1) = 4$
x_5 ist Wendestelle mit $W_1(-1|0)$
$x_6 = 1$; $f'''(1) = -6$
x_6 ist Wendestelle mit $W_2\left(1\Big|\frac{8}{3}\right)$

7. Graph:

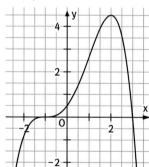

4 a) Symmetrie zu $x = 0$; $N_1(2|0)$;
$N_2(-2|0)$; $N_3(\sqrt{20}|0)$; $N_4(-\sqrt{20}|0)$; $H\left(0\Big|\frac{5}{3}\right)$;
$T_{1/2}\left(\pm 2\sqrt{3}\Big|-\frac{4}{3}\right)$; $N_1 = W_1$; $N_2 = W_2$.

b) Aus $x^2 = 12 \pm \sqrt{64 + 48c}$ folgt: Es gibt 4 Lösungen für $-\frac{4}{3} < c < \frac{5}{3}$, 3 Lösungen für $c = \frac{5}{3}$, 2 Lösungen für $c = -\frac{4}{3}$ oder $c > \frac{5}{3}$ und keine Lösung für $c < -\frac{4}{3}$.

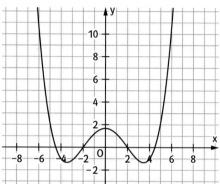

5 a) Höhe = $f(0) = 187,5$ m;
$f(x) = 0$ liefert $x \approx \pm 80,75$;
Breite $\approx 2 \cdot 80,75$ m $= 161,5$ m
b) $f'(-80,75) \approx 6,74$, also $\alpha = 81,56°$.
c) $f(9) - 10 = f(u)$ liefert $u \approx 25,70$;
$25,70 - 9 > 10$. Maximale Flughöhe = $f(9) - 10 \approx 176,21$ m.

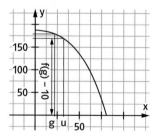

6 zwei waagerechte Tangenten für
$b^2 - 3c > 0$
eine waagerechte Tangente für $b^2 - 3c = 0$
keine waagerechte Tangente für $b^2 - 3c < 0$

7 Der Graph von g entsteht aus dem Graphen von f
a) durch Multiplikation der „y-Werte" von f(x) mit dem Faktor c. Für alle besonderen Punkte bleiben die x-Koordinaten erhalten.
b) durch Verschiebung parallel zur y-Achse um c. Für Extrem- und Wendepunkte bleiben die x-Koordinaten erhalten. Zu den y-Koordinaten wird c addiert.
c) durch Verschiebung parallel zur x-Achse um c. Für alle besonderen Punkte bleiben die y-Koordinaten erhalten. Zu den x-Koordinaten muss c addiert werden.

8 a) Der Graph ist achsensymmetrisch zur y-Achse.
b) Schnittpunkte mit der x-Achse $N_1(-3|0)$, $N_2(3|0)$; Schnittpunkt mit der y-Achse $S_y(0|-1{,}125)$.
c) Der Graph strebt jeweils gegen $+\infty$, d.h. er verläuft „von links oben nach rechts oben"
d) Graph unten.

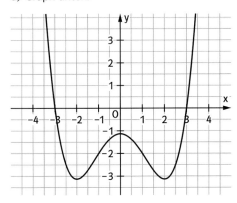

5 Probleme lösen im Umfeld der Tangente

Seite 107

Einstiegsproblem
Reflexionsgesetz: Der einfallende Strahl, der reflektierte Strahl und das Einfallslot liegen in einer Ebene. Bei der Reflexion eines Lichtstrahls am ebenen Spiegel ist der Reflexionswinkel gleich dem Einfallswinkel. Reflexion an einem gekrümmten Spiegel, siehe Abbildung.

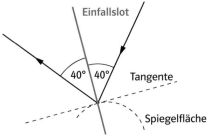

Ist die spiegelnde Oberfläche gekrümmt, so steht das Einfallslot senkrecht auf der Tangente bzw. Tangentialebene im Auftreffpunkt des Lichtstrahls und die Reflexion erfolgt ebenfalls nach dem obigen Reflexionsgesetz.

Seite 108

1 a) t: $y = 4x - 4$; n: $y = -\frac{1}{4}x + 4{,}5$
b) t: $y = -\frac{1}{8}x + 1$; n: $y = 8x - 31{,}5$
c) t: $y = 0$; n: $x = 0$

2 Tangente t in einem beliebigen Punkt $(u|f(u))$: $y = ux - \frac{1}{2}u^2$
a) $A(1|0)$ eingesetzt, ergibt $P_1(0|0)$ und $P_2(2|2)$.
b) $B(-1|0)$ ergibt $Q_1(0|0)$ und $Q_2(-2|2)$.
c) $C(0|-2)$ ergibt $R_1(2|2)$ und $R_2(-2|2)$.
d) $D(3|2{,}5)$ ergibt $u^2 - 6u + 5 = 0$ und damit $S_1(5|12{,}5)$ und $S_2(1|0{,}5)$.

3 t: $y = 2ux - u^2$ ergibt mit $S(3|5)$ die Gleichung $u^2 - 6u + 5 = 0$ mit den Lösungen $u_1 = 1$ und $u_2 = 5$ (nicht im Definitionsbereich). Das Ufer ist im Bereich $1 \leq x \leq 3$ einsehbar.

4 a) $P(1|-2)$; Tangente t: $y = -2$; weiterer Schnittpunkt $S(-2|-2)$
b) $P(0,5|-1,375)$; t: $y = -2,25x - 0,25$; weiterer Schnittpunkt $S(-1|2)$
c) $P(3|18)$; t: $y = 24x - 54$; $S(-6|-198)$

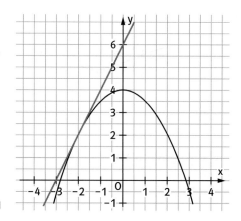

Seite 109

7 a) Aus $f'(x) = -x + 2 = 2$ folgt $x = 0$, also t: $y = 2x - 2$; Schnittwinkel $\alpha = 63,4°$.
b) Tangente t in einem beliebigen Punkt $(u|f(u))$ t: $y = (-u + 2)x + \frac{1}{2}u^2 - 2$. t verläuft durch $(0|0)$ für $\frac{1}{2}u^2 - 2 = 0$ mit $u_1 = 2$ bzw. $u_2 = -2$. Gesuchte Punkte $P_1(2|0)$ und $P_2(-2|-8)$.
c) Aus $\frac{1}{2}u^2 - 2 = 6$ folgt $u_1 = 4$ bzw. $u_2 = -4$ mit t_1: $y = -2x + 6$ und $B_1(4|-2)$ bzw. t_2: $y = 6x + 6$ und $B_2(-4|-18)$.

8 Aus $f'(x) = \frac{16}{x^4} + 1 = 2$ folgt $x_1 = 2$ bzw. $x_2 = -2$ mit t_1: $y = 2x - \frac{8}{3}$ bzw. t_2: $y = 2x + \frac{8}{3}$.

9 $f(x) = ax^3 + bx^2 + cx + d$
$f'(x) = 3ax^2 + 2bx + c$
$f(0) = 0$, daraus folgt $d = 0$
$f'(0) = 0$, daraus folgt $c = 0$
$f(-3) = 0$ und $f'(-3) = 6$,
daraus folgt $b = 2$ und $a = \frac{2}{3}$
$f(x) = \frac{2}{3}x^3 + 2x^2$

10 Es sei f definiert durch $f(x) = 4 - \frac{1}{2}x^2$. Tangente t in einem beliebigen Punkt $(u|f(u))$: $y = -ux + \frac{1}{2}u^2 + 4$.
$P(0|6)$ eingesetzt, ergibt die Berührpunkte $Q_1(-2|2)$ und $Q_2(2|2)$. Laut Zeichnung ist nur ein Berührpunkt relevant. Das Fahrzeug hat die Mittellinie in $Q_1(-2|2)$ verlassen.

11 Aus der Gleichung der Tangente in einem beliebigen Punkt $(u|f(u))$ durch $(0|-1,8)$ erhält man:
$-1,8 = f'(u) \cdot (0 - u) + f(u)$ bzw.
$u^2 \cdot (0,006u^2 - 0,122) = 0$ mit den Lösungen $u_1 = 0$ und $u_2 = \pm\sqrt{\frac{61}{3}} \approx 4,51$ (aufgrund der Symmetrie). Gesuchte Tangentengleichung für den positiven u-Wert: $y = 0,366x - 1,8$. Aus $0,336x - 1,8 = 1,6$ ergibt sich $x \approx 9,3$. Die Person darf höchstens $(9,3 - 5)\,m = 4,3\,m$ entfernt vom Kanalufer stehen.

12 a) $d(x_0)$ wird mithilfe des Satzes von Pythagoras berechnet.
b) Zur Lösung dieses Aufgabenteils ist der GTR hilfreich.
$d(x_0) = \sqrt{x_0^2 + (0,2(x_0 + 1)^2 - 3)}$
$= 0,2 \cdot \sqrt{x^4 + 4x^3 + x^2 - 56x + 196}$
Möglichst kurze Gasleitung für die Stelle $x_0 \approx 1,677$ (GTR oder zeichnerisch).
GTR-Lösung: $Y1 = g(x)$, $Y2 = \sqrt{x^2 + Y1^2}$. Minimum von Y2 liefert die gesuchte Stelle.

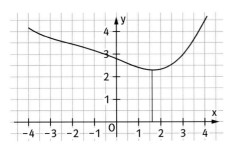

c) Zur Lösung dieses Aufgabenteils ist der GTR hilfreich.
$g'(x) = 0{,}4x + 0{,}4$.
Normalengleichung n in $(x_0 | g(x_0))$:
$y = -\frac{1}{g'(x_0)}(x - x_0) + g(x_0)$.
n verläuft durch den Ursprung, also
$0 = -\frac{1}{g'(x_0)}(0 - x_0) + g(x_0)$.
Einsetzen und Lösen mit dem GTR ergibt $x_0 \approx 1{,}677$, d.h., an dieser Stelle wäre die Gasleitung am kürzesten.

13 a) Dreht man die Gerade g_1 und das zugehörige Steigungsdreieck um P_0 um 90°, so erhält man die Gerade g_2 mit dem zugehörigen Steigungsdreieck.
Ist m_1 die Steigung von g_1, so ist
$\frac{-1}{m_1} = \frac{m_2}{1} = m_2$. Also $m_1 \cdot m_2 = m_1 \cdot \left(\frac{-1}{m_1}\right) = -1$.
b) Da die Normale n orthogonal zur Tangente in $P(u | f(u))$ verläuft, gilt
$m_n = -\frac{1}{f'(u)}$ und hiermit n: $y = -\frac{1}{f'(u)} \cdot x + c$.
Setzt man P in n ein, so ergibt sich
$f(u) = -\frac{1}{f'(u)} \cdot u + c$ bzw. $c = f(u) + \frac{1}{f'(u)} \cdot u$.
Eingesetzt in n und zusammengefasst ergibt: $y = -\frac{1}{f'(u)} \cdot (x - u) + f(u)$.

6 Mathematische Fachbegriffe in Sachzusammenhängen

Seite 110

Einstiegsproblem
Individuelle Lösung.

Seite 111

1 a) $f(2) = 0{,}3$
b) $f(t) =$ konstant für $t > 20$.
c) $f(5) - f(0) = 0{,}6$
d) Die Wachstumsgeschwindigkeit ist maximal für $t = 8$, also $f''(8) = 0$ und $f'''(8) < 0$.

2 a) Graph von f:

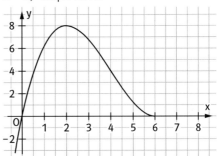

Nullstellen sind $t = 0$ und $t = 6$.
Ist die Durchflussgeschwindigkeit null, so fließt kein Wasser mehr, der Fluss ist ausgetrocknet. $f(t) > 0$ ist sinnvoll, da durch das Gefälle ein Fluss nicht zurückfließen kann.
b) Aus $f'(t) = 0{,}75t^2 - 6t + 9 = 0$ folgt $t = 2$ oder $t = 6$. Mit $f''(t) = 1{,}5t - 6$ erhält man für $t = 2$ das relative Maximum 8 und für $t = 6$ das relative Minimum 0. Randextremwerte $f(0) = f(6) = 0$ (globales Maximum), $f(0) = 0$ (globales Minimum).
c) $f''(t) = 1{,}5t - 6 = 0$ liefert $t = 4$ (besonders starke Abnahme). f' ist eine ganzrationale Funktion zweiten Grades, maximale Zunahme $f'(0) = 9$.

3 a) $N_1(0|0)$, $N_2(24|0)$ Beginn bzw. Ende des Zuflusses; Hochpunkt $(8|512)$, Tiefpunkt $T(24|0)$ maximaler und minimaler Zufluss; Wendepunkt $W(16|256)$ Abnahme des Zuflusses ist maximal.
b) Aus $f(t) \geq 256$ folgt $2{,}14 \leq t \leq 16$.

Seite 112

6 Die Abbildung stellt einen möglichen Graphen dar.

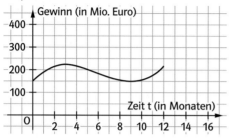

H(3|220), T(9|150), W(6|186)

7 a) S' gibt die momentane Veränderung des Schuldenstandes an. Im Zeitintervall 1 Jahr ist dies näherungsweise die jährliche Neuverschuldung.
b) $S''(t) = 7 - \frac{12}{25}t = 0$ liefert $t \approx 14{,}6$, d.h., im Jahr 1994 war die Neuverschuldung besonders hoch.
c) Aus $S'(t) = 0$ folgt $t \approx 30{,}6$, d.h., im Jahr 2010 wird erstmals eine Neu-Nullverschuldung erreicht.
d) Nur der Anstieg der Staatsverschuldung (Neuverschuldung) ging zurück, die Staatsschulden wachsen weiter.

8 a) Vgl. Abbildung unten.
Das Unternehmen macht Gewinn, wenn die Umsatzkurve oberhalb der Gesamtkostenkurve verläuft, also für $12{,}7 \leq x \leq 47{,}3$.
b) Für den Gewinn G gilt:
$G(x) = U(x) - K(x)$.
Maximum für $x \approx 34{,}1$ ($G(34{,}1) = 96{,}57$).
c) $U_1(x) = 4x$ (siehe Abb.). Das Unternehmen kann keinen Gewinn mehr erzielen, da $U_1(x) \leq K(x)$ für alle $x \geq 0$. Gemeinsame Punkte sind (0|0) und (30|120).

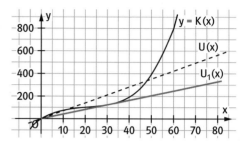

7 Extremwertprobleme mit Nebenbedingungen

Seite 113

Einstiegsproblem
Umfang eines Rechtecks $U = 2 \cdot (a + b)$
a) Gelte $a:b = 2:3$, damit ist $a = \frac{2}{3}b$ und hieraus $U(b) = 2 \cdot \left(\frac{2}{3}b + b\right) = \frac{10}{3}b$.
b) Aus $A = a \cdot b = 20$ folgt $a = \frac{20}{b}$ und hieraus $U(b) = 2 \cdot \left(\frac{20}{b} + b\right)$.
c) Das Dreieck SBC ist gleichseitig mit der Seitenlänge b. Damit ist
$\frac{a}{2} = \frac{b}{2} \cdot \sqrt{3}$ (Höhe im gleichseitigen Dreieck).
Insgesamt ist
$U(b) = 2 \cdot (b\sqrt{3} + b) = 2b(1 + \sqrt{3})$.

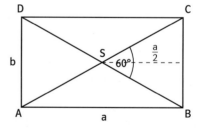

d) Aus $a^2 + b^2 = 5^2$ folgt $a = \sqrt{25 - b^2}$ und hieraus $U(b) = 2 \cdot (\sqrt{25 - b^2} + b)$.

Seite 114

1 $d(x) = f(x) - g(x) = 2x^2 - 4x + 3$.
Aus $d'(x) = 4x - 4 = 0$ folgt $x = 1$. Da der Graph von d eine nach oben geöffnete Parabel ist, ist $d(1) = 1$ das globale Minimum.

2 Zur Lösung dieser Aufgabe ist der GTR hilfreich.
Abstand d von Q zum Ursprung:
$d(u) = \sqrt{u^2 + \frac{4}{u^2}}$. Mit dem GTR erhält man das Minimum für $u = 1{,}414 = \sqrt{2}$, aus Symmetriegründen auch für $u = -1{,}414$.

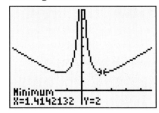

3 Flächeninhalt $A = x \cdot y$ mit $0 \leq x$, $y \leq 25$, Nebenbedingung: $2x + 2y = 50$, Zielfunktion $A(x) = x(25 - x)$.
Globales Maximum für $x = y = 12{,}5$.

4 Umfang $U = 2x + 2y$ mit $x, y \geq 0$, Nebenbedingung: $x \cdot y = 400$,
Zielfunktion $U(x) = 2x + \frac{800}{x}$.
Globales Minimum für $x = y = 20$.

Seite 115

5 Oberfläche $O = 2\pi r \cdot h + \pi r^2$ mit $r, h \geq 0$, Nebenbedingung: $\pi r^2 \cdot h = 1000$,
Zielfunktion $O(r) = \frac{2000}{r} + \pi r^2$.
Globales Minimum für $r = \frac{10}{\sqrt[3]{\pi}}$; $h = \frac{10}{\sqrt[3]{\pi}}$.

6 Volumen des Kartons $V = x^2 \cdot y$ mit $x, y \geq 0$, Nebenbedingung:
$O = x^2 + 4xy = 100$, Zielfunktion
$V(x) = x^2 \cdot \left(\frac{100 - x^2}{4x}\right) = 0{,}25(100x - x^3)$. Globales Maximum $93{,}75$ (in cm²) für
$x = \sqrt{\frac{100}{3}} \approx 5{,}77$.
Da V eine zum Ursprung symmetrische ganzrationale Funktion dritten Grades ist, kann kein weiteres Maximum existieren.

7 a) $V(x) = (16 - 2x) \cdot (10 - 2x) \cdot x$ wird maximal für $x = 2$; $V_{max} = 144 \, cm^3$.

b) Maße eines DIN-A4-Blattes: $21{,}0 \, cm \times 29{,}7 \, cm$.
Volumen der Schachtel:
$V(x) = (29{,}7 - 2x)(21{,}0 - 2x)x$
mit $x \in (0; 10{,}5)$, x in cm.
Aus $V'(x) = 0$ erhält man
$12x^2 - 202{,}8x + 623{,}7 = 0$ und hieraus die Lösungen $x_1 = 4{,}042$ und $x_2 = 12{,}858$. Nur x_1 liegt im zulässigen Definitionsbereich und es ist $V''(x_1) < 0$.
Untersuchung der Ränder:
$\lim_{x \to 0} V(x) = 0$ und $\lim_{x \to 10{,}5} V(x) = 0$.
Maximaler Wert des Volumens an der Stelle $x_1 = 4{,}042$ mit $V_{max} = 1128{,}5 \, cm^3$.

8 Umfang $U = 2y + 2x + \pi x$ mit $x, y \geq 0$, Nebenbedingung: $A = 2xy + \frac{\pi x^2}{2}$, Zielfunktion $U(x) = 2 \cdot \left(\frac{45}{2x} - \frac{\pi x}{4}\right) + 2x + \pi x$. Globales Minimum für $x \approx 3{,}55$ (in m).

11 Volumen des Zylinders $V = \frac{\pi}{4} x^2 h$ mit $0 \leq x$; $h \leq 12$,
Nebenbedingung: $x^2 + h^2 = 144$,
Zielfunktion: $V(h) = \frac{\pi}{4}(144 - h^2) \cdot h$.
Globales Maximum für $h \approx 6{,}9$ (in cm) und für den Radius des Zylinders $r = \frac{x}{2} \approx 4{,}9$ (in cm). Volumen $V \approx 522{,}4$ (in cm³).
Schnittfigur:

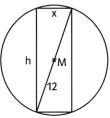

12 $E = (5000 + 300x)(25 - x)$ wird maximal für $x = \frac{25}{6}$.
x: Stückpreissenkung in €. Maximale Einnahmen bei einer Stückpreissenkung von $4{,}20 \, €$ (neuer Stückpreis $20{,}80 \, €$).

13 a) $T = K \cdot b \cdot h^2$; $\left(\frac{h}{2}\right)^2 = r^2 - \frac{b^2}{4}$.

$T(b) = K \cdot b \cdot 4\left(r^2 - \frac{b^2}{4}\right) = K \cdot b(4r^2 - b^2)$

wird maximal für $b = \frac{2}{3}\sqrt{3}\,r$, $h_{max} = \frac{2}{3}\sqrt{6} \cdot r$.

b) $\tilde{b} = \frac{2r}{3} \cdot 2r = \frac{4}{3}r^2$

$\tilde{b} = \frac{2}{\sqrt{3}\,r} = \frac{2}{3}\sqrt{3}\,r = b$ aus Teilaufgabe a).

Die Zimmermannsregel gibt die exakte Lösung an.

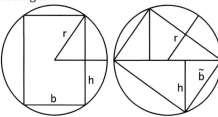

14 Volumen des Zeltes $V = \frac{1}{3}x^2 h$

mit $0 < h \le 2{,}4$ und $0 < x \le \frac{4{,}8}{\sqrt{2}}$,

Nebenbedingung: $h^2 + \left(\frac{x}{\sqrt{2}}\right)^2 = 2{,}4^2$,

Zielfunktion: $V(h) = \frac{1}{3}(11{,}52 - 2h^2) \cdot h$.

Globales Maximum für $h \approx 1{,}39$ (in m), $x \approx 2{,}77$ (in m).

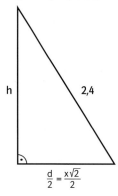

8 Näherungsweise Berechnung von Nullstellen

Seite 116

Einstiegsproblem

Gleichung der Geraden durch P_1 und P_2:

$y + 0{,}194 = 1{,}83(x - 0{,}6)$;

mit $y = 0$ folgt: $x_1 = 0{,}6 + \frac{0{,}194}{1{,}83} \approx 0{,}706$.

Man könnte aber auch in P_2 die Tangente an den Graphen zeichnen und den x-Wert des Schnittpunktes dieser Tangente mit der x-Achse als Näherungswert für die Nullstellen ansehen.

$f'(x) = 3x^2 + \frac{1}{2}x$;

$f'(0{,}8) = 3 \cdot 0{,}8^2 + \frac{1}{2} \cdot 0{,}8 = 2{,}32$;

Gleichung der Tangente:

$y - 0{,}172 = 2{,}32(x - 0{,}8)$;

mit $y = 0$ folgt: $x_1 \approx 0{,}726$

Seite 118

1 a) 0,453 b) 1,288 c) 1,355
d) 0,739 e) –1,341 f) 1,510
g) –0,453 h) –1,167

2 a) –1,532; –0,347; 1,879
b) –2,532; –1,347; 0,879
c) –1,332; –0,521; 0,420; 3,432
d) –2,635; –0,246; 0,603; 1,278

4 a) $f(x) = x^3 - x^2 - 1$; 1,466
b) $f(x) = \frac{1}{2}x^3 + 2x - 2$; 0,848

5 a) $g(x) = 0{,}4x^3 - 2x - 2$; 2,627
b) $g(x) = -0{,}4x^3 - 3x^2 + 2x$; 2,400
c) $g(x) = 0{,}3x^2 + x - \frac{1}{x^2}$; 2,418
d) $g(x) = \frac{1}{2\sqrt{x}} - \frac{3}{2}x^2$; 2,622

6 a) $f'(x) = 5x^4 + 1$; es ist $f'(x) > 0$ für $x \in \mathbb{R}$; also schneidet der Graph die x-Achse genau einmal.
b) –0,6823

7 $r^2 = R^2 + \left(\frac{h}{2}\right)^2$; $\pi \cdot R^2 \cdot h = \frac{1}{4} \cdot \frac{4}{3}\pi \cdot r^3$;
$h^3 - 324h + 972 = 0$. Für den Zylinder gilt:
$h \approx 3{,}09$; $R \approx 8{,}87$

8 a) $f'(x) = 2x$; $x_{n+1} = x_n - \frac{x_n^2 - a}{2x_n} = \frac{x_n^2 + a}{2x_n}$
$= \frac{1}{2}\left(x_{n+1} + \frac{a}{x_n}\right)$
b) $f(x) = x^2 - 17$; $\sqrt{17} \approx 4{,}12310563$
c) $f(x) = x^3 - a$; $f'(x) = 3x^2$; $x_{n+1} = x_n - \frac{x_n^3 - a}{3x_n^2}$
d) $\sqrt[3]{21} \approx 2{,}75892418$

Wiederholen – Vertiefen – Vernetzen

Seite 119

1 a) $f(x) = \frac{1}{8}x^4 - \frac{3}{4}x^3 + \frac{3}{2}x^2$
1. Ableitungen: $f'(x) = \frac{1}{2}x^3 - \frac{9}{4}x^2 + 3x$;
$f''(x) = \frac{3}{2}x^2 - \frac{9}{2}x + 3$; $f'''(x) = 3x - 4{,}5$
2. Schnittpunkte mit den Achsen
y-Achse: $f(0) = 0$; $S_y(0|0)$
x-Achse: Nullstellen: $\frac{1}{8}x^2 \cdot (x^2 - 6x + 12) = 0$;
$x_1 = 0$; $N(0|0)$
3. Verhalten für $x \to \pm\infty$:
$\lim\limits_{x \to \pm\infty} \frac{1}{8}x^4\left(1 - \frac{6}{x} + \frac{12}{x^2}\right) = +\infty$
4. Extremstellen: $f'(x) = \frac{1}{2}x^3 - \frac{9}{4}x^2 + 3x = 0$;
$\frac{1}{2}x \cdot \left(x^2 - \frac{9}{2}x + 6\right) = 0$; $x_2 = 0$; $f''(0) = 3$;
$f(0)$ ist lokales Minimum; $T(0|0)$
5. Wendestellen: $f''(x) = 0$;
$x_3 = 1$; $f'''(1) = -1{,}5$
x_3 ist Wendestelle mit $W_1\left(1\left|\frac{7}{8}\right.\right)$
$x_4 = 2$; $f'''(2) = 1{,}5$
x_4 ist Wendestelle mit $W_2(2|2)$
6. Graph:

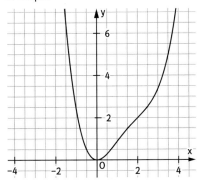

b) $f(x) = \frac{3}{4}x^4 + x^3 - 3x^2$
1. Ableitungen: $f'(x) = 3x^3 + 3x^2 - 6x$;
$f''(x) = 9x^2 + 6x - 6$; $f'''(x) = 18x + 6$
2. Schnittpunkte mit den Achsen
y-Achse: $f(0) = 0$; $S_y(0|0)$
x-Achse: Nullstellen: $x^2 \cdot \left(\frac{3}{4}x^2 + x - 3\right) = 0$;
$x_1 = 0$; $N_1(0|0)$; $x_2 \approx -2{,}77$; $N_2(-2{,}77|0)$;
$x_3 \approx 1{,}44$; $N_3(1{,}44|0)$
3. Verhalten für $x \to \pm\infty$:
$\lim\limits_{x \to \pm\infty} x^4\left(\frac{3}{4} + \frac{1}{x} - \frac{3}{x^2}\right) = +\infty$
4. Extremstellen: $f'(x) = 3x^3 + 3x^2 - 6x = 0$;
$3x \cdot (x^2 + x - 2) = 0$; $x_4 = 0$; $f''(0) = -6$;
$f(0)$ ist lokales Maximum; $H(0|0)$
$x_5 = -2$; $f''(-2) = 18$;
$f(-2)$ ist lokales Minimum; $T_1(-2|-8)$
$x_6 = 1$; $f''(1) = 9$;
$f(1)$ ist lokales Minimum; $T_2\left(1\left|-\frac{5}{4}\right.\right)$
5. Wendestellen: $f''(x) = 0$;
$x_7 = \frac{\sqrt{7}-1}{3}$; $f'''(x_7) = 6\cdot\sqrt{7}$
Wendestelle mit $W_1(0{,}55|-0{,}67)$
$x_8 = -\frac{\sqrt{7}-1}{3}$; $f'''(x_8) = -6\cdot\sqrt{7}$
Wendestelle mit $W_2(-1{,}22|-4{,}60)$
6. Graph:

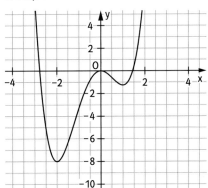

c) $f(x) = 2 - \frac{5}{2}x^2 + x^4$
1. Ableitungen: $f'(x) = 4x^3 - 5x$;
$f''(x) = 12x^2 - 5$; $f'''(x) = 24x$
2. Schnittpunkte mit den Achsen
y-Achse: $f(0) = 2$; $S_y(0|2)$
x-Achse: Nullstellen: keine
3. Verhalten für $x \to \pm\infty$:
$\lim\limits_{x \to \pm\infty} x^4\left(\frac{2}{x^4} - \frac{5}{2x^2} + 1\right) = +\infty$
4. Extremstellen:
$f'(x) = 4x^3 - 5x = x \cdot (4x^2 - 5) = 0$;
$x_1 = 0$; $f''(0) = -5$;
$f(0)$ ist lokales Maximum; $H(0|2)$
$x_2 = -\frac{1}{2}\sqrt{5}$; $f''\left(-\frac{1}{2}\sqrt{5}\right) = 10$;
$f\left(-\frac{1}{2}\sqrt{5}\right) =$ ist lokales Minimum; $T_1\left(-\frac{1}{2}\sqrt{5}\Big|\frac{7}{16}\right)$
$x_3 = \frac{1}{2}\sqrt{5}$; $f''\left(\frac{1}{2}\sqrt{5}\right) = 10$;
$f\left(\frac{1}{2}\sqrt{5}\right)$ ist lokales Minimum; $T_1\left(\frac{1}{2}\sqrt{5}\Big|\frac{7}{16}\right)$
5. Wendestellen: $f''(x) = 0$;
$x_4 = -\frac{1}{6}\sqrt{15}$; $f'''(x_7) = -4 \cdot \sqrt{15}$
Wendestelle mit $W_1(-0{,}65|1{,}13)$
$x_5 = \frac{1}{6}\sqrt{15}$; $f'''(x_8) = 4 \cdot \sqrt{15}$
Wendestelle mit $W_2(0{,}65|1{,}13)$
6. Graph:

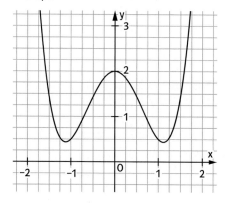

d) $f(x) = x^3 + 5x^2 + 3x - 9$
1. Ableitungen: $f'(x) = 3x^2 + 10x + 3$;
$f''(x) = 6x + 10$; $f'''(x) = 6$
2. Schnittpunkte mit den Achsen
y-Achse: $f(0) = -9$; $S_y(0|-9)$
x-Achse: Nullstellen: $(x - 1) \cdot (x + 3)^2 = 0$;
$x_1 = 1$; $N_1(1|0)$; $x_2 = -3$; $N_2(-3|0)$
3. Verhalten für $x \to \pm\infty$:
$\lim\limits_{x \to \pm\infty} x^3\left(1 + \frac{5}{x} + \frac{3}{x^2} - \frac{9}{x^3}\right) = \pm\infty$
4. Extremstellen: $f'(x) = 3x^2 + 10x + 3 = 0$;
$x_3 = -3$; $f''(-3) = -8$;
$f(-3)$ ist lokales Maximum; $H(-3|0)$
$x_4 = -\frac{1}{3}$; $f''\left(-\frac{1}{3}\right) = 8$
$f\left(-\frac{1}{3}\right)$ ist lokales Minimum; $T\left(-\frac{1}{3}\Big|-\frac{256}{27}\right)$
5. Wendestellen: $f''(x) = 0$;
$x_5 = -\frac{5}{3}$; $f'''(x_5) = 6$
Wendestelle mit $W(-1{,}67|-4{,}74)$
6. Graph:

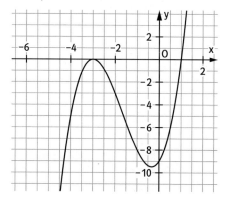

e) $f(x) = \frac{x^5}{20} - \frac{x^3}{6} = \frac{1}{60}x^3 \cdot (3x^2 - 10)$
1. Ableitungen: $f'(x) = \frac{1}{4}x^4 - \frac{1}{2}x^2$
$= \frac{1}{4}x^2 \cdot (x^2 - 2)$; $f''(x) = x^3 - x$; $f'''(x) = 3x^2 - 1$
2. Schnittpunkte mit den Achsen
y-Achse: $f(0) = 0$; $S_y(0|0)$
x-Achse: Nullstellen:
$x_1 = 0$; $N_1(0|0)$; $x_2 = -\sqrt{\frac{10}{3}}$; $N_2\left(-\sqrt{\frac{10}{3}}\,\Big|\,0\right)$
$x_3 = \sqrt{\frac{10}{3}}$; $N_3\left(\sqrt{\frac{10}{3}}\,\Big|\,0\right)$
3. Verhalten für $x \to \pm\infty$:
$\lim\limits_{x \to \pm\infty} x^5\left(\frac{1}{20} - \frac{1}{6x^2}\right) = \pm\infty$
4. Extremstellen: $f'(x) = \frac{1}{4}x^2 \cdot (x^2 - 2) = 0$;
$x_4 = 0$; $f''(0) = 0$; noch zu klären
$x_5 = -\sqrt{2}$; $f''(-\sqrt{2}) = -\sqrt{2}$;
$f(-\sqrt{2})$ ist lokales Maximum; $H\left(-\sqrt{2}\,\Big|\,\frac{2}{15}\sqrt{2}\right)$
$x_6 = \sqrt{2}$; $f''(\sqrt{2}) = \sqrt{2}$;
$f(\sqrt{2})$ ist lokales Minimum; $T\left(\sqrt{2}\,\Big|\,-\frac{2}{15}\sqrt{2}\right)$
5. Wendestellen: $f''(x) = 0$;
$x_7 = -1$; $f'''(x_7) = 2$
Wendestelle mit $W_1\left(-1\,\Big|\,\frac{7}{60}\right)$
$x_8 = 0$; $f'''(x_8) = -1$
Wendestelle mit $W_2(0|0)$
$x_9 = 1$; $f'''(x_9) = 2$
Wendestelle mit $W_3\left(1\,\Big|\,-\frac{7}{60}\right)$
6. Graph:

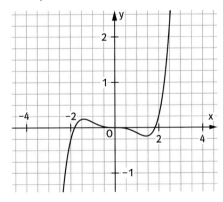

f) $f(x) = x^4 - 5x^3 + 6x^2 + 4x - 8$
1. Ableitungen: $f'(x) = 4x^3 - 15x^2 + 12x + 4$;
$f''(x) = 12x^2 - 30x + 12$; $f'''(x) = 24x - 30$
2. Schnittpunkte mit den Achsen
y-Achse: $f(0) = -8$; $S_y(0|-8)$
x-Achse: Nullstellen: $f(x) = (x - 2)^3 \cdot (x + 1) = 0$
$x_1 = 2$; $N_1(2|0)$; $x_2 = -1$; $N_2(-1|0)$
3. Verhalten für $x \to \pm\infty$:
$\lim\limits_{x \to \pm\infty} x^4\left(1 - \frac{5}{x} + \frac{6}{x^2} + \frac{4}{x^3} - \frac{8}{x^4}\right) = +\infty$
4. Extremstellen:
$f'(x) = 4x^3 - 15x^2 + 12x + 4 = 0$;
$x_3 = -\frac{1}{4}$; $f''\left(-\frac{1}{4}\right) = \frac{81}{4}$
$f\left(-\frac{1}{4}\right)$ ist lokales Maximum; $H\left(-\frac{1}{4}\,\Big|\,-8{,}54\right)$
$x_4 = 2$; $f''(2) = 0$; noch zu klären
5. Wendestellen: $f''(x) = 0$;
$x_5 = \frac{1}{2}$; $f'''(x_5) = -18$
Wendestelle mit $W_1(0{,}5|5{,}06)$
$x_6 = 2$; $f'''(x_6) = 18$
Wendestelle mit $W_2(2|0)$
6. Graph:

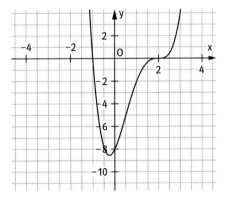

2 a) $f(x) = (x^2 - 3)^3 = x^6 - 9x^4 + 27x^2 - 27$
1. Ableitungen: $f'(x) = 6x^5 - 36x^3 + 54x$;
$f''(x) = 30x^4 - 108x^2 + 54$;
$f'''(x) = 120x^3 - 216x$
2. Schnittpunkte mit den Achsen
y-Achse: $f(0) = -27$; $S_y(0|-27)$
x-Achse: Nullstellen: $f(x) = (x^2 - 3)^3 = 0$
$x_1 = -\sqrt{3}$; $N_1(-\sqrt{3}|0)$; $x_2 = \sqrt{3}$; $N_2(\sqrt{3}|0)$
3. Verhalten für $x \to \pm\infty$:
$\lim_{x \to \pm\infty} (x^2 - 3)^3 = +\infty$
4. Extremstellen: $f'(x) = 6x \cdot (x^4 - 6x^2 + 9) = 0$;
$x_3 = 0$; $f''(0) = 54$;
$f(0)$ ist lokales Minimum; $H(0|-27)$
$x_4 = -\sqrt{3}$; $f''(-\sqrt{3}) = 0$; noch zu klären
$x_5 = \sqrt{3}$; $f''(\sqrt{3}) = 0$; noch zu klären
5. Wendestellen: $f''(x) = 0$;
$x_6 = -\sqrt{3}$; $f'''(-\sqrt{3}) = -144\sqrt{3}$;
Wendestelle mit $W_1(-\sqrt{3}|0)$
$x_7 = \sqrt{3}$; $f'''(\sqrt{3}) = 144\sqrt{3}$;
Wendestelle mit $W_2(\sqrt{3}|0)$
$x_8 = -\frac{1}{5}\sqrt{15}$; $f'''(x_8) = 144 \cdot \frac{1}{5}\sqrt{15}$
Wendestelle mit $W_3\left(-\frac{1}{5}\sqrt{15}\big|-13{,}82\right)$
$x_9 = \frac{1}{5}\sqrt{15}$; $f'''(x_9) = -144 \cdot \frac{1}{5}\sqrt{15}$
Wendestelle mit $W_4\left(\frac{1}{5}\sqrt{15}\big|-13{,}82\right)$
6. Graph:

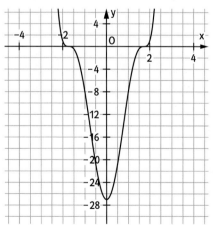

b) $f(x) = -\frac{1}{10}(x-2)^2 \cdot (x+3)^2$
$= -\frac{1}{10}(x^4 + 2x^3 - 11x^2 + 12x + 36)$
1. Ableitungen:
$f'(x) = -\frac{1}{10}(4x^3 + 6x^2 - 22x + 12)$;
$f''(x) = -\frac{6}{5}x^2 - \frac{6}{5}x + \frac{11}{5}$; $f'''(x) = -\frac{12}{5}x - \frac{6}{5}$
2. Schnittpunkte mit den Achsen
y-Achse: $f(0) = -3{,}6$; $S_y(0|-3{,}6)$
x-Achse: Nullstellen:
$f(x) = -\frac{1}{10}(x-2)^2 \cdot (x+3)^2 = 0$
$x_1 = 2$; $N_1(2|0)$; $x_2 = -3$; $N_2(-3|0)$
3. Verhalten für $x \to \pm\infty$:
$\lim_{x \to \pm\infty} -\frac{1}{10}(x-2)^2 \cdot (x+3)^2 = -\infty$
4. Extremstellen:
$f'(x) = -\frac{1}{10}(4x^3 + 6x^2 - 22x + 12) = 0$
$x_3 = -3$; $f''(-3) = -5$;
$f(-3)$ ist lokales Maximum; $H_1(-3|0)$
$x_4 = -\frac{1}{2}$; $f''\left(-\frac{1}{2}\right) = \frac{5}{2}$;
$f\left(-\frac{1}{2}\right)$ ist lokales Minimum; $T\left(-\frac{1}{2}\big|-3{,}91\right)$
$x_5 = 2$; $f''(2) = -5$;
$f(2)$ ist lokales Maximum; $H_2(2|0)$
5. Wendestellen: $f''(x) = 0$;
$x_6 = 0{,}94$; $f'''(0{,}94) = -2\sqrt{3}$
Wendestelle mit $W_1(0{,}94|-1{,}74)$
$x_7 = -1{,}94$; $f'''(-1{,}94) = 2\sqrt{3}$;
Wendestelle mit $W_2(-1{,}94|-1{,}74)$
6. Graph:

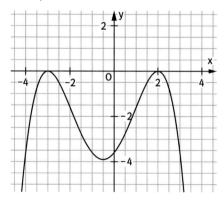

3 a) $f_u(x) = x^3 - 3x + u$: $H(-1|u+2)$; $T(1|u-2)$.
Für $u = -2$ liegt H, für $u = 2$ liegt T auf der x-Achse.
Für $u = 2$ oder $u = -2$ berührt der Graph also die x-Achse.
b) $f_u(x) = x^3 - 3u \cdot x + 4$: Nur für $u \geq 0$ gibt es Punkte mit waagerechter Tangente, nämlich $P_1(\sqrt{u}|4 - 2u\sqrt{u})$ und $P_2(-\sqrt{u}|4 + 2u\sqrt{u})$. Nur P_1 kann auf der x-Achse liegen, weil $u \geq 0$. Die Gleichung $4 - 2u\sqrt{u} = 0$ hat die Lösung $u = 2^{\frac{2}{3}}$. Für diesen Wert von u berührt der Graph die x-Achse.

4 a) $f(x) = x^2 - 2x + 4$: Der Graph von f ist eine nach oben geöffnete Parabel mit dem Tiefpunkt $(1|3)$. Daher kann er die Gerade $y = c$ nur schneiden, wenn c mindestens 3 ist. Es gibt zwei Schnittpunkte, wenn $c > 3$, und einen Schnittpunkt, wenn $c = 3$.
b) $f(x) = x^3 - \frac{3}{2}x^2 - 18x + 1$: Der Graph von f hat die Extrempunkte $H(-2|23)$ und $T(3|-39{,}5)$. Außerdem gilt für $x \to +\infty$: $f(x) \to +\infty$ und für $x \to -\infty$: $f(x) \to -\infty$, sodass alle y-Werte vorkommen. Daher hat der Graph von f mit $y = c$ immer mindestens einen Schnittpunkt. Zwei Schnittpunkte gibt es für $c = 23$ oder $c = -39{,}5$, denn dieses sind gerade die Extremwerte. Drei Schnittpunkte gibt es für alle c mit $-39{,}5 < c < 23$.

5 a) $P\left(\frac{25}{8}\Big|\frac{159}{32}\right)$; $t: y = -\frac{1}{2}x + \frac{209}{32}$
b) $P_1(1|9)$; $t_1: y = x + 8$; $P_2(3|7)$; $t_2: y = x + 4$

6 a) $P_1(3|6)$; $t_1: y = 2x$; $P_2(-3|30)$; $t_2: y = -10x$
b) $P\left(\frac{3}{2}\Big|\frac{27}{4}\right)$; $t: y = \frac{9}{2}x$
c) $P\left(\frac{4}{3}\Big|-\frac{3}{2}\right)$; $t: y = -\frac{9}{8}x$

7 Berührpunkt $B\left(\sqrt[3]{2{,}25}\,|\,15\right)$;
Tangente $y = 10\sqrt[3]{1{,}5}\,x - 12$
Allgemein $B\left(\frac{1}{2}\sqrt[3]{6-v}\,\Big|\,\frac{18-v}{2}\right)$;
Tangente von $P(u|v)$ an den Graphen $y = 3\sqrt[3]{(6-v)^2} \cdot x + v$

8 a) Fest sind nur die Punkte $A(0|400)$ und $E(370|0)$. Mögliche Graphen:

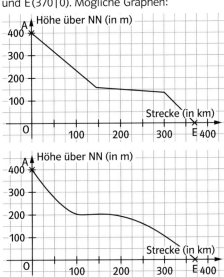

h' gibt das momentane Gefälle des Flusses an.
b) Stausee: Horizontal verlaufender Abschnitt im Graphen von h;
Wasserfall: vertikal verlaufender Abschnitt im Graphen von h.
c) $h'(x) \leq 0$, Einheit von h': $1\frac{m}{km} = 1$ Promille

9 a) Es hat den ganzen Tag geregnet, da N streng monoton steigend ist. Starker Niederschlag fällt in Bereichen mit großer Steigung ($0 \leq t \leq 4$ und $18 \leq t \leq 24$). Entsprechend schwacher Niederschlag für $4 \leq t \leq 18$.
Gesamte Niederschlagsmenge:
$N(24) - N(0) \approx 110{,}4$ (in Liter)
b) $g: y = 4{,}6x + 40$

Die Steigung der Geraden gibt die durchschnittliche Regenstärke während des gesamten Zeitraums an. Andere Interpretation: Wäre die Gerade die vom Niederschlagsmesser registrierte Kurve, so hätte es den ganzen Tag gleichmäßig stark geregnet.
Die momentane Änderungsrate gibt die momentane Regenstärke an.
c) Wendestelle: Zeitpunkt mit der geringsten Regenstärke; Schnittpunkt mit der y-Achse: Anfänglicher Stand im Niederschlagsmesser.

Seite 120

10 a) $N_1 = T(0|0)$; $N_2(6|0)$; $H\left(4\left|\frac{16}{3}\right.\right)$; $W\left(2\left|\frac{8}{3}\right.\right)$;
größte (positive) Steigung im Wendepunkt mit $f'(2) = 2$.

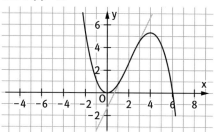

b) $t_w: y = 2x - \frac{4}{3}$
Aus $f'(x) = -\frac{1}{2}$ und $f'(x) = -\frac{1}{2}x^2 + 2x$ folgt $x_{1/2} = 2 \pm \sqrt{5} \approx 2 \pm 2{,}24$. An den beiden Stellen 4,24 und −0,24 sind die Tangenten senkrecht zur Wendetangente.
c) $A(q) = \frac{1}{2} q \cdot f(q) = -\frac{1}{12} q^4 + \frac{1}{2} q^3$
mit $0 \leq q \leq 6$ hat das globale Maximum für $q = 4{,}5$, also $Q(4{,}5|5{,}0625)$.

11 Flächeninhalt $A(x) = 2 \cdot \frac{1}{2} x \cdot (9 - 0{,}25x^2)$.
Globales Maximum für $x = 2\sqrt{3} \approx 3{,}46$, also $P(2\sqrt{3}\,|6)$.

12 a) Siehe Grafik:

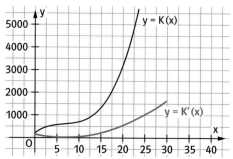

b) Grenzkosten sind der Zuwachs an Kosten, wenn sich die Produktion um eine zusätzliche Einheit erhöht. Siehe Grafik oben.

13 a) $K(x) = 2000 + 60x + 0{,}8x^2$
b) $G(x) = 180x - K(x) = 120x - 2000 - 0{,}8x^2$
c) Gewinne für $20 \leq x \leq 130$. Gewinn wird maximal für $x = 75$. $G_{max} = 2500$
d) Mit dem Preis a (€) je Stück ist der Gewinn $g(x) = a \cdot x - 2000 - 60x - 0{,}8x^2$.
Die Funktion hat ihr Maximum bei $x = \frac{5}{8}a - \frac{75}{2}$ vom Wert $\frac{5}{16}a^2 - \frac{75}{2}a - 875$.
Dieses Maximum wird 0 bei $a = 140$ (oder $a = -20$).
oder: Tangente von (0|0) an den Graphen von K; liefert den Berührpunkt $B(50|7000)$ und damit den Stückpreis $\frac{7000}{50} = 140$.

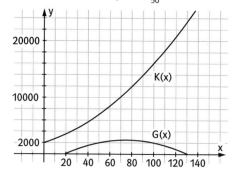

14 a) Der Punkt A liegt im Ursprung, der Punkt B hat die Koordinaten (a|0).

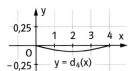

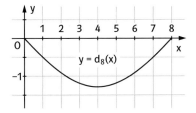

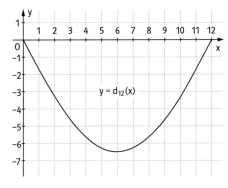

b) $d_a'(x) = \frac{1}{1000} \cdot (-4x^3 + 6ax^2 - a^3)$;
aus $d_a'(x) = 0$ folgt aus Symmetriegründen $x_1 = \frac{a}{2}$;
$x_{2/3} = \frac{a}{2} \pm \frac{a}{2}\sqrt{3} \notin D_{d_a}$. Mit $d_a\left(\frac{a}{2}\right) = -\frac{a^4}{3200}$ beträgt die maximale Durchbiegung
$d_{max} = \frac{a^4}{3200}$ (in cm). Aus $d_{max} < 0{,}1$ folgt $a < 4{,}23$.

15 a) Nach 1 Stunde befindet sich der Körper 4m links vom Ursprung, er bewegt sich mit einer Geschwindigkeit von $8\frac{m}{s}$ vom Ursprung weg.
b) Der Körper durchläuft zu den Zeitpunkten −1; 0,5 und 3 den Ursprung.
c) Zwischen den Zeitpunkten −1 und 0,5 ist der Körper maximal 3,7m rechts vom Ursprung.
Zwischen den Zeitpunkten 0,5 und 3 ist der Körper maximal 9m links vom Ursprung.

V Alte und neue Funktionen und ihre Ableitungen

1 Trigonometrische Funktionen – Bogenmaß

Seite 126

Einstiegsproblem
Individuelle Lösung

Seite 128

1 a) $180° = \pi \approx 3{,}142$; $90° = \frac{1}{2}\pi \approx 1{,}571$;
$270° = \frac{3}{2}\pi \approx 4{,}712$; $45° = \frac{1}{4}\pi \approx 0{,}785$;
$135° = \frac{3}{4}\pi \approx 2{,}356$; $225° = \frac{5}{4}\pi \approx 3{,}927$;
$315° = \frac{7}{4}\pi \approx 5{,}498$

b) $1° = \frac{1}{180}\pi \approx 0{,}017$; $7° = \frac{7}{180}\pi \approx 0{,}122$;
$23° = \frac{23}{180}\pi \approx 0{,}401$; $68° = \frac{17}{45}\pi \approx 1{,}187$;
$112° = \frac{28}{45}\pi \approx 1{,}955$; $137° = \frac{137}{180}\pi \approx 2{,}391$;
$318° = \frac{53}{30}\pi \approx 5{,}550$

2 a) $\pi = 180°$; $\frac{1}{2}\pi = 90°$; $\frac{1}{4}\pi = 45°$;
$\frac{3}{4}\pi = 135°$; $\frac{5}{4}\pi = 225°$; $\frac{1}{3}\pi = 60°$; $\frac{2}{3}\pi = 120°$;
$\frac{1}{6}\pi = 30°$; $\frac{5}{6}\pi = 150°$; $\frac{11}{6}\pi = 330°$

b) $\frac{1}{10}\pi = 18°$; $\frac{3}{10}\pi = 54°$; $\frac{7}{10}\pi = 126°$;
$\frac{1}{18}\pi = 10°$; $\frac{5}{18}\pi = 50°$; $\frac{1}{180}\pi = 1°$; $\frac{7}{180}\pi = 7°$;
$\frac{7}{18}\pi = 70°$

3 a) $2{,}3 \approx 131{,}8°$; $4{,}7 \approx 269{,}3°$;
$-2{,}1 \approx -120{,}3°$; $-3{,}6 \approx -206{,}3°$;
$5{,}8 \approx 332{,}3°$; $-5{,}4 \approx -309{,}4°$;
b) $6{,}8 \approx 389{,}6°$; $13{,}4 \approx 767{,}8°$; $34{,}8 \approx 1993{,}9°$;
$-102{,}9 \approx -5895{,}7°$; $435{,}8 \approx 24\,969{,}5°$;
$1024 \approx 58\,670{,}9°$

4 a) 0,912 b) −0,558
c) −0,349 d) 0,997

5 a) $\frac{1}{2}\sqrt{2}$ b) $\frac{1}{2}\sqrt{2}$
c) $\frac{1}{2}$ d) $-\frac{1}{2}$

6 a) 1,221; 1,920 b) 0,585; 2,557
c) 0,890; 5,393 d) 2,662; 3,622

9

	Gradmaß	Bogenmaß
a)	0°; 180°; 360°	0; π; 2π
b)	45°; 225°	$\frac{\pi}{4}$; $\frac{5}{4}\pi$
c)	63,34°; 243,44°	≈1,11; ≈4,25
d)	89,94°; 269,94°	≈1,57; ≈4,71

10 und **11** siehe unten.

Abbildung zu Aufgabe **10**, S. 128

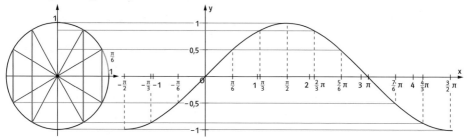

Abbildung zu Aufgabe **11**, S.128

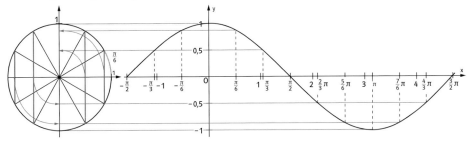

2 Die Ableitung der Sinus- und Kosinusfunktion

Seite 129

Einstiegsproblem

In den Bereichen, in denen der Graph von f steigt, ist die Ableitungsfunktion f' positiv; dort, wo der Graph von f fällt, ist sie negativ. An den Extremstellen x_0 von f gilt: $f'(x_0) = 0$. Umso größer die Steigung des Graphen von f an einer Stelle ist, umso größer ist der Betrag von f' an dieser Stelle. Mit diesen Überlegungen kann man davon ausgehen, dass in der ersten Abbildung f (rot) und f' (blau) wiedergegeben sind. Bei der zweiten Abbildung ist das nicht der Fall. So ist der rote Graph in einer Umgebung von $x = -2$ fallend, der blaue Graph verläuft dennoch oberhalb der x-Achse.

Seite 130

1 a) $f'(x) = 12 \cdot \cos(x)$
b) $f'(x) = 2 \cdot \sin(x)$
c) $f'(x) = -\sqrt{5} \cdot \sin(x)$
d) $f'(x) = \frac{1}{\pi} \cdot \cos(x)$
e) $f'(x) = 15x^2 - \cos(x)$
f) $f'(x) = -2 \cdot \sin(x) - \cos(x)$

2 a) 9 b) 0 c) 5
d) 2π e) $-\frac{1}{\pi^2} - \frac{1}{2}$ f) $-\frac{4}{\pi^3} - 2$

3 a) $y = \frac{\sqrt{2}}{2} x - \frac{7\sqrt{2}\pi}{8} + \frac{\sqrt{2}}{2}$

b) $y = \frac{3}{2} x - \frac{5\pi}{2} - \frac{3\sqrt{3}}{2}$

c) $y = (1 + \sqrt{2}) x - \frac{1}{4} \sqrt{2}\pi + \sqrt{2}$

4 a) $H\left(\frac{\pi}{2} \mid 1\right)$; $T\left(\frac{3\pi}{2} \mid -1\right)$
b) $H\left(\frac{\pi}{4} \mid \sqrt{2}\right)$; $T\left(\frac{5\pi}{4} \mid -\sqrt{2}\right)$
c) $H(2{,}0344 \mid 2{,}2361)$; $T(5{,}1760 \mid -2{,}2361)$
d) $H(0{,}5236 \mid 4{,}5113)$; $T(2{,}6180 \mid 1{,}7719)$

7 a) $m = 1$, $f'(x) = \cos(x) = 1$, also $x_1 = 0$ und $x_2 = 2\pi$, also $P_1(0 \mid 0)$; $P_2(2\pi \mid 0)$
b) $m = 0$, $\cos(x) = 0$, also $x_1 = \frac{\pi}{2}$, $x_2 = \frac{3\pi}{2}$, also $P_1\left(\frac{\pi}{2} \mid 1\right)$; $P_2\left(\frac{3\pi}{2} \mid -1\right)$

8 a) $P(0{,}7391 \mid 1{,}3472)$; $Q(0{,}7391 \mid 0{,}5462)$
b) $P_1(-0{,}8489 \mid 0{,}5711)$; $Q_1(-0{,}8489 \mid -0{,}6118)$
$P_2(0{,}3231 \mid 2{,}2140)$; $Q_2(0{,}3231 \mid 0{,}0337)$

9 a) Das Pendel befindet sich in Nulllage für $s(t) = 0$, also π; 2π; ...
b) Die Ausschläge sind maximal, wenn $|s(t)|$ maximal ist, also wenn die Sinusfunktion die Werte 1 bzw. −1 annimmt, also für $t = \frac{\pi}{2}; \frac{3\pi}{2}; \frac{5\pi}{2}; ...$
Die Momentangeschwindigkeit $v(t)$ entspricht der Ableitung von s:
$v(t) = s'(t) = a \cdot \cos(t)$. Für die oben angegebenen Zeitpunkte ergibt sich $v(t) = 0$.
c) $v(0) = v(2\pi) = ... = a$
$v(\pi) = v(3\pi) = ... = -a$. Negative Geschwindigkeit bedeutet, dass das Pendel in die andere Richtung schwingt.

10 Die zum roten und zum schwarzen Graphen gehörenden Funktionen besitzen die Sinusfunktion als Ableitungsfunktion.

3 Neue Funktionen aus alten Funktionen: Produkt, Quotient, Verkettung

Seite 131

Einstiegsproblem
$f(c(k)) = 1{,}8 \cdot (k - 273) + 32$

Seite 132

1 $(u + v)(x) = x^2 + x + 2$;
$(u \cdot v)(x) = x^2(x + 2)$; $u(v(x)) = (x + 2)^2$;
$(w \cdot v)(x) = \sqrt{x} \cdot (x + 2)$; $w(v(x)) = \sqrt{x + 2}$;

2 a) Summe, z. B. $f(x) = 4x^2 + [-12x + 9]$
mit $u(x) = 4x^2$, $v(x) = 9 - 12x$; $f = u + v$
Produkt, z. B. $f(x) = (2x - 3) \cdot (2x - 3)$
mit $u(x) = v(x) = 2x - 3$; $f = u \cdot v = u^2$
Verkettung, z. B. $u(x) = x^2$, $v(x) = 2x - 3$;
$f = u \circ v$
b) Summe, z. B. $g(x) = \cos(3x) + 3\cos(3x)$
mit $u(x) = \cos(3x)$, $v(x) = 3\cos(3x)$;
$f = u + v$
Produkt, z. B. $u(x) = 4$, $v(x) = \cos(3x)$;
$f = u \cdot v$
Verkettung, z. B. $u(x) = 4\cos(x)$, $v(x) = 3x$;
$f = u \circ v$

3 a) $f(x) = \dfrac{1}{(x - 1)^2} + 1$

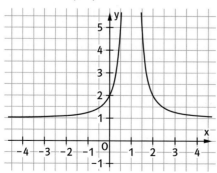

$g(x) = \dfrac{1}{x^2}$

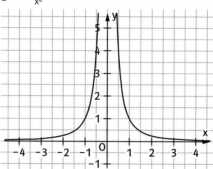

b) Maximale Definitionsmenge von
f: $D_f = \mathbb{R} \setminus \{1\}$;
Maximale Definitionsmenge von g:
$D_g = \mathbb{R} \setminus \{0\}$;
Die Definitionsmenge von u und v sind
$D_u = \mathbb{R}$ und $D_v = \mathbb{R} \setminus \{1\}$.
Bei $f(x) = u(v(x))$ kann 0 nicht in die innere Funktion v eingesetzt werden; jeder mögliche Funktionswert $v(x)$ kann in die äußere Funktion u eingesetzt werden.
Bei $g(x) = v(u(x))$ kann jede reelle Zahl in die innere Funktion u eingesetzt werden; der Funktionswert $u(x) = 1$ kann aber nicht in die äußere Funktion u eingesetzt werden. Dies ist der Fall für $x = 0$.

Randaufgabe
$u(v(0)) = -1$, $v(u(0)) = 3$,
$u(v(1)) = -2$, $v(u(1)) = 2$,
$u(v(-2)) = -5$, $v(u(-2)) = 11$

Seite 133

4

	$f(x) = u(v(x))$	$g(x) = v(u(x))$
a)	$1 - (1-x)^4$	$(1-(1-x^2))^2 = x^4$
b)	$(x+1-1)^2 = x^2$	$(x-1)^2 + 1$
c)	$\sin(x+1)$	$\sin(x) + 1$
d)	$\sqrt{2(x-1)}$	$\sqrt{2x} - 1$
e)	$\frac{1}{\cos(x)+1}$	$\cos\left(\frac{1}{x+1}\right)$
f)	1	1

5

	$v(x)$	$u(x)$	$f(x)$
a)	x^3	$3x+1$	$3x^3+1$
b)	x^2+1	x^2	$(x^2+1)^2$
c)	x^2-4	$\frac{1}{2x}$	$\frac{1}{2(x^2-4)}$
d)	$3 - 0{,}5x$	$2\sqrt{x}$	$2\sqrt{3-0{,}5x}$

6 a) Z.B. $v(x) = x^2 - 1$; $u(x) = \frac{1}{x}$
b) $v(x) = \frac{1}{x^2}$; $u(x) = x - 1$
c) $v(x) = \sin(x)$; $u(x) = x^2$
d) $v(x) = x^2$; $u(x) = \sin(x)$
e) $v(x) = x + 3$; $u(x) = \sqrt{x}$
f) $v(x) = 3x$; $u(x) = \sqrt{x}$
g) $v(x) = x - 3$; $u(x) = 2^x$
h) $v(x) = 2^x$; $u(x) = x - 3$

8 a) $r(t) = 1{,}5t$; t in s, r(t) in cm
$A(t) = \pi(r(t))^2 = 2{,}25\pi t^2$; t in s, A(t) in cm²
b) Seitenlänge x; x in m; $x = \sqrt{a}$; a in m²
Umfang $U(x) = 4 \cdot x$; $U(x)$ in m
Kosten $K(x) = 320 \cdot x$; $K(x)$ in €
$K(a) = 320 \cdot \sqrt{a}$; a in m², K(a) in €

9 a)

x_0	0	0,5	1
$v(x_0)$	1	0,5	0
$u(x_0)$	0	1	0
$u(v(x_0))$	0	1	0
$v(u(x_0))$	1	0	1

b) $f(x) = u(v(x))$

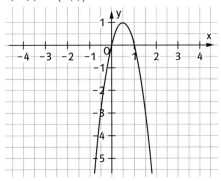

$g(x) = v(u(x))$

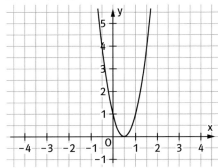

$k(x) = u(x) + v(x)$

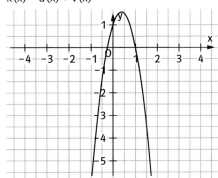

c) Vgl. Fig. oben mit
$f(x) = u(v(x)) = -4(0{,}5 - x)^2 + 1$
$g(x) = v(u(x)) = 4(x - 0{,}5)^2$
$k(x) = u(x) + v(x) = -4(x - 0{,}5)^2 - x + 2$

10 a) $u(x) = x^3$; $u(x) = 8x^3$
b) $f(x) = u(v(x))$
mit $u(x) = \frac{4}{x}$; $v(x) = (2x+1)^2$
oder $u(x) = \frac{4}{x^2}$; $v(x) = 2x+1$
$g(x) = u(v(x))$
mit $u(x) = x^2$; $v(x) = 3x+6$
oder $u(x) = 9x^2$; $v(x) = x+2$
$h(x) = u(v(x))$
mit $u(x) = \sqrt{x}$; $v(x) = (x+2)^3$
oder $u(x) = \sqrt{x^3}$; $v(x) = x+2$

11 a) $f(v(x)) = (x-c)^2$;
für $c = -1$: $f(v(x)) = (x+1)^2$

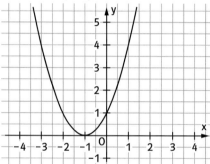

Für $c = 1$: $f(v(x)) = (x-1)^2$

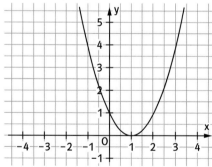

b) $f(x) = \frac{1}{x}$; $f(v(x)) = \frac{1}{x-c}$;
für $c = 1$: $f(v(x)) = \frac{1}{x-1}$

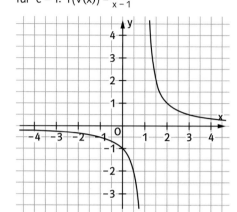

$f(x) = x$; $f(v(x)) = x - c$;
für $c = 1$: $f(v(x)) = x - 1$

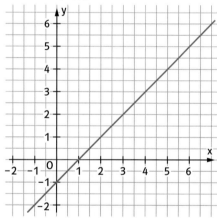

$f(x) = \sin(x)$; $f(v(x)) = \sin(x - c)$;
für $c = 1$: $f(v(x)) = \sin(x - 1)$

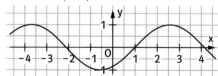

$f(x) = \frac{1}{x}$; $f(v(x)) = \frac{1}{x-c}$;
für $c = -1$: $f(v(x)) = \frac{1}{x+1}$

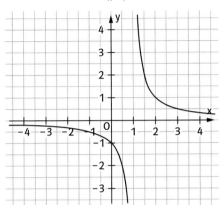

$f(x) = x$; $f(v(x)) = x - c$;
für $c = -1$: $f(v(x)) = x + 1$

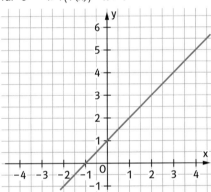

$f(x) = \sin(x)$; für $c = -1$

Die Graphen der verketteten Funktionen entstehen aus den ursprünglichen Graphen durch Verschiebung um c in x-Richtung.

Randaufgabe
$f(v(x)) = (c \cdot x)^2 = c^2 \cdot x^2$
Die ursprünglichen Graphen werden mit dem Faktor c^2 gestreckt.

4 Kettenregel

Seite 134

Einstiegsproblem
$f'(x) = 8(2x - 1)^3$

Seite 135

1 a) $f'(x) = 4(x + 2)^3$
b) $f'(x) = 24(8x + 2)^2$
c) $f'(x) = -15\left(\frac{1}{2} - 5x\right)^2$
d) $f'(x) = x(x^2 - 5)$
e) $f'(x) = -8(8x - 7)^{-2}$
f) $f'(x) = 4(5 - x)^{-5}$
g) $f'(x) = -30(15x - 3)^{-3}$
h) $f'(x) = -2 \cdot (15 - 6x)(15 - 3x^2)^{-3}$

2 a) $f(x) = (x - 1)^{-2}$
$f'(x) = -2(x - 1)^{-3} = \frac{-2}{(x-1)^3}$
b) $f(x) = (3x - 1)^{-2}$
$f'(x) = -6(3x - 1)^{-3} = \frac{-6}{(3x-1)^3}$
c) $f(x) = 3(x - 1)^{-2}$
$f'(x) = -6(x - 1)^{-3} = \frac{-6}{(x-1)^3}$
d) $f(x) = \frac{1}{3}(x - 1)^{-2}$
$f'(x) = -\frac{2}{3}(x - 1)^{-3} = -\frac{2}{3} \cdot \frac{1}{(x-1)^3}$
e) $f'(x) = 2\cos(2x)$
f) $f'(x) = 2\cos(2x + \pi)$
g) $f'(x) = 2\sin(1 - x)$
h) $f'(x) = 2x\cos(x^2)$

3 a) $f'(x) = 8\cos(4x)$;
$g'(x) = 0{,}5 \cdot 4 \cdot (-3) \cdot (1 - 3x)^3 = -6(1 - 3x)^3$
b) $f'(x) = 4 \cdot (-2)(5 - 2x)^3 = -8(5 - 2x)^3$;
innere Ableitung fehlt.
$g'(x) = (+1) 4 \cdot \sin(1 - x) = 4\sin(1 - x)$;
VZ durch innere Ableitung und Ableitung der Kosinusfunktion beachten.

4 a) $f'(x) = 0{,}5\cos(2x + \pi)$
b) $f'(x) = -2\cos(\pi - 3x)$
c) $f'(x) = 2x \cdot \sin(x^2 + 1)$
d) $f'(x) = \frac{1}{3} \cdot 2(\cos(x))^1 \cdot (-\sin(x))$
$= -\frac{2}{3}\sin(x) \cdot \cos(x)$

e) $f(x) = (3x)^{\frac{1}{2}}$; $f'(x) = \frac{1}{2}(3x)^{-\frac{1}{2}} \cdot 3 = \frac{3}{2} \cdot \frac{1}{\sqrt{3x}}$

f) $f(x) = (3+x)^{\frac{1}{2}}$;
$f'(x) = \frac{1}{2}(3+x)^{-\frac{1}{2}} \cdot 1 = \frac{1}{2} \cdot \frac{1}{\sqrt{3+x}}$

g) $f(x) = (7x-5)^{\frac{1}{2}}$;
$f'(x) = \frac{1}{2}(7x-5)^{-\frac{1}{2}} \cdot 7 = \frac{7}{2} \cdot \frac{1}{\sqrt{7x-5}}$

h) $f(x) = (7x^2-5)^{\frac{1}{2}}$;
$f'(x) = \frac{1}{2} \cdot (7x^2-5)^{-\frac{1}{2}} \cdot 14x = \frac{7x}{\sqrt{7x^2-5}}$

i) $f(x) = (\sin(x))^{-1}$;
$f'(x) = -1 \cdot (\sin(x))^{-2} \cdot \cos(x) = \frac{-\cos(x)}{(\sin(x))^2}$

5 a) $f'(x) = (3x+2)^2$;
$f'(2) = 64$; $P\left(2 \mid \frac{512}{9}\right)$
b) $f'(x) = 0$: $x_1 = -\frac{2}{3}$; $Q\left(-\frac{2}{3} \mid 0\right)$
c) $f'(x) = 1$: $x_2 = -1$, $x_3 = -\frac{1}{3}$;
$R\left(-1 \mid -\frac{1}{9}\right)$, $S\left(-\frac{1}{3} \mid \frac{1}{9}\right)$

6 $f'(x) = 1{,}5(0{,}5x - 1)^2$
Graph: Parabel zweiten Grades mit $N(2 \mid 0)$, also $y = i(x)$

Seite 136

9 a) Nach der Kettenregel gilt für
$f(x) = u(v(x))$ $f'(x) = u'(v(x)) \cdot v'(x)$.
An der Stelle $x_0 = 1$ gilt demnach:
$f'(1) = u'(v(1)) \cdot v'(1)$.
Fig. 1 entnimmt man $v(1) = -0{,}5$; $v'(1) = 0{,}5$
(Steigung in $P(1 \mid -0{,}5)$).
Damit ist $u'(v(1)) = u'(-0{,}5)$.
Fig. 2 entnimmt man näherungsweise
$u'(-0{,}5) \approx -1$.
Damit ist $f'(1) = -1 \cdot 0{,}5 = -0{,}5$.
Entsprechend entnimmt man den
Figuren
$f'(0) = u'(v(0)) \cdot v'(0) = u'(-1) \cdot 0{,}5 \approx -2 \cdot 0{,}5$
$= -1$;
$f'(0{,}5) = u'(v(0{,}5)) \cdot v'(0{,}5) = u'(-0{,}75) \cdot 0{,}5$
$\approx -1{,}5 \cdot 0{,}5 = -0{,}75$.
b) $f'(x) = u'(v(x)) \cdot v'(x)$

Für $x \to +\infty$ geht $v(x) \to +\infty$ und
$u'(v(x)) \to +\infty$; $v'(x) = 0{,}5$; also geht
$u'(v(x)) \cdot 0{,}5 \to +\infty$.
c) Für $x \to -\infty$ geht $v(x) \to -\infty$ und
$u'(v(x)) \to -\infty$; $v'(x) = 0{,}5$; also geht
$u'(v(x)) \cdot 0{,}5 \to -\infty$.

10 $f(x) = \frac{3}{1+x^2} = 3 \cdot (1+x^2)^{-1}$
$f'(x) = -3 \cdot 2x(1+x^2)^{-2} = \frac{-6x}{(1+x^2)^2}$
a) $f'(x) < 0$ für $x > 0$
f ist streng monoton abnehmend für $x \geq 0$.
b) $f'(x) = 0$: $x_1 = 0$, VZW von + nach – von
$f'(x)$, also Hochpunkt $H(0 \mid 3)$.
c) $f'(1) = \frac{-6}{(1+1)^2} = \frac{-6}{4} = -\frac{3}{2}$
$f'(2) = \frac{-12}{25}$; vgl. folgende Abbildung.

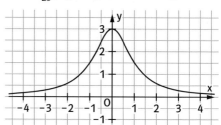

11 a) $f'(x) = 2(ax^3+1)^1 \cdot 3ax^2$
$= 6ax^2(ax^3+1)$
b) $f'(x) = 2a^2x \cos((ax)^2)$
c) $f'(x) = 2a(\sin(ax)) \cdot \cos((ax)^2)$
d) $f'(x) = 2ax\cos(ax^2)$
e) $f(x) = 3a \cdot (1+x^2)^{-1}$;
$f'(x) = -3a(1+x^2)^{-2} \cdot 2x = \frac{-6ax}{(1+x^2)^2}$
f) $f(x) = (ax^2-3)^{\frac{1}{2}}$;
$f'(x) = \frac{1}{2}(ax^2-3)^{-\frac{1}{2}} \cdot 2ax = \frac{ax}{\sqrt{ax^2-3}}$
g) $g(a) = (ax^2-3)^{\frac{1}{2}}$;
$f'(a) = \frac{1}{2}(ax^2-3)^{-\frac{1}{2}} \cdot (x^2) = \frac{x^2}{2\sqrt{ax^2-3}}$
h) $g(x) = (t^2x+2t)^{\frac{1}{2}}$;
$g'(x) = \frac{1}{2}(t^2x+2t)^{-\frac{1}{2}} \cdot (t^2) = \frac{t^2}{2\sqrt{t^2x+2t}}$

Randaufgabe

$f(x) = (3x+5)^2 = 9x^2 + 30x + 25$
$f'(x) = 18x + 30$

$h(x) = \frac{x-2}{x^3} = \frac{1}{x^2} - \frac{2}{x^3} = x^{-2} - 2 \cdot x^{-3}$

$h'(x) = \frac{-2}{x^3} + \frac{6}{x^4}$

12 a) Innere Funktion $v(x) = x^2$, äußere Funktion $u(x) = g(x)$
Kettenregel
$f'(x) = u'(v(x)) \cdot v'(x) = g'(v(x)) \cdot v'(x)$
$= g'(x^2) \cdot 2x$
b) $f_1'(x) = 3 \cdot g'(3x)$; $f_2'(x) = -g'(1-x)$;
$f_3'(x) = -\frac{1}{x^2} \cdot g'(\frac{1}{x})$

13 a) $h(x) = g(x-3)$; $h'(x) = g'(x-3)$
Den Graphen von h' erhält man, indem man den Graphen von g' um 3 Einheiten nach rechts verschiebt.
b) $f'(x) = 3\cos(3x)$; $f''(x) = -9\sin(3x)$
$f'''(x) = -27\cos(3x)$; $f''''(x) = 81\sin(3x)$
$f'''''(x) = 243\cos(3x)$
Vermutung: n gerade: $f^{(n)}(x) = \pm 3^n \sin(3x)$, dabei $f^{(n)}(x) = +3^n \sin(3x)$, falls n teilbar ist durch 4;
n ungerade: $f^{(n)}(x) = \pm 3^n \cos(3x)$, dabei $f^{(n)}(x) = +3^n \cos(3x)$, falls $n = 4 \cdot n + 1$, $n \geq 0$.

14 Die stärkste Änderung liegt in den Wendepunkten vor, also am 21. März, Tageslänge 12 h und am 21. September, Tageslänge 12 h.

5 Produktregel

Seite 137

Einstiegsproblem

u(x)	v(x)	u'(x)	v'(x)	Welche Kombination aus u(x), v(x), u'(x) und v'(x) ergibt $5x^4$?
x	x^4	1	$4x^3$	$x \cdot 4x^3 + x^4 \cdot 1$ $= u(x) \cdot v'(x) + v(x) \cdot u'(x)$
x^2	x^3	2x	$3x^2$	$x^2 \cdot 3x^2 + x^3 \cdot 2x$ $= u(x) \cdot v'(x) + v(x) \cdot u'(x)$
x^3	x^2	$3x^2$	2x	$x^3 \cdot 2x + x^2 \cdot 3x^2$ $= u(x) \cdot v'(x) + v(x) \cdot u'(x)$

Seite 138

1 a) $f'(x) = \sin(x) + x \cdot \cos(x)$
b) $f'(x) = 3 \cdot \cos(x) - 3x \cdot \sin(x)$
c) $f'(x) = 3 \cdot \sqrt{x} + (3x+2) \cdot \frac{1}{2\sqrt{x}}$
d) $f'(x) = 2 \cdot \sqrt{x} + (2x-3) \cdot \frac{1}{2\sqrt{x}}$
e) $f'(x) = \frac{1}{2\sqrt{x}} \cdot \cos(x) - \sqrt{x} \cdot \sin(x)$
f) $f'(x) = (-3) \cdot \sin(x) + (5-3x) \cdot \cos(x)$
g) $f(x) = 2 \cdot x^{-1} \cdot \cos(x)$
$f'(x) = -2x^{-2} \cdot \cos(x) - 2 \cdot x^{-1} \cdot \sin(x)$
$= \frac{-2}{x^2} \cdot \cos(x) - \frac{2}{x} \cdot \sin(x)$
h) $f'(x) = \cos(x) \cdot \cos(x) - \sin(x) \cdot \sin(x)$
$= (\cos(x))^2 - (\sin(x))^2$
i) $f'(x) = 2x \cdot \sin(x) + x^2 \cdot \cos(x)$
j) $f(x) = x^{-\frac{1}{2}} \cdot \cos(x)$
$f'(x) = -\frac{1}{2}x^{-\frac{3}{2}} \cdot \cos(x) - x^{-\frac{1}{2}} \cdot \sin(x)$
$= \frac{-1}{2\sqrt{x^3}} \cdot \cos(x) - \frac{1}{\sqrt{x}} \cdot \sin(x)$
k) $f'(x) = \frac{\pi}{4} \cdot \cos(x) \cdot (2-x) - \frac{\pi}{4}\sin(x)$
l) $f'(x) = \frac{\sqrt{3}}{2\sqrt{x}}$

2 a) $f(x) = x \cdot \sin(3x)$;
$u(x) = x$; $u'(x) = 1$;
$v(x) = \sin(3x)$; $v'(x) = 3\cos(3x)$;
$f'(x) = \sin(3x) + 3x\cos(3x)$
b) $f(x) = (3x+4)^2 \cdot \sin(x)$;
$u(x) = (3x+4)^2$; $u'(x) = 6(3x+4)$;
$v(x) = \sin(x)$; $v'(x) = \cos(x)$;
$f'(x) = 6(3x+4) \cdot \sin(x) + (3x+4)^2 \cdot \cos(x)$
c) $f(x) = x^{-1} \cdot (2x+3) = 2 + \frac{3}{x}$;
$u(x) = x^{-1}$; $u'(x) = -x^{-2}$;
$v(x) = 2x+3$; $v'(x) = 2$;
$f'(x) = -\frac{2x+3}{x^2} + \frac{2}{x} = \frac{-3}{x^2}$
d) $f(x) = (5-4x)^3 \cdot (1-4x)$;
$u(x) = (5-4x)^3$; $u'(x) = -12(5-4x)^2$;
$v(x) = 1-4x$; $v'(x) = -4$;
$f'(x) = -12(5-4x)^2 \cdot (1-4x) - 4(5-4x)^3$
$= (5-4x)^2 \cdot (64x - 32)$
$= 32(5-4x)^2 \cdot (2x-1)$

e) $f(x) = (5 - 4x)^3 \cdot x^{-2}$;
$u(x) = (5 - 4x)^3$; $u'(x) = -12(5 - 4x)^2$;
$v(x) = x^{-2}$; $v'(x) = -2 \cdot x^{-3}$;
$f'(x) = -12(5 - 4x)^2 \cdot x^{-2} - 2 \cdot x^{-3}(5 - 4x)^3$
$= \frac{-2}{x^3}(5 - 4x)^3 - \frac{12}{x^2}(5 - 4x)^2$
$= -2 \cdot x^{-3}(2x + 5)(5 - 4x)^2$

f) $f(x) = 3x \cdot \cos(2x)$;
$u(x) = 3x$; $u'(x) = 3$;
$v(x) = \cos(2x)$; $v'(x) = -2\sin(2x)$;
$f'(x) = 3\cos(2x) - 6x\sin(2x)$

g) $f(x) = 3x \cdot (\sin(x))^2$;
$u(x)$ vergleiche Teilaufgabe f);
$v(x) = (\sin(x))^2$; $v'(x) = 2\sin(x) \cdot \cos(x)$;
$f'(x) = 3(\sin(x))^2 + 6x\sin(x) \cdot \cos(x)$

h) $f(x) = (2x - 1)^2 \cdot \sqrt{x}$;
$u(x) = (2x - 1)^2$; $u'(x) = 4(2x - 1)$;
$v(x) = \sqrt{x}$; $v'(x) = \frac{1}{2\sqrt{x}}$;
$f'(x) = 4\sqrt{x}(2x - 1) + \frac{(2x - 1)^2}{2\sqrt{x}}$

i) $f(x) = 0{,}5x^2\sqrt{4 - x}$;
$u(x) = 0{,}5x^2$; $u'(x) = x$;
$v(x) = \sqrt{4 - x}$; $v'(x) = \frac{-1}{2\sqrt{4 - x}}$;
$f'(x) = x \cdot \sqrt{4 - x} - \frac{x^2}{4\sqrt{4 - x}}$

3 a) $f(x) = (2x - 8) \cdot \sin(x)$
$f'(x) = 2 \cdot \sin(x) + (2x - 8) \cdot \cos(x)$
Fehlerhafte „Produktregel" $(u \cdot v)' = u' \cdot v'$
b) $g(x) = (2x - 3) \cdot (8 - x)^2$
$g'(x) = 2 \cdot (8 - x)^2 - 2(2x - 3)(8 - x)$
$\square = 2; \triangle = -2(8 - x)$

4 a) $f(x) = 0$: $x_1 = 1$, $x_2 = 0$;
$N_1(1|0)$, $N_2(0|0)$
b) $f'(x) = \sqrt{x} + \frac{x - 1}{2\sqrt{x}}$
$f'(1) = 1$; Tangentensteigung $m = 1$ in
$P(1|0) = N_1$
c) $f'(x) = 0$: $x_3 = \frac{1}{3}$; $Q\left(\frac{1}{3}\left|-\frac{2}{3}\sqrt{\frac{1}{3}}\right.\right)$

d)
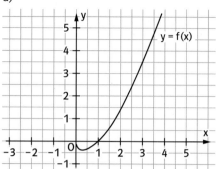

6 $f(x) = x^2 \cdot g(x)$;
$f'(x) = 2x \cdot g(x) + x^2 \cdot g'(x)$;
$f''(x) = 2 \cdot g(x) + 4x \cdot g'(x) + x^2 \cdot g''(x)$
$f(x) = x \cdot g'(x)$;
$f'(x) = g'(x) + x \cdot g''(x)$;
$f''(x) = 2g''(x) + x \cdot g'''(x)$
$f(x) = g(x) \cdot g'(x)$;
$f'(x) = (g'(x))^2 + g(x) \cdot g''(x)$;
$f''(x) = 2 \cdot g'(x) \cdot g''(x) + g'(x) \cdot g''(x)$
$\quad + g(x) \cdot g'''(x)$

7 a) $f(x) = (5 - x)^3 = (5 - x) \cdot (5 - x)^2$
$f'(x) = -3(5 - x)^2$ (Kettenregel)
$f'(x) = -(5 - x)^2 - 2(5 - x) \cdot (5 - x)$
$\quad = -3(5 - x)^2$ (Produktregel)
b) $g(x) = 3x \cdot (0{,}5x + 1)^2 = \frac{3}{4}x^3 + 3x^2 + 3x$
$g'(x) = \frac{9}{4}x^2 + 6x + 3$ (Summen-, Potenzregel)
$g'(x) = 3(0{,}5x + 1)^2 + 3x(0{,}5x + 1)$
$\quad = (0{,}5x + 1)(4{,}5x + 3)$
$\quad = \frac{9}{4}x^2 + 6x + 3$ (Produktregel)
c) $h(x) = x\sqrt{1 - x} = \sqrt{x^2 - x^3}$
$h'(x) = \frac{2x - 3x^2}{2\sqrt{x^2 - x^3}} = \frac{2 - 3x}{2\sqrt{1 - x}}$ (Kettenregel)
$h'(x) = \sqrt{1 - x} - \frac{x}{2\sqrt{1 - x}}$
$\quad = \frac{2 - 3x}{2\sqrt{1 - x}}$ (Produktregel)
d) $i(x) = (1 - x) \cdot \sqrt{x} = \sqrt{x} - \sqrt{x^3}$
$i'(x) = \frac{1}{2\sqrt{x}} - \frac{3}{2}\sqrt{x} = \frac{1 - 3x}{2\sqrt{x}}$ (Summen-,
Potenzregel)
$i'(x) = -\sqrt{x} + \frac{1 - x}{2\sqrt{x}} = \frac{1 - 3x}{2\sqrt{x}}$ (Produktregel)

8 a) $f(x) = 2x\sin(0{,}5x) + c$, $c \in \mathbb{R}$
b) Nein, z.B. $g(x) = c$, $h(x) = d$;
$g'(x) = 0$, $h'(x) = 0$
$f(x) = (g \cdot h)(x) = c \cdot d$
$f'(x) = (g \cdot h)'(x) = 0$
$(g \cdot h')(x) = g'(x) \cdot h'(x) = 0$
c) $f_1(x) = (x-1) \cdot (x-2)$;
$f_1'(x) = (x-2) + (x-1)$
$f_2(x) = f_1(x) \cdot (x-3)$;
$f_2'(x) = f_1'(x) \cdot (x-3) + f_1(x) \cdot 1$

9 Bedingungen für f:
(1) $f(2) = 0$
(2) $f'(2) = 0$
$g(x) = x \cdot f(x)$; $g'(x) = f(x) + x \cdot f'(x)$
Überprüfen Sie:
(1) $g(2) = 2 \cdot f(2) = 0$
(2) $g'(2) = 0 + 2 \cdot 0 = 0$
Also: der Graph von g berührt die x-Achse in $P(2|0)$.

6 Quotientenregel

Seite 139

Einstiegsproblem
$f(x) = (2x+1)^{-4}$; $f'(x) = -8(2x+1)^{-5} = \dfrac{-8}{(2x+1)^5}$
$g(x) = x \cdot (x+1)^{-1}$; $g'(x) = \dfrac{1}{x+1} - \dfrac{x}{(x+1)^2}$
$h(x) = (x+2) \cdot x^{-1}$; $h'(x) = \dfrac{1}{x} - \dfrac{x+2}{x^2}$
$i(x) = \sin(x) \cdot x^{-1}$; $i'(x) = \dfrac{\cos(x)}{x} - \dfrac{\sin(x)}{x^2}$
$k(x) = (v(x))^{-1}$; $k'(x) = -\dfrac{v'(x)}{(v(x))^2}$

Seite 140

1 a) $f'(x) = \dfrac{5}{(x+1)^2}$
b) $f'(x) = \dfrac{2}{(1+3x)^2}$
c) $f'(x) = \dfrac{-3}{(x+2)^2}$
d) $f'(x) = \dfrac{(2x-1) \cdot \cos(x) - 2 \cdot \sin(x)}{(2x-1)^2}$
e) $f'(x) = \dfrac{-2}{(x-1)^2}$
f) $f'(x) = \dfrac{16x - x^2}{(8-x)^2}$

g) $f'(x) = \dfrac{-2\cos(x) + \left(\frac{1}{2} - 2x\right) \cdot \sin(x)}{\cos(x)^2}$
h) $f'(x) = \dfrac{x(1 - \sin(x)) + \frac{1}{2}x^2 \cos(x)}{(1 - \sin(x))^2}$

Randaufgabe
Das Rechenzeichen im Zähler ist falsch.

2 a) $f'(x) = \dfrac{-3x^2 - 10x - 3}{(3x+5)^2}$
b) $g'(x) = \dfrac{\frac{1}{2\sqrt{x}}(x+2) - \sqrt{x}}{(x+2)^2}$
c) $h'(x) = \dfrac{3(6x-1)\cos(x) - 18\sin(x)}{(6x-1)^2}$
d) $k'(x) = \dfrac{1}{(\cos(x))^2}$

3 a) $l'(x) = \dfrac{8x+2}{(x+4)^3}$
b) $m'(x) = \dfrac{3\cos(3x)(x-1) - \sin(3x)}{(x-1)^2}$
c) $n'(x) = \dfrac{-2x^2 \sin(2x-1) - 2x\cos(2x-1)}{x^4}$
d) $p'(x) = \dfrac{\frac{x}{\sqrt{2x-3}} - \sqrt{2x-3}}{2x^2}$

4 a) $f(x) = 3 \cdot (5-2x)^{-1}$, $f'(x) = \dfrac{6}{(5-2x)^2}$
b) $f(x) = (x^2-1)^{-3}$, $f'(x) = \dfrac{-6x}{(x^2-1)^4}$
c) $f(x) = \dfrac{1}{x^2} - \dfrac{2}{x}$, $f'(x) = -\dfrac{2}{x^3} + \dfrac{2}{x^2}$
d) $f(x) = 2x + \dfrac{1}{3} - \dfrac{1}{x}$, $f'(x) = 2 + \dfrac{1}{x^2}$

5 a) $f(x) = \dfrac{1}{2} + \dfrac{3}{2} \cdot \dfrac{1}{x}$, $f'(x) = -\dfrac{3}{2} \cdot \dfrac{1}{x^2}$
$f'(x) = -0{,}5$: $x_{1,2} = \pm\sqrt{3}$
b) $g'(x) = \dfrac{1}{(x+1)^2}$; $g(1) = \dfrac{1}{2}$; $g'(1) = \dfrac{1}{4}$
Tangente in $P\left(1\big|\dfrac{1}{2}\right)$: $y = \dfrac{1}{4}x + \dfrac{1}{4}$
c) $h'(x) = 2x$; $m'(x) = \dfrac{2}{x^3}$
$h'(x) = m'(x)$: $x_{1,2} = \pm 1$;
$h(1) = 1$, $h(-1) = 1$; $m(1) = -1$, $m(-1) = -1$
$h'(1) = m'(1) = 2$; $h'(-1) = m'(-1) = -2$
Der Graph von h hat im Punkt $P(1|1)$ dieselbe Steigung 2 wie der Graph von m im Punkt $Q(1|-1)$, d.h., die Tangenten sind parallel.

Entsprechendes gilt für die Punkte R(−1|1) bzw. S(−1|−1) mit Steigung −2.

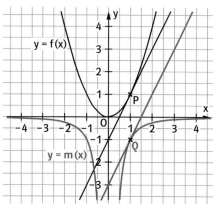

6 $f'(x) = \dfrac{2}{(2-x)^2}$

x_0	−2	0	1,5	2,5	6
$f(x_0)$	1,5	2	5	−3	0,5
$f'(x_0)$	$\frac{1}{8}$	$\frac{1}{2}$	8	8	$\frac{1}{8}$

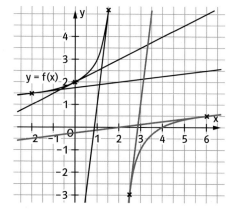

9 $f'(t) = \dfrac{1800}{(t+1)^2}$
$m_0 = f'(0) = 1800$ (Tiere/Jahr)
10 % von m_0: 180 (Tiere/Jahr)
$f'(t) = 180$: $t_1 = \sqrt{10} - 1$ ($t_2 = -\sqrt{10} - 1$)
(in Jahren)

10 a) $K'(t) = \dfrac{-0{,}16t + 0{,}32}{(t+2)^3}$
$K'(0) = 0{,}04 \left(\dfrac{mg}{cm^3} \text{ pro h}\right)$
$t_0 = 0$, $t_1 = \dfrac{1}{10}$ (in h)
Mittlere Änderungsrate:
$\dfrac{K(t_1) - K(t_0)}{t_1 - t_0} \approx 0{,}036 \left(\dfrac{mg}{cm^3} \text{ pro h}\right)$.
b) Maximum für $t_1 = 2$,
$K(2) = 0{,}02 \left(\dfrac{mg}{cm^3}\right)$
Absinken auf die Hälfte des Maximalwerts
bei $t_2 \approx 11{,}66$ (h).

11 a) $f'(x) = \cos(x) + \dfrac{1}{\cos^2(x)}$
b) $f'(x) = \sin(x) + \dfrac{\sin(x)}{\cos^2(x)}$
c) $f'(x) = -\cos(x) - \dfrac{\cos(x)}{\sin^2(x)}$
d) $f'(x) = \dfrac{1}{2} \cdot \dfrac{1}{\cos^2(x)}$
e) $f'(x) = 2 \cdot \dfrac{1}{\cos^2(2x)}$
f) $f'(x) = 2x \cdot \dfrac{1}{\cos^2(x^2)}$
g) $f'(x) = 2 \cdot \tan(x) \cdot \dfrac{1}{\cos^2(x)}$
h) $f'(x) = -2 \cdot \dfrac{1}{\sin^2(x)}$

7 Die natürliche Exponentialfunktion und ihre Ableitung

Seite 141

Einstiegsproblem
Der blaue Graph ist der Graph der Funktion f mit $f(x) = 2^x$.
Der rote Graph ist der Graph der Ableitungsfunktion f′ von f. Zur Frage nach der Konstanten siehe Lehrtext.

Seite 142

1 a) $f'(x) = e^x$ b) $f'(x) = 2e^{2x}$
c) $f'(x) = 7e^{7x}$ d) $f'(x) = 2 + e^x$
e) $f'(x) = 12e^{3x}$ f) $f'(x) = 2e^{4x}$
g) $f'(x) = 2e^{x+1}$ h) $f'(x) = -e^{-3x}$
i) $f'(x) = 2x + 0{,}5 \cdot e^{0{,}5x}$
j) $f'(x) = 2e^{-5x}$ k) $f'(x) = 6e^{2x+1}$
l) $f'(x) = -15e^{-3x-2}$

2 a) $f_1(x) = e^x$

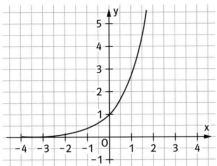

$f_2(x) = e^x + 1$

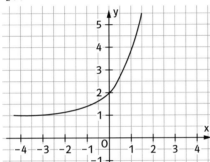

$f_3(x) = -e^x$

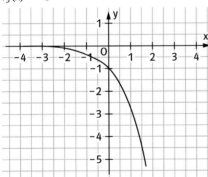

$f_4(x) = e^{x-2}$

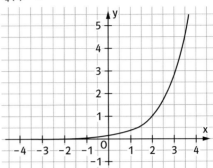

b) Der Graph von f_2 entsteht durch Verschiebung des Graphen von f_1 um eine Einheit nach oben (in positiver y-Richtung).
Der Graph von f_3 entsteht durch Spiegelung des Graphen von f_1 an der x-Achse.
Der Graph von f_4 entsteht durch Verschiebung des Graphen von f_1 um zwei Einheiten nach rechts (in positiver x-Richtung).

3 a) $f'(x) = (x+1)e^x$
b) $f'(x) = \dfrac{e^x(x-1)}{x^2}$
c) $f'(x) = \dfrac{1-x}{e^x}$
d) $f'(x) = (x+2)e^x$
e) $f'(x) = (1+0{,}5x)e^{0{,}5x}$
f) $f'(x) = \dfrac{e^x(x-1)-1}{x^2}$
g) $f'(x) = \dfrac{e^x(x-2)}{(x-1)^2}$
h) $f'(x) = \dfrac{e^{3x}(3x+5)}{(x+2)^2}$
i) $f'(x) = 2x + (0{,}1 \cdot x + 1)e^{0{,}1x}$
j) $f'(x) = (1-2x)e^{-2x+1}$
k) $f'(x) = (ax+2)xe^{ax}$
l) $f'(x) = (1+4x^2)e^{2x^2+1}$

4 a) $f(x) = e^{2x}$

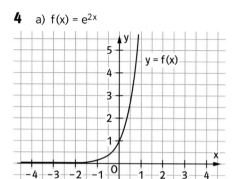

b) $f'(x) = 2e^{2x}$; $f''(x) = 4e^{2x}$
Da weder die Gleichung $f'(x) = 0$ noch $f''(x) = 0$ eine Lösung hat, hat der Graph von f keine Hoch-, Tief- und Wendepunkte.
c) Tangente im Punkt $A(1|e^2)$:
$y = 2e^2 x - e^2$;
Tangente im Punkt $B(0|1)$: $y = 2x + 1$.

5 In a), b) und c) stimmt f mit f' überein, in d) nicht, da $f'(x) = -f(x)$.
Weitere Beispiele: $f(x) = e^{x+1}$;
$f(x) = 3e^{x-1}$; $f(x) = 2e^x + e^{x+3}$.

6 a) Tangente im Punkt $A(1|e)$: $y = e \cdot x$;
Tangente im Punkt $B(-1|e^{-1})$: $y = \frac{1}{e}x + \frac{2}{e}$.
b) Die Tangente in A schneidet x- und y-Achse im Ursprung.
Die Tangente in B schneidet die x-Achse in $S_x(-2|0)$, die y-Achse in $S_y(0|\frac{2}{e})$.

Seite 143

9 a) $f'(x) = e^x - e^{-x}$; $f''(x) = e^x + e^{-x}$;
Tiefpunkt $T(0|2)$.
b) $f'(x) = e^x - 1$; $f''(x) = e^x$; Tiefpunkt $T(0|1)$.
c) $f'(x) = e^x(x+1)$; $f''(x) = e^x(x+2)$;
Tiefpunkt $T(-1|-e^{-1})$.
d) $f'(x) = xe^{0,5x}(2 + 0,5x)$;
$f''(x) = e^{0,5x}(2 + 2x + 0,25x^2)$; Tiefpunkt $T(0|0)$ und Hochpunkt $H(-4|16e^{-2})$.

10 a) $f'(x) = 2e^{2x}$; $f''(x) = 4e^{2x}$;
$f'''(x) = 8e^{2x}$; $f^{(n)}(x) = 2^n \cdot e^{2x}$.
b) $f'(x) = -e^{-x}$; $f''(x) = e^{-x}$; $f'''(x) = -e^{-x}$;
$f^{(n)}(x) = (-1)^n \cdot e^{-x}$.
c) $f'(x) = e^x(x+1)$; $f''(x) = e^x(x+2)$;
$f'''(x) = e^x(x+3)$; $f^{(n)}(x) = e^x(x+n)$.
d) $f'(x) = \frac{1-x}{e^x}$; $f''(x) = \frac{x-2}{e^x}$; $f'''(x) = \frac{3-x}{e^x}$;
$f^{(n)}(x) = \frac{(-1)^n(x-n)}{e^x}$.

11 a)

x	-5	-4	-3	-2	-1	0
e^x	0,007	0,02	0,05	0,14	0,37	1
e^{-x}	148,4	54,6	20,1	7,39	2,72	1

x	1	2	3	4	5
e^x	2,72	7,39	20,1	54,6	148,4
e^{-x}	0,37	0,14	0,05	0,02	0,007

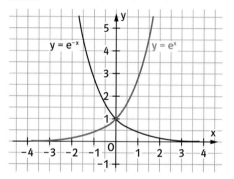

b) Der Graph von g entsteht aus dem Graphen von f durch Spiegelung an der y-Achse. Begründung: Bei der Spiegelung des Graphen einer Funktion h an der y-Achse entsteht der Graph einer Funktion $\bar{h}$ mit $\bar{h}(x) = h(-x)$. Da $f(-x) = e^{-x} = g(x)$, entsteht der Graph von g durch Spiegelung an der y-Achse aus dem Graphen von f.

12 Tangente in $P\left(1\big|\frac{3}{e^2}\right)$: $y = -\frac{3}{e^2} \cdot x + \frac{6}{e^2}$

Normale in $P\left(1\big|\frac{3}{e^2}\right)$: $y = \frac{e^2}{3} \cdot x - \frac{e^2}{3} + \frac{3}{e^2}$

13 a) Tangente durch $O(0|0)$: $y = e \cdot x$
b) Tangente durch $P(1|1)$ mit Berührpunkt $B(u|e^u)$ führt auf die Gleichung $1 = e^u(2-u)$. Näherungslösungen: $u_1 \approx -1{,}146$, $u_2 \approx 1{,}841$.
Berührpunkte (angenähert):
$B_1(-1{,}146 | 0{,}318)$, $B_2(1{,}841 | 6{,}305)$.
c) Da der Graph der natürlichen Exponentialfunktion linksgekrümmt ist, liegen alle Tangenten unterhalb des Graphen. Wenn $v \leq 0$, so kann man durch $P(u|v)$ eine Tangente nur an den Teil des Graphen legen, für den $x > u$ gilt. Wenn $0 < v < e^u$, so existiert eine Tangente an den Teil des Graphen mit $x < u$ und eine Tangente an den Teil des Graphen mit $x > u$.
Somit gilt zusammenfassend:
– Wenn $v > e^u$, so kann man durch $P(u|v)$ keine Tangente an den Graphen der natürlichen Exponentialfunktion legen.
– Wenn $v = e^u$ oder $v \leq 0$, so kann man durch $P(u|v)$ genau eine Tangente an den Graphen der natürlichen Exponentialfunktion legen.
– Wenn $0 < v < e^u$, so kann man durch $P(u|v)$ genau zwei Tangenten an den Graphen der natürlichen Exponentialfunktion legen.

14 a) Tangentengleichung im Kurvenpunkt $P(u|e^u)$: $y = e^u \cdot (x - u + 1)$.
Schnittpunkt mit der x-Achse: $S(u-1|0)$.
b) Sei $P(u|e^u)$ ein beliebiger Punkt des Graphen der natürlichen Exponentialfunktion.
– Zeichne eine Parallele zur y-Achse durch P.
– Markiere den Schnittpunkt $T(u|0)$ dieser Parallelen mit der x-Achse.
– Zeichne um T einen Kreis vom Radius 1 LE.
– Markiere den Schnittpunkt $S(u-1|0)$ dieses Kreises mit der x-Achse.
– Zeichne schließlich die Gerade durch S und P. Nach a) ist diese Gerade die Tangente an den Graphen in P.
c) Normalengleichung im Kurvenpunkt $P(u|e^u)$: $y = -\frac{1}{e^u} \cdot (x - u) + e^u$. Schnittpunkt der Normalen mit der x-Achse: $N(e^{2u} + u | 0)$.

15 a) Vor Eröffnung der Attraktion sind es täglich 9000 Besucher. Die Zahl steigt zunächst an, erreicht dann einen Maximalwert und stabilisiert sich dann bei 10 000 Besuchern täglich.
Interpretation: Durch die neue Attraktion werden mehr Besucher angezogen. Nachdem viele mögliche Interessenten die Attraktion gesehen und getestet haben, sinkt die Besucherzahl wieder ab, insgesamt ist der Park aber durch die neue Anlage attraktiver geworden.
b) Die maximale Besucherzahl wird mit ca. 10 450 Besuchern 30 Tage nach Eröffnung der Attraktion erreicht.
c) $f'(x) = 5(30-x)e^{-0{,}05x} < 0$ für $x > 30$. Also ist f ab $x = 30$ monoton abnehmend. Somit ist die Besucherzahl nach 30 Tagen dauerhaft abnehmend.
d) f' wird minimal für $x = 50$. Somit nimmt die Besucherzahl 50 Tage nach der Eröffnung am stärksten ab. f' wird maximal für $x = 0$ (Randmaximum). Somit wächst die Besucherzahl zu Beginn am stärksten.
e) $f(x) = 10100$ hat die Lösungen $x_1 \approx 11{,}8$ und $x_2 \approx 86{,}8$. Die Anlage würde sich also nach diesem Modell für 75 Tage lohnen.

8 Exponentialgleichungen und natürlicher Logarithmus

Seite 144

Einstiegsproblem
Es ist $1{,}035^{20} \approx 1{,}9898 \approx 2$. Die Behauptung des Bankangestellten stimmt also annähernd.

Seite 145

1 a) $\ln(e) = 1$ b) $\ln(e^3) = 3$
c) $\ln(1) = 0$ d) $\ln(\sqrt{e}) = 0{,}5$
e) $\ln\left(\frac{1}{e^2}\right) = -2$ f) $e^{\ln(4)} = 4$
g) $3 \cdot \ln(e^2) = 6$ h) $e^{2\ln(3)} = e^{\ln(9)} = 9$
i) $e^{\frac{1}{2}\ln(9)} = 3$ j) $\ln(e^{3{,}5} \cdot \sqrt{e}) = 4$

2 a) $x = \ln(15) \approx 2{,}71$
b) $z = \ln(2{,}4) \approx 0{,}875$
c) $x = \frac{1}{2} \cdot \ln(7) \approx 0{,}973$
d) $x = \frac{1}{4} \cdot \ln\left(\frac{16{,}2}{3}\right) \approx 0{,}422$
e) $x = \frac{1}{2}$
f) $x = -\frac{1}{2} \cdot \left(\ln\left(\frac{3}{2}\right) + 3\right) \approx 1{,}70$
g) $x = -\frac{5}{3} \approx 1{,}67$
h) $x = (\ln(4) - 2) \cdot 2 \approx -1{,}23$

3 a) Es gibt 4 Mio. Bakterien nach $\ln(4) \cdot 10 \approx 13{,}9$ Tagen. Die Kultur hat sich nach $\ln(2) \cdot 10 \approx 6{,}9$ Tagen verdoppelt.
b) Zunahme um 5 Mio. Bakterien nach $\ln(6) \cdot 10 \approx 17{,}9$ Tagen.
c) Momentane Änderungsrate 1 Mio. pro Tag nach $\ln(10) \cdot 10 \approx 23$ Tagen. Momentane Änderungsrate 2 Mio. pro Tag nach $\ln(20) \cdot 10 \approx 30$ Tagen.

4 a) $x \approx 0{,}972$ b) $x \approx 2{,}847$
c) $x_1 \approx -3{,}981$, $x_2 \approx 1{,}749$
d) $x_1 \approx -0{,}237$, $x_2 \approx 1{,}352$

5 a) Fehler: $e^{2 \cdot \ln(2)} \neq e^2 \cdot e^{\ln(2)}$;
Richtig: $e^{2 \cdot \ln(2)} = e^{\ln(2) \cdot 2} = \left(e^{\ln(2)}\right)^2 = 2^2 = 4$.
b) Fehler: $\ln(2e^2) \neq \ln(2) \cdot \ln(e^2)$;
Richtig: $\ln(2e^2) = \ln(2) + \ln(e^2) = \ln(2) + 2$.
c) Fehler: e^3 konstanter Vorfaktor, also falsche Ableitungsregel. Richtig: $f'(x) = e^3$.

8 a) $x_1 = \ln(4) \approx 1{,}386$; $x_2 = \ln(2) \approx 0{,}693$
b) $x = \ln(5) \approx 1{,}609$
c) $x = \ln(\sqrt{43} - 6) \approx -0{,}584$
d) Unlösbar
e) $x_1 = \sqrt{6} \approx 2{,}45$; $x_2 = -\sqrt{6} \approx -2{,}45$;
$x_3 = \ln(3) \approx 1{,}1$
f) $x_1 = \ln(2{,}5) \approx 0{,}916$; $x_2 = \ln(4) \approx 1{,}386$
g) $x_1 = \frac{1}{2}\ln(6) \approx 0{,}896$; $x_2 = \frac{1}{3}\ln(5) \approx 0{,}536$
h) $x_1 = \ln(0{,}5) \approx -0{,}693$

Seite 146

9 a) $h(0) = 2\,\text{cm}$ b) $k = \frac{1}{6} \cdot \ln(20) \approx 0{,}5$
c) $h(9) \approx 1{,}789\,\text{m}$
d) $h(t) = 3$ für $t = 10$ Wochen
e) $h(t+1) - h(t) = 1{,}5$ für
$t = \frac{1}{k}\ln\left(\frac{75}{e^k - 1}\right) \approx 9{,}5$ Wochen
f) $h'(t) = 0{,}02 \cdot k \cdot e^{kt} = 1$ für
$t = \frac{1}{k}\ln\left(\frac{50}{k}\right) \approx 9{,}2$ Wochen
g) $k(t) = 3$ für $t = -\frac{1}{0{,}175}\ln\left(\frac{0{,}5}{8{,}2}\right) \approx 16$ Wochen
$k(t+1) - k(t) = 8{,}2 \cdot e^{-0{,}175 \cdot t}(1 - e^{-0{,}175}) = 0{,}2$
für $t = -\frac{1}{0{,}175}\ln\left(\frac{0{,}2}{8{,}2(1 - e^{-0{,}175})}\right) \approx 10{,}8$ Wochen

10 a) $v(0) = 0\,\frac{m}{s}$;
$v(10) = 2{,}5 \cdot (1 - e^{-1}) \approx 1{,}58\,\frac{m}{s}$
b)

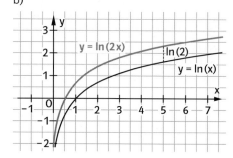

c) $v(t) = 2$ für $t = -10 \cdot \ln(0,2) \approx 16,1\,s$
d) Endgeschwindigkeit $2,5\,\frac{m}{s}$
e) $v'(t) = 0,25 \cdot e^{-0,1t} > 0$, also v monoton wachsend
f) $v(5) - v(2) = 2,5 \cdot (e^{-0,2} - e^{-0,5}) \approx 0,53\,\frac{m}{s}$
g) $v'(2) = 0,25 \cdot e^{-0,2} \approx 0,205\,\frac{m}{s^2}$
h) $v''(t) = -0025 \cdot e^{-0,1t} < 0$, also ist die Momentanbeschleunigung v' monoton fallend. Sie ist somit maximal für $t = 0$.

11 a) $x = \frac{\ln(5)}{\ln(3)} \approx 1,465$
b) $x = \frac{\ln(7)}{\ln(2,5)} \approx 2,12$
c) $x = \frac{\ln(2,4)}{\ln(5)} + 2 \approx 2,544$
d) $x = \frac{\ln(10) - \ln(3)}{\ln(0,5)} \approx -1,737$

12 a) $f'(x) = \ln(2) \cdot 2^x$
b) $f'(x) = \ln(2,5) \cdot 2,5^x$
c) $f'(x) = 4 \cdot \ln(0,3) \cdot 0,3^x$
d) $f'(x) = 7^{3x+2} \cdot 3 \cdot \ln(7)$

13 a) 1.1.2003: $f(92) = 96\,161$
1.1.2004: $f(457) = 199\,542 \approx 200\,000$
b) Million: $80\,000 \cdot e^{0,002 \cdot x} = 1\,000\,000$ für $x = \frac{\ln(12,5)}{0,002} \approx 1263$ Tage, also Mitte März 2006.
Milliarde: $80\,000 \cdot e^{0,002 \cdot x} = 1\,000\,000\,000$ für $x = \frac{\ln(12\,500)}{0,002} \approx 4716$ Tage, also Ende 2015.
c) $e^{0,002 \cdot x} = 2$ für $x = \frac{\ln(2)}{0,002} \approx 347$ Tage Verdopplungszeit.
d) Zunahme pro Jahr um den Faktor $e^{0,002 \cdot 365} = e^{0,73} \approx 2,075$, also um 107,5 %.
e) Am 1.10.2003:
$80\,000 \cdot (e^{0,002 \cdot 366} - e^{0,002 \cdot 365}) \approx 332,345$ Artikel.
Mit Ableitung: $f'(x) = 160 \cdot e^{0,002x}$; $f'(365) \approx 332,013$; das ist eine sehr gute Näherung.
f) $f(t + 1) - f(t) = 400$
$e^{0,002t}(e^{0,002} - 1) = 0,005$.
Lösung der Gleichung: $t \approx 458$ Tage.

9 Logarithmusfunktion und Umkehrfunktion

Seite 147

Einstiegsproblem
Nein, denn zu G gibt es keine Lösung.
Zu allen anderen Funktionen sind die Umkehrfunktionen angegeben:
$A \mapsto D$; $B \mapsto B$; $C \mapsto E$; $F \mapsto H$.

Seite 148

1 a) $f(x) = \ln(x)$; $D_f = \mathbb{R}^+$
b) $f(x) = \ln(x^2)$; $D_f = \mathbb{R}\setminus\{0\}$
c) $f(x) = \ln(cx)$; $c < 0$; $D_f = \mathbb{R}^-$
d) $f(x) = \ln(\sqrt{x})$; $D_f = \mathbb{R}^+$
e) $f(x) = \ln(1 + x)$; $1 + x > 0$, also $x > -1$. $D_f = \{x \in \mathbb{R} \mid x > -1\}$
f) $f(x) = \ln\left(\frac{x}{x+1}\right)$; $\frac{x}{x+1} > 0$ für $\{x > 0$ und $x + 1 > 0\}$ oder $\{x < 0$ und $x + 1 < 0\}$, also für $\{x > 0\}$ oder $\{x < -1\}$, also $D_f = \{x \in \mathbb{R} \mid x < -1$ oder $x > 0\}$
g) $f(x) = \ln\left(\frac{1-x}{1+x}\right)$; $\frac{1-x}{1+x} > 0$ für $\{1 - x > 0$ und $1 + x > 0\}$ oder $\{1 - x < 0$ und $1 + x < 0\}$, also für $\{-1 < x < 1\}$, also $D_f = \{x \in \mathbb{R} \mid -1 < x < 1\}$
h) $f(x) = \ln\left(\frac{c^2}{x}\right)$; $c \neq 0$; $D_f = \mathbb{R}^+$

Seite 149

2 a) $f(x) = 1 + \ln(x)$; $f'(x) = \frac{1}{x}$
b) $f(x) = 2x + \ln(x)$; $f'(x) = 2 + \frac{1}{x}$
c) $f(x) = 2x + \ln(2x)$; $f'(x) = 2 + \frac{1}{x}$
d) $f(x) = x^2 + \ln(tx)$; $f'(x) = 2x + \frac{1}{x}$
e) $f(x) = \ln\left(\frac{1}{x}\right)$; $f'(x) = -\frac{1}{x}$
f) $f(x) = \ln\left(\frac{t}{x}\right)$; $f'(x) = -\frac{1}{x}$
g) $f(t) = \ln\left(\frac{t}{x}\right)$; $f'(t) = \frac{1}{t}$
h) $f(t) = \ln(t + x)$; $f'(t) = -\frac{1}{t+x}$

3 a) $f(x) = \ln(\sqrt{x}) = \frac{1}{2}\ln(x)$; $f'(x) = \frac{1}{2x}$
b) $f(x) = \ln(1 + 3x^2)$; $f'(x) = \frac{6x}{1 + 3x^2}$
c) $f(x) = \ln(1 - x^2)$; $f'(x) = \frac{-2x}{1 - x^2} = \frac{2x}{x^2 - 1}$

d) $f(x) = 3 \cdot \ln(\sqrt{4x}) = 3 \cdot \ln(2\sqrt{x})$;
$f'(x) = 3 \cdot \frac{1}{2\sqrt{x}} \cdot \frac{2}{2\sqrt{x}} = \frac{3}{2x}$

e) $f(x) = \sqrt{\ln(x)}$; $f'(x) = \frac{1}{2\sqrt{\ln(x)}} \cdot \frac{1}{x}$

f) $f(x) = \ln(\sin(x))$; $f'(x) = \frac{\cos(x)}{\sin(x)}$

g) $f(x) = \sin(\ln(x))$; $f'(x) = \frac{1}{x} \cdot \cos(\ln(x))$

h) $f(x) = (\ln(x))^{-1}$;
$f'(x) = -1 \cdot (\ln(x))^{-2} \cdot \frac{1}{x} = -\frac{1}{x \cdot (\ln(x))^2}$

4 a)

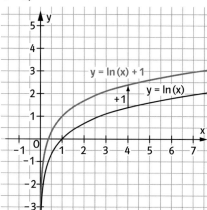

b)

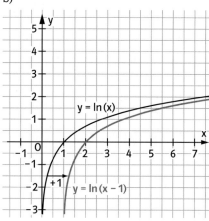

c)

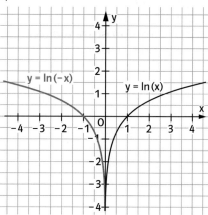

d)

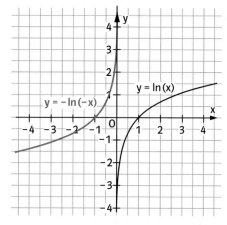

5 a) $x = e^3 \approx 20{,}1$
b) $x = 1$
c) $\ln'(x) = \frac{1}{x} > 0$ für $x > 0$
d) $\ln''(x) = -\frac{1}{x^2} < 0$ für $x > 0$,
also ist der Graph rechtsgekrümmt.

6 a) Ja. Die Funktion ist streng monoton wachsend.
b) Nein. Z.B. schneidet die Parallele zur x-Achse mit der Gleichung $y = 1{,}5$ den Graphen dreimal.
c) Nein. Z.B. schneidet die Parallele zur x-Achse mit der Gleichung $y = 0{,}5$ den Graphen zweimal.

d) Ja. Jede Parallele zur x-Achse schneidet den Graphen höchstens einmal. Interessant an diesem Beispiel d) ist: Die zugehörige Funktion ist nicht monoton.

7 a) Da $f'(x) = 3x^2 + 1 > 0$ ist für $x \in D_f$, $D_f = \mathbb{R}$, ist f streng monoton wachsend und damit umkehrbar.
b) $f'(x) = \frac{-1}{(\sqrt{x}+1)^2 \sqrt{x}}$; da $f'(x) < 0$ ist für $x \geq 0$, ist f streng monoton fallend und damit umkehrbar.
c) Da $f'(x) = 3x^2 - 3 > 0$ ist auf $D_f = [2; \infty)$, ist f streng monoton wachsend und damit umkehrbar.
d) Da $f'(x) = \frac{-5}{(x-2)^2} < 0$ ist auf $D_f = (2; \infty)$, ist f streng monoton fallend und damit umkehrbar.
e) $f(x) = x - \frac{2}{x}$; $f'(x) = 1 + \frac{2}{x^2}$; da $f'(x) > 0$ ist für $x > 0$, ist f streng monoton wachsend und damit umkehrbar.
f) Da $f'(x) = -\frac{1}{(1-x)^2} < 0$ ist auf $D_f = (-\infty; 1)$, ist f streng monoton fallend und damit umkehrbar.

8 a) $\bar{f}(x) = \sqrt[3]{x+1}$; $x \in [-1; +\infty)$
b) $f'(x) = 3x^2$; $f(2) = 7$; $f'(2) = 12$ und $f\left(\frac{3}{2}\right) = \frac{19}{8}$, $f'\left(\frac{3}{2}\right) = \frac{27}{4}$, also:
$\bar{f}'(7) = \frac{1}{f'(2)} = \frac{1}{12}$; $\bar{f}'\left(\frac{19}{8}\right) = \frac{1}{f'\left(\frac{3}{2}\right)} = \frac{4}{27}$
c) $\bar{f}'(x) = \frac{1}{3\sqrt[3]{(x+1)^2}}$

9 $f'(x) = -\frac{1}{2x\sqrt{x}} < 0$ für $x > 0$; d.h. f ist streng monoton fallend, also umkehrbar.
b) $\bar{f}(y) = \frac{1}{x^2}$; $x > 0$
c) 1. Möglichkeit: $y = \frac{1}{\sqrt{x}} \Leftrightarrow x = \frac{1}{y^2}$;
$f'(x) = -\frac{1}{2x\sqrt{x}}$
$\bar{f}'(y) = \frac{1}{f'(x)} = -2x \cdot \sqrt{x} = -\frac{2}{y^2} \cdot \sqrt{\frac{1}{y^2}} = -\frac{2}{y^2} \cdot \frac{1}{y} = -\frac{2}{y^3}$
Also: $\bar{f}'(x) = -\frac{2}{x^3}$
2. Möglichkeit: $\bar{f}(x) = \frac{1}{x^2} = x^{-2}$;
$\bar{f}'(x) = -2 \cdot x^{-3} = -\frac{2}{x^3}$

Seite 150

12 Die Funktion g ist die Umkehrfunktion der Funktion f mit $f(x) = x^4$; $x > 0$.
$\bar{g}'(x_0) = \frac{1}{f'(g(x_0))} = \frac{1}{4(\sqrt[4]{x_0})^3} = \frac{1}{4x_0^{\frac{3}{4}}} = \frac{1}{4}x_0^{-\frac{3}{4}}$
$g'(x) = \frac{1}{4}x^{-\frac{3}{4}} = \frac{1}{4} \cdot \frac{1}{\sqrt[4]{x^3}}$

13 a) $f(t) = \ln(t^4) = 4 \cdot \ln(|t|)$; $f'(t) = \frac{4}{t}$; $f''(t) = -\frac{4}{t^2}$
b) $f(t) = (\ln(t))^4$; $f'(t) = \frac{4}{t} \cdot (\ln(t))^3$;
$f''(t) = -\frac{4}{t^2} \cdot (\ln(t))^3 + \frac{12}{t^2} \cdot (\ln(t))^2$
$= \frac{4}{t^2} \cdot (\ln(t))^2 \cdot (-\ln(t) + 3)$
c) $f(u) = \ln\left(\frac{u}{u+1}\right)$;
$f'(u) = \frac{1}{\frac{u}{u+1}} \cdot \frac{(u+1) \cdot 1 - u \cdot 1}{(u+1)^2}$
$= \frac{u+1}{u} \cdot \frac{1}{(u+1)^2} = \frac{1}{u(u+1)}$;
$f''(u) = -\frac{2u+1}{u^2 \cdot (u+1)^2}$
d) $f(t) = k \cdot \ln(\sqrt[3]{2t}) = k \cdot \frac{1}{3} \cdot (\ln(2) + \ln(t))$;
$f'(t) = k \cdot \frac{1}{3t}$; $f''(t) = -\frac{k}{3t^2}$
e) $f(a) = \ln((x-a)^2) = 2 \cdot \ln(|x-a|)$;
$f'(a) = \frac{-2}{x-a} = \frac{2}{a-x}$; $f''(a) = -\frac{2}{(x-a)^2} = -\frac{2}{(a-x)^2}$
f) $f(s) = (\ln(s-a))^3$;
$f'(s) = 3 \cdot (\ln(s-a))^2 \cdot \frac{1}{s-a}$;
$f''(s) = 6 \cdot \ln(s-a) \cdot \frac{1}{s-a} \cdot \frac{1}{s-a}$
$\quad + 3 \cdot (\ln(s-a))^2 \cdot \frac{-1}{(s-a)^2}$
$= \frac{3 \cdot \ln(s-a) \cdot (2 - \ln(s-a))}{(s-a)^2}$
g) $f(x) = x \cdot \ln(x)$; $f'(x) = \ln(x) + 1$; $f''(x) = \frac{1}{x}$
h) $f(x) = \sqrt{x} \cdot \ln(x)$;
$f'(x) = \frac{1}{2\sqrt{x}} \cdot \ln(x) + \sqrt{x} \cdot \frac{1}{x}$
$= \frac{\ln(x) + 2}{2\sqrt{x}} = \frac{1}{2} \cdot x^{-\frac{1}{2}} \cdot (\ln(x) + 2)$;
$f''(x) = -\frac{\ln(x)}{4x\sqrt{x}}$
i) $f(x) = \sqrt{x} \cdot \ln(kx)$;
$f'(x) = \frac{1}{2\sqrt{x}} \cdot \ln(kx) + \sqrt{x} \cdot \frac{1}{x}$
$= \frac{\ln(kx) + 2}{2\sqrt{x}}$
$= \frac{1}{2} \cdot \left(x^{-\frac{1}{2}} \cdot (\ln(kx) + 2)\right)$;

$f''(x) = -\frac{\ln(kx)}{4x\sqrt{x}}$

j) $f(x) = \frac{1}{\ln(x)}$; $f'(x) = \frac{-1}{x \cdot (\ln(x))^2}$;

$f''(x) = \frac{(\ln(x))^2 + x \cdot 2\ln(x) \cdot \frac{1}{x}}{x^2 \cdot (\ln(x))^4} = \frac{\ln(x) + 2}{x^2 \cdot (\ln(x))^3}$

k) $f(x) = \frac{x}{\ln(x)}$; $f'(x) = \frac{\ln(x) - 1}{(\ln(x))^2}$;

$f''(x) = \frac{(\ln(x))^2 \cdot \frac{1}{x} - (\ln(x) - 1) \cdot 2\ln(x) \cdot \frac{1}{x}}{(\ln(x))^4} = \frac{2 - \ln(x)}{x \cdot (\ln(x))^3}$

l) $f(x) = \frac{\ln(\sqrt{x})}{\ln(x)} = \frac{\frac{1}{2}\ln(x)}{\ln(x)} = \frac{1}{2}$; $f'(x) = 0$; $f''(x) = 0$

14 a) f ist umkehrbar in $(1; \infty)$, denn $f'(x) = -2x < 0$ für $x > 1$.
b) f ist nicht umkehrbar in $(-\infty; 1)$, da z.B. $f(-0,5) = f(0,5)$ ist.
c) f ist nicht umkehrbar in $[0; \pi]$, da z.B. $f(0) = f(\pi) = 1$ ist.
d) f ist umkehrbar in $\mathbb{R}$, denn $f'(x) = 1,5x^2 + 3 > 0$ in $\mathbb{R}$.
e) f ist nicht umkehrbar in $\mathbb{R}$, da z.B. $f(0) = f(2) = 3$ ist.
f) f ist nicht umkehrbar in $\mathbb{R}$, da z.B. $f(1) = f(-1) = \frac{1}{2}$ ist

15 a) Richtig. Ist $x_1 \in \mathbb{R}\setminus\{0\}$, so gilt: $f(x_1) = f(-x_1)$.
b) Falsch. Gegenbeispiel: f mit $f(x) = x^2 + 2x + 1$.
c) Richtig. Hat f keine Extremstellen, so ist $f'(x) \neq 0$ für alle $x \in \mathbb{R}$, d.h. $f(x) > 0$ oder $f(x) < 0$ für alle $x \in \mathbb{R}$. Somit ist f streng monoton, also umkehrbar.
d) Richtig. Hätte f eine Extremstelle x, so gäbe es Stellen x_2, x_3 in der Umgebung von x_1 mit $f(x_2) = f(x_3)$.
e) Falsch. Gegenbeispiel: f mit $f(x) = \ln(x)$.

16 Eine zur y-Achse symmetrische Parabel hat die Gleichung $g(x) = ax^2 + b$. Senkrecht schneiden bedeutet, dass an der Schnittstelle für die Anstiege $m_1 = -\frac{1}{m_2}$ gilt.
Es ist also $g'(x_s) = -\frac{1}{f'(x_s)}$ mit $g'(x_s) = 2ax_s$ und $f'(x_s) = \frac{1}{x_s}$. Eingesetzt folgt die Gleichung $2ax_s = -x_s$, also $0 = x_s(2a + 1)$.

Wegen des Definitionsbereichs von f(x) kann x_s nicht null sein. Die Gleichung gilt nur für $a = -\frac{1}{2}$. Es schneidet jede der Parabeln $g(x) = -\frac{1}{2}x^2 + b$ den Graphen von f senkrecht.

Wiederholen – Vertiefen – Vernetzen

Seite 151

1 Der Graph von f ist in Fig. 3 dargestellt. Da f monoton fallend ist, sind alle Funktionswerte von f' negativ, also ist der Graph von $f_2 = f'$ in Fig. 4 dargestellt. f_3 mit $f_3(x) = x \cdot f(x)$ hat bei 0 eine Nullstelle, also ist der Graph von f_3 in Fig. 2 dargestellt.
Da $f_4(x) = \frac{1}{f(x)} = f^{-1}(x) = e^x$, ist f_4 die natürliche Exponentialfunktion, ihr Graph ist in Fig. 1 dargestellt.

2 a) Da $f_t(0) = 0$, liegt $S(0|0)$ auf allen Graphen. Wenn $x \neq 0$, so folgt aus $t \neq s$ auch $f_t(x) \neq f_s(x)$, also haben f_t und f_s außer $S(0|0)$ keinen weiteren Schnittpunkt.
b) Aus $e^{2t} - 1 = 5$ folgt $t = \frac{1}{2}\ln(6) = \ln(\sqrt{6}) \approx 0,896$.
c) $f'_t(x) = te^{tx}$; $f'_t(0) = t$, somit $t = 3$.
d) $e^t = 8$ für $t = \ln(8)$.
e) Normale n: $y = -\frac{1}{e}x + \frac{1}{e} + e - 1$, Schnittpunkt x-Achse in $S(e^2 - e + 1 | 0)$.
f) Normale n: $y = -\frac{1}{te^t}x + \frac{1}{te^t} + e^t - 1$ schneidet die x-Achse in $Q(2|0)$ für $e^{2t} - e^t - \frac{1}{t} = 0$. Diese Gleichung hat die Lösung $t \approx 0,622$.
g) $f'_t(x) = te^{tx} > 0$ für alle x, also ist f_t streng monoton wachsend.
$f''_t(x) = t^2 e^{tx} > 0$ für alle x, also hat der Graph von f_t eine Linkskurve.

3 a) $f(x) = \ln(2x) = \ln(2) + \ln(x)$

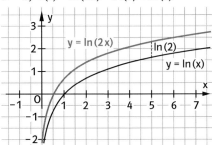

b) $f(x) = \ln(x^2) = 2 \cdot \ln|x|$

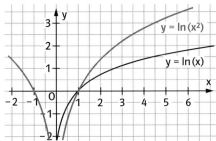

c) $f(x) = 2 + \ln(x)$

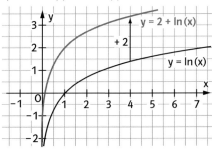

d) $f(x) = \ln(x-2)$

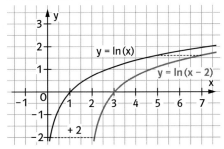

4 a) $\ln(x^2) = 2 \cdot \ln(x)$ für $x > 0$
b) $\ln(x^2 + x) = \ln(x) + \ln(x+1)$ für $x > 0$

c) $\ln\left(\frac{x-1}{x+1}\right) = \ln(x-1) - \ln(x+1)$ für $x > 1$
d) $\ln\left(\left|\frac{x}{x-2}\right|\right) = \ln(|x|) - \ln(|x-2|)$
für $x \in \mathbb{R}\setminus\{0; 2\}$

5 a) (A) ist richtig. f hat bei $x = 0{,}5$ ein lokales Maximum, also hat f' an dieser Stelle eine Nullstelle. Weitere Nullstellen hat f' auf dem Intervall $[0; 3]$ nicht.
(B) ist falsch: f' ist bis $x = 1$ monoton fallend, $x = 1$ ist eine Wendestelle von f, also hat f' hier ein Minimum. Danach ist f' für $0 < x < 3$ monoton wachsend, ein Maximum liegt also nicht vor.
b) f' für $0 < x < 3$

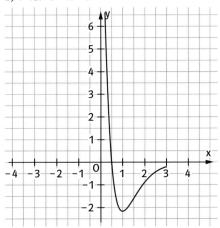

Seite 152

6 a) $g'(x) = \cos(x) - x \cdot \sin(x)$;
$h'(x) = \cos^2(x) - \sin^2(x)$
b) $(u \cdot v)'(x) = u'(x) \cdot v(x) + u(x) \cdot v'(x)$. Division durch $(u \cdot v)(x)$ ergibt die Behauptung.
c) $f'(x) = \sin(x) \cdot \cos(x) + x \cdot \cos^2(x) - x \cdot \sin^2(x)$
d) $(u \cdot v \cdot w)'(x)$
$= u'(x) \cdot v(x) \cdot w(x) + u(x) \cdot v'(x) \cdot w(x) + u(x) \cdot v(x) \cdot w'(x)$.
e) Division des Ausdrucks aus Teilaufgabe d) durch $(u \cdot v \cdot w)(x)$ ergibt die Behauptung.

VI Integral

1 Rekonstruieren einer Größe

Seite 158

Einstiegsproblem
Der Aufzug fährt mit einer Maximalgeschwindigkeit von $2\frac{m}{s}$.
Zwischen 0s und 5s fährt der Aufzug 8m nach oben.
Zwischen 5s und 7s steht der Aufzug.
Zwischen 7s und 10s fährt der Aufzug 4m nach unten.
Die Stockwerkshöhe (in Metern) muss ein Teiler von 4 und 8 sein; sie beträgt vermutlich 4m.

Seite 159

1 Fig. 3: Vier Karos (1FE) entsprechen einem zurückgelegten Weg von 1m; einer Karofläche entsprechen 0,25m.
Orientierter Flächeninhalt A = 5FE (20 Karos). Zurückgelegter Weg s = 5m.
Fig. 4: Vier Karos (10FE) entsprechen einem zurückgelegten Weg von 10m; einer Karofläche entsprechen 2,5m. Orientierter Flächeninhalt A = 50FE (20 Karos).
Zurückgelegter Weg s = 50m.
Fig. 5: Vier Karos (0,5FE) entsprechen einem zurückgelegten Weg von 0,5m; einer Karofläche entsprechen 0,125m. Orientierter Flächeninhalt A = 2,5FE (20 Karos).
Zurückgelegter Weg s = 2,5m.

Seite 160

2 Individuelle Lösung, z.B.

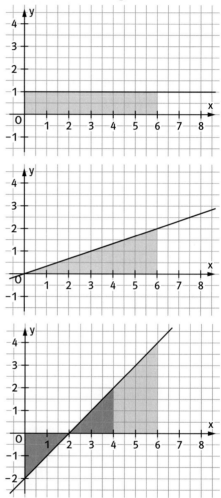

3 a) 4 Karos (20 Mio. FE) entsprechen 20 Millionen m³ Wasser; 1FE entspricht 1 Million m³ Wasser. In den ersten 6 Stunden (8 Karos oder 40FE) fließen 40 Millionen m³ Wasser in das Becken.

b) Schnellste Zunahme der Wassermenge ist zwischen 2h und 4h. Wassermenge ist nach 6h maximal, nach 12h minimal. Nach etwa 12 Stunden wiederholt sich der Vorgang im Rhythmus von Ebbe und Flut.
c) Der Inhalt der Fläche zwischen dem Graphen von d und der x-Achse vergrößert sich in der Zeit von 0h bis 6h um 25%. Dies kann durch eine Streckung des Graphen in y-Richtung mit dem Streckfaktor 1,25 erreicht werden.

5 1 Karo entspricht einem Volumen von $0{,}5\,m^3$.

Zeitpunkt	2h	4h	6h	8h
Zufluss bis Zeitpunkt	$1\,m^3$	$4\,m^3$	$7\,m^3$	$8\,m^3$
Abfluss bis Zeitpunkt	$0{,}5\,m^3$	$2\,m^3$	$4{,}5\,m^3$	$8\,m^3$
Menge im Tank	$0{,}5\,m^3$	$2\,m^3$	$2{,}5\,m^3$	$0\,m^3$

6 1 Karo entspricht 500 Menschen.
a) 90 Minuten vor Spielbeginn warten 2000 Menschen. 70 Minuten vor Spielbeginn sind 5000 Menschen angekommen und 4000 eingelassen worden; es warten 1000 Menschen.
b) Die Warteschlange ist 30 Minuten vor Spielbeginn am längsten. Es warten dann 2500 Menschen.

2 Das Integral

Seite 161

Einstiegsproblem
Bei einem Kreis mit Radius r hat das einbeschriebene regelmäßige Sechseck den Umfang $U_6 = 6r$.
Für $r = 0{,}5$ gilt: $U_6 = 3$; $U_{12} \approx 3{,}1058$; $U_{24} \approx 3{,}1326$; $U_{48} \approx 3{,}139\,350$.
Der Umfang eines Kreises kann nur näherungsweise mit einem Iterationsverfahren berechnet werden. Bei der hier vorgestellten Formel erhält man eine Folge von streng monoton steigenden Näherungswerten U_6; U_{12}; U_{24}; ... Diese Werte haben anschaulich den Umfang des Kreises mit Radius $r = 0{,}5$ als Grenzwert. Mit $U = 2\pi r$ ergibt sich für den Grenzwert die Zahl π.

Seite 163

1 a) $\int_2^5 x\,dx = 10{,}5$

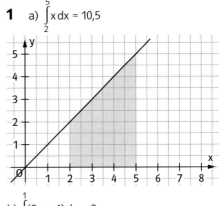

b) $\int_{-1}^1 (2x+1)\,dx = 2$

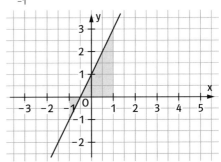

c) $\int_{-1}^2 -2t\,dt = 1 - 4 = -3$

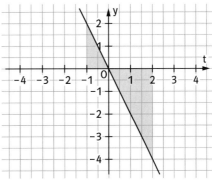

d) $\int_0^4 -2\,dx = -8$

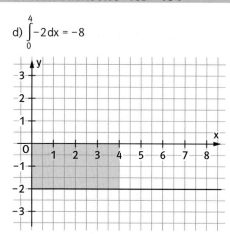

e) $\int_{-5}^0 (-t-5)\,dt = -12{,}5$

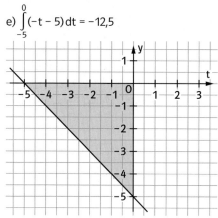

2 a) $\int_{-2}^0 f(x)\,dx = -0{,}3 + 0{,}8 = 0{,}5$

b) $\int_{-1}^2 f(x)\,dx = 0{,}8 + 2{,}9 = 3{,}7$

c) $\int_0^3 f(x)\,dx = 2{,}9 - 1{,}1 = 1{,}8$

d) $\int_{-2}^3 f(x)\,dx = -0{,}3 + 0{,}8 + 2{,}9 - 1{,}1 = 2{,}3$

3 Fig. 4: $A = \int_1^4 \frac{1}{x}\,dx \;(\approx 1{,}3867)$

Fig. 5: Schnittstellen mit der x-Achse:
$x_1 = -\sqrt{5};\; x_2 = \sqrt{5}$

$A = \int_{-\sqrt{5}}^{\sqrt{5}} \left(-\frac{1}{2}x^2 + 2{,}5\right) dx \;(\approx 7{,}454)$

Fig. 6: Schnittstelle mit der x-Achse: $x_1 = -1$

$A = -\int_{-4}^{-1} \left(\frac{1}{x^2} - 1\right) dx \;(= 2{,}25)$

Seite 164

6 a) Das Integral ist positiv, da der Graph des Integranden im Intervall [10; 80] oberhalb der x-Achse verläuft.
b) Das Integral ist negativ, da der Graph des Integranden im Intervall [10; 11] unterhalb der x-Achse verläuft.
c) Das Integral ist negativ, da der Graph des Integranden symmetrisch zum Ursprung ist, aber von der Fläche unterhalb der x-Achse ein größerer Teil als von der Fläche oberhalb der x-Achse betrachtet wird.
d) Das Integral ist positiv, da der Graph des Integranden im Intervall [−3; 3] oberhalb der x-Achse verläuft.
e) Das Integral ist null, da der Graph des Integranden im Intervall [0; 2π] gleich große Flächen ober- und unterhalb der x-Achse begrenzt.

7 Individuelle Lösung, z. B.
a) $f(x) = 0{,}5x$

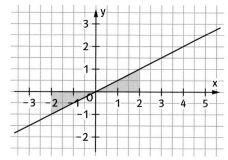

b) $f(x) = 0{,}5$

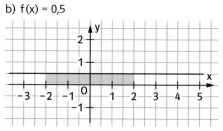

c) f(x) = −1

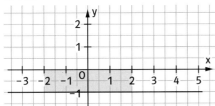

d) $f(x) = \frac{1}{4}\pi$

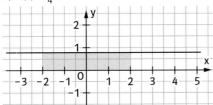

8 a)
$A_{10} = 0{,}2 \cdot 0^2 + 0{,}2 \cdot 0{,}2^2 + 0{,}2 \cdot 0{,}4^2 + 0{,}2 \cdot 0{,}6^2$
$+ 0{,}2 \cdot 0{,}8^2 + 0{,}2 \cdot 1^2 + 0{,}2 \cdot 1{,}2^2 + 0{,}2 \cdot 1{,}4^2$
$+ 0{,}2 \cdot 1{,}6^2 + 0{,}2 \cdot 1{,}8^2 = 2{,}28$
b)
$A_n = \frac{2}{n} \cdot 0^2 + \frac{2}{n} \cdot \left(\frac{2}{n}\right)^2 + \frac{2}{n} \cdot \left(2 \cdot \frac{2}{n}\right)^2 + \frac{2}{n} \cdot \left(3 \cdot \frac{2}{n}\right)^2$

$+ \ldots + \frac{2}{n} \cdot \left((n-1) \cdot \frac{2}{n}\right)^2$

$= \left(\frac{2}{n}\right)^3 \cdot [0^2 + 1^2 + 2^2 + 3^2 + \ldots + (n-1)^2]$

$= \frac{8}{n^3} \cdot \frac{1}{6} \cdot (n-1) \cdot n \cdot (2n-1)$

$= \frac{8}{6} \cdot \frac{n-1}{n} \cdot \frac{n}{n} \cdot \frac{2n-1}{n} = \frac{8}{6} \cdot \left(1 - \frac{1}{n}\right) \cdot 1 \cdot \left(2 - \frac{1}{n}\right)$

$\int_0^2 x^2 \, dx = \lim_{n \to \infty} A_n = \frac{8}{6} \cdot 1 \cdot 1 \cdot 2 = \frac{8}{3} \approx 2{,}667$

9 $U_n = \frac{3}{n}\left[\frac{1}{5} \cdot 0^3 + \frac{1}{5} \cdot \left(\frac{3}{n}\right)^3 + \frac{1}{5} \cdot \left(2 \cdot \frac{3}{n}\right)^3 + \ldots\right.$

$\left. + \frac{1}{5} \cdot \left((n-1) \cdot \frac{3}{n}\right)^3 \right]$

$= \frac{3^4}{n^4} \cdot \frac{1}{5} \cdot [1^3 + 2^3 + 3^3 + \ldots + (n-1)^3]$

$= \frac{3^4}{n^4} \cdot \frac{1}{5} \cdot \frac{1}{4}(n-1)^2 \cdot (n)^2 = \frac{81}{20} \cdot \left(\frac{n-1}{n}\right)^2$

$= \frac{81}{20} \cdot \left(1 - \frac{1}{n}\right)\left(1 - \frac{1}{n}\right)$

$\lim_{n \to \infty} U_n = \frac{81}{20}$

3 Der Hauptsatz der Differential- und Integralrechnung

Seite 165

Einstiegsproblem
Es gilt: $s'(t) = v(t)$ und $v'(t) = a(t)$.
Beschleunigung 0: $a(t) = 0$; $v(t) = 5$;
$s(t) = 5 \cdot t$
Konstante Beschleunigung:
$a(t) = 6$; $v(t) = 6 \cdot t$; $s(t) = 3 \cdot t^2$

Seite 167

1 a) $F(x) = \frac{1}{3}x^3$ b) $F(x) = \frac{1}{4}x^4$

c) $F(x) = \frac{3}{2}x^2$ d) $F(x) = \frac{1}{6}x^6$

e) $F(x) = \frac{5}{3}x^3$ f) $F(x) = \frac{1}{5}x^5$

g) $F(x) = \frac{1}{40}x^4$ h) $F(x) = \frac{1}{2}x^2$

i) $F(x) = 2x$ j) $F(x) = \frac{1}{3}x^6$

2 a) $a = 3$
b) Für a ist jede reelle Zahl möglich.
c) Für a ist jede reelle Zahl möglich.
d) $a = 1$

3 a) $\int_0^4 x^2 \, dx = \left[\frac{1}{3}x^3\right]_0^4 = \frac{1}{3}4^3 - \left(\frac{1}{3}0^3\right)$

$= \frac{64}{3} = 21\frac{1}{3}$

b) $\int_2^4 x^2 \, dx = \left[\frac{1}{3}x^3\right]_2^4 = \frac{1}{3}4^3 - \left(\frac{1}{3}2^3\right) = \frac{64}{3} - \frac{8}{3}$

$= \frac{56}{3} = 18\frac{2}{3}$

c) $\int_{-1}^5 2x \, dx = [x^2]_{-1}^5 = 5^2 - (-1)^2 = 24$

d) $\int_{10}^{11} 0{,}5x \, dx = \left[\frac{1}{4}x^2\right]_{10}^{11} = \frac{1}{4}11^2 - \left(\frac{1}{4}10^2\right)$

$= \frac{21}{4} = 5{,}25$

e) $\int_{10}^{20} 5 \, dx = [5x]_{10}^{20} = 5 \cdot 20 - (5 \cdot 10) = 50$

f) $\int_0^1 x^3 \, dx = \left[\frac{1}{4}x^4\right]_0^1 = \frac{1}{4}1^4 - \frac{1}{4}0^4 = \frac{1}{4}$

g) $\int_0^3 0{,}5x^2\,dx = \left[\frac{1}{6}x^3\right]_0^3 = \frac{1}{6}3^3 - \frac{1}{6}0^3 = 4{,}5$

h) $\int_{-2}^0 \frac{1}{3}x^3\,dx = \left[\frac{1}{12}x^4\right]_{-2}^0 = \frac{1}{12}0^4 - \left(\frac{1}{12}\cdot(-2)^4\right)$
$= -\frac{16}{12} = -\frac{4}{3}$

i) $\int_{-2}^{-1} \frac{1}{8}x^4\,dx = \left[\frac{1}{40}x^5\right]_{-2}^{-1} = \frac{1}{40}(-1)^5 - \left(\frac{1}{40}\cdot(-2)^5\right)$
$= -\frac{1}{40} + \frac{32}{40} = \frac{31}{40}$

j) $\int_{-4}^4 0{,}5x^2\,dx = \left[\frac{1}{6}x^3\right]_{-4}^4 = \frac{1}{6}4^3 - \frac{1}{6}\cdot(-4)^3$
$= \frac{64}{6} + \frac{64}{6} = \frac{64}{3} = 21\frac{1}{3}$

k) $\int_{-1}^1 x^5\,dx = \left[\frac{1}{6}x^6\right]_{-1}^1 = \frac{1}{6}1^6 - \left(\frac{1}{6}\cdot(-1)^6\right) = \frac{1}{6} - \frac{1}{6}$
$= 0$

l) $\int_{90}^{100} 1\,dx = [x]_{90}^{100} = 100 - 90 = 10$

Seite 168

4 a) $F(x) = x^2 + 99$
b) $F(x) = \frac{1}{3}x^3 + 99\frac{2}{3}$
c) $F(x) = 5x + 95$
d) $F(x) = -\frac{1}{2}x^2 + 100{,}5$
e) $F(x) = -10x + 110$

5 Nur (II) ist richtig.

6 a) $\int_0^4 -x\,dx = \left[-\frac{1}{2}x^2\right]_0^4 = -\frac{1}{2}4^2 - \left(-\frac{1}{2}0^2\right)$
$= -8$

b) $\int_{-1}^1 -2x\,dx = -[x^2]_{-1}^1 = -1^2 - (-(-1)^2)$
$= -1 + 1 = 0$

c) $\int_{-2}^2 -x^2\,dx = \left[-\frac{1}{3}x^3\right]_{-2}^2 = -\frac{1}{3}2^3 - \left(-\frac{1}{3}(-2)^3\right)$
$= -\frac{8}{3} - \frac{8}{3} = -\frac{16}{3}$

d) $\int_{-4}^{-2} -0{,}5x\,dx = \left[-\frac{1}{4}x^2\right]_{-4}^{-2}$
$= -\frac{1}{4}\cdot(-2)^2 - \left(-\frac{1}{4}\cdot(-4)^2\right)$
$= -1 + 4 = 3$

e) $\int_{-20}^{-10} -1\,dx = [-x]_{-20}^{-10} = -(-10) - (-(-20))$
$= 10 - 20 = -10$

f) $\int_{-1}^0 dx = \int_{-1}^0 1\,dx = [x]_{-1}^0 = 0 - (-1) = 1$

9 Die Funktion F mit $F(x) = 0{,}4x^2$ muss eine Stammfunktion des Integranden sein. Das ist nur bei III. der Fall.

10 $\int_0^3 \frac{1}{9}x^2\,dx = \left[\frac{1}{27}x^3\right]_0^3 = 1$

I. Der Graph von f verläuft oberhalb der x-Achse. Der Flächeninhalt zwischen dem Graphen von f und der x-Achse über dem Intervall [0; 3] beträgt 1 FE.
II. Das Auto hat zwischen 0 s und 3 s eine Wegstrecke von 1 m zurückgelegt.
III. Zwischen 0 h und 3 h wurden 1000 Tonnen Benzin produziert.

11 Für die Fallhöhe h in den ersten 3 Sekunden gilt: $h = \int_0^3 v(t)\,dt = 44{,}145\,m$.

12 Individuelle Lösung, z. B.
$f(x) = 0$; $f(x) = x$; $f(x) = -x$; $f(x) = x^3$; $f(x) = a\cdot x^3$ ($a \in \mathbb{R}$); $f(x) = x^5$.

13 a) $\int_0^z x\,dx = \left[\frac{1}{2}x^2\right]_0^z = \frac{1}{2}z^2 = 18$; $z = 6$

b) $\int_1^z 4x\,dx = [2x^2]_1^z = 2z^2 - 2 = 30$; $z = 4$

c) $\int_z^{10} 2x\,dx = [x^2]_z^{10} = 100 - z^2 = 19$; $z = 9$

d) $\int_0^{2z} 0{,}4\,dx = [0{,}4x]_0^{2z} = 0{,}8z = 8$; $z = 10$

4 Bestimmung von Stammfunktionen

Seite 169

Einstiegsproblem

Funktion	Eine Stammfunktion
$f(x) = \cos(x)$	$F(x) = \sin(x)$
$g(x) = 3x + 1$	$G(x) = 1{,}5x^2 + x$
$h(x) = \cos(x) + 3x + 1$	$H(x) = \sin(x) + 1{,}5x^2 + x$
$i(x) = 0{,}4 \cdot (3x + 1)$ $= 1{,}2x + 0{,}4$	$I(x) = 0{,}6x^2 + 0{,}4x$
$j(x) = (3x + 1) \cdot \cos(x)$	Eine Stammfunktion J eines Produktes j von Funktionen ist ohne weitere theoretische Hilfsmittel nur schwer zu bestimmen (partielle Integration, siehe Seite 186); $J(x) = (3x + 1) \cdot \sin(x) + 3\cos(x)$
$k(x) = f(g(x))$ $= \cos(3x + 1)$	$K(x) = \tfrac{1}{3}\sin(3x + 1)$

Seite 171

1 a) $F(x) = \tfrac{1}{8}x^4$

b) $F(x) = -\tfrac{1}{4}x^{-1}$

c) $F(x) = -\tfrac{2}{5}x^{-1} = \tfrac{-2}{5x}$

d) $F(x) = \tfrac{1}{8}(2x + 3)^4$

e) $F(x) = -2\cos(x + 1)$

f) $F(x) = \tfrac{1}{3}\sin(3x)$

g) $F(x) = \tfrac{1}{2}x^2 - \cos(2x)$

h) $F(x) = \tfrac{1}{4}\sin(4x - \pi)$

i) $F(x) = \tfrac{1}{3}e^{x+5}$

j) $F(x) = x + 2e^{0{,}5x}$

k) $F(x) = \tfrac{3}{2}e^{\tfrac{2}{3}x+1}$

l) $F(x) = \tfrac{5}{4}e^{2x-2}$

2 a) $F(x) = 5 \cdot \ln|x|$

b) $F(x) = 3 \cdot \ln|x + 5|$

c) $F(x) = -\tfrac{1}{2}\ln|x|$

d) $F(x) = \tfrac{1}{2}\ln|2x - 3|$

3 a) $\int_0^2 (2 + x)^3\,dx = \left[\tfrac{1}{4}(2 + x)^4\right]_0^2 = 60$

b) $\int_2^3 \left(1 + \tfrac{1}{x^2}\right) dx = \left[x - \tfrac{1}{x}\right]_2^3 = \tfrac{7}{6}$

c) $\int_0^2 \tfrac{1}{(x+1)^2}\,dx = \left[\tfrac{-1}{(x+1)}\right]_0^2 = \tfrac{2}{3}$

d) $\int_0^9 \tfrac{2}{5}\sqrt{x}\,dx = \left[\tfrac{4}{15}x^{\tfrac{3}{2}}\right]_0^9 = 7{,}2$

e) $\int_{-0,5}^0 e^{2x+1}\,dx = \left[\tfrac{1}{2}e^{2x+1}\right]_{-0,5}^0 = \tfrac{1}{2}e - \tfrac{1}{2} \approx 0{,}859$

f) $\int_0^\pi \sin(3x - \pi)\,dx = \left[-\tfrac{1}{3}\cos(3x - \pi)\right]_0^\pi = -\tfrac{2}{3}$

g) $\int_{-1}^1 \tfrac{1}{5}e^{\tfrac{1}{2}x}\,dx = \left[\tfrac{2}{5}e^{\tfrac{1}{2}x}\right]_{-1}^1 = \tfrac{2}{5}e^{\tfrac{1}{2}} - e^{-\tfrac{1}{2}} \approx 0{,}417$

h) $\int_{-\pi}^{\pi} \cos(3x)\,dx = \left[\tfrac{1}{3}\sin(3x)\right]_{-\pi}^{\pi} = 0$

4 a) $\int_1^5 \tfrac{3}{x}\,dx = [3\ln|x|]_1^5 = 3\ln(5) \approx 4{,}828$

b) $\int_1^2 \left(1 + \tfrac{1}{x}\right) dx = [x + \ln|x|]_1^2 = 1 + \ln(2)$ $\approx 1{,}693$

c) $\int_3^4 \tfrac{1}{2(x+1)}\,dx = \left[\tfrac{1}{2}\ln|2(x+1)|\right]_3^4$

$= \tfrac{1}{2}(\ln(10) - \ln(8)) \approx 0{,}112$

d) $\int_1^4 \tfrac{3}{(2x-1)}\,dx = \left[\tfrac{3}{2}\ln|2x - 1|\right]_1^4$

$= \tfrac{3}{2}\ln(7) \approx 2{,}919$

5 a)

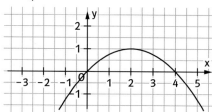

b)

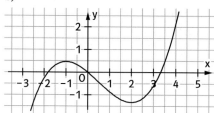

Seite 172

6 a) Für das dargestellte Intervall ist f(x) > 0, also F'(x) > 0; d.h., F ist streng monoton steigend. F(x) ist an der Stelle e am größten.
b) an der Stelle a,
c) an der Stelle a,
d) an der Stelle b.

7

	H	h	h'
a	+	0	0
b	+	+	0
c	+	0	−

11 a) $F'(x) = e^{2x}(1 + 2x) \neq f(x)$; F ist keine Stammfunktion von f.
b) $F'(x) = 2 \cdot \sin(x) \cdot \cos(x) \neq f(x)$; F ist keine Stammfunktion von f.

12 a) $f(x) = \frac{1}{x^2} + \frac{2}{x^3} = x^{-2} + 2x^{-3}$;
$F(x) = -x^{-1} - x^{-2} = -\frac{1}{x} - \frac{1}{x^2}$

b) $f(x) = \frac{1}{2}x + \frac{1}{2x^2} = \frac{1}{2}x + \frac{1}{2}x^{-2}$;
$F(x) = \frac{1}{4}x^2 - \frac{1}{2}x^{-1} = \frac{1}{4}x^2 - \frac{1}{2x}$

c) $f(x) = \frac{1}{3x^3} + \frac{1}{3x^2} + \frac{1}{3} = \frac{1}{3}x^{-3} + \frac{1}{3}x^{-2} + \frac{1}{3}$;
$F(x) = -\frac{1}{6}x^{-2} - \frac{1}{3}x^{-1} + \frac{1}{3}x = -\frac{1}{6x^2} - \frac{1}{3x} + \frac{1}{3}x$

d) $f(x) = \frac{4x^2 + 4x}{x} = 4x + 4$; $F(x) = 2x^2 + 4x$

13 a) $F(x) = \frac{1}{3}(x + 2)^3 - \frac{5}{3}$
b) $F(x) = \ln|x + 1| + 1$
c) $F(t) = 4e^{0,5t} - 3$
d) $F(t) = \frac{1}{5}\sin(5t) + 1$

14 Ist F eine Stammfunktion von f, dann gilt nach dem Hauptsatz:

$\int_a^b f(x)\,dx + \int_b^c f(x)\,dx = [F(x)]_a^b + [F(x)]_b^c$

$= [F(b) - F(a)] + [F(c) - F(b)] = F(c) - F(a)$

$= \int_a^c f(x)\,dx.$

15 a) $\int_{-1}^{3,3} 5x^2\,dx - 10\int_{-1}^{3,3} \frac{1}{2}x^2\,dx$

$= \int_{-1}^{3,3}\left(5x^2 - 10 \cdot \frac{1}{2}x^2\right)dx = \int_{-1}^{3,3} 0\,dx = 0$

b) $\int_0^1 (x - 2\sqrt{x^2 + 4})\,dx + 2\int_0^1 \sqrt{x^2 + 4}\,dx$

$= \int_0^1 (x - 2\sqrt{x^2 + 4} + 2\sqrt{x^2 + 4})\,dx = \int_0^1 x\,dx$

$= \left[\frac{1}{2}x^2\right]_0^1 = \frac{1}{2}$

c) $\int_3^{3,7} \frac{1}{x}\,dx + \int_{3,7}^4 \frac{1}{x}\,dx = \int_3^4 \frac{1}{x}\,dx = [\ln|x|]_3^4$

$= \ln(4) - \ln(3) \approx 0{,}288$

5 Integralfunktionen

Seite 173

Einstiegsproblem

$A(x) = \frac{1}{4}x^2$. Wird die Fläche durch die Gerade $t = 1$ begrenzt, vermindert sich der Flächeninhalt um $\frac{1}{4}$; es gilt: $A_1(x) = \frac{1}{4}x^2 - \frac{1}{4}$.

Seite 175

1 a) $J_0(x) = \int_0^x t^2 \, dt = \frac{1}{3}x^3$; $J_0'(x) = f(x)$

b) $J_2(x) = \int_2^x t^2 \, dt = \frac{1}{3}x^3 - \frac{8}{3}$; $J_2'(x) = f(x)$

c) $J_0(x) = \int_0^x (e^t + 1) \, dt = e^x + x - 1$; $J_0'(x) = f(x)$

d) $J_{-2}(x) = \int_{-2}^x \sin(2t) \, dt$
$= -\frac{1}{2}\cos(2x) + \frac{1}{2}\cos(-4)$;
$J_{-2}'(x) = f(x)$

2 Tabelle I gehört zu J_{-4}

x	-4	-2	0	2	4	6
$J_{-4}(x)$	0	-3	-4	-3	0	5

Tabelle II gehört zu J_0

x	-4	-2	0	2	4	6
$J_0(x)$	4	1	0	1	4	9

Tabelle III gehört zu J_2

x	-4	-2	0	2	4	6
$J_2(x)$	3	0	-1	0	3	8

3

x	-1	0	1	2	3	4
$J_0(x)$	1	0	$-\frac{3}{4}$	0	$\frac{3}{4}$	0

4 a) Mit dem Hauptsatz erhält man
$J_0(x) = 100 e^{-0,3x} + 30x - 100$.

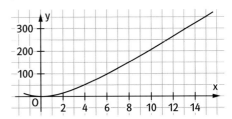

b) Fahrstrecke in den ersten
4 s: $J_0(4) = 50{,}12$ m.
Fahrstrecke in den ersten 8 s:
$J_0(8) = 149{,}07$ m.

Seite 176

8

Der Funktionsterm von J_{-1} lautet:
$J_{-1}(x) = -e^{-x} + e$.
$J_{-1}(0) = e - 1 \;(\approx 1{,}718)$
$J_{-1}(1) = e - \frac{1}{e} \;(\approx 2{,}350)$

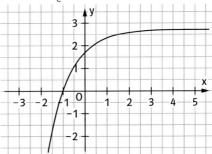

Die Gleichung $J_{-1}(x) = 2$ hat die Lösung
$x = -\ln(e - 2)$ ($x \approx 0{,}331$).

9 a) Zwischen 6 Uhr und 18 Uhr Zunahme der Lufttemperatur; zwischen 18 Uhr und 6 Uhr Abnahme der Lufttemperatur.
b) Schnellste Zunahme um 12 Uhr; schnellste Abnahme um 0 Uhr. Langsamste Änderung um 6 Uhr und 18 Uhr.
c) Die Lufttemperatur ist maximal um 18 Uhr, minimal um 6 Uhr.
d) Für die Temperatur T gilt: T(t) ist diejenige Stammfunktion von f mit T(12) = 20.

$T(t) = \frac{24}{2\pi} \cdot \sin\left(\frac{2\pi}{24}(t - 12)\right) + 20$.

Maximale Temperatur um 18 Uhr ca. 23,8 °C; minimale Temperatur um 6 Uhr ca. 16,2 °C.
e) Zwischen 0 Uhr und 12 Uhr Zunahme der Lufttemperatur; zwischen 12 Uhr und 24 Uhr Abnahme der Lufttemperatur.
Schnellste Zunahme um 6 Uhr; schnellste Abnahme um 18 Uhr. Langsamste Änderung um 0 Uhr und 12 Uhr.
Die Lufttemperatur ist maximal um 12 Uhr, minimal um 24 Uhr.
Für die Temperatur T gilt: T(t) ist diejenige Stammfunktion von f mit T(12) = 20.

$T(t) = \frac{24}{2\pi} \cdot \sin\left(\frac{2\pi}{24}(t - 6)\right) + 16{,}2$.

Maximale Temperatur um 12 Uhr ca. 20 °C; minimale Temperatur um 0 Uhr ca. 12,4 °C.

10 a) Der Funktionswert $J_0(x)$ gibt die Zahl der bis zur Minute x angekommenen Anrufe an. Eine Karofläche entspricht 50 Anrufen, 1 FE entspricht 200 Anrufen. $J_0(4) \approx 450$ (genauer Wert 445).
b) Zwischen 4 und 8 Minuten gingen 635 Anrufe ein. Nach ca. 5,24 Minuten ist die Anzahl der Wartenden am längsten. Maximale Zahl der Wartenden ca. 51.

11
Fig. 6: Graph von F
Fig. 4: Graph von f = F'. An der Stelle x = 1 hat F einen Hochpunkt und f eine Nullstelle mit einem VZW von + nach −.
Fig. 5: Graph von f'. An der Stelle x = 2 hat f einen Tiefpunkt und f' eine Nullstelle mit einem VZW von − nach +.

6 Integral und Flächeninhalt

Seite 177

Einstiegsproblem

x =

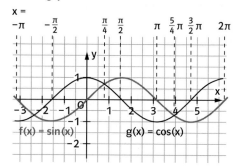

Bisher ist bekannt: Das Integral zählt Flächen oberhalb der x-Achse positiv, unterhalb der x-Achse negativ.
Deshalb müssen zunächst entsprechende Schnittpunkte der Graphen mit der x-Achse und Schnittstellen der Graphen bestimmt werden (siehe Abbildung oben).

Linke hellgelbe Fläche: $A = -\int_{-\pi}^{0} \sin(x)\,dx = 2$

Linke braune Fläche: $A = \int_{-\frac{\pi}{2}}^{0} \cos(x)\,dx = 1$

Mittlere gelbe Fläche:
Oberhalb der x-Achse:
$A_1 = \int_{\frac{\pi}{4}}^{\pi} \sin(x)\,dx - \int_{\frac{\pi}{4}}^{\frac{\pi}{2}} \cos(x)\,dx \approx 1{,}707 - 0{,}293$
$= 1{,}414$
Unterhalb der x-Achse:
$A_2 = -\int_{\frac{\pi}{2}}^{\frac{5}{4}\pi} \cos(x)\,dx + \int_{\pi}^{\frac{5}{4}\pi} \sin(x)\,dx \approx 1{,}707 - 0{,}293$
$= 1{,}414$

$A = A_1 + A_2 = 2{,}828$
Rechte hellbraune Fläche:
$A = -\int_{\frac{5}{4}\pi}^{2\pi} \sin(x)\,dx + \int_{\frac{5}{4}\pi}^{\frac{3}{2}\pi} \cos(x)\,dx \approx 1{,}707 - 0{,}293$

$= 1{,}414$

Seite 179

1 a) $A = \int_{-2}^{-1}(x^2-1)\,dx - \int_{-1}^{0}(x^2-1)\,dx$

$= \left[\frac{1}{3}x^3 - x\right]_{-2}^{-1} - \left[\frac{1}{3}x^3 - x\right]_{-1}^{0} = 2$

b) Nullstelle: $x = \frac{1}{2}$

$A = -\int_{\frac{1}{2}}^{2}\left(\frac{1}{x} - 2\right)dx = -\left[\ln|x| - 2x\right]_{\frac{1}{2}}^{2}$

$= -2\ln(2) + 3 \approx 1{,}61$

c) Berechnet werden soll die zwischen dem Graphen von $f(x) = -x^2 + 1$ und $g(x) = -3$ eingeschlossene Fläche über dem Intervall $[0;2]$.

$A = \int_0^2\left[(-x^2+1) - (-3)\right]dx = \int_0^2(-x^2+4)\,dx$

$= \left[-\frac{1}{3}x^3 + 4x\right]_0^2 = \frac{16}{3}$

d) $A = -\int_0^1(e^{x-1} - 1)\,dx + \int_1^2(e^{x-1} - 1)\,dx$

$= -[e^{x-1} - x]_0^1 + [e^{x-1} - x]_1^2$

$= e^{-1} + e - 2 \approx 1{,}09$

2 a) Fläche I: $A = A_2 + A_3 = \int_{-1}^{1}f(x)\,dx = \frac{2}{3}$

Fläche II:
$A = A_2 + A_3 + A_4 + A_5 = \int_{-2}^{2}(f(x) - g(x))\,dx = 5\frac{1}{3}$

Fläche III: $A = A_3 = \int_0^1 f(x)\,dx = \frac{1}{3}$

Fläche IV: $A = A_1 = -\int_{-2}^{-1}f(x)\,dx = -\frac{2}{3}$

b) Fläche I:
$A = A_1 + A_2 + A_3 + A_6 = \int_{-\sqrt{2}}^{\sqrt{2}}f(x)\,dx \approx 3{,}77$

Fläche II:
$A = A_2 + A_3 + A_4 + A_5 = \int_{-1}^{1}(f(x) - g(x))\,dx = 4$

Fläche III:
$A = A_3 + A_6 = \int_0^{\sqrt{2}}f(x)\,dx \approx 1{,}89$

Fläche IV:
$A = A_7 = -\int_{-2}^{-\sqrt{2}}f(x)\,dx \approx 0{,}55$

Seite 180

3 a) Nullstellen: $x_1 = 0$; $x_2 = 6$;

$A = -\int_0^6 f(x)\,dx = 18$

b) Nullstellen: $x_1 = 0$; $x_2 = 2$;

$A = \int_0^2 f(x)\,dx = 1\frac{1}{3}$

c) Nullstellen: $x_1 = -2$; $x_2 = 0$; $x_3 = 2$;

$A = -2 \cdot \int_0^2 f(x)\,dx = 8\frac{8}{15} \approx 8{,}53$

4 a) Für $-1 \leq x \leq 1$ gilt: $g(x) \geq f(x)$.

$A = \int_{-1}^{1}(g(x) - f(x))\,dx = 7\frac{1}{3}$

b) Für $0 \leq x \leq 1$ gilt: $g(x) \geq f(x)$.

$A = \int_0^1 (g(x) - f(x))\,dx = 0{,}25$

5 a) $\int_0^2 (g(x) - f(x))\,dx = 2\frac{2}{3}$

b) $\int_{0{,}5}^{2}(f(x) - g(x))\,dx = 1\frac{11}{16} \approx 1{,}69$

8 $A(t) = \int_1^2 \frac{t}{x^2}\,dx = \left[-\frac{t}{x}\right]_1^2 = \frac{t}{2}$

Aus $\frac{t}{2} = 8$ folgt $t = 16$.

9
$A(t) = -\int_{-t}^{t}(x^2 - t^2)\,dt = -\left[\frac{1}{3}x^3 - t^2 x\right]_{-t}^{t} = \frac{4}{3}t^3$

Aus $\frac{4}{3}t^3 = 36$ folgt $t = 3$.

10 Für $a \geq 0$ gilt:

$A(a) = \int_0^{\pi}\left(a\sin(x) + \frac{1}{a}\sin(x)\right)dx$

$= \left[-a\cos(x) - \frac{1}{a}\cos(x)\right]_0^{\pi}$

$= 2a + \frac{2}{a}$.

$A'(a) = 2 - \frac{2}{a^2}$; $A''(a) = \frac{4}{a^3}$;

$A(a)$ ist minimal für $a = 1$ mit $A(1) = 4$.

Für $a \leq 0$ gilt:
$$A(a) = \int_0^\pi \left(-a\sin(x) - \tfrac{1}{a}\sin(x)\right)dx$$
$$= \left[a\cos(x) + \tfrac{1}{a}\cos(x)\right]_0^\pi = -2a - \tfrac{2}{a}$$
$A'(a) = -2 + \tfrac{2}{a^2}$; $A''(a) = -\tfrac{4}{a^3}$;
$A(a)$ ist minimal für $a = -1$ mit $A(-1) = 4$.

11 Tangente t an $y = x^2$ im Punkt P $(a\,|\,f(a))$; t: $y = 2ax - a^2$; Schnittstelle der Tangente mit der x-Achse: $x_0 = \tfrac{a}{2}$.
Aus Symmetriegründen gilt:
$$A = \int_0^a (x^2 - (2ax - a^2))\,dx$$
$$= \left[\tfrac{1}{3}x^3 - ax^2 + a^2x\right]_0^a$$
$$= \tfrac{1}{3}a^3$$

7 Unbegrenzte Flächen – Uneigentliche Integrale

Seite 181

Einstiegsproblem
Stapelt man die ersten n (n > 0) Klötze aufeinander, so beträgt die Höhe des Turmes
$$H_n = 1 + \tfrac{1}{2} + \tfrac{1}{4} + \dots + \left(\tfrac{1}{2}\right)^{n-1}.$$
Es gilt: $H_n < 2$ und $H_n \to 2$ für $n \to \infty$.
Begründung: $H_n = 2 - \left(\tfrac{1}{2}\right)^{n-1}$
Oder man argumentiert, dass jeder neu hinzukommende Klotz die „Resthöhe" zur Höhe 2 halbiert. Der Flächeninhalt unter dem Graphen über dem Intervall $[1;\infty)$ ist demnach kleiner als 2.

Seite 183

1 Zu Fig. 1:
$$A(z) = \int_1^z \tfrac{1}{(1+x)^2}\,dx = \left[\tfrac{-1}{(x+1)}\right]_1^z = \tfrac{-1}{z+1} + \tfrac{1}{2};$$
$A(z) \to \tfrac{1}{2}$ für $z \to +\infty$.
Die Fläche hat den Inhalt $A = \tfrac{1}{2}$.

Zu Fig. 2:
$$A(z) = \int_2^z e^{-\tfrac{1}{2}x}\,dx = \left[-2e^{-\tfrac{1}{2}x}\right]_2^z = -2e^{-\tfrac{1}{2}z} + 2e^{-1}$$
$A(z) \to \tfrac{2}{e}$ für $z \to +\infty$.
Die Fläche hat den Inhalt $A = \tfrac{2}{e} \approx 0{,}736$.

Zu Fig. 3: $A(z) = \int_z^1 \tfrac{2}{x^3}\,dx = \left[\tfrac{-1}{x^2}\right]_z^1 = -1 + \tfrac{1}{z^2}$;
$A(z) \to \infty$ für $z \to 0$.
Die Fläche hat keinen endlichen Inhalt.

Zu Fig. 4: $A(z) = \int_z^4 \tfrac{4}{\sqrt{x}}\,dx = \left[8x^{\tfrac{1}{2}}\right]_z^4 = 16 - 8\sqrt{z}$;
$A(z) \to 16$ für $z \to 0$.
Die Fläche hat den Inhalt $A = 16$.

2 Die in der Zeit T zurückgelegte Strecke s(T) beträgt
$$s(T) = \int_0^T \tfrac{1000}{\sqrt{t+1}}\,dt = \left[2000 \cdot (t+1)^{\tfrac{1}{2}}\right]_0^T$$
$$= 2000\sqrt{T+1} - 2000;$$
$s(T) \to \infty$ für $T \to \infty$.
Die Rakete würde „unendlich weit" fliegen.

3 $A(z) = \int_z^0 2e^x\,dx = [2e^x]_z^0 = 2 - 2e^z$;
$A(z) \to 2$ für $z \to -\infty$.
Die Fläche hat den Inhalt $A = 2$.

5 a) I. $A(z) = \int_1^z \tfrac{1}{x^3}\,dx = \left[\tfrac{-1}{2x^2}\right]_1^z = \tfrac{-1}{2z^2} + \tfrac{1}{2}$;
$A(z) \to \tfrac{1}{2}$ für $z \to +\infty$.
Die Fläche hat den Inhalt $A = \tfrac{1}{2}$.

II. $A(z) = \int_1^z \tfrac{1}{x^2}\,dx = \left[\tfrac{-1}{x}\right]_1^z = \tfrac{-1}{z} + 1$;
$A(z) \to 1$ für $z \to +\infty$.
Die Fläche hat den Inhalt $A = 1$.

III. $A(z) = \int_1^z \tfrac{1}{\sqrt{x}}\,dx = [2\sqrt{x}]_1^z = 2\sqrt{z} - 2$;
$A(z) \to \infty$ für $z \to +\infty$.
Die Fläche hat keinen endlichen Inhalt.

b) I. $A(z) = \int_z^1 \frac{1}{x^3} dx = \left[-\frac{1}{2x^2}\right]_z^1 = -\frac{1}{2} + \frac{1}{2z^2}$;

$A(z) \to \infty$ für $z \to 0$.

Die Fläche hat keinen endlichen Inhalt.

II. $A(z) = \int_z^1 \frac{1}{x^2} dx = \left[-\frac{1}{x}\right]_z^1 = -1 + \frac{1}{z}$;

$A(z) \to \infty$ für $z \to 0$.

Die Fläche hat keinen endlichen Inhalt.

III. $A(z) = \int_z^1 \frac{1}{\sqrt{x}} dx = [2\sqrt{x}]_z^1 = 2 - 2\sqrt{z}$;

$A(z) \to 2$ für $z \to 0$.

Die Fläche hat den Inhalt $A = 2$.

6 a) Es ist $\int_1^a e^{-x} dx = e^{-1} - e^{-a}$ und $\int_1^\infty e^{-x} dx = e^{-1}$.

Für $a = 2$ beträgt der Anteil etwa 63,21 %.
Für $a = 5$ beträgt der Anteil etwa 98,168 %.
Für $a = 10$ beträgt der Anteil etwa 99,987 66 %.
Für $a = 20$ beträgt der Anteil etwa 99,999 999 439 720 %.
Für $a = 50$ beträgt der Anteil etwa 99,999 999 999 999 999 947 57 %.
Für $a = 100$ beträgt der Anteil etwa 100 %.
Bemerkung: Der Prozentsatz bei $a = 100$ beträgt etwa 99,999...%, wobei nach dem Komma 40-mal die Ziffer 9 und dann die Ziffernfolge 898 877... auftritt.

b) Es ist $\int_1^a x^{-2} dx = 1 - \frac{1}{a}$ und $\int_1^\infty x^{-2} dx = 1$.

Für $a = 2$ beträgt der Anteil 50 %.
Für $a = 5$ beträgt der Anteil 80 %.
Für $a = 10$ beträgt der Anteil 90 %.
Für $a = 20$ beträgt der Anteil 95 %.
Für $a = 50$ beträgt der Anteil 98 %.
Für $a = 100$ beträgt der Anteil 99 %.

7 a) Ist $W(h_2)$ die benötigte Arbeit (in J), so gilt:

$W(h_2) = \int_{6{,}370 \cdot 10^6}^{4{,}22 \cdot 10^7} 6{,}67 \cdot 10^{-11} \cdot 10^3 \cdot 5{,}97 \cdot 10^{24} \frac{1}{s^2} ds$

$\approx 5{,}3076 \cdot 10^{10}$.

Die benötigte Arbeit beträgt etwa $5{,}31 \cdot 10^{10}$ J.

b) Ist $W(h)$ die benötigte Arbeit (in J), die benötigt wird, um Satelliten auf die Höhe h (in m) zu heben, so gilt

$W(h) = \int_{6{,}370 \cdot 10^6}^{h} 6{,}67 \cdot 10^{-11} \cdot 10^3 \cdot 5{,}97 \cdot 10^{24} \frac{1}{s^2} ds$

$\approx 6{,}2512 \cdot 10^{10} - \frac{3{,}9820}{h} \cdot 10^{17}$.

Für $h \to +\infty$ gilt etwa $W(h) \to 6{,}2512 \cdot 10^{10}$.

Die benötigte Arbeit beträgt etwa $6{,}25 \cdot 10^{10}$ J.

8 Mittelwerte von Funktionen

Seite 184

Einstiegsproblem
Individuelle Lösung.
Beispielsweise kann man die Mittelwerte der Temperaturen in zweistündigem Abstand vergleichen:
Linker Graph:
$m_1 \approx \frac{1}{8}(12 + 14 + 16 + 17 + 15 + 14 + 12 + 10)$
$\approx 13{,}75$
Rechter Graph:
$m_2 \approx \frac{1}{8}(5 + 12 + 17{,}5 + 19{,}5 + 18{,}5 + 16 + 11 + 5)$
$\approx 13{,}06$
Demnach war es an dem zum linken Graphen gehörenden Ort wärmer.
Man könnte zum Vergleich aber auch nur die Werte zwischen 8 Uhr und 18 Uhr heranziehen oder die Werte verschieden gewichten.

Seite 185

1 a) $\overline{m} = \frac{1}{4}\int_0^4 (-x^2 + 4x)\,dx = 2\frac{2}{3}$

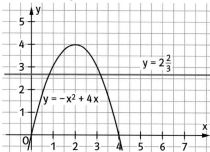

b) $\overline{m} = \frac{1}{3}\int_3^6 10e^{-x}\,dx \approx 0{,}158$

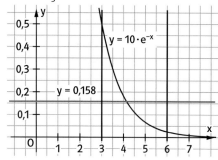

c) $\overline{m} = \frac{1}{2}\int_1^3 \left(1 - \left(\frac{2}{x}\right)^2\right)dx = -\frac{1}{3}$

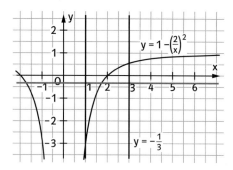

2 $\overline{m} = 1{,}5$

3 $\int_1^5 f(x)\,dx = 4 \cdot \overline{m} = 8$; es gilt $A_1 = A_2$.

4 Durchschnittliche Bevölkerungszahl zwischen 1980 und 1990:

$\overline{B} = \frac{1}{10}\int_0^{10} B(t)\,dt \approx 76{,}82$ Millionen.

(Oder: $\overline{B} = \frac{1}{10}(B(1) + B(2) + \ldots + B(10))$
$\approx 77{,}81$ Millionen)

Durchschnittliche Bevölkerungszahl zwischen 1990 und 2000:

$\overline{B} = \frac{1}{10}\int_{10}^{20} B(t)\,dt \approx 99{,}30$ Millionen.

(Oder: $\overline{B} = \frac{1}{10}(B(11) + B(12) + \ldots + B(20))$
$\approx 100{,}58$ Millionen)

6 Individuelle Lösungen, z.B. $f(x) = 1$; $g(x) = 0{,}5x + 1$; $h(x) = \frac{3}{4}x^2$.

7 a) Gesamte Produktionskosten:

$K = \int_{0{,}5}^{400{,}5} K(x)\,dx \approx 13\,012\,€$;

durchschnittliche Kosten $32{,}53\,€$. (Da x ganzzahlig ist, wird jedes Werkstück als Intervall $[x - 0{,}5;\ x + 0{,}5]$ modelliert)
(Oder:
$K = K(1) + K(2) + \ldots + K(400) \approx 13\,012\,€$;
durchschnittliche Kosten $32{,}53\,€$.)

b) Durchschnittliche Kosten bei der Produktion von x Werkstücken (hier wird der einfacheren Rechnung wegen mit den Grenzen 0 und x anstelle $0{,}5$ und $x + 0{,}5$ modelliert):

$\overline{K}(x) = \frac{1}{x}\int_0^x K(t)\,dt = \frac{1}{x}\left[\frac{1}{45\,000}(t - 600)^3 + 21t\right]_0^x$

$= \frac{1}{x}\left[\frac{1}{45\,000}(x - 600)^3 + 21x + 4800\right]$.

$\overline{K}(x) = 37$ wird zum ersten Mal bei einer Stückzahl von 230 erreicht (mit GTR).

8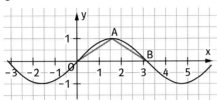

Das eingezeichnete Dreieck $O(0|0)$; $A\left(\frac{\pi}{2}\big|1\right)$; $B(\pi|0)$ hat den Flächeninhalt $A_D = \frac{1}{2}\pi$. Der Mittelwert $\overline{m}_D$ dieses „Dreiecksgraphen" auf dem Intervall $[0; \pi]$ ist $\frac{1}{\pi} \cdot A_D = \frac{1}{\pi} \cdot \frac{1}{2}\pi = 0{,}5$.

Da der Flächeninhalt unter dem Graphen von $f(x) = \sin(x)$ über $[0; \pi]$ größer als A_D ist, ist auch der Mittelwert von $f(x) = \sin(x)$ über $[0; \pi]$ größer als $\frac{1}{\pi} \cdot A_D = 0{,}5$.

9 $\overline{d} = \frac{1}{30} \int\limits_{181}^{151} H(z)\,dz \approx 14{,}36$ Stunden
(mit GTR).

Aufgabe in Fig. 3 „Wechselspannung"
Nein, das bedeutet nicht, dass die Spannung keine Wirkung zeigt. Die Leistung, die eine Spannung U erbringen kann, ist proportional zu U^2.

9 Integration von Produkten – partielle Integration

Seite 186

Einstiegsproblem
$f(x) = x^2 \cdot x^5 = x^7$; Ableitung $f'(x) = 7x^6$;
Stammfunktion $F(x) = \frac{1}{8}x^8$.
$f(x) = x \cdot \sin(x)$; Ableitung mit der Produktregel $f'(x) = \sin(x) + x \cdot \cos(x)$.
Eine Stammfunktion ist nicht ohne Weiteres bestimmbar.
$f(x) = x \cdot \frac{1}{x} = 1$; Ableitung $f'(x) = 0$;
Stammfunktion $F(x) = x$
$f(x) = e^x \cdot e^x = e^{2x}$; Ableitung $f'(x) = 2e^{2x}$;
Stammfunktion $F(x) = \frac{1}{2}e^{2x}$.

Seite 188

1 a) $h(x) = x$; $g'(x) = e^x$;

$$\int_{-1}^{1} xe^x\,dx = [x \cdot e^x]_{-1}^{1} - \int_{-1}^{1} e^x\,dx = e + \frac{1}{e} - [e^x]_{-1}^{1}$$

$$= e + \frac{1}{e} - \left[e - \frac{1}{e}\right] = \frac{2}{e} \approx 0{,}736$$

b) $h(x) = 5x$; $g'(x) = e^x$;

$$\int_{0}^{2} 5xe^x\,dx = [5x \cdot e^x]_{0}^{2} - \int_{0}^{2} 5e^x\,dx$$

$$= 10e^2 - [5e^x]_{0}^{2} = 10e^2 - [5e^2 - 5]$$

$$= 5e^2 + 5$$

$$\approx 41{,}945$$

c) $h(x) = x$; $g'(x) = e^{2x}$;

$$\int_{0}^{1} xe^{2x}\,dx = \left[x \cdot \frac{1}{2}e^{2x}\right]_{0}^{1} - \int_{0}^{1} \frac{1}{2}e^{2x}\,dx$$

$$= \frac{1}{2}e^2 - \left[\frac{1}{4}e^{2x}\right]_{0}^{1} = \frac{1}{4}e^2 + \frac{1}{4} \approx 2{,}097$$

d) $h(x) = 4x$; $g'(x) = e^{2x+2}$;

$$\int_{0}^{0,5} 4xe^{2x+2}\,dx = \left[4x \cdot \frac{1}{2}e^{2x+2}\right]_{0}^{0,5} - \int_{0}^{0,5} 2e^{2x+2}\,dx$$

$$= e^3 - [e^{2x+2}]_{0}^{0,5} = e^2 \approx 7{,}389$$

2 a) $h(x) = x$; $g'(x) = \sin(x)$;

$$\int_{0}^{\pi} x \cdot \sin(x)\,dx = [-x\cos(x)]_{0}^{\pi} - \int_{0}^{\pi} -\cos(x)\,dx$$

$$= \pi - [-\sin(x)]_{0}^{\pi} = \pi$$

b) $h(x) = x$; $g'(x) = \cos(x)$;

$$\int_{0}^{\pi} x \cdot \cos(x)\,dx = [x\sin(x)]_{0}^{\pi} - \int_{0}^{\pi} \sin(x)\,dx$$

$$= -[-\cos(x)]_{0}^{\pi} = -2$$

c) $h(x) = x$; $g'(x) = \sin(2x)$;

$$\int_{0}^{2\pi} x \cdot \sin(2x)\,dx$$

$$= \left[-\frac{1}{2}x\cos(2x)\right]_{0}^{2\pi} - \int_{0}^{2\pi} -\frac{1}{2}\cos(2x)\,dx$$

$$= -\pi - \left[-\frac{1}{4}\sin(2x)\right]_{0}^{2\pi} = -\pi$$

d) $h(x) = 2x$; $g'(x) = \sin(0{,}5x)$;

$$\int_0^{2\pi} 2x \cdot \sin(0{,}5x)\,dx$$

$$= [-4x\cos(0{,}5x)]_0^{2\pi} - \int_0^{2\pi} -4\cos(0{,}5x)\,dx$$

$$= \pi - [-8\sin(0{,}5x)]_0^{2\pi} = 8\pi$$

3 $\int_0^1 \dfrac{\blacksquare}{e^{-x}}\,dx = \int_0^1 \blacksquare \cdot e^x\,dx$

Individuelle Lösungen, z. B.
1. Möglichkeit:

$\blacksquare = 0$; $\int_0^1 0 \cdot e^x\,dx = \int_0^1 0\,dx = 0$

2. Möglichkeit:
$\blacksquare$ ist eine Konstante mit $\blacksquare \neq 0$, z. B. $\blacksquare = 1$;

$$\int_0^1 e^x\,dx = e - 1 \approx 1{,}718$$

3. Möglichkeit:

$\blacksquare = x$; $\int_0^1 xe^x\,dx = 1$ (mit Produktintegration)

4. Möglichkeit: $\blacksquare = ax$ mit $a \in \mathbb{R}$;

$$\int_0^1 ax e^x\,dx = a \text{ (mit Produktintegration)}$$

5. Möglichkeit:

$\blacksquare = e^x$; $\int_0^1 e^{2x}\,dx = 0{,}5e^2 - 0{,}5 \approx 3{,}195$

6. Möglichkeit: $\blacksquare = e^{ax}$ mit $a \in \mathbb{R}$;

$$\int_0^1 e^{(a+1)x}\,dx = \left[\dfrac{1}{a+1} e^{(a+1)x}\right]_0^1 = \dfrac{1}{a+1}(e^{a+1} - 1)$$

4 a) $F(x) = x \cdot e^x - e^x$
b) $F(x) = 2\sin(x) - 2x\cos(x)$
c) $F(x) = \cos(x) + x\sin(x)$
d) $F(x) = -xe^{-x} - e^{-x}$

6 a) Nullstellen: $x_z = \ldots; -2\pi; -\pi; 0; \pi;$
$2\pi; 3\pi; \ldots;$ allgemein $x_z = z \cdot \pi$ mit $z \in \mathbb{Z}$.

b) $\int_0^{\pi} x\sin(x)\,dx = [\sin(x) - x\cos(x)]_0^{\pi} = \pi$;

$A_{0;\pi} = \pi$

$$\int_{\pi}^{2\pi} x\sin(x)\,dx = [\sin(x) - x\cos(x)]_{\pi}^{2\pi} = -3\pi\,;$$

$A_{\pi;2\pi} = 3\pi$

$$\int_{2\pi}^{3\pi} x\sin(x)\,dx = [\sin(x) - x\cos(x)]_{2\pi}^{3\pi} = 5\pi;$$

$A_{2\pi;3\pi} = 5\pi$
Die Flächeninhalte über benachbarten Intervallen unterscheiden sich um 2π.

7 a) $2(e^2 - 1) \approx 12{,}7781$ (Stammfunktion F mit $F(x) = e^x \cdot (x^2 - 2x + 2)$)

b) $4\pi \approx 12{,}5664$ (Stammfunktion F mit $F(x) = (x^2 - 2) \cdot \sin(x) + 2x \cdot \cos(x)$)

c) $\dfrac{15625}{168} \approx 93{,}0060$ (Stammfunktion F mit $F(x) = \dfrac{1}{168}(12x^2 + 10x + 5)(2x - 5)^5$)

d) $\pi^2 - 2\pi - 2 \approx 1{,}5864$
(Stammfunktion F mit $F(x) = (2 - x^2) \cdot \cos(x+1) + 2x \cdot \sin(x+1)$)

8 a) $\int_0^{\pi} (\sin(x))^2\,dx$

$= \left[\dfrac{1}{2}(x - \sin(x) \cdot \cos(x))\right]_0^{\pi} = \dfrac{\pi}{2}$

b) $\int_{-1}^{1} (\cos(\pi x))^2\,dx$

$= \left[\dfrac{1}{2\pi}(\pi x + \sin(\pi x) \cdot \cos(\pi x))\right]_{-1}^{1} = 1$

c) $\int_{-2}^{2} e^x \cdot \cos(x)\,dx$

$= \left[\dfrac{1}{2} \cdot e^x \cdot (\sin(x) + \cos(x))\right]_{-2}^{2}$

$= \dfrac{1}{2}\big[e^2 \cdot (\sin(2) + \cos(2))$
$- e^{-2} \cdot (\sin(-2) + \cos(-2))\big]$

d) $\int_0^2 e^{2x} \cdot \sin(\pi x)\, dx$

$= \left[\frac{e^{2x}}{\pi^2 + 4}(2 \cdot \sin(\pi x) - \pi \cdot \cos(\pi x))\right]_0^2$

$= \frac{\pi}{\pi^2 + 4}(1 - e^4)$

e) $\int_0^2 e^{-x} \cdot \cos(\pi x)\, dx$

$= \left[\frac{-e^{-x}}{\pi^2 + 1} \cdot (\cos(\pi x) + \pi \cdot \sin(\pi x))\right]_0^2$

$= \frac{1}{\pi^2 + 1} \cdot \left(\frac{e^2 - 1}{e^2}\right)$

f) $\int_0^1 \frac{\sin(\pi x)}{e^{2x}}\, dx$

$= \left[-\frac{1}{\pi^2 + 4} \cdot e^{-2x} \cdot (\pi \cdot \cos(\pi x) + 2 \cdot \sin(\pi x))\right]_0^1$

$= \frac{\pi}{\pi^2 + 4} \cdot \left(\frac{e^2 + 1}{e^2}\right)$

9

a) $\int_1^e x \cdot \ln(x)\, dx = \left[\frac{1}{2}x^2\left(\ln(x) - \frac{1}{2}\right)\right]_1^e = \frac{1}{4}(e^2 + 1)$

Stammfunktion: $F(x) = \frac{1}{2}x^2\left(\ln(x) - \frac{1}{2}\right)$

b) $\int_1^e x \cdot \ln(2x)\, dx$

$= \left[\frac{1}{2}x^2\left(\ln(2x) - \frac{1}{2}\right)\right]_1^e$

$= \frac{1}{2}\left(e^2\left(\ln(2) + \frac{1}{2}\right) - \left(\ln(2) - \frac{1}{2}\right)\right)$

Stammfunktion: $F(x) = \frac{1}{2}x^2\left(\ln(2x) - \frac{1}{2}\right)$

c) $\int_1^{e^2} x^2 \cdot \ln(x)\, dx = \left[\frac{1}{3}x^3\left(\ln(x) - \frac{1}{3}\right)\right]_1^{e^2}$

$= \frac{1}{9}(5e^6 + 1)$

Stammfunktion: $F(x) = \frac{1}{3}x^3\left(\ln(x) - \frac{1}{3}\right)$

d) $\int_1^e \frac{1}{x} \cdot \ln(x)\, dx = \left[\frac{1}{2}(\ln(x))^2\right]_1^e = \frac{1}{2}$

Stammfunktion: $F(x) = \frac{1}{2}(\ln(x))^2$

10 Integration durch Substitution

Seite 189

Einstiegsproblem

a) (1) $f(x) = 3x^2 \cdot 1$
(2) $f(x) = 3(2x + 3)^2 \cdot 2$
(3) $f(x) = 3(2x^4 + 1)^2 \cdot 8x^3$
(4) $f(x) = 3(x + 1)^2 \cdot 1$
(5) $f(x) = 3(x^2 + 1)^2 \cdot 2x$
(6) $f(x) = 3(2e^{4x} + x)^2 \cdot (8e^{4x} + 1)$

b) Für □ ist stets $g'(x)$ zu wählen.

Seite 191

1 a) $\int_0^2 \frac{4x}{\sqrt{1 + 2x^2}}\, dx = \int_1^9 \frac{1}{\sqrt{z}}\, dz = 4$

b) $\int_{-1}^1 \frac{-2x}{(4 - 3x^2)^2}\, dx = \int_1^1 \frac{1}{3z^2}\, dz = 0$

c) $\int_0^1 x^2 e^{x^3 + 1}\, dx = \int_1^2 \frac{1}{3} \cdot e^z\, dz = \frac{1}{3}(e^2 - e) \approx 1{,}5569$

d) $\int_0^1 x \cdot \sin(x^2)\, dx = \int_0^1 \frac{1}{2} \cdot \sin(z)\, dz = \frac{1}{2}(1 - \cos 1)$

$\approx 0{,}2298$

2 a) $g(x) = 3x + 1;\ f(z) = \frac{1}{z^2};$
Stammfunktion: $F(x) = \frac{-1}{3x + 1} = -(3x + 1)^{-1}$

b) $g(x) = 4x - 5;\ f(z) = \frac{1}{z^4};$
Stammfunktion: $F(x) = -\frac{5}{12}(4x - 5)^{-3}$

c) $g(x) = 5 + x^2;\ f(z) = \frac{1}{z};$
Stammfunktion: $F(x) = \frac{1}{2}\ln(5 + x^2)$

d) $g(x) = x^4;\ f(z) = \ln(z);$
Stammfunktion: $F(x) = \frac{1}{4} \cdot (x^4 \cdot \ln(x^4) - x^4)$

3 Stammfunktion F mit Integral:

a) $F(x) = \frac{-10}{3(3x + 1)}$ Integral: $\frac{1}{2}$

b) $F(x) = -\frac{3}{2}\sqrt{1 - 4x}$ Integral: 3

c) $F(x) = 2 \cdot \ln|2x + 5|$
Integral: $4 \cdot \ln(3) - 2 \cdot \ln(5) \approx 1{,}1756$

d) $F(x) = \frac{1}{2} - x + \left(x - \frac{1}{2}\right) \cdot \ln\left(\frac{2}{5}x - \frac{1}{5}\right)$
Integral: $\frac{7}{2} \cdot \ln(7) - 3 \cdot \ln(5) - 3 \approx -1{,}0176$

e) $F(x) = \ln(1 + x^2)$
Integral: $\ln(2) + \ln(5) \approx 2{,}3026$

f) $F(x) = \ln(2 + e^x)$
Integral: $\ln(2 + e^2) - \ln(2 + e^{-1}) \approx 1{,}3775$

g) $F(x) = 4 \cdot \ln|\ln(x)|$
Integral: $4 \cdot \ln(2) \approx 2{,}7726$

h) $F(x) = \ln|\sin(\pi x)|$
Integral: $\ln(2) - \frac{1}{2} \cdot \ln(3) \approx 0{,}1438$

4 Für $r \in \mathbb{R} \setminus 0$ und $s \in \mathbb{R}$ sind folgende Funktionen u möglich:
a) $u = r(2x + 1)$ b) $u(x) = rx$
c) $u(x) = r\sqrt{\frac{\pi}{x}}$ d) $u(x) = rx$
e) $u(x) = rx^3 + s$ f) $u(x) = rx^4 + s$
g) $u(x) = r(x^4 + x^2) + s$
h) $u(x) = r(x^3 + 3x) + s$

6 a) $\frac{1}{2}(\ln(2e))^2 \approx 1{,}4334;$
Substitution $z = \ln(x)$ ergibt
$$\int_1^{2e} \frac{1}{x} \cdot \ln(x)\, dx = \int_0^{\ln(2e)} z\, dz;$$
Produktintegration ergibt
$$\int_1^{2e} \frac{1}{x} \cdot \ln(x)\, dx = [\ln(x) \cdot \ln(x)]_1^{2e} - \int_1^{2e} \ln(x) \cdot \frac{1}{x}\, dx.$$

b) 0; Substitution $z = \cos(x)$ ergibt
$$\int_{0{,}5\pi}^{1{,}5\pi} \sin(x) \cdot \cos(x)\, dx = \int_0^0 z\, dz;$$
Produktintegration ergibt
$$\int_{0{,}5\pi}^{1{,}5\pi} \sin(x) \cdot \cos(x)\, dx$$
$$= [\sin(x) \cdot \sin(x)]_{0{,}5\pi}^{1{,}5\pi} - \int_{0{,}5\pi}^{1{,}5\pi} \cos(x) \cdot \sin(x)\, dx.$$

c) 0; Substitution $z = \sin(x)$ ergibt
$$\int_0^\pi \sin^2(x) \cdot \cos(x)\, dx = \int_0^0 z^2\, dz;$$
Produktintegration ergibt
$$\int_0^\pi \sin^2(x) \cdot \cos(x)\, dx$$

$$= [\sin^2(x) \cdot \sin(x)]_0^\pi - \int_0^\pi 2 \cdot \sin(x) \cdot \cos(x) \cdot \sin(x)\, dx.$$

d) 0; Substitution $z = \cos(x)$ ergibt
$$\int_0^\pi \sin(x) \cdot \cos^3(x)\, dx = -\int_1^{-1} z^3\, dz;$$
Produktintegration ergibt
$$\int_0^\pi \sin(x) \cdot \cos^3(x)\, dx = [-\cos(x) \cdot \cos^3(x)] - \int_0^\pi 3\cos^3(x) \cdot \sin(x)\, dx.$$

7 a) $\int_0^\infty \frac{x^3}{(1+x^4)^2}\, dx = \frac{1}{4}$,
da $\int_0^b \frac{x^3}{(1+x^4)^2}\, dx = \frac{b^4}{4(1+b^4)}$ gilt.

b) $\int_0^e \frac{\ln(x)}{x}\, dx$ existiert nicht, da
$\int_a^e \frac{\ln(x)}{x}\, dx = \frac{1}{2}(1 - (\ln(a))^2)$ gilt.

c) $\int_\pi^\infty \frac{1}{x^2} \cdot \sin\left(\frac{1}{x}\right) dx = 1 - \cos\left(\frac{1}{\pi}\right)$,
da $\int_\pi^b \frac{1}{x^2} \cdot \sin\left(\frac{1}{x}\right) dx = \cos\left(\frac{1}{b}\right) - \cos\left(\frac{1}{\pi}\right)$ gilt.

d) $\int_0^1 \frac{1-2x}{\sqrt{x-x^2}}\, dx = 0$, da $\int_a^b \frac{1-2x}{\sqrt{x-x^2}}\, dx$
$= 2\left(\sqrt{b-b^2} - \sqrt{a-a^2}\right)$ gilt.

8 a) $\int_0^{-\ln(2)} \frac{e^{4x}}{e^{2x}+3}\, dx$
$= \int_4^{\frac{13}{4}} \left(\frac{1}{2} - \frac{3}{2t}\right) dt = 6 \cdot \ln(2) - \frac{3}{2} \cdot \ln(13) - \frac{3}{8}$
$\approx -0{,}0635$

b) $\int_1^2 \frac{2x+3}{(x+2)^2}\, dx = \int_3^4 \left(\frac{2}{t} - \frac{1}{t^2}\right) dt$
$= 4 \cdot \ln(2) - 2 \cdot \ln(3) - \frac{1}{12}$
$\approx 0{,}4920$

c) $\int_{0,5}^{7} \frac{x}{\sqrt{4x-1}} dx = \int_{1}^{27} \frac{1}{16}\sqrt{t} + \frac{1}{16\sqrt{t}} dt = \frac{15}{4}\sqrt{3} - \frac{1}{6}$

$\approx 6{,}3285$

d) $\int_{0}^{4} \frac{4}{1+2\sqrt{x}} dx = \int_{1}^{5}\left(2 - \frac{2}{t}\right) dt = 8 - 2\cdot \ln(5)$

$\approx 4{,}7811$

11 Numerische Integration

Seite 192

Einstiegsproblem
a) $f(0) = 1$; $f(1) = 0{,}5$; $f(2) = 0{,}2$
Die Sehnentrapeze haben die Inhalte 0,75 und 0,35. Näherungswert $A_1 = 1{,}1$

b) Tangente: $y = -\frac{1}{2}x + 1$. Näherungswert $A_2 = 1$
(Genauer Wert: $A = \arctan(2) \approx 1{,}107$)

Seite 193

1 a) S_6
$= \frac{3}{12}\left(1 + 2\cdot\frac{1}{1,5} + 2\cdot\frac{1}{2} + 2\cdot\frac{1}{2,5} + 2\cdot\frac{1}{3} + 2\cdot\frac{1}{3,5} + \frac{1}{4}\right)$
$\approx 1{,}4054$

$T_6 = \frac{2\cdot 3}{6}\left(\frac{1}{1,5} + \frac{1}{2,5} + \frac{1}{3,5}\right) \approx 1{,}3524$

(Genauer Wert $J = \ln(4) \approx 1{,}3863$)

b) S_4
$= \frac{2}{8}\left(1 + 2\cdot\sqrt{1,5} + 2\cdot\sqrt{2} + 2\cdot\sqrt{2,5} + \sqrt{3}\right)$
$\approx 2{,}7931$

$T_4 = \frac{2\cdot 2}{4}\left(\sqrt{1,5} + \sqrt{2,5}\right) \approx 2{,}8059$

$\left(\text{Genauer Wert } J = \left[\frac{1}{1,5}(1+x)^{1,5}\right]_0^2 \approx 2{,}7974\right)$

c) S_8
$= \frac{4}{16}(2^0 + 2\cdot 2^{0,5} + 2\cdot 2^1 + \ldots + 2\cdot 2^{3,5} + 2^4)$
$\approx 21{,}8566$

$T_8 = \frac{2\cdot 4}{8}(2^{0,5} + 2^{1,5} + 2^{2,5} + 2^{3,5}) \approx 21{,}2132$

$\left(\text{Genauer Wert } J = \left[\frac{1}{\ln(2)}\cdot e^{x\cdot\ln(2)}\right]_0^4 \approx 21{,}6404\right)$

d) $S_4 = \frac{\frac{\pi}{2} - \frac{\pi}{4}}{2\cdot 4}$

$= \left(\frac{1}{\sin\left(\frac{1}{4}\pi\right)} + \frac{2}{\sin\left(\frac{5}{16}\pi\right)} + \frac{2}{\sin\left(\frac{6}{16}\pi\right)}\right.$

$\left. + \frac{2}{\sin\left(\frac{7}{16}\pi\right)} + \frac{1}{\sin\left(\frac{1}{2}\pi\right)}\right)$

$\approx 0{,}8859$

$T_4 = \frac{2\cdot\left(\frac{\pi}{2} - \frac{\pi}{4}\right)}{4}\left(\frac{1}{\sin\left(\frac{5}{16}\pi\right)} + \frac{1}{\sin\left(\frac{7}{16}\pi\right)}\right) \approx 0{,}8727$

$\left(\text{Genauer Wert } J = \left[\ln\left(\tan\left(\frac{x}{2}\right)\right)\right]_{\frac{\pi}{4}}^{\frac{\pi}{2}} \approx 0{,}8814\right)$

2 a) Hauptsatz: $\int_0^2 x\, dx = 2$;
Kepler'sche Fassregel: 2

b) Hauptsatz: $\int_0^2 x^2\, dx = \frac{8}{3}$;
Kepler'sche Fassregel: $\frac{8}{3}$

c) Hauptsatz: $\int_0^2 x^3\, dx = 4$;
Kepler'sche Fassregel: 4

d) Hauptsatz: $\int_0^2 x^4\, dx = \frac{32}{5} \approx 6{,}4$;
Kepler'sche Fassregel: $\frac{20}{3} \approx 6{,}7$

e) Hauptsatz: $\int_0^2 x^5\, dx = \frac{32}{3} \approx 10{,}7$;
Kepler'sche Fassregel: 12

3 $\int_{-1}^{1} 10x^2(x-1)^2(x+1)^2\, dx = 0$

$\int_{-1}^{1} x^2\cdot e^{-x}\, dx \approx 1{,}029$

Seite 194

4 a) Stützpunkte der Parabel: $A(0\,|\,0)$;
$B\left(\frac{\pi}{2}\,|\,1\right)$; $C(\pi\,|\,0)$; $p(x) = -\frac{4}{\pi^2}x^2 + \frac{4}{\pi}x$

$\int_0^{\pi} p(x)\, dx = \frac{2}{3}\pi \approx 2{,}09$.

b) Stützpunkte: $A(0|0)$; $B\left(\frac{\pi}{2}\Big|1\right)$; $C(\pi|0)$;
$K = \frac{\pi}{6}(0 + 4 \cdot 1 + 0) = \frac{2}{3}\pi$; das Ergebnis stimmt mit a) überein.

c) $\int_0^\pi \sin(x)\,dx = [-\cos(x)]_0^\pi = 2$

12 Integral und Rauminhalt

Seite 195

Einstiegsproblem

Links: Es entsteht ein Zylinder mit der Höhe 1 cm und dem Grundkreisradius 2 cm.
Mitte: Es entsteht ein Kegel mit der Höhe 2 cm und dem Grundkreisradius 2 cm.
Rechts: Es entsteht ein Ring; Radius der Ringöffnung 1 cm; Ringdicke 1 cm.

Seite 196

1 a) $V = \pi \int_{-1}^{2}(x+1)\,dx = 4{,}5\pi \approx 14{,}14$

b) $V = \pi \int_1^3 \frac{1}{x^2}\,dx = \frac{2}{3}\pi \approx 2{,}09$

c) Nullstellen der Funktion: $x_1 = 2$; $x_2 = 4$.
$V = \pi \int_2^4 (x^2 - 6x + 8)^2\,dx \approx 3{,}35$

2 a)
$V = \pi \int_0^4 4\,dx - \pi \int_0^4 x\,dx = 16\pi - 8\pi = 8\pi \approx 25{,}13$

b) $V = \pi \int_0^1 x^4\,dx - \pi \int_0^1 x^6\,dx = \frac{1}{5}\pi - \frac{1}{7}\pi \approx 0{,}18$

c) Schnittstellen der Graphen: $x_1 = -1$; $x_2 = 1$;
$V = \pi \int_{-1}^{1}(-x^2+2)^2\,dx - \pi \int_{-1}^{1} 1\,dx = \frac{56}{15}\pi \approx 11{,}73$

Seite 197

3 a) $V = \pi \int_1^3 (2e^{-0{,}4x})^2\,dx \approx 5{,}633$

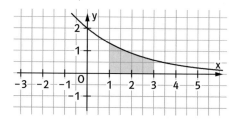

b) $V = \pi \int_0^\pi (\sin(x))^2\,dx \approx 4{,}935$

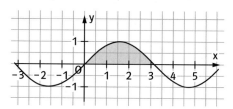

c) $V = \pi \int_2^5 \left(\frac{1}{(x-1)^2}\right)^2 dx \approx 1{,}031$

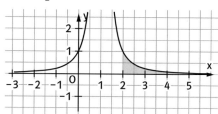

4 a) Nullstellen: $x_1 = 0$; $x_2 = 6$
$V = \pi \int_0^6 (f(x))^2\,dx \approx 203{,}58$

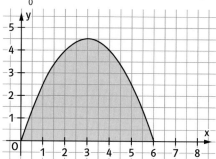

b) Nullstellen: $x_1 = 0$; $x_2 = -2$

$V = \pi \int_{-2}^{0} (f(x))^2 dx \approx 3{,}83$

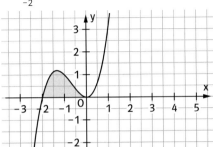

c) Nullstellen: $x_1 = 0$; $x_2 = 4$

$V = \pi \int_{0}^{4} (f(x))^2 dx \approx 67{,}02$

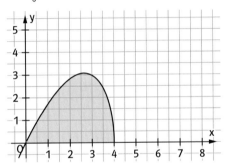

d) Nullstellen: $x_1 = 0$; $x_2 = 4$

$V = \pi \int_{0}^{4} (f(x))^2 dx \approx 1853{,}32$

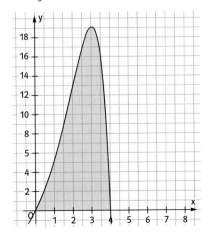

5 a) $V = \pi \int_{3}^{8} (f(x))^2 dx - \pi \int_{3}^{8} (g(x))^2 dx$

$\approx 86{,}39$

b) $V = \pi \int_{-1}^{1} (g(x))^2 dx - \pi \int_{-1}^{1} (f(x))^2 dx \approx 33{,}51$

6 Es handelt sich um einen Ring (oder Rohrstück) mit der Höhe 5 LE, der Wanddicke 0,5 LE, dem Innendurchmesser 3 LE und dem Außendurchmesser 4 LE.

Aufgabe im Kasten

In Aufgabe 6 ist $f(x) = 2$ und $g(x) = 1{,}5$.

$V_1 = \pi \int_{0}^{5} 2^2 dx = 20\pi$ ist das Volumen eines Zylinders mit dem Radius 2 und der Höhe 5;

$V_2 = \pi \int_{0}^{5} 1{,}5^2 dx = 11{,}25\pi$ ist das Volumen

eines Zylinders mit dem Radius 1,5 und der Höhe 5. Die Differenz $V_1 - V_2 = 8{,}75\pi$ $\approx 27{,}5$ VE beschreibt das Volumen des Hohlzylinders, der entsteht, wenn man aus dem Inneren des größeren Zylinders den kleineren Zylinder herausnimmt.

Die Formel

$V = \pi \int_{0}^{5} (2 - 1{,}5)^2 dx = \pi \int_{0}^{5} 0{,}5^2 dx = 1{,}25\pi$

$\approx 3{,}9$ VE

beschreibt keine Volumendifferenz, sondern das Volumen eines Zylinders mit Radius 0,5.

7 Volumen des Gefäßes bei einer Füllung bis zur Höhe z:

$V(z) = \pi \int_{0}^{z} (f(x))^2 dx = \pi \int_{0}^{z} x\, dx = \pi \left[\frac{1}{2}x^2\right]_{0}^{z} = \frac{1}{2}\pi z^2$

$= 30;$

$z = \sqrt{\frac{60}{\pi}} \approx 4{,}37.$

9 a)

Integration von 0 bis 4 ergibt
$V = \frac{8}{3}\pi \approx 8{,}3776$.

b)

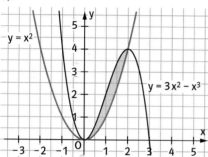

Integration von 0 bis 2 ergibt
$V = \frac{192}{35}\pi \approx 17{,}2339$.

c)

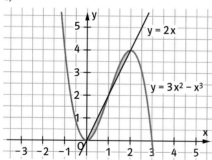

Integration von 0 bis 1 und von 1 bis 2 ergibt $V = 2\pi \approx 6{,}2832$.

10 Es entsteht derselbe Rotationskörper, wenn der Graph der Funktion mit $g(x) = f(x) - 1 = 2e^{0,1x} - 1$ um die x-Achse rotiert. $V = \pi \int_0^6 (2e^{0,1x} - 1)^2 dx \approx 61{,}32$

11 $V(z) = \pi \int_1^z \frac{1}{x^2} dx = \pi \left[-\frac{1}{x}\right]_1^z = -\frac{\pi}{z} + \pi$;
Für $z = 10$ hat der Rotationskörper das Volumen $V = 0{,}9\pi$.

12 Volumen bei Rotation des Graphen von
$f: V = \pi \int_a^b (f(x))^2 dx$

Volumen bei Rotation des Graphen von
$2 \cdot f: V = \pi \int_a^b (2f(x))^2 dx = 4 \cdot \pi \int_a^b (f(x))^2 dx$

Das Volumen vervierfacht sich.
Volumen bei Rotation des Graphen von $0{,}5 \cdot f$:

$V = \pi \int_a^b (0{,}5 \cdot f(x))^2 dx = 0{,}25 \cdot \pi \int_a^b (f(x))^2 dx$

Das Volumen ist ein Viertel so groß.

Randaufgabe
Der Flächeninhalt verdoppelt bzw. halbiert sich.

Wiederholen – Vertiefen – Vernetzen

Seite 198

1 a) $F(x) = 4\sin\left(\frac{1}{2}x\right)$

b) $F(x) = 0{,}2e^x + 0{,}2e^{-x} = 0{,}2(e^x + e^{-x})$

c) $F(x) = \frac{1}{4}(0{,}1x + 1)^4$

2 a) Ja, da $F'(x) = f(x)$.
b) Nein, da
$F'(x) = 2x\sin(x) + x^2\cos(x) \neq f(x)$.

3 a) Ja, an der Stelle $x = 0$ hat jede Stammfunktion von f ein Minimum.
Begründung:
Es gilt $F'(0) = f(0) = 0$; $F' = f$ hat bei $x = 0$ einen VZW von − nach +.
b) An der Stelle $x = 2,5$.
c) Der Graph jeder Stammfunktion von f hat
− an der Stelle $a = -1,5$ einen Hochpunkt,
− an der Stelle $b = 0$ einen Tiefpunkt,
− an der Stelle $c = 2,5$ einen Hochpunkt,
− an den Stellen $d = -1$ und $e = 1$ einen Wendepunkt.

4 Fig. 2: Die Größe hat abgenommen, da der Flächeninhalt unterhalb der x-Achse größer als der Flächeninhalt oberhalb der x-Achse ist.
Fig. 3: Die Größe hat zugenommen, da der Flächeninhalt oberhalb der x-Achse größer als der Flächeninhalt unterhalb der x-Achse ist.

5 a) Einer Karofläche entsprechen 1000 Anrufe. Es gingen bis 22 Uhr ca. 7000 Anrufe ein.
b) Um 22 Uhr ist die Warteschleife am größten.

6 a)

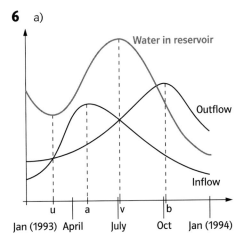

b) Absolutes Maximum der Wassermenge an der Stelle v (etwa Juli).
Relatives Minimum an der Stelle u (etwa März).
Absolutes Minimum am Jahresende 1993.
c) Schnellste Zunahme der Wassermenge an der Stelle a (etwa Mai).
Schnellste Abnahme der Wassermenge an der Stelle b (etwa Oktober).
d) Im Januar 1994 ist weniger Wasser im Reservoir als im Januar 1993, da der orientierte Flächeninhalt zwischen den Graphen von Inflow und Outflow negativ ist. Damit im Juli 1994 wieder der Stand von Januar 1993 erreicht wird, muss im ersten Halbjahr 1994 der Inflow überwiegen. Insgesamt muss der orientierte Flächeninhalt zwischen den Graphen von Inflow und Outflow zwischen Januar 1993 und Juli 1994 null sein.

Seite 199

7 Gleichung der Parabel (wenn der Scheitel bei $(0|-80)$ liegt): $f(x) = 0,05 x^2 - 80$;
Querschnittsfläche
$$A = 100^2 - \left| \int_{-40}^{40} f(x)\,dx \right| \approx 5733,3;$$
Volumen $V = 0,5733\,m^3$; Masse $M = 1,32\,t$.

8 Gleichung der Parabel (Ursprung des Koordinatensystems in der Mitte des „Bodens"): $f(x) = -0,025 x^2 + 250$.
$$A = 400 \cdot 350 - 100^2 - \int_{-100}^{100} f(x)\,dx$$
Querschnittsfläche $A = 9,667\,m^2$;
Volumen des Betons $V = 96,667\,m^3$;
(Masse $M = 222,3\,t$).

9 a) Tangente: $y = 3x - 4,5$; Schnittstelle der Tangente mit der x-Achse $x = 1,5$.
$$A = \int_0^3 f(x)\,dx - \frac{27}{8} = \frac{9}{2} - \frac{27}{8} = \frac{9}{8} = 1,125$$

b) Tangente: $y = -16x + 11{,}75$; Schnittstelle der Tangente mit der x-Achse $x = \frac{47}{64} \approx 0{,}734$.
$$A \approx \int_{0,5}^{2} f(x)\,dx - 0{,}396 = \frac{9}{8} - 0{,}439 \approx 0{,}686$$

10 a) Normale: $y = 0{,}5x - 1{,}5$;
$$A = \int_{0}^{1} -f(x)\,dx + \frac{1}{2} \cdot 2 \cdot 1 = 1\frac{1}{3}$$
b) Normale: $y = -\frac{1}{3}x + \frac{4}{3}$;
$$A = \int_{0}^{1} -f(x)\,dx + \frac{1}{2} \cdot 3 \cdot 1 = 1\frac{3}{4}$$

11 $W(0|0{,}1)$; Normale: $y = -x$; Schnittstellen der Normalen mit dem Graphen von f:
$x_1 = -\sqrt{2}$; $x_2 = \sqrt{2}$;
$$A = -2\int_{0}^{\sqrt{2}} (-x^3 + 2x)\,dx = 2$$

12 Schnittstellen: $x_1 = 0$; $x_2 = \sqrt{m}$; $x_3 = -\sqrt{m}$
$$A_1 = \int_{0}^{\sqrt{m}} (mx - x^3)\,dx = \frac{1}{4}m^2 = 2{,}25; \ m = 3.$$
Dreiecksfläche: $A_D = \frac{1}{2} \cdot \sqrt{m} \cdot m \cdot \sqrt{m} = \frac{1}{2}m^2$.
Untere Restfläche:
$A_2 = \frac{1}{2}m^2 - \frac{1}{4}m^2 = \frac{1}{4}m^2 = A_1$.

13 a) Schnittstellen: $x_1 = 0$; $x_2 = 4 - m$
Rote Fläche:
$$A_1 = \int_{0}^{3,5} (-x^2 + 4x - 0{,}5x)\,dx = \frac{73}{48} = 7{,}15$$
Blaue Fläche:
$$A_2 = \int_{3,5}^{4} (0{,}5x + x^2 - 4x)\,dx = 0{,}48$$
b) $z = 4 - m$
$$\int_{0}^{4-m} (-x^2 + 4x - mx)\,dx = \int_{4-m}^{4} (x^2 - 4x + mx)\,dx;$$
$m = \frac{4}{3}$

14 $\int_{0}^{t} (-x^2 + tx)\,dx = \frac{1}{6}t^3 = 288$; $t = 12$

Seite 200

15 a) $\int_{1}^{z} \frac{1}{x}\,dx = \left[|\ln(x)|\right]_1^z = \ln(z) - 0 = \ln(z)$.
Für $z \to +\infty$ gilt $\ln(z) \to +\infty$.
Die Fläche hat keinen endlichen Inhalt.
$\int_{1}^{z} \frac{1}{x^2}\,dx = [-x^{-1}]_1^z = -\frac{1}{z} + 1$.
Für $z \to +\infty$ gilt $-\frac{1}{z} + 1 \to 1$.
Die Fläche hat den endlichen Inhalt $A = 1$.
$\int_{1}^{z} \frac{1}{\sqrt{x}}\,dx = [2x^{0,5}]_1^z = 2\sqrt{z} - 2$.
Für $z \to +\infty$ gilt $2\sqrt{z} - 2 \to +\infty$.
Die Fläche hat keinen endlichen Inhalt.

b) $\int_{z}^{1} \frac{1}{x}\,dx = \left[|\ln(x)|\right]_z^1 = 0 - \ln(z) = -\ln(z)$.
Für $z \to 0$ $(z > 0)$ gilt $-\ln(z) \to +\infty$.
Die Fläche hat keinen endlichen Inhalt.
$\int_{z}^{1} \frac{1}{x^2}\,dx = [-x^{-1}]_z^1 = -1 + \frac{1}{z}$.
Für $z \to 0$ $(z > 0)$ gilt $-1 + \frac{1}{z} \to +\infty$.
Die Fläche hat keinen endlichen Inhalt.
$\int_{z}^{1} \frac{1}{\sqrt{x}}\,dx = [2x^{0,5}]_z^1 = 2 - 2\sqrt{z}$.
Für $z \to 0$ $(z > 0)$ gilt $2 - 2\sqrt{z} \to 2$.
Die Fläche hat den endlichen Inhalt $A = 2$.
Vergleich: Bei $f(x) = \frac{1}{x}$ haben beide Flächen keinen endlichen Inhalt. Bei den anderen Funktionen hat jeweils eine Fläche einen Inhalt, die andere keinen endlichen Inhalt.

16 a) $T_1(-\sqrt{2}\,|-4)$; $T_2(\sqrt{2}\,|-4)$; $H(0|0)$
$W_1\left(-\frac{\sqrt{6}}{3}\,\Big|-\frac{20}{9}\right)$; $W_2\left(\frac{\sqrt{6}}{3}\,\Big|-\frac{20}{9}\right)$
b) $A = 2 \cdot \int_{0}^{2} -f(x)\,dx = \frac{128}{15} \approx 8{,}53$
c) $A = \int_{-\sqrt{2}}^{\sqrt{2}} (f(x) - (-4))\,dx = \frac{64}{15} \cdot \sqrt{2} \approx 6{,}03$

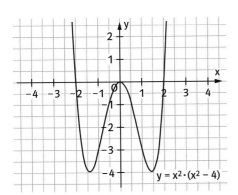

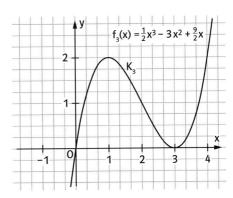

b) $P_t: y = -\frac{1}{2}t \cdot x^2 + \frac{1}{2}t^2 \cdot x$.

Schnitt von P_t und K_t ergibt: $\frac{1}{2}x^2(x-t) = 0$.

$x_1 = 0$ und $x_2 = t$ sind die einzigen Schnittstellen.

c) $\int_0^t \left(\frac{1}{2}x^3 - tx^2 + \frac{1}{2}t^2 x\right) dx = \frac{1}{24}t^4$;

$\int_0^t \left(-\frac{1}{2}tx^2 + \frac{1}{2}t^2 x\right) dx = \frac{1}{12}t^4$.

Die Teilflächen haben die Inhalte $\frac{1}{24}t^4$ und $\frac{1}{24}t^4$.

Die Inhalte stehen im Verhältnis 1:1.

17 a) $f_t(x) = \frac{4}{x} - \frac{4t}{x^2}$;

$f_t'(x) = -\frac{4}{x^2} + \frac{8t}{x^3}$; $f_t''(x) = \frac{8}{x^3} - \frac{24t}{x^4}$;

$N(t|0)$; $H\left(2t \middle| \frac{1}{t}\right)$; $W\left(3t \middle| \frac{8}{9t}\right)$.

b) $A = \int_{2t}^{u} \left(\frac{4}{x} - \left(\frac{4}{x} - \frac{4t}{x^2}\right)\right) dx = \left[-\frac{4t}{x}\right]_{2t}^{u} = -\frac{4t}{u} + 2$.

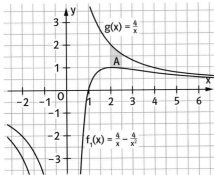

18 a) $f_t'(x) = \frac{3}{2}x^2 - 2tx + \frac{1}{2}t^2$;

$f_t''(x) = 3x - 2t$; $f_t'''(x) = 3$

Für $t > 0$ ergibt sich:

$N_1(0|0)$; $N_2(t|0)$; $T(t|0)$; $H\left(\frac{1}{3}t \middle| \frac{2}{27}t^3\right)$;

$W\left(\frac{2}{3}t \middle| \frac{1}{27}t^3\right)$

Für $t < 0$ ergibt sich:

$N_1(0|0)$; $N_2(t|0)$; $H(t|0)$; $T\left(\frac{1}{3}t \middle| \frac{2}{27}t^3\right)$;

$W\left(\frac{2}{3}t \middle| \frac{1}{27}t^3\right)$

K_3: $N_1(0|0)$; $N_2(3|0) = T$; $H(1|2)$; $W(2|1)$.

VII Gebrochenrationale Funktionen

1 Definition von gebrochenrationalen Funktionen

Seite 208

Einstiegsproblem
Von links nach rechts: 1. Graph: $\frac{r(x)}{q(x)}$; 2. Graph: $\frac{r(x)}{p(x)}$; 3. Graph: $\frac{p(x)}{p(x)}$.

Seite 209

1 a) $D = \mathbb{R}\setminus\{2\}$ b) $D = \mathbb{R}\setminus\{-2; 1\}$
c) $D = \mathbb{R}\setminus\{0\}$ d) $D = \mathbb{R}\setminus\{-1\}$
e) $D = \mathbb{R}\setminus\{0; 1\}$ f) $D = \mathbb{R}$
g) $D = \mathbb{R}\setminus\left\{-1; \frac{1}{2}\right\}$ h) $D = \mathbb{R}$
i) $D = \mathbb{R}\setminus\{-2; 3\}$

2 a) gebrochenrational
b) ganzrational, denn $f(x) = \frac{2x^3 + 32x}{x^2 + 16} = 2x$
c) gebrochenrational
d) gebrochenrational

3 a) $y = \frac{1}{x-3}$; $D = \mathbb{R}\setminus\{3\}$

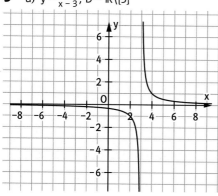

b) $y = \frac{2}{x+3}$; $D = \mathbb{R}\setminus\{-3\}$

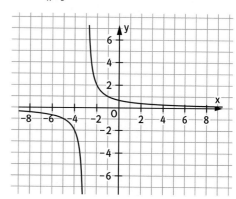

c) $y = \frac{1}{2x-3}$; $D = \mathbb{R}\setminus\{1{,}5\}$

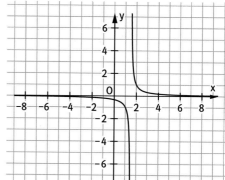

d) $y = \frac{x}{1+x}$; $D = \mathbb{R}\setminus\{-1\}$

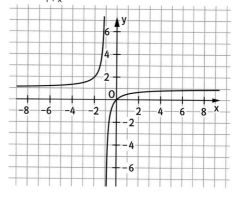

5 a) z.B. $f(x) = \frac{1}{x+2}$
b) z.B. $f(x) = \frac{1}{(x+1)(x-1)} = \frac{1}{x^2-1}$
c) z.B. $f(x) = \frac{1}{(x+2)(x-3)} = \frac{1}{x^2-x-6}$
d) z.B. $f(x) = \frac{1}{x^2+1}$

6 a) $t < 0$: $D = \mathbb{R} \setminus \{-\sqrt{-t}\,;\,+\sqrt{-t}\}$
$t = 0$: $D = \mathbb{R} \setminus \{0\}$
$t > 0$: $D = \mathbb{R}$
b)

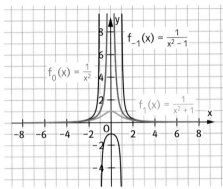

7 a) $A = x \cdot y$
$U = 2x + 2y$
$A(x) = x\left(\frac{1}{2}U - x\right) = \frac{1}{2}Ux - x^2$
$D_{max} = \left(0;\,\frac{1}{2}U\right)$

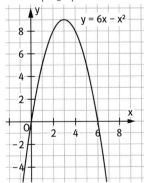

b) $U = 2x + 2y$
$A = x \cdot y$
$U(x) = 2x + 2 \cdot \frac{A}{x}$
$D_{max} = (0;\,\infty)$

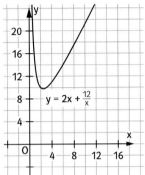

8 a) $h = \frac{V}{\pi r^2}$
b) Die Höhe wird 4-mal kleiner.

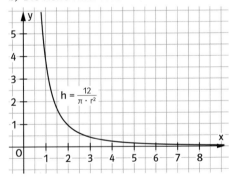

2 Nullstellen, Verhalten in der Umgebung von Definitionslücken

Seite 210

Einstiegsproblem

	2,5	2,9	2,99	3,01	3,1	3,5
f(x)	−2	−10	−100	100	10	2
g(x)	0,80	0,99	1,00	1,00	0,99	0,80
h(x)	4	100	10 000	10 000	100	4

f geht für $x \to 3$; $x < 3$ gegen $-\infty$ und für $x \to 3$; $x > 3$ gegen ∞.

g geht für $x \to 3$ gegen 3
und es gilt: $g(3) = 1$.
h geht für $x \to 3$ gegen ∞.

Seite 212

1 a) $D = \mathbb{R}\setminus\{3\}$
Nullstelle: $x_1 = 0$; $N(0|0)$
Polstelle: $x_2 = 3$; $x = 3$
Polstelle mit VZW
$S_Y(0|0)$
b) $D = \mathbb{R}\setminus\{-2\}$
Nullstelle: $x_1 = 1$; $N(1|0)$
Polstelle: $x_2 = -2$; $x = -2$
Polstelle mit VZW
$S_Y(0|-0,5)$
c) $D = \mathbb{R}\setminus\{2\}$
Nullstelle: $x_1 = 0$; $N(0|0)$
Polstelle: $x_2 = 2$; $x = 2$
Polstelle mit VZW
$S_Y(0|0)$
d) $D = \mathbb{R}\setminus\{-2; +2\}$
Nullstelle: $x_1 = 0$; $N(0|0)$
Polstellen: $x_2 = -2$; $x_3 = +2$
$x = -2$; $x = +2$
Polstelle mit VZW
$S_Y(0|0)$
e) $D = \mathbb{R}\setminus\{0,5\}$
Nullstelle: $x_1 = 2$; $N(2|0)$
Polstelle: $x_2 = 0,5$; $x = 0,5$
Polstelle mit VZW
$S_Y(0|-2)$
f) $D = \mathbb{R}\setminus\{-2|2\}$
$f(x) = \frac{x-4}{x^2-4} = \frac{x-4}{(x-2)(x+2)}$
Nullstelle: $x_1 = 4$; $N(4|0)$
Polstelle: $x_2 = 2$; $x_3 = -2$; $x = 2$
$x = -2$
Polstelle mit VZW
$S_Y(0|1)$
g) $D = \mathbb{R}$
$g(x) = \frac{2x-2}{x^2+9} = \frac{2(x-1)}{x^2+9}$
Nullstelle: $x_1 = 1$; $N(1|0)$
Polstellen: keine

$S_Y\left(0\left|-\frac{2}{9}\right.\right)$
h) $D = \mathbb{R}$
Nullstelle: $x_1 = 0$; $N(0|0)$
Polstellen: keine
$S_Y(0|0)$
i) $D = \mathbb{R}\setminus\{-2\}$
Nullstellen: keine
Polstelle: $x_1 = -2$; $x = -2$
Polstelle mit VZW
$S_Y(0|4,5)$
j) $D = \mathbb{R}\setminus\{-1\}$; $f(x) = \frac{x-2}{x^2+2x+1} = \frac{x-2}{(x+1)^2}$
Nullstelle: $x_1 = 2$; $N(2|0)$
Polstelle: $x_2 = -1$; $x = -1$
Polstelle ohne VZW
$S_Y(0|-2)$
k) $D = \mathbb{R}\setminus\{-2|3\}$; $f(x) = \frac{x^2-x}{x^2-x-6} = \frac{x(x-1)}{x^2-x-6}$
Nullstellen: $x_1 = 0$; $x_2 = 1$; $N_1(0|0)$; $N_2(1|0)$
Polstelle: $x_3 = -2$; $x_4 = 3$; $x = -2$; $x = 3$
Polstelle mit VZW
$S_Y(0|0)$
l) $D = \mathbb{R}\setminus\{-2\}$
Nullstelle: $x_1 = -3$; $N(-3|0)$
Polstelle: $x_2 = -2$; $x = -2$
Polstelle mit VZW
$S_Y\left(0\left|\frac{3}{8}\right.\right)$

2 f_1 hat keine Nullstellen und der dazugehörige Graph eine senkrechte Asymptote bei $x = 1$; f_1 gehört zum Graphen B.
Der Graph von f_2 hat keine senkrechte Asymptote; f_2 gehört zum Graphen A.
Der Graph von f_3 hat eine senkrechte Asymptote bei $x = 0$; f_3 gehört zum Graphen C.
Der Graph von f_4 hat eine senkrechte Asymptote bei $x = -1$; f_4 gehört zum Graphen E.
f_5 hat eine Nullstelle bei $x = 0$ und der dazugehörige Graph eine senkrechte Asymptote bei $x = 1$; f_5 gehört zum Graphen F.
Der Graph von f_6 hat zwei senkrechte Asymptoten; f_6 gehört zum Graphen D.

3 a) $\lim\limits_{x \to -5} f(x) = -10$

b) $\lim\limits_{x \to 3} f(x) = 0$

c) $\lim\limits_{x \to -3} f(x) = -1$

d) $\lim\limits_{x \to 1} f(x) = 6$

5 a) $f(x) = \frac{0{,}5x^2 + 2x - 6}{x - 2} = \frac{0{,}5(x - 2)(x + 6)}{x - 2}$;
hebbare Definitionslücke: $x_1 = 2$;
$\lim\limits_{x \to 2} f(x) = 4$
Nullstelle: $x_2 = -6$; $N(-6|0)$; Schnittpunkt mit der y-Achse: $S_y(0|3)$; $g(x) = \frac{1}{2}x + 3$

b) $f(x) = \frac{x^2 - 2x - 3}{x^2 - 1} = \frac{(x - 3)(x + 1)}{(x - 1)(x + 1)}$; hebbare
Definitionslücke: $x_1 = -1$; $\lim\limits_{x \to -1} f(x) = 2$
Nullstelle: $x_2 = 3$; $N(3|0)$
Polstelle: $x_3 = 1$; $x = 1$; für $x \to 1$ gilt:
$|f(x)| \to +\infty$; Polstelle mit VZW
Schnittpunkt mit der y-Achse: $S_y(0|3)$;
$g(x) = \frac{x - 3}{x - 1}$

c) $f(x) = \frac{x + 4}{x^2 + 3x - 4} = \frac{x + 4}{(x + 4)(x - 1)}$; hebbare
Definitionslücke: $x_1 = -4$; $\lim\limits_{x \to -4} f(x) = -\frac{1}{5}$
Nullstelle: keine
Polstelle: $x_2 = 1$; $x = 1$; für $x \to 1$ gilt:
$|f(x)| \to +\infty$; Polstelle mit VZW
Schnittpunkt mit der y-Achse: $S_y(0|-1)$;
$g(x) = \frac{1}{x - 1}$

d) Nullstellen: $x_1 = -\frac{2}{5} - \frac{1}{2}\sqrt{17}$;
$x_2 = -\frac{2}{5} + \frac{1}{2}\sqrt{17}$
$N_1\left(-\frac{2}{5} - \frac{1}{2}\sqrt{17} \mid 0\right) \approx N_1(-4{,}56 \mid 0)$;
$N_2\left(-\frac{2}{5} + \frac{1}{2}\sqrt{17} \mid 0\right) \approx N_2(-0{,}44 \mid 0)$
Polstelle: $x_3 = -1$; $x = -1$; für $x \to -1$ gilt:
$|f(x)| \to +\infty$; Polstelle ohne VZW
Schnittpunkt mit der y-Achse: $S_y(0|2)$

6 a) $f(x) = \frac{x - 1}{x}$

b) $f(x) = \frac{1}{x - 3}$

c) $f(x) = \frac{1}{(x - 3)^2}$

d) $f(x) = \frac{x - 1}{(x - 3)^2}$

e) $f(x) = \frac{(x - 2)(x - 3)}{x - 4}$

f) $f(x) = \frac{x + 1}{(x + 3)(x - 4)^2}$

7 a) Wahr

b) Falsch; z.B. hat die Funktion f mit $f(x) = \frac{x - 1}{(x - 1)^2}$ an der Stelle $x_1 = 1$ eine Polstelle.

3 Verhalten für $x \to \pm\infty$, Näherungsfunktionen

Seite 213

Einstiegsproblem

$O_{Kugel} = 4\pi r^2 \approx 511\,506\,576$ (km^2);
$A_K = \frac{2\pi r^2 h}{r + h} \approx 10\,752\,390{,}5$ (km^2), dies sind ungefähr 2,1 % der Erdoberfläche.
Für $h \to \infty$ gilt: $\frac{2\pi r^2 h}{r + h} \to 2\pi r^2$; dies ist der Inhalt der Oberfläche einer Halbkugel; für die Erde ergibt sich ungefähr 255 753 288 km^2.

Seite 215

1 a) $x = 0$; $y = 0$

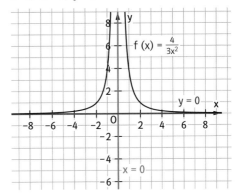

b) $x = \frac{4}{3}$; $y = 0$

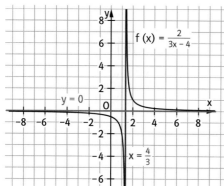

c) $x = 2$; $y = \frac{1}{2}$

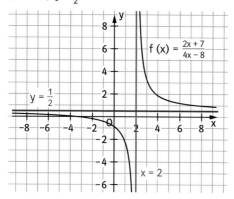

d) $x = 0$; $x = \frac{2}{3}$; $y = \frac{5}{3}$

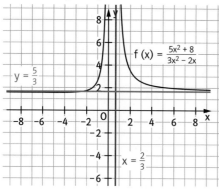

e) $x = 0$; $x = 1$; $y = 0$

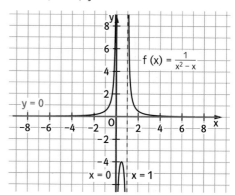

f) $x = 0$; $x = -3$; $y = 0$

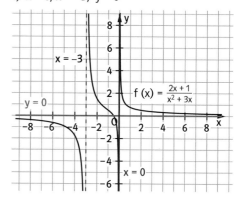

g) $x = 2$; $y = 2$

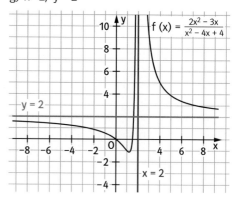

h) $x = -1$; $y = 2x$

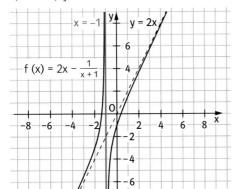

k) $x = -1$; $y = -2x + 2$

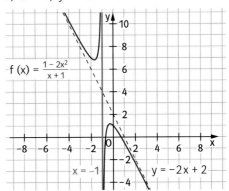

i) $x = 0$; $y = \frac{1}{2}x - 1$

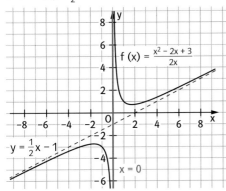

l) $x = -1$; $x = +1$; $y = x$

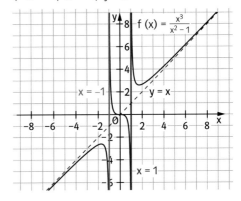

j) $x = 1$; $y = x + 1$

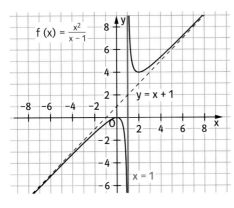

m) $y = x$

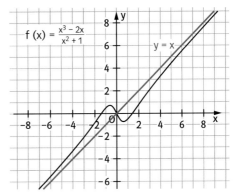

n) $x = -\frac{1}{2} - \frac{1}{2}\sqrt{5}$; $x = -\frac{1}{2} + \frac{1}{2}\sqrt{5}$; $y = x - 2$

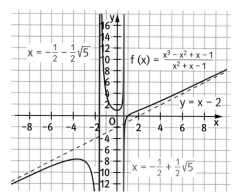

o) $x = 0$; $y = x - 2$

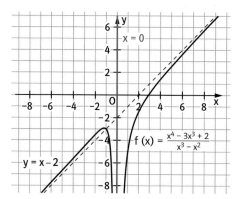

p) $x = 1$; $y = x$

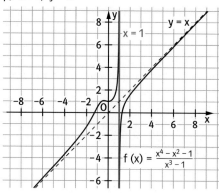

2 a) $y = 2x^2$ b) $y = x^2 + 1$
c) $y = x^2 - 2x + 8$ d) $y = x^2 - 9$

4 a) Schiefe Asymptote: $y = -2x + 2$, senkrechte Asymptote: $x = -1$

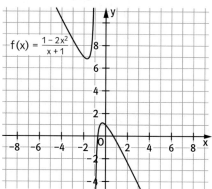

b) Schiefe Asymptote: $y = x$, senkrechte Asymptoten: $x = -1$ und $x = 1$

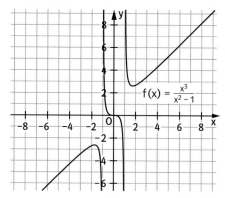

c) Schiefe Asymptote: $y = x$

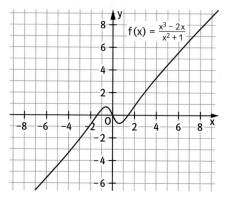

d) f ist ganzrational mit f(x) = x − 1.

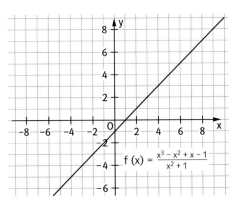

5 a) $f(x) = \frac{x^2+1}{x}$ b) $f(x) = \frac{-x^2+1}{x}$
c) $f(x) = \frac{1}{2}x + \frac{1}{x-2}$ d) $f(x) = 2x + 1 + \frac{1}{x-1}$

6 a) $a = 12$; $b = -15$; $c = 12$; $d = 1$
b)

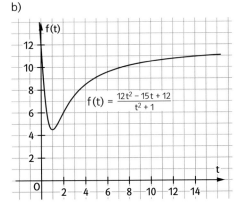

c) Aus $\frac{12t^2 - 15t + 12}{t^2 + 1} = 10{,}8$ folgt
$t \approx 12{,}4$ (Tage).

7

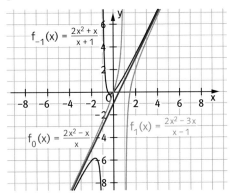

Vermutung: alle Graphen haben eine gemeinsame Asymptote.
Nachweis:
Polynomdivision ergibt $f_t(x) = 2x - 1 - \frac{t}{x-t}$;
Gleichung der Asymptote:
$y = 2x - 1$ für $t \in \mathbb{R}$.

8 a) $y = \frac{1}{2}x - 1$ b) $y = \frac{2}{3}x$
c) $y = \frac{1}{2}x - \frac{3}{4}$ d) $y = x^2 + x - 2$
e) $y = \frac{1}{2}x^2 - \frac{5}{4}$ f) $y = 8x^2$

9 Wenn der Graph einer Funktion eine senkrechte Asymptote mit der Gleichung x = a hat, dann ist a eine Polstelle der Funktion und somit eine Definitionslücke. Deshalb besitzt der Graph keinen Punkt mit der x-Koordinate a und kann somit die Gerade x = a nicht schneiden.
Einer waagerechten Asymptote nähert sich der Graph für sehr große und sehr kleine x entweder von oben oder von unten. Für x-Werte nahe 0 kann der Graph die waagerechte Asymptote aber schneiden.
Z. B. hat der Graph von f mit $f(x) = \frac{x}{(1+x^2)}$ die x-Achse als waagerechte Asymptote. Aber der Graph schneidet die x-Achse im Ursprung.

4 Skizzieren von Graphen

Seite 216

Einstiegsproblem
Graph (B). Kriterien: Schnittpunkte mit den Koordinatenachsen; Vorzeichenwechsel bei der senkrechten Asymptote.

Seite 217

1 a) keine Symmetrie
$S\left(0\big|\tfrac{1}{2}\right)$; $x = -4$; $y = 0$

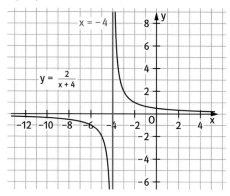

b) keine Symmetrie
$N(1|0)$; $S_Y(0|-2)$; $x = -1$; $y = 2$

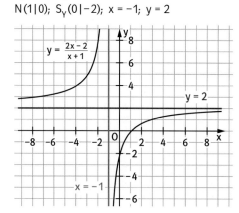

c) Achsensymmetrie zur y-Achse
$N_1(-2|0)$; $N_2(2|0)$; $x = -3$; $x = 3$; $y = 1$

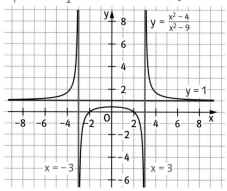

d) Punktsymmetrie zum Ursprung
$N = S_Y(0|0)$; $x = -2$; $x = 2$; $y = 0$

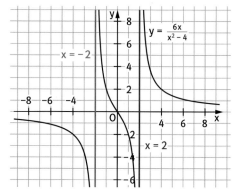

e) keine Symmetrie
$N(-1|0)$; $S_Y\left(0\big|-\tfrac{1}{4}\right)$; $x = -4$; $x = 4$; $y = 0$

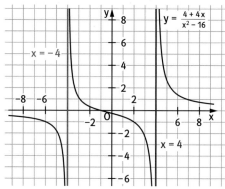

f) Achsensymmetrie zur y-Achse
$S_y(0|2)$; $y = 0$

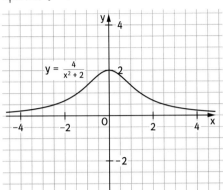

g) keine Symmetrie
$x = -2$; $x = 0$; $y = 0$

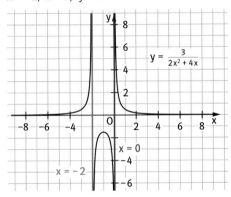

h) keine Symmetrie
$N_1(-2|0)$; $N_2(2|0)$; $S_y(0|4)$; $x = 1$; $y = x + 1$

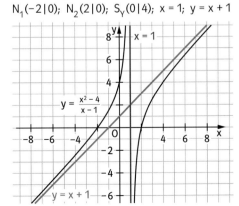

2 a) Graph der Funktion f.

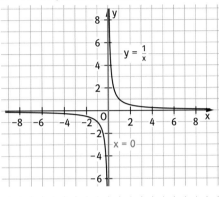

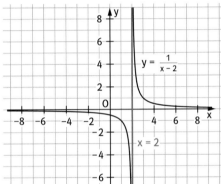

Verschiebung des Graphen der Funktion f um 2 Einheiten nach rechts ergibt den Graphen von g. Die Stelle $x_1 = 2$ ist eine Polstelle mit VZW.

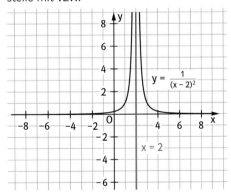

Graph der Funktion h:
Durch das Quadrieren wird die Stelle $x_1 = 2$ zu einer Polstelle ohne VZW.

b)

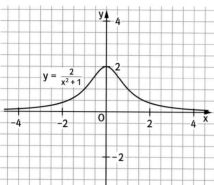

$f(x) = \frac{2}{x^2 + 1}$; Achsensymmetrie zur y-Achse.

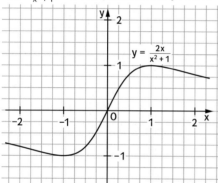

$g(x) = \frac{2x}{x^2 + 1}$; Punktsymmetrie zum Ursprung.

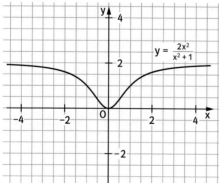

$h(x) = \frac{2x^2}{x^2 + 1} = 2 - \frac{2}{x^2 + 1}$
Wieder Achsensymmetrie zur y-Achse;
Asymptote: $y = 2$

4 Zum Beispiel: $f(x) = \frac{1}{x+1}$; $g(x) = \frac{1}{(x+1)^2}$; $h(x) = \frac{x}{(x+1)^2}$

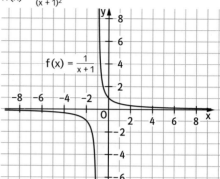

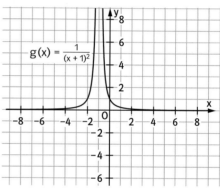

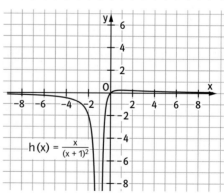

5 a) $f(x) = \frac{1}{x-1} - 1 = \frac{2-x}{x-1}$

b) $f(x) = \frac{4}{4 - x^2}$ c) $f(x) = \frac{x^3}{2(x^2 - 1)}$

L122 VII Gebrochenrationale Funktionen

5 Beispiele von vollständigen Funktionsuntersuchungen

Seite 218

Einstiegsproblem

Die Graphen wurden für die Parameterwerte $t = -3; -2; -1; 0; 1; 2; 3$ gezeichnet.
Alle Graphen haben die x-Achse als waagerechte Asymptote.
Für positive Parameterwerte besitzen die Graphen keine senkrechte Asymptote.
Für $t = 0$ ist die y-Achse senkrechte Asymptote.
Für negative t besitzt der Graph zwei senkrechte Asymptoten, nämlich $x = \pm\sqrt{t}$.

Seite 221

1 a) $D = \mathbb{R}\setminus\{-2; 2\}$;
Achsensymmetrie zur y-Achse;
Polstellen: $x_1 = -2$; $x_2 = 2$; $S_Y(0|2)$;
Asymptoten: $x = -2$; $x = 2$; $y = 0$;

$f'(x) = \frac{16x}{(4-x^2)^2}$; $f''(x) = \frac{16(3x^2+4)}{(4-x^2)^3}$;
$T(0|2)$;
keine Wendestellen

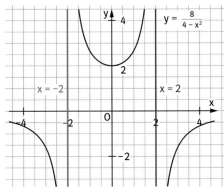

b) $D = \mathbb{R}\setminus\{-3; 3\}$;
Achsensymmetrie zur y-Achse;
Polstellen: $x_1 = -3$; $x_2 = 3$;
$N_1(-\sqrt{2}|0)$; $N_2(\sqrt{2}|0)$; $S_Y\left(0\left|-\frac{2}{9}\right.\right)$;
Asymptoten: $x = -3$; $x = 3$; $y = -1$;

$f'(x) = \frac{14x}{(x^2-9)^2}$; $f''(x) = \frac{-42(x^2+3)}{(x^2-9)^3}$;
$T\left(0\left|-\frac{2}{9}\right.\right)$;
keine Wendestellen

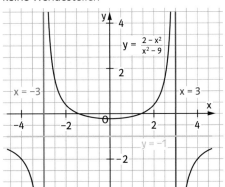

c) $D = \mathbb{R}$; Achsensymmetrie zur y-Achse;
keine Polstellen; $N_1(-2|0)$; $N_2(2|0)$;
$S_Y(0|-2)$; Asymptoten: $y = 1$;

$f'(x) = \frac{12x}{(x^2+2)^2}$; $f''(x) = \frac{-12(3x^2-2)}{(x^2+2)^3}$;

$T(0|-2)$; $W_1\left(-\sqrt{\frac{2}{3}}\left|-\frac{5}{4}\right.\right)$; $W_2\left(\sqrt{\frac{2}{3}}\left|-\frac{5}{4}\right.\right)$

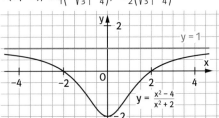

d) $D = \mathbb{R}\setminus\{2\}$; keine Symmetrie;
Polstellen: $x_1 = 2$; $N(0|0)$;
Asymptoten: $x = 2$; $y = 1$;

$f'(x) = \frac{-4x}{(x-2)^3}$; $f''(x) = \frac{8(x+1)}{(x-2)^4}$;

$T(0|0)$; $W\left(-1\left|\frac{1}{9}\right.\right)$

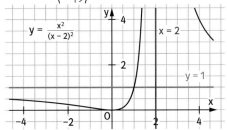

e) $D = \mathbb{R}$; Punktsymmetrie zum Ursprung; keine Polstellen; $N(0|0)$;
Asymptoten: $y = 0$;
$f'(x) = \frac{1-x^2}{(x^2+1)^2}$; $f''(x) = \frac{2x(x^2-3)}{(x^2+1)^3}$;
$T\left(-1\left|-\frac{1}{2}\right.\right)$; $H\left(1\left|\frac{1}{2}\right.\right)$;
$W_1\left(-\sqrt{3}\left|-\frac{1}{4}\sqrt{3}\right.\right)$; $W_2(0|0)$; $W_3\left(\sqrt{3}\left|\frac{1}{4}\sqrt{3}\right.\right)$

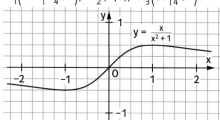

f) $D = \mathbb{R}\setminus\{2\}$; keine Symmetrie;
Polstellen: $x_1 = 2$; $N_1(0|0)$; $N_2(1|0)$;
Asymptoten: $x = 2$; $y = 3$;
$f'(x) = \frac{-3(3x-2)}{(x-2)^2}$; $f''(x) = \frac{18x}{(x-2)^4}$;
$T\left(\frac{2}{3}\left|-\frac{3}{8}\right.\right)$; $W(0|0)$

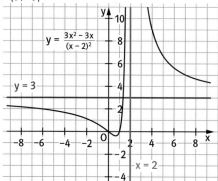

g) $D = \mathbb{R}\setminus\{0\}$; Punktsymmetrie zum Ursprung;
Polstellen: $x_1 = 0$; $N_1(-2|0)$; $N_2(2|0)$;
Asymptoten: $x = 0$; $y = 0$;
$f'(x) = \frac{-3(x^2-12)}{x^4}$; $f''(x) = \frac{6(x^2-24)}{x^5}$;
$T\left(-2\sqrt{3}\left|-\frac{1}{3}\sqrt{3}\right.\right)$; $H\left(2\sqrt{3}\left|\frac{1}{3}\sqrt{3}\right.\right)$;
$W_1\left(-2\sqrt{6}\left|-\frac{5}{24}\sqrt{6}\right.\right)$; $W_2\left(2\sqrt{6}\left|\frac{5}{24}\sqrt{6}\right.\right)$

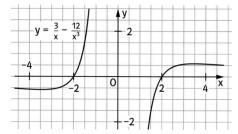

h) $D = \mathbb{R}\setminus\{0\}$; keine Symmetrie;
Polstellen: $x_1 = 0$; $N(-2|0)$;
Asymptoten: $x = 0$; $y = \frac{1}{2}x + \frac{1}{2}$;
$f'(x) = \frac{\frac{1}{2}x^3 - 4}{x^3}$; $f''(x) = \frac{12}{x^4}$;
$T(2|2)$; keine Wendestellen

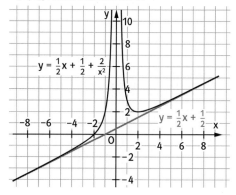

2 a) $D = \mathbb{R}\setminus\{0\}$; keine Symmetrie;
Polstellen: $x_1 = 0$; $N(1|0)$;
Asymptoten: $x = 0$;
Näherungskurve: $y = x^2$;
$f'(x) = \frac{2x^3 + 1}{x^2}$; $f''(x) = \frac{2(x^3 - 1)}{x^3}$;
$T\left(-\sqrt[3]{\frac{1}{2}}\,\bigg|\,3\cdot\sqrt[3]{\frac{1}{4}}\right)$; $W(1|0)$

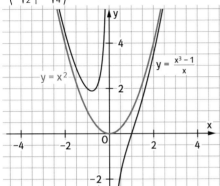

b) $D = \mathbb{R}\setminus\{0\}$; keine Symmetrie;
Polstellen: $x_1 = 0$; $N\left(\sqrt[3]{2}\,\big|\,0\right)$;
Asymptoten: $x = 0$;
Näherungskurve: $y = -\frac{1}{2}x^2$;
$f'(x) = \frac{-x^3 - 1}{x^2}$; $f''(x) = \frac{-x^3 + 4}{x^3}$;
$H\left(-1\,\big|\,-\frac{3}{2}\right)$; $W\left(\sqrt[3]{2}\,\big|\,0\right)$

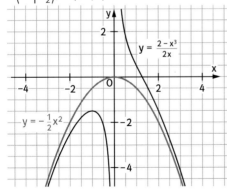

c) $D = \mathbb{R}\setminus\{0\}$; Achsensymmetrie zur y-Achse;
Polstelle: $x_1 = 0$; Asymptote: $x = 0$;
Näherungskurve: $y = \frac{1}{4}x^2$;
$f'(x) = \frac{x^4 - 16}{2x^3}$; $f''(x) = \frac{x^4 + 48}{2x^4}$;
$T_1(-2|2)$; $T_2(2|2)$; keine Wendestellen

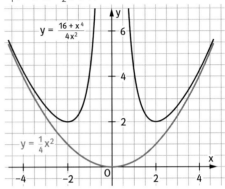

d) $D = \mathbb{R}\setminus\{0\}$; Achsensymmetrie zur y-Achse;
Polstellen: $x_1 = 0$; $N_1(-2|0)$; $N_2(2|0)$;
Asymptote: $x = 0$;
Näherungskurve: $y = \frac{1}{2}x^2 - 4$;
$f'(x) = \frac{x^4 - 16}{x^3}$; $f''(x) = \frac{x^4 + 48}{x^4}$;
$T_1(-2|0)$; $T_2(2|0)$; keine Wendestellen

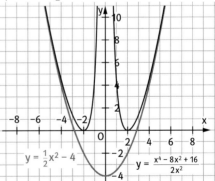

3 a) f ist gerade, g ist ungerade.
b) Mit $f(x) = \frac{p(x)}{q(x)}$, $p(-x) = p(x)$,
$q(-x) = -q(x)$ gilt:
$f(-x) = \frac{p(-x)}{q(-x)} = \frac{p(x)}{-q(x)} = -f(x)$;
d.h., f ist ungerade.

c) Z.B.: Sind Zähler- und Nennerpolynom beide ungerade, so ist die Funktion f gerade.
Begründung:
Es ist $p(-x) = -p(x)$, $q(-x) = -q(x)$.
Dann ist $f(-x) = \frac{p(-x)}{q(-x)} = \frac{-p(x)}{-q(x)} = \frac{p(x)}{q(x)} = f(x)$.

4 a) Graph unten

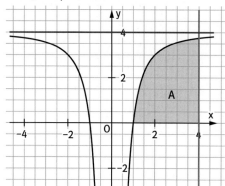

b) $A = \int_1^4 4 - \frac{4}{x^2} dx = 9$

c) Abstand zur y-Achse: $\approx 2{,}76$

d) $t = 2$

5 $f(x) = \frac{1}{2}x + 2 - \frac{1}{x^2}$

Schiefe Asymptote: $y = \frac{1}{2}x + 2$

$A(t) = \int_2^t \frac{1}{x^2} dx = \frac{1}{2} - \frac{1}{t}$

a) $A(3) = \frac{1}{6}$

b) $\lim_{t \to \infty} A(t) = \frac{1}{2}$

Funktionenscharen

6 a) $D = \mathbb{R} \setminus \{0\}$; keine Symmetrie;
Asymptoten: $x = 0$; $y = x$; $N_t(t|0)$;

$f'_t(x) = \frac{x^3 + 2t^3}{x^3}$; $f''_t(x) = \frac{-6t^3}{x^4}$;

$H_t\left(-\sqrt[3]{2} \cdot t \mid -\frac{3}{2} \cdot \sqrt[3]{2} \cdot t\right)$;

keine Wendestellen

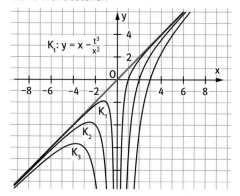

b) $D = \mathbb{R} \setminus \{0\}$; keine Symmetrie;
Asymptoten: $x = 0$; $y = 0$; $N_t(t|0)$;

$f'_t(x) = \frac{-10(x - 2t)}{x^3}$; $f''_t(x) = \frac{20(x - 3t)}{x^4}$;

$H_t\left(2t \mid \frac{5}{2t}\right)$; $W_t\left(3t \mid \frac{20}{9t}\right)$

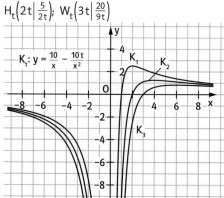

c) $D = \mathbb{R}$; Symmetrie zum Ursprung;
Asymptoten: $y = 0$; $N(0|0)$;

$f'_t(x) = \frac{-6(x^2 - t^2)}{(x^2 + t^2)^2}$; $f''_t(x) = \frac{12x(x^2 - 3t^2)}{(x^2 + t^2)^3}$;

$T_t\left(-t \mid -\frac{3}{t}\right)$; $H_t\left(t \mid \frac{t}{3}\right)$;

$W_1\left(-\sqrt{3} \cdot t \mid -\frac{3\sqrt{3}}{2t}\right)$; $W_2(0|0)$; $W_3\left(\sqrt{3} \cdot t \mid \frac{3\sqrt{3}}{2t}\right)$

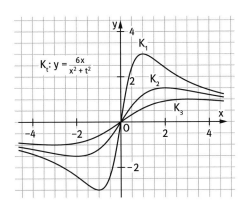

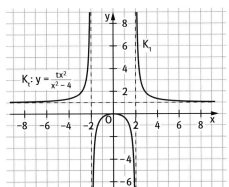

d) $D = \mathbb{R}$; Symmetrie zum Ursprung;
Asymptoten: $y = 0$; $N(0|0)$;

$f'_t(x) = \frac{-10(3x^2 - t)}{(x^2 + t)^3}$; $f''_t(x) = \frac{120x(x^2 - t)}{(x^2 + t)^4}$;

$T_t\left(-\sqrt{\frac{t}{3}} \bigg| -\frac{45}{8\sqrt{3}} \cdot t^{-1,5}\right)$; $H_t\left(\sqrt{\frac{t}{3}} \bigg| \frac{45}{8\sqrt{3}} \cdot t^{-1,5}\right)$

$W_1\left(-\sqrt{t} \bigg| -\frac{5}{2} \cdot t^{-1,5}\right)$; $W_2(0|0)$;

$W_3\left(\sqrt{t} \bigg| \frac{5}{2} \cdot t^{-1,5}\right)$

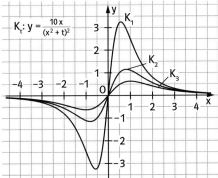

7 $f(x) = \frac{4x - 2}{x^2}$; $f'(x) = \frac{4 - 4x}{x^3}$

VZW bei $x = 1$ von + nach –; also Maximum.

8 a) $N(0|0)$
b) Achsensymmetrie zur y-Achse;
$N(0|0) = H$;
Asymptoten: $x = -2$; $x = 2$; $y = t$;

$f'_t(x) = \frac{-8tx}{(x^2 - 4)^2}$; $f''_t(x) = \frac{24tx^2 + 32t}{(x^2 - 4)^3}$;

keine Wendestellen

Seite 222

9 a) Achsensymmetrie zur y-Achse;
keine Nullstellen;
Asymptoten:
$t < 0$: $x = -\sqrt{-\frac{1}{t}}$; $x = +\sqrt{-\frac{1}{t}}$; $y = 0$
$t > 0$: $y = 0$

$f'_t(x) = \frac{-8tx}{(tx^2 + 1)^2}$; $f''_t(x) = \frac{8t(3tx^2 - 1)}{(tx^2 + 1)^3}$

Extrempunkte:
$t < 0$: $T(0|4)$; $t > 0$: $H(0|4)$;
Wendepunkte: $t < 0$: keine;
$t > 0$: $W_1\left(-\sqrt{\frac{1}{3t}} \bigg| 3\right)$; $W_2\left(+\sqrt{\frac{1}{3t}} \bigg| 3\right)$

b) $y = 3$ (vgl. Fig.)

c) $t = \frac{12}{81}$

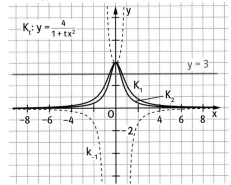

10 a)

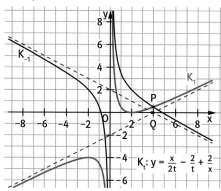

Vermutung:
Alle Graphen gehen durch $P\left(4\mid\frac{1}{2}\right)$.
Nachweis:
$f_t(4) = \frac{4}{2t} - \frac{2}{t} + \frac{1}{2} = \frac{1}{2}$

b) Tiefpunkte sind für $t > 0$ vorhanden.
Aus $\frac{\sqrt{t}}{t} - \frac{1}{t} = 0$ folgt $t = 1$.

11 a) $N_1(-3\mid 0)$; $N_2(3\mid 0)$; $T\left(0\mid -\frac{9}{t}\right)$
$x_1 = 0$ ist Minimumstelle; die Stellen -3 und 3 sind Polstellen von g_t.

b) Vgl. Abbildung unten

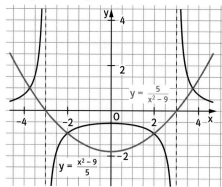

c) $t = 9$
d) 2 Schnittpunkte für $9 < t < \infty$:
$x_1 = -\sqrt{t+9}$; $x_2 = \sqrt{t+9}$
4 Schnittpunkte für $0 < t < 9$:
$x_1, x_2, x_3 = -\sqrt{9-t}$; $x_4 = \sqrt{9-t}$

2 Schnittpunkte und 1 Berührpunkt für $t = 9$: $x_1 = -3\sqrt{2}$; $x_2 = 3\sqrt{2}$; $x_3 = 0$

Extremwertaufgaben

12 $A = u \cdot v$;
Nebenbedingung: $2u + 2v = 15$
$A(u) = u\left(\frac{15}{2} - u\right)$; $A'(u) = 0$ ergibt $u_1 = \frac{15}{4}$;
$v_1 = \frac{15}{4}$; Quadrat mit der Seitenlänge $\frac{15}{4}$ cm.
$U = 2u + 2v$; Nebenbedingung: $u \cdot v = 18$
$U(u) = 2\left(u + \frac{18}{u}\right)$; $U'(u) = 0$ gibt $u_1 = 3\sqrt{2}$;
$v_1 = 3\sqrt{2}$; Quadrat mit der Seitenlänge $3\sqrt{2}$ cm.

13 Es sei $P(u\mid v)$; $d = \sqrt{u^2 + v^2}$;
$d(u) = \sqrt{u^2 + \frac{4}{u^4}}$;
Ersatzfunktion: $q(u) = u^2 + \frac{4}{u^4}$;
$q'(u) = 2u - \frac{16}{u^5}$
$q'(u) = 0$ gibt $u_{1/2} = \pm\sqrt{2}$; $v = 1$; $d = \sqrt{3}$.
Die Punkte $P_1(\sqrt{2}\mid 1)$ und $P_2(-\sqrt{2}\mid 1)$ haben den minimalen Abstand zum Ursprung.

14 $U = u\left(1 + \frac{\pi}{2}\right) + 2v$; $A = u \cdot v + \frac{\pi}{8} \cdot u^2$;
$v = \frac{8}{u} - \frac{\pi}{8} \cdot u$;
$U(u) = \left(1 + \frac{\pi}{4}\right) \cdot u + \frac{16}{u}$; $U'(u) = 0$ gibt
$u_1 = \frac{8}{\sqrt{4+\pi}}$; $v_1 = \frac{4}{\sqrt{4+\pi}} = \frac{1}{2} u_1$;
$u_{min} \approx 3$ m; $v_{min} \approx 1{,}5$ m.
Aus $U'(u) = 1 + \frac{\pi}{4} - \frac{16}{u^2}$ folgt mit dem Vorzeichenwechselkriterium, dass ein Minimum vorliegt; auch $U''(u) = \frac{32}{u^3} > 0$;
$U_{min} = 4 \cdot \sqrt{4+\pi} \approx 10{,}69$

15 a) $V = \frac{1}{3}\pi x^2 \cdot (a + y)$;
$y: \frac{a}{2}\sqrt{2} = (a+y):x$; $y = \frac{\frac{1}{2}\sqrt{2} \cdot a^2}{x - \frac{a}{2}\sqrt{2}} = \frac{a^2}{\sqrt{2}x - a}$;
$V = \frac{1}{3}\pi x^2 \left(\frac{a^2}{\sqrt{2}x - a}\right) = \frac{\sqrt{2}}{3} \cdot a \cdot \pi \cdot \frac{x^3}{\sqrt{2}x - a}$

b) $V'(x) = \frac{\sqrt{2}}{3} \cdot a \cdot \pi \cdot \frac{2\sqrt{2}x^3 - 3ax^2}{(\sqrt{2}x - a)^2}$;
aus $V'(x) = 0$ folgt $x_1 = \frac{3}{4}a\sqrt{2}$;

mit Vorzeichenwechselkriterium folgt, dass ein Minimum vorliegt. Für den Grundkreisradius $x = \frac{3}{4}a\sqrt{2}$ wird das Volumen am kleinsten.

Wiederholen – Vertiefen – Vernetzen

Seite 223

1 a) $D = \mathbb{R}\setminus\{0\}$; Punktsymmetrie zum Ursprung; keine Schnittpunkte mit den Koordinatenachsen; Asymptoten: $x = 0$; $y = x$

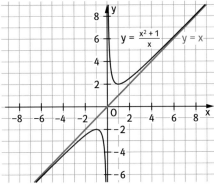

b) $D = \mathbb{R}\setminus\{-3; 3\}$; Achsensymmetrie zur y-Achse; $N_1(-1|0)$; $N_2(1|0)$; $S_Y\left(0\big|-\frac{4}{9}\right)$; Aymptoten: $x = -3$; $x = 3$; $y = 4$

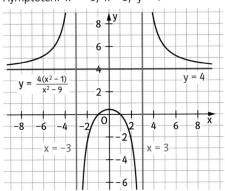

c) $D = \mathbb{R}\setminus\{-1; 1\}$; keine Symmetrie; $S_Y(0|-1)$; Asymptoten: $x = 1$; $y = 0$; die Stelle $x_1 = -1$ ist eine hebbare Definitionslücke; der Punkt $P\left(-1\big|-\frac{1}{2}\right)$ gehört nicht zum Graphen von f.

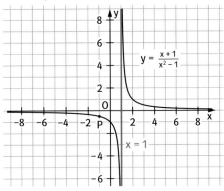

d) $D = \mathbb{R}\setminus\{-2; 0; 2\}$; keine Symmetrie; $N(1|0)$; Asymptoten: $x = -2$; $x = 0$; $x = 2$; $y = 0$

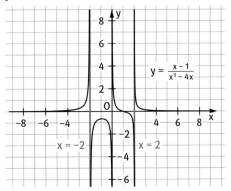

2 f: N(0|0); Achsensymmetrie zur y-Achse; x = −1; x = 1; y = 1

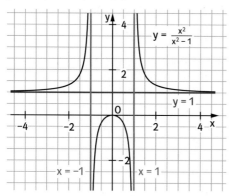

g: N(0|0); Punktsymmetrie zum Ursprung; x = −1; x = 1; y = x

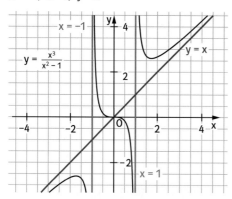

h: N(0|0); Achsensymmetrie zur y-Achse; x = −1; x = 1; Näherungskurve: y = x²

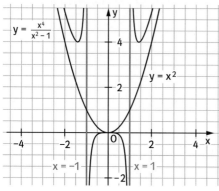

3 a) $D = \mathbb{R}\setminus\{0\}$;
Punktsymmetrie zum Ursprung;
Polstellen: $x_1 = 0$; $N_1(-1|0)$; $N_2(1|0)$;
Asymptoten: $x = 0$; $y = \frac{1}{2}x$;
$f'(x) = \frac{x^2+1}{2x^2}$; $f''(x) = -\frac{1}{x^3}$;
keine Extrem- und Wendestellen

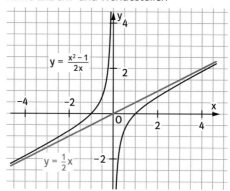

b) $D = \mathbb{R}\setminus\{1\}$; keine Symmetrie;
Polstellen: $x_1 = 1$; $N_1(-\sqrt{2}|0)$; $N_2(\sqrt{2}|0)$;
Asymptoten: $x = 1$; $y = 1$;
$f'(x) = \frac{-2(x-2)}{(x-1)^3}$; $f''(x) = \frac{2(2x-5)}{(x-1)^4}$;
$H(2|2)$; $W\left(2{,}5\left|\frac{17}{9}\right.\right)$

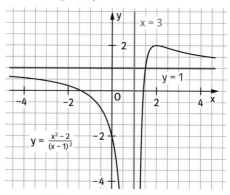

c) $D = \mathbb{R}$; Punktsymmetrie zu A(0|4);
keine Polstellen; keine Nullstellen;
Asymptoten: y = 4
$f'(x) = \frac{4(x^2-1)}{(x^2+1)^2}$; $f''(x) = \frac{-8x(x^2-3)}{(x^2+1)^3}$;
$f'''(x) = \frac{24(x^4-6x^2+1)}{(x^2+1)^4}$

H(−1|6); T(1|2);
$W_1(-\sqrt{3}\,|\,4+\sqrt{3})$; $W_2(0|0)$; $W_3(\sqrt{3}\,|\,4-\sqrt{3})$

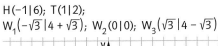

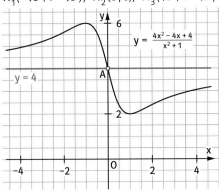

Wichtig: (0|4) ist kein Teil des Graphen

d) $f(x) = \frac{(x^3-8)(x-2)}{4x(x-2)}$; $D_f = \mathbb{R}\setminus\{0; 2\}$

Polstellen: $x_1 = 0$; hebbare Definitionslücke:

$x_2 = 2$, $\lim_{x \to 2} f(x) = 0$

gekürzte Funktion: $g(x) = \frac{x^3-8}{4x}$

f hat keine Nullstelle und keinen Wendepunkt; $T\left(-\sqrt[3]{4}\,\Big|\,\frac{3}{\sqrt[3]{4}}\right)$

Näherungsfunktion: $y = \frac{1}{4}x^2$

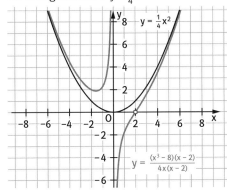

Wichtig: (2|0) ist kein Teil des Graphen

4 a) Gemeinsame Eigenschaften:
Definitionsmenge $D = \mathbb{R}\setminus\{1\}$;
Polstelle $x_1 = 1$ (Pol mit VZW);
keine Wendestellen.
Alle Graphen sind punktsymmetrisch.

Unterschiede:
Verhalten für $x \to \pm\infty$:
$\lim_{x\to\pm\infty} f(x) = 0$; $\lim_{x\to\pm\infty} g(x) = 1$;
$\lim_{x\to\pm\infty} (h(x) - (x+1)) = 0$.

Nullstellen:
f hat keine Nullstellen
g hat Nullstelle $x_1 = 0$
h hat Nullstelle $x_1 = 0$
Extremstellen:
f hat keine Extremstellen
g hat keine Extremstellen
h hat die Extremstellen $x_1 = 0$ und $x_2 = 2$.

b) Gemeinsame Eigenschaften:
Polstelle $x_1 = 1$;
Verhalten für $x \to \pm\infty$:
$\lim_{x\to\pm\infty} f(x) = \lim_{x\to\pm\infty} g(x) = \lim_{x\to\pm\infty} h(x) = 0$
keine Nullstellen;
keine Wendestellen.

Unterschiede:
Definitionsmenge:
$D_f = \mathbb{R}\setminus\{1\}$; $D_g = \mathbb{R}\setminus\{1\}$; $D_h = \mathbb{R}\setminus\{-1; 1\}$;
Anzahl der Polstellen:
f, g haben $x_1 = 1$ als Polstelle, h hat die Polstellen $x_1 = 1$ und $x_2 = -1$;
Extremstellen:
f, g haben keine Extremstellen, h hat die Extremstelle $x_3 = 0$.
Der Graph von f ist punktsymmetrisch, die Graphen von g und h sind achsensymmetrisch.

5 a) $D = \mathbb{R}\setminus\{-t\}$; keine Symmetrie;
Asymptoten: $x = -t$; $y = x - t$;
keine Nullstellen;

$f_t'(x) = \frac{x^2 + 2tx - t}{(x+t)^2}$; $f_t''(x) = \frac{2(t^2+t)}{(x+t)^3}$;

$H\left(-t - \sqrt{t^2+t}\,\Big|\,\frac{-2t(t+1+\sqrt{t^2+t})}{\sqrt{t^2+t}}\right)$;

$T\left(-t + \sqrt{t^2+t}\,\Big|\,\frac{2t(t+1-\sqrt{t^2+t})}{\sqrt{t^2+t}}\right)$;

keine Wendestellen

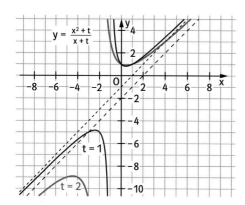

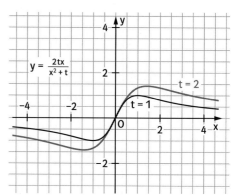

b) $D = \mathbb{R}\setminus\{0\}$; Achsensymmetrie zur y-Achse;
Asymptoten: $x = 0$;
Näherungskurve: $y = \frac{t}{4}x^2$;
keine Nullstellen;

$f_t'(x) = \frac{tx^4 - 16}{2x^3}$; $f_t''(x) = \frac{tx^4 + 48}{2x^4}$;

$T_1\left(-2 \cdot \sqrt[4]{\frac{1}{t}} \Big| \frac{2}{\sqrt{\frac{1}{t}}}\right)$; $T_2\left(2 \cdot \sqrt[4]{\frac{1}{t}} \Big| \frac{2}{\sqrt{\frac{1}{t}}}\right)$;

keine Wendestellen

d) $D = \mathbb{R}$; Punktsymmetrie zum Ursprung;
$N_1(-\sqrt{t}|0)$; $N_2(0|0)$; $N_3(\sqrt{t}|0)$;

$f_t'(x) = \frac{-2(x^4 + 4tx^2 - t^2)}{(x^2 + t)^2}$; $f_t''(x) = \frac{8x(tx^2 - 3t^2)}{(x^2 + t)^3}$;

$T_t\left(-\sqrt{t(-2 + \sqrt{5})} \Big| \frac{2t(\sqrt{5} - 3)\sqrt{t(-2 + \sqrt{5})}}{t(\sqrt{5} - 1)}\right)$

$H_t\left(+\sqrt{t(-2 + \sqrt{5})} \Big| \frac{2t(3 - \sqrt{5})\sqrt{t(-2 + \sqrt{5})}}{t(\sqrt{5} - 1)}\right)$

$W_1(-\sqrt{3t}|\sqrt{3t})$; $W_2(0|0)$; $W_3(\sqrt{3t}|-\sqrt{3t})$

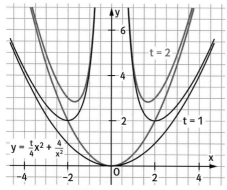

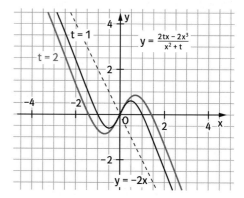

c) $D = \mathbb{R}$; Punktsymmetrie zum Ursprung;
Asymptoten: $y = 0$; $N(0|0)$;

$f_t'(x) = \frac{-2t(x^2 - t)}{(x^2 + t)^2}$; $f_t''(x) = \frac{4tx(x^2 - 3t)}{(x^2 + t)^3}$;

$T(-\sqrt{t}|-\sqrt{t})$; $H(\sqrt{t}|\sqrt{t})$;

$W_1\left(-\sqrt{3t}\Big|-\frac{1}{2}\sqrt{3t}\right)$; $W_2(0|0)$; $W_3\left(\sqrt{3t}\Big|\frac{1}{2}\sqrt{3t}\right)$

6 a) Der Streifen wird gebildet von den Geraden mit $x = 1$ und $x = 2$ bzw. $x = -2$ und $x = -1$.
b) $g(x) = -\frac{1}{4}x^2 + 2$
c) $y = -x + 3$
d) $Q(-1|4)$

Seite 224

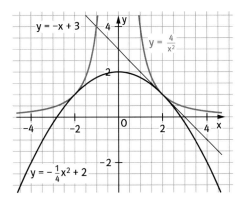

7 a) Minimaler Abstand für
$x = \left(\frac{1+\sqrt{17}}{2}\right)^{\frac{1}{3}} = 1{,}368$; d.h. für $P(1{,}368\,|\,2{,}437)$.
b) Der Flächeninhalt des Rechtecks ist minimal für $x = 1$. Der Tiefpunkt ist keine Ecke des minimalen Rechtecks.

8 a) Achsensymmetrie zur y-Achse; Asymptoten: $y = 0$; keine Nullstellen; $H(0\,|\,2)$; vgl. Figur
b) $y = x + 2$
c) $\tan(\alpha_1) = 3$; $\alpha_1 \approx 71{,}6°$
$\tan(\alpha_2) = 1$; $\alpha_2 = 45°$
$\alpha \approx 26{,}6°$
d) $f(x) = x^5 + x^3 - x^2 - 3$; $x_0 \approx 1{,}218$

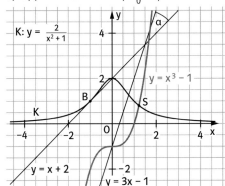

9 a) $x = -\sqrt{t}$; $x = \sqrt{t}$; $y = 0$
b) $f_t'(x) = \frac{-32x}{(x^2-t)^2}$; $H_t\left(0\,\Big|\,-\frac{16}{t}\right)$
c) Vgl. Figur

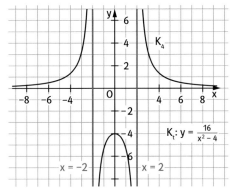

d) $f_{t_1}(x) = f_{t_2}(x)$ gilt nur für $t_1 = t_2$, dies ist aber ausgeschlossen.
e) $P_t(\sqrt{8+t}\,|\,2)$; $Q_t(-\sqrt{8+t}\,|\,2)$; P_t und Q_t liegen auf der Geraden mit der Gleichung $y = 2$.

10 a) $f_t(x) = 4x^2 + t - \frac{t^3}{x}$; $f_t'(x) = 8x + \frac{t^3}{x^2}$; $f_t''(x) = 8 - \frac{2t^3}{x^3}$
$T\left(-\frac{t}{2}\,\Big|\,3t^2 + t\right)$; wegen $t \in \mathbb{R}$ weder globales Maximum noch globales Minimum.
b) Minimum von y_T für $t = -\frac{1}{6}$; damit $T\left(\frac{1}{12}\,\Big|\,-\frac{1}{12}\right)$.
c) $x = -\frac{t}{2}$; $y = 3t^2 + t$; $y = 12x^2 - 2x$
d) $W_t\left(\frac{1}{2}t \cdot \sqrt[3]{2}\,\Big|\,t\right)$; $y = \sqrt[3]{4} \cdot x$; Ursprungsgerade

11 a) $N(-t\,|\,0)$; $S\left(0\,\Big|\,\frac{1}{t}\right)$
$f_t'(x) = \frac{2(t^2 - x^2)}{(x^2 + t^2)^2}$; $f_t''(x) = \frac{-4x(3t^2 - x^2)}{(x^2 + t^2)^3}$;
$T(-t\,|\,0) = N$; $H\left(t\,\Big|\,\frac{2}{t}\right)$
$W_1\left(-t\sqrt{3}\,\Big|\,\frac{2-\sqrt{3}}{2t}\right)$; $W_2\left(0\,\Big|\,\frac{1}{t}\right) = S_y$;
$W_3\left(t\sqrt{3}\,\Big|\,\frac{2+\sqrt{3}}{2t}\right)$; Asymptoten: $y = \frac{1}{t}$;

vgl. Figur

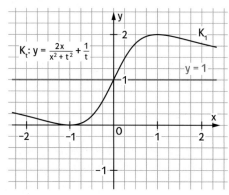

b) $g_1: y = -\frac{1}{4t^2}x + \frac{4-3\sqrt{3}}{4t}$; $g_2: y = \frac{2}{t^2}x + \frac{1}{t}$;

$g_3: y = -\frac{1}{4t^2}x + \frac{4+3\sqrt{3}}{4t}$

Orthogonalität für $\frac{2}{t^2} \cdot -\frac{1}{4t^2} = -1$, also für

$t_0 = \frac{1}{\sqrt[4]{2}} \approx 0{,}8409$.

c) Die Verbindungsgerade der Wendepunkte hat die Gleichung $y = \frac{1}{2t^2}x + \frac{1}{t}$. Die Schnittbedingungen mit $y = -\frac{1}{2x}$ lautet:

$x^2 + 2tx + t^2 = 0$. Es gibt nur einen gemeinsamen Punkt, den Berührpunkt $B\left(-t \mid \frac{1}{2t}\right)$.

12 $E(25) = 4{,}92 \left(\frac{J}{g \cdot km}\right)$; $E'(v) = \frac{0{,}31v^2 - 471{,}75}{v^2}$;

$E''(v) = \frac{943{,}5}{v^3}$

Bei einer Geschwindigkeit von ungefähr 39 km pro Stunde ist der Energieverbrauch dieses Vogels am geringsten.

VIII Modellieren mit der Exponentialfunktion

1 Exponentielles Wachstum modellieren

Seite 230

Einstiegsproblem
Das Würfeln kann auch mit einer Tabellenkalkulation oder dem GTR simuliert werden. Man stellt fest, dass immer etwa die gleiche Anzahl von Würfen nötig ist, bis noch höchstens 10 Würfel übrig sind. Das kann man begründen:
Die Wahrscheinlichkeit, dass eine Sechs nicht aussortiert wird, beträgt $\frac{5}{6}$. Die Wahrscheinlichkeit, dass eine Sechs nach n Würfen nicht aussortiert wird, beträgt $\left(\frac{5}{6}\right)^n$.

Demnach sind nach n Würfen $100 \cdot \left(\frac{5}{6}\right)^n$ Sechsen zu erwarten.
Die Gleichung $100 \cdot \left(\frac{5}{6}\right)^n = 10$ hat die Lösung n ≈ 13. Also werden nach etwa 13 Würfen etwa 10 Würfel übrig sein.

Man kann auch nach der Behandlung der Lerneinheit auf das Einstiegsproblem eingehen.
Die aus der Simulation erhaltenen Daten kann man modellieren und erhält dann eine Exponentialfunktion als sehr gute Modellierung. Der Wachstumsfaktor beträgt etwa $\frac{5}{6}$. Vgl. auch Aufgabe 7 (radioaktiver Zerfall).

Seite 232

1 a) Mittelwert der Quotienten $\frac{B(n)}{B(n-1)}$ ist 1,2636, also ist die Modellierung
$f(x) = 28 \cdot 1,2636^x = 28 \cdot e^{0,2340x}$.
Verdoppelungszeit: $T_V = \frac{\ln(2)}{0,2340} = 2,96$ (Jahre).
b) Für den Datenpunkt (50|6,1) ergibt sich mit dem Ansatz $f(x) = 9,1 e^{kx}$ aus der Gleichung: $9,1 e^{k \cdot 50} = 6,1$: k = −0,0079997, also ist die Modellierung

$f(x) = 9,1 \cdot e^{-0,0079997x} = 9,1 \cdot 0,992^x$.
Halbwertszeit $T_H = \frac{\ln\left(\frac{1}{2}\right)}{-0,0079997} = 86,6$ (Jahre).
c) $f(x) = 84,57 \cdot 0,7775^x = 84,57 \cdot e^{-0,2517x}$
Halbwertszeit $T_H = \frac{\ln\left(\frac{1}{2}\right)}{-0,2517} = 2,75$ (Jahre).

2 a) Hier wird nach Methode II (vgl. Beispiel im Schülerbuch Seite 231) verfahren, weil nur zwei Datenpunkte bekannt sind.
Ansatz: $f(x) = f(0) \cdot e^{kx}$ mit $f(0) = 1,82 \cdot 10^9$, wobei x die Jahre ab 1988 bedeutet.
$f(1) = 1,82 \cdot 10^9 e^k = 1,875 \cdot 10^9$.
Lösung der Gleichung: k = 0,02977 (gerundet); $f(x) = 1,82 \cdot 10^9 e^{0,02977x}$.
Das Ergebnis liefert auch der Rechner, wenn man die beiden Datenpunkte in Listen eingibt.
b) $f(12) = 2,6 \cdot 10^9$. Die Abweichung zeigt, dass sich das Bevölkerungswachstum etwas weniger stark als bei rein exponentiellem Wachstum entwickelte. Es könnten schon begrenzende Einflüsse wirksam geworden sein.
c) $1,82 \cdot 10^9 e^{0,02977x} = 4 \cdot 10^9$ hat die Lösung x = 26,45 (gerundet). Nach dem Modell erreicht die Bevölkerungszahl etwa im Jahre 2015 die 4-Milliarden-Grenze.
d) Man verwendet die Funktionsdarstellung $f(x) = 1,82 \cdot 10^9 e^{0,02977x}$ (x in Jahren, f(x) in Einwohnern). $f'(x) = 0,054 \cdot 10^9 e^{0,02977x}$, $f'(12) = 0,077 \cdot 10^9$ (gerundet).
Die momentane Zunahmerate im Jahr 2000 beträgt etwa 77 Millionen Einwohner pro Jahr.

3 a) Man kann angenähert von exponentiellem Wachstum sprechen, da die Quotienten $\frac{B(n)}{B(n-1)}$ annähernd konstant sind (B(n): Ausstellerzahl im Jahr n).

Dabei zählt n die Jahre seit 2002. Im ersten Jahr ist das Wachstum allerdings deutlich schwächer gewesen als in den Folgejahren.
b) Hier wird nach Methode I (vgl. Beispiel im Schülerbuch Seite 231) verfahren. Damit ergibt sich für das Modell die Gleichung $f(x) = 236 \cdot 1{,}19^x$ bzw. $236 \cdot e^{0{,}174x}$.

Jahr	n	B(n)	$\frac{B(n)}{B(n-1)}$	Modell
2002	0	236		236
2003	1	256	1,08	281
2004	2	291	1,14	334
2005	3	372	1,28	398
2006	4	454	1,22	473
2007	5	560	1,23	563

Mittelwert 1,19

4 a) Ansatz $f(x) = B(0) \cdot a^x$ bzw. e^{kx} mit $B(0) = 1183$ ($f(x)$ in Milliarden Euro, x in Jahren). Man erhält mithilfe der Mittelwerte der Quotienten $\frac{f(n)}{f(n-1)}$ die Gleichung $f(x) = 1183 \cdot 1{,}0344^x = 1183 \cdot e^{0{,}0338x}$.

b)
Jahr	n	B(n)	$\frac{B(n)}{B(n-1)}$	Modell
1999	0	1183		1183
2000	1	1193	1,01	1224
2001	2	1204	1,01	1266
2002	3	1253	1,04	1309
2003	4	1326	1,06	1354
2004	5	1395	1,05	1401
2005	6	1448	1,04	1449

Mittelwert 1,0344

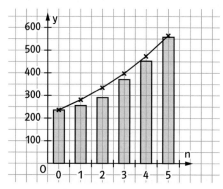

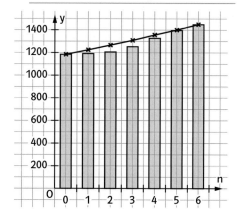

Die Jahre 2002 und 2007 werden durch das Modell gut angenähert, die Jahre dazwischen liefern zu kleine Werte. Die Verbindung der Punkte ist für die Realität eigentlich ohne Bedeutung, da kein kontinuierliches Wachstum vorliegt.
Die Ausstellerzahl in 2015 wäre nach dem Modell $B(13) \approx 2265$. In der Realität gab es unmittelbar nach dem Umzug auf eine größere Fläche einen Sprung bei den Ausstellerzahlen. Bei den prognostizierten Ausstellerzahlen gäbe es auch am neuen Standort Platzprobleme. Solche Änderungen machen eine einfache Fortschreibung unbrauchbar.

Am Graphen von f (Kurve durch die Punkte) erkennt man: Die Jahre 2001 bis 2003 werden durch das Modell nicht besonders gut angenähert, das Wachstum war anfangs geringer und ab 2002 deutlich höher. Die Verbindung der Punkte zeigt das deutlich, sie ist für die Realität aber sonst ohne Bedeutung, da kein kontinuierliches Wachstum vorliegt.
Prognose für 2015: $f(16) \approx 2032$.
Verdoppelungszeit $T_V = \frac{\ln(2)}{k} \approx 21$ Jahre.
„Rückwärts"-Prognose für 1990: $f(-9) = 872$.
Wahrer Wert: 536

5 a) Ansatz: $B(x) = B(0) \cdot e^{k \cdot x}$ mit $B(0) = 4000$ (Lux).
Mit $B(1) = 80\%$ von $4000 = 3200$ erhält man die Gleichung $4000 e^k = 3200$ mit der Lösung $k = -0{,}2231$ (gerundet), also $B(x) = 4000 e^{-0{,}2231 x}$.
$B(10) \approx 430$. In 10 m Wassertiefe beträgt die Beleuchtungsstärke etwa 430 Lux.
„Halbwertstiefe": $T_H = \dfrac{\ln\left(\frac{1}{2}\right)}{k} \approx 3{,}1$ Meter.
b) Die Gleichung
$B'(x) = -892{,}4 e^{-0{,}2231 x} = -10$ hat die Lösung $x = 20{,}13$. In einer Tiefe von etwa 20,1 m beträgt die momentane Änderungsrate von B -10 Lux pro Meter.

Seite 233

7 a) In 56 Sekunden zerfällt etwa die Hälfte der Thoron-Atome. Dabei spielt es keine Rolle, ab welchem Zeitpunkt man den Zerfall misst. Nach n Halbwertszeiten beträgt daher der Anteil des noch vorhandenen Thorons $\left(\dfrac{1}{2}\right)^n = 2^{-n} = 100\% \cdot 2^{-n}$.
b) Beim Ansatz $f(t) = c \cdot e^{kt}$ ist $f(0) = c = 100\%$ und $f(56) = 50\%$. Das ergibt die Gleichung $100\% \cdot e^{56k} = 50\%$ mit der Lösung $k = -0{,}01238$. Damit ergibt sich: $f(t) = 100\% \cdot e^{-0{,}01238 t}$.
c) 5 Minuten = 300 Sekunden, $f(300) = 2{,}4\%$. Also sind 2,4 % des Edelgases nach 5 Minuten noch nicht zerfallen.
$f(t) = 1\%$ ergibt die Gleichung $100\% \cdot e^{-0{,}01238 t} = 1\%$ mit der Lösung $t = 372$. Nach 372 Sekunden ist die Aktivität auf 1 % des Anfangswertes gesunken.
d) $f(t) = 100\% \cdot e^{-0{,}01238 t}$;
$f'(t) = -1{,}238\% \cdot e^{-0{,}01238 t}$;
$f'(0) = -1{,}238$; $f'(T_H) = -0{,}619$;
$f'(2T_H) = -0{,}309$; $f'(3T_H) = -0{,}155$ (gerundet in % pro Sekunde); allgemein
$f'(n \cdot T_H) = \dfrac{f'(0)}{n+1}$. Die Änderungsrate hat also dieselbe Halbwertszeit wie die Bestandsfunktion.

Randaufgabe
Der Zerfallsprozess kann modelliert werden als Zufallsexperiment mit n Stufen (entsprechend n Sekunden). Auf jeder Stufe gibt es die zwei Ergebnisse „Zerfall" mit der Wahrscheinlichkeit p bzw. „Nichtzerfall" mit der Wahrscheinlichkeit $1 - p$. Ein Radon-Atom zerfällt daher mit der Wahrscheinlichkeit von $(1 - p)^{56} = 0{,}5$ in 56 Sekunden nicht, da die Halbwertszeit 56 s beträgt. Daraus ergibt sich $p = 0{,}0123$. Die Wahrscheinlichkeit, dass ein Radon-Atom nach n Sekunden nicht zerfallen ist, beträgt also $(1 - p)^n = 0{,}9877^n = 100\% \cdot e^{-0{,}01238 t}$ wie oben.

8 $B(t)$ bezeichnet den Anteil des Verhältnisses von C14 zu C12 in einem abgestorbenen Organismus, t die Zeit in Jahren seit dem Absterben des Organismus.
$B(t) = B(0) \cdot e^{kt}$ mit $B(0) = 100\%$;
$B(5730) = 50\%$ ergibt die
Gleichung $100 \cdot e^{5730 k} = 50$ mit der Lösung $k = -0{,}00012097$ (gerundet).
Damit erhält man: $B(t) = 100\% \cdot e^{-0{,}00012097 t}$.
a) $B(35000) = 1{,}45\%$. Das Verhältnis von C14 zu C12 ist auf 1,45 % gesunken.
b) Die Gleichung $B(t) = 53\%$ hat die Lösung $t = 5248$. Demnach ist Ötzi vor 5248 Jahren gestorben. Rechnet man mit der Halbwertszeit von 5770 Jahren (5730 + 40) bzw. 5690 Jahren (5730 – 40), so ergibt sich ein Zeitraum von etwa 5210 bis 5285 bis zum Tod. Also ist eine Zeitangabe von etwa 5250 Jahren angemessen. Natürlich muss man auch berücksichtigen, dass die Messung von 53 % ungenau ist. Daher findet man in Veröffentlichungen einen Bereich von 5100 bis 5350 Jahren. Außerdem hat sich im Laufe der Zeit der Gehalt von C14 in der Atmosphäre leicht verändert. Der in der Aufgabe angegebene Wert weicht daher von wahren Messungen, die bei etwa 58 % liegen, etwas ab.

Ergänzung zur Radiokarbonmethode: Durch Stoffwechselprozesse bleibt der Anteil des radioaktiven Kohlenstoffisotops C14 in einem lebenden Organismus in konstantem Verhältnis zum gesamten Kohlenstoff im Organismus (im Wesentlichen C12). Mit dem Tod des Organismus wird der Kohlenstoff nicht mehr durch das Kohlendioxid in der Atmosphäre ersetzt, der Anteil von C14 am Kohlenstoff im Organismus sinkt durch Zerfall. Wegen der Halbwertszeit von etwa 5700 Jahren bei C14 ist die Methode begrenzt auf Altersbestimmungen von ungefähr 50000 Jahren, in manchen Fällen bis zu 70000 Jahren. Die Unsicherheit bei der Messung erhöht sich mit dem Alter der Probe.

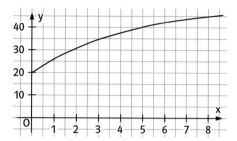

b) $f(10) = 46{,}78$; $f(-7) = -93{,}1$
c) $f(x) = 40$ hat die Lösung $x = 5$.
Probe: $f(5) \approx 40$.
d) $f'(x) = 6{,}694\,e^{-0{,}2231x}$, $f'(10) = 0{,}719$ (Einheiten pro Tag).
II: $f(x) = 50 - 50\,e^{-0{,}25x}$:
a) $S = 50$; $f(0) = 0$; Graph für $0 \leq x \leq 9$

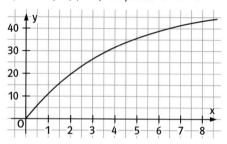

b) $f(10) = 45{,}90$; $f(-7) = -237{,}7$
c) $f(x) = 40$ hat die Lösung $x = 6{,}44$.
d) $f'(x) = 12{,}5\,e^{-0{,}25x}$; $f'(10) = 1{,}03$ (Einheiten pro Tag)
III: $f(x) = 10 + 50\,e^{-0{,}25x}$:
a) $S = 10$; $f(0) = 60$; Graph für $0 \leq x \leq 9$

2 Begrenztes Wachstum

Seite 234

Einstiegsproblem
Durch Spiegelung an der x-Achse geht Graph I in II über. Durch Verschiebung um S in Richtung der y-Achse entsteht daraus Graph III.
Der Parameter c ist bei Graph I der y-Achsenabschnitt, bei Graph II ist $-c$ der y-Achsenabschnitt, bei Graph III ist c der Abstand in y-Richtung bei $x = 0$ zu S.
Der Parameter k ist negativ.
Die Funktion von Graph III hat die Gleichung $f(x) = S - c \cdot e^{kx}$.

Seite 235

1 I: $f(x) = 50 - 30 \cdot 0{,}8^x = 50 - 30 \cdot e^{-0{,}2231x}$
a) $S = 50$; $f(0) = 20$; Graph für $0 \leq x \leq 9$

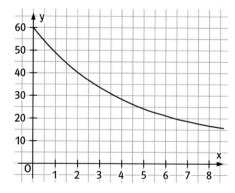

b) $f(10) = 14{,}10$; $f(-7) = 297{,}7$
c) $f(x) = 40$ hat die Lösung $x = 2{,}04$.
d) $f'(x) = -12{,}5\,e^{-0{,}25x}$; $f'(10) = -1{,}03$ (Einheiten pro Tag)

2 a) Ansatz:
$f(x) = 100 - c \cdot e^{-kx}$ (x in Tagen)
$f(0) = 10$ ergibt $c = 90$, $f(1) = 20$ die Gleichung $100 - 90\,e^{-k} = 20$ mit der Lösung $k = 0{,}1178$, also $f(x) = 100 - 90\,e^{-0{,}1178x}$.
b) Ansatz: $f(x) = 100 + c \cdot e^{-kx}$ (x in Tagen)
$f(0) = 200$ ergibt $c = 100$, $f(10) = 150$ die Gleichung $100 + 100\,e^{-10k} = 150$ mit der Lösung $k = 0{,}0693$, also
$f(x) = 100 + 100\,e^{-0{,}0693x}$.
c) Ansatz: $f(x) = 100 - c \cdot e^{-kx}$ (x in Tagen)
$f(0) = 0$ ergibt $c = 100$, $f(1) = 10$ die Gleichung $100 - 100\,e^{-k} = 10$ mit der Lösung $k = 0{,}1054$, also $f(x) = 100 - 100\,e^{-0{,}1054x}$.
d) Ansatz: $f(x) = 0 - c \cdot e^{-kx}$ (x in Tagen)
$f(0) = 100$ ergibt $c = -100$, $f(10) = 50$ die Gleichung $100\,e^{-10k} = 50$ mit der Lösung $k = 0{,}0693$, also $f(x) = 100\,e^{-0{,}0693x}$.

3 Man berechnet den Restbestand $R(n) = S - B(n)$ und weist nach, dass $R(n)$ exponentiell abnimmt. Das zeigt man, indem man nachweist, dass die Quotienten $\frac{R(n)}{R(n-1)}$ konstant sind.
a)

n	0	1	2	3	4	5	6
B(n)	10,00	35,00	47,50	53,75	56,88	58,44	59,22
R(n)	50,00	25,00	12,50	6,25	3,12	1,56	0,78
$\frac{R(n)}{R(n-1)}$		0,5	0,5	0,5	0,5	0,5	0,5

b)

n	0	1	2	3	4	5	6
B(n)	90,00	75,00	67,50	63,75	61,88	60,94	60,47
R(n)	−30,00	−15,00	−7,50	−3,75	−1,88	−0,94	−0,47
$\frac{R(n)}{R(n-1)}$		0,5	0,5	0,5	0,5	0,5	0,5

Seite 236

4 Ansatz: $f(x) = S - c \cdot e^{-kx}$ (x in Tagen, $f(x)$ in cm²) mit $S = 35$, $f(0) = 2$, $f(1) = 5$
$f(0) = 2$ liefert $35 - c = 2$, also $c = 33$.
$f(1) = 5$ ergibt damit die Gleichung
$35 - 33\,e^{-k} = 5$ mit der Lösung $k = 0{,}0953$.
Also ist $f(x) = 35 - 33\,e^{-0{,}0935x}$.
a) $f(5) = 14{,}32$. Nach 5 Tagen beträgt die Fläche etwa 14,3 cm².
$f\left(\frac{5}{24}\right) = 2{,}64$. Nach 5 Stunden beträgt die Fläche etwa 2,6 cm².
b) $f(x) = 17{,}5$ hat die Lösung $x = 6{,}78$.
Nach etwa 6 Tagen und 19 Stunden ist die halbe Petrischale voll mit Bakterien.
c) $f'(x) = 3{,}0855\,e^{-0{,}0935x}$; $f'(x) = 0{,}5$ hat die Lösung 19,5. Nach etwa 19,5 Tagen beträgt die Wachstumsgeschwindigkeit 0,5 cm² pro Tag.

5 a) Man zeigt wie in Aufgabe 3: Für $R(n) = S - B(n)$ ist $\frac{R(n)}{R(n-1)}$ konstant 0,84.
Man kann auch zeigen, dass die Modellierung von Teilaufgabe b) die Tabellenwerte ergibt.
b) Ansatz: $f(x) = 800 - c \cdot e^{-kx}$.
$f(0) = 320$ liefert $c = 480$. Die Gleichung $f(1) = 800 - 480\,e^{-k} = 397$ liefert
$k = -\ln(0{,}84) = 0{,}1744$.
Also: $f(x) = 800 - 480\,e^{-0{,}1744x}$.
c) $f(x + 1) - f(x) = 2$ ergibt die Gleichung $0{,}16(800 - f(x)) = 2$, also
$0{,}16 \cdot 480\,e^{-0{,}1744x} = 2$ mit der Lösung
$x = 20{,}9$. Nach etwa 21 Tagen beträgt die Änderung $f(x) - f(x-1)$ etwa 2.

6 a) Die „Resttemperatur" $S - T(x)$ nimmt exponentiell ab.
b) Ansatz: $f(x) = S - c \cdot e^{-kx}$ (x in Minuten, $f(x)$ in °C) mit $S = 30$, $f(0) = 8$, $f(12) = 15$.
$f(0) = 8$ liefert $30 - c = 8$, also $c = 22$.
$f(12) = 15$ ergibt damit die Gleichung
$30 - 22\,e^{-12k} = 15$ mit der Lösung
$k = 0{,}0319$ (gerundet).

Also ist $f(x) = 30 - 22e^{-0.0319x}$.
c) $f(5) = 11{,}2$ (gerundet). Nach 5 Minuten ist der Saft mit 11,2 °C noch ziemlich kalt.
d) $f(x) = 20$ hat die Lösung 24,7 (gerundet). Nach etwa 25 Minuten kann Oma den Saft trinken.
e) Die Fragestellung kann man auf zwei Arten interpretieren:
- die Änderungsrate der Safttemperatur (die Erwärmungsgeschwindigkeit) beträgt 1 °C pro Minute:
  $f'(x) = 0{,}7018\,e^{-0.0319x} = 0{,}5$;
  Lösung $x = 10{,}6$. Nach 10,6 Minuten beträgt die momentane Änderungsrate der Safttemperatur 0,5 °C pro Minute.
- die Differenz $f(x+1) - f(x)$ beträgt 0,5; Lösung $x = 10{,}1$. Von Minute 10,1 bis 11,1 ändert sich die Safttemperatur um 0,5 °C.

9 Fehler im 1. Druck der 1. Auflage des Schülerbuchs. Die Aufgabenstellung in Teilaufgabe a) müsste lauten:
a) Zeichnen sie für $k = 1; 2; 3, 4$ jeweils den Graphen der Funktion f_k.

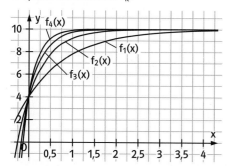

b) Beim Zeichnen der Graphen beobachtet man dann, dass für wachsendes k die Grenze $S = 10$ schneller erreicht wird. Man kann hierzu die Ableitung $f'(x) = 6ke^{-kx}$ betrachten, denn sie bedeutet für das Wachstum die Zunahme- bzw. Abnahmegeschwindigkeit. Je größer k, desto größer die Ableitung bei $x = 0$, d.h., der Graph wird steiler.

10 $B(n)$ beschreibt die Menge (in ml) des Medikamentes im Blut nach n Sekunden. Dann erhält man (unter der Annahme, dass jeweils 2 % des zu Beginn eines Zeitschritts vorhandenen Medikaments abgebaut wird) aus den Angaben im Text:
$B(n) = B(n-1) + 0{,}1 - 0{,}02\,B(n-1)$. Damit kann man eine Tabelle erstellen, die man wie bei Aufgabe 3 untersuchen kann. Für $R(n) = S - B(n)$ ist $\frac{R(n)}{R(n-1)}$ konstant 0,98.
Es liegt daher begrenztes Wachstum vor mit der Schranke $S = 5$ und der Modellfunktion f mit $f(x) = 5 - 5 \cdot 0{,}98^x = 5 - 5 \cdot e^{-0.0202x}$.
Medikament im Blut nach einer Minute: $f(60) = 3{,}5$.
Die zweite Frage lässt sich interpretieren als Lösung von $f'(x) = 0{,}01$ mit der Lösung $x = 114{,}5$. Nach 114,5 Sekunden beträgt die momentane Zuwachsgeschwindigkeit 0,01 ml pro Sekunde.
Man kann auch die Gleichung $f(x+1) - f(x) = 0{,}01$ lösen: $x = 114{,}0$.
Von Sekunde 114 zu 115 nimmt dann das Medikament um 0,01 ml zu. Vgl. Aufgabe 6e).

3 Differentialgleichungen bei Wachstum

Seite 237

Einstiegsproblem
Skizzen für die Varianten:
– T nimmt gleichmäßig auf 0 °C ab

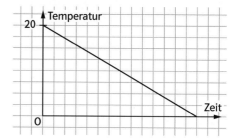

– Die Abkühlgeschwindigkeit T' ist zu T proportional.

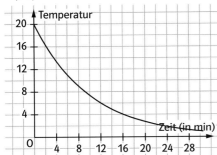

Man würde eher die 2. Variante erwarten.

Seite 239

1

$f'(x) = 10 - 0{,}1f(x)$	$f'(x) = -0{,}1f(x)$
$f(x) = 100 - 95e^{-0{,}1x}$	$f(x) = 5e^{-0{,}1x}$
$f'(x) = 0{,}1(10 - f(x))$	$f'(x) = 0{,}1f(x)$
$f(x) = 10 - 5e^{-0{,}1x}$	$f(x) = 10e^{0{,}1x}$

2 Wenn man den Gleichungstyp (und damit die Parameter) nicht sofort erkennt, kann man f ableiten und die Parameter durch Vergleich bestimmen.
a) $f(x) = 2e^{-kx}$ und die Ableitung $f'(x) = -2ke^{-kx}$ in die Differentialgleichung einsetzen: $f'(x) = -f(x)$; $-2ke^{-kx} = -2e^{-kx}$ liefert $k = 1$.
b) $f(x) = 10e^{-kx} + 100$; $f'(x) = -10ke^{-kx}$ in $f'(x) = 100 - f(x)$ einsetzen: $-10ke^{-kx} = 100 - (10e^{-kx} + 100)$ liefert $k = 1$.
c) $f(0) = 1$ liefert bei $f(x) = ce^{-kx} + 5$ eingesetzt zunächst $c = -4$.
$f(x) = -4e^{-kx} + 5$; $f'(x) = 4ke^{-kx}$ in $f'(x) = 1 - 0{,}2f(x)$ einsetzen:
$4ke^{-kx} = 1 - 0{,}2(-4e^{-kx} + 5) = 0{,}8e^{-kx}$
liefert $k = 0{,}2$.

d) $f(x) = \dfrac{a}{x+1}$; $f'(x) = \dfrac{-a}{(x+a)^2}$
in $f'(x) = -(f(x))^2$ einsetzen:
$\dfrac{-a}{(x+1)^2} = -\left(\dfrac{a}{x+1}\right)^2 = \dfrac{-a^2}{(x+1)^2}$
liefert $a = a^2$, also $a = 0$ und $a = 1$.

3 Hier ist zusätzlich eine Anfangsbedingung und eine verbale Beschreibung angegeben.
a) $f'(x) = 0{,}1f(x)$; $f(0) = 0{,}2$; die momentane Änderungsrate von f ist zu f proportional.
b) $f'(x) = -0{,}1f(x)$; $f(0) = 500$; die momentane Änderungsrate von f ist zu f proportional.
c) $f'(x) = -0{,}1(100 - f(x))$; $f(0) = 0$; die momentane Änderungsrate von f ist zur Differenz von 100 und f proportional.
d) $f'(x) = -0{,}1(100 - f(x))$; $f(0) = 70$; die momentane Änderungsrate von f ist zur Differenz von 100 und f proportional.

4 a)

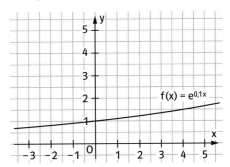

b)

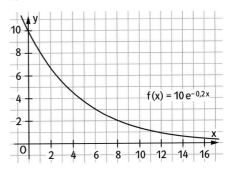

c)

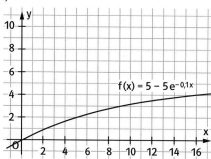

d)

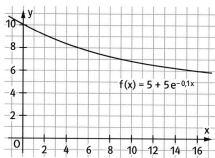

5 V(t) bezeichnet das Volumen der Flüssigkeit in dem Behälter nach t Sekunden.
a) Dann gilt die Differentialgleichung
$V'(t) = 5 - 0{,}1\,V(t)$ mit $V(0) = 20$.
b) Wegen $V'(t) = 0{,}1(50 - V(t))$ liegt begrenztes Wachstum vor;
Lösung: $V(t) = 50 - 30\,e^{-0{,}1t}$. Das Volumen der Flüssigkeit nimmt anfangs am stärksten zu und nähert sich dann langsam der Grenze S = 50 (Liter).
c) $V'(t) = 5 - 0{,}1\,V(t)$ ergibt mit $V(t) = 45$ die momentane Zunahmerate 0,5 Liter pro Sekunde. Die Gleichung $V'(t) = 0{,}5$, also $3\,e^{-0{,}1t} = 0{,}5$, hat die Lösung $t = 17{,}9$. Nach etwa 18 Sekunden beträgt die momentane Zunahmerate 0,5 Liter pro Sekunde.

6 Mit x wird die Zeit (in Minuten) und mit f(x) die Temperatur (in °C) bezeichnet.

a) Differentialgleichung:
$f'(x) = 0{,}1(25 - f(x))$ mit $f(0) = 10$,
Lösung: $f(x) = 25 - 15\,e^{-0{,}1x}$.
b) Differentialgleichung:
$f'(x) = k(-5 - f(x))$ mit $f(0) = 20$,
Lösungsansatz: $f(x) = -5 + 25\,e^{-kx}$.
Der Parameter k ergibt sich aus der Gleichung $f(15) = 5$, also $-5 + 25\,e^{-15k} = 5$ mit der Lösung $k = 0{,}0611$ (gerundet).
Lösung: $f(x) = -5 + 25\,e^{-0{,}0611x}$.
$f(x) = 0$ hat die Lösung $x = 26{,}3$ (gerundet), also beginnt nach etwa 26 Minuten der Saft zu gefrieren. Dann bleibt die Safttemperatur konstant 0 °C, bis der gesamte Saft gefroren ist. Erst danach kühlt der Saft weiter ab.

Seite 240

9 a) Das Wachstum bei I ist unbegrenzt: exponentielles Wachstum. Das Wachstum bei II ist begrenzt: Es nähert sich dem Maximalwert S. Wachstum nach I tritt z. B. auf, wenn die Population jedes Jahr um den gleichen Prozentsatz zunimmt. Wachstum nach II tritt z. B. auf, wenn die Population jedes Jahr um den gleichen Prozentsatz der Differenz des Maximalwertes S und des Bestandes zunimmt.
b) f(x) bezeichnet den Bestand der Population nach x Jahren.
I: Ansatz: $f'(x) = k \cdot f(x)$ mit
$f(0) = 5000$, Lösung: $f(x) = 5000\,e^{kx}$,
$f(10) = 5000\,e^{10k} = 10\,000$ ergibt
$k = \tfrac{1}{10}\ln(2) \approx 0{,}0693$.
II: Ansatz: $f'(x) = k(100\,000 - f(x))$,
Lösung: $f(x) = 100\,000 - c \cdot e^{-kx}$.
$f(0) = 5000$ ergibt $c = 95\,000$;
$f(10) = 100\,000 - 95\,000\,e^{-10k} = 10\,000$
liefert $k = 0{,}00541$.

10 Exakte Modellierung mithilfe einer rekursiv definierten Folge (B(n) gibt die Bestandsanzahl nach n Tagen an):
$B(n) = (1 + p)\,B(n - 1)$, $B(0) = 500$.

Explizite Lösung ist $B(n) = 500(1 + p)^n$.
Näherung mit Differenzialgleichung ($f(x)$ gibt die Bestandsanzahl nach x Tagen an).
$f'(x) = p \cdot f(x)$, Lösung: $f(x) = 500 e^{px}$.
Die Tabellen zeigen die Entwicklungen.

	a)		b)	
n	B(n)	f(n)	B(n)	f(n)
0	500	500	500	500
1	505,0	505,0	525,0	525,6
2	510,1	510,1	551,3	552,6
3	515,2	515,2	578,8	580,9
4	520,3	520,4	607,8	610,7
5	525,5	525,6	638,1	642,0
6	530,8	530,9	670,0	674,9
7	536,1	536,3	703,6	709,5
8	541,4	541,6	738,7	745,9
9	546,8	547,1	775,7	784,2
10	552,3	552,6	814,4	824,4

	c)		d)	
n	B(n)	f(n)	B(n)	f(n)
0	500,0	500,0	500,0	500,0
1	550,0	552,6	625,0	642,0
2	605,0	610,7	781,3	824,4
3	665,5	674,9	976,6	1058,5
4	732,1	745,9	1220,7	1359,1
5	805,3	824,4	1525,9	1745,2
6	885,8	911,1	1907,3	2240,8
7	974,4	1006,9	2384,2	2877,3
8	1071,8	1112,8	2980,2	3694,5
9	1179,0	1229,8	3725,3	4743,9
10	1296,9	1359,1	4656,6	6091,2

Für kleine p ist die Näherung auch nach 10 Zeitschritten noch gut, je größer p wird, desto schlechter ist die Näherung. Das lässt sich folgendermaßen erklären:
Es gilt $(1 + p)^n = e^{\ln(1+p)n}$. Für kleine Werte von p gilt $\ln(1 + p) \approx p$, also $(1 + p)^n \approx e^{p \cdot n}$.

Denn die Funktion g mit $g(x) = \ln(1 + x)$ hat an der Stelle $x = 0$ die Steigung 1 und daher hat der Graph von g die Tangente $y = x$. Je kleiner x, desto besser nähert die Tangente den Graphen an, d.h., es gilt: $\ln(1 + x) \approx x$.

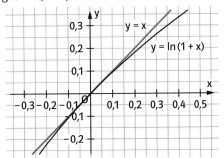

11 Es gilt näherungsweise die Differentialgleichung $f'(x) = 0,5 f(x)$, wobei $f(x)$ die Anzahl Münzen nach x Durchführungen angibt. Denn bei jeder Durchführung erwartet man durchschnittlich 50 % mehr Münzen. Wegen $f(0) = 2$ erhält man die Lösung $f(x) = 2 e^{0,5x}$.
Da $f(10)$ etwa 297 ist, erwartet man nach dem theoretischen Modell etwa knapp 300 Münzen nach 10 Durchführungen. Die Folge liefert hier weniger, weil das theoretische Modell nur eine Näherung ist. Besser wäre hier die Annäherung mit $g(x) = 2 \cdot 1,5^x$.

12 Die Skizzen können schrittweise erzeugt werden, indem man in kleinen Schritten mit der Steigung weiterzeichnet, welche die nach $f'(x)$ aufgelöste Gleichung angibt. Beispielsweise beginnt man bei Teilaufgabe c) mit der Steigung $\frac{1}{f(0)} = \frac{1}{2}$ zu zeichnen, gelangt dann zu einem benachbarten Punkt des Graphen (etwa (1,5|2,25)) und macht dort mit der Steigung $\frac{1}{2,25}$ weiter usw.

a) Exponentielles Wachstum mit $k = -1$ ergibt die Lösung $f(x) = 2 \cdot e^{-x}$.

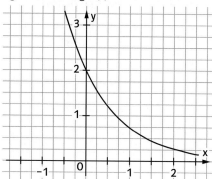

b) begrenztes Wachstum mit $k = 1$ und $S = 1$, da $f(x) = 1 - f'(x)$.
Lösung: $f(x) = 1 + e^{-x}$.

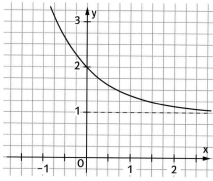

c) Lösung (nur zur Kontrolle) $f(x) = \sqrt{2x + 4}$

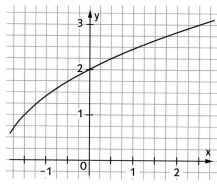

d) Lösung (nur zur Kontrolle) $f(x) = 2e^{-\frac{x^2}{2}}$.
(Form der Gauß-Glocke)

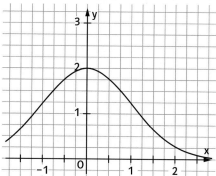

4 Logistisches Wachstum

Seite 241

Einstiegsproblem

Graph III „erbt" von Graph I das anfängliche exponentielle Wachstum und von Graph II das spätere begrenzte Wachstum. Aus diesen beiden „Erbteilen" wird das logistische Wachstum abgeleitet, siehe auch den Lehrtext. Eine Wachstumssituation für I wäre das Wachstum von Bakterien, wenn es keine Ausbreitungshindernisse gibt. Eine Situation für II wäre das Wachstum von Bakterien, wenn es nur Lebensgrundlagen für eine begrenzte Anzahl von Bakterien gibt. Eine Situation für III wäre die Ausbreitung einer Krankheit, wenn es immer weniger infizierbare Gesunde gibt.

Seite 243

1 a) Anfangswert $f(0) = 2$, Schranke $S = 10$. Da f streng monoton wachsend ist, gilt: $2 \leq f(x) < 10$ (für $x \geq 0$).
b) $f(x) = 9$ hat die Lösung $x = 14{,}33$ (gerundet), also ist $f(x)$ für $x > 14{,}33$ mindestens 90 %.

c) $f'(x) = \dfrac{e^{-0,25x}}{(1 + 4e^{-0,25x})^2}$; $f'(10) = 0,465$
(gerundet). Der Schimmel wächst dann etwa um 0,465 dm² pro Tag.

d) Die Gleichung
$f'(x) = 0,6$ (60 cm² = 0,6 dm²)
hat die Lösungen $x = 7,17$ bzw. $x = 3,92$.
$f(8,17) - f(7,17) = 0,582 \,\frac{dm^2}{Tag}$;
$f(4,92) - f(3,92) = 0,612 \,\frac{dm^2}{Tag}$.

Die Zunahme in den folgenden 24 Stunden beträgt 0,582 dm² bzw. 0,612 dm².

2 Ansatz: $f(x) = \dfrac{S}{1 + a \cdot e^{-k \cdot x}}$
Da $f(0) = \dfrac{S}{1 + a}$, ergibt sich $a = \dfrac{S}{f(0)} - 1$.

a) $a = 9$; $f(1) = 20$ liefert die Gleichung
$20 = \dfrac{100}{1 + 9 \cdot e^{-k}}$ mit der Lösung $k = 0,8109$;
$f(x) = \dfrac{100}{1 + 9 \cdot e^{-0,8109x}}$.

x	0	1	2	3	4	5
f(x)	10,00	20,00	36,00	55,86	74,01	86,50

x	6	7	8	9	10
f(x)	93,51	97,01	98,65	99,40	99,73

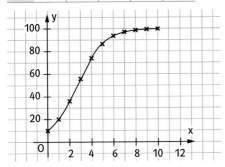

b) $a = 4$; $f(2) = 20$ liefert die Gleichung
$20 = \dfrac{50}{1 + 4 \cdot e^{-2k}}$ mit der Lösung $k = 0,4904$;
$f(x) = \dfrac{50}{1 + 4 \cdot e^{-0,4904x}}$.

x	0	1	2	3	4	5
f(x)	10,00	14,50	20,00	26,06	32,00	37,19

x	6	7	8	9	10
f(x)	41,29	44,28	46,33	47,69	48,56

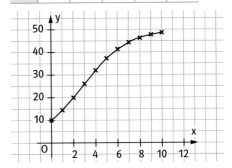

c) $f(1) = 4$ liefert die Gleichung
$4 = \dfrac{200}{1 + 99 \cdot e^{-k}}$ mit der Lösung $k = 0,7033$;
$f(x) = \dfrac{200}{1 + 99 \cdot e^{-0,7033x}}$.

x	0	1	2	3	4	5
f(x)	2,00	4,00	7,92	15,38	28,81	50,75

x	6	7	8	9	10
f(x)	81,45	116,25	147,43	170,00	183,93

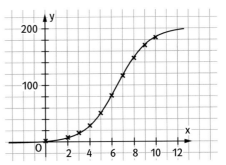

d) $f(10) = 30$ liefert die Gleichung
$30 = \dfrac{50}{1 + 9,5 \cdot e^{-10k}}$ mit der Lösung $k = 0,2657$;
$f(x) = \dfrac{50}{1 + 9,5 \cdot e^{-0,2657x}}$.

x	0	1	2	3	4	5
f(x)	4,76	6,04	7,59	9,47	11,68	14,22

x	6	7	8	9	10
f(x)	17,07	20,17	23,43	26,75	30,00

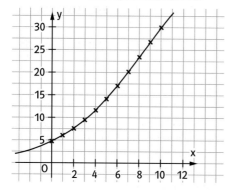

3 Funktion I → Fig. 3; Funktion II → Fig. 1; Funktion III → Fig. 2; Funktion IV → Fig. 4

4 Ansatz: $f(x) = \dfrac{S}{1 + a \cdot e^{-k \cdot x}}$.

Da $f(0) = \dfrac{S}{1+a}$, ergibt sich $a = \dfrac{S}{f(0)} - 1$.

a) $a = 99$; $f(5) = \dfrac{100}{1 + 99 \cdot e^{-k \cdot x}} = 10$ liefert

$k = 0{,}4796$ (gerundet), also

$f(x) = \dfrac{100}{1 + 99 \cdot e^{-0{,}4796 \cdot x}}$.

Größtes Wachstum: $f'(x)$ muss maximal sein. Lösung $x = 9{,}58$.

b) $a = 8{,}091$; $f(10) = \dfrac{50}{1 + 8{,}091 \cdot e^{-k \cdot 10}} = 15$

liefert $k = 0{,}1243$ (gerundet), also

$\dfrac{50}{1 + 8{,}091 \cdot e^{-0{,}1243 x}}$.

Größtes Wachstum: $f'(x)$ muss maximal sein. Lösung $x = 16{,}82$.

6 a) Ansatz: $f(x) = \dfrac{S}{1 + a \cdot e^{-kx}}$.

Man liest aus der Grafik die Parameter $f(0) = 10$ und $S = 670$ ab. Wegen $f(0) = \dfrac{S}{1+a}$ ergibt sich $a = 66$.

Zur Bestimmung von k verwendet man eine GTR-Regression oder ein geeignetes Wertepaar, z.B. (9|440). Das Wertepaar liefert die Gleichung $440 = \dfrac{670}{1 + 66 \cdot e^{-k \cdot 9}}$ mit der Lösung $k = 0{,}5376$ (gerundet).

Damit ergibt sich $f(x) = \dfrac{670}{1 + 66 \cdot e^{-0{,}5376 \cdot x}}$.

Die Funktionswerte von f stimmen annähernd mit denen der Grafik überein.

7 a) $f'(x) = \dfrac{50 \cdot e^{-x}}{(1 + 10 \cdot e^{-x})^2}$

$f''(x) = \dfrac{50 \cdot e^{-2x} \cdot (10 - e^x)}{(1 + 10 \cdot e^{-x})^3}$

Nullstellen: f hat keine Nullstellen.

Extrema: f' hat keine Nullstellen, daher hat f keine Extrema.

Monotonie: f ist streng monoton wachsend, da $f'(x) > 0$ für alle x.

Wendestellen: $f''(x) = 0$, falls $e^x = 10$, also bei $x = \ln(10)$ (dort ist ein VZW von f'').

$\lim\limits_{x \to \infty} f(x) = 5$ (Schranke),

$\lim\limits_{x \to -\infty} f(x) = 0$ (da e^{-x} beliebig groß wird).

b) $f'(x) = \dfrac{50 \cdot e^{-x}}{(1 + 10 \cdot e^{-x})^2}$; $S = 5$

(siehe Teilaufgabe a))

$5 - f(x) = 5 - \dfrac{5}{1 + 10 \cdot e^{-x}} = \dfrac{50 e^{-x}}{1 + 10 e^{-x}}$;

$f(x) \cdot (5 - f(x)) = \dfrac{250 \cdot e^{-x}}{1 + 10 e^{-x}} = 5 f'(x)$,

also $f'(x) = \dfrac{1}{5} f(x) \cdot (5 - f(x))$.

Aus der Differentialgleichung

$f'(x) = \dfrac{1}{5} \cdot f(x) \cdot (5 - f(x))$ folgt durch Ableiten:

$f''(x) = \dfrac{1}{5}\bigl(f'(x) \cdot (5 - f(x)) - f(x) \cdot f'(x)\bigr)$

$= \dfrac{1}{5} \cdot f'(x) \cdot (5 - 2f(x)) = 0$, falls $f(x) = \dfrac{5}{2}$.

Die Gleichung $f(x) = \dfrac{5}{2}$, also $\dfrac{5}{1 + 10 \cdot e^{-x}} = \dfrac{5}{2}$

hat die Lösung $x = \ln(10)$. Das Wachstum ist an der Wendestelle am größten. Der Wendepunkt liegt beim logistischen Wachstum immer auf „halber Höhe" zwischen 0 und S.

8 a) $f'(x) = \dfrac{a \cdot S \cdot k \cdot e^{-kx}}{(1 + a \cdot e^{-kx})^2}$;

$S - f(x) = S - \dfrac{S}{1 + a \cdot e^{-kx}} = \dfrac{S \cdot a \cdot e^{-kx}}{1 + a \cdot e^{-kx}}$;

$f(x) \cdot (S - f(x)) = \frac{a \cdot S^2 \cdot e^{-kx}}{(1 + a \cdot e^{-kx})^2}$;

$\frac{k}{S} \cdot f(x) \cdot (S - f(x)) = \frac{a \cdot S \cdot k e^{-kx}}{(1 + a \cdot e^{-kx})^2} = f'(x)$

b) $B'(t) = \frac{a \cdot S^2 \cdot k \cdot (S - a) \cdot e^{-kSt}}{(a + (S - a) \cdot e^{-kSt})^2}$;

$S - B(t) = S - \frac{a \cdot S}{a + (S - a) \cdot e^{-kSt}} = \frac{S \cdot (S - a) \cdot e^{-kSt}}{a + (S - a) \cdot e^{-kSt}}$;

$B(t) \cdot (S - B(t)) = \frac{a \cdot S^2 \cdot (S - a) \cdot e^{-kSt}}{(a + (S - a) \cdot e^{-kSt})^2}$;

$k \cdot B(t) \cdot (S - B(t)) = \frac{a \cdot S^2 \cdot k \cdot (S - a) \cdot e^{-kSt}}{(a + (S - a) \cdot e^{-kSt})^2} = B'(t)$

Wiederholen – Vertiefen – Vernetzen

Seite 244

1 Die ersten 5 Werte sind 0; 2; 6; 12; 20.
Vermutung: $B(n) = n^2 + n$
Nachweis, dass die Rekursion gilt:
$B(n) - B(n - 1) = n^2 + n - ((n - 1)^2 + (n - 1))$
$= n^2 + n - (n^2 - 2n + 1 + n - 1) = 2n$.

2 a)

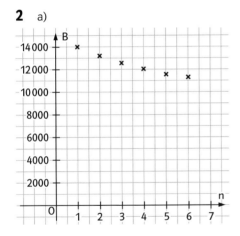

b) $R(n) = B(n) - 10000$
$= 0,8 B(n - 1) - 8000$
$= 0,8 (B(n - 1) - 10000)$
$= 0,8 R(n - 1)$;
also $R(n) = 0,8 R(n - 1)$.
An dieser rekursiven Darstellung für $R(n)$ erkennt man, dass $R(n)$ exponentiell abnimmt:

$R(n) = 5000 \cdot 0,8^n$ (exponentielle Abnahme mit Wachstumsfaktor 0,8).

c) $R(n) = B(n) - 10000$, also
$B(n) = 10000 + R(n) = 10000 + 5000 \cdot 0,8^n$
wegen Teilaufgabe b),
also beschreibt $B(n)$ begrenztes Wachstum (vgl. S. 234 im Schülerbuch unten). Dabei ist $S = 10000$ eine (untere) Schranke.

d) Beispiel: $B(n)$ bezeichnet das Kapital einer Stiftung (in €) nach n Jahren. Das Anfangskapital beträgt $B(0) = 15000$ €. Jeweils nach einem Jahr werden zunächst 20% des Kapitals für Förderpreise entnommen und dann 2000 € Beitrag von den Stiftungsmitgliedern eingezahlt.

3 Die Funktion f beschreibt exponentielles Wachstum, die Funktion g beschreibt lineares Wachstum. Graphen siehe Abb.:

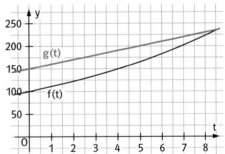

Die Schnittstelle wird bestimmt: $t = 8,58$.
Nach etwa 8,6 Jahren haben beide Populationen gleich viele Individuen.
Bemerkung: Es gibt eine weitere Schnittstelle bei $t = -11,98$, die aber außerhalb der Definitionsmenge liegt.

4 a) $f(t) = 1500 e^{kt}$. Der Parameter k wird bestimmt aus der Gleichung $f(10) = 2000$, also aus der Gleichung $1500 e^{10k} = 2000$.
Man erhält $k = \frac{1}{10} \ln\left(\frac{4}{3}\right) \approx 0,0288$ (gerundet).
$g(t) = 1500 + 50 t$. Graphen siehe Abb.:

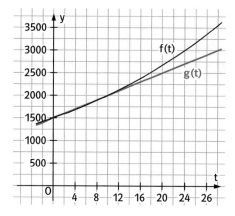

b) Man untersucht die Differenzfunktion g(t) − f(t) für 0 < t < 10 und bestimmt ihr Maximum. Man erhält bei t ≈ 5,12 den größten Unterschied (etwa 18).

c) Nur das exponentielle Wachstum kann auf Dauer einen doppelt so großen Wert wie das lineare Wachstum liefern, es muss dann gelten:
2g(t) = f(t); die Berechnung erfordert die Benutzung eines leistungsfähigen Taschenrechners. Der Rechner liefert t = 63,56
Nach etwa 63,56 Jahren ist der Bestand beim linearen Wachstum mit 4678 nur halb so groß wie der beim exponentiellen Wachstum (mit 9356).

5 $S(n) = S(n-1) + 0{,}04\,S(n-1) - 10\,000$,
$S(0) = 200\,000$, $S(5) = 189\,167$.
Mit dem Ansatz $B(t) = a \cdot e^{0{,}04t} + b$ ergibt sich $B'(t) = 0{,}04\,a \cdot e^{0{,}04t}$.
Die Differentialgleichung liefert dann
$0{,}04\,a \cdot e^{0{,}04t} = -10\,000 + 0{,}04\,(a \cdot e^{0{,}04t} + b)$
$\qquad = -10\,000 + 0{,}04\,a \cdot e^{0{,}04t} + 0{,}04\,b.$
Also muss $0{,}04\,b = 10\,000$ sein, d.h. $b = 250\,000$. Aus $B(0) = 200\,000$ folgt dann $a + b = 200\,000$, also $a = -50\,000$.
$B(t) = 250\,000 - 50\,000\,e^{0{,}04t}$.
Das Darlehen ist getilgt, wenn $B(t) = 0$. Diese Gleichung hat die Lösung t = 40,2.

Beachten Sie, dass hier kein begrenztes Wachstum vorliegt, da der Exponent bei der e-Funktion keine negative Vorzahl hat. Die Darlehensschuld nimmt immer schneller ab, weil der Tilgungsanteil immer größer wird.

Seite 245

6 Die Textangaben lassen sich durch die Differentialgleichung
$f'(t) = 0{,}025 - 0{,}015\,f(t)$ (angenähert) beschreiben, wobei f(t) die Nikotinmenge im Körper in mg und t die Zeit in Tagen angibt. Da dann $f'(t) = 0{,}015\left(\frac{5}{3} - f(t)\right)$ gilt, liegt begrenztes Wachstum mit der Schranke S = 1,67 mg vor. Die Nikotinmenge im Blut überschreitet also den Schwellenwert von 1 mg. Mithilfe der Lösung
$f(x) = 1{,}67 - 1{,}67\,e^{-0{,}015x}$ (für den Fall, dass Elvis bisher gar nicht geraucht hat) erhält man, dass es etwa 61 Tage dauert, bis der Schwellenwert überschritten wird.
Man kann auch die Rekursion
$B(n) = B(n-1) + 0{,}025 - 0{,}015\,B(n-1)$;
$B(0) = 0$ durchführen. Man erkennt auch damit, dass der Schwellenwert nach etwa 61 Tagen überschritten wird.

7 a) f(0) = 1 cm. Die Pflanze kann die Schranke S = 25 cm nicht überschreiten.
b)

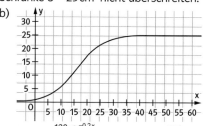

c) $f'(x) = \dfrac{120 \cdot e^{-0{,}2x}}{(1 + 24 \cdot e^{-0{,}2x})^2}$; $f'(0) \approx 0{,}19\,\tfrac{cm}{Tag}$;
$f'(10) \approx 0{,}89\,\tfrac{cm}{Tag}$; $f'(20) \approx 1{,}06\,\tfrac{cm}{Tag}$;
$f'(30) \approx 0{,}26\,\tfrac{cm}{Tag}$
d) Gesucht ist die Stelle des Graphen mit maximaler Steigung; x ≈ 16; $f'(16) \approx 1{,}25\,\tfrac{cm}{Tag}$.
(Mit GTR Bestimmung des Maximums von f': x ≈ 15,9; $f'(15{,}9) \approx 1{,}25\,\tfrac{cm}{Tag}$.)

IX Lineare Gleichungssysteme

1 Das Gauß-Verfahren

Seite 254

Einstiegsproblem
Durch das Gleichsetzen der Geradengleichungen erhält man den Schnittpunkt S(−10|12).

Seite 256

1 a) (3; −1; 2) b) $\left(-\frac{7}{3}; \frac{3}{4}; -2\right)$
c) (0; −4; 3,5)

2 a) (−0,5; 0,5; 3) b) $\left(\frac{22}{15}; \frac{3}{5}; 2\right)$
c) $\left(\frac{21}{4}; 4; -5\right)$

3 a) (4; 1; 1) b) $\left(\frac{5}{4}; \frac{1}{2}; 0\right)$
c) $\left(\frac{7}{4}; -\frac{7}{2}; 2\right)$

4 a) (1; 1; 1) b) (0; 1; 2)
c) $\left(-\frac{8}{7}; \frac{2}{7}; \frac{11}{7}\right)$

5 a) Richtig ist:
III a: $2x_2 + x_3 = -9$.
b) Richtig ist:
II a: $10x_2 - 3x_3 = -16$.

7 Z.B.:
a) $x_1 + x_2 + x_3 = 6$
  $x_1 - x_2 - x_3 = -4$
  $x_1 - x_2 + x_3 = 2$
b) $x_1 + x_2 + x_3 = 4$
  $x_1 - x_2 - x_3 = -8$
  $x_1 - x_2 + x_3 = -6$
c) $x_1 + x_2 + x_3 = 3$
  $x_1 - x_2 - x_3 = -1$
  $x_1 - x_2 + x_3 = 1$
d) $x_1 + x_2 + x_3 = 9$
  $x_1 - x_2 - x_3 = -9$
  $x_1 - x_2 + x_3 = 3$

8 a) (4; 2; −1) b) (−2; 0,25; −2)
c) (−5; 0; 0)

9 a) $\left(-\frac{7}{15}; -\frac{26}{15}; \frac{14}{5}\right)$ b) (1; 0; −2)
c) (0,5; 2; 2)

Seite 257

10 a) $\left(-\frac{1}{2}; -\frac{38}{3}; -6\right)$ b) $\left(-1; 2; \frac{8}{3}\right)$
c) $\left(2; -8; \frac{49}{3}\right)$ d) (2; 1; 3)
e) (1; 0; 1) f) (0; 1; 2)

11 a) (2r; r) b) (−3r; 4r)
c) $\left(\frac{1}{2}r - 5; -8\right)$ d) (r; 0; 0)
e) (r + 1; r + 1; r − 1)
f) $\left(-\frac{19}{14} - \frac{9}{28}r; -\frac{1}{7} + \frac{1}{14}r; \frac{5}{2} + \frac{3}{4}r\right)$

12 a) Lösung: $\left(\frac{18}{5} + \frac{14}{5}r; \frac{18}{5} + \frac{24}{5}r; 6 + 4r\right)$, r = 0
b) Lösung: (5 − r; −6 + 4,5r; −16 + 12,5r), r = 2
c) Lösung: $\left(2 - \frac{1}{2}r; -6 - r; \frac{3}{2} + \frac{3}{2}r\right)$, r = 4

2 Lösungsmengen linearer Gleichungssysteme

Seite 258

Einstiegsproblem
Genau eine Lösung. Unendlich viele Lösungen. Keine Lösung. (Von links nach rechts.)

Seite 259

1 a) L = {(6; 2; 3)} b) L = { }
c) L = $\left\{\left(5 + \frac{9}{2}t; 2 + 2t; t\right)\right\}$

2 a) L = { }
b) L = {(3 + 5t; 0,5 + 2t; t)}
c) L = { }

3 a) L = {(1; −1; 3)}
b) L = {(2 − 1,5t; 1,5 + 0,75t; t)}
c) L = {(2 + t; 1 + 2t; t)}

Seite 260

4 a) $L = \{\ \}$ b) $L = \{(3;\ 5;\ 7)\}$
c) $L = \{\ \}$

7 a) Ja, für $t = 2$ b) Ja, für $t = -11$
c) Nein d) Ja, für $t = 0$
e) Ja, für $t = 1$

8 Z.B.:
a) $x_1 + x_2 + x_3 = -3$ b) $x_1 + x_2 + x_3 = 1$
$x_1 - x_2 + x_3 = -9$ $x_1 + x_2 + x_3 = 2$
$x_1 + x_2 - x_3 = 5$ $x_1 + x_2 + x_3 = 3$
c) $3x_1 + 3x_2 - 3x_3 = 0$ d) $x_1 + x_2 - x_3 = 6$
$5x_1 + 2x_2 - 3x_3 = 0$ $x_1 - x_2 + x_3 = 4$
$8x_1 + 5x_2 - 6x_3 = 0$ $x_1 + x_2 - x_3 = 6$

9 a) Falsch. Z.B. hat
$x_1 + x_2 + x_3 = 1$
$x_1 + x_2 + x_3 = 8$
keine Lösung.
b) Falsch. Wenn z.B. eine Gleichung das Vielfache einer anderen Gleichung ist.
c) Falsch. Z.B. Aufgabe 1b).

10 a) $L = \{(0;\ 0;\ 0)\}$, dass dies die einzige Lösung ist, ergibt sich aus dem Rechenweg.
b) $L = \{(t;\ 2t;\ t)\}$
c) $L = \{(2 + t;\ -1 + 2t;\ t)\}$

3 Bestimmung ganzrationaler Funktionen

Seite 261

Einstiegsproblem
Ja. Zur Bestimmung einer Parabel werden drei Punkte benötigt.
$A(-2|4)$, $B(1|1)$, $C(3,5|3)$
$f(x) = a_2 x^2 + a_1 x + a_0$
LGS: $4a_2 - 2a_1 + a_0 = 4$
$a_2 + a_1 + a_0 = 1$
$12{,}25 a_2 + 3{,}5 a_1 + a_0 = 3$
$a_0 = \frac{74}{55}$; $a_1 = -\frac{37}{55}$; $a_2 = \frac{18}{55}$
$f(x) = \frac{18}{55} x^2 - \frac{37}{55} x + \frac{74}{55}$

Seite 262

1 Ansatz für alle Teilaufgaben:
$f(x) = a_2 x^2 + a_1 x + a_0$
a) LGS: $a_2 - a_1 + a_0 = 0$
$a_0 = -1$
$a_2 + a_1 + a_0 = 0$
$a_0 = -1$; $a_1 = 0$; $a_2 = 1$
Der Funktionsterm ist: $f(x) = x^2 - 1$.
b) LGS: $a_0 = 0$
$a_2 + a_1 + a_0 = 0$
$4a_2 + 2a_1 + a_0 = 3$
$a_0 = 0$; $a_1 = -1{,}5$; $a_2 = 1{,}5$
Der Funktionsterm ist: $f(x) = 1{,}5 x^2 - 1{,}5 x$.
c) LGS: $a_2 + a_1 + a_0 = 3$
$a_2 - a_1 + a_0 = 2$
$9a_2 + 3a_1 + a_0 = 2$
$a_0 = \frac{11}{4}$; $a_1 = \frac{1}{2}$; $a_2 = -\frac{1}{4}$
Der Funktionsterm ist:
$f(x) = -\frac{1}{4} x^2 + \frac{1}{2} x^2 + \frac{11}{4}$.

2 $f(x) = a_3 x^3 + a_2 x^2 + a_1 x + a_0$
Punktsymmetrie: $a_2 = a_0 = 0$;
Tiefpunkt bei $x = 1$: $f'(1) = 0$; $f(2) = 2$.
LGS: $8a_3 + 2a_1 = 2$
$3a_3 + a_1 = 0$
$a_3 = 1$; $a_1 = -3$
Der Funktionsterm ist: $f(x) = x^3 - 3x$.

3 Ansatz für alle Teilaufgaben:
$f(x) = a_2 x^2 + a_1 x + a_0$
a) LGS: $a_2 - a_1 + a_0 = -3$
$a_2 + a_1 + a_0 = 1$
$4a_2 - 2a_1 + a_0 = 1$
$a_0 = -3$; $a_1 = 2$; $a_2 = 2$
Der Funktionsterm ist:
$f(x) = 2x^2 + 2x - 3$.
b) LGS: $4a_2 + 2a_1 + a_0 = 0$
$4a_2 - 2a_1 + a_0 = 0$
$a_0 = k$; $a_1 = 0$; $a_2 = -\frac{k}{4}$
Der Funktionsterm ist:
$f(x) = -\frac{k}{4} x^2 + k$, $k \in \mathbb{R}$.

c) LGS: $16a_2 - 4a_1 + a_0 = 0$
$\qquad a_0 = -4$
$a_0 = -4$; $a_1 = k$; $a_2 = \frac{1}{4}(k + 1)$
Der Funktionsterm ist:
$f(x) = \frac{1}{4}(k + 1)x^2 + kx - 4$, $k \in \mathbb{R}$.

4 Ansatz für alle Teilaufgaben:
$f(x) = a_3x^3 + a_2x^2 + a_1x + a_0$
a) LGS: $\qquad\qquad\qquad a_0 = 1$
$\qquad a_3 + a_2 + a_1 + a_0 = 0$
$\qquad -a_3 + a_2 - a_1 + a_0 = 4$
$\qquad 8a_3 + 4a_2 + 2a_1 + a_0 = -5$
$a_0 = 1$; $a_1 = -1$; $a_2 = 1$; $a_3 = -1$
Der Funktionsterm ist:
$f(x) = -x^3 + x^2 - x + 1$.
b) LGS: $\qquad\qquad\qquad a_0 = -1$
$\qquad a_3 + a_2 + a_1 + a_0 = 1$
$\qquad -a_3 + a_2 - a_1 + a_0 = 7$
$\qquad 8a_3 + 4a_2 + 2a_1 + a_0 = 17$
$a_0 = -1$; $a_1 = -\frac{11}{3}$; $a_2 = 5$; $a_3 = \frac{2}{3}$
Der Funktionsterm ist:
$f(x) = \frac{2}{3}x^3 + 5x^2 - \frac{11}{3}x - 1$.

5 a) Tiefpunkt auf der y-Achse: $f'(0) = 0$
LGS: $\quad 8a_3 + 4a_2 + 2a_1 + a_0 = 0$
$\quad -8a_3 + 4a_2 - 2a_1 + a_0 = 4$
$\quad -64a_3 + 16a_2 - 4a_1 + a_0 = 8$
$\qquad\qquad\qquad\qquad a_1 = 0$
$a_0 = \frac{16}{3}$; $a_1 = 0$; $a_2 = -\frac{5}{6}$; $a_3 = -\frac{1}{4}$
Der Funktionsterm ist:
$f(x) = -\frac{1}{4}x^3 - \frac{5}{6}x^2 + \frac{16}{3}$.
Der Graph dieser Funktion hat an der Stelle $x = 0$ einen Hochpunkt und keinen Tiefpunkt.
b) Tiefpunkt $T(1|1)$: $f(1) = 1$ und $f'(1) = 0$
LGS: $\quad 8a_3 + 4a_2 + 2a_1 + a_0 = 2$
$\quad 27a_3 + 9a_2 + 3a_1 + a_0 = 9$
$\quad a_3 + a_2 + a_1 + a_0 = 1$
$\quad 3a_3 + 2a_2 + a_1 = 0$
$a_0 = 0$; $a_1 = 3$; $a_2 = -3$; $a_3 = 1$
Der Funktionsterm ist: $f(x) = x^3 - 3x^2 + 3x$.
Der Graph dieser Funktion hat an der Stelle $x = 1$ einen Sattelpunkt und keinen Tiefpunkt.

6 $A(2|0)$: $f(2) = 0$; $W(2|0)$ Wendepunkt:
$f''(2) = 0$; für $x = 3$ Maximum: $f'(3) = 0$
LGS: $\quad 8a_3 + 4a_2 + 2a_1 + a_0 = 0$
$\qquad 12a_3 + 4a_2 = 0$
$\qquad 27a_3 + 6a_2 + a_1 = 1$
$a_0 = k$; $a_1 = -4{,}5k$; $a_2 = 3k$; $a_3 = -0{,}5k$
Der Funktionsterm ist:
$f(x) = -0{,}5kx^3 + 3kx^2 - 4{,}5kx + k$
$ = k(-0{,}5x^3 + 3x^2 - 4{,}5x + 1)$, $k \in \mathbb{R}$.
Alle Funktionen dieser Schar besitzen die angegebenen Eigenschaften.

9 $f(x) = a_4x^4 + a_3x^3 + a_2x^2 + a_1x + a_0$
$P(-4|6)$ Tiefpunkt: $f(-4) = 6$; $f'(-4) = 0$.
$Q(4|2)$ Wendepunkt mit waagerechter Tangente: $f(4) = 2$; $f''(4) = 0$; $f'(4) = 0$.
LGS: $\quad 256a_4 - 64a_3 + 16a_2 - 4a_1 + a_0 = 6$
$\qquad -256a_4 + 48a_3 - 8a_2 + a_1 = 0$
$\qquad 256a_4 + 64a_3 + 16a_2 + 4a_1 + a_0 = 2$
$\qquad 192a_4 + 24a_3 + 2a_2 = 0$
$\qquad 256a_4 + 48a_3 + 8a_2 + a_1 = 0$
$a_0 = \frac{13}{4}$; $a_1 = -\frac{3}{4}$; $a_2 = \frac{3}{32}$; $a_3 = \frac{1}{64}$;
$a_4 = -\frac{3}{1024}$
Der Funktionsterm ist:
$f(x) = -\frac{3}{1024}x^4 + \frac{1}{64}x^3 + \frac{3}{32}x^2 - \frac{3}{4}x + \frac{13}{4}$.
Der Graph der Funktion f hat aber im Punkt $(-4|6)$ einen Hochpunkt.

Seite 263

10 a) LGS: $9a_2 - 3a_1 + a_0 = 3$
$\qquad\qquad\qquad a_0 = 0$
$a_0 = 0$; $a_1 = 3k - 1$; $a_2 = k$
$f(x) = kx^2 + (3k - 1)x$, $k \in \mathbb{R}$
Die Gleichung der jeweiligen Parabel erhält man aus der Lage des jeweiligen Scheitelpunktes durch eine weitere Gleichung oder indem man den Wert für k direkt abliest (Differenz des y-Werts des Scheitelpunktes zu dem des Punktes mit einem um 1 größeren x-Wert).
Rot: $S(0|0)$, $f(x) = \frac{1}{3}x^2$
Blau: $S(-2|4)$, $f(x) = -x^2 - 4x$
Schwarz: $S(-1|-1)$, $f(x) = x^2 + 2x$

b) LGS: $16a_2 - 4a_1 + a_0 = 1$
$\phantom{\text{LGS: }}4a_2 + 2a_1 + a_0 = 1$
$a_0 = -8k + 1$; $a_1 = 2k$; $a_2 = k$
$f(x) = kx^2 + 2kx - 8k + 1$; $k \in \mathbb{R}$
Rot: $S(-1|4)$, $f(x) = -\frac{1}{4}x^2 - \frac{1}{2}x + \frac{13}{4}$
Blau: $S(-1|3)$, $f(x) = -\frac{2}{9}x^2 - \frac{4}{9}x + \frac{25}{9}$
Schwarz: $S(-1|-1)$, $f(x) = \frac{2}{9}x^2 + \frac{4}{9}x - \frac{7}{9}$

c) LGS: $9a_2 - 3a_1 + a_0 = 3$
$\phantom{\text{LGS: }}9a_2 + 3a_1 + a_0 = 0$
$a_0 = -9k + \frac{3}{2}$; $a_1 = -\frac{1}{2}$; $a_2 = k$
$f(x) = kx^2 - \frac{1}{2}x + \frac{3}{2} - 9k$; $k \in \mathbb{R}$
Rot: $S(-1|4)$, $f(x) = -\frac{1}{4}x^2 - \frac{1}{2}x + \frac{15}{4}$
Blau: $S(1|-1)$, $f(x) = \frac{1}{4}x^2 - \frac{1}{2}x - \frac{3}{4}$
Schwarz: $S(1|2)$, $f(x) = -\frac{1}{8}x^2 - \frac{1}{2}x + \frac{21}{8}$

d) LGS: $16a_2 - 4a_1 + a_0 = 0$
$\phantom{\text{LGS: }}a_0 = 4$
$a_0 = 4$; $a_1 = 4k + 1$; $a_2 = k$
$f(x) = kx^2 + (4k + 1)x + 4$, $k \in \mathbb{R}$
Rot: $S(-1|4{,}5)$, $f(x) = -\frac{1}{2}x^2 - x + 4$
Blau: $S(-3|0)$, $f(x) = \frac{1}{3}x^2 + \frac{7}{3}x + 4$
Schwarz: $S(4|0)$, $f(x) = -\frac{1}{2}x^2 + 4$

11 Das Koordinatensystem sollte man so legen, dass man die Symmetrie ausnutzt:

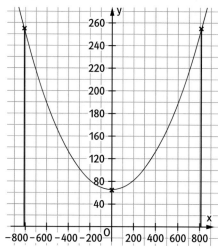

Ansatz: $f(x) = a_2x^2 + a_1x + a_0$
Gegeben sind die Punkte: $(-812|254)$, $(812|254)$ und $(0|65)$.
LGS: $659344a_2 - 812a_1 + a_0 = 254$
$\phantom{\text{LGS: }}659344a_2 + 812a_1 + a_0 = 254$
$\phantom{\text{LGS: }}a_0 = 65$
$a_0 = 65$; $a_1 = 0$; $a_2 = \frac{378}{1318688} = \frac{27}{94192}$
$f(x) = \frac{27}{94192}x^2 + 65$

12 An den Anschlusspunkten $P_1(-1|-1)$ und $P_2(1|1)$ müssen folgende Bedingungen erfüllt werden:
$f(-1) = -1$ und $f(1) = 1$ (keine Lücke),
$f'(-1) = 0$ und $f'(1) = 0$ (kein Knick),
$f''(-1) = 0$ und $f''(1) = 0$ (kein Krümmungssprung).
Sechs Bedingungen, deshalb Ansatz mit einer Funktion fünften Grades:
$f(x) = a_5x^5 + a_4x^4 + a_3x^3 + a_2x^2 + a_1x + a_0$.
LGS: $-a_5 + a_4 - a_3 + a_2 - a_1 + a_0 = -1$
$\phantom{\text{LGS: }}a_5 + a_4 + a_3 + a_2 + a_1 + a_0 = 1$
$\phantom{\text{LGS: }}5a_5 - 4a_4 + 3a_3 - 2a_2 + a_1 = 0$
$\phantom{\text{LGS: }}5a_5 + 4a_4 + 3a_3 + 2a_2 + a_1 = 0$
$\phantom{\text{LGS: }}-20a_5 + 12a_4 - 6a_3 + 2a_2 = 0$
$\phantom{\text{LGS: }}20a_5 + 12a_4 + 6a_3 + 2a_2 = 0$
$a_0 = 0$; $a_1 = \frac{15}{8}$; $a_2 = 0$; $a_3 = -\frac{5}{4}$; $a_4 = 0$; $a_5 = \frac{3}{8}$
Die gesuchte Funktion ist:
$f(x) = \frac{3}{8}x^5 - \frac{5}{4}x^3 + \frac{15}{8}x$.

13 Ansatz:
$f(x) = a_4x^4 + a_3x^3 + a_2x^2 + a_1x + a_0$
Symmetrie zur y-Achse: $a_3 = a_1 = 0$;
Wendepunkt $W(1|0)$: $f(1) = 0$; $f''(1) = 0$.
Aus Symmetriegründen folgt Wendepunkt $W(-1|0)$: $f(-1) = 0$; $f''(-1) = 0$.
Weiterhin muss gelten $f'(1) = -\frac{1}{f'(-1)}$.
LGS: $a_4 + a_2 + a_0 = 0$
$\phantom{\text{LGS: }}12a_4 + 2a_2 = 0$
$\phantom{\text{LGS: }}4a_4 + 2a_2 = a$
$\phantom{\text{LGS: }}-4a_4 - 2a_2 = -\frac{1}{a}$

Aus den beiden letzten Gleichungen folgt durch Addition:
$0 = a - \frac{1}{a} \Rightarrow a^2 = 1 \Rightarrow a = 1$ oder $a = -1$.
Für $a = 1$ erhält man mit dem LGS:
$a_0 = -\frac{5}{8}$; $a_2 = \frac{3}{4}$; $a_4 = -\frac{1}{8}$.
Für $a = -1$ erhält man mit dem LGS:
$a_0 = \frac{5}{8}$; $a_2 = -\frac{3}{4}$; $a_4 = \frac{1}{8}$.
Die gesuchten Funktionen sind:
$f_1(x) = -\frac{1}{8}x^4 + \frac{3}{4}x^2 - \frac{5}{8}$ und
$f_2(x) = \frac{1}{8}x^4 - \frac{3}{4}x^2 + \frac{5}{8}$.

4 Die Struktur der Lösungsmenge linearer Gleichungssysteme

Seite 264

Einstiegsproblem
(0; 0; 0; 0)
Wählt man x_4 als Parameter r, so ergibt sich nacheinander $x_3 = 2r$, $x_2 = 6r$ und $x_1 = 30r$.

Seite 266

1 a) $L = \{(0; 0; 0)\}$
b) $L = \{r(7; 9; 5) | r \in \mathbb{R}\}$
c) $L = \{r(3; 2; 0) | r \in \mathbb{R}\}$

2 a)
$L = \{r(-11; 5; 7; 0) + s(1; -3; 0; 7) | r, s \in \mathbb{R}\}$
b)
$L = \{r(-14; -7; 5; 0) + s(-3; 0; 0; 1) | r, s \in \mathbb{R}\}$
c)
$L = \{r(11; -23; 14; 0) + s(1; -4; 0; 7) | r, s \in \mathbb{R}\}$

3 a) Z.B.
$L = \{r(-5; -3; 1; 0) + s(-7; -2; 0; 1) | r, s \in \mathbb{R}\}$
oder
$L = \{r(-12; -5; 1; 1) + s(2; -1; 1; -1) | r, s \in \mathbb{R}\}$
b) Z.B.
$L = \{r(-17; 6; 4; 0) + s(3; -1; 0; 1) | r, s \in \mathbb{R}\}$
oder
$L = \{r(-14; 5; 4; 1) + s(-20; 7; 4; -1) | r, s \in \mathbb{R}\}$

c) Z.B.
$L = \{r(-1; 1; 2; 0) + s(7; -15; 0; 10) | r, s \in \mathbb{R}\}$
oder
$L = \{r(6; -14; 2; 10) + s(-8; 16; 2; -10) | r, s \in \mathbb{R}\}$

4 a)
$L = \left\{\left(\frac{50}{3}; \frac{55}{3}; -\frac{20}{3}; 0\right) + r\left(-\frac{5}{3}; \frac{2}{3}; \frac{2}{3}; 1\right) \middle| r \in \mathbb{R}\right\}$
$U = L = \left\{r\left(-\frac{5}{3}; \frac{2}{3}; \frac{2}{3}; 1\right) \middle| r \in \mathbb{R}\right\}$
b) $L =$
$\left\{\left(\frac{17}{5}; \frac{36}{5}; -\frac{53}{5}; 0\right) + r\left(-\frac{2}{5}; \frac{3}{10}; -\frac{9}{10}; 1\right) \middle| r \in \mathbb{R}\right\}$
$U = L = \left\{r\left(-\frac{2}{5}; \frac{3}{10}; -\frac{9}{10}; 1\right) \middle| r \in \mathbb{R}\right\}$
c)
$L =$
$\left\{\left(-30; -\frac{260}{7}; -\frac{110}{7}; 0\right) + r(-3; -3; -1; 1) \middle| r \in \mathbb{R}\right\}$
$U = L = \{r(-3; -3; -1; 1) | r \in \mathbb{R}\}$

6 a) $x_1 - 3x_2 - 4x_3 = 0$
b) $x_1 - 2x_3 - 7x_4 = 0$
$x_2 - 5x_3 - 3x_4 = 0$
c) $4x_1 - x_2 = 7$
d) $x_2 + x_3 = 5$
$x_1 + 4x_3 = 9$

7 a)
$L = \{r(5; -2; 2; 0) + s(9; -4; 0; 2) | r, s \in \mathbb{R}\}$
$L \neq T$, da z.B. $(9; -4; 0; 2) \notin T$
b) $L = \{r(1; 3; 2; 0) + s(1; -1; 0; 2) | r, s \in \mathbb{R}\}$
$L = T$, da
$(1; 3; 2; 0) = (1; 1; 1; 1) - \frac{1}{3}(0; -6; -3; 3)$ und
$(1; -1; 0; 2) = (1; 1; 1; 1) + \frac{1}{3}(0; -6; -3; 3)$

8 $(-2; 0; 4; 2) = 8(2; -6; -7; 1)$
$+ 6(-3; 8; 10; -1),$
$(2; 6; -7; 1) = \frac{1}{8}(-2; 0; 4; 2) - \frac{3}{4}(-3; 8; 10; -1),$
$(-3; 8; 10; -1) = \frac{1}{6}(2; 0; 4; 2) - \frac{4}{3}(2; -6; -7; 1).$

Wiederholen – Vertiefen – Vernetzen

Seite 267

1 a) $L = \{(3; 2; -1)\}$
b) $L = \{\}$
c) $L = \{(0; 0; 0)\}$
d) $L = \left\{\left(\frac{25}{7}; -\frac{80}{7}; \frac{78}{7}\right)\right\}$
e) $L = \{(-0{,}25; 0{,}5; 0{,}75)\}$
f) $L = \{\}$

2 a) $L = \{\}$
b) $L = \{(100; -100; 100)\}$
c) $L = \{(-100; 100; 300)\}$

3 a) $L = \{(-1; -1; -1)\}$
b) $L = \{(1; k; 2) \mid k \in \mathbb{R}\}$
c) $L = \{(k; k; k) \mid k \in \mathbb{R}\}$

4 Ansatz:
$f(x) = a_4 x^4 + a_3 x^3 + a_2 x^2 + a_1 x + a_0$
LGS:
$16a_4 - 8a_3 + 4a_2 - 2a_1 + a_0 = -1$
$a_0 = 2$
$a_4 + a_3 + a_2 + a_1 + a_0 = -1$
$16a_4 + 8a_3 + 4a_2 + 2a_1 + a_0 = -1$
$81a_4 + 27a_3 + 9a_2 + 3a_1 + a_0 = 2$
$a_0 = 2;\ a_1 = -\frac{18}{5};\ a_2 = -\frac{3}{20};$
$a_3 = \frac{9}{10};\ a_4 = -\frac{3}{20}$
$f(x) = -\frac{3}{20}x^4 + \frac{9}{10}x^3 - \frac{3}{20}x^2 - \frac{18}{5}x + 2$

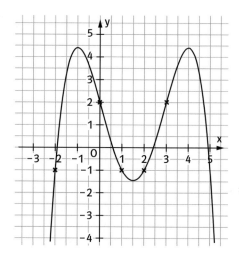

5 Ansatz: Ganzrationale Funktion vierten Grades $f(x) = a_4 x^4 + a_3 x^3 + a_2 x^2 + a_1 x + a_0$.
Mit den Punkten $A(-2|1)$, $B(0|3)$, $C(2|-1)$, $D(3|2)$ und $f'(0) = 0$ folgt das LGS:
$16a_4 - 8a_3 + 4a_2 - 2a_1 + a_0 = 1$
$a_0 = 3$
$16a_4 + 8a_3 + 4a_2 + 2a_1 + a_0 = -1$
$81a_4 + 27a_3 + 9a_2 + 3a_1 + a_0 = 2$
$2a_1 = 0$
$a_0 = 3;\ a_1 = 0;\ a_2 = -\frac{281}{180};\ a_3 = -\frac{1}{8};\ a_4 = \frac{73}{360}$
$f(x) = \frac{73}{360}x^4 - \frac{1}{8}x^3 - \frac{281}{180}x^2 + 3$

6 Ansatz: Ganzrationale Funktion vierten Grades $f(x) = a_4 x^4 + a_3 x^3 + a_2 x^2 + a_1 x + a_0$
$f'(x) = 4a_4 x^3 + 3a_3 x^2 + 2a_2 x + a_1$.
Mit den Punkten $A(-2|-1)$, $B(0|3)$, $C(1|1)$ und $D(3|2)$ des Graphen von f' und Nullstelle $x = 1$ von f, also $f(1) = 0$, ergibt sich das LGS:
$-32a_4 + 12a_3 - 4a_2 + a_1 = -1$
$a_1 = 3$
$4a_4 + 3a_3 + 2a_2 + a_1 = 1$
$108a_4 + 27a_3 + 6a_2 + a_1 = 2$
$a_4 + a_3 + a_2 + a_1 + a_0 = 0$
$a_0 = -\frac{49}{24};\ a_1 = 3,\ a_2 = -\frac{23}{30};\ a_3 = -\frac{3}{10};$
$a_4 = \frac{13}{120}$
$f(x) = \frac{13}{120}x^4 - \frac{3}{10}x^3 - \frac{23}{30}x^2 + 3x - \frac{49}{24}$

7 Ansatz:
$f(x) = a_4x^4 + a_3x^3 + a_2x^2 + a_1x + a_0$
Aus $f(1) = 0$; $f(5) = 0$; $f''(1) = 0$; $f'(1) = 0$
und $f(3) = 5$ erhält man das LGS:

$a_4 + a_3 + a_2 + a_1 + a_0 = 0$
$625a_4 + 125a_3 + 25a_2 + 5a_1 + a_0 = 0$
$12a_4 + 6a_3 + 2a_2 = 0$
$4a_4 + 3a_3 + 2a_2 + a_1 = 0$
$81a_4 + 27a_3 + 9a_2 + 3a_1 + a_0 = 5$

$a_0 = -\frac{25}{16}$; $a_1 = 5$; $a_2 = -\frac{45}{8}$; $a_3 = \frac{5}{2}$;
$a_4 = -\frac{5}{16}$

$f(x) = -\frac{5}{16}x^4 + \frac{5}{2}x^3 - \frac{45}{8}x^2 + 5x - \frac{25}{16}$

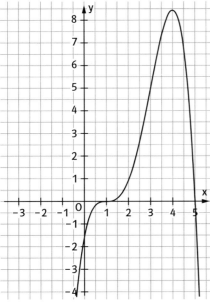

Das absolute Maximum liegt bei $\left(4 \mid \frac{135}{16}\right)$.

8 a) Ansatz: $f_2(x) = a_2x^2 + a_1x + a_0$
$f_2(0) = \cos(0) = 1$, $f_2'(0) = -\sin(0) = 0$;
$f_2''(0) = -\cos(0) = -1$
Es ergibt sich das LGS: $a_0 = 1$
$a_1 = 0$
$a_2 = -0{,}5$

$f_2(x) = -0{,}5x^2 + 1$
(Grafik siehe bei Teilaufgabe b)

b) Ansatz:
$f_4(x) = a_4x^4 + a_3x^3 + a_2x^2 + a_1x + a_0$
$f_4(0) = \cos(0) = 1$, $f_4'(0) = -\sin(0) = 0$;
$f_4''(0) = -\cos(0) = -1$; $f_4'''(0) = \sin(0) = 0$;
$f_4''''(0) = \cos(0) = 1$
Es ergibt sich das LGS: $a_0 = 1$
$a_1 = 0$
$a_2 = -0{,}5$
$a_3 = 0$
$a_4 = \frac{1}{24}$

$f_4(x) = \frac{1}{24}x^4 - \frac{1}{2}x^2 + 1$

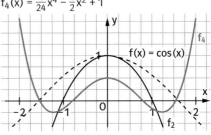

c) $f_4(1) - \cos(1) \approx 0{,}5417 - 0{,}5403 = 0{,}0014$

Seite 268

9 Ansatz:
$f(x) = a_4x^4 + a_3x^3 + a_2x^2 + a_1x + a_0$
$f'(x) = 4a_4x^3 + 3a_3x^2 + 2a_2x + a_1$
$f''(x) = 12a_4x^2 + 6a_3x + 2a_2$
Aus den Bedingungen $f(-1) = 0$; $f(5) = 0$;
$f'(3{,}5) = 0$; $f''(1) = 0$; $f'(1) = 0$ folgt das LGS:

$a_4 - a_3 + a_2 - a_1 + a_0 = 0$
$625a_4 + 125a_3 + 25a_2 + 5a_1 + a_0 = 0$
$171{,}5a_4 + 36{,}75a_3 + 7a_2 + a_1 = 0$
$12a_4 + 6a_3 + 2a_2 = 0$
$4a_4 + 3a_3 + 2a_2 + a_1 = 0$

$a_0 = k$; $a_1 = \frac{42}{115}k$; $a_2 = -\frac{48}{115}k$; $a_3 = \frac{22}{115}k$;
$a_4 = -\frac{3}{115}k$, $k \in \mathbb{R}$

$f(x) = -\frac{3}{115}kx^4 + \frac{22}{115}kx^3 - \frac{48}{115}kx^2 + \frac{42}{115}kx + k$,
$k \in \mathbb{R}$

$f(x) = \frac{k}{115}(-3x^4 + 22x^3 - 48x^2 + 42x + 115)$,
$k \in \mathbb{R}$

Die Graphen werden mit dem Faktor senkrecht zur x-Achse gestreckt.

10 Ansatz:
$f(x) = a_4 x^4 + a_3 x^3 + a_2 x^2 + a_1 x + a_0$
$f'(x) = 4a_4 x^3 + 3a_3 x^2 + 2a_2 x + a_1$ $f''(x) = 12 a_4 x^2 + 6 a_3 x + 2 a_2$
Aus den Bedingungen $f(-2) = 0$; $f(-1) = -1$; $f'(-2) = 0$; $f''(-1) = 0$; $f'(-1) = -3$ folgt das LGS:

$$\begin{aligned} 16a_4 - 8a_3 + 4a_2 - 2a_1 + a_0 &= 0 \\ a_4 - a_3 + a_2 - a_1 + a_0 &= -1 \\ -32a_4 + 12a_3 - 4a_2 + a_1 &= 0 \\ 12a_4 - 6a_3 + 2a_2 &= 0 \\ -4a_4 + 3a_3 - 2a_2 + a_1 &= -3 \end{aligned}$$

$a_0 = 4$; $a_1 = 24$; $a_2 = 33$; $a_3 = 17$; $a_4 = 3$
$f(x) = 3x^4 + 17x^3 + 33x^2 + 24x + 4$

11 a) m: Anzahl der Pud des Maulesels,
e: Anzahl der Pud des Esels.
LGS: $e + 1 = 2(m - 1)$
$m + 1 = 3(e - 1)$
$L = \left\{ \left(\frac{11}{5}; \frac{13}{5} \right) \right\}$

b) m: Anzahl der Männer,
f: Anzahl der Frauen.
$16f - 25m = 1$
$f = \frac{1 + 25m}{16}$
Die Zahl $1 + 25m$ ist durch 16 ohne Rest teilbar, wenn gilt: $m = 16n + 7$ mit $n = 0, 1, 2, 3, \ldots$
Lösung mit der kleinsten Anzahl: $m = 7$ und $f = 11$.

c) LGS: $\quad x_1 + \frac{1}{2}x_2 \quad\quad = 100$
$\quad\quad\quad\quad\quad x_2 + \frac{1}{3}x_3 = 100$
$\quad\quad \frac{1}{4}x_1 + \quad\quad x_3 = 100$
$L = \{(64; 72; 84)\}$

d) w: Anzahl weißer Tücher,
s: Anzahl schwarzer Tücher,
b: Anzahl blauer Tücher.
LGS: $\quad 2w + 3s + 7b = 140$
$\quad\quad -w + s \quad\quad = 2$
$\quad\quad\quad\quad -s + b = 3$
$L = \left\{ \left(\frac{33}{4}; \frac{41}{4}; \frac{53}{4} \right) \right\}$

12 b: Anzahl der Büffel,
h: Anzahl der Hammel,
s: Anzahl der Schweine.
LGS: $\quad 2b + 5h - 13s = 1000$
$\quad\quad 3b - 9h + 3s = 0$
$\quad -5b + 6h + 8s = -600$
$L = \{(1200; 500; 300)\}$

13 $\alpha + \beta + \gamma = 180°$
$\alpha - 2\beta \quad\quad = 0°$
$\quad\quad \beta - \gamma = 20°$
$L = \{(100°; 50°; 30°)\}$

X Vektoren

1 Punkte im Raum

Seite 274

Einstiegsproblem
Die Katze befindet sich in der x_1x_2-Ebene, der Vogel befindet sich über der Katze.

Seite 275

1

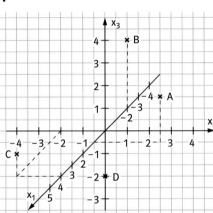

2 a), c)

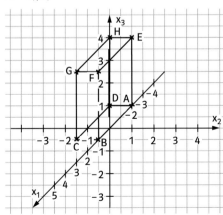

b) $E(-2|0|3)$, $F(1|0|3)$, $D(-2|-1|0)$, $H(-2|-1|3)$

Seite 276

3 a) Diese Punkte liegen in der x_2x_3-Ebene (x_1x_3-Ebene, x_1x_2-Ebene).
b) Diese Punkte liegen auf der x_1-Achse.

4 $P(2|3|0)$, $Q(4|4|0)$, $R(0|3|1)$, $S(0|-2|-1)$, $T(2|0|1)$, $U(5|0|-2,5)$

7 $C(-3|7|2)$, $D(-3|3|2)$, $S(-1|5|6)$

8 a) $P(1|1,5|1)$, $Q(1|3|1)$
b) Zum Beispiel $A(1|7|1)$, $B(1|8|1)$, $C(1|9|1)$.
c) Die x_1-Koordinate und die x_3-Koordinate sind stets 1. Die x_2-Koordinate ist eine (beliebig wählbare) reelle Zahl.

9 a) Zum Beispiel $A(1|5|1)$ und $B(1|-5|1)$.
b) Zum Beispiel $A(1|1|4)$ und $B(1|1|-4)$.

10 a) $A(2|0|0)$, $B(-1|2|1)$, $C(-2|3|-4)$, $D(3|4|2)$
b) $A(-2|0|0)$, $B(1|2|-1)$, $C(2|3|4)$, $D(-3|4|-2)$
c) $A(2|0|0)$, $B(-1|-2|-1)$, $C(-2|-3|4)$, $D(3|-4|-2)$

11 a) Die Strecke muss ganz in der x_2x_3-Ebene liegen.
b) Strecken, die nicht in der Zeichenebene des Heftes liegen, also alle Strecken, die nicht in der x_2x_3-Ebene liegen.

2 Vektoren

Seite 277

Einstiegsproblem
Wegbeschreibung 1:
B4 C4 D4 E4 F4 G4 G3 G2 G1

Wegbeschreibung 2:
B4 B3 B2 B1 C1 D1 E1 F1 G1
Wegbeschreibung 3:
B4 C4 D4 D3 D2 D1 E1 F1 G1
Wegbeschreibung 4:
B4 B3 C3 C2 D2 D1 E1 F1 G1
Wegbeschreibung 5:
B4 C4 C3 D3 D2 E2 E1 F1 G1
Am besten merkt man sich Wegbeschreibungen 1 und 2.

Seite 279

1

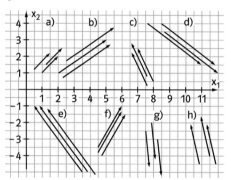

2

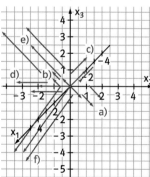

3 a) $\overrightarrow{AB} = \begin{pmatrix} 2 \\ 4 \\ 0 \end{pmatrix}$, $\overrightarrow{BA} = \begin{pmatrix} -2 \\ -4 \\ 0 \end{pmatrix}$

b) $\overrightarrow{AB} = \begin{pmatrix} -1 \\ 1 \\ 3 \end{pmatrix}$, $\overrightarrow{BA} = \begin{pmatrix} 1 \\ -1 \\ -3 \end{pmatrix}$

c) $\overrightarrow{AB} = \begin{pmatrix} 3 \\ -4 \\ 1 \end{pmatrix}$, $\overrightarrow{BA} = \begin{pmatrix} -3 \\ 4 \\ -1 \end{pmatrix}$

d) $\overrightarrow{AB} = \begin{pmatrix} 1 \\ -3 \\ -2 \end{pmatrix}$, $\overrightarrow{BA} = \begin{pmatrix} -1 \\ 3 \\ 2 \end{pmatrix}$

e) $\overrightarrow{AB} = \begin{pmatrix} 6 \\ 6 \\ -1 \end{pmatrix}$, $\overrightarrow{BA} = \begin{pmatrix} -6 \\ -6 \\ 1 \end{pmatrix}$

f) $\overrightarrow{AB} = \begin{pmatrix} 1,5 \\ -4,3 \\ 5 \end{pmatrix}$, $\overrightarrow{BA} = \begin{pmatrix} -1,5 \\ 4,3 \\ -5 \end{pmatrix}$

4 a) B(4|−2|6) b) B(−15|10|34)
c) A(−19|12|28) d) A(31|−70|−184)

5 a) P(−2|1|−3) b) P(2|0|−2)
c) P(1|−1|1) d) P(1|−3|−1)
Bezüglich des Vektors $\overrightarrow{BA}$: nur Vorzeichenwechsel bei den Koordinaten der Punkte der Teilaufgaben a)−d).

6

	$\overrightarrow{AB}$	$\overrightarrow{DC}$	$\overrightarrow{AD}$	$\overrightarrow{BC}$	Parallelogramm?
a)	$\begin{pmatrix} 7 \\ 3 \\ 2 \end{pmatrix}$	$\begin{pmatrix} 7 \\ 3 \\ 2 \end{pmatrix}$	$\begin{pmatrix} 4 \\ 1 \\ 0 \end{pmatrix}$	$\begin{pmatrix} 4 \\ 1 \\ 0 \end{pmatrix}$	ja, da $\overrightarrow{AB} = \overrightarrow{DC}$
b)	$\begin{pmatrix} 2 \\ 4 \\ 1 \end{pmatrix}$	$\begin{pmatrix} 2 \\ 4 \\ 1 \end{pmatrix}$	$\begin{pmatrix} 7 \\ 3 \\ 5 \end{pmatrix}$	$\begin{pmatrix} 7 \\ 3 \\ 5 \end{pmatrix}$	ja, da $\overrightarrow{AB} = \overrightarrow{DC}$
c)	$\begin{pmatrix} 4 \\ 7 \\ -6 \end{pmatrix}$	$\begin{pmatrix} -7 \\ -1 \\ -7 \end{pmatrix}$	$\begin{pmatrix} 6 \\ 2 \\ 1 \end{pmatrix}$	$\begin{pmatrix} -5 \\ -6 \\ 0 \end{pmatrix}$	nein

7 a) Viereck ABCD mit D(18|−14|56)
Viereck ABDC mit D(−18|22|−46)
b) Viereck ABCD mit D(−109|201|17)
Viereck ABDC mit D(111|−197|−11)

Seite 280

10 a) Individuelle Lösung.
b) Meersburg: Der Ballon landet in der Schweiz.
Wasserburg: Der Ballon schafft es gerade bis zum Strand südlich von Rheinspitz.

c) Individuelle Lösung (Koordinaten verdoppeln sich / Richtung des neuen Vektors ist der Richtung des alten Vektors entgegengesetzt).

11 a)

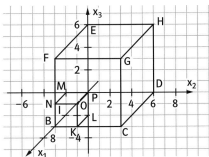

b) Großer Würfel:
A(0|0|0), B(6|0|0), C(6|6|0), D(0|6|0),
E(0|0|6), F(6|0|6), G(6|6|6), H(0|6|6)
Kleiner Würfel:
I(4|0|0), J(6|0|0) = B, K(6|2|0), L(4|2|0),
M(4|0|2), N(6|0|2), O(6|2|2), P(4|2|2)

c) $\vec{v_1} = \begin{pmatrix} -2 \\ -2 \\ 2 \end{pmatrix}$; $\vec{v_2} = \begin{pmatrix} -6 \\ -6 \\ 6 \end{pmatrix}$

12 a) Individuelle Lösung. (Mithilfe dieser drei Vektoren kann die gegebene Pyramide an unterschiedliche Positionen kopiert werden).
b) Man benötigt zwei Vektoren.

13 $M_1(2|4|-1)$, $M_2(2|6|0,5)$, $M_3(1|4|0,5)$, $M_4(2|2|0,5)$

a) $\overrightarrow{M_1M_2} = \begin{pmatrix} 0 \\ 2 \\ 1,5 \end{pmatrix}$ b) $\overrightarrow{M_2M_3} = \begin{pmatrix} -1 \\ -2 \\ 0 \end{pmatrix}$

c) $\overrightarrow{M_3M_4} = \begin{pmatrix} 1 \\ -2 \\ 0 \end{pmatrix}$ d) $\overrightarrow{M_4M_1} = \begin{pmatrix} 0 \\ 2 \\ -1,5 \end{pmatrix}$

3 Rechnen mit Vektoren

Seite 281

Einstiegsproblem
Befehl von A nach B: Gehe 2 Einheiten in x_1-Richtung und 3 Einheiten in entgegengesetzte x_2-Richtung (oder -3 Einheiten in x_2-Richtung).
Befehl von B nach C: Gehe 7 Einheiten in x_1-Richtung und 2 Einheiten in x_2-Richtung.
Befehl von C nach A: Gehe 9 Einheiten in entgegengesetzte x_1-Richtung und eine Einheit in x_2-Richtung.

Seite 283

1 a) $\begin{pmatrix} 7 \\ 1 \\ -2 \end{pmatrix}$ b) $\begin{pmatrix} 1 \\ 1 \\ 1 \end{pmatrix}$

c) $\begin{pmatrix} 0 \\ 1 \\ -9 \end{pmatrix}$ d) $\begin{pmatrix} 9 \\ -2 \\ 5 \end{pmatrix}$

2 a) $\begin{pmatrix} 7 \\ 14 \\ 35 \end{pmatrix}$ b) $\begin{pmatrix} -3 \\ 0 \\ -33 \end{pmatrix}$ c) $\begin{pmatrix} 10 \\ -5 \\ 5 \end{pmatrix}$

d) $\begin{pmatrix} 2 \\ 3 \\ 4 \end{pmatrix}$ e) $\begin{pmatrix} -7,5 \\ -8,25 \\ -9 \end{pmatrix}$ f) $\begin{pmatrix} 0 \\ 0 \\ 0 \end{pmatrix}$

3 a) $M(4|2|4)$ b) $M\left(-\frac{3}{2}\middle|1\middle|\frac{7}{2}\right)$
c) $M(-1|0|1)$ d) $M(3|2|3)$

4 a) $\frac{1}{4} \cdot \begin{pmatrix} 2 \\ 12 \\ 1 \end{pmatrix}$ b) $\frac{1}{10} \cdot \begin{pmatrix} 50 \\ 4 \\ 15 \end{pmatrix}$ c) $4 \cdot \begin{pmatrix} -2 \\ 3 \\ 9 \end{pmatrix}$

d) $13 \cdot \begin{pmatrix} 3 \\ 0 \\ -4 \end{pmatrix}$ e) $\frac{1}{24} \cdot \begin{pmatrix} 288 \\ -20 \\ -3 \end{pmatrix}$ f) $\frac{1}{66} \cdot \begin{pmatrix} 18 \\ -15 \\ 14 \end{pmatrix}$

5

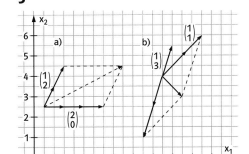

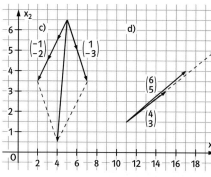

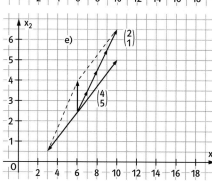

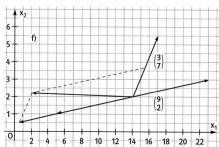

6 B(7|2|11)

7 a) $\begin{pmatrix} -1 \\ 2 \\ -7 \end{pmatrix}$ b) $\begin{pmatrix} 40 \\ -8 \\ 4 \end{pmatrix}$ c) $\begin{pmatrix} 40 \\ 20 \\ -10 \end{pmatrix}$

d) $\begin{pmatrix} 5 \\ 4 \\ 3 \end{pmatrix}$ e) $\begin{pmatrix} -2 \\ 16 \\ 10 \end{pmatrix}$ f) $\begin{pmatrix} 6{,}4 \\ 30 \\ 17 \end{pmatrix}$

8
a) $M_a(2|2)$, $M_b(0{,}5|1{,}5)$, $M_c(1{,}5|0{,}5)$
b) $M_a(2|2|3)$, $M_b(0{,}5|1{,}5|2)$, $M_c(1{,}5|0{,}5|1)$
c) $M_a(3|3{,}5)$, $M_b(1{,}5|4)$, $M_c(2{,}5|2{,}5)$
d) $M_a(2|3|3)$, $M_b(2|3|2{,}5)$, $M_c(1|1|0{,}5)$

Seite 284

11 a) $12\vec{a}$ b) $10\vec{d} - 10\vec{e} = 10(\vec{d} - \vec{e})$
c) $-2{,}7\vec{u} - 2{,}7\vec{v}$ d) $22{,}8\vec{a} + 8{,}4\vec{b} - 11{,}1\vec{c}$
e) $3\vec{a} + 2\vec{b}$ f) $-\vec{u} + \vec{v}$
g) $4\vec{a} + 8\vec{b}$ h) $-3\vec{a} + 3\vec{b}$
i) $9\vec{a} + 6\vec{b}$ j) $10\vec{a} - 2\vec{b}$
k) $2\vec{u} - 10\vec{v}$

12 a) $\vec{AG} = \vec{a} + \vec{b} + \vec{c}$
b) $\vec{BH} = -\vec{a} + \vec{b} + \vec{c}$
c) $\vec{EC} = \vec{a} + \vec{b} - \vec{c}$
d) $\vec{ME} = -\frac{1}{2}\vec{a} - \frac{1}{2}\vec{b} + \vec{c}$

13 a) $D(8|10|12)$
b) $M(5{,}5|6|6{,}5)$
c) $B(7|5|2)$ und $C(4|9|2)$

14 a) $S\left(3\left|4\frac{1}{3}\right.\right)$ b) $S\left(\frac{1}{3}\left|2\frac{2}{3}\right|\frac{2}{3}\right)$

15 $\vec{a} = \begin{pmatrix} a_1 \\ a_2 \end{pmatrix}$, $\vec{b} = \begin{pmatrix} b_1 \\ b_2 \end{pmatrix}$, $\vec{c} = \begin{pmatrix} c_1 \\ c_2 \end{pmatrix}$

a) $(\vec{a} + \vec{b}) + \vec{c} = \left(\begin{pmatrix} a_1 \\ a_2 \end{pmatrix} + \begin{pmatrix} b_1 \\ b_2 \end{pmatrix}\right) + \begin{pmatrix} c_1 \\ c_2 \end{pmatrix}$

$= \begin{pmatrix} a_1 + b_1 \\ a_2 + b_2 \end{pmatrix} + \begin{pmatrix} c_1 \\ c_2 \end{pmatrix} = \begin{pmatrix} a_1 + b_1 + c_1 \\ a_2 + b_2 + c_2 \end{pmatrix}$

$= \begin{pmatrix} a_1 + (b_1 + c_1) \\ a_2 + (b_2 + c_2) \end{pmatrix} = \begin{pmatrix} a_1 \\ a_2 \end{pmatrix} + \begin{pmatrix} b_1 + c_1 \\ b_2 + c_2 \end{pmatrix}$

$= \begin{pmatrix} a_1 \\ a_2 \end{pmatrix} + \left(\begin{pmatrix} b_1 \\ b_2 \end{pmatrix} + \begin{pmatrix} c_1 \\ c_2 \end{pmatrix}\right) = \vec{a} + (\vec{b} + \vec{c})$

b) $r \cdot (s \cdot \vec{a}) = r \cdot \left(s \cdot \begin{pmatrix} a_1 \\ a_2 \end{pmatrix}\right) = r \cdot \begin{pmatrix} s \cdot a_1 \\ s \cdot a_2 \end{pmatrix}$

$= \begin{pmatrix} r \cdot s \cdot a_1 \\ r \cdot s \cdot a_1 \end{pmatrix} = \begin{pmatrix} s \cdot r \cdot a_1 \\ s \cdot r \cdot a_2 \end{pmatrix} = s \cdot \begin{pmatrix} r \cdot a_1 \\ r \cdot a_2 \end{pmatrix}$

$= s \cdot \left(r \cdot \begin{pmatrix} a_1 \\ a_2 \end{pmatrix}\right) = s \cdot (r \cdot \vec{a})$

c) $r \cdot (\vec{a} + \vec{b}) = r \cdot \left(\begin{pmatrix} a_1 \\ a_2 \end{pmatrix} + \begin{pmatrix} b_1 \\ b_2 \end{pmatrix} \right)$

$= r \cdot \begin{pmatrix} a_1 + b_1 \\ a_2 + b_2 \end{pmatrix}$

$= \begin{pmatrix} r \cdot (a_1 + b_1) \\ r \cdot (a_2 + b_2) \end{pmatrix} = \begin{pmatrix} r \cdot a_1 + r \cdot b_1 \\ r \cdot a_2 + r \cdot b_2 \end{pmatrix}$

$= \begin{pmatrix} r \cdot a_1 \\ r \cdot a_2 \end{pmatrix} + \begin{pmatrix} r \cdot b_1 \\ r \cdot b_2 \end{pmatrix} = r \cdot \begin{pmatrix} a_1 \\ a_2 \end{pmatrix} + r \cdot \begin{pmatrix} b_1 \\ b_2 \end{pmatrix}$

$= r \cdot \vec{a} + r \cdot \vec{b}$

$(r + s) \cdot \vec{a} = (r + s) \begin{pmatrix} a_1 \\ a_2 \end{pmatrix} = \begin{pmatrix} (r + s) \cdot a_1 \\ (r + s) \cdot a_2 \end{pmatrix}$

$= \begin{pmatrix} r \cdot a_1 + s \cdot a_1 \\ r \cdot a_2 + s \cdot a_2 \end{pmatrix} = \begin{pmatrix} r \cdot a_1 \\ r \cdot a_2 \end{pmatrix} = \begin{pmatrix} s \cdot a_1 \\ s \cdot a_2 \end{pmatrix}$

$= r \cdot \begin{pmatrix} a_1 \\ a_2 \end{pmatrix} + s \cdot \begin{pmatrix} a_1 \\ a_2 \end{pmatrix} = r \cdot \vec{a} + s \cdot \vec{a}$

4 Geraden

Seite 285

Einstiegsproblem
A: $\vec{p} + \vec{u}$ B: $\vec{p} + 2 \cdot \vec{u}$
C: $\vec{p} + 3 \cdot \vec{u}$ D: $\vec{p} - \vec{u}$
E: $\vec{p} - 2 \cdot \vec{u}$
Die Punkte A bis E liegen auf einer Geraden.

Seite 287

1 a) P(1|1|2), Q(1|−1|9), R(1|3|−5)

b) $g: \vec{x} = \begin{pmatrix} 1 \\ -1 \\ 9 \end{pmatrix} + r \cdot \begin{pmatrix} 0 \\ 4 \\ -14 \end{pmatrix}$

2 a) $g: \vec{x} = \begin{pmatrix} 1 \\ 2 \\ 2 \end{pmatrix} + t \cdot \begin{pmatrix} 4 \\ -6 \\ 5 \end{pmatrix}$

$g: \vec{x} = \begin{pmatrix} 5 \\ -4 \\ 7 \end{pmatrix} + r \cdot \begin{pmatrix} -8 \\ 12 \\ -10 \end{pmatrix}$

b) $g: \vec{x} = \begin{pmatrix} -3 \\ -2 \\ 9 \end{pmatrix} + t \cdot \begin{pmatrix} 3 \\ 2 \\ -6 \end{pmatrix}$

$g: \vec{x} = \begin{pmatrix} 0 \\ 0 \\ 3 \end{pmatrix} + r \cdot \begin{pmatrix} 1{,}5 \\ 1 \\ -3 \end{pmatrix}$

c) $g: \vec{x} = \begin{pmatrix} 7 \\ -2 \\ 7 \end{pmatrix} + t \cdot \begin{pmatrix} -6 \\ 3 \\ -6 \end{pmatrix}$

$g: \vec{x} = \begin{pmatrix} 1 \\ 1 \\ 1 \end{pmatrix} + r \cdot \begin{pmatrix} 2 \\ -1 \\ 2 \end{pmatrix}$

3 a) nein b) ja (t = −1)
c) ja (t = −1) d) nein

4 a) $g: \vec{x} = \begin{pmatrix} 1 \\ -2 \\ 9 \end{pmatrix} + t \cdot \begin{pmatrix} 2 \\ 1 \\ -5 \end{pmatrix}$

b) $g: \vec{x} = \begin{pmatrix} 2 \\ 1 \\ -5 \end{pmatrix} + t \cdot \begin{pmatrix} 0 \\ 0 \\ 1 \end{pmatrix}$

5 a) z.B. P(1|−3|2) (t = 0)
Q(3|−1|4) (t = 1)
b) R(4|0|5) (t = 1,5)
c) S(0|−4|1) (t = −0,5)
d) Siehe Zeichnung.

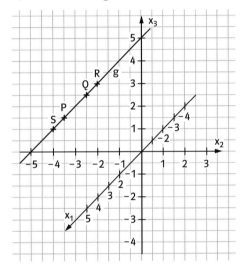

6 A(4|0|0), B(4|4|0), C(0|4|0),
D(0|0|0), E(4|0|4), F(4|4|4),
G(0|4|4), H(0|0|4).

a) $g: \vec{x} = \begin{pmatrix} 4 \\ 0 \\ 0 \end{pmatrix} + t \cdot \begin{pmatrix} -4 \\ 4 \\ 0 \end{pmatrix}$

b) $g: \vec{x} = \begin{pmatrix} 4 \\ 4 \\ 0 \end{pmatrix} + t \cdot \begin{pmatrix} -4 \\ -4 \\ 0 \end{pmatrix}$

c) $g: \vec{x} = \begin{pmatrix} 4 \\ 0 \\ 4 \end{pmatrix} + t \cdot \begin{pmatrix} 4 \\ -4 \\ 0 \end{pmatrix}$

d) $g: \vec{x} = \begin{pmatrix} 4 \\ 0 \\ 0 \end{pmatrix} + t \cdot \begin{pmatrix} -4 \\ 4 \\ 4 \end{pmatrix}$

e) $g: \vec{x} = \begin{pmatrix} 4 \\ 4 \\ 0 \end{pmatrix} + t \cdot \begin{pmatrix} -4 \\ -4 \\ 0 \end{pmatrix}$

f) $g: \vec{x} = \begin{pmatrix} 0 \\ 4 \\ 0 \end{pmatrix} + t \cdot \begin{pmatrix} 0 \\ -4 \\ 0 \end{pmatrix}$

9 $g: \vec{x} = t \cdot \begin{pmatrix} 1 \\ 1 \end{pmatrix}$; $h: \vec{x} = t \cdot \begin{pmatrix} 1 \\ -1 \end{pmatrix}$

Seite 288

10 x_1-Achse: $g: \vec{x} = t \cdot \begin{pmatrix} 1 \\ 0 \\ 0 \end{pmatrix}$

x_2-Achse: $g: \vec{x} = t \cdot \begin{pmatrix} 0 \\ 1 \\ 0 \end{pmatrix}$

x_3-Achse: $g: \vec{x} = t \cdot \begin{pmatrix} 0 \\ 0 \\ 1 \end{pmatrix}$

11 a) Die Gerade ist eine der Winkelhalbierenden zwischen der x_1-Achse und der x_3-Achse.
b) Die Gerade ist eine der Winkelhalbierenden zwischen der x_2-Achse und der x_3-Achse.
c) Die Gerade ist eine Parallele zur x_2-Achse, die durch den Punkt (0|0|2) geht.

12 a)
$g: \vec{x} = \begin{pmatrix} -4 \\ 1 \\ 0 \end{pmatrix} + t \cdot \begin{pmatrix} 3 \\ 4 \\ 0 \end{pmatrix}$; $h: \vec{x} = \begin{pmatrix} -4 \\ 1 \\ 3 \end{pmatrix} + t \cdot \begin{pmatrix} 3 \\ 2 \\ -3 \end{pmatrix}$;

$i: \vec{x} = \begin{pmatrix} -4 \\ 5 \\ 3 \end{pmatrix} + t \cdot \begin{pmatrix} 0 \\ 4 \\ -3 \end{pmatrix}$; $j: \vec{x} = \begin{pmatrix} -1 \\ 1 \\ 0 \end{pmatrix} + t \cdot \begin{pmatrix} 0 \\ 4 \\ 3 \end{pmatrix}$

b)
$g: \vec{x} = \begin{pmatrix} -2 \\ 5 \\ 3 \end{pmatrix} + t \cdot \begin{pmatrix} 2 \\ -2 \\ 1 \end{pmatrix}$;

$h: \vec{x} = \begin{pmatrix} -2 \\ 5 \\ 3 \end{pmatrix} + t \cdot \begin{pmatrix} -1 \\ 1 \\ 0 \end{pmatrix}$;

$i: \vec{x} = \begin{pmatrix} -6 \\ 5 \\ 3 \end{pmatrix} + t \cdot \begin{pmatrix} 2 \\ 2 \\ -1 \end{pmatrix}$; $j: \vec{x} = \begin{pmatrix} -6 \\ 5 \\ 3 \end{pmatrix} + t \cdot \begin{pmatrix} 2 \\ -1 \\ -3 \end{pmatrix}$

13 a) z.B.: $\vec{x} = \begin{pmatrix} 2 \\ 3 \\ 4 \end{pmatrix} + t \cdot \begin{pmatrix} -1 \\ -4 \\ -2 \end{pmatrix}$;

$\vec{x} = \begin{pmatrix} 2 \\ 3 \\ 4 \end{pmatrix} + t \cdot \begin{pmatrix} 1 \\ 4 \\ 2 \end{pmatrix}$; $\vec{x} = \begin{pmatrix} 1 \\ -1 \\ 2 \end{pmatrix} + t \cdot \begin{pmatrix} 1 \\ 4 \\ 2 \end{pmatrix}$

b) Man erhält die Ortsvektoren von Punkten der Geraden, wenn man für t Zahlen einsetzt.

c) P(0|−5|0)

14 a) Ja b) Nein
c) Nein d) Ja

15 a) D(0|0|0), A(3|0|0), B(3|4|0), C(0|4|0), E(3|0|3,5), F(3|4|3,5), G(0|4|3,5), H(0|0|3,5)

b) $g: \vec{x} = \begin{pmatrix} 3 \\ 4 \\ 0 \end{pmatrix} + r \cdot \begin{pmatrix} -3 \\ -4 \\ 3,5 \end{pmatrix}$

c) $0 \leq r \leq 1$

5 Gegenseitige Lage von Geraden

Seite 289

Einstiegsproblem
Man kann nicht sicher sein, dass sich die Wege der beiden Flugzeuge gekreuzt haben, da die Flugzeuge möglicherweise eine unterschiedliche Flughöhe hatten.

Seite 292

1 Die Geraden g und h
a) sind identisch,
b) sind parallel,
c) sind identisch,
d) sind weder parallel noch identisch.

2 a) S(9|0|6) b) S(1|3|1)
c) S(3|−2|4) d) S(3|−13|9)

3 Die Geraden g und h schneiden sich im Punkt S(1|2|3) (s. Stützvektor).
Die Geraden h und i haben den gleichen Richtungsvektor.
Also müssen laut Aufgabenstellung die Geraden g und i zueinander windschief sein.

4
a) g und h sind parallel und verschieden.
b) g und h sind windschief.
c) g und h schneiden sich in S(2|1|3).
d) g und h schneiden sich in S(-5|-15|1).

7 a) Die Geraden g: $\vec{x} = \begin{pmatrix} 2 \\ 2 \\ 0 \end{pmatrix} + r \cdot \begin{pmatrix} -2 \\ 2 \\ 2 \end{pmatrix}$

und h: $\vec{x} = \begin{pmatrix} 0 \\ 1 \\ 2 \end{pmatrix} + s \cdot \begin{pmatrix} 1 \\ 3 \\ -2 \end{pmatrix}$ sind windschief.

b) Die Geraden g: $\vec{x} = \begin{pmatrix} 0 \\ 0 \\ 2 \end{pmatrix} + r \cdot \begin{pmatrix} 1,5 \\ 4 \\ -2 \end{pmatrix}$ und

h: $\vec{x} = \begin{pmatrix} 3 \\ 0 \\ 0 \end{pmatrix} + s \cdot \begin{pmatrix} -3 \\ 4 \\ 1 \end{pmatrix}$ schneiden sich in

$S\left(1 \Big| \frac{8}{3} \Big| \frac{2}{3}\right)$.

Seite 293

8 a) h: $\vec{x} = \begin{pmatrix} 1 \\ 0 \\ 0 \end{pmatrix} + t \cdot \begin{pmatrix} -7 \\ 3 \\ 1 \end{pmatrix}$; i: $\vec{x} = t \cdot \begin{pmatrix} 7 \\ 3 \\ 1 \end{pmatrix}$;

j: $\vec{x} = \begin{pmatrix} 0 \\ 0 \\ 1 \end{pmatrix} + t \cdot \begin{pmatrix} -7 \\ 3 \\ 1 \end{pmatrix}$

b) h: $\vec{x} = \begin{pmatrix} 2 \\ 2 \\ 1 \end{pmatrix} + t \cdot \begin{pmatrix} -1 \\ 2 \\ 0 \end{pmatrix}$; i: $\vec{x} = t \cdot \begin{pmatrix} 1 \\ 2 \\ 0 \end{pmatrix}$;

j: $\vec{x} = \begin{pmatrix} 1 \\ 0 \\ 0 \end{pmatrix} + t \cdot \begin{pmatrix} -1 \\ 2 \\ 0 \end{pmatrix}$

c) h: $\vec{x} = \begin{pmatrix} 2 \\ 3 \\ 6 \end{pmatrix} + t \cdot \begin{pmatrix} -1 \\ 0 \\ 5 \end{pmatrix}$; i: $\vec{x} = t \cdot \begin{pmatrix} 1 \\ 0 \\ 5 \end{pmatrix}$;

j: $\vec{x} = \begin{pmatrix} 0 \\ 1 \\ 0 \end{pmatrix} + t \cdot \begin{pmatrix} -1 \\ 0 \\ 5 \end{pmatrix}$

9 Die Gerade g ist parallel zur Strecke $\overline{AC}$.

10 a) Für a = 2 schneiden sich die Geraden im Punkt S(-1|22|31). Für alle anderen Parameterwerte von a sind die Geraden windschief.
b) Für a = 5 schneiden sich die Geraden im Punkt S(-7|-5|5). Für alle anderen Parameterwerte von a sind die Geraden windschief.

11 a) a = -2
b) a = 2,5

12 a) S(5|4|-5)
b) Die Geraden schneiden sich für jeden Parameterwert a im Punkt S(5|4|-5).

13 a) a = 2
b) Schnittpunkt S(1|0|2)

14 a) Wahr. Wenn die Richtungsvektoren linear abhängig wären, könnten die Geraden nur parallel oder identisch sein.
b) Falsch. Die Geraden könnten sich auch schneiden.
c) Falsch. Die Geraden könnten auch zueinander windschief sein.
d) Wahr, s. Teilaufgabe a).

6 Längen messen – Einheitsvektoren

Seite 294

Einstiegsproblem
Flächeninhalt des Tuches:
$A = \left(\frac{1}{2} \cdot 4 \cdot \sqrt{3^2 + 5^2}\right) m^2 \approx 11,66 \, m^2$.
Umfang des Tuches:
$U = \left(4 + \sqrt{3^2 + 5^2} + \sqrt{3^2 + 4^2 + 5^2}\right) m$
$\approx 16,90 \, m$.

Seite 296

1 $|\vec{a}| = \sqrt{5}$; $|\vec{b}| = \sqrt{14}$; $|\vec{c}| = 1$; $|\vec{d}| = \frac{3}{10}$;
$|\vec{e}| = \sqrt{10}$; $|\vec{f}| = \frac{1}{4}\sqrt{26}$; $|\vec{g}| = 0,5$

Seite 297

2 a) $\sqrt{14}$ b) $\sqrt{62}$ c) $\sqrt{2}$

3 Mögliche Gleichung der Geraden:

$\vec{x} = \begin{pmatrix} 2 \\ 1 \\ 2 \end{pmatrix} + r \cdot \begin{pmatrix} \frac{2}{3} \\ \frac{2}{3} \\ \frac{1}{3} \end{pmatrix}$.

a) P(10|9|6) und Q(-6|-7|-2)

b) $P\left(10\frac{2}{3} \mid 9\frac{2}{3} \mid 6\frac{1}{3}\right)$ und $Q\left(-6\frac{2}{3} \mid -7\frac{2}{3} \mid -2\frac{1}{3}\right)$

c) $P\left(11\frac{1}{3} \mid 10\frac{1}{3} \mid 6\frac{2}{3}\right)$ und $Q\left(-7\frac{1}{3} \mid -8\frac{1}{3} \mid -2\frac{2}{3}\right)$

d) $P(12 \mid 11 \mid 7)$ und $Q(-8 \mid -9 \mid -3)$

4 $g: \vec{x} = \begin{pmatrix} 3 \\ 7 \\ 8 \end{pmatrix} + t \cdot 800 \cdot \frac{1}{5} \cdot \begin{pmatrix} 3 \\ 4 \\ 0 \end{pmatrix}$

bzw. $\vec{x} = \begin{pmatrix} 3 \\ 7 \\ 8 \end{pmatrix} + t \cdot \begin{pmatrix} 480 \\ 640 \\ 0 \end{pmatrix}$

a) Nach einer halben Stunde:

$\overrightarrow{OQ} = \begin{pmatrix} 3 \\ 7 \\ 8 \end{pmatrix} + 0{,}5 \cdot \begin{pmatrix} 480 \\ 640 \\ 0 \end{pmatrix} = \begin{pmatrix} 243 \\ 327 \\ 8 \end{pmatrix}$;

$Q(243 \mid 327 \mid 8)$

b) Nach einer Stunde:

$\overrightarrow{OR} = \begin{pmatrix} 3 \\ 7 \\ 8 \end{pmatrix} + 1 \cdot \begin{pmatrix} 480 \\ 640 \\ 0 \end{pmatrix} = \begin{pmatrix} 483 \\ 647 \\ 8 \end{pmatrix}$; $R(483 \mid 647 \mid 8)$

8 a) nein b) ja

9 a) $s_a = 9$; $s_b = 3 \cdot \sqrt{22}$; $s_c = 3 \cdot \sqrt{3}$
b) $s_a = 9$; $s_b = 6 \cdot \sqrt{11}$; $s_c = 15$
c) Abstände für Teilaufgabe a):
6; $2 \cdot \sqrt{22}$; $2 \cdot \sqrt{3}$.
Abstände für Teilaufgabe b):
6; $4 \cdot \sqrt{11}$; 10.

10 a) Die Punkte A und B liegen auf der Geraden mit der Gleichung

$\vec{x} = \begin{pmatrix} 1 \\ 2 \\ 3 \end{pmatrix} + r \cdot \begin{pmatrix} -3 \\ -5 \\ -7 \end{pmatrix}$.

Die Punkte $P_1(-5 \mid -8 \mid -11)$ und $P_2\left(-1 \mid -\frac{4}{3} \mid -\frac{5}{3}\right)$ sind doppelt so weit von A wie von B entfernt.

b) Berechnet man die Koordinaten der Punkte, die von A den Abstand 10 und von B den Abstand 5 haben, so stellt man fest: Die gesuchten Punkte gibt es nicht.

Seite 298

11 Der Punkt $S(3 \mid 3 \mid 3)$ hat von den Ecken des Würfels den Abstand $3 \cdot \sqrt{3}$.

12 $p_3 = 3$ oder $p_3 = 7$

13 Mögliche Lösungen: $X_1(4 \mid 1 \mid -6)$; $X_2(4 \mid 1 \mid 4)$; $X_3(-1 \mid 1 \mid -1)$

14 $P_1(6 \mid 1 \mid 8)$ und $P_2(-2 \mid -7 \mid -6)$

15 a) Die Koordinaten des Startplatzes im Hafen sind $(0 \mid 0)$.
b) Die Wege kreuzen sich im Punkt $S(48 \mid 30)$. Das erste Schiff erreicht diese Stelle zum Zeitpunkt $t_1 = 1$. Das zweite Schiff erreicht diese Stelle zum Zeitpunkt $t_2 = 6$. Der Punkt S hat die Entfernung $6 \cdot \sqrt{89}$ vom Hafen.

16 Die Flugrichtung von F_1 verläuft von P nach Q auf der Geraden

$f_1: \vec{x} = \begin{pmatrix} 2 \\ 3 \\ 1 \end{pmatrix} + t \cdot \begin{pmatrix} -2 \\ -3 \\ 0{,}05 \end{pmatrix}$ und die Flugrichtung von F_2 von R nach T auf der Geraden

$f_2: \vec{x} = \begin{pmatrix} -2 \\ 3 \\ 0{,}05 \end{pmatrix} + t \cdot \begin{pmatrix} 4 \\ -6 \\ 0{,}02 \end{pmatrix}$.

a) F_1 fliegt in 20 Minuten $116\frac{2}{3}$ km und F_2 $83\frac{1}{3}$ km weit. Es gilt $\left\| \begin{pmatrix} -2 \\ -3 \\ 0{,}05 \end{pmatrix} \right\| = \sqrt{\frac{5201}{400}} \approx 3{,}6$

und $\left\| \begin{pmatrix} 4 \\ -6 \\ 0{,}02 \end{pmatrix} \right\| = \sqrt{\frac{130001}{2500}} \approx 7{,}2$.

Der Ortsvektor bzgl. F_1 ist somit

$\vec{x} = \begin{pmatrix} 2 \\ 3 \\ 1 \end{pmatrix} + \frac{116\frac{2}{3}}{\sqrt{\frac{5201}{400}}} \cdot \begin{pmatrix} -2 \\ -3 \\ 0{,}05 \end{pmatrix} = \begin{pmatrix} -62{,}7 \\ -94{,}1 \\ 2{,}618 \end{pmatrix}$

und der Ortsvektor bzgl. F_2 ist

$\vec{x} = \begin{pmatrix} -2 \\ 3 \\ 0{,}05 \end{pmatrix} + \frac{83\frac{1}{3}}{\sqrt{\frac{130001}{2500}}} \cdot \begin{pmatrix} 4 \\ -6 \\ 0{,}02 \end{pmatrix} = \begin{pmatrix} 44{,}2 \\ -66{,}3 \\ 0{,}281 \end{pmatrix}$.

F1 befindet sich dann in einer Höhe von ca. 2618 m und F_2 in einer Höhe von ca. 281 m.

b) Nach 20 min sind die beiden Flugzeuge ca. 110,5 km voneinander entfernt.

17 a)

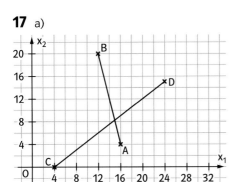

b) Die Fähre befindet sich im Punkt E(13|16).

c) Die Richtungsvektoren werden so angepasst, dass die Länge dem zurückgelegten Weg nach einer Stunde entspricht. Damit beschreiben die Ortsvektoren $\overrightarrow{OF_1}$ und $\overrightarrow{OF_2}$ die Position der Fähren zum Zeitpunkt t (in Stunden).

$\overrightarrow{OF_1} = \begin{pmatrix} 16 \\ 4 \end{pmatrix} + t \cdot 1{,}5 \cdot \begin{pmatrix} -4 \\ 16 \end{pmatrix}$;

$\overrightarrow{OF_2} = \begin{pmatrix} 4 \\ 0 \end{pmatrix} + t \cdot \begin{pmatrix} 20 \\ 15 \end{pmatrix}$

Für den Abstand d(t) der beiden Fähren erhält man:

$d(t) = \left| \overrightarrow{OF_2} - \overrightarrow{OF_1} \right| = \left| \begin{pmatrix} -12 \\ -4 \end{pmatrix} + t \cdot \begin{pmatrix} 26 \\ -9 \end{pmatrix} \right|$

$= \sqrt{(-12 + 26t)^2 + (-4 - 9t)^2}$

$= \sqrt{757 t^2 - 552 t + 160}$

Die nachfolgenden Berechnungen werden sinnvollerweise mit einem leistungsfähigen Taschenrechner vorgenommen.
d(t) wird minimal für $t^* \approx 0{,}36$.
$d(t^*) \approx 7{,}71$ (GTR).
Die beiden Fähren kommen sich nach 0,36 h (knapp 22 Minuten) am nächsten und sind dann etwa 7,71 km voneinander entfernt.

18 a) $|\overrightarrow{AC}| = \sqrt{165} \approx 12{,}85$.
Der Punkt C ist etwa 12,85 km vom Startplatz des Ballons entfernt.

b) $\overrightarrow{OB} = \begin{pmatrix} 2 \\ 5 \\ 0 \end{pmatrix} + t \cdot \begin{pmatrix} 2 \\ 3 \\ 1 \end{pmatrix}$;

$\overrightarrow{OF} = \begin{pmatrix} 10 \\ 15 \\ 1 \end{pmatrix} + t \cdot 30 \cdot \begin{pmatrix} -1 \\ -2 \\ 2 \end{pmatrix}$

$d(t) = \left| \overrightarrow{OF} - \overrightarrow{OB} \right| = \left| \begin{pmatrix} 8 \\ 10 \\ 1 \end{pmatrix} + t \cdot \begin{pmatrix} -32 \\ -63 \\ 59 \end{pmatrix} \right|$

$= \sqrt{(8 - 32t)^2 + (10 - 63t)^2 + (1 + 59t)^2}$

$= \sqrt{8474 t^2 - 1654 t + 165}$

Die nachfolgenden Berechnungen werden sinnvollerweise mit einem leistungsfähigen Taschenrechner vorgenommen.
d(t) wird minimal für $t^* \approx 0{,}098$.
$d(t^*) \approx 9{,}18$ (GTR).
Der Ballon und das Flugzeug kommen sich nach etwa 0,098 h (knapp 6 Minuten) am nächsten und sind dann 9,18 km voneinander entfernt.

7 Vektorräume

Seite 299

Einstiegsproblem
Das linke gelbe Zahlenquadrat ist aus dem rechten blauen entstanden, indem man alle Zahlen mit 4 multipliziert hat.
Das rechte gelbe Zahlenquadrat erhält man, wenn man die entsprechenden Zahlen der beiden blauen Zahlenquadrate addiert.

Seite 300

1 a) Vektorraum
b) Vektorraum
c) kein Vektorraum

2 A ist ein Vektorraum.
B, C, D, E, F sind keine Vektorräume.

Seite 301

4 a) $\vec{a} = \begin{pmatrix} a_{11} & a_{12} & a_{13} \\ a_{21} & a_{22} & a_{23} \\ a_{31} & a_{32} & a_{33} \end{pmatrix}$;

$\vec{b} = \begin{pmatrix} b_{11} & b_{12} & b_{13} \\ b_{21} & b_{22} & b_{23} \\ b_{31} & b_{32} & b_{33} \end{pmatrix}$

$$\vec{a} + \vec{b} = \begin{pmatrix} a_{11} + b_{11} & a_{12} + b_{12} & a_{13} + b_{13} \\ a_{21} + b_{21} & a_{22} + b_{22} & a_{23} + b_{23} \\ a_{31} + b_{31} & a_{32} + b_{32} & a_{33} + b_{33} \end{pmatrix}$$

$$r \in \mathbb{R}; \quad r \cdot \vec{a} = \begin{pmatrix} r \cdot a_{11} & r \cdot a_{12} & r \cdot a_{13} \\ r \cdot a_{21} & r \cdot a_{22} & r \cdot a_{23} \\ r \cdot a_{31} & r \cdot a_{32} & r \cdot a_{33} \end{pmatrix}$$

b) Ja. Wenn man zwei „Zahlenquadrate" addiert, so ist die Summe ein „Zahlenquadrat" mit der Summe aus den beiden „magischen Zahlen" der Ausgangsmatrizen als „magischer Zahl".
Wenn man ein „Zahlenquadrat" mit einer reellen Zahl r multipliziert, so ist das Ergebnis ein „Zahlenquadrat", deren „magische Zahl" gleich dem r-Fachen der „magischen Zahl" der Ausgangsmatrix ist.

c) $\vec{a} = \begin{pmatrix} 2 & 10 & 6 \\ 10 & 6 & 2 \\ 6 & 2 & 10 \end{pmatrix}; \vec{b} = \begin{pmatrix} 4 & 1 & 4 \\ 3 & 3 & 3 \\ 2 & 5 & 2 \end{pmatrix};$

$\vec{c} = \begin{pmatrix} 2 & 9 & 4 \\ 7 & 5 & 3 \\ 6 & 1 & 8 \end{pmatrix}$

z.B. $\vec{a} + 2 \cdot \vec{c} = \begin{pmatrix} 6 & 28 & 14 \\ 24 & 16 & 8 \\ 18 & 4 & 26 \end{pmatrix};$

$2 \cdot \vec{b} + 2 \cdot \vec{c} = \begin{pmatrix} 12 & 20 & 16 \\ 20 & 16 & 12 \\ 16 & 12 & 20 \end{pmatrix};$

$5 \cdot \vec{c} - 3 \cdot \vec{b} = \begin{pmatrix} -2 & 42 & 8 \\ 26 & 16 & 6 \\ 24 & -10 & 34 \end{pmatrix}$

d) Nein. Wenn man zwei „magische Quadrate" z.B. addiert, so kommt z.B. die Zahl 1 gar nicht mehr vor.

5 a) Gegeben sind zwei Lösungen $\vec{u} = (u_1; u_2; u_3)$ und $\vec{v} = (v_1; v_2; v_3)$ des LGS
$\quad a_{11}x_1 + a_{12}x_2 + a_{13}x_3 = 0$
$\quad a_{21}x_1 + a_{22}x_2 + a_{23}x_3 = 0$.
$\quad a_{31}x_1 + a_{32}x_2 + a_{33}x_3 = 0$

1. Addition
Die Summe
$\vec{u} + \vec{v} = (u_1 + v_1; u_2 + v_2; u_3 + v_3)$ ist eine Lösung des LGS, denn

1. Zeile des LGS:
$a_{11} \cdot (u_1 + v_1) + a_{12} \cdot (u_2 + v_2) + a_{13} \cdot (u_3 + v_3)$
$= a_{11}u_1 + a_{11}v_1 + a_{12}u_2 + a_{12}v_2 + a_{13}u_3 + a_{13}v_3$
$= (a_{11}u_1 + a_{12}u_2 + a_{13}u_3)$
$+ (a_{11}v_1 + a_{12}v_2 + a_{13}v_3) = 0 + 0 = 0.$
Ebenso kann man für die 2. und die 3. Zeile nachrechnen, dass die Gleichungen erfüllt sind.
$\vec{o} = (0; 0; 0)$ ist eine Lösung des LGS und der Nullvektor dieses Vektorraums.
Zu $\vec{u} = (u_1; u_2; u_3)$ ist $-\vec{u} = (-u_1; -u_2; -u_3)$ der Gegenvektor.
$-\vec{u}$ ist ebenfalls eine Lösung des LGS (siehe Multiplikation mit $r = -1$).

2. Multiplikation:
Mit $r \in \mathbb{R}$ ist auch das Produkt $r \cdot \vec{u} = (r \cdot u_1; r \cdot u_2; r \cdot u_3)$ eine Lösung des LGS, denn
1. Zeile des LGS:
$a_{11} \cdot (r \cdot u_1) + a_{12} \cdot (r \cdot u_2) + a_{13}(r \cdot u_3)$
$= r \cdot a_{11}u_1 + r \cdot a_{12}u_2 + r \cdot a_{13}u_3$
$= r \cdot (a_{11}u_1 + a_{12}u_2 + a_{13}u_3) = r \cdot 0 = 0$
Ebenso kann man für die 2. und die 3. Zeile nachrechnen, dass die Gleichungen erfüllt sind.
$1 \cdot \vec{u} = (1 \cdot u_1; 1 \cdot u_2; 1 \cdot u_3) = (u_1; u_2; u_3) = \vec{u}$
Die Rechengesetze gelten für die Addition und die Skalarmultiplikation, weil die entsprechenden Gesetze für die reellen Koeffizienten u_1, u_2, u_3 und r gelten. Damit ist gezeigt, dass die Lösungen eines beliebigen homogenen LGS einen Vektorraum bilden.

b) Nein, wenn z.B. die erste Zeile des LGS folgendermaßen aussähe:
$a_{11}x_1 + a_{12}x_2 + a_{13}x_3 = 2$ und $\vec{u} = (u_1; u_2; u_3)$ und $\vec{v} = (v_1; v_2; v_3)$ Lösungen des LGS sind, dann ist z.B.
$\vec{u} + \vec{v} = (u_1 + v_1; u_2 + v_2; u_3 + v_3)$ keine Lösung des LGS, denn:
$a_{11} \cdot (u_1 + v_1) + a_{12} \cdot (u_2 + v_2) + a_{13} \cdot (u_3 + v_3)$
$= a_{11}u_1 + a_{11}v_1 + a_{12}u_2 + a_{12}v_2 + a_{13}u_3 + a_{13}v_3$
$= (a_{11}u_1 + a_{12}u_2 + a_{13}u_3)$
$+ (a_{11}v_1 + a_{12}v_2 + a_{13}v_3) = 2 + 2 = 4 \neq 2.$

6 Bei Polynomen dritten Grades, deren Graph symmetrisch zum Ursprung ist, kommen nur ungerade x-Potenzen vor.
Gegeben sind zwei Polynome
$\vec{p_1} = a_1x^3 + b_1x$ und $\vec{p_2} = a_2x^3 + b_2x$.
1. Addition:
Die Summe
$\vec{p_1} + \vec{p_2} = (a_1 + a_2)x^3 + (b_1 + b_2)x$ ebenfalls ein Element von P_{3u}.
$\vec{o} = 0x^3 + 0x = 0$ ist der Nullvektor.
Zu $\vec{p_1}$ ist $-\vec{p_1} = -a_1x^3 + (-b_1)x$ der Gegenvektor, denn $\vec{p_1} + (-\vec{p_1}) = \vec{o}$.
2. Multiplikation:
Mit $r \in \mathbb{R}$ ist das Produkt
$r \cdot \vec{p_1} = (r \cdot a_1)x^3 + (r \cdot b_1)x$ ebenfalls ein Element von P_{3u}.
$1 \cdot \vec{p_1} = (1 \cdot a_1)x^3 + (1 \cdot b_1)x = a_1x^3 + b_1x = \vec{p_1}$
Die Rechengesetze gelten für die Addition und die Skalarmultiplikation, weil die entsprechenden Gesetze für die reellen Koeffizienten a, b und r gelten. Damit ist gezeigt, dass die Menge P_{3u} einen Vektorraum bildet.

7 a) Ja   b) Nein
c) Ja   d) Nein

8 a) Nein, denn es gibt keine Zahl r mit $r \cdot \vec{a} = \vec{a}$.
b) Fehler im Druck der 1. Auflage im Schülerbuch: Die Aufgabenstellung müsste lauten:
„b) mit der Addition $\vec{a} \oplus \vec{b} = \vec{o}$ für alle $\vec{a}, \vec{b} \in V$..." Damit ist die Lösung: Nein. Es gilt z.B. das Distributivgesetz nicht:
$\binom{5}{10} = 5 \cdot \binom{1}{2} = (3+2) \cdot \binom{1}{2}$
$\neq 3 \cdot \binom{1}{2} \oplus 2 \cdot \binom{1}{2} = \binom{3}{6} \oplus \binom{2}{4} = \binom{0}{0}$.

9 Alle Eigenschaften der Definition sind erfüllt.

8 Lineare Unabhängigkeit

Seite 302

Einstiegsproblem
Bis auf die Paare $(\vec{v_4}, \vec{v_7})$ und $(\vec{v_2}, \vec{v_5})$ kann jedes Paar von Vektoren zur Erzeugung des Vektors $\vec{p}$ genutzt werden.

Seite 304

1 a) linear unabhängig
b) linear abhängig
c) linear abhängig
d) linear unabhängig

2 a) linear unabhängig
b) linear abhängig
c) linear unabhängig
d) linear abhängig, $\begin{pmatrix}1\\1\\1\end{pmatrix} = -\frac{1}{2}\begin{pmatrix}-6\\-4\\2\end{pmatrix} + \frac{1}{3}\begin{pmatrix}-6\\-3\\6\end{pmatrix}$
e) linear abhängig, $\begin{pmatrix}-1\\3\\1\end{pmatrix} = \frac{17}{26} \cdot \begin{pmatrix}-2\\3\\2\end{pmatrix} - \frac{1}{26} \cdot \begin{pmatrix}4\\-3\\2\end{pmatrix} + \frac{3}{13} \cdot \begin{pmatrix}2\\4\\-1\end{pmatrix}$
f) linear abhängig, $\begin{pmatrix}4\\-3\\\frac{1}{2}\end{pmatrix} = \frac{12}{35} \cdot \begin{pmatrix}-1\\3\\2\\2\end{pmatrix} + \frac{97}{70}\begin{pmatrix}2\\2\\1\end{pmatrix} + \frac{22}{7} \cdot \begin{pmatrix}\frac{1}{2}\\-2\\-\frac{1}{2}\end{pmatrix}$

3 a) linear abhängig
b) linear abhängig
c) linear unabhängig
d) linear unabhängig
e) linear abhängig
f) linear unabhängig

6 $a = \frac{11}{2}$

7 a) $\vec{a} \parallel \vec{b}$ d.h. $\vec{a} = r \cdot \vec{b}$
d.h. linear abhängig

b) Eine Menge von Vektoren sind linear unabhängig, wenn kein Vektor aus anderen erzeugt werden kann. Entfällt ein Vektor, so können die verbleibenden Vektoren auch nicht als Linearkombination erzeugt werden.
c) Kann ein Vektor als Linearkombination aus anderen Vektoren erzeugt werden, so geht dies auch, wenn ein weiterer Vektor hinzukommt.
d) Zwei Vektoren, die nicht linear abhängig sind, spannen eine Ebene auf. Jeder Vektor, der parallel zu dieser Ebene liegt, kann als Linearkombination dieser Vektoren erzeugt werden. Insbesondere sind drei Vektoren, die aus einer Ebene stammen, linear abhängig.

9 Basis und Dimension

Seite 305

Einstiegsproblem

Beispiele: $7 \cdot \begin{pmatrix} 1 \\ 0 \\ 0 \end{pmatrix} + 3 \cdot \begin{pmatrix} 0 \\ 1 \\ 0 \end{pmatrix} + 2 \cdot \begin{pmatrix} 0 \\ 0 \\ 1 \end{pmatrix}$;

$\begin{pmatrix} 7 \\ 2 \\ 2 \end{pmatrix} + \begin{pmatrix} 0 \\ 1 \\ 0 \end{pmatrix}$; $7 \cdot \begin{pmatrix} 1 \\ 0 \\ 0 \end{pmatrix} + \begin{pmatrix} 0 \\ 3 \\ 2 \end{pmatrix}$

Seite 306

1 a) Ja b) Nein
c) Nein d) Nein

2 a) Nein
b) Ja
c) Ja

3 Man muss a so wählen, dass die drei Vektoren linear unabhängig sind.
a) $a \neq \frac{3}{2}$ b) $a \neq -1$ und $a \neq 2$
c) $a \neq 10$

Randspalte
Für ein Erzeugendensystem $\mathbb{R}^3$, das keine Basis des $\mathbb{R}^3$ ist, würden mindestens vier Vektoren benötigt.

4 a) $-\begin{pmatrix} 1 \\ 1 \\ 0 \end{pmatrix} + 3 \cdot \begin{pmatrix} 1 \\ 0 \\ 1 \end{pmatrix} + 2 \cdot \begin{pmatrix} 0 \\ 1 \\ 1 \end{pmatrix} = \begin{pmatrix} 2 \\ 1 \\ 5 \end{pmatrix}$;

b) $0{,}5 \cdot \begin{pmatrix} 1 \\ 1 \\ 0 \end{pmatrix} + 0{,}5 \cdot \begin{pmatrix} 1 \\ 0 \\ 1 \end{pmatrix} - 0{,}5 \cdot \begin{pmatrix} 0 \\ 1 \\ 1 \end{pmatrix} = \begin{pmatrix} 1 \\ 0 \\ 0 \end{pmatrix}$;

c) $2 \cdot \begin{pmatrix} 1 \\ 1 \\ 0 \end{pmatrix} + 3 \cdot \begin{pmatrix} 1 \\ 0 \\ 1 \end{pmatrix} + 4 \cdot \begin{pmatrix} 0 \\ 1 \\ 1 \end{pmatrix} = \begin{pmatrix} 5 \\ 6 \\ 7 \end{pmatrix}$;

d) $1{,}5 \cdot \begin{pmatrix} 1 \\ 1 \\ 0 \end{pmatrix} - 8{,}5 \cdot \begin{pmatrix} 1 \\ 0 \\ 1 \end{pmatrix} + 9{,}5 \cdot \begin{pmatrix} 0 \\ 1 \\ 1 \end{pmatrix} = \begin{pmatrix} -7 \\ 11 \\ 1 \end{pmatrix}$

Seite 307

5 a) keine Basis
b) $\overrightarrow{AG} = \overrightarrow{BC} - \overrightarrow{CD} + \overrightarrow{DH}$
c) $\overrightarrow{AG} = -\overrightarrow{HD} + \overrightarrow{EF} + \overrightarrow{BC}$
d) keine Basis

6 a) $\overrightarrow{u_1} = \begin{pmatrix} -3 \\ 2 \\ 4 \end{pmatrix}$

b) $\overrightarrow{u_1} = \begin{pmatrix} 1 \\ -2 \\ 1 \end{pmatrix}$

c) $\overrightarrow{u_1} = \begin{pmatrix} -3 \\ 2 \\ 1 \\ 0 \end{pmatrix}$ und $\overrightarrow{u_2} = \begin{pmatrix} -4 \\ 3 \\ 0 \\ 1 \end{pmatrix}$

9 a) $\begin{pmatrix} 1 & 0 \\ 0 & 0 \end{pmatrix}, \begin{pmatrix} 0 & 1 \\ 0 & 0 \end{pmatrix}, \begin{pmatrix} 0 & 0 \\ 1 & 0 \end{pmatrix}, \begin{pmatrix} 0 & 0 \\ 0 & 1 \end{pmatrix}$ ist eine Basis.

$\begin{pmatrix} 3 & 7 \\ 1 & 9 \end{pmatrix}$
$= 3 \cdot \begin{pmatrix} 1 & 0 \\ 0 & 0 \end{pmatrix} + 7 \cdot \begin{pmatrix} 0 & 1 \\ 0 & 0 \end{pmatrix} + \begin{pmatrix} 0 & 0 \\ 1 & 0 \end{pmatrix} + 9 \cdot \begin{pmatrix} 0 & 0 \\ 0 & 1 \end{pmatrix}$

b) $\begin{pmatrix} -1 & 1 \\ 0 & 0 \end{pmatrix}, \begin{pmatrix} -1 & 0 \\ 1 & 0 \end{pmatrix}, \begin{pmatrix} -1 & 0 \\ 0 & 1 \end{pmatrix}$ ist eine Basis.

c) $\begin{pmatrix} 1 & 0 \\ 0 & 1 \end{pmatrix}, \begin{pmatrix} 0 & 1 \\ -1 & 0 \end{pmatrix}$ ist eine Basis.

Wiederholen – Vertiefen – Vernetzen

Seite 308

1 Die Punkte liegen auf „Raumdiagonalen". Das heißt: Die senkrechten Projektionen dieser Geraden auf die Koordinatenebenen ergeben die jeweiligen Winkelhalbierenden zwischen den Achsen.

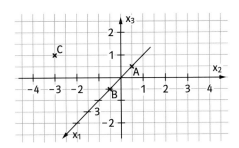

2 Individuelle Lösung (je nach Wahl des Koordinatensystems).

3 a) A'(2|0|0), B'(−1|2|1), C'(−2|3|−4), D'(3|4|2)
b) A'(−2|0|0), B'(1|2|−1), C'(2|3|4), D'(−3|4|−2)

4 a) $\vec{x} = t \cdot \begin{pmatrix} 4 \\ 1 \end{pmatrix}$ b) $\vec{x} = \begin{pmatrix} 0 \\ -1 \\ 2 \end{pmatrix} + t \cdot \begin{pmatrix} -7 \\ 0 \\ 3 \end{pmatrix}$

5 Individuelle Lösung (je nach Wahl des Koordinatensystems).

6 a) $g_a: \vec{x} = s \cdot \begin{pmatrix} a \\ 0 \\ 0 \end{pmatrix}$

b) $h_a: \vec{x} = \begin{pmatrix} 2 \\ 0 \\ 1 \end{pmatrix} + r \cdot \begin{pmatrix} a \\ a \\ 0 \end{pmatrix}$

c) $i_a: \vec{x} = \begin{pmatrix} 0 \\ 0 \\ a \end{pmatrix} + r \cdot \begin{pmatrix} 0 \\ 1 \\ 0 \end{pmatrix}$

7 Definiert man ein Koordinatensystem so, dass der Ursprung mit der hinteren linken Würfelecke zusammenfällt und wählt man als Längeneinheit die Länge einer Würfelkante, dann sind folgende Geraden zu betrachten:
$g: \vec{x} = t \cdot \begin{pmatrix} 1 \\ 1 \\ 1 \end{pmatrix}$ und $h: \vec{x} = \begin{pmatrix} 1 \\ 0,5 \\ 0 \end{pmatrix} + t \cdot \begin{pmatrix} -1 \\ 0 \\ 1 \end{pmatrix}$;

g und h schneiden sich im Punkt S(0,5|0,5|0,5).

8 Die Geraden $g: \vec{x} = \begin{pmatrix} -3 \\ 0 \\ 0 \end{pmatrix} + s \cdot \begin{pmatrix} 0 \\ 6 \\ 5 \end{pmatrix}$ und

$h: \vec{x} = \begin{pmatrix} -6 \\ 4 \\ 0 \end{pmatrix} + t \cdot \begin{pmatrix} 4,5 \\ -3,5 \\ 2,5 \end{pmatrix}$ sind windschief.

Seite 309

9 g, h schneiden sich in $S\left(\frac{2}{3} \Big| \frac{7}{3} \Big| \frac{2}{3}\right)$.
g, i schneiden sich in $T\left(1 \Big| 3 \Big| \frac{1}{2}\right)$.
g, k sind windschief.
h, i schneiden sich in E.
h, k schneiden sich in B.
i, k sind windschief.

10 a) a, b beliebig, c = −2, d = 0
b) a = 4, b = 1, c = −2, d = 0
c) z. B. a beliebig, b = 2, c ≠ −2, d = 0
d) z. B. a = 4, b = 1, c = −2, d ≠ 0

11 a) Die Geraden schneiden sich für t = −1. (Für jeden anderen Parameterwert von t sind die Geraden windschief.)
b) Schnitt für t = 2,5. (für t = −2 sind die Geraden zueinander parallel, ansonsten sind sie windschief.)

12 a = 1; Schnittpunkt $S\left(\frac{2}{3} \Big| \frac{2}{3} \Big| \frac{5}{3}\right)$
$\left(a = \frac{2}{3}; S(1,5|1,5|1)\right)$

13 a) Der Punkt P hat die x_3-Koordinate 0.
b) Die Gerade h durchstößt die x_1x_2-Ebene im Punkt R(−12|38|0), die x_2x_3-Ebene im Punkt S(0|8|6) und die x_1x_3-Ebene im Punkt $T\left(3\frac{1}{5} \Big| 0 \Big| 7\frac{3}{5}\right)$.

c) z.B.: $\vec{x} = \begin{pmatrix} 0 \\ 0 \\ 1 \end{pmatrix} + r \cdot \begin{pmatrix} 1 \\ 0 \\ 0 \end{pmatrix}$

d) z.B.: $\vec{x} = \begin{pmatrix} 1 \\ 0 \\ 1 \end{pmatrix} + r \cdot \begin{pmatrix} 0 \\ 1 \\ 0 \end{pmatrix}$

Seite 310

14 a) Wählt man den Punkt, an dem der Faden am Boden befestigt ist, als Koordinatenursprung, so ist eine Gleichung der Geraden $\vec{x} = t \cdot \begin{pmatrix} 4 \\ 3 \end{pmatrix}$.

b) Mögliche Gleichung:
$\vec{x} = \begin{pmatrix} 100 \\ 75 \end{pmatrix} + \frac{2}{5} t \cdot \begin{pmatrix} 4 \\ 3 \end{pmatrix}$.

c) Die Spinne befindet sich zwei Minuten nach der eingezeichneten Situation 108 cm in horizontaler Richtung vom Baum entfernt und in 219 cm Höhe.

15 a) $D(-3|-3|0)$;
b) Die Geraden sind zueinander windschief;
c)

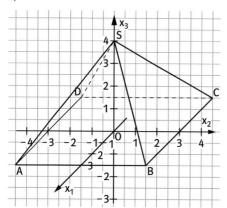

16 Das homogene LGS $\begin{cases} 2r_1 + r_2 = 0 \\ 2r_3 = 0 \\ r_1 + 2r_2 + r_3 = 0 \\ r_2 + 2r_3 = 0 \end{cases}$

hat nur die triviale Lösung $r_1 = r_2 = r_3 = 0$.

$\begin{pmatrix} 9 & 4 & 5 \\ 2 & 6 & 10 \\ 7 & 8 & 3 \end{pmatrix}$
$= 5 \begin{pmatrix} 2 & 0 & 1 \\ 0 & 1 & 2 \\ 1 & 2 & 0 \end{pmatrix} - \begin{pmatrix} 1 & 0 & 2 \\ 2 & 1 & 0 \\ 0 & 2 & 1 \end{pmatrix} + 2 \begin{pmatrix} 0 & 2 & 1 \\ 2 & 1 & 0 \\ 1 & 0 & 2 \end{pmatrix}$

17 a) $32 + 29x - 2x^2$
$= -7(1 + x - x^2) - 15(3 - x + 2x^2)$
b) $11 - 3x + x^2 + 3x^3 = 7(1 + x - x^2)$
$+ 1(1 - x + x^2) - 9(1 + x - x^2 + x^3) + 12(1 + x^3)$
c) $r \cdot (1 + x + x^2 + x^3) + s \cdot (1 + 2x + 3x^2)$
$+ t \cdot (4 + 3x + x^2 + 2x^3) = 5 + 2x + 3x^2 - x^3$

führt auf das LGS $\begin{matrix} r + s + 4t = 5 \\ r + 2s + 3t = 2 \\ r + 3s + t = 3 \\ r + 2t = -1 \end{matrix}$

bzw. in Stufenform $\begin{matrix} r + 2t = -1 \\ s + 2t = 6 \\ t = 3 \\ 0 = 1 \end{matrix}$.

Dieses LGS hat keine Lösung.

18 a) Aus $r \cdot 1 + s \cdot (1 + x) + t \cdot (1 + x + x^2)$
$+ u \cdot (1 + x + x^2 + x^3) = 0$ folgt
$r = s = t = u = 0$, also bilden die Polynome eine Basis.
$2 - x + x^2 + 5x^3 = 3 - 2(1 + x) - 4(1 + x + x^2)$
$+ 5(1 + x + x^2 + x^3)$

b) Aus
$r \cdot 1 + s \cdot (1 + x) + t \cdot (1 + x)^2 + u \cdot (1 + x)^3 = 0$
folgt $r = s = t = u = 0$, also bilden die Polynome eine Basis.
$3 - 5x - 2x^2 + 2x^3 = 4 + 5(1 + x) - 8(1 + x)^2$
$+ 2(1 + x)^3$

XI Ebenen

1 Ebenen im Raum – Parameterform

Seite 316

Einstiegsproblem
Ein dreibeiniger Tisch wackelt nur (bzw. fällt um), wenn die Tischbeine zueinander parallel sind und die Fixierungspunkte der Tischbeine an der Tischplatte auf einer Geraden liegen.

Seite 318

1 a) $E: \vec{x} = \begin{pmatrix} 3 \\ 0 \\ 2 \end{pmatrix} + r \cdot \begin{pmatrix} 2 \\ -1 \\ 5 \end{pmatrix} + s \cdot \begin{pmatrix} -3 \\ -2 \\ -2 \end{pmatrix}$

b) $E: \vec{x} = \begin{pmatrix} 1 \\ 0 \\ 0 \end{pmatrix} + r \cdot \begin{pmatrix} -1 \\ 1 \\ 0 \end{pmatrix} + s \cdot \begin{pmatrix} 0 \\ 0 \\ 1 \end{pmatrix}$

c) $E: \vec{x} = \begin{pmatrix} 2 \\ 1 \\ 7 \end{pmatrix} + r \cdot \begin{pmatrix} 9 \\ 2 \\ 5 \end{pmatrix} + s \cdot \begin{pmatrix} 1 \\ 2 \\ 6 \end{pmatrix}$

d) $E: \vec{x} = \begin{pmatrix} 1 \\ 0 \\ 3 \end{pmatrix} + r \cdot \begin{pmatrix} 0 \\ 3 \\ -3 \end{pmatrix} + s \cdot \begin{pmatrix} 0 \\ -3 \\ -3 \end{pmatrix}$

2 a) $E: \vec{x} = \begin{pmatrix} 2 \\ 0 \\ 3 \end{pmatrix} + r \cdot \begin{pmatrix} -1 \\ -1 \\ 2 \end{pmatrix} + s \cdot \begin{pmatrix} 1 \\ -2 \\ -3 \end{pmatrix}$;

$E: \vec{x} = \begin{pmatrix} 1 \\ -1 \\ 5 \end{pmatrix} + r \cdot \begin{pmatrix} -2 \\ 1 \\ 5 \end{pmatrix} + s \cdot \begin{pmatrix} -1 \\ 2 \\ 3 \end{pmatrix}$

b) $E: \vec{x} = r \cdot \begin{pmatrix} 2 \\ 1 \\ 5 \end{pmatrix} + s \cdot \begin{pmatrix} -3 \\ 1 \\ -3 \end{pmatrix}$;

$E: \vec{x} = \begin{pmatrix} 2 \\ 1 \\ 5 \end{pmatrix} + r \cdot \begin{pmatrix} 5 \\ 0 \\ 8 \end{pmatrix} + s \cdot \begin{pmatrix} 2 \\ 1 \\ 5 \end{pmatrix}$

c) $E: \vec{x} = \begin{pmatrix} 1 \\ 1 \\ 1 \end{pmatrix} + r \cdot \begin{pmatrix} 1 \\ 1 \\ 1 \end{pmatrix} + s \cdot \begin{pmatrix} -3 \\ 2 \\ 4 \end{pmatrix}$;

$E: \vec{x} = r \cdot \begin{pmatrix} 1 \\ 1 \\ 1 \end{pmatrix} + s \cdot \begin{pmatrix} 4 \\ -1 \\ -3 \end{pmatrix}$

d) $E: \vec{x} = \begin{pmatrix} 2 \\ 5 \\ 7 \end{pmatrix} + r \cdot \begin{pmatrix} 5 \\ 0 \\ -5 \end{pmatrix} + s \cdot \begin{pmatrix} 1 \\ 3 \\ 4 \end{pmatrix}$;

$E: \vec{x} = \begin{pmatrix} 1 \\ 2 \\ 3 \end{pmatrix} + r \cdot \begin{pmatrix} 1 \\ 0 \\ -1 \end{pmatrix} + s \cdot \begin{pmatrix} 6 \\ 3 \\ -1 \end{pmatrix}$

3 Wählt man das Koordinatensystem so, dass der Ursprung in der „hinteren", „linken" Ecke liegt und eine Einheit 1m entspricht, dann erhält man als eine mögliche Parametergleichung der Ebene

$E: \vec{x} = \begin{pmatrix} 0 \\ 4 \\ 4{,}5 \end{pmatrix} + r \cdot \begin{pmatrix} 4 \\ -4 \\ -1 \end{pmatrix} + s \cdot \begin{pmatrix} 0 \\ 2 \\ -2 \end{pmatrix}$.

4 a) A und C liegen in E.
B liegt nicht in E.
b) (1) $p = 0$ $(r = 1;\ s = -1)$
(2) $p = 3\frac{5}{9}$ $\left(r = 1\frac{1}{9};\ s = -\frac{5}{9}\right)$
(3) $p = 5$ $(r = -2;\ s = 2)$
(4) $p = -\frac{25}{12}$ $\left(r = \frac{1}{4};\ s = -1\frac{1}{6}\right)$

5 a) Nein b) Ja
c) Ja d) Ja

6 a) $x_1 x_2$-Ebene: $\vec{x} = r \cdot \begin{pmatrix} 1 \\ 0 \\ 0 \end{pmatrix} + s \cdot \begin{pmatrix} 0 \\ 1 \\ 0 \end{pmatrix}$.

$x_2 x_3$-Ebene: $\vec{x} = r \cdot \begin{pmatrix} 0 \\ 1 \\ 0 \end{pmatrix} + s \cdot \begin{pmatrix} 0 \\ 0 \\ 1 \end{pmatrix}$.

$x_1 x_3$-Ebene: $\vec{x} = r \cdot \begin{pmatrix} 1 \\ 0 \\ 0 \end{pmatrix} + s \cdot \begin{pmatrix} 0 \\ 0 \\ 1 \end{pmatrix}$.

b) Individuelle Lösungen.

Z.B. $E_{12}: \vec{x} = \begin{pmatrix} 3 \\ 4 \\ 0 \end{pmatrix} + r \cdot \begin{pmatrix} 1 \\ 0 \\ 0 \end{pmatrix} + s \cdot \begin{pmatrix} 0 \\ 1 \\ 0 \end{pmatrix}$.

Z.B. $E_{23}: \vec{x} = \begin{pmatrix} 0 \\ 1 \\ 2 \end{pmatrix} + r \cdot \begin{pmatrix} 0 \\ 1 \\ 0 \end{pmatrix} + s \cdot \begin{pmatrix} 0 \\ 0 \\ 1 \end{pmatrix}$.

Z.B. $E_{13}: \vec{x} = \begin{pmatrix} 1 \\ 0 \\ 1 \end{pmatrix} + r \cdot \begin{pmatrix} 1 \\ 0 \\ 0 \end{pmatrix} + s \cdot \begin{pmatrix} 0 \\ 0 \\ 1 \end{pmatrix}$.

c) Bei einer Gleichung zur $x_m x_n$-Ebene sind bei den Spannvektoren die x_m-Koordinate und die x_n-Koordinate jeweils ungleich null und die dritte Koordinate gleich null. Beim Stützvektor ist die dritte Koordinate stets null.

7 a) Die Ebene E ist orthogonal zur x_1x_2-Ebene. Die Schnittgerade der Ebene E und der x_1x_2-Ebene ist die Winkelhalbierende zwischen der x_1-Achse und der x_2-Achse, auf der der Punkt P(1|1|0) liegt.
b) Individuelle Lösungen, z. B.
$E_1: \vec{x} = \begin{pmatrix} 2 \\ 3 \\ 4 \end{pmatrix} + r \cdot \begin{pmatrix} 1 \\ 1 \\ 1 \end{pmatrix} + s \cdot \begin{pmatrix} -1 \\ -1 \\ 1 \end{pmatrix}$
$E_2: \vec{x} = \begin{pmatrix} 4 \\ 5 \\ 3 \end{pmatrix} + r \cdot \begin{pmatrix} 2 \\ 2 \\ 2 \end{pmatrix} + s \cdot \begin{pmatrix} -3 \\ -3 \\ 3 \end{pmatrix}$
c) Individuelle Lösungen, z. B.
$E: \vec{x} = \begin{pmatrix} 1 \\ 1 \\ 1 \end{pmatrix} + r \cdot \begin{pmatrix} 1 \\ 1 \\ 1 \end{pmatrix} + s \cdot \begin{pmatrix} -1 \\ -1 \\ 1 \end{pmatrix}$
d) Individuelle Lösungen, z. B.
$E: \vec{x} = r \cdot \begin{pmatrix} 1 \\ 1 \\ 1 \end{pmatrix} + s \cdot \begin{pmatrix} 1 \\ 1 \\ 3 \end{pmatrix}$

Seite 319

9 a) Der Punkt darf nicht auf der Geraden liegen. Begründung: Drei Punkte, die nicht auf einer Geraden liegen, legen eine Ebene fest.
b) Z. B. P(0|0|0); $g: \vec{x} = \begin{pmatrix} 1 \\ 1 \\ 1 \end{pmatrix} + r \cdot \begin{pmatrix} 1 \\ 0 \\ 0 \end{pmatrix}$;
$E: \vec{x} = \begin{pmatrix} 0 \\ 0 \\ 0 \end{pmatrix} + r \cdot \begin{pmatrix} 1 \\ 1 \\ 1 \end{pmatrix} + s \cdot \begin{pmatrix} 0 \\ 1 \\ 1 \end{pmatrix}$.
Die Ebene E wurde festgelegt mithilfe des Punktes P, der nicht auf g liegt, und Q(1|1|1) und R(0|1|1), die auf g liegen.

10 a) $E: \vec{x} = \begin{pmatrix} 1 \\ 0 \\ 1 \end{pmatrix} + r \cdot \begin{pmatrix} 2 \\ 1 \\ 3 \end{pmatrix} + s \cdot \begin{pmatrix} 4 \\ -5 \\ 2 \end{pmatrix}$
b) $E: \vec{x} = \begin{pmatrix} 2 \\ 0 \\ 1 \end{pmatrix} + r \cdot \begin{pmatrix} 3 \\ 1 \\ 5 \end{pmatrix} + s \cdot \begin{pmatrix} 0 \\ 7 \\ 10 \end{pmatrix}$
c) $E: \vec{x} = \begin{pmatrix} 1 \\ 2 \\ 5 \end{pmatrix} + r \cdot \begin{pmatrix} -1 \\ 2 \\ 7 \end{pmatrix} + s \cdot \begin{pmatrix} 1 \\ 3 \\ -8 \end{pmatrix}$
d) $E: \vec{x} = \begin{pmatrix} 1 \\ 0 \\ 3 \end{pmatrix} + r \cdot \begin{pmatrix} 2 \\ 1 \\ 0 \end{pmatrix} + s \cdot \begin{pmatrix} 5 \\ 3 \\ -4 \end{pmatrix}$

11 a)
– Drei Punkte, die nicht auf einer Geraden liegen, legen eindeutig eine Ebene fest. Bei zwei sich schneidenden Geraden wählt man den Schnittpunkt und je einen Punkt auf einer Geraden. Diese Punkte legen eine einzige Ebene fest, in der die beiden Geraden liegen.
– Eine Ebene ist eindeutig festgelegt durch einen Stützvektor und zwei Spannvektoren. Sind zwei verschiedene, zueinander parallele Geraden gegeben, so wählt man auf jeder Geraden einen Punkt aus. Der Ortsvektor des einen Punktes kann als Stützvektor gewählt werden. Der Differenzvektor der Ortsvektoren beider Punkte kann als ein Spannvektor gewählt werden. Einer der beiden Richtungsvektoren der Geraden kann als zweiter Spannvektor gewählt werden.

b) Z.B.: $g: \vec{x} = t \cdot \begin{pmatrix} 1 \\ 0 \\ 0 \end{pmatrix}$; $h: \vec{x} = t \cdot \begin{pmatrix} 0 \\ 1 \\ 1 \end{pmatrix}$;
$E: \vec{x} = r \cdot \begin{pmatrix} 1 \\ 0 \\ 0 \end{pmatrix} + s \cdot \begin{pmatrix} 0 \\ 1 \\ 1 \end{pmatrix}$.

c) Z.B.: $g: \vec{x} = t \cdot \begin{pmatrix} 1 \\ 0 \\ 0 \end{pmatrix}$; $h: \vec{x} = \begin{pmatrix} 0 \\ 1 \\ 0 \end{pmatrix} + t \cdot \begin{pmatrix} 1 \\ 0 \\ 0 \end{pmatrix}$;
$E: \vec{x} = r \cdot \begin{pmatrix} 0 \\ 1 \\ 0 \end{pmatrix} + s \cdot \begin{pmatrix} 1 \\ 0 \\ 0 \end{pmatrix}$.

Randspalte
Die Gleichung in Teilaufgabe b) legt keine Ebene fest, da die beiden Richtungsvektoren Vielfache voneinander sind.

12 a) $E: \vec{x} = \begin{pmatrix} 3 \\ 4 \\ 3 \end{pmatrix} + r \cdot \begin{pmatrix} 2 \\ 3 \\ 1 \end{pmatrix} + s \cdot \begin{pmatrix} 1 \\ 0 \\ 1 \end{pmatrix}$
b) $E: \vec{x} = \begin{pmatrix} 0 \\ -2 \\ 0 \end{pmatrix} + r \cdot \begin{pmatrix} 1 \\ 1 \\ 1 \end{pmatrix} + s \cdot \begin{pmatrix} 1 \\ 2 \\ 3 \end{pmatrix}$
c) $E: \vec{x} = \begin{pmatrix} 7 \\ 10 \\ 9 \end{pmatrix} + r \cdot \begin{pmatrix} 2 \\ 5 \\ 1 \end{pmatrix} + s \cdot \begin{pmatrix} 1 \\ 0 \\ 1 \end{pmatrix}$
d) g_1, g_2 schneiden sich nicht.

13 a) $a = \frac{10}{3}$ b) $a = 2$ c) $a = 3$

14 a) $E: \vec{x} = r \cdot \begin{pmatrix} 1 \\ -1 \\ 1 \end{pmatrix} + s \cdot \begin{pmatrix} 1 \\ 0 \\ 1 \end{pmatrix}$

Z.B.: $g: \vec{x} = \begin{pmatrix} 1 \\ -1 \\ 1 \end{pmatrix} + s \cdot \begin{pmatrix} 1 \\ 0 \\ 1 \end{pmatrix}$;

$h: \vec{x} = s \cdot \begin{pmatrix} 1 \\ 0 \\ 1 \end{pmatrix}$

b) Z.B.: $k: \vec{x} = r \cdot \begin{pmatrix} 1 \\ -1 \\ 1 \end{pmatrix}$; $l: \vec{x} = s \cdot \begin{pmatrix} 1 \\ 0 \\ 1 \end{pmatrix}$

2 Zueinander orthogonale Vektoren – Skalarprodukt

Seite 320

Einstiegsproblem
Die Maße des Beets gehören nicht zu einem rechtwinkligen Dreieck.

Seite 321

1 a) Das Skalarprodukt der Richtungsvektoren ist 12. Die Geraden sind nicht zueinander orthogonal.
b) Die beiden Geraden sind zueinander orthogonal.

2 a) $b_1 = 6$ b) $a_2 = 5$ c) $b_3 = 1{,}5$

3 a) Z.B.: $h: \vec{x} = \begin{pmatrix} 3 \\ 3 \\ 1 \end{pmatrix} + t \cdot \begin{pmatrix} 2 \\ 0 \\ -7 \end{pmatrix}$

b) Z.B.: $h: \vec{x} = \begin{pmatrix} 1 \\ 11 \\ -6 \end{pmatrix} + t \cdot \begin{pmatrix} 1 \\ 1 \\ -1 \end{pmatrix}$

c) Z.B.: $h: \vec{x} = t \cdot \begin{pmatrix} 1 \\ 1 \\ 0 \end{pmatrix}$

4 a) $\overrightarrow{AC} \cdot \overrightarrow{BC} = 0$
b) $\overrightarrow{AB} \cdot \overrightarrow{AC} = 0$
c) $\overrightarrow{AB} \cdot \overrightarrow{AD} = \overrightarrow{AB} \cdot \overrightarrow{BC} = \overrightarrow{BC} \cdot \overrightarrow{CD} = 0$
d) $\overrightarrow{AC} \cdot \overrightarrow{BD} = 0$ und
$\overrightarrow{AB}^2 = \overrightarrow{BC}^2 = \overrightarrow{CD}^2 = \overrightarrow{DA}^2$ und $\overrightarrow{AC}^2 = \overrightarrow{BD}^2$

Seite 322

5 $\overrightarrow{AC} = \begin{pmatrix} 5 \\ 5 \end{pmatrix}$; $\overrightarrow{BD} = \begin{pmatrix} 3 \\ -3 \end{pmatrix}$;
ja, denn $\overrightarrow{AC} \cdot \overrightarrow{BD} = 0$.

6

a)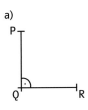

b)

c)

d)

7 Es ist $\overline{AB} = \overline{AD} = 9$ und $\overrightarrow{AB} \cdot \overrightarrow{AD} = 0$, also gibt es ein solches Quadrat. $C(9|6|8)$

8 a) $r \cdot \begin{pmatrix} 6 \\ 3 \\ -4 \end{pmatrix}$ b) $r \cdot \begin{pmatrix} 7 \\ 1 \\ 17 \end{pmatrix}$

c) $r \cdot \begin{pmatrix} 5 \\ 5 \\ -3 \end{pmatrix}$; jeweils $r \in \mathbb{R}$

9 a) $b_2 = 30$; $b_3 = -\frac{3}{2}$; $c_1 = -8$
b) $b_1 = 7$; $b_2 = -8$; $c_1 = 3$

10 Das Viereck ABCD ist kein Rechteck.

14 a) E und g sind zueinander orthogonal.
b) E und g sind nicht zueinander orthogonal.

15 $g: \vec{x} = \begin{pmatrix} 3 \\ 1 \\ 4 \end{pmatrix} + t \cdot \begin{pmatrix} -1 \\ 3 \\ 1 \end{pmatrix}$

16 Für $\vec{a} = \begin{pmatrix} a_1 \\ a_2 \\ a_3 \end{pmatrix}$, $\vec{b} = \begin{pmatrix} b_1 \\ b_2 \\ b_3 \end{pmatrix}$, $\vec{c} = \begin{pmatrix} c_1 \\ c_2 \\ c_3 \end{pmatrix}$ gilt

a) $\vec{a} \cdot \vec{b} = \begin{pmatrix} a_1 \\ a_2 \\ a_3 \end{pmatrix} \cdot \begin{pmatrix} b_1 \\ b_2 \\ b_3 \end{pmatrix} = a_1 b_1 + a_2 b_2 + a_3 b_3$

$= b_1 a_1 + b_2 a_2 + b_3 a_3 = \begin{pmatrix} b_1 \\ b_2 \\ b_3 \end{pmatrix} \cdot \begin{pmatrix} a_1 \\ a_2 \\ a_3 \end{pmatrix}$

$= \vec{b} \cdot \vec{a}$

b) $r \cdot \vec{a} \cdot \vec{b} = \begin{pmatrix} r a_1 \\ r a_2 \\ r a_3 \end{pmatrix} \cdot \begin{pmatrix} b_1 \\ b_2 \\ b_3 \end{pmatrix}$

$= r a_1 b_1 + r a_2 b_2 + r a_3 b_3$

$= r(a_1 b_1) + r(a_2 b_2) + r(a_3 b_3)$

$= r(a_1 b_1 + a_2 b_2 + a_3 b_3)$

$= r \cdot \left[\begin{pmatrix} a_1 \\ a_2 \\ a_3 \end{pmatrix} \cdot \begin{pmatrix} b_1 \\ b_2 \\ b_3 \end{pmatrix} \right] = r \cdot (\vec{a} \cdot \vec{b})$

c) $(\vec{a} + \vec{b}) \cdot \vec{c} = \left[\begin{pmatrix} a_1 \\ a_2 \\ a_3 \end{pmatrix} + \begin{pmatrix} b_1 \\ b_2 \\ b_3 \end{pmatrix} \right] \cdot \begin{pmatrix} c_1 \\ c_2 \\ c_3 \end{pmatrix}$

$= \begin{pmatrix} a_1 + b_1 \\ a_2 + b_2 \\ a_3 + b_3 \end{pmatrix} \cdot \begin{pmatrix} c_1 \\ c_2 \\ c_3 \end{pmatrix}$

$= (a_1 + b_1) \cdot c_1 + (a_2 + b_2) \cdot c_2$
$\quad + (a_3 + b_3) \cdot c_3$

$= a_1 c_1 + b_1 c_1 + a_2 c_2 + b_2 c_2$
$\quad + a_3 c_3 + b_3 c_3$

$= \begin{pmatrix} a_1 \\ a_2 \\ a_3 \end{pmatrix} \cdot \begin{pmatrix} c_1 \\ c_2 \\ c_3 \end{pmatrix} + \begin{pmatrix} b_1 \\ b_2 \\ b_3 \end{pmatrix} \cdot \begin{pmatrix} c_1 \\ c_2 \\ c_3 \end{pmatrix}$

$= \vec{a} \cdot \vec{c} + \vec{b} \cdot \vec{c}$

d) $\vec{a} \cdot \vec{a} = \begin{pmatrix} a_1 \\ a_2 \\ a_3 \end{pmatrix} \cdot \begin{pmatrix} a_1 \\ a_2 \\ a_3 \end{pmatrix} = a_1 a_1 + a_2 a_2 + a_3 a_3$

$= \left(\sqrt{a_1^2 + a_2^2 + a_3^2} \right)^2 = |\vec{a}|^2$

3 Normalengleichung und Koordinatengleichung einer Ebene

Seite 323

Einstiegsproblem
Betrachtet man alle Geraden, die durch den gemeinsamen „Punkt von Bleistift und Tisch" gehen und ganz in der Tischebene liegen, so erkennt man, dass nicht alle diese Geraden orthogonal zum Bleistift sind. Der Bleistift steht nicht senkrecht zum Tisch.

Seite 325

1 Z.B.

a) $\left[\vec{x} - \begin{pmatrix} -1 \\ 2 \\ 1 \end{pmatrix} \right] \cdot \begin{pmatrix} 3 \\ -2 \\ 7 \end{pmatrix} = 0$; $3x_1 - 2x_2 + 7x_3 = 0$

b) $\left[\vec{x} - \begin{pmatrix} 9 \\ 1 \\ -2 \end{pmatrix} \right] \cdot \begin{pmatrix} 0 \\ 8 \\ 3 \end{pmatrix} = 0$; $8x_2 + 3x_3 = 2$

c) $\vec{x} \cdot \begin{pmatrix} 7 \\ -7 \\ 3 \end{pmatrix} = 0$; $7x_1 - 7x_2 + 3x_3 = 0$

2 a) Nein b) Ja
c) Ja d) Nein

3 a) Z.B.:
Normalengleichung: $\left[\vec{x} - \begin{pmatrix} 1 \\ 1 \\ 1 \end{pmatrix} \right] \cdot \begin{pmatrix} 0 \\ 0 \\ 1 \end{pmatrix} = 0$.

Koordinatengleichung: $x_3 = 1$.
D liegt nicht in E.

b) Z.B.:
Normalengleichung: $\left[\vec{x} - \begin{pmatrix} -1 \\ 2 \\ 0 \end{pmatrix} \right] \cdot \begin{pmatrix} 1 \\ 0 \\ 2 \end{pmatrix} = 0$.

Koordinatengleichung: $x_1 + 2x_3 = -1$.
D liegt in E.

4 Z.B.
a) E: $9x_1 - 3x_2 + 7x_3 = 25$
b) E: $4x_1 - 4x_2 + 3x_3 = -8$
c) E: $3x_1 - 8x_2 + x_3 = 0$

7 Zum Beispiel: $\left[\vec{x} - \begin{pmatrix} 2 \\ 1 \\ 3 \end{pmatrix}\right] \cdot \begin{pmatrix} 3 \\ -1 \\ 6 \end{pmatrix} = 0$;

$3x_1 - x_2 + 6x_3 = 23$

$A\left(7\frac{2}{3} \mid 0 \mid 0\right)$, $B(0 \mid -23 \mid 0)$, $C\left(0 \mid 0 \mid 3\frac{5}{6}\right)$

8 Das sind alle Ebenen, deren Normalenvektor $\vec{n} = \begin{pmatrix} n_1 \\ n_2 \\ n_3 \end{pmatrix}$ die folgende Gleichung erfüllt: $2n_1 + n_2 + 3n_3 = 0$.

9 a) Individuelle Lösungen
(I: g und E sind zueinander senkrecht, wenn der Normalenvektor der Ebene E und der Richtungsvektor der Geraden g parallel sind.
II: g und E sind zueinander parallel, wenn der Normalenvektor der Ebene E und der Richtungsvektor der Geraden g senkrecht zueinander sind.)
b) Individuelle Lösungen

Seite 326

10 E: $\left[\vec{x} - \begin{pmatrix} 3 \\ 0 \\ 0 \end{pmatrix}\right] \cdot \begin{pmatrix} 1 \\ 0 \\ 0 \end{pmatrix} = 0$; E: $x_1 = 3$

11 a) Nur $E_2 \parallel E_4$, sonst schneiden sich je zwei dieser Ebenen.
b) Z.B.: $2x_1 - x_2 + 3x_3 = 22$

12 a) Die Gleichung lautet sonst
$0x_1 + 0x_2 + 0x_3 = d$.
Für d = 0 erfüllen die Koordinaten aller Punkte des Raumes die Gleichung.
Für d ≠ 0 gibt es keinen Punkt, dessen Koordinaten die Gleichung erfüllen.
b) Die Ebenen haben den gleichen Normalenvektor. Sie sind deshalb zueinander parallel. Verschiedene Werte für d legen jeweils einen Punkt fest, der in der einen Ebene, aber nicht in der anderen Ebene liegt.

13 a) Für a = 2 z.B. $\begin{pmatrix} 3 \\ 5 \\ -2 \end{pmatrix}$, für a = −1 z.B. $\begin{pmatrix} -3 \\ 5 \\ 2 \end{pmatrix}$ und für a = 5 z.B. $\begin{pmatrix} 3 \\ 5 \\ -2 \end{pmatrix}$.
b) Die Ebenen sind zueinander parallel; ihre Normalenvektoren sind zueinander parallel.
c) Z.B.: E_a: $x_1 = a$ mit $a \in \mathbb{R}^+$. Diese Ebenen haben Normalenvektoren, die zu $\begin{pmatrix} 1 \\ 0 \\ 0 \end{pmatrix}$ parallel sind.
Die jeweilige Ebene E_a ist zur x_2x_3-Ebene parallel und geht durch den
Punkt P(a|0|0).

14 Sie liegen
a) parallel zur x_1x_3-Ebene, da die Koordinaten von x_1 und x_3 gleich 0 sind,
b) parallel zur x_2x_3-Ebene, da die Koordinaten von x_2 und x_3 gleich 0 sind,
c) parallel zur x_1x_2-Ebene, da die Koordinaten von x_1 und x_2 gleich 0 sind.

15 a) Für t = 0 ist die Ebene parallel zur x_1x_3-Ebene.
b) Für t = 1 ist die Ebene parallel zur x_1x_2-Ebene. Für t = −1 ist die Ebene parallel zur x_2x_3-Ebene.

16 a) a = −3
b) a = 5
c) a = −5
d) Für a = 0 ist die Ebene E die x_1x_2-Ebene.

4 Lagen von Ebenen erkennen und Ebenen zeichnen

Seite 327

Einstiegsproblem
Individuelle Lösungen. (Es gibt unendlich viele weitere Stützmöglichkeiten.)

Seite 328

1 a)

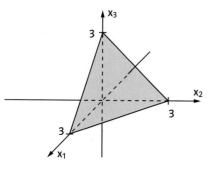

b)

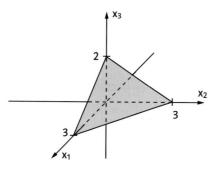

c)

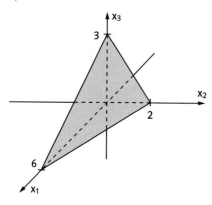

d) Die Ebene E ist parallel zur x_1-Achse und geht durch die Punkte A(0|−2|0) und B(0|0|1).

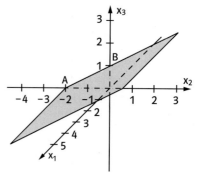

e) Die Ebene E ist parallel zur $x_2 x_3$-Ebene und geht durch den Punkt P(2|0|0).

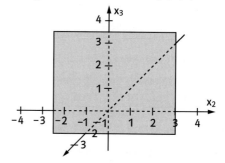

f) Die Ebene E ist parallel zur x_2-Achse und geht durch die Punkte A(−3|0|0) und B(0|0|2).

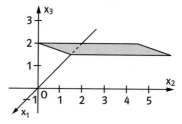

2 a) E ist die x_2x_3-Ebene.
b) E ist die x_1x_3-Ebene.
c) E ist die x_1x_2-Ebene.
d) Die Ebene E ist parallel zur x_2x_3-Ebene und geht durch den Punkt P(5|0|0).
e) Die Ebene E ist parallel zur x_1x_3-Ebene und geht durch den Punkt P(0|-3|0).
f) Die Ebene E ist parallel zur x_1x_2-Ebene und geht durch den Punkt P(0|0|4).
g) Die Ebene E ist parallel zur x_3-Achse und geht durch die Punkte A(3|0|0) und B(0|3|0).
h) Die Ebene E ist parallel zur x_1-Achse und geht durch die Punkte A(0|-7|0) und B(0|0|-7).
i) Die Ebene E ist parallel zur x_2-Achse und geht durch die Punkte $A\left(\frac{1}{2}\Big|0\Big|0\right)$ und $B\left(0\Big|0\Big|\frac{1}{3}\right)$.
j) Die Ebene E ist parallel zur x_3-Achse und geht durch die Punkte $A\left(1\frac{2}{5}\Big|0\Big|0\right)$ und $B\left(0\Big|-\frac{5}{9}\Big|0\right)$.
k) Die Ebene E ist parallel zur x_3-Achse und geht durch die Punkte $A\left(\frac{1}{2}\Big|0\Big|0\right)$ und $B\left(0\Big|\frac{1}{7}\Big|0\right)$.
l) Die Ebene E ist parallel zur x_3-Achse und geht durch die Punkte A(1|0|-1) und B(-3|0|3).

3 Fig. 1: $15x_1 + 6x_2 + 10x_3 = 30$
Fig. 2: $12x_1 + 3x_2 - 4x_3 = 12$

4 $\left[\vec{x} - \begin{pmatrix} 1 \\ -5 \\ -4 \end{pmatrix}\right] \cdot \begin{pmatrix} 20 \\ 4 \\ 5 \end{pmatrix} = 0$

$E: \vec{x} = \begin{pmatrix} 1 \\ 0 \\ 0 \end{pmatrix} + r \cdot \begin{pmatrix} -1 \\ 5 \\ 0 \end{pmatrix} + s \cdot \begin{pmatrix} -1 \\ 0 \\ 4 \end{pmatrix}$

5 a) Eine Koordinatengleichung von E ist $6x_1 + 3x_2 - 2x_3 = 6$.

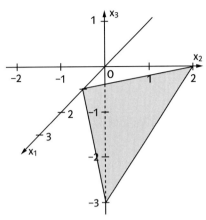

b) Eine Koordinatengleichung von E ist $x_1 + 4x_2 - x_3 = 4$.

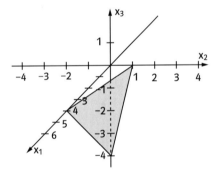

9 a) Die Ebene besitzt genau einen Spurpunkt. Weil auf der rechten Seite der Ebenengleichung 0 steht, fallen alle Spurpunkte im Ursprung zusammen.
b) A(2|-2|0), B(2|0|-2) und C(0|2|-2)

c)

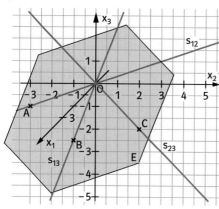

A(2|−2|0); B(2|0|−2); C(0|2|−2)
Die Geraden
s_{12} geht durch A und den Ursprung,
s_{13} geht durch B und den Ursprung,
s_{23} geht durch C und den Ursprung.
Die Ebene E hat zu diesen Geraden parallele „Ränder".

10 a) Wahr: Die Normalenvektoren sind zueinander orthogonal.
b) Wahr: Eine Ebene kann höchstens zu einer Koordinatenebene parallel sein.

11 a) Zum Beispiel:
E: $\vec{x} = \begin{pmatrix} 1 \\ 0 \\ 0 \end{pmatrix} + r \cdot \begin{pmatrix} -1 \\ 1 \\ 0 \end{pmatrix} + s \cdot \begin{pmatrix} -1 \\ 0 \\ 1 \end{pmatrix}$
b) Zum Beispiel:
E: $\vec{x} = \begin{pmatrix} 2 \\ 0 \\ 0 \end{pmatrix} + r \cdot \begin{pmatrix} -2 \\ 2 \\ 0 \end{pmatrix} + s \cdot \begin{pmatrix} -2 \\ 0 \\ 1 \end{pmatrix}$

5 Gegenseitige Lage von Ebenen und Geraden

Seite 329

Einstiegsproblem
(I) Diese Gleichung gehört zu E.
(II) Diese Gleichung gehört zu h, denn h und E schneiden sich.
(III) Diese Gleichung gehört zu g, denn g und E haben keine gemeinsamen Punkte.

Seite 330

1 a) S(3|4|−1)
b) $S\left(\frac{47}{11} \mid \frac{72}{11} \mid \frac{31}{11}\right)$
c) g und E sind zueinander parallel.
d) g liegt in E.
e) g und E sind zueinander parallel.
f) $S\left(-\frac{1}{6} \mid -2\frac{1}{3} \mid -10\frac{1}{2}\right)$

2 a) S(5|9|10)   b) g liegt in E.
c) S(2|2|2)

Seite 331

5 a) $D_{12}(4|2|0)$, $D_{13}(6|0|-1)$, $D_{23}(0|6|2)$
b) D_{12} existiert nicht, $D_{13}\left(\frac{4}{3} \mid 0 \mid 2\right)$, $D_{23}(0|-4|2)$
c) $D_{12}(9|-13|0)$, $D_{13}\left(\frac{5}{2} \mid 0 \mid \frac{13}{2}\right)$, $D_{23}(0|5|9)$
d) $D_{12}(0|-7|0)$, $D_{13}(7|0|7)$, $D_{23}(0|-7|0)$

6 a) $S_1(0|0|0) = S_2(0|0|0) = S_3(0|0|0)$
b) $S_1(6|0|0)$, $S_2(0|5|0)$, $S_3(0|0|3)$
c) $S_1\left(\frac{7}{9} \mid 0 \mid 0\right)$, $S_2(0|1|0)$, $S_3\left(0 \mid 0 \mid -\frac{7}{11}\right)$
d) $S_1(0|0|0) = S_2(0|0|0) = S_3(0|0|0)$

7 $S_1\left(-2\frac{2}{3} \mid 2\frac{2}{3} \mid 5\frac{1}{3}\right)$, $S_2\left(-5\frac{1}{3} \mid 5\frac{1}{3} \mid 2\frac{2}{3}\right)$

8 Individuelle Lösungen
a) z.B. g: $\vec{x} = \begin{pmatrix} 1 \\ 3 \\ 0 \end{pmatrix} + t \cdot \begin{pmatrix} 1 \\ -1 \\ 1 \end{pmatrix}$;
E: $\vec{x} = \begin{pmatrix} 1 \\ -1 \\ 4 \end{pmatrix} + r \cdot \begin{pmatrix} 2 \\ 0 \\ 1 \end{pmatrix} + s \cdot \begin{pmatrix} -1 \\ -1 \\ 3 \end{pmatrix}$
b) z.B. g: $\vec{x} = \begin{pmatrix} 2 \\ 0 \\ 2 \end{pmatrix} + t \cdot \begin{pmatrix} -1 \\ 1 \\ -4 \end{pmatrix}$;
E: $\vec{x} = \begin{pmatrix} 1 \\ -1 \\ 4 \end{pmatrix} + r \cdot \begin{pmatrix} 2 \\ 0 \\ 1 \end{pmatrix} + s \cdot \begin{pmatrix} -1 \\ -1 \\ 3 \end{pmatrix}$

9 Es gilt E: $6x_1 + 3x_2 + 2x_3 = 6$.
a) Der Richtungsvektor der Geraden g muss orthogonal zu $\begin{pmatrix} 6 \\ 3 \\ 2 \end{pmatrix}$ sein und kein Punkt von g darf in E liegen.

b) Der Richtungsvektor der Geraden g ist ein Vielfaches von $\begin{pmatrix} 6 \\ 3 \\ 2 \end{pmatrix}$ und der Punkt S(–1|2|3) liegt auf der Geraden.

10 a) Nur h und E sind zueinander orthogonal.
b) Weder g noch h ist zu E orthogonal.
c) Nur g und E sind zueinander orthogonal.
d) Nur h und E sind zueinander orthogonal.
e) Weder g noch h ist zu E orthogonal.
f) Weder g noch h ist zu E orthogonal.

11 a) Die Ebene und die Gerade sind entweder zueinander (echt) parallel oder die Gerade liegt in der Ebene.
b) Die Aussage ist wahr. Da die Gerade nicht parallel zur Ebene E ist, noch in der Ebene E liegt, gibt es einen Schnittpunkt.
c) Die Aussage ist falsch. Siehe Begründung zur Teilaufgabe a).
d) Die Aussage ist wahr. Der Richtungsvektor der Geraden ist ein Normalenvektor der Ebene. Siehe auch Teilaufgabe c).

6 Gegenseitige Lage von Ebenen

Seite 332

Einstiegsproblem
Die Schülerinnen und Schüler sollen die Ebenen angeben, die sich schneiden bzw. zueinander parallel sind.

Seite 333

1 a) $g: \vec{x} = \frac{1}{5}\begin{pmatrix} 17 \\ 4 \\ 25 \end{pmatrix} + t \cdot \begin{pmatrix} 1 \\ -1 \\ 3 \end{pmatrix}$

b) $g: \vec{x} = \begin{pmatrix} -11 \\ 1 \\ 47 \end{pmatrix} + t \cdot \begin{pmatrix} -2 \\ -1 \\ 12 \end{pmatrix}$

c) $g: \vec{x} = \frac{1}{4}\begin{pmatrix} 30 \\ -5 \\ 20 \end{pmatrix} + t \cdot \begin{pmatrix} 26 \\ -15 \\ 12 \end{pmatrix}$

d) $g: \vec{x} = \begin{pmatrix} 5 \\ 0 \\ 5 \end{pmatrix} + t \cdot \begin{pmatrix} 29 \\ -18 \\ 21 \end{pmatrix}$

e) $g: \vec{x} = \begin{pmatrix} 16 \\ 1 \\ -34 \end{pmatrix} + t \cdot \begin{pmatrix} 1 \\ -1 \\ 3 \end{pmatrix}$

f) $g: \vec{x} = \begin{pmatrix} 9 \\ -2 \\ 5 \end{pmatrix} + t \cdot \begin{pmatrix} 9 \\ -5 \\ 3 \end{pmatrix}$

2 a) $g: \vec{x} = \begin{pmatrix} 0 \\ -7 \\ 0 \end{pmatrix} + t \cdot \begin{pmatrix} -1 \\ 13 \\ 7 \end{pmatrix}$

b) $g: \vec{x} = \begin{pmatrix} 1 \\ -2 \\ 0 \end{pmatrix} + t \cdot \begin{pmatrix} 6 \\ -2 \\ 7 \end{pmatrix}$

c) $g: \vec{x} = \begin{pmatrix} 8 \\ -7 \\ 0 \end{pmatrix} + t \cdot \begin{pmatrix} -5 \\ 4 \\ 1 \end{pmatrix}$

d) $g: \vec{x} = \frac{1}{4}\begin{pmatrix} 0 \\ 5 \\ 0 \end{pmatrix} + t \cdot \begin{pmatrix} -5 \\ 0 \\ 6 \end{pmatrix}$

Seite 334

3 a) $g: \vec{x} = \begin{pmatrix} 2 \\ 4 \\ 3 \end{pmatrix} + t \cdot \begin{pmatrix} 2 \\ -1 \\ 0 \end{pmatrix}$

b) $g: \vec{x} = t \cdot \begin{pmatrix} -3 \\ 5 \\ 2 \end{pmatrix}$

c) $g: \vec{x} = \begin{pmatrix} 3 \\ 5 \\ 7 \end{pmatrix} + t \cdot \begin{pmatrix} -1 \\ -2 \\ 2 \end{pmatrix}$

4 a) Die beiden Ebenen sind zueinander (echt) parallel.
b) Die beiden Ebenen sind identisch.

6 Individuelle Lösungen.
a) Z.B.: $E_1: \vec{x} = \begin{pmatrix} 1 \\ 0 \\ 1 \end{pmatrix} + s \cdot \begin{pmatrix} 1 \\ 1 \\ 0 \end{pmatrix} + r \cdot \begin{pmatrix} -1 \\ 1 \\ 0 \end{pmatrix}$

$E_2: \vec{x} = \begin{pmatrix} 1 \\ 0 \\ 1 \end{pmatrix} + s \cdot \begin{pmatrix} 0 \\ 1 \\ 1 \end{pmatrix} + r \cdot \begin{pmatrix} 0 \\ 1 \\ -1 \end{pmatrix}$

b) Z.B.: $E_1: \vec{x} = \begin{pmatrix} 1 \\ 2 \\ 3 \end{pmatrix} + s \cdot \begin{pmatrix} 2 \\ 1 \\ 1 \end{pmatrix} + r \cdot \begin{pmatrix} 1 \\ 1 \\ 0 \end{pmatrix}$

$E_2: \vec{x} = \begin{pmatrix} 1 \\ 2 \\ 3 \end{pmatrix} + s \cdot \begin{pmatrix} 1 \\ 0 \\ 0 \end{pmatrix} + r \cdot \begin{pmatrix} 2 \\ 2 \\ 1 \end{pmatrix}$

c) Z.B.: $E_1: \vec{x} = \begin{pmatrix} -2 \\ 7 \\ -12 \end{pmatrix} + s \cdot \begin{pmatrix} 3 \\ -2 \\ 3 \end{pmatrix} + t \cdot \begin{pmatrix} 2 \\ -2 \\ 2 \end{pmatrix}$

$E_2: \vec{x} = \begin{pmatrix} -2 \\ 7 \\ -12 \end{pmatrix} + s \cdot \begin{pmatrix} 1 \\ -5 \\ 5 \end{pmatrix} + t \cdot \begin{pmatrix} 4 \\ 1 \\ 0 \end{pmatrix}$

d) Z.B.: $E_1: \vec{x} = r \cdot \begin{pmatrix} 0 \\ 0 \\ 1 \end{pmatrix} + s \cdot \begin{pmatrix} 1 \\ 0 \\ 0 \end{pmatrix}$

$E_2: \vec{x} = r \cdot \begin{pmatrix} 0 \\ 0 \\ 1 \end{pmatrix} + s \cdot \begin{pmatrix} 1 \\ 0 \\ 1 \end{pmatrix}$

e) Z.B.: $E_1: \vec{x} = r \cdot \begin{pmatrix} 1 \\ 1 \\ 1 \end{pmatrix} + s \cdot \begin{pmatrix} 2 \\ 1 \\ 0 \end{pmatrix}$

$E_2: \vec{x} = r \cdot \begin{pmatrix} 3 \\ 2 \\ 0 \end{pmatrix} + s \cdot \begin{pmatrix} 0 \\ 0 \\ 1 \end{pmatrix}$

f) Z.B.: $E_1: \vec{x} = r \cdot \begin{pmatrix} a \\ 0 \\ 0 \end{pmatrix} + s \cdot \begin{pmatrix} 0 \\ -a \\ 0 \end{pmatrix}$

$E_2: \vec{x} = r \cdot \begin{pmatrix} 0 \\ -a \\ 0 \end{pmatrix} + s \cdot \begin{pmatrix} a \\ 0 \\ 0 \end{pmatrix}$

7 a) $g: \vec{x} = \frac{1}{2}\begin{pmatrix} -5 \\ 5 \\ 20 \end{pmatrix} + t \cdot \begin{pmatrix} -1 \\ 0 \\ 1 \end{pmatrix}$

b) $g: \vec{x} = \begin{pmatrix} 5 \\ -3 \\ 7 \end{pmatrix} + t \cdot \begin{pmatrix} 2 \\ 6 \\ -5 \end{pmatrix}$

c) Beweisidee:

$2\overrightarrow{AB} + 3\overrightarrow{AE} - 3\overrightarrow{AF} = \vec{o}$;

$\overrightarrow{CD} + 3\overrightarrow{CH} - 3\overrightarrow{CG} = \vec{o}$; $g: \vec{x} = \begin{pmatrix} -2 \\ 8 \\ 10 \end{pmatrix} + t \cdot \begin{pmatrix} 0 \\ 1 \\ 0 \end{pmatrix}$

d) $g: \vec{x} = \begin{pmatrix} 2 \\ 3 \\ 0 \end{pmatrix} + t \cdot \begin{pmatrix} 13 \\ 0 \\ -15 \end{pmatrix}$

Seite 335

8 An den Koordinatengleichungen kann man Normalenvektoren ablesen. Man prüft, ob das Skalarprodukt dieser Vektoren null ist.

9 Aus der Koordinatengleichung von E_2 kann man einen Normalenvektor der Ebene ablesen. Wenn $\vec{n_1} = \begin{pmatrix} 2 \\ -1 \\ 3 \end{pmatrix}$ kein Vielfaches dieses Vektors ist, schneiden sich die Ebenen.

10 LGS (1) gehört zu Fig. 2
LGS (2) gehört zu Fig. 1
LGS (3) gehört zu Fig. 3

11 LGS (1) gehört zu Fig. 5
LGS (2) gehört zu Fig. 6
LGS (3) gehört zu Fig. 8

LGS zu Fig 4, z.B.: $\begin{aligned} -3x_2 + 2x_3 &= 2 \\ 3x_2 - 2x_3 &= 2 \\ -6x_2 + 4x_3 &= 15 \end{aligned}$

LGS zu Fig. 7, z.B.: $\begin{aligned} x_1 &= 0 \\ x_2 &= 0 \\ x_3 &= 0 \end{aligned}$

7 Beweise zur Parallelität und Orthogonalität

Seite 336

Einstiegsproblem
Das Regal sollte:
- parallel zum Fußboden
- orthogonal zur Wand
- orthogonal zur Schrankwand

sein.
Auch Betrachtungen zum Abstand sind möglich.

Seite 337

1 Behauptung:
$\overline{AB} \parallel \overline{CD}$ und $\overline{AC} \parallel \overline{BD}$
Nachweis:
$\overrightarrow{AB} = \vec{a}$
$\overrightarrow{AC} = \vec{b}$
$\overrightarrow{AD} = \vec{a} + \vec{b}$
$\overrightarrow{AM} = \frac{1}{2}(\vec{a} + \vec{b})$
$\overrightarrow{BM} = \frac{1}{2}(\vec{b} - \vec{a})$

$\overrightarrow{DB} = -\overrightarrow{MD} + \overrightarrow{MB} = -\frac{1}{2}\vec{a} - \frac{1}{2}\vec{b} - \frac{1}{2}\vec{b} + \frac{1}{2}\vec{a}$
$= -\vec{b}$
$\Rightarrow \overline{AC} \parallel \overline{BD}$
$\overrightarrow{CD} = \overrightarrow{MD} - \overrightarrow{MC} = \frac{1}{2}\vec{a} + \frac{1}{2}\vec{b} - \frac{1}{2}\vec{b} + \frac{1}{2}\vec{a} = \vec{a}$
$\Rightarrow \overline{AB} \parallel \overline{CD}$

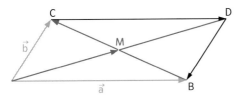

2 Behauptung:
$\overrightarrow{M_1M_2} = \overrightarrow{M_4M_3}$ und $\overrightarrow{M_1M_4} = \overrightarrow{M_2M_3}$.
Nachweis:
$\overrightarrow{M_1M_2} = \overrightarrow{M_1B} + \overrightarrow{BM_2} = \frac{1}{2}\vec{a} + \frac{1}{2}\vec{b}$
$\overrightarrow{M_4M_3} = \overrightarrow{M_4D} + \overrightarrow{DM_3} = \frac{1}{2}\vec{b} + \frac{1}{2}\vec{a}$
$\Rightarrow \overrightarrow{M_1M_2} = \overrightarrow{M_4M_3} \Rightarrow \overline{M_1M_2} \parallel \overline{M_4M_3}$
$\overrightarrow{M_1M_4} = \overrightarrow{M_1A} + \overrightarrow{AM_4} = -\frac{1}{2}\vec{a} + \frac{1}{2}\vec{b}$
$\overrightarrow{M_2M_3} = \overrightarrow{M_2C} + \overrightarrow{CM_3} = \frac{1}{2}\vec{b} - \frac{1}{2}\vec{a}$
$\Rightarrow \overrightarrow{M_1M_4} = \overrightarrow{M_2M_3} \Rightarrow \overline{M_1M_4} \parallel \overline{M_2M_3}$
$\Rightarrow M_1M_2M_3M_4$ ist ein Parallelogramm (q.e.d.).

3 $\overrightarrow{AB} = \vec{a}$; $\overrightarrow{AD} = \vec{b}$

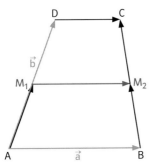

Voraussetzung:
$\overrightarrow{AM_1} = \overrightarrow{M_1D} = \frac{1}{2}\vec{b}$
$\overrightarrow{BM_2} = \overrightarrow{M_2C} = \frac{1}{2}\overrightarrow{BC}$
$\overrightarrow{DC} = t \cdot \overrightarrow{AB} = t \cdot \vec{a}$

Behauptung:
$\overrightarrow{M_1M_2} = k \cdot \overrightarrow{AB}$
Nachweis:
$\overrightarrow{M_1M_2} = -\frac{1}{2}\vec{b} + \vec{a} + \frac{1}{2}\overrightarrow{BC}$
$\overrightarrow{M_1M_2} = -\frac{1}{2}\vec{b} + \vec{a} + \frac{1}{2}(-\vec{a} + \vec{b} + \overrightarrow{DC})$
$\overrightarrow{M_1M_2} = -\frac{1}{2}\vec{b} + \vec{a} + \frac{1}{2}(-\vec{a} + \vec{b} + t \cdot \vec{a})$
$\overrightarrow{M_1M_2} = \left(\frac{1}{2} + \frac{1}{2}t\right)\vec{a}$
$\Rightarrow \overline{M_1M_2} \parallel \overline{AB}$ (q.e.d.)

Seite 338

4 $\overrightarrow{AB} = \vec{a}$; $\overrightarrow{AD} = \vec{b}$; $\overrightarrow{AE} = \vec{c}$

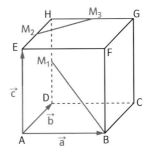

Voraussetzung:
$\vec{a} \cdot \vec{b} = 0$, $\vec{b} \cdot \vec{c} = 0$, $\vec{a} \cdot \vec{c} = 0$
$\overrightarrow{EM_2} = \overrightarrow{M_2H} = \frac{1}{2}\overrightarrow{EH}$
$\overrightarrow{HM_3} = \overrightarrow{M_3G} = \frac{1}{2}\overrightarrow{HG}$
$\overrightarrow{DM_1} = \overrightarrow{M_1H} = \frac{1}{2}\overrightarrow{DH}$
$|\vec{a}| = |\vec{b}| = |\vec{c}|$.

Behauptung:
$\overrightarrow{M_2M_3} \cdot \overrightarrow{M_1B} = 0$.
Nachweis:
$\overrightarrow{M_2M_3} = \frac{1}{2}\vec{b} + \frac{1}{2}\vec{a}$
$\overrightarrow{M_1B} = \vec{a} - \vec{b} - \frac{1}{2}\vec{c}$
$\overrightarrow{M_2M_3} \cdot \overrightarrow{M_1B}$
$= \left(\frac{1}{2}\vec{b} + \frac{1}{2}\vec{a}\right) \cdot \left(\vec{a} - \vec{b} - \frac{1}{2}\vec{c}\right)$
$= \frac{1}{2}\vec{a} \cdot \vec{b} - \frac{1}{2}\vec{b} \cdot \vec{b} - \frac{1}{4}\vec{b} \cdot \vec{c} + \frac{1}{2}\vec{a} \cdot \vec{a} - \frac{1}{2}\vec{a} \cdot \vec{b} - \frac{1}{4}$
$\vec{a} \cdot \vec{c}$

$$= -\tfrac{1}{2}\vec{b}\cdot\vec{b} + \tfrac{1}{2}\vec{a}\cdot\vec{a}$$
$$= -\tfrac{1}{2}|\vec{b}|^2 + \tfrac{1}{2}|\vec{a}|^2$$
$$= 0 \text{ (q.e.d.)}$$

5 a) $\overrightarrow{AD} = \vec{p}$; $\overrightarrow{AC} = \vec{q}$; $\overrightarrow{AB} = \vec{s}$

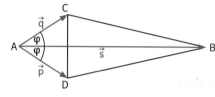

Voraussetzung:
$|\vec{p}| = |\vec{q}| = a$
$|\overrightarrow{CB}| = |\overrightarrow{DB}| \triangleq |\vec{s} - \vec{q}| = |\vec{s} - \vec{p}|$.

Behauptung:
$\overrightarrow{AB} \cdot \overrightarrow{CD} = 0$.

Nachweis:
$\overrightarrow{CD} = -\vec{q} + \vec{p}$
$\overrightarrow{AB} \cdot \overrightarrow{CD} = \vec{s} \cdot (-\vec{q} + \vec{p})$
$= -\vec{s} \cdot \vec{q} + \vec{s} \cdot \vec{q}$
$= -|\vec{s}|\cdot|\vec{q}|\cdot\cos(\varphi) + |\vec{s}|\cdot|\vec{p}|\cdot\cos(\varphi)$
$= -|\vec{s}|\cdot a \cdot \cos(\varphi) + |\vec{s}|\cdot a \cos(\varphi)$
$= 0$ (q.e.d.)

b) $\overrightarrow{AC} = \vec{a}$; $\overrightarrow{CB} = \vec{b}$; $\overrightarrow{AD} = \vec{c}$; $\overrightarrow{DB} = \vec{d}$

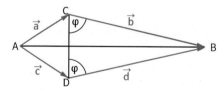

Voraussetzung:
$|\vec{a}| = |\vec{c}| = r$
$|\vec{b}| = |\vec{d}| = s$.

Behauptung:
$\overrightarrow{AB} \cdot \overrightarrow{CD} = 0$.

Nachweis:
$\overrightarrow{AB} = \vec{a} + \vec{b}$ oder $\overrightarrow{AB} = \vec{c} + \vec{d}$
$\overrightarrow{CD} = -\vec{a} + \vec{c}$

$\overrightarrow{AB} \cdot \overrightarrow{CD} = (\vec{a} + \vec{b}) \cdot (-\vec{a} + \vec{c})$
$= -|\vec{a}|^2 - \vec{a}\cdot\vec{b} + \vec{b}\cdot\vec{c} + \vec{a}\cdot\vec{c}$
$\overrightarrow{AB} \cdot \overrightarrow{CD} = (\vec{c} + \vec{d}) \cdot (-\vec{a} + \vec{c})$
$= |\vec{c}|^2 - \vec{a}\cdot\vec{c} + \vec{d}\cdot\vec{c} - \vec{a}\cdot\vec{d}$

$2\overrightarrow{AB} \cdot \overrightarrow{CD}$
$= |\vec{c}|^2 - |\vec{a}|^2 + \vec{b}\cdot(-\vec{a} + \vec{c}) + \vec{a}\cdot\vec{c} - \vec{a}\cdot\vec{c}$
$\quad + \vec{d}\cdot(-\vec{a} + \vec{c})$
$= 0 + \vec{b}\cdot(-\vec{a} + \vec{c}) + 0 + \vec{d}\cdot(-\vec{a} + \vec{c})$
$= \vec{b}\cdot(-\vec{a} + \vec{c}) - \vec{d}\cdot(-\vec{c} + \vec{a})$
$= |\vec{b}|\cdot|(-\vec{a} + \vec{c})|\cdot\cos(\varphi)$
$\quad - |\vec{d}|\cdot|(-\vec{c} + \vec{a})|\cdot\cos(\varphi)$
$2\overrightarrow{AB} \cdot \overrightarrow{CD}$
$= r\cdot|(-\vec{a} + \vec{c})|\cdot\cos(\varphi) - r\cdot|$
$\quad (-\vec{c} + \vec{a})|\cdot\cos(\varphi)$
$= 0$ (q.e.d.)

6

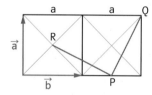

Voraussetzung:
$|\vec{a}| = |\vec{b}|$
$\vec{a}\cdot\vec{b} = 0$.

Behauptung:
$\overrightarrow{RP} \cdot \overrightarrow{PQ} = 0$.

Nachweis:
$\overrightarrow{RP} = -\tfrac{1}{2}\vec{a} + \vec{b}$
$\overrightarrow{PQ} = \tfrac{1}{2}\vec{b} + \vec{a}$
$\overrightarrow{RP} \cdot \overrightarrow{PQ} = \left(-\tfrac{1}{2}\vec{a} + \vec{b}\right) \cdot \left(\tfrac{1}{2}\vec{b} + \vec{a}\right)$
$= -\tfrac{1}{4}\vec{a}\cdot\vec{b} - \tfrac{1}{2}|\vec{a}|^2 + \tfrac{1}{2}|\vec{b}|^2 + \vec{a}\cdot\vec{b}$
$= 0 - \tfrac{1}{2}|\vec{a}|^2 + \tfrac{1}{2}|\vec{b}|^2 + 0$
$= 0$ (q.e.d.)

7 $\overrightarrow{AD} = \vec{a}$; $\overrightarrow{AD} = \vec{b}$

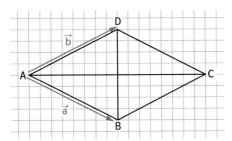

Voraussetzung:
$|\overrightarrow{AB}| = |\overrightarrow{BC}| = |\overrightarrow{AD}| = |\overrightarrow{DC}| = |\vec{a}| = |\vec{b}|$

oder
$\overrightarrow{AB} = \overrightarrow{DC} = \vec{a}$
$\overrightarrow{AD} = \overrightarrow{BC} = \vec{b}$.

Behauptung:
$\overrightarrow{AC} \cdot \overrightarrow{BD} = 0$.

Nachweis:
$\overrightarrow{AC} = \vec{b} + \vec{a}$
$\overrightarrow{BD} = -\vec{a} + \vec{b}$
$\overrightarrow{AC} \cdot \overrightarrow{BD} = (\vec{b} + \vec{a}) \cdot (-\vec{a} + \vec{b})$
$= -\vec{a} \cdot \vec{b} + \vec{b} \cdot \vec{b} - \vec{a} \cdot \vec{a} + \vec{a} \cdot \vec{b}$
$= |\vec{b}|^2 - |\vec{a}|^2 = 0$ (q.e.d.)

10 $\overrightarrow{AP} = \vec{a}$; $\overrightarrow{AQ} = \vec{b}$

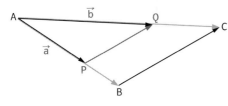

Voraussetzung:
$\overrightarrow{AP} = 2\overrightarrow{PB}$
$\overrightarrow{PB} = \frac{1}{2}\vec{a}$
$\overrightarrow{AQ} = 2\overrightarrow{QC}$
$\overrightarrow{QC} = \frac{1}{2}\vec{b}$.

Behauptung:
$r \cdot \overrightarrow{PQ} = \overrightarrow{BC}$.

Nachweis:
$\overrightarrow{PQ} = \overrightarrow{PA} + \overrightarrow{AQ} = \vec{b} - \vec{a}$
$\overrightarrow{BC} = \overrightarrow{BP} + \overrightarrow{PA} + \overrightarrow{AQ} + \overrightarrow{QC}$
$= -\frac{1}{2}\vec{a} - \vec{a} + \vec{b} + \frac{1}{2}\vec{b}$
$= -\frac{3}{2}\vec{a} + \frac{3}{2}\vec{b} = \frac{3}{2}(\vec{b} - \vec{a})$
$\overrightarrow{PQ} = \vec{b} - \vec{a} = \frac{2}{3}\overrightarrow{BC}$
$\frac{3}{2}\overrightarrow{PQ} = \overrightarrow{BC}$
$\Rightarrow \overrightarrow{PQ} \parallel \overrightarrow{BC}$ (q.e.d.)

Seite 339

11 $\overrightarrow{PA} = \vec{a}$; $\overrightarrow{AB} = \vec{b}$

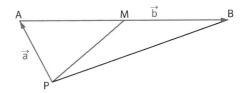

Voraussetzung:
$\overrightarrow{AM} = \overrightarrow{MB} = \frac{1}{2}\vec{b}$.

Behauptung:
$2\overrightarrow{PM} = \overrightarrow{PA} + \overrightarrow{PB}$.

Nachweis:
$2\overrightarrow{PM} = 2(\overrightarrow{PA} + \overrightarrow{AM}) = 2(\vec{a} + \frac{1}{2}\vec{b}) = 2\vec{a} + \vec{b}$
$\overrightarrow{PA} + \overrightarrow{PB} = \vec{a} + \overrightarrow{PA} + \overrightarrow{AB} = \vec{a} + \vec{a} + \vec{b} = 2\vec{a} + \vec{b}$
$\Rightarrow 2\overrightarrow{PM} = \overrightarrow{PA} + \overrightarrow{PB}$ (q.e.d.)

12 Voraussetzung:
$\overrightarrow{OA_1} = \overrightarrow{A_1A_2} = \overrightarrow{A_2A_3} = \overrightarrow{A_3A_4} = \vec{a}$
Behauptung:
$\overrightarrow{PA_1} + \overrightarrow{PA_2} + \overrightarrow{PA_3} + \overrightarrow{PA_4} = 4\overrightarrow{PM}$
Nachweis:
$\overrightarrow{PM} = 2{,}5\vec{a} - \vec{p}$
$\overrightarrow{PA_1} + \overrightarrow{PA_2} + \overrightarrow{PA_3} + \overrightarrow{PA_4}$
$= (\vec{a} - \vec{p}) + (2\vec{a} - \vec{p}) + (3\vec{a} - \vec{p}) + (4\vec{a} - \vec{p})$
$= 10\vec{a} - 4\vec{p}$
$= 4\overrightarrow{PM}$ (q.e.d.)

13 $\overrightarrow{AB} = \vec{a}$; $\overrightarrow{AD} = \vec{b}$

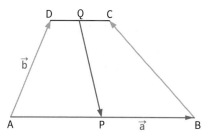

Voraussetzung:
$\overrightarrow{DC} = r \cdot \overrightarrow{AB} = r \cdot \vec{a}$
$\overrightarrow{AP} = \overrightarrow{PB} = \frac{1}{2}\vec{a}$
$\overrightarrow{DQ} = \overrightarrow{QC} = \frac{1}{2}r \cdot \vec{a}$.

Behauptung:
$2\overrightarrow{QP} = \overrightarrow{DA} + \overrightarrow{CB}$.

Nachweis:
$2\overrightarrow{QP} = 2(\overrightarrow{QD} + \overrightarrow{DA} + \overrightarrow{AP})$
$= 2(-\frac{1}{2}r \cdot \vec{a} - \vec{b} + \frac{1}{2}\vec{a})$
$= 2(\frac{1}{2} - \frac{1}{2}r) \cdot \vec{a} - 2\vec{b} = (1 - r) \cdot \vec{a} - 2\vec{b}$
$\overrightarrow{DA} + \overrightarrow{CB} = -\vec{b} + (-r \cdot \vec{a}) - \vec{b} + \vec{a}$
$= (1 - r) \cdot \vec{a} - 2\vec{b}$
$\Rightarrow 2\overrightarrow{QP} = \overrightarrow{DA} + \overrightarrow{CB}$ (q.e.d.)

14

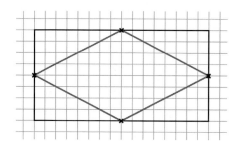

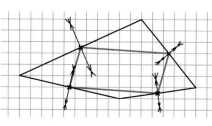

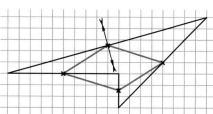

Vermutung: Halbiert man in einem Viereck die Seiten und verbindet die entstehenden Punkte zu einem neuen Viereck, so entsteht ein Parallelogramm.

Beweis:
$\overrightarrow{AB} = \vec{a}$; $\overrightarrow{BC} = \vec{b}$; $\overrightarrow{CD} = \vec{c}$.

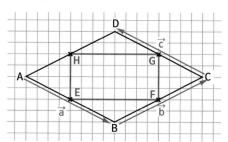

Voraussetzung:
$\overrightarrow{AE} = \overrightarrow{EB} = \frac{1}{2}\vec{a}$
$\overrightarrow{BF} = \overrightarrow{FC} = \frac{1}{2}\vec{b}$
$\overrightarrow{CG} = \overrightarrow{GD} = \frac{1}{2}\vec{c}$
$\overrightarrow{AH} = \overrightarrow{HD} = \frac{1}{2}(\vec{a} + \vec{b} + \vec{c})$.

Behauptung:
$\overrightarrow{EF} = \overrightarrow{HG}$ und $\overrightarrow{EH} = \overrightarrow{FG}$

$\overrightarrow{EF} = \overrightarrow{EB} + \overrightarrow{BF} = \frac{1}{2}\vec{a} + \frac{1}{2}\vec{b}$
$\overrightarrow{HG} = \overrightarrow{HD} + \overrightarrow{DG} = \frac{1}{2}(\vec{a} + \vec{b} + \vec{c}) - \frac{1}{2}\vec{c}$
$= \frac{1}{2}\vec{a} + \frac{1}{2}\vec{b}$
$\Rightarrow \overrightarrow{EF} = \overrightarrow{HG} \Rightarrow \overrightarrow{EF} \parallel \overrightarrow{HG}$

$\overrightarrow{EH} = \overrightarrow{EA} + \overrightarrow{AH} = -\frac{1}{2}\vec{a} + \frac{1}{2}(\vec{a} + \vec{b} + \vec{c})$
$= \frac{1}{2}\vec{b} + \frac{1}{2}\vec{c}$
$\overrightarrow{FG} = \overrightarrow{FC} + \overrightarrow{CG} = \frac{1}{2}\vec{b} + \frac{1}{2}\vec{c}$
$\Rightarrow \overrightarrow{EH} = \overrightarrow{FG} \Rightarrow \overrightarrow{EH} \parallel \overrightarrow{FG}$
$\Rightarrow$ EFGH ist ein Parallelogramm (q.e.d.).

15 Voraussetzung:
$\overrightarrow{AM_1} = \overrightarrow{M_1B} = \frac{1}{2}(\vec{a} - \frac{1}{2}\vec{b})$
$\overrightarrow{BM_2} = \overrightarrow{M_2C} = \frac{1}{2}(\vec{b} + \vec{c})$
$\overrightarrow{CM_3} = \overrightarrow{M_3D} = \frac{1}{2}(-\vec{a} - \frac{1}{2}\vec{b})$
$\overrightarrow{DM_4} = \overrightarrow{M_4A} = -\frac{1}{2}\vec{c}$.

Behauptung:
$\overrightarrow{M_1M_2} = \overrightarrow{M_4M_3}$ und $\overrightarrow{M_2M_3} = \overrightarrow{M_1M_4}$.

Nachweis:
$\overrightarrow{M_1M_2} = \overrightarrow{M_1B} + \overrightarrow{BM_2} = \frac{1}{2}(\vec{a} - \frac{1}{2}\vec{b}) + \frac{1}{2}(\vec{b} + \vec{c})$
$= \frac{1}{2}(\vec{a} + \vec{c} + \frac{1}{2}\vec{b})$
$\overrightarrow{M_4M_3} = \overrightarrow{M_4D} + \overrightarrow{DM_3} = \frac{1}{2}\vec{c} - \frac{1}{2}(-\vec{a} - \frac{1}{2}\vec{b})$
$= \frac{1}{2}\vec{c} + \frac{1}{2}\vec{a} + \frac{1}{4}\vec{b} = \frac{1}{2}(\vec{a} + \vec{c} + \frac{1}{2}\vec{b})$
$\Rightarrow \overrightarrow{M_1M_2} \parallel \overrightarrow{M_4M_3}$
$\overrightarrow{M_2M_3} = \overrightarrow{M_1M_4}$ analog: $\overrightarrow{M_2M_3} \parallel \overrightarrow{M_1M_4}$
(q.e.d.)

16 $\vec{u_0}, \vec{v_0}$

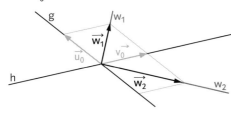

Voraussetzung:
$|\vec{u_0}| = |\vec{v_0}|$
$\vec{w_1} = \vec{u_0} + \vec{v_0}$
$\vec{w_2} = -\vec{u_0} + \vec{v_0}$.
Behauptung:
$\vec{w_1} \cdot \vec{w_2} = 0$

Nachweis:
$\vec{w_1} \cdot \vec{w_2} = (\vec{u_0} + \vec{v_0}) \cdot (-\vec{u_0} + \vec{v_0})$
$= -\vec{u_0} \cdot \vec{u_0} + \vec{u_0} \cdot \vec{v_0} - \vec{u_0} \cdot \vec{v_0} + \vec{v_0} \cdot \vec{v_0}$
$= -|\vec{u_0}|^2 + |\vec{v_0}|^2$
$= 0$ (q.e.d.)

17 Opposed edges are $\overline{BD}, \overline{AC}$ and $\overline{AB}, \overline{CD}$ and $\overline{BC}, \overline{AD}$. For example the prove $\overline{BD}$ is orthogonal $\overline{AC}$.

Condition:
$|\vec{a}| = |\vec{b}| = |\vec{c}| = |\vec{e}| = |\vec{f}| = |\vec{d}|$.

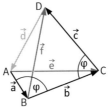

Same angles $\varphi = \sphericalangle(-\vec{a}, \vec{b})$
$\varphi = 180° - \sphericalangle(\vec{a}, \vec{b})$
$\Rightarrow \cos(\varphi) = -\cos(\sphericalangle(\vec{a}, \vec{b}))$

Thesis:
$\overrightarrow{BD} \cdot \overrightarrow{AC} = 0$ or $\vec{f} \cdot \vec{e} = 0$.

Verification:
$\vec{f} = \vec{b} + \vec{c}$
$\vec{e} = \vec{a} + \vec{b}$
$\vec{f} \cdot \vec{e} = (\vec{b} + \vec{c}) \cdot (\vec{a} + \vec{b})$
$= \vec{b} \cdot \vec{a} + \vec{b} \cdot \vec{b} + \vec{c} \cdot \vec{a} + \vec{c} \cdot \vec{b}$
$= \vec{b} \cdot \vec{a} + \vec{b} \cdot \vec{b} + \vec{c} \cdot \vec{b} + (-\vec{b} - \vec{a} - \vec{d}) \cdot \vec{a}$
$= \vec{b} \cdot \vec{a} + \vec{b} \cdot \vec{b} + \vec{c} \cdot \vec{b} - \vec{a} \cdot \vec{b} - \vec{a} \cdot \vec{a} - \vec{a} \cdot \vec{d}$
$= 0 + |\vec{b}|^2 + |\vec{c}| \cdot |\vec{b}|(-\cos(\varphi)) - |\vec{a}|^2 - |\vec{a}| \cdot |\vec{b}|(-\cos(\varphi)) = 0$ (q.e.d.)

18 $\overrightarrow{AG} = \vec{a}$; $\overrightarrow{DF} = \vec{b}$; $\overrightarrow{HB} = \vec{c}$

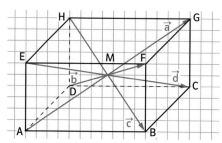

Voraussetzung:
$|\vec{a}| = |\vec{b}| = |\vec{c}|$.
Der Schnittpunkt M halbiert jeweils die Diagonale. Gegenüberliegende Seiten und Kanten sind parallel.

Behauptung:
$\overrightarrow{AE} \cdot \overrightarrow{AB} = 0$ und $\overrightarrow{AE} \cdot \overrightarrow{AD} = 0$.

Nachweis:
$\overrightarrow{AE} = \overrightarrow{BF} = \frac{1}{2}\vec{b} - \frac{1}{2}\vec{c}$
$\overrightarrow{AB} = \frac{1}{2}\vec{a} + \frac{1}{2}\vec{c}$
$\vec{d} = \overrightarrow{EA} + \vec{a} + \overrightarrow{GC}$
$\vec{d} = \vec{a} - \vec{b} + \vec{c}$
$\overrightarrow{AE} \cdot \overrightarrow{AB}$
$= \frac{1}{4}\vec{a} \cdot \vec{b} + \frac{1}{4}\vec{b} \cdot \vec{c} - \frac{1}{4}\vec{a} \cdot \vec{c} - \frac{1}{4}\vec{c} \cdot \vec{c}$
$= \frac{1}{4}\vec{a} \cdot \vec{b} + \frac{1}{4}\vec{b} \cdot \vec{c} - \frac{1}{4}\vec{a} \cdot (\vec{d} + \vec{b} - \vec{a}) - \frac{1}{4}|\vec{c}|^2$
$= \frac{1}{4}\vec{a} \cdot \vec{b} + \frac{1}{4}\vec{b} \cdot \vec{c} - \frac{1}{4}\vec{a} \cdot \vec{d} - \frac{1}{4}\vec{a} \cdot \vec{b} + \frac{1}{4}\vec{a} \cdot \vec{a} - \frac{1}{4}|\vec{c}|^2$
$= \frac{1}{4}\vec{b} \cdot \vec{c} - \frac{1}{4}\vec{a} \cdot \vec{d}$
$\overrightarrow{AE} \cdot \overrightarrow{AB} = \frac{1}{4}|\vec{b}| \cdot |\vec{c}| \cdot \cos(\varphi) - \frac{1}{4}|\vec{a}| \cdot |\vec{d}|$
$\cdot \cos(\varphi) = 0$

Analog kann $\overrightarrow{AE} \perp \overrightarrow{AD}$ und $\overrightarrow{AB} \perp \overrightarrow{AD}$ gezeigt werden. (q.e.d.)

8 Vektorielle Beweise zu Teilverhältnissen

Seite 340

Einstiegsproblem
$\overrightarrow{AT} = 2$; $\overrightarrow{TB} = 3$; $\overrightarrow{AT} : \overrightarrow{TB} = 2:3$

Seite 342

1 a) $1:2$ b) $2:3$
   c) $3:2$ d) $2:7$

2 a) $T\left(\frac{7}{3} \big| \frac{8}{3} \big| \frac{1}{3}\right)$
   b) $T(2{,}2 | 0{,}8 | -1) \triangleq T\left(\frac{11}{5} \big| \frac{4}{5} \big| -1\right)$

3 a) A teilt $\overrightarrow{SD}$ im Verhältnis $1:1$.
   b) B teilt $\overrightarrow{SC}$ im Verhältnis $2:1$.

4 $\overrightarrow{AB} = \vec{a}$; $\overrightarrow{BC} = \vec{c}$

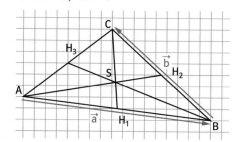

Voraussetzung:
$\overrightarrow{AH_1} = \overrightarrow{H_1B} = \frac{1}{2}\vec{a}$
$\overrightarrow{BH_2} = \overrightarrow{H_2C} = \frac{1}{2}\vec{b}$.

Behauptung:
$\overrightarrow{AS} = r \cdot \overrightarrow{AH_2}$ und $\overrightarrow{SH_1} = t \cdot \overrightarrow{CH_1}$.

Nachweis:
Geschlossene Vektorkette:
$\overrightarrow{AS} + \overrightarrow{SH_1} + \overrightarrow{H_1A} = \vec{o}$
$r \cdot \overrightarrow{AH_2} + t \cdot \overrightarrow{CH_1} + \overrightarrow{H_1A} = \vec{o}$
$r \cdot \left(\vec{a} + \frac{1}{2}\vec{b}\right) + t \cdot \left(-\vec{b} - \frac{1}{2}\vec{a}\right) - \frac{1}{2}\vec{a} = \vec{o}$
$\left(r - \frac{1}{2}t - \frac{1}{2}\right) \cdot \vec{a} + \left(\frac{1}{2}r - t\right) \cdot \vec{b} = \vec{o}$.

Da $\vec{a}$ und $\vec{b}$ linear unabhängig:
$r - \frac{1}{2}t - \frac{1}{2} = 0$
$\frac{1}{2}r - t = 0$
$r = \frac{2}{3}$; $t = \frac{1}{3}$

⇒ S teilt $\overline{H_1C}$ und $\overline{H_2A}$ im Verhältnis 1:2 (q.e.d.).

Analoger Nachweis für $\overline{H_3B}$.

5 $\overrightarrow{AB} = \vec{a}$; $\overrightarrow{AD} = \vec{b}$

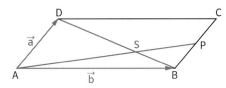

Voraussetzung:
$\overrightarrow{AD} = \overrightarrow{BC} = \vec{a}$
$\overrightarrow{AB} = \overrightarrow{DC} = \vec{b}$
$\overrightarrow{BP} = \overrightarrow{PC} = \frac{1}{2}\vec{a}$.

Behauptung:
$\overrightarrow{AS} = r \cdot \overrightarrow{AP}$ und $\overrightarrow{SB} = t \cdot \overrightarrow{DB}$.

Nachweis:
Geschlossene Vektorkette:
$\overrightarrow{AS} + \overrightarrow{SB} + \overrightarrow{BA} = \vec{o}$
$r \cdot \overrightarrow{SP} + t \cdot \overrightarrow{DB} + \overrightarrow{BA} = \vec{o}$
$r \cdot \left(\vec{b} + \frac{1}{2}\vec{a}\right) + t \cdot \left(-\vec{a} + \vec{b}\right) + \left(-\vec{b}\right) = \vec{o}$
$(r + t - 1)\vec{b} + \left(\frac{1}{2}r - t\right)\vec{a} = \vec{o}$.

Da $\vec{a}$ und $\vec{b}$ linear unabhängige Vektoren:
$r + t - 1 = 0$
$\frac{1}{2}r - t = 0$
$r = \frac{2}{3}$; $t = \frac{1}{3}$

⇒ S teilt die Strecke $\overline{AB}$ im Verhältnis 2:1 und die Strecke $\overline{BD}$ im Verhältnis 1:2 (q.e.d.).

Seite 343

6 $\overrightarrow{AB} = \vec{a}$; $\overrightarrow{BC} = \vec{b}$

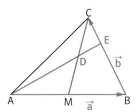

Voraussetzung:
$\overrightarrow{AM} = \overrightarrow{MB} = \frac{1}{2}\vec{a}$
$\overrightarrow{MD} = \overrightarrow{DC} = \frac{1}{2}\left(\frac{1}{2}\vec{a} + \vec{b}\right)$.

Behauptung:
$\overrightarrow{BE} = r \cdot \overrightarrow{BC}$
$\left(\overrightarrow{DE} = t \cdot \overrightarrow{AD}\right.$ wird für Rechnung benötigt$\left.\right)$.

Nachweis:
Geschlossene Vektorkette:
$\overrightarrow{MD} + \overrightarrow{DE} + \overrightarrow{EB} + \overrightarrow{BM} = \vec{o}$
$\frac{1}{4}\vec{a} + \frac{1}{2}\vec{b} + t \cdot \overrightarrow{AD} - r \cdot \overrightarrow{BC} + \overrightarrow{BM} = \vec{o}$
$\frac{1}{4}\vec{a} + \frac{1}{2}\vec{b} + t \cdot \left(\frac{1}{2}\vec{a} + \frac{1}{4}\vec{a} + \frac{1}{2}\vec{b}\right) - r \cdot \vec{b} + \left(-\frac{1}{2}\vec{a}\right) = \vec{o}$
$\left(-\frac{1}{4} + \frac{3}{4}t\right) \cdot \vec{a} + \left(\frac{1}{2} + \frac{1}{2}t - r\right) \cdot \vec{b} = \vec{o}$.

Da $\vec{a}$ und $\vec{b}$ linear unabhängige Vektoren:
$-\frac{1}{4} + \frac{3}{4}t = 0$
$\frac{1}{2} + \frac{1}{2}t - r = 0$
$r = \frac{2}{3}$; $t = \frac{1}{3}$.

Der Punkt E teilt die Strecke $\overline{BC}$ im Verhältnis 2:3 (q.e.d.).

7 $\overrightarrow{AB} = \vec{a}$; $\overrightarrow{AD} = \vec{b}$

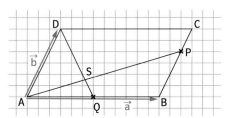

Voraussetzung:
$\overrightarrow{AD} = \overrightarrow{BC} = \vec{b}$
$\overrightarrow{AB} = \overrightarrow{DC} = \vec{a}$
$\overrightarrow{AQ} = \overrightarrow{QB} = \frac{1}{2}\vec{a}$
$\overrightarrow{BP} = \frac{2}{3}\overrightarrow{BC} = \frac{2}{3}\vec{b}$.

Behauptung:
$\overrightarrow{AS} = r \cdot \overrightarrow{AP}$ und $\overrightarrow{SQ} = t \cdot \overrightarrow{DQ}$.

Nachweis:
Geschlossene Vektorkette:
$\overrightarrow{AS} + \overrightarrow{SQ} + \overrightarrow{QA} = \vec{o}$
$r \cdot \overrightarrow{AP} + t \cdot \overrightarrow{DQ} + \overrightarrow{QA} = \vec{o}$
$r \cdot \left(\vec{a} + \frac{2}{3}\vec{b}\right) + t \cdot \left(-\vec{b} + \frac{1}{2}\vec{a}\right) - \frac{1}{2}\vec{a} = \vec{o}$
$\left(r + \frac{1}{2}t + \frac{1}{2}\right) \cdot \vec{a} + \left(\frac{2}{3}r - t\right) \cdot \vec{b} = \vec{o}$.

Da $\vec{a}$ und $\vec{b}$ linear unabhängige Vektoren:
$r + \frac{1}{2}t - \frac{1}{2} = 0$
$\frac{2}{3}r - t = 0$
$r = \frac{3}{8}$; $t = \frac{1}{4}$.

Der Punkt S teilt die Strecke $\overline{AP}$ im Verhältnis 3:5 und die Strecke $\overline{DQ}$ im Verhältnis 3:1 (q.e.d.).

10 $\overrightarrow{DB} = \vec{a}$; $\overrightarrow{DA} = \vec{b}$; $\overrightarrow{DC} = \vec{c}$

a) Voraussetzung:
$\overrightarrow{BG} = \frac{2}{3}\overrightarrow{BC} = \frac{2}{3}(\vec{c} - \vec{a})$
$\overrightarrow{AE} = \frac{1}{3}\overrightarrow{AB} = \frac{1}{3}(\vec{a} - \vec{b})$.

Behauptung:
$\overrightarrow{EY} = r \cdot \overrightarrow{EC}$ und $\overrightarrow{AY} = t \cdot \overrightarrow{AG}$.

Nachweis:
Geschlossene Vektorkette:
$\overrightarrow{AY} + \overrightarrow{YE} + \overrightarrow{EA} = \vec{o}$
$t \cdot \overrightarrow{AG} - r \cdot \overrightarrow{EC} - \frac{1}{3}\overrightarrow{AB} = \vec{o}$
$t \cdot \left(-\vec{b} + \vec{a} + \frac{2}{3}(\vec{c} - \vec{a})\right) - r \cdot$
$\left(-\frac{1}{3}(\vec{a} - \vec{b}) - \vec{b} + \vec{c}\right) - \frac{1}{3}(\vec{a} - \vec{b}) = \vec{o}$
$-t \cdot \vec{b} + t \cdot \vec{a} + \frac{2}{3}t \cdot \vec{c} - \frac{2}{3}t \cdot \vec{a} + \frac{1}{3}r \cdot \vec{a} - \frac{1}{3}r \cdot \vec{b} +$
$r \cdot \vec{b} - r \cdot \vec{c} - \frac{1}{3}\vec{a} + \frac{1}{3}\vec{b} = \vec{o}$

$\left(t - \frac{2}{3}t + \frac{1}{3}r - \frac{1}{3}\right) \cdot \vec{a} + \left(-t - \frac{1}{3}r + r + \frac{1}{3}\right) \cdot$
$\vec{b} + \left(\frac{2}{3}t - r\right) \cdot \vec{c} = \vec{o}$.

Da $\vec{a}, \vec{b}$ und $\vec{c}$ linear unabhängige Vektoren:
$\frac{1}{3}t + \frac{1}{3}r - \frac{1}{3} = 0$
$-t + \frac{2}{3}r + \frac{1}{3} = 0$
$\frac{2}{3}t - r = 0$
$r = \frac{2}{5}$; $t = \frac{3}{5}$.

Die Strecke $\overline{EC}$ wird durch Y im Verhältnis 2:3 geteilt (q.e.d.).

b) Voraussetzung:
$\overrightarrow{BG} = \frac{2}{3}\overrightarrow{BC} = \frac{2}{3}(\vec{c} - \vec{a})$
$\overrightarrow{AE} = \frac{1}{3}\overrightarrow{AB} = \frac{1}{3}(\vec{a} - \vec{b})$
$\overrightarrow{AF} = \frac{3}{4}\overrightarrow{AC} = \frac{3}{4}(\vec{c} - \vec{a})$.

Behauptung:
$\overrightarrow{EX} = \frac{8}{17}\overrightarrow{EF}$.

Ansatz:
$\overrightarrow{EX} = r \cdot \overrightarrow{EF}$ und $\overrightarrow{AX} = t \cdot \overrightarrow{AG}$.

Nachweis:
Geschlossene Vektorkette:
$\overrightarrow{AX} + \overrightarrow{XE} + \overrightarrow{EA} = \vec{o}$
$t \cdot \overrightarrow{AG} - r \cdot \overrightarrow{EF} - \frac{1}{3}\overrightarrow{AB} = \vec{o}$
$t \cdot \left(-\vec{b} + \vec{a} + \frac{2}{3}(\vec{c} - \vec{a})\right) - r \cdot \left(-\frac{1}{3}(\vec{a} - \vec{b}) + \frac{3}{4}(\vec{c} - \vec{b})\right) - \frac{1}{3}(\vec{a} - \vec{b}) = \vec{o}$
$-t \cdot \vec{b} + t \cdot \vec{a} + \frac{2}{3}t \cdot \vec{c} - \frac{2}{3}t \cdot \vec{a} + \frac{1}{3}r \cdot \vec{a} - \frac{1}{3}r \cdot \vec{b}$
$-\frac{3}{4}r \cdot \vec{c} + \frac{3}{4}r \cdot \vec{b} - \frac{1}{3}\vec{a} + \frac{1}{3}\vec{b} = \vec{o}$
$\left(t - \frac{2}{3}t + \frac{1}{3}r - \frac{1}{3}\right) \cdot \vec{a} + \left(-t - \frac{1}{3}r + \frac{3}{4}r + \frac{1}{3}\right) \cdot \vec{b} +$
$\left(\frac{2}{3}t - \frac{3}{4}r\right) \cdot \vec{c} = \vec{o}$.

Da $\vec{a}, \vec{b}$ und $\vec{c}$ linear unabhängige Vektoren:
$\frac{1}{3}t + \frac{1}{3}r - \frac{1}{3} = 0$
$-t + \frac{5}{12}r + \frac{1}{3} = 0$
$\frac{2}{3}t - \frac{3}{4}r = 0$
$r = \frac{8}{17}$; $t = \frac{9}{17}$

⇒ X teilt die Strecke $\overline{EF}$ im Verhältnis 8:9 (q.e.d.).

11 $\vec{AB} = \vec{a}$; $\vec{AD} = \vec{b}$; $\vec{AE} = \vec{c}$

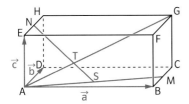

Voraussetzung:
$\vec{BM} = \vec{MC} = \frac{1}{2}\vec{b}$
$\vec{EN} = \vec{NH} = \frac{1}{2}\vec{b}$
$\vec{AS} = \vec{SM} = \frac{1}{2}(\vec{a} + \frac{1}{2}\vec{b})$.

Behauptung:
$\vec{AT} = r \cdot \vec{AG}$ und $\vec{ST} = t \cdot \vec{SN}$.

Nachweis:
Geschlossene Vektorkette:
$\vec{AT} + \vec{TS} + \vec{SA} = \vec{o}$
$r \cdot \vec{AG} - t \cdot \vec{SN} - \frac{1}{2}(\vec{a} + \frac{1}{2}\vec{b}) = \vec{o}$
$r \cdot (\vec{a} + \vec{b} + \vec{c}) - t \cdot (-\frac{1}{2}(\vec{a} + \frac{1}{2}\vec{b}) + \vec{c} + \frac{1}{2}\vec{b})$
$- \frac{1}{2}(\vec{a} + \frac{1}{2}\vec{b}) = \vec{o}$
$r \cdot \vec{a} + r \cdot \vec{b} + r \cdot \vec{c} + \frac{1}{2} t \cdot \vec{a} + \frac{1}{4} t \cdot \vec{b} - t \cdot \vec{c} -$
$\frac{1}{2} t \cdot \vec{b} - \frac{1}{2}\vec{a} - \frac{1}{4}\vec{b} = \vec{o}$
$(r + \frac{1}{2} t - \frac{1}{2}) \cdot \vec{a} + (r + \frac{1}{4} t - \frac{1}{2} t - \frac{1}{4}) \cdot \vec{b}$
$+ (r - t) \cdot \vec{c} = \vec{o}$

Da $\vec{a}$, $\vec{b}$ und $\vec{c}$ linear unabhängige Vektoren:
$r + \frac{1}{2} t - \frac{1}{2} = 0$
$r - \frac{1}{4} t - \frac{1}{4} = 0$
$r - t = 0$
$r = \frac{1}{3}$ und $t = \frac{1}{3}$

$\Rightarrow \overline{SN}$ und $\overline{AG}$ schneiden sich im Punkt T und T teilt die Diagonale $\overline{AG}$ im Verhältnis 1:2 (q.e.d.).

12 $\vec{AF} = \vec{a}$; $\vec{FE} = \vec{b}$

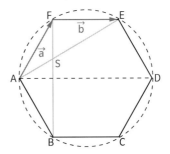

Voraussetzung:
$\vec{AD} = 2\vec{FE} = 2\vec{b}$
$\vec{ED} = \vec{AB} = \vec{b} - \vec{a}$.

Behauptung:
$\vec{AS} = r \cdot \vec{AE}$ und $\vec{SF} = t \cdot \vec{BF}$.

Nachweis:
Geschlossene Vektorkette:
$\vec{AS} + \vec{SF} + \vec{FA} = \vec{o}$
$r \cdot \vec{AE} + t \cdot \vec{BF} + \vec{FA} = \vec{o}$
$r \cdot (\vec{a} + \vec{b}) + t \cdot (-\vec{b} + \vec{a} + \vec{a}) + (-\vec{a}) = \vec{o}$
$(r + 2t - 1) \cdot \vec{a} + (r - t) \cdot \vec{b} = \vec{o}$.

Da $\vec{a}$ und $\vec{b}$ linear unabhängige Vektoren:
$r + 2t - 1 = 0$
$r - t = 0$
$r = \frac{1}{3}$; $t = \frac{1}{3}$.

Der Punkt S teilt $\overline{AE}$ im Verhältnis 1:2 und die Strecke $\overline{BF}$ im Verhältnis 2:1 (q.e.d.).

Wiederholen – Vertiefen – Vernetzen

Seite 344

1 a) Die Gerade liegt in der $x_2 x_3$-Ebene. Ersetzt man x_2 durch x und x_3 durch y, dann erhält man die Gleichung einer Geraden, analog den Überlegungen in der Sekundarstufe I.
b) Dies ist die Gleichung einer Ebene, die parallel zur x_1-Achse ist.

c) Schneidet die Ebene mit der Gleichung $3x_2 + 4x_3 = 5$ die x_2x_3-Ebene, so erhält man die Gerade aus Teilaufgabe a) als Schnittgerade.

2 a) Aus der Gleichung ist ersichtlich, dass die Ebene parallel zur x_3-Achse (x_2-Achse) ist.

b)

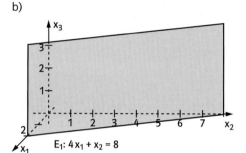

$E_1: 4x_1 + x_2 = 8$

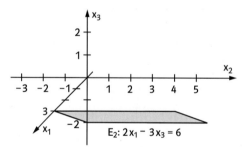

$E_2: 2x_1 - 3x_3 = 6$

3 a) Aus $x_1 = x_2 = 0$ folgt $x_3 = 0$.
Aus $x_2 = x_3 = 0$ folgt $x_1 = 0$.
Aus $x_1 = x_3 = 0$ folgt $x_2 = 0$.
Daraus folgt: Alle Spurgeraden gehen durch $O(0|0|0)$.

b) $s_{12}: 3x_1 + 4x_2 = 0$
$s_{23}: 2x_2 + 3x_3 = 0$
$s_{13}: x_1 + 2x_3 = 0$

c) $F: 3x_1 + 4x_2 + 6x_3 = 12$

$S_{12}: \vec{x} = \begin{pmatrix} 4 \\ 0 \\ 0 \end{pmatrix} + t \cdot \begin{pmatrix} -4 \\ 3 \\ 0 \end{pmatrix}$

$S_{23}: \vec{x} = \begin{pmatrix} 0 \\ 3 \\ 0 \end{pmatrix} + t \cdot \begin{pmatrix} 0 \\ 3 \\ -2 \end{pmatrix}$

$S_{13}: \vec{x} = \begin{pmatrix} 4 \\ 0 \\ 0 \end{pmatrix} + t \cdot \begin{pmatrix} -4 \\ 0 \\ 2 \end{pmatrix}$

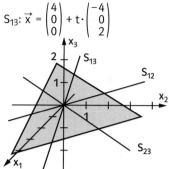

4 a)

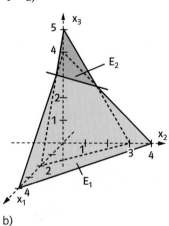

b)

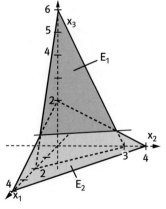

c)

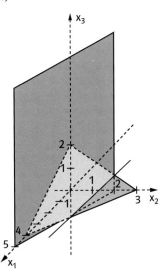

d)

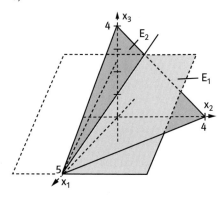

5 Schnittgerade g von E_1 und E_2:

g: $\vec{x} = \begin{pmatrix} 2 \\ -3 \\ 0 \end{pmatrix} + t \cdot \begin{pmatrix} -7 \\ 8 \\ 11 \end{pmatrix}$

a) F: $\vec{x} = \begin{pmatrix} 2 \\ -3 \\ 0 \end{pmatrix} + s \cdot \begin{pmatrix} -7 \\ 8 \\ 11 \end{pmatrix} + t \cdot \begin{pmatrix} 2 \\ -1 \\ 2 \end{pmatrix}$

b) F: $\vec{x} = \begin{pmatrix} 2 \\ -3 \\ 0 \end{pmatrix} + s \cdot \begin{pmatrix} -7 \\ 8 \\ 11 \end{pmatrix} + t \cdot \begin{pmatrix} 5 \\ 3 \\ 1 \end{pmatrix}$

c) F: $\vec{x} = \begin{pmatrix} 2 \\ -3 \\ 0 \end{pmatrix} + s \cdot \begin{pmatrix} -7 \\ 8 \\ 11 \end{pmatrix} + t \cdot \begin{pmatrix} 3 \\ 0 \\ 4 \end{pmatrix}$

6 a) $1 + c(1 - b) = 0$ und $c(a - 2) \neq 3$
b) $1 + c(1 - b) = 0$ und $c(a - 2) = 3$
c) $1 + c(1 - b) \neq 0$

7 a) Für $a \neq \frac{5}{3}$ hat der Schnittpunkt von g_a mit E: $-2x_1 - x_2 + 2x_3 = 2$ die Koordinaten $S_a\left(-\frac{18 + 8a}{3a + 5} \mid \frac{42 - 14a}{3a + 5} \mid \frac{8 - 12a}{3a + 5}\right)$.

Eine Gleichung der Geraden h erhält man z. B. mithilfe der Punkte
$S_{-1}(-5 \mid 28 \mid 10)$ und $S_{-2}(2 \mid -70 \mid -32)$.
h: $\vec{x} = \begin{pmatrix} -5 \\ 28 \\ 10 \end{pmatrix} + t \cdot \begin{pmatrix} -1 \\ 14 \\ 6 \end{pmatrix}$

b) Für $a = \frac{5}{3}$ ist $g_a \parallel E$.

Seite 345

8 a) und b) g und h sind genau dann parallel, wenn $b = 9$ und $d = \frac{4}{3}$.
In diesem Fall ist genau dann $g = h$, wenn $a = -\frac{3}{4}$ und $c = \frac{13}{4}$.
c) und d) Wählt man $b = d = 0$, dann schneiden sich g und h genau dann, wenn $3a + c = -\frac{5}{4}$.
Ist $d = \frac{4}{3}$ (und $b \neq 9$), dann muss $a = -\frac{3}{4}$ gelten, damit ein Schnittpunkt existiert.
Ist $b = 9$ (und $d \neq \frac{4}{3}$), dann muss $3a + c = 1$ gelten, damit ein Schnittpunkt existiert.
Ist $b \neq 9$ und $d \neq \frac{4}{3}$, dann lautet die Bedingung für die Existenz eines Schnittpunktes:
$abd + 3cd - 12a + b - 4c - 3d - 5 = 0$.

9 a) und c)

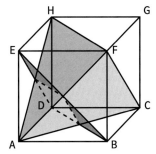

b) Es seien:
E_1 die Ebene, die durch $A(0|0|0)$, $C(-1|1|0)$ und $F(0|1|1)$ festgelegt ist.
E_2 die Ebene, die durch B, D und E festgelegt ist.
E_3 die Ebene, die durch A, F und H festgelegt ist.

Es gilt: E_1: $\vec{x} = r \cdot \begin{pmatrix} -1 \\ 1 \\ 0 \end{pmatrix} + s \cdot \begin{pmatrix} 0 \\ 1 \\ 1 \end{pmatrix}$;

E_2: $\vec{x} = \begin{pmatrix} 0 \\ 1 \\ 0 \end{pmatrix} + r \cdot \begin{pmatrix} 1 \\ 1 \\ 0 \end{pmatrix} + s \cdot \begin{pmatrix} 0 \\ -1 \\ 1 \end{pmatrix}$;

E_3: $\vec{x} = r \cdot \begin{pmatrix} 0 \\ 1 \\ 1 \end{pmatrix} + s \cdot \begin{pmatrix} -1 \\ 0 \\ 1 \end{pmatrix}$.

Eine Gleichung der Schnittgeraden von E_1 und E_2 ist g: $\vec{x} = \begin{pmatrix} -5 \\ 5 \\ 0 \end{pmatrix} + t \cdot \begin{pmatrix} 1 \\ 0 \\ 1 \end{pmatrix}$.

Eine Gleichung der Schnittgeraden von E_1 und E_3 ist g: $\vec{x} = t \cdot \begin{pmatrix} 0 \\ 1 \\ 1 \end{pmatrix}$.

Eine Gleichung der Schnittgeraden von E_2 und E_3 ist g: $\vec{x} = \begin{pmatrix} -\frac{1}{2} \\ 0 \\ \frac{1}{2} \end{pmatrix} + s \cdot \begin{pmatrix} 1 \\ 1 \\ 0 \end{pmatrix}$.

10 a)

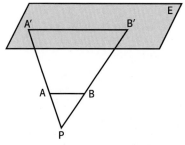

b) Es ist $A'(0|2|3)$ und $B'(0|10|9)$. Der Schatten hat somit die Länge 10.

11 a) $S(3|3|3)$
b) $S_1\left(3 \left| \frac{3}{5} \right| 3\right)$, $S_2\left(3 \left| 5\frac{2}{5} \right| 3\right)$
c) S liegt auf der Geraden durch C und E.
d) S_1 und S_2 liegen in der Ebene durch C, E und H.

12 a)

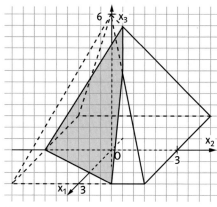

b)

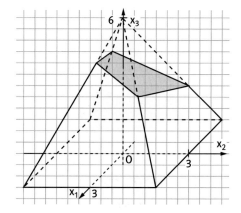

c)
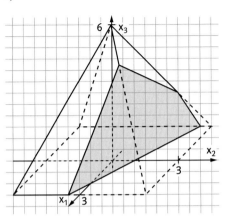

d)
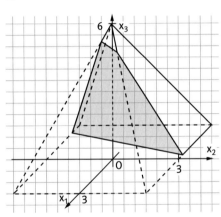

e)
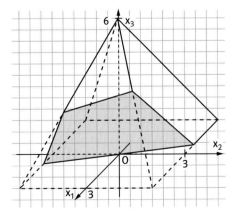

Seite 346

13

$d = 2$
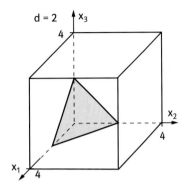

$d = 4$
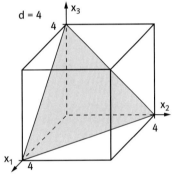

$d = 6$
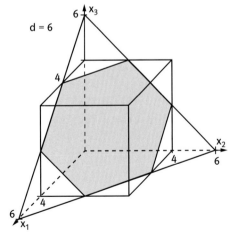

14 a)

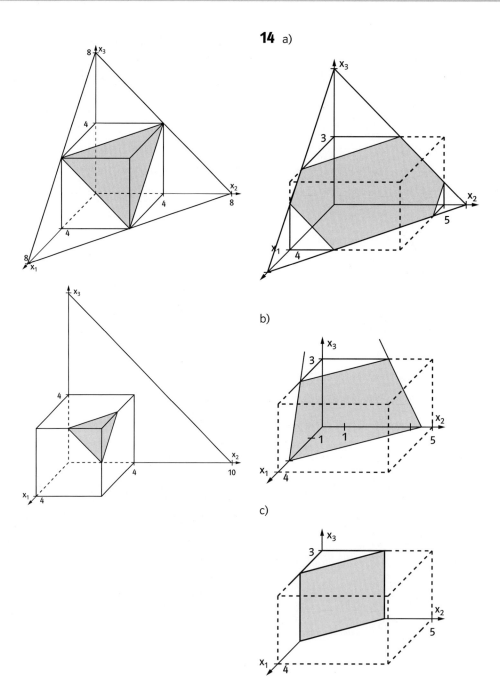

b)

c)

15 Die Punkte bilden
a) die Gerade durch B und C,
b) die Gerade durch A und durch den Mittelpunkt von BC,
c) einen Streifen,

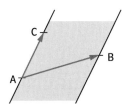

d) ein Parallelogramm.

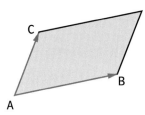

16 $\vec{AB} = \vec{a}$; $\vec{BC} = \vec{b}$

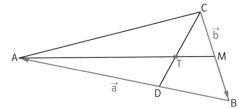

Voraussetzung:
$\vec{AD} = \frac{2}{3}\vec{AB} = \frac{2}{3}\vec{a}$
$\vec{BM} = \vec{MC} = \frac{1}{2}\vec{BC} = \frac{1}{2}\vec{b}$.

Behauptung:
$\vec{AT} = r \cdot \vec{AM}$; mit $r = \frac{4}{5}$.
$\vec{TD} = t \cdot \vec{CD}$; mit $t = \frac{2}{5}$.

Nachweis:
$\vec{AT} + \vec{TD} + \vec{DA} = \vec{o}$
$r \cdot \vec{AM} + t \cdot \vec{CD} + \vec{DA} = \vec{o}$
$r \cdot \left(\vec{a} + \frac{1}{2}\vec{b}\right) + t \cdot \left(-\vec{b} - \frac{1}{3}\vec{a}\right) - \frac{2}{3}\vec{a} = \vec{o}$
$\left(r - \frac{1}{3}t - \frac{2}{3}\right) \cdot \vec{a} + \left(\frac{1}{2}r - t\right) \cdot \vec{b} = \vec{o}$.

Überprüfen der Behauptung durch Einsetzen:
$\left(\frac{4}{5} - \frac{1}{3} \cdot \frac{2}{5} - \frac{2}{3}\right) \cdot \vec{a} + \left(\frac{1}{2} \cdot \frac{4}{5} - \frac{2}{5}\right) \cdot \vec{b} = \vec{o}$
$0 \cdot \vec{a} + 0 \cdot \vec{b} = \vec{o}$
$\vec{o} = \vec{o}$ w.A. (q.e.d.)

17
a) Voraussetzung: $\vec{AC} = 0{,}3\,\vec{AB} + \vec{AD}$

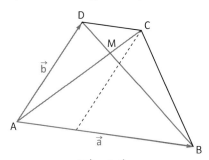

Behauptung: $\vec{DC} = r\,\vec{AB}$
$\vec{DC} = -\vec{b} + \vec{AC}$
$= -\vec{b} + 0{,}3\,\vec{AB} + \vec{AD}$
$= -\vec{b} + 0{,}3\,\vec{a} + \vec{b}$
$= 0{,}3\,\vec{a}$
$= 0{,}3\,\vec{AB}$ q.e.d.

b) $\vec{AM} + \vec{MD} + \vec{DA} = \vec{o}$
$r\,\vec{AC} + s\,\vec{BD} + \vec{DA} = \vec{o}$
$r\left(\vec{b} + 0{,}3\,\vec{a}\right) + s\left(\vec{b} - \vec{a}\right) - \vec{b} = \vec{o}$
$(0{,}3r - s)\vec{a} + (r + s - 1)\vec{b} = \vec{o}$

$0{,}3r - s = 0$
$r + s - 1 = 0$
$r = \frac{10}{13}$; $s = \frac{3}{13}$

M teilt $\overline{AC}$ im Verhältnis $10:3$.
M teilt $\overline{BD}$ im Verhältnis $10:3$.

XII Geometrische Probleme lösen

1 Abstand eines Punktes von einer Ebene

Seite 352

Einstiegsproblem
Das Bild soll verdeutlichen, dass es von einem Punkt (Zeppelin) aus verschiedene Entfernungen zu einer ebenen Fläche (Bodensee) gibt. Unter dem mathematischen Abstand versteht man die kleinste dieser Entfernungen, im Beispiel die Flughöhe (bzw. Fahrhöhe).

Seite 353

1 a) A: 5   B: 20   C: 5
b) A: 3,5   B: 14   C: $\frac{293}{7}$
c) A: $3\sqrt{26}$ B: $2\sqrt{26}$ C: $2\sqrt{26}$

2 a) Abstand: d = 7; drei Punkte mit gleichem Abstand: individuelle Lösung, siehe auch Teilaufgabe b).
b) Alle Punkte mit dem Abstand 7 liegen auf zwei Ebenen, die parallel zu E sind und den Abstand 7 von E haben. Eine Gleichung einer der beiden Ebenen erhält man, wenn man in die Gleichung F: $2x_1 - 2x_2 + x_3 = d$ den Punkt R(5|−4|3) aus Teilaufgabe a) einsetzt. Man erhält F: $2x_1 - 2x_2 + x_3 = 21$. Die andere Ebene liegt symmetrisch dazu und besitzt die Gleichung $F_2: 2x_1 - 2x_2 + x_3 = -21$.

3 Der Punkt C hat die kleinste Entfernung von D, er ist der Lotfußpunkt (d = $\sqrt{26}$).

4 a) x_1x_2-Ebene: d = 3, x_1x_3-Ebene: d = 2, x_2x_3-Ebene: d = 1
b) Der Abstand von einer Koordinatenebene ist gleich dem Betrag der Koordinate, die nicht in der entsprechenden Ebene liegt.

5 a) g: $\vec{x} = t \cdot \begin{pmatrix} 4 \\ 4 \\ -7 \end{pmatrix}$
Schnitt mit E für t = 0,5; d.h. F(2|2|−3,5).

b) $\overrightarrow{OP_1} = \begin{pmatrix} 2 \\ 2 \\ -3,5 \end{pmatrix} + \frac{1}{3}\begin{pmatrix} 4 \\ 4 \\ -7 \end{pmatrix} = \begin{pmatrix} \frac{10}{3} \\ \frac{10}{3} \\ -\frac{35}{6} \end{pmatrix}$ und

$\overrightarrow{OP_2} = \begin{pmatrix} 2 \\ 2 \\ -3,5 \end{pmatrix} + \frac{1}{3}\begin{pmatrix} 4 \\ 4 \\ -7 \end{pmatrix} = \begin{pmatrix} \frac{2}{3} \\ \frac{2}{3} \\ -\frac{7}{6} \end{pmatrix}$, also

$P_1\left(\frac{10}{3} \mid \frac{10}{3} \mid -\frac{35}{6}\right)$, $P_2\left(\frac{2}{3} \mid \frac{2}{3} \mid -\frac{7}{6}\right)$.

Seite 354

8 a) $E_1: 4x_1 + 4x_2 + 3x_3 = 12$; P(4|5|7),
d = $\frac{45}{\sqrt{41}}$
b) F(1|2|−1)

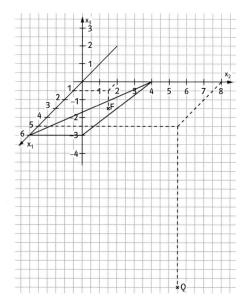

9 $P_1(0|0|11)$, $P_2(0|0|-9,25)$

10 a) Abstand $d(P; E) = 15$
b) $P'(-87|31|31)$

11 a) A und B besitzen denselben Abstand von der Ebene E.
b) Nein, die Gerade könnte die Ebene auch schneiden, beide Punkte lägen dann auf verschiedenen Seiten von E.
c) Die Punkte liegen entweder in der Ebene $E_1: x_3 = 3$ oder in der Ebene $E_2: x_3 = -3$.
d) $P_1(3|3|3)$, $P_2(3|-3|3)$, $P_3(3|3|-3)$, $P_4(3|-3|-3)$, $P_5(-3|3|3)$, $P_6(-3|-3|3)$, $P_7(-3|3|-3)$, $P_8(-3|-3|-3)$

12 Ursprung des Koordinatensystems in der Mitte des Zeltbodens (eine Einheit entspricht 1 cm).
Ebene, in der die vordere Zeltwand liegt:
E: $26x_1 + 21x_3 = 2730$.
Koordinaten der Lampe: $L(0|0|100)$.
Abstand der Lampe: $d \approx 18{,}9$.
Der Sicherheitsabstand beträgt 8 Zoll oder 20 cm und wird somit eingehalten.

2 Die Hesse'sche Normalenform

Seite 355

Einstiegsproblem
Das Ergebnis der Skalarprodukte ist jeweils 2. Dies ist geometrisch gesehen die Länge der senkrechten Projektion der Vektoren $\vec{a_i}$ auf den Vektor $\vec{b}$, der ein Einheitsvektor ist. Ebenso ist bei der Hesse'schen Normalenform der Abstand d des Punktes R von der Ebene E gleich der Länge der senkrechten Projektion des Vektors $\vec{PR}$ auf den Normaleneinheitsvektor der Ebene (vgl. Schülerbuchseite 355, Fig 1.).

Seite 356

1 a) $d_A = 2$; $d_B = 0$; $d_C = \frac{1}{3}$
b) A: $\frac{104}{21} \approx 4{,}95$; B: $\frac{11}{21} \approx 0{,}53$; C: $\frac{22}{3} \approx 7{,}33$
c) $d_A = 0$; $d_B = 6$; $d_C = \frac{4}{3}$

d) Koordinatenform:
E: $3x_1 + 12x_2 - 14x_3 = 71$
A: $\frac{85\sqrt{349}}{349} \approx 4{,}55$ B: $\frac{60\sqrt{349}}{349} \approx 3{,}21$
C: $\frac{97\sqrt{349}}{349} \approx 5{,}19$

Seite 357

2 a) E: $3x_1 + 4x_3 = 22$
$d_A = \frac{29}{5}$ $d_B = \frac{106}{5}$ $d_C = \frac{57}{5}$
b) E: $2x_1 - 2x_2 + x_3 = 4$
$d_A = \frac{8}{3}$ $d_B = 7$ $d_C = 2$

3 a) E ist parallel zu F. Der Abstand ist $d = \frac{\sqrt{30}}{15} \approx 0{,}37$.
b) und c) E ist nicht parallel zu F.

4 Zu E parallele Ebenen im Abstand 3:
$F_1: 2x_1 - x_2 - 2x_3 = 17$;
$F_2: 2x_1 - x_2 - 2x_3 = -1$;
Punkte auf g: $P_1(8|9|-5)$, $P_2(-10|-9|-5)$.

6 Der Abstand der Punkte A, B und C von der Ebene E beträgt 3 LE.
Alle Punkte, die diesen Abstand von E haben, liegen auf den zu E parallelen Ebenen im Abstand 3.
$F_1: 2x_1 + 3x_2 - 6x_3 = 49$
$F_2: 2x_1 + 3x_2 - 6x_3 = 7$

7 Zu E parallele Ebenen im Abstand 5:
$F_1: 10x_1 + 2x_2 - 11x_3 = 105$;
$F_2: 10x_1 + 2x_2 - 11x_3 = -45$;
$S_{1x_1}(10{,}5|0|0)$, $S_{2x_1}(-4{,}5|0|0)$,
$S_{1x_2}(0|52{,}5|0)$, $S_{2x_2}(0|-22{,}5|0)$,
$S_{1x_3}\left(0\left|0\right|-\frac{105}{11}\right)$, $S_{2x_3}\left(0\left|0\right|\frac{45}{11}\right)$.

8 Grundfläche: 16 FE.
Also beträgt die Höhe 36 LE.
Die Grundfläche liegt in der x_1x_2-Ebene.
Die Spitze liegt somit in der Ebene
$E_1: x_3 = 36$ bzw. $E_2: x_3 = -36$.
$S_1(36|-72|36)$, $S_2(-36|72|-36)$.

9 Der gesuchte Punkt liegt auf der

Geraden g: $\vec{x} = t \cdot \begin{pmatrix} 0 \\ 0 \\ 1 \end{pmatrix}$.

Ebene E, in der der Boden liegt: $E: x_3 = 0$.
Ebene F, in der die Fläche ABS liegt: $F: 3x_1 + 3x_2 + x_3 = 6$.

Gesuchter Punkt: $P\left(0 \mid 0 \mid \frac{6}{\sqrt{19}+1}\right)$.

10 Z.B.: $E: x_3 = 0$; $F: x_2 = -1$; $G: x_1 = 0$
$E_1: 2x_1 + 2x_2 - x_3 = 3$; $E_2: 2x_1 + 2x_2 - x_3 = 33$

11 a) Der Punkt A befindet sich auf der Seite von E, in die der Normalenvektor zeigt, der Punkt B auf der anderen Seite.
b) Der Ursprung befindet sich auf der anderen Seite.

12 $E_{x_1 x_2}: \left[\vec{x} - \begin{pmatrix} 0 \\ 0 \\ 0 \end{pmatrix}\right] \cdot \begin{pmatrix} 0 \\ 0 \\ 1 \end{pmatrix} = 0$

$E_{x_1 x_3}: \left[\vec{x} - \begin{pmatrix} 0 \\ 0 \\ 0 \end{pmatrix}\right] \cdot \begin{pmatrix} 0 \\ 1 \\ 0 \end{pmatrix} = 0$

$E_{x_2 x_3}: \left[\vec{x} - \begin{pmatrix} 0 \\ 0 \\ 0 \end{pmatrix}\right] \cdot \begin{pmatrix} 1 \\ 0 \\ 0 \end{pmatrix} = 0$

3 Abstand eines Punktes von einer Geraden

Seite 358

Einstiegsproblem
Der Abstand der Mitte des Baumstammes zum Zaun beträgt in der Zeichnung etwa 2,30 cm, also in Wirklichkeit 4,60 m.

Seite 359

1 a) $d = 7$ b) $d = 11$
c) $d = 15$ d) $d = 17$

2 a) $A = 27$ b) $A = 45$
c) $A = \frac{21}{2}\sqrt{17}$ d) $A = 0{,}5$

3 a) $d = 7$ b) $d = 21$

5 $a = |\overrightarrow{AB}| = 6$, $c = |\overrightarrow{CD}| = 18$
Die Höhe h ist gleich dem Abstand d des Punktes C von der Geraden durch die Punkte A und B. $h \approx 1{,}49$
$A = \frac{1}{2}(a+c) \cdot h = \frac{1}{2} \cdot (6+18) \cdot 1{,}49 = 17{,}88$

Seite 360

6 $\overrightarrow{AB} = \begin{pmatrix} 8 \\ 14 \\ 4 \end{pmatrix}$, $|\overrightarrow{AB}| = 2\sqrt{69}$

Die Höhe des Dreiecks ABC:
$h_c = \sqrt{\frac{2403}{23}} \approx 10{,}22$.
Flächeninhalt des Dreiecks ABC:
$A = 9 \cdot \sqrt{89} \approx 18{,}87$.
Ebene, in der das Dreieck ABC liegt:
$E: 3x_1 - 4x_2 + 8x_3 = 15$.
Höhe der Pyramide: $h = \frac{51\sqrt{89}}{89} \approx 5{,}41$.
Volumen: $V = \frac{1}{3} \cdot A \cdot h = \frac{1}{3} \cdot 9 \cdot \sqrt{89} \cdot \frac{51 \cdot \sqrt{89}}{89} = 153$.

7 $\overrightarrow{BC} = \begin{pmatrix} -1 \\ -5 \\ -4 \end{pmatrix}$, $\overrightarrow{AB} = \begin{pmatrix} 2 \\ 6 \\ -8 \end{pmatrix}$

Das Skalarprodukt dieser beiden Vektoren ist 0. Also ist B der Lotfußpunkt des Lotes von A auf die Gerade g.

8 a) $d = 7$; $F(8|1|0)$
b) $d = 11$; $F(-4|3|-5)$
c) $d = 15$; $F(0|0|0)$
d) $d = 17$; $F(0|0|0)$

9 Der Koordinatenursprung wird in die Mitte der Grundfläche gelegt.
$A(1{,}5|-1{,}5|0)$, $B(1{,}5|1{,}5|0)$, $S(0|0|4)$

$g: \vec{x} = \begin{pmatrix} 1{,}5 \\ 0{,}5 \\ 0 \end{pmatrix} + t \cdot \begin{pmatrix} -1 \\ 1 \\ 0 \end{pmatrix}$

Abstand: $d = 3\sqrt{2} \approx 4{,}24$

10 Wenn P der Fußpunkt des Lotes von R auf die Gerade g ist, dann muss der Vektor $\overrightarrow{RP}$ orthogonal zum Richtungsvektor

$\vec{u} = \begin{pmatrix} 2 \\ 1 \\ 0 \end{pmatrix}$ der Geraden sein und die Länge 3 besitzen. Mögliche Vektoren $\overrightarrow{RP}$ sind z.B. $\begin{pmatrix} 0 \\ 0 \\ 3 \end{pmatrix}, \begin{pmatrix} 0 \\ 0 \\ -3 \end{pmatrix}$ oder $\begin{pmatrix} 1 \\ -2 \\ 2 \end{pmatrix}$.

Damit erhält man als mögliche Punkte P auf der Geraden: $P_1(2|4|12)$, $P_2(2|4|6)$ oder $P_3(3|2|11)$.

$g_1: \vec{x} = \begin{pmatrix} 2 \\ 4 \\ 12 \end{pmatrix} + t \cdot \begin{pmatrix} 2 \\ 1 \\ 0 \end{pmatrix}$, $g_2: \vec{x} = \begin{pmatrix} 2 \\ 4 \\ 6 \end{pmatrix} + t \cdot \begin{pmatrix} 2 \\ 1 \\ 0 \end{pmatrix}$

oder $g_3: \vec{x} = \begin{pmatrix} 3 \\ 2 \\ 11 \end{pmatrix} + t \cdot \begin{pmatrix} 2 \\ 1 \\ 0 \end{pmatrix}$.

11 a) $d_{x_1} = \sqrt{11^2 + (-5)^2} = \sqrt{146}$;
$d_{x_2} = \sqrt{2^2 + (-5)^2} = \sqrt{29}$
$d_{x_3} = \sqrt{2^2 + 11^2} = \sqrt{125}$

b) Der Abstand von der x_2-Achse entspricht der Länge der Hypotenuse eines rechtwinkligen Dreiecks, dessen Katheten so lang sind wie der Betrag der x_1-Koordinate bzw. der x_3-Koordinate des entsprechenden Punktes (vgl. auch Fig. 2 auf Schülerbuchseite 360). Also gilt für den Abstand: $d = \sqrt{x_1^2 + x_3^2}$. Analoges gilt für die beiden anderen Koordinatenachsen.

12 a) $F(-7|3|6)$
Flächeninhalt des Dreiecks ARF:
$A = \frac{1}{2} \cdot |\overrightarrow{AF}| \cdot |\overrightarrow{RF}| = \frac{1}{2} \cdot 13 \cdot 10 = 65$

b) $V = \frac{1}{3} \cdot \pi \cdot r^2 \cdot h = \frac{1}{3} \cdot \pi \cdot |\overrightarrow{RF}|^2 \cdot |\overrightarrow{AF}|$
$= \frac{1}{3} \cdot \pi \cdot 10^2 \cdot 13 = 1361{,}4$

4 Abstand windschiefer Geraden

Seite 361

Einstiegsproblem
Die beiden Endpunkte der vorderen rechten Kante des Würfels sind die Geradenpunkte mit dem geringsten Abstand voneinander. Der Abstand der beiden windschiefen Geraden ist gleich der Kantenlänge des Würfels.

Seite 362

1 a) $d = 11$ b) $d = 17$
c) $d = 2\sqrt{3}$ d) $d = \frac{24\sqrt{2}}{5}$

Seite 363

2 $d = \frac{1}{2}\sqrt{6}$

3 a) Die Geraden g und h sind parallel. Der Abstand beträgt $d = \sqrt{10}$.
b) Die Geraden g und h schneiden sich im Punkt $P(0|1|2)$.

6 $d_1 = 9$; $d_2 = \frac{3}{2}\sqrt{6}$

7 a) Die Geraden sind parallel zur x_1x_2-Ebene. Somit kann man den Abstand an den x_3-Koordinaten der Stützvektoren ablesen: $d = 23 - 17 = 6$.
b) $d = 20$ bzw. $d = 4$.

8 Der Koordinatenursprung wird in die Mitte der Grundfläche gelegt.
$A(2|-2|0)$, $B(2|2|0)$, $C(-2|2|0)$, $S(0|0|6)$.

$g_{AB}: \vec{x} = \begin{pmatrix} 2 \\ -2 \\ 0 \end{pmatrix} + t \cdot \begin{pmatrix} 0 \\ 1 \\ 0 \end{pmatrix}$,

$g_{CS}: \vec{x} = \begin{pmatrix} -2 \\ 2 \\ 0 \end{pmatrix} + t \cdot \begin{pmatrix} 1 \\ -1 \\ 3 \end{pmatrix}$

a) $d = \frac{6\sqrt{10}}{5}$ b) $G(2|1{,}6|0)$

9 Geradengleichung für die Rohrleitung (Mitte des Rohres): $h: \vec{x} = \begin{pmatrix} -0{,}05 \\ 0 \\ 1{,}55 \end{pmatrix} + t \cdot \begin{pmatrix} 0 \\ 1 \\ 0 \end{pmatrix}$.

Abstand der Geraden g von der Geraden h: $d \approx 0{,}015$.
Der Abstand der beiden Geraden beträgt ca. 1,5 cm. Von diesem Abstand muss man den Radius des Bohrers (0,3 cm) und des Rohres (0,75 cm) abziehen.
Bohrer und Rohr kommen sich also nicht näher als 0,45 cm, die Wasserleitung wird nicht beschädigt.

Seite 364

10 a) $\vec{AB} = \begin{pmatrix} -9 \\ 0 \\ 12 \end{pmatrix}$, $\vec{AC} = \begin{pmatrix} 16 \\ 0 \\ 12 \end{pmatrix}$, $\vec{AD} = \begin{pmatrix} 0 \\ 8 \\ 0 \end{pmatrix}$

Die Vektoren $\vec{AB}$ und $\vec{AC}$ sind zueinander orthogonal. Sie liegen parallel zur x_1x_3-Ebene. $\vec{AD}$ ist orthogonal zur x_1x_3-Ebene, also auch orthogonal zu $\vec{AB}$ und $\vec{AC}$.

b) Die Punkte liegen in der Ebene E: $x_2 = -2$. Der Punkt D hat die x_2-Koordinate 6. Also beträgt der Abstand 8 LE.

c) Das Dreieck ABC ist rechtwinklig mit einem rechten Winkel bei A. Die Katheten haben die Längen $|\vec{AB}| = 15$ und $|\vec{AC}| = 20$. Der Flächeninhalt beträgt somit 150 FE. Die Höhe der Pyramide ist der in Teilaufgabe a) ermittelte Abstand, also 8 LE. Man erhält insgesamt $V = \frac{1}{3} \cdot 150 \cdot 8 \, VE = 400 \, VE$.

d) Die Strecke $\overline{PQ}$ liegt in derselben Ebene wie die Punkte A, B und C.
Die Strecke $\overline{ST}$ ist parallel zur Ebene durch A, B und C. Da S und T Seitenmitten sind, liegt die Strecke auf „halber Höhe" der Pyramide. Der gesuchte Abstand beträgt somit $\frac{1}{2}h = 4$ LE.

11 a) $d = \frac{a}{3}\sqrt{6}$ b) $d = \frac{a}{2}\sqrt{2}$

12 Befestigungspunkte: $F_1(3|0|0)$, $F_2(3|4,8|2,4)$.
Länge des Stützbalkens: $2,4\sqrt{5}$.

13 a) Der Abstand der Flugbahnen beträgt ca. $d = 0,091\,km = 91\,m$.
b) Der Abstand ist am kleinsten nach ca. zweieinhalb Minuten. Er beträgt dann etwa 39,7 km.

14 a) Die Gerade g ist immer windschief zur x_2-Achse.
Denn die Vektorgleichung $\begin{pmatrix} 0+t \\ 0 \\ 1+ta \end{pmatrix} = \begin{pmatrix} 0 \\ x_2 \\ 0 \end{pmatrix}$
besitzt keine Lösung:

Aus der 1. Zeile folgt $t = 0$, damit ist die 3. Zeile nicht zu erfüllen.
b) Für $|a| = \sqrt{3}$ beträgt der Abstand genau 0,5. Für $|a| < \sqrt{3}$ ist der Abstand größer als 0,5.

5 Winkel zwischen Vektoren – Skalarprodukt

Seite 365

Einstiegsproblem

$\vec{OP_1} = \begin{pmatrix} \frac{1}{2}\sqrt{3} \\ \frac{1}{2} \end{pmatrix}$, $\vec{OP_2} = \begin{pmatrix} \frac{1}{2}\sqrt{2} \\ \frac{1}{2}\sqrt{2} \end{pmatrix}$, $\vec{OP_3} = \begin{pmatrix} -\frac{1}{2} \\ \frac{1}{2}\sqrt{3} \end{pmatrix}$

$\vec{OP_1} \cdot \begin{pmatrix} 1 \\ 0 \end{pmatrix} = \frac{1}{2}\sqrt{3}$; $\vec{OP_2} \cdot \begin{pmatrix} 1 \\ 0 \end{pmatrix} = \frac{1}{2}\sqrt{2}$;

$\vec{OP_3} \cdot \begin{pmatrix} 1 \\ 0 \end{pmatrix} = -\frac{1}{2}$

Das Ergebnis des Skalarproduktes ist gleich dem Kosinus des Winkels, den der jeweilige Vektor mit dem Vektor $\begin{pmatrix} 1 \\ 0 \end{pmatrix}$ einschließt.

Seite 366

1 a) 71,6°   b) 7,7°
c) 57,1°   d) 90°

2 a) $\alpha = 78,7°$; $\beta = 42,3°$; $\gamma = 59,0°$;
$\overline{BC} = \sqrt{17}$; $\overline{AC} = 2\sqrt{2}$; $\overline{AB} = \sqrt{13}$

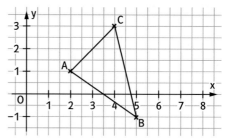

b) $\alpha = 94,6°$; $\beta = 38,5°$; $\gamma = 46,9°$;
$\overline{BC} = 2\sqrt{34}$; $\overline{AC} = \sqrt{53}$; $\overline{AB} = \sqrt{73}$

7 a)

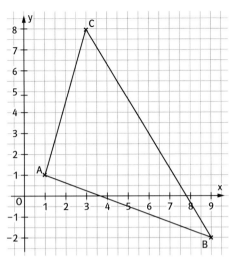
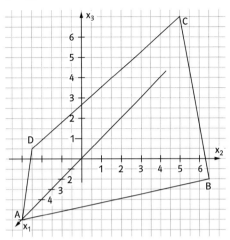

c) α = 50,8°; β = 78,5°; γ = 50,8°;
$\overline{BC} = 2\sqrt{5}$; $\overline{AC} = 4\sqrt{2}$; $\overline{AB} = 2\sqrt{5}$
d) α = 50,8°; β = 39,2°; γ = 90°;
$\overline{BC} = 2\sqrt{3}$; $\overline{AC} = 2\sqrt{2}$; $\overline{AB} = 2\sqrt{5}$

3 a) a = 0,5   b) b = 3   c) c = 1

4 Zwischen $\vec{a}$ und $\vec{b}$: 45°.
Zwischen $-\vec{a}$ und $\vec{b}$: 135°.
Zwischen $\vec{a}$ und $-\vec{b}$: 135°.
Zwischen $-\vec{a}$ und $-\vec{b}$: 45°.

6 Der Winkel zwischen den Vektoren $\overrightarrow{AB}$ und $\overrightarrow{AC}$ beträgt 60°.
Aus $\frac{\overrightarrow{AB} \cdot \overrightarrow{AC}}{|\overrightarrow{AB}| \cdot |\overrightarrow{AC}|} = \frac{1}{2}$ folgt $\overrightarrow{AB} \cdot \overrightarrow{AC} = 4,5$.

α = 81,4°; β = 81,3°; γ = 62,3°; δ = 126,0°
b) Die Winkelsumme beträgt 351,2°. Sie ist kleiner als 360°, weil die vier Punkte nicht in einer Ebene liegen. Der Winkelsummensatz für Vierecke gilt nur in der Ebene.
c) Man muss den Punkt E so wählen, dass er in der Ebene
E_{ABC}: $45x_1 + 24x_2 + 44x_3 = -46$ liegt,
z.B. $E\left(1 \mid -2 \mid -\frac{43}{44}\right)$.

8 a) Rotes Dreieck: Seitenlängen: $2\sqrt{5}$; $2\sqrt{5}$; $2\sqrt{2}$; Winkel: 71,6°; 71,6°; 36,9°.
b) Blaues Dreieck: Seitenlängen: $2\sqrt{5}$; $2\sqrt{5}$; $4\sqrt{2}$; Winkel: 50,8°, 50,8°, 78,5°.

6 Schnittwinkel

Seite 367

Einstiegsproblem
Wenn man wie von Michael vorgeschlagen vorgeht, dann ist der Winkel zwischen zwei Geraden nicht eindeutig definiert. Je nachdem, welche Richtungsvektoren man wählt, erhält man einen Winkel α < 90° oder den Nebenwinkel des Winkels α.

Seite 368

1 a) 17,5° b) 30,2°
   c) 59,7° d) 88,1°

2 a) 14,7° b) 55,5°
   c) 70,8° d) 90°

Seite 369

3 a) 46,8° b) 90°
   c) 0° d) 0°

4 a) 26,6°
   b) x_1x_2-Ebene: Gerade parallel zur x_1x_2-Ebene; x_1x_3-Ebene: 26,6°; x_2x_3-Ebene: 63,4°

6

Winkel zwischen $\vec{a}$ und $\vec{b}$	60°	90°	120°
a)	60°	90°	60°
b)	60°	90°	60°
c)	30°	0°	30°

7 a) $\sphericalangle(\overline{AD}, E_{ABC}) = 60{,}8°$;
   $\sphericalangle(\overline{BD}, E_{ABC}) = 44{,}1°$; $\sphericalangle(\overline{CD}, E_{ABC}) = 76{,}0°$
   b) $\sphericalangle(\overline{AC}, E_{ABD}) = 43{,}3°$; $\sphericalangle(\overline{BC}, E_{ABD}) = 25{,}7°$
   $\sphericalangle(\overline{CD}, E_{ABD}) = 28{,}1°$
   c) 76,0°
   d) 37,5°

8 a) Z.B. $g: \vec{x} = t \cdot \begin{pmatrix} -3 \\ 2 \\ 5 \end{pmatrix}$, $h: \vec{x} = t \cdot \begin{pmatrix} 4 \\ 2 \\ 7 \end{pmatrix}$
   b) Z.B. E: $-3x_1 + 2x_2 + 5x_3 = 0$;
   F: $4x_1 + 2x_2 + 7x_3 = 0$
   c) Z.B. $g: \vec{x} = t \cdot \begin{pmatrix} -3 \\ 2 \\ 5 \end{pmatrix}$,
   E: $\vec{x} = t \cdot \begin{pmatrix} 4 \\ 2 \\ 7 \end{pmatrix} + s \cdot \begin{pmatrix} 4 \\ 41 \\ -14 \end{pmatrix}$

Als 2. Spannvektor wählt man z.B. einen Vektor, der zu den Vektoren $\begin{pmatrix} -3 \\ 2 \\ 5 \end{pmatrix}$ und $\begin{pmatrix} 4 \\ 2 \\ 7 \end{pmatrix}$ orthogonal ist.

9 a) Die Geraden schneiden sich nicht.
   b) Die Geraden schneiden sich im Punkt $(2|2|4)$. Der Schnittwinkel beträgt 13,3°.
   c) Die Geraden schneiden sich nicht.
   d) Die Geraden schneiden sich im Punkt $(2|2|6)$. Der Schnittwinkel beträgt 90°.

Seite 370

10 a) Die Gerade g liegt in der Ebene E.
   b) Die Gerade g und die Ebene E sind zueinander parallel.
   c) 16,6°
   d) 7,2°

11 E: $x_1 + x_2 + x_3 = 0$; Schnittwinkel: 54,7°

12 a) Gerade – Gerade: $\cos(\alpha) = |\vec{u_0} \cdot \vec{v_0}|$,
   Ebene – Ebene: $\cos(\alpha) = |\vec{n_{10}} \cdot \vec{n_{20}}|$,
   Gerade – Ebene: $\sin(\alpha) = |\vec{u_0} \cdot \vec{n_0}|$.
   b) Die Aussage ist korrekt. Wenn man einen Winkel erhält, der größer als 90° ist, so ist der gesuchte Winkel der Nebenwinkel dieses Winkels.
   c) Sind z.B. $\vec{u_1}$ und $\vec{u_2}$ Richtungsvektoren derselben Geraden g, so gibt es eine reelle Zahl k mit $\vec{u_2} = k \cdot \vec{u_1}$.
   Berechnet wird z.B. der Schnittwinkel mit einer Geraden mit Richtungsvektor $\vec{v}$.
   Für den Schnittwinkel α gilt also:
   $$\cos(\alpha) = \frac{|\vec{u_1} \cdot \vec{v}|}{|\vec{u_1}| \cdot |\vec{v}|}.$$
   Verwendet man statt $\vec{u_1}$ den Richtungsvektor $\vec{u_2}$, so erhält man:
   $$\cos(\alpha) = \frac{|\vec{u_2} \cdot \vec{v}|}{|\vec{u_2}| \cdot |\vec{v}|} = \frac{|k \cdot \vec{u_1} \cdot \vec{v}|}{|k \cdot \vec{u_1}| \cdot |\vec{v}|} = \frac{|k| \cdot |\vec{u_1} \cdot \vec{v}|}{|k| \cdot |\vec{u_1}| \cdot |\vec{v}|}$$
   $$= \frac{|\vec{u_1} \cdot \vec{v}|}{|\vec{u_1}| \cdot |\vec{v}|}.$$
   Das Ergebnis ist also dasselbe.

Ebenso kann man dies nachrechnen, wenn man auch für die zweite Gerade einen anderen Richtungsvektor verwendet.

13 a) Koordinatenursprung links hinten, unten. Vordere Hauswand: $E_1: x_1 = 10$.
Eckpunkte der vorderen Dachfläche:
$A(10|0|3)$, $B(10|6,5|3)$, $C(8|3,25|6)$,
Ebenengleichung: $E_2: 3x_1 + 2x_3 = 36$.
Winkel zwischen der vorderen (hinteren) Hauswand und der vorderen (hinteren) Dachfläche: 146,3°.
Rechte Hauswand: $E_3: x_2 = 6,5$.
Eckpunkte der rechten Dachfläche:
$B(10|6,5|3)$, $C(8|3,25|6)$, $D(0|6,5|3)$,
Ebenengleichung: $E_4: 12x_2 + 13x_3 = 117$.
Winkel zwischen einer seitlichen Dachfläche und einer seitlichen Hauswand: 132,7°.
b) Winkel zwischen benachbarten Dachflächen: 114,1°.

14 a) Der Koordinatenursprung wird in die Mitte der Bodenfläche gelegt. Die Kantenlänge des Würfels ist 2; $E_1: x_3 = 0$.
Vordere Seitenfläche: $A(1|-1|0)$, $B(1|1|0)$, $C(0|0|2)$, $E_2: 2x_1 + x_3 = 2$.
Winkel zwischen Grundfläche und Seitenfläche: 63,4°.
b) Rechte Seitenfläche: $E_3: 2x_2 + x_3 = 2$.
Winkel zwischen zwei Seitenflächen: 101,5°.

15 $E_1: 3x_1 + 5\sqrt{3}\,x_2 + 4x_3 = 0$ und
$E_2: 3x_1 - 5\sqrt{3}\,x_2 + 4x_3 = 0$

16 a) $c = 5$ oder $c = -5$
b) Die Schnittpunkte bilden in der Ebene E einen Kreis um die x_3-Achse mit Radius 5.

Seite 371

17 a) 90° b) 135° c) 45°

18 a) 67,4° b) 98,5°

19 a) 54,7° b) 70,5°

7 Das Vektorprodukt

Seite 372

Einstiegsproblem
Der Winkel AOB sei α.
Dann gilt für die Höhe h: $h = |\vec{b}| \cdot \sin(\alpha)$.
Der Winkel α ist gleich dem Winkel zwischen den Vektoren $\vec{a}$ und $\vec{b}$:

$$\cos(\alpha) = \frac{\begin{pmatrix}3\\6\\6\end{pmatrix} \cdot \begin{pmatrix}5\\-2\\4\end{pmatrix}}{\left\|\begin{pmatrix}3\\6\\6\end{pmatrix}\right\| \cdot \left\|\begin{pmatrix}5\\-2\\4\end{pmatrix}\right\|} = \frac{15 - 12 + 24}{\sqrt{81} \cdot \sqrt{45}} = \frac{27}{27\sqrt{5}} = \frac{1}{\sqrt{5}};$$

$\alpha = 63,4°$.

Insgesamt erhält man den Flächeninhalt:
$A = |\vec{a}| \cdot |\vec{b}| \cdot \sin(63,4°) = 54$ und für den Vektor $\vec{n}$: $\vec{n} = \begin{pmatrix}36\\18\\-36\end{pmatrix}$.

Seite 373

1 a) $\vec{a} \times \vec{b} = \begin{pmatrix}-9\\13\\1\end{pmatrix}$, $\vec{b} \times \vec{c} = \begin{pmatrix}-5\\-1\\17\end{pmatrix}$,
$\vec{c} \times \vec{a} = \begin{pmatrix}25\\5\\-11\end{pmatrix}$

b) $\vec{a} \times (\vec{b} \times \vec{c}) = \begin{pmatrix}22\\-59\\3\end{pmatrix}$, $(\vec{a} \times \vec{b}) \times \vec{c} = \begin{pmatrix}-5\\-1\\-32\end{pmatrix}$

2 a) $E: \left[\vec{x} - \begin{pmatrix}2\\1\\1\end{pmatrix}\right] \cdot \begin{pmatrix}-19\\7\\15\end{pmatrix} = 0$ bzw.
$E: -19x_1 + 7x_2 + 15x_3 = -16$

b) $E: \left[\vec{x} - \begin{pmatrix}1\\-1\\0\end{pmatrix}\right] \cdot \begin{pmatrix}-36\\16\\-1\end{pmatrix} = 0$ bzw.
$E: -36x_1 + 16x_2 - x_3 = -52$

c) $E: \left[\vec{x} - \begin{pmatrix}5\\-3\\7\end{pmatrix}\right] \cdot \begin{pmatrix}6\\-1\\-5\end{pmatrix} = 0$ bzw.
$E: 6x_1 - x_2 - 5x_3 = -2$

4 a) $A = 6$ b) $A = \sqrt{13}$

5 a) Der Abstand des Punktes R von der Geraden g ist gleich der Länge des Lotes von R auf die Gerade g. Die Länge dieses

Lotes ist gleichzeitig die Höhe des Parallelogramms PP'R'R. Da die Grundseite des Parallelogramms 1 LE lang ist, ist der Flächeninhalt des Parallelogramms gleich seiner Höhe, also gleich dem Abstand von R zu g.
b) $d(R; g) = |\vec{PR} \times \vec{u_0}|$
c) (1) $d = \frac{\sqrt{2}}{2} \approx 0{,}71$; (2) $d = \frac{\sqrt{362}}{7} \approx 2{,}72$

Seite 374

6 a) $V_{Spat} = 196$; $V_{Pyramide} = \frac{98}{3}$
b) $V_{Spat} = 902$; $V_{Pyramide} = \frac{451}{3}$
c) Die Vektoren sind linear abhängig. Sie spannen keinen Spat auf.
d) $V_{Spat} = 26$; $V_{Pyramide} = \frac{13}{3}$

7 a) $V = 9$ b) $V = 33$

8 a) $\vec{n} = \begin{pmatrix}8\\9\\8\end{pmatrix}$ b) $A = \frac{\sqrt{13376}}{2}$

c) $V = \frac{8}{3}$ d) $h = \frac{16}{\sqrt{13376}}$

9

	Erklärungen:
$|\vec{a} \times \vec{b}|^2$	$|\vec{a}|^2 = \vec{a}^2$
$= (\vec{a} \times \vec{b})^2$	
$= (a_2 b_3 - a_3 b_2)^2$	
$+ (a_3 b_1 - a_1 b_3)^2$	
$+ (a_1 b_2 - a_2 b_1)^2$	
$= a_2^2 \cdot b_3^2 - 2 a_2 a_3 b_2 b_3$	
$+ a_3^2 \cdot b_2^2 + a_3^2 \cdot b_1^2$	
$- 2 a_1 a_3 b_1 b_3$	
$+ a_1^2 b_3^2 + a_1^2 b_2^2$	
$- 2 a_1 a_2 b_1 b_2 + a_2^2 \cdot b_1^2$	
$= (a_1^2 + a_2^2 + a_3^2)$	
$\cdot (b_1^2 + b_2^2 + b_3^2)$	
$- (a_1^2 b_1^2 + a_2^2 b_2^2 + a_3^2 b_3^2)$	
$- 2(a_1 a_2 b_1 b_2$	
$+ a_1 a_3 b_1 b_3 + a_2 a_3 b_2 b_3)$	
$= (a_1^2 + a_2^2 + a_3^2)(b_1^2 + b_2^2 + b_3^2)$	
$- (a_1 b_1 + a_2 b_2 + a_3 b_3)^2$	

$= |\vec{a}|^2 \cdot |\vec{b}|^2 - (\vec{a} \cdot \vec{b})^2$

$= |\vec{a}|^2 \cdot |\vec{b}|^2 - |\vec{a}|^2 \cdot |\vec{b}|^2$
$\cdot (\cos(\alpha))^2$

$= |\vec{a}|^2 \cdot |\vec{b}|^2 \cdot (1 - (\cos(\alpha))^2)$

$= |\vec{a}|^2 \cdot |\vec{b}|^2 (\sin(\alpha))^2$

also: $|\vec{a} \times \vec{b}| = |\vec{a}| \cdot |\vec{b}| \cdot \sin(\alpha)$

Erklärungen rechts:
$\vec{a} \cdot \vec{b} = |\vec{a}| \cdot |\vec{b}| \cdot \cos(\alpha)$
Ausklammern
$(\sin(\alpha))^2 + (\cos(\alpha))^2 = 1$
$\sin(\alpha) \geq 0$, da $0° \leq \alpha \leq 180°$

8 Gleichungen von Kreis und Kugel

Seite 375

Einstiegsproblem
Der Mittelpunkt des gesuchten Kreises ist der Schnittpunkt der Mittelsenkrechten der Strecken $\overline{AB}$, $\overline{AC}$ und $\overline{BC}$. Der Radius hat die Länge von 5 Kästchenlängen.

Seite 376

1 a) $\left[\vec{x} - \begin{pmatrix}1\\2\end{pmatrix}\right]^2 = 4$ bzw.
$(x_1 - 1)^2 + (x_2 - 2)^2 = 4$

b) $\left[\vec{x} - \begin{pmatrix}0\\1\end{pmatrix}\right]^2 = 9$ bzw. $x_1^2 + (x_2 - 1)^2 = 9$

c) $\left[\vec{x} - \begin{pmatrix}1\\5\\-2\end{pmatrix}\right]^2 = 25$ bzw.
$(x_1 - 1)^2 + (x_2 - 5)^2 + (x_3 + 2)^2 = 25$

d) $\left[\vec{x} - \begin{pmatrix}0\\0\\-2\end{pmatrix}\right]^2 = 144$ bzw.
$x_1^2 + x_2^2 + (x_3 + 2)^2 = 144$

2 a) $(x_1 + 2)^2 + (x_2 + 4)^2 = 9$, $M(-2|-4)$, $r = 3$
b) $x_1^2 + x_2^2 = -1$, keine Kreisgleichung
c) $(x_1 - 1)^2 + x_2^2 = -3$, keine Kreisgleichung
d) $(x_1 + 3)^2 + (x_2 - 2)^2 = 16$, $M(-5|2)$, $r = 4$

3 a) A liegt auf K, B liegt im Inneren von K, C liegt außerhalb von K

b) A und B liegen außerhalb von K, C innerhalb von K
c) A, B und C liegen auf K
d) Alle Punkte liegen außerhalb der Kugel.

4 a) $(x_1 + 2)^2 + (x_2 - 4)^2 + (x_3 + 3)^2 = 25$, $M(-2|4|-3)$, $r = 5$
b) $(x_1 - 1)^2 + x_2^2 + (x_3 + 5)^2 = -5$, keine Kugelgleichung
c) $(x_1 + 5)^2 + (x_2 + 10)^2 + (x_3 + 8)^2 = -11$, keine Kugelgleichung
d) $(x_1 + 3)^2 + (x_2 + 7)^2 + (x_3 + 11)^2 = 0$, keine Kugelgleichung

Seite 377

7 a) $k_1: (x_1 + 3)^2 + (x_2 - 2)^2 = 25$, $M_1(-3|2)$, $r = 5$
$k_2: (x_1 + 3)^2 + (x_2 - 9)^2 = 4$, $M_2(-3|9)$, $r = 2$
$\overline{M_1M_2} = 7 = r_1 + r_2$, Kreise berühren sich.
b) $k_1: (x_1 - 3)^2 + (x_2 + 4)^2 = 25$, $M_1(3|-4)$, $r = 5$
$k_2: (x_1 - 2)^2 + (x_2 + 3)^2 = 4$, $M_2(2|-3)$, $r = 2$
$\overline{M_1M_2} = \sqrt{2} < r_1 - r_2$, k_2 liegt innerhalb von k_1.
c) $k_1: (x_1 + 1)^2 + x_2^2 = 20$, $M_1(-1|0)$, $r_1 = 2\sqrt{5}$
$k_2: (x_1 - 3)^2 + (x_2 - 4)^2 = 4$, $M_2(3|4)$, $r_2 = 2$
$\overline{M_1M_2} = \sqrt{32} < r_1 + r_2$, Kreise schneiden sich.

8 a) Es gibt zwei solcher Kreise:
$(x_1 + r)^2 + (x_2 - r)^2 = r^2$
$k_1: (x_1 - 1)^2 + (x_2 - 1)^2 = 1$ und
$k_2: (x_1 - 5)^2 + (x_2 - 5)^2 = 25$
b) $(x_1 + 1)^2 + (x_2 - 2)^2 = 4$

9 a) Ansatz: $x_1^2 + x_2^2 = r^2$.
g in Hesse'scher Normalenform:
$\frac{7x_1 + 24x_2 - 100}{25} = 0$.
Abstand $M(0|0)$ von g ist der Radius r.
$r = 4$. Kreisgleichung: $x_1^2 + x_2^2 = 16$.

Ist $M(15|5)$, so ist $r = \left|\frac{7 \cdot 15 + 24 \cdot 5 - 100}{25}\right| = \frac{125}{25} = 5$.
Kreisgleichung: $(x_1 - 15)^2 + (x_2 - 5)^2 = 25$

10 Die Länge des Radius der gesuchten Kugel entspricht dem Abstand des Punktes M von der Ebene E.
a) $r = 3$ b) $r = 4$
c) $r = 8$ d) $r = 0$, Punkt M liegt in E.

11 a) Gerade durch die Punkte A und B:
$g: \vec{x} = \begin{pmatrix} -8 \\ 5 \\ 7 \end{pmatrix} + t \cdot \begin{pmatrix} -4 \\ 3 \\ 3 \end{pmatrix}$

Kugelgleichung K: $\left[\vec{x} - \begin{pmatrix} -8 - 4t \\ 5 + 3t \\ 7 + 3t \end{pmatrix}\right]^2 = r^2$

b) $K_1: \left[\vec{x} - \begin{pmatrix} 4 \\ -4 \\ -2 \end{pmatrix}\right]^2 = 36$, $K_2: \left[\vec{x} - \begin{pmatrix} -4 \\ 2 \\ 4 \end{pmatrix}\right]^2 = 36$

Abstand der Mittelpunkte beträgt:
$|\overline{M_1M_2}| = \sqrt{136} \approx 11{,}66 < 12 = 2r$

12 a) 1. Lösung mithilfe der Mittelsenkrechten:

$M_{AB}\left(\frac{5}{2} \middle| -\frac{3}{2}\right)$;
Normalenvektor zu $\vec{AB} = \begin{pmatrix} 1 \\ -7 \end{pmatrix}$ ist $\vec{n} = \begin{pmatrix} 7 \\ 1 \end{pmatrix}$.
Gleichung von m_{AB}: $\vec{x} = \begin{pmatrix} \frac{5}{2} \\ -\frac{3}{2} \end{pmatrix} + t \cdot \begin{pmatrix} 7 \\ 1 \end{pmatrix}$
$M_{BC}(1|-6)$;
Normalenvektor zu $\vec{BC} = \begin{pmatrix} -4 \\ 2 \end{pmatrix}$ ist $\vec{n} = \begin{pmatrix} 1 \\ -2 \end{pmatrix}$.
Gleichung von m_{BC}: $\vec{x} = \begin{pmatrix} 1 \\ -6 \end{pmatrix} + t \cdot \begin{pmatrix} 1 \\ -2 \end{pmatrix}$.
Schnittpunkt $\begin{pmatrix} \frac{5}{2} \\ -\frac{3}{2} \end{pmatrix} + t \cdot \begin{pmatrix} 7 \\ 1 \end{pmatrix} = \begin{pmatrix} 1 \\ -6 \end{pmatrix} + s \cdot \begin{pmatrix} 1 \\ -2 \end{pmatrix}$,
also $\begin{aligned} 7t - s &= -\frac{3}{2} \\ t - 2s &= -\frac{9}{2} \end{aligned}$, damit $t = -\frac{1}{2}$; $s = -2$.
Damit ist $M(-1|-2)$; $r = \overline{MA} = \sqrt{3^2 + 4^2} = 5$.
2. Lösung durch Einsetzen:
Ansatz Kreis: $x_1^2 + x_2^2 + a \cdot x_1 + b \cdot x_2 + c = 0$

A(2|2): $2a + 2b + c = -8$
B(3|−5): $3a - 5b + c = -34$
C(−1|−7): $-a - 7b + c = -50$
Daraus ergibt sich $a = 2$; $b = 4$; $c = -20$.
$x_1^2 + x_2^2 + 2 \cdot x_1 + 4 \cdot x_2 - 20 = 0$. Daraus folgt:
$(x_1 + 1)^2 + (x_2 + 2)^2 - 1^2 - 2^2 - 20 = 0$, also
$(x_1 + 1)^2 + (x_2 + 2)^2 = 25$. Damit ist
M(−1|−2) und $r = 5$.
b) M(−3|−5), $r = 10$.

13 K_1: $(x_1 + 1)^2 + (x_2 + 2)^2 + x_3^2 = 16$,

M(−1|−2|0), $B\left(\frac{5}{3}\middle|-\frac{2}{3}\middle|\frac{8}{3}\right)$

K_2: $(x_1 - 3)^2 + (x_2 - 6)^2 + (x_3 - 4)^2 = 16$,

M(3|6|4), $B\left(\frac{1}{3}\middle|-\frac{14}{3}\middle|\frac{4}{3}\right)$

9 Kugeln, Ebenen, Geraden

Seite 378

Einstiegsproblem
Da die Erde eine Kugel ist, werden die Entfernungen auf der Weltkarte verzerrt. Deshalb ist nicht die Gerade die kürzeste Verbindung, sondern der Weg über große Teile der Nordhalbkugel.

Seite 380

1 Es wird der Abstand d des Mittelpunktes M von der Ebene E bestimmt und mit dem Radius der Kugel verglichen.
a) $d = \frac{5}{\sqrt{3}} = \frac{5}{3}\sqrt{3}$, $r = 5$, $d < r$, E schneidet K.
b) $d = 7$, $r = 7$, $d = r$, E berührt K.
c) $\frac{27}{\sqrt{29}}$, $r = 5$, $d > r$, E und K haben keine gemeinsamen Punkte.
d) $d = \frac{21}{\sqrt{29}}$, $r = \sqrt{29}$, $d < r$, E schneidet K.

2 a) M'(2|−1|5), $r' = 4$
b) M'(4,5|5|5), $r' = \sqrt{2{,}75} \approx 1{,}66$

3 a) Die Gerade schneidet die Kugel in den Punkten $S_1(4|7|4)$ und $S_2\left(\frac{18}{7}\middle|\frac{79}{7}\middle|\frac{48}{7}\right)$.

b) Die Gerade berührt die Kugel im Punkt B(6|8|7).
c) Die Gerade schneidet die Kugel in den Punkten $S_1(10|4|9)$ und $S_2(6|8|-7)$.
d) Die Gerade und die Kugel haben keine gemeinsamen Punkte.

4 a) B(7|1|1), $r = 7$
b) B(−9|2|−3), $r = 15$
c) B(7|0|5), $r = 9$
d) B(0|−1|2), $r = 11$

Seite 381

5 Der Ansatz $(\vec{x} - \vec{m})^2 = r^2$ liefert
$(t-2)^2 + (tc)^2 = 2 \Leftrightarrow \left(t - \frac{2}{1+c^2}\right)^2 = \frac{2 - 2c^2}{(1+c^2)^2}$
Kein Schnittpunkt: $2 - 2c^2 < 0 \Leftrightarrow c < -1$ oder $c > 1$
Schnittpunkte: $2 - 2c^2 > 0 \Leftrightarrow -1 < c < 1$
Berührpunkt: $2 - 2c^2 = 0 \Leftrightarrow c = 1$ oder $c = -1$
$B_1(1|0|1)$ für $c = 1$, $B_2(1|0|-1)$ für $c = -1$

8 a) $b_3 = 3$, E: $x_1 - 2x_2 + 2x_3 = 7$
b) $b_3 = -4$, E: $2x_1 + x_2 - 2x_3 = 22$

9 Es wird der Abstand vom Ursprung O zur Ebene E bestimmt.
Für den Ortsvektor des Berührpunktes B gilt: $\vec{b} = r \cdot \vec{n_0}$.

	keine gemeinsamen Punkte	E schneidet K	E berührt K
a)	$r < 1$	$r > 1$	$r = 1$, $B\left(\frac{3}{13}\middle|\frac{12}{13}\middle|\frac{4}{13}\right)$
b)	$r < 2$	$r > 2$	$r = 2$, $B\left(\frac{4}{7}\middle|\frac{6}{7}\middle|-\frac{12}{7}\right)$

10 a) $a = \frac{6}{5}$; $B\left(-\frac{12}{19}\middle|\frac{18}{19}\middle|\frac{65}{19}\right)$
b) $a_1 = 0$, $B_1(-5|10|5)$,
$a_2 = -\frac{8}{7}$, $B_2\left(-\frac{85}{9}\middle|\frac{50}{9}\middle|\frac{25}{9}\right)$

11 a) $E_1: -2x_1 - 2x_2 + x_3 = 8$,
$E_2: x_1 + 2x_2 + 2x_3 = 42$;

Schnittgerade: $g: \vec{x} = \begin{pmatrix} 0 \\ \frac{13}{3} \\ \frac{50}{3} \end{pmatrix} + t \cdot \begin{pmatrix} 6 \\ -5 \\ 2 \end{pmatrix}$,

$\begin{pmatrix} 6 \\ -5 \\ 2 \end{pmatrix} \cdot \begin{pmatrix} 9 \\ 12 \\ 3 \end{pmatrix} = 0$

b) $E_1: 5x_2 - 12x_3 = 25$, $E_2: 12x_1 + 5x_3 = 97$;

Schnittgerade: $g: \vec{x} = \begin{pmatrix} 0 \\ \frac{1289}{25} \\ \frac{97}{5} \end{pmatrix} + t \cdot \begin{pmatrix} -25 \\ 144 \\ 60 \end{pmatrix}$,

$\begin{pmatrix} -25 \\ 144 \\ 60 \end{pmatrix} \cdot \begin{pmatrix} 12 \\ -5 \\ 17 \end{pmatrix} = 0$

12 a) $E_1: 3x_1 - 6x_2 + 2x_3 = 98$,
$B_1(6|-12|4)$;
$E_2: 3x_1 - 6x_2 + 2x_3 = -98$, $B_2(-6|-12|4)$
b) $E_1: 7x_1 - 4x_2 - 4x_3 = 31$, $B_1(9|3|5)$;
$E_2: 7x_1 - 4x_2 - 4x_3 = -131$, $B_2(-5|11|13)$
c) $E_1: 7x_1 - 4x_2 - 4x_3 = 165$, $B_1(11|-8|-14)$;
$E_2: 7x_1 - 4x_2 - 4x_3 = -159$, $B_2(-17|8|2)$

Seite 382

13 $\vec{m_1} = 3 \cdot \vec{b_0} = 3 \cdot \frac{1}{6} \begin{pmatrix} -4 \\ 2 \\ 4 \end{pmatrix} = \begin{pmatrix} -2 \\ 1 \\ 2 \end{pmatrix}$,

$M_1(-2|1|2)$, $K: \left[\vec{x} - \begin{pmatrix} -2 \\ 1 \\ 2 \end{pmatrix}\right]^2 = 9$

$\vec{m_2} = 9 \cdot \vec{b_0} = 9 \cdot \frac{1}{6} \begin{pmatrix} -4 \\ 2 \\ 4 \end{pmatrix} = \begin{pmatrix} -6 \\ 3 \\ 6 \end{pmatrix}$,

$M_2 = (-6|3|6)$, $K: \left[\vec{x} - \begin{pmatrix} -6 \\ 3 \\ 6 \end{pmatrix}\right]^2 = 9$

14 Der Mittelpunkt hat die Koordinaten $M_1(0|m_2|-1)$ bzw. $M_2(0|m_2|-13{,}5)$. Die x_2-Koordinate kann beliebig gewählt werden.

Randspalte
Satz des Pythagoras im Dreieck M'PM.

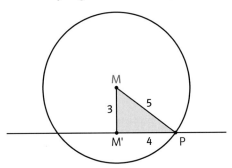

Die Kugel ragt 3 LE + 5 LE = 8 LE heraus.

15 a) Die Vektoren $\vec{a}, \vec{b}, \vec{c}$ sind paarweise orthogonal.
b) $(x_1 - 2)^2 + (x_2 + 1{,}5)^2 + (x_3 - 1{,}5)^2 = \frac{17}{2}$
c) Die Mittelpunkte der Schnittkreise sind die Mittelpunkte der Seitenflächen des Quaders: $M_1(2|-1{,}5|0)$ und $M_2(2|-1{,}5|3)$ mit $r' = \frac{1}{2}\sqrt{91}$
$M_3(1|0{,}5|1{,}5)$ und $M_4(3|-3{,}5|1{,}5)$ mit $r' = 2\sqrt{5}$
$M_5(1|-2|1{,}5)$ und $M_6(3|-1|1{,}5)$ mit $r' = \frac{1}{2}\sqrt{95}$

16 a) Der Betrag des Vektors $\vec{PM}$ ist der gesuchte Radius: $r = 5$.

$K: \left[\vec{x} - \begin{pmatrix} 3 \\ 1 \\ 2 \end{pmatrix}\right]^2 = 25$

$\vec{PM}$ ist ein Normalenvektor und P ein Punkt der Tangentialebene: $4x_1 + 3x_3 = 43$
b) Hesse'sche Normalform von

$E_C: \frac{1}{7}\vec{x} \cdot \begin{pmatrix} 2 \\ 3 \\ 6 \end{pmatrix} - c = 0$. Für die parallele Ebene durch den Kugelmittelpunkt gilt:

$E_M: \frac{1}{7}\vec{x} \cdot \begin{pmatrix} 2 \\ 3 \\ 6 \end{pmatrix} - 3 = 0$

Aus Abstandsbetrachtungen der beiden Ebenen folgt:

Für c = −2 und c = 8 ergeben sich Tangentialebenen, für −2 ≤ c ≤ 8 schneidet E_c die Kugel K, für c < −2 oder c > 8 gibt es keine gemeinsamen Punkte.

c) Der Punkt A hat vom Mittelpunkt M den Abstand 10. Da der Radius der Kugel r = 5 beträgt, liegt A außerhalb der Kugel. Der Punkt B(3|4|6) besitzt den kürzesten Abstand zu A.

17 a) $E: \vec{x} = \begin{pmatrix} 5 \\ 2 \\ -7 \end{pmatrix} + r \begin{pmatrix} 4 \\ -1 \\ 1 \end{pmatrix} + s \begin{pmatrix} -2 \\ 6 \\ 5 \end{pmatrix}$,

$E: x_1 + 2x_2 - 2x_3 = 23$

b) Ist r_1 Radius von K_1, dann hat der Mittelpunkt M_1 den Ortsvektor $\begin{pmatrix} 5 \\ 2 \\ -7 \end{pmatrix} \pm \frac{r_1}{3} \begin{pmatrix} 1 \\ 2 \\ -2 \end{pmatrix}$.

Die zu g orthogonale Ebene durch M_1 hat die Gleichung $4x_1 - x_2 + x_3 = 11$. Sie schneidet g in $G\left(\frac{7}{3} \Big| \frac{14}{3} \Big| \frac{19}{3}\right)$. Aus der Forderung $\overline{M_1G} = r$ ergibt sich die Gleichung $1728 \pm 144r = 0$. Da r > 0, muss in dieser Gleichung und damit in der Darstellung des Ortsvektors von M_1 das Minuszeichen gelten. Es ergibt sich r = 12 und damit $M_1(1|-6|1)$.

18 M(0|0|1,5)

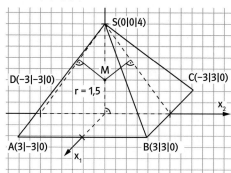

Wiederholen – Vertiefen – Vernetzen

Seite 383

1 $A_1(3|13|0)$, $A_2(3|-17|0)$

2 $P_1(0|0|0)$, $P_2(33|0|0)$

3 1. Möglichkeit: Wenn man den Punkt P in die Hesse'sche Normalform einsetzt, werden die Variablen r und s eliminiert und man erhält unabhängig von r und s den Abstand $d = \sqrt{6}$.

2. Möglichkeit: Die Punkte beschreiben eine Ebene F, die in Parameterform folgende Gleichung hat: $F: \vec{x} = \begin{pmatrix} 0 \\ 0 \\ 0 \end{pmatrix} + r \cdot \begin{pmatrix} 2 \\ 1 \\ 4 \end{pmatrix} + s \cdot \begin{pmatrix} 3 \\ -2 \\ -1 \end{pmatrix}$.

Da die beiden Spannvektoren dieser Ebene orthogonal zum Normalenvektor der Ebene E sind, ist die Ebene F parallel zur Ebene E. Alle ihre Punkte haben den gleichen Abstand zur Ebene E.

4 $g_1: \vec{x} = \begin{pmatrix} 4,5 \\ 0 \\ 10 \end{pmatrix} + t \cdot \begin{pmatrix} 3 \\ 3 \\ -4 \end{pmatrix}$,

$g_2: \vec{x} = \begin{pmatrix} -9,5 \\ 0 \\ 10 \end{pmatrix} + t \cdot \begin{pmatrix} 3 \\ 3 \\ -4 \end{pmatrix}$,

$g_3: \vec{x} = \begin{pmatrix} 9,5 \\ 0 \\ 0 \end{pmatrix} + t \cdot \begin{pmatrix} 3 \\ 3 \\ -4 \end{pmatrix}$,

$g_4: \vec{x} = \begin{pmatrix} -4,5 \\ 0 \\ 0 \end{pmatrix} + t \cdot \begin{pmatrix} 3 \\ 3 \\ -4 \end{pmatrix}$

5 $d = \frac{\sqrt{2p_3^2 + 8p_3 + 24}}{2}$. Der Abstand wird minimal für $p_3 = -2$. Er beträgt dann 2 LE.

6 a) $P_1(7|0|0)$, $P_2(-7|0|0)$

b) Die Gerade g liegt in der x_2x_3-Ebene. Der einzige Punkt der x_1-Achse, der gleichzeitig in der x_2x_3-Ebene liegt, ist der Ursprung. Dies ist der Punkt auf der x_3-Achse mit dem geringsten Abstand zur Geraden g.

7 a) $\vec{AB} = \begin{pmatrix} -3 \\ 4 \\ 2 \end{pmatrix}$, $\vec{BC} = \begin{pmatrix} 5 \\ 2 \\ 2 \end{pmatrix}$,

$\vec{DC} = \begin{pmatrix} -3 \\ 4 \\ 2 \end{pmatrix}$, $\vec{AD} = \begin{pmatrix} 5 \\ 2 \\ 2 \end{pmatrix}$

Es gilt $\vec{AB} = \vec{DC}$ und $\vec{BC} = \vec{AD}$, also sind die entsprechenden Seiten parallel und gleich lang.
b) $A = 2\sqrt{237} \approx 30{,}79$

8 a) $\vec{AB} = \begin{pmatrix} 8 \\ 0 \\ -2 \end{pmatrix}$, $\vec{CD} = \begin{pmatrix} 4 \\ 0 \\ -1 \end{pmatrix}$

Die Seiten $\overline{AB}$ und $\overline{CD}$ sind zueinander parallel. Also ist das Viereck ABCD ein Trapez.
b) $|\vec{AB}| = 2\sqrt{17}$; $|\vec{CD}| = \sqrt{17}$; $h = \frac{6\sqrt{221}}{17}$;
$A = \frac{1}{2}(|\vec{AB}| + |\vec{CD}|) \cdot h = 9\sqrt{13} \approx 32{,}45$

9 a) $h = |\vec{SM}| = 13{,}5$; $V = 292{,}5\pi \approx 919$
b) Z.B.: $R(2|7{,}5|-5)$

Seite 384

10 a) Alle vier Punkte liegen in der Ebene $E: 5x_1 + 2x_2 - 39x_3 = 0$.
Das Viereck ist ein Rechteck.
b) $S(12{,}25|0|51{,}25)$; $A_{Rechteck} = 90\sqrt{62}$;
$h = \frac{25\sqrt{62}}{4}$; $V = 11\,625$
c) $A_{D1} = 663{,}384$; $A_{D2} = 694{,}159$; $O \approx 3423{,}75$

11 a) $E: \vec{x} = \begin{pmatrix} 0 \\ -3 \\ 0 \end{pmatrix} + r \cdot \begin{pmatrix} -2 \\ 1 \\ 0 \end{pmatrix} + s \cdot \begin{pmatrix} -2 \\ 1 \\ 1 \end{pmatrix}$
b) $P(0|-3|0)$, Abstand: $d = \sqrt{13}$
c) $\frac{7a - 18}{\sqrt{5a^2 - 12a + 36}}$
d) $a = \frac{18}{7}$; $S\left(-\frac{7}{2}\middle|-\frac{5}{4}\middle|\frac{9}{2}\right)$
e) $a = -1{,}5$; $d \approx 3{,}53$

12 a) $50{,}8°$ b) $a = 8$ c) nein

13 a)

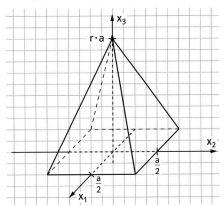

$E_1: 2rx_1 + x_3 = ra$ $E_2: -2rx_1 + x_3 = ra$
$E_3: 2rx_2 + x_3 = ra$ $E_4: -2rx_2 + x_3 = ra$
b) $r = \frac{1}{2}$
c) Man betrachtet die Normalenvektoren von Ebenen, in denen die benachbarten Seitenflächen liegen: Es gilt z.B.
$\begin{pmatrix} 2r \\ 0 \\ 1 \end{pmatrix} \cdot \begin{pmatrix} 0 \\ 2r \\ 1 \end{pmatrix} = 1 \neq 0$ unabhängig von r.

14 Aus $\sin(\alpha) = \frac{1}{\sqrt{2k^2 + 3}}$ folgt:
a) $k = \frac{1}{2}\sqrt{2}$.
b) Der maximale Schnittwinkel ist $35{,}3°$ für $k = 0$.

Seite 385

15 a) Der minimale Abstand beträgt etwa 62,5 m.
b) Der minimale Abstand beträgt dann rund 683 m.

16 a) Positionen: $F_1(-2|5|5)$, $F_2(0|-2|3)$, $T(3|2|0{,}5)$.
Abstand zum Tower: F_1: 7,4 km, F_2: 5,6 km.
b) Geradengleichungen für die Flugbahnen:
$g_1: \vec{x} = \begin{pmatrix} -2 \\ 5 \\ 5 \end{pmatrix} + t \cdot \begin{pmatrix} -1 \\ -1 \\ 0 \end{pmatrix}$,
$g_2: \vec{x} = \begin{pmatrix} 0 \\ -2 \\ 3 \end{pmatrix} + t \cdot \begin{pmatrix} 0 \\ 1 \\ 0{,}27 \end{pmatrix}$.

Minimaler Abstand F_1: 7,2 km.
Minimaler Abstand F_2: 4,6 km.
c) Rund 400 m
d) Ca. 5,1 km

17 a) x_1x_2-Ebene: 56,7°; x_1x_3-Ebene: 34,5°; x_2x_3-Ebene: 82,1°
b) x_1-Achse: 7,9°; x_2-Achse: 55,5°; x_3-Achse: 33,3°
c) $\alpha = 84,8°$; $\beta = 78,4°$; $\gamma = 101,6°$; $\delta = 95,2°$
d) $A_{ABC} = \sqrt{53}$; $A_{CDB} = \frac{2}{3}\sqrt{53}$; $A_{ABCD} = \frac{5}{3}\sqrt{53}$

18 a) Stumpf einer geraden quadratischen Pyramide
b) O = 156 (ohne Boden)
c) 111,1° bzw. 126,9°
d) $F'(3|13|0)$, $G'(-1|13|0)$
Da $\overrightarrow{BC} = \frac{2}{5}\overrightarrow{F'G'}$, ist das Viereck BCG'F' ein Trapez.

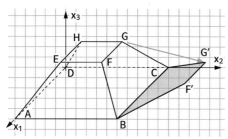

e) Seitenlängen: $\overline{AB} = 10$; $\overline{BF'} = \sqrt{58}$; $\overline{F'G'} = 4$; $\overline{H'D} = \sqrt{82}$; $\overline{DA} = 10$.
Winkel: $\sphericalangle(BAD) = 90°$, $\sphericalangle(F'BA) = 113,2°$;
$\sphericalangle(G'F'B) = 156,8°$; $\sphericalangle(H'G'F') = 90°$;
$\sphericalangle(DHG') = 173,7°$; $\sphericalangle(ADH) = 96,3°$

Seite 386

19 E: $10x_1 + 4x_2 = 63$

20 a) $M'(2|-1|5)$, $r' = 4$
b) $M'(1|1|0)$, $r' = 24$
c) $M'\left(4\frac{59}{63} \middle| 3\frac{2}{63} \middle| -\frac{59}{63}\right)$ $r' = \frac{\sqrt{33890}}{21} \approx 8{,}766$
d) $M'(1|6|0)$, $r' = 2\sqrt{3}$

21 a) E: $4x_1 - x_2 + 8x_3 = 41$,
$M'(2|-1|4)$, $r' = 12$
b) Es muss nur der Mittelpunkt an der Ebene E gespiegelt werden. Für den Ortsvektor des Mittelpunktes M* gilt: $\overrightarrow{m^*} = \overrightarrow{m} + 2\overrightarrow{MM'}$.
Damit folgt:
$$\overrightarrow{m^*} = \begin{pmatrix}6\\-2\\12\end{pmatrix} + 2\left[\begin{pmatrix}2\\-1\\4\end{pmatrix} - \begin{pmatrix}6\\-2\\12\end{pmatrix}\right] = \begin{pmatrix}-2\\0\\-4\end{pmatrix},$$
$M^*(-2|0|-4)$
c) Die gesuchten Kugelmittelpunkte liegen auf der Geraden durch M und M'. Ein Richtungsvektor dieser Geraden ist z.B. $\vec{a} = \begin{pmatrix}-4\\1\\-8\end{pmatrix}$.
Den Abstand der Mittelpunkte M_1 und M_2 bestimmt man mithilfe des Satzes des Pythagoras: d = 5. Für die Ortsvektoren der gesuchten Mittelpunkte gilt:
$\overrightarrow{m_1} = \overrightarrow{m} + 5 \cdot \frac{\vec{a}}{|\vec{a}|}$ bzw. $\overrightarrow{m_2} = \overrightarrow{m} - 5 \cdot \frac{\vec{a}}{|\vec{a}|}$.
$M_1\left(4\frac{2}{9} \middle| -1\frac{5}{9} \middle| 8\frac{4}{9}\right)$, $M_2\left(-\frac{2}{9} \middle| -\frac{4}{9} \middle| -\frac{4}{9}\right)$

22 Man bestimmt den Abstand der Geraden durch die Punkte P und Q vom Mittelpunkt der Kugel. Ist dieser größer als der Radius, so haben Gerade und Kugel keine gemeinsamen Punkte. Sind $\vec{p}, \vec{q}, \vec{m}$ die Ortsvektoren der Punkte P, Q, M und $\vec{b}$ der Ortsvektor des Berührpunktes der Tangentialebene, so gilt:
$(\vec{p} - \vec{m}) \cdot (\vec{b} - \vec{m}) = r^2$ (P liegt in der Tangentialebene)
$(\vec{q} - \vec{m}) \cdot (\vec{b} - \vec{m}) = r^2$ (Q liegt in der Tangentialebene)
$(\vec{b} - \vec{m})^2 = r^2$ (B liegt auf der Kugel)
a) $B_1(3|4|1)$, $B_2(3|0|1)$
$E_1: \vec{x} = \begin{pmatrix}5\\2\\1\end{pmatrix} + r\begin{pmatrix}1\\0\\-2\end{pmatrix} + s\begin{pmatrix}-1\\1\\0\end{pmatrix}$,
$E_2: \vec{x} = \begin{pmatrix}5\\2\\1\end{pmatrix} + r\begin{pmatrix}1\\0\\-2\end{pmatrix} + s\begin{pmatrix}1\\1\\0\end{pmatrix}$
b) $B_1(3|10|-1)$; $B_2(7|5|2)$

Exkursion: Vektoris3D

Seite 389

1 Die Geraden sind windschief. Andere Lagebeziehung, mögliche Lösungen:

parallel: $g: \vec{x} = \begin{pmatrix} 3 \\ 6 \\ 4 \end{pmatrix} + t \cdot \begin{pmatrix} 4 \\ 8 \\ 2 \end{pmatrix}$,

$h: \vec{x} = \begin{pmatrix} 1 \\ 0 \\ 3 \end{pmatrix} + s \cdot \begin{pmatrix} 2 \\ 4 \\ 1 \end{pmatrix}$

schneiden sich im Punkt $S(3|6|4)$:

$g: \vec{x} = \begin{pmatrix} 3 \\ 6 \\ 4 \end{pmatrix} + t \cdot \begin{pmatrix} 4 \\ 8 \\ 2 \end{pmatrix}$, $h: \vec{x} = \begin{pmatrix} 3 \\ 6 \\ 4 \end{pmatrix} + s \cdot \begin{pmatrix} -4 \\ -6 \\ 2 \end{pmatrix}$.

Vektorisskriptdatei:
```
g: Gerade (3, 6, 4, 4, 8, 2)
h: Gerade (1, 0, 3, -4, -6, 2)
```

2 a) $S_1(6|0|0)$, $S_2(0|4|0)$, $S_3(0|0|3)$

Spurgeraden: $S12: \vec{x} = \begin{pmatrix} 6 \\ 0 \\ 0 \end{pmatrix} + t \cdot \begin{pmatrix} 3 \\ -2 \\ 0 \end{pmatrix}$,

$S13: \vec{x} = \begin{pmatrix} 0 \\ 0 \\ 3 \end{pmatrix} + t \cdot \begin{pmatrix} -4 \\ 0 \\ 2 \end{pmatrix}$, $S23: \vec{x} = \begin{pmatrix} 0 \\ 4 \\ 0 \end{pmatrix} + t \cdot \begin{pmatrix} 0 \\ -4 \\ 3 \end{pmatrix}$

b) Je zwei Spurgeraden sind zueinander parallel. Ein Spurpunkt existiert nicht, weil die Ebene parallel zur jeweiligen Achse liegt. Vektoris wählt in diesem Fall die Spannvektoren so, dass einer der beiden Vektoren immer dieselbe Richtung hat wie die Achse, zu der die Ebene parallel ist. Der zweite Vektor ist dann orthogonal zum ersten Vektor.

c) Die Ebene enthält den Ursprung. Damit schneiden sich auch alle Spurgeraden im Ursprung und es ist nicht möglich, einen Ausschnitt der Ebene in Form eines Dreiecks zu zeichnen, wie sonst üblich.

Vektorisskriptdatei:
```
E: EbeneKF (2, 3, 4, 12)
x1: Gerade (0, 0, 0, 1, 0, 0)
x2: Gerade (0, 0, 0, 0, 1, 0)
x3: Gerade (0, 0, 0, 0, 0, 1)
Ex1x2: EbeneKF (0, 0, 1, 0)
Ex1x3: EbeneKF (0, 1, 0, 0)
Ex2x3: EbeneKF (1, 0, 0, 0)
```

3 a) Man spiegelt die drei Spurpunkte der Ebene E an der Geraden g. Die Bildpunkte der Spurpunkte sind Punkte der Bildebene. Mithilfe dieser drei Punkte kann man die Bildebene in Vektoris angeben.
$E_2: 14{,}57 x_1 - 16{,}29 x_2 + 5{,}14 x_3 = 28{,}29$.

Zur Spiegelung eines Punktes P an einer Geraden g geht man so vor:
Man bestimmt den Lotfußpunkt des Punktes P auf die Gerade g. Den Ortsvektor des Bildpunktes P' erhält man als Summe aus den Vektoren $\overrightarrow{PF}$ und $\overrightarrow{OF}$, die man vorher eingeben muss.

Damit der Punkt P' nicht nur in Form seines Ortsvektors, sondern als Punkt in Vektoris existiert, definiert man eine Hilfsebene mit dem Vektor $\overrightarrow{OP'}$ als Stütz- und als Normalenvektor. Der Lotpunkt des Ursprungs auf diese Hilfsebene ist dann gerade der Punkt P'.

Vektorisskriptdatei:
```
g: Gerade (1, 1, 0, -2, 1, 3)
E: EbeneKF (-1, 2, -3, 6)
S1: Punkt (-6, 0, 0)
S2: Punkt (0, 3, 0)
S3: Punkt (0, 0, -2)
F1: Lotpunkt (S1, g)
S1F1: Vektor (S1, F1)
OF1: Vektor (F1)
OS1_: Summenvektor (OF1, S1F1)
E_Hilf1: EbeneNF (OS1_, OS1_)
S1_: Lotpunkt (0, 0, 0, E_Hilf1)
F2: Lotpunkt (S2, g)
S2F2: Vektor (S2, F2)
OF2: Vektor (F2)
OS2_: Summenvektor (OF2, S2F2)
E_Hilf2: EbeneNF (OS2_, OS2_)
S2_: Lotpunkt (0, 0, 0, E_Hilf2)
F3: Lotpunkt (S3, g)
S3F3: Vektor (S3, F3)
OF3: Vektor (F3)
OS3_: Summenvektor (OF3, S3F3)
E_Hilf3: EbeneNF (OS3_, OS3_)
S3_: Lotpunkt (0, 0, 0, E_Hilf3)
E2: Ebene3P (S1_, S2_, S3_)
```

b) h: $\vec{x} = \begin{pmatrix} 3{,}55 \\ 0{,}55 \\ -2{,}82 \end{pmatrix} + t \cdot \begin{pmatrix} -38{,}57 \\ -38{,}57 \\ -12{,}86 \end{pmatrix}$

c) Die Geraden g und h schneiden sich in dem Punkt, in dem die Gerade g die Ebene E durchstößt, also im Punkt S(3|0|−3). Die Geraden sind zueinander orthogonal.

4 Die drei sichtbaren Bildpunkte der oberen Quaderecken sind $E_S(4|-6|0)$; $F_S(7|-6|0)$ und $G_S(7|0|0)$. Der Schatten bildet damit ein Sechseck mit den Eckpunkten D(0|0|0), E_S, F_S, G_S, B(3|6|0) und A(3|0|0).

Vektorisskriptdatei:

```
a = 3
b = 6
c = 4
A: Punkt (a, 0, 0)
B: Punkt (a, b, 0)
C: Punkt (0, b, 0)
D: Punkt (0, 0, 0)
E: Punkt (a, 0, c)
F: Punkt (a, b, c)
G: Punkt (0, b, c)
H: Punkt (0, 0, c)
s1: Strecke (A, B)
s2: Strecke (B, C)
s3: Strecke (C, D)
s4: Strecke (D, A)
s5: Strecke (A, E)
s6: Strecke (B, F)
s7: Strecke (C, G)
s8: Strecke (D, H)
s9: Strecke (E, F)
s10: Strecke (F, G)
s11: Strecke (G, H)
s12: Strecke (H, E)
Ex1x2: EbeneKF (0, 0, 1, 0)
v: Vektor (2, -3, -2)
gE: Gerade (E, v)
gF: Gerade (F, v)
gH: Gerade (H, v)
```

XIII Matrizen

1 Beschreibung von einstufigen Prozessen durch Matrizen

Seite 396

Einstiegsproblem

	Omelettes	Rührkuchen	Vorrat
Eier	3	6	15
Milch	$\frac{1}{2}$	$\frac{1}{8}$	$\frac{3}{4}$
Mehl	250	375	1000

Seite 398

1 a) $\begin{pmatrix} 1 & 2 \\ 4 & 1 \end{pmatrix} \cdot \begin{pmatrix} 3 \\ 5 \end{pmatrix} = \begin{pmatrix} 13 \\ 17 \end{pmatrix}$

b) $\begin{pmatrix} 0 & 1 \\ 2 & 3 \\ 0 & 1 \end{pmatrix} \cdot \begin{pmatrix} 2 \\ 3 \end{pmatrix} = \begin{pmatrix} 3 \\ 13 \\ 3 \end{pmatrix}$

c) $\begin{pmatrix} 10 & 1 & 3 \\ 0 & 1 & 2 \\ 4 & 3 & 1 \end{pmatrix} \cdot \begin{pmatrix} 2 \\ 3 \\ 1 \end{pmatrix} = \begin{pmatrix} 26 \\ 5 \\ 18 \end{pmatrix}$

d) $\begin{pmatrix} 1 & 0 & -7 \\ -3 & 4 & 1 \\ 2 & 1 & 0 \end{pmatrix} \cdot \begin{pmatrix} -1 \\ 2 \\ 1 \end{pmatrix} = \begin{pmatrix} -8 \\ 12 \\ 0 \end{pmatrix}$

2 a) $A = \begin{pmatrix} 3 & 1 \\ 2 & 5 \end{pmatrix}$ und $a_{22} = 5$

b) Bedarfsvektor der Grundsubstanzen: $\begin{pmatrix} 4 \\ 7 \end{pmatrix}$.
Zur Herstellung je einer Einheit der Cremes müssen von S_1 vier Einheiten (denn $3 \cdot 1 + 1 \cdot 1 = 4$) und von S_2 sieben Einheiten ($2 \cdot 1 + 5 \cdot 1 = 7$) bereitgestellt werden.

3 Die Tabelle

	So1	So2	So3
B	3	2	1
Sch	2	2	1
S	1	1	1
Ph	2	0	1

wird umgewandelt in die Bedarfsmatrix

$A = \begin{pmatrix} 3 & 2 & 1 \\ 2 & 2 & 1 \\ 1 & 1 & 1 \\ 2 & 0 & 1 \end{pmatrix}$.

5 a) $A = \begin{pmatrix} 92 & 92 & 99 \\ 403 & 466 & 520 \\ 30 & 32 & 50 \end{pmatrix}$

b) $\begin{pmatrix} 92 & 92 & 99 \\ 403 & 466 & 520 \\ 30 & 32 & 50 \end{pmatrix} \cdot \begin{pmatrix} 100 \\ 150 \\ 80 \end{pmatrix} = \begin{pmatrix} 30920 \\ 151800 \\ 11800 \end{pmatrix}$

Die Kosten belaufen sich auf 30 920 € für Gehäuse, 151 800 € für Komponenten und 11 800 € für Montage.

2 Rechnen mit Matrizen

Seite 399

Einstiegsproblem
Die täglichen Liefermengen

	A	B	C
Brot	200	180	180
Brötchen	400	250	350
Brezeln	350	150	200

werden versiebenfacht:

	A	B	C
Brot	1400	1260	1260
Brötchen	2800	1750	2450
Brezeln	2450	1050	1400

Seite 401

1 a) $A + B = \begin{pmatrix} 0 & 0 \\ 0 & 0 \end{pmatrix}$, $A - B = \begin{pmatrix} 2 & 4 \\ -2 & -4 \end{pmatrix}$,

$A - A = \begin{pmatrix} 0 & 0 \\ 0 & 0 \end{pmatrix}$, $C \cdot 7 = \begin{pmatrix} 0 & -21 \\ 28 & 7 \end{pmatrix}$,

$A - 4 \cdot C = \begin{pmatrix} 1 & 14 \\ -17 & -6 \end{pmatrix}$,

$5 \cdot B - 2 \cdot A + 3 \cdot C = \begin{pmatrix} -7 & -27 \\ 21 & 17 \end{pmatrix}$

b) A ist vom Typ 2×2, D ist vom Typ 3×3. Es können nur Matrizen desselben Typs addiert werden.

c) $r \cdot A = \begin{pmatrix} r & 2r \\ -r & -2r \end{pmatrix} = \begin{pmatrix} -1 & -2 \\ 1 & 2 \end{pmatrix}$ für $r = -1$.

Es gibt kein reelles r, das die Gleichung $r \cdot A = C$ erfüllt, denn z.B. $r = 0$ und $2r = -3$ führen zu verschiedenen Werten von r. Die s-Multiplikation ändert nicht den Typ einer Matrix. Damit gibt auch es kein reelles r, das die Gleichung $r \cdot A = D$ erfüllt.

d) Aus $D = F$ folgt mit Koeffizientenvergleich: $a^2 = 4$, also $a = -2$ oder $a = 2$
$b - 2 = 8$, also $b = 10$
$2c = 12$, also $c = 6$
$11d + 2 = 2$, also $d = 0$
$16 = e^2$ und $5e = 20$, also $e = 4$.

2 a) $2 \cdot \vec{a} + 2 \cdot \vec{b} = \begin{pmatrix} 2 \\ 4 \\ 6 \end{pmatrix} + \begin{pmatrix} -4 \\ 6 \\ 2 \end{pmatrix} = \begin{pmatrix} -2 \\ 10 \\ 8 \end{pmatrix}$

$2 \cdot (\vec{a} + \vec{b}) = 2 \cdot \begin{pmatrix} -1 \\ 5 \\ 4 \end{pmatrix} = \begin{pmatrix} -2 \\ 10 \\ 8 \end{pmatrix}$

$2 \cdot \vec{a} + 2 \cdot \vec{b} = 2 \cdot (\vec{a} + \vec{b})$

b) $\frac{1}{2} \cdot \vec{b} + \frac{3}{2} \cdot \vec{b} = \left(\frac{1}{2} + \frac{3}{2}\right) \cdot \vec{b}$

$= 2 \cdot \vec{b} = \begin{pmatrix} -4 \\ 6 \\ 2 \end{pmatrix}$

c) $\vec{a} + \vec{b} + \vec{c} = \begin{pmatrix} 1 \\ 2 \\ 3 \end{pmatrix} + \begin{pmatrix} -2 \\ 3 \\ 1 \end{pmatrix} + \begin{pmatrix} 0 \\ 1 \\ 4 \end{pmatrix} = \begin{pmatrix} -1 \\ 6 \\ 8 \end{pmatrix}$

$\vec{c} + \vec{b} + \vec{a} = \begin{pmatrix} 0 \\ 1 \\ 4 \end{pmatrix} + \begin{pmatrix} -2 \\ 3 \\ 1 \end{pmatrix} + \begin{pmatrix} 1 \\ 2 \\ 3 \end{pmatrix} = \begin{pmatrix} -1 \\ 6 \\ 8 \end{pmatrix}$

d) $2 \cdot \vec{a} - \vec{b} - 3 \cdot \vec{a} + 4 \cdot \vec{b}$

$= \begin{pmatrix} 2 \\ 4 \\ 6 \end{pmatrix} - \begin{pmatrix} -2 \\ 3 \\ 1 \end{pmatrix} - \begin{pmatrix} 3 \\ 6 \\ 9 \end{pmatrix} + \begin{pmatrix} -8 \\ 12 \\ 4 \end{pmatrix} = \begin{pmatrix} -7 \\ 7 \\ 0 \end{pmatrix}$

$-\vec{a} + 3 \cdot \vec{b} = \begin{pmatrix} -1 \\ -2 \\ -3 \end{pmatrix} + \begin{pmatrix} -6 \\ 9 \\ 3 \end{pmatrix} = \begin{pmatrix} -7 \\ 7 \\ 0 \end{pmatrix}$

3 Fehler im 1. Druck der 1. Auflage des Schülerbuchs. Die Aufgabenstellung, die Tabelle und Teilaufgabe a) müssten lauten:

„Eine Großküche beliefert die Unternehmen B, K und R täglich mit den Menüs I, II und III gemäß Tabelle.

	Menü I	Menü II	Menü III
B	260	320	110
K	65	80	45
R	85	70	55

a) Wie viele Menüs werden in einer Arbeitswoche an B, K und R ausgeliefert?"
Die Lösung lautet dann:

a) $5 \cdot \begin{pmatrix} 260 & 320 & 110 \\ 65 & 80 & 45 \\ 85 & 70 & 55 \end{pmatrix} = \begin{pmatrix} 1300 & 1600 & 550 \\ 325 & 400 & 225 \\ 425 & 350 & 275 \end{pmatrix}$

Es werden an B 1300 Menüs I, 1600 Menüs II und 550 Menüs III geliefert. An K werden 325 Menüs I, 400 Menüs II und 225 Menüs III geliefert. An R werden 425 Menüs I, 350 Menüs II und 275 Menüs III geliefert.

b) $\begin{pmatrix} 1300 & 1650 & 550 \\ 325 & 410 & 225 \\ 425 & 375 & 275 \end{pmatrix} - \begin{pmatrix} 1300 & 1600 & 550 \\ 325 & 400 & 225 \\ 425 & 350 & 275 \end{pmatrix}$

$= \begin{pmatrix} 0 & 50 & 0 \\ 0 & 10 & 0 \\ 0 & 25 & 0 \end{pmatrix}$.

B bestellte 50 Menüs II, K 10 Menüs II und R 25 Menüs II nach.

c) $\begin{pmatrix} 260 & 320 & 110 \\ 65 & 80 & 45 \\ 85 & 70 & 55 \\ 30 & 35 & 25 \end{pmatrix} \cdot 5 \cdot 4 = \begin{pmatrix} 5200 & 6400 & 2200 \\ 1300 & 1600 & 900 \\ 1700 & 1400 & 1100 \\ 600 & 700 & 500 \end{pmatrix}$

In einem Monat mit 20 Arbeitstagen sind 8800 Menüs I, 10100 Menüs II und 4700 Menüs III herzustellen.

6 $6 \cdot \begin{pmatrix} 3 & 5 \\ -2 & 0 \end{pmatrix} - s \cdot \begin{pmatrix} a & 15 \\ b & c \end{pmatrix} = \begin{pmatrix} 0 & 0 \\ 0 & 0 \end{pmatrix}$.

Also ist
$18 - s \cdot a = 0$ und $30 - 15s = 0$ und
$-12 - s \cdot b = 0$ und $-s \cdot c = 0$.
Daraus folgt: $s = 2$ und $a = 9$ und $b = -6$ und $c = 0$.

3 Zweistufige Prozesse – Matrizenmultiplikation

Seite 402

Einstiegsproblem

	Blumenstrauß I	Blumenstrauß II
Rosen	1	3
Gerberas	2	4

	Gebinde
Blumenstrauß I	3
Blumenstrauß II	1

Für ein Gebinde benötigt man an Rosen:
$3 \cdot 1 + 1 \cdot 3 = 6$.
Für ein Gebinde benötigt man an Gerberas:
$3 \cdot 2 + 1 \cdot 4 = 10$.
Es werden für ein Gebinde 6 Rosen und 10 Gerberas benötigt, für 100 Gebinde sind es 600 Rosen und 1000 Gerberas.

Seite 404

1 a) $\begin{pmatrix} 4 & 5 & 8 \\ 6 & 9 & 13 \\ 0 & 15 & 10 \end{pmatrix}$ b) $\begin{pmatrix} 7 & 19 \\ 9 & 16 \end{pmatrix}$

c) $\begin{pmatrix} 9 & 3 & 5 \\ 14 & 10 & 6 \\ 7 & 9 & 5 \end{pmatrix}$

2 $A \cdot B = \begin{pmatrix} 26 & 34 & 42 \\ 66 & 90 & 114 \\ 106 & 146 & 186 \end{pmatrix}$

$B \cdot A = \begin{pmatrix} 76 & 100 \\ 166 & 226 \end{pmatrix}$ Somit ist $A \cdot B \neq B \cdot A$.

3 $A^2 = A^3 = \begin{pmatrix} 1 & 5 \\ 0 & 0 \end{pmatrix}$; $B^2 = \begin{pmatrix} 2 & 2 \\ 2 & 2 \end{pmatrix}$

$C^2 = \begin{pmatrix} 9 & 0 \\ 0 & 9 \end{pmatrix}$ $E^2 = \begin{pmatrix} 1 & 0 \\ 0 & 1 \end{pmatrix}$

4 $A = \begin{pmatrix} 1 & 2 & 3 \\ 1 & 1 & 2 \end{pmatrix}$; $B = \begin{pmatrix} 1 & 2 \\ 2 & 1 \\ 3 & 3 \end{pmatrix}$

Bedarfsmatrix für den Gesamtprozess:
$C = A \cdot B = \begin{pmatrix} 14 & 13 \\ 9 & 9 \end{pmatrix}$.

5 Es können berechnet werden:
$B \cdot A$; es entsteht eine 2×3-Matrix und
$C \cdot A$; es entsteht eine 1×3-Matrix.

8 a) $(A \cdot B) \cdot C = \begin{pmatrix} 3 & 3 \\ 7 & 7 \end{pmatrix} \cdot C = \begin{pmatrix} -9 & -6 \\ -21 & -14 \end{pmatrix}$

$A \cdot (B \cdot C) = A \cdot \begin{pmatrix} -3 & -2 \\ -3 & -2 \end{pmatrix} = \begin{pmatrix} -9 & -6 \\ -21 & -14 \end{pmatrix}$

b) $A \cdot (B + C) - A \cdot B - C \cdot A$
$= A \cdot B + A \cdot C - A \cdot B - C \cdot A = A \cdot C - C \cdot A$
$= \begin{pmatrix} -6 & -2 \\ -12 & -6 \end{pmatrix} - \begin{pmatrix} -6 & -8 \\ -3 & -6 \end{pmatrix} = \begin{pmatrix} 0 & 6 \\ -9 & 0 \end{pmatrix} \neq O$

9 a) $A = \begin{pmatrix} 1 & 5 & 2 \\ 0 & 2 & 4 \\ 1 & 0 & 2 \end{pmatrix}$; $B = \begin{pmatrix} 1 & 3 \\ 0{,}5 & 2 \\ 0 & 2{,}5 \end{pmatrix}$

Bedarfsmatrix für den Gesamtprozess
$C = A \cdot B = \begin{pmatrix} 3{,}5 & 18 \\ 1 & 14 \\ 1 & 8 \end{pmatrix}$.

$(0{,}3 \quad 3 \quad 2{,}1) \cdot \begin{pmatrix} 3{,}5 & 18 \\ 1 & 14 \\ 1 & 8 \end{pmatrix} = (6{,}15 \quad 64{,}20)$.

Eine Einheit E_1 kostet 6,15 €, eine Einheit E_2 64,20 €.

b) Rohstoffbedarf der Zwischenprodukte
$A \cdot \begin{pmatrix} 2 \\ 1 \\ 3 \end{pmatrix} = \begin{pmatrix} 13 \\ 14 \\ 8 \end{pmatrix}$ und der Endprodukte:

$C \cdot \begin{pmatrix} 5 \\ 1 \end{pmatrix} = \begin{pmatrix} 35{,}5 \\ 19 \\ 13 \end{pmatrix}$.

Es sind also 48,5 Einheiten R_1, 33 Einheiten R_2 und 21 Einheiten R_3 nötig.

4 Inverse Matrizen

Seite 405

Einstiegsproblem

Die Lösung der Gleichung $\frac{2}{5} \cdot x = 4$ erhält man, indem man sie mit $\frac{5}{2}$ multipliziert und $x = 10$ erhält.
Die Gleichung $\begin{pmatrix} 1 & 1 \\ 1 & -1 \end{pmatrix} \cdot \begin{pmatrix} x_1 \\ x_2 \end{pmatrix} = \begin{pmatrix} 1 \\ 0 \end{pmatrix}$ löst man so:

$x_1 + x_2 = 1$
$x_1 - x_2 = 0$, $x_1 = \frac{1}{2}$; $x_2 = \frac{1}{2}$. Eine Division bei der Matrizenrechnung existiert nicht.

Seite 407

1 a), b) Man zeigt durch Nachrechnen, dass gilt: $A \cdot B = E$.

2 a) $A^{-1} = \begin{pmatrix} -\frac{1}{3} & \frac{2}{3} \\ \frac{2}{3} & -\frac{1}{3} \end{pmatrix}$

b) $A^{-1} = \begin{pmatrix} 0{,}75 & -0{,}5 \\ -0{,}25 & 0{,}5 \end{pmatrix}$

c) $A_t^{-1} = \frac{1}{t^2 - 1}\begin{pmatrix} t & -1 \\ -1 & t \end{pmatrix}$

d) $A_t^{-1} = \frac{1}{2 + 2t}\begin{pmatrix} -t & 2 \\ 1 & 1 \end{pmatrix}$

3 a) $A^{-1} = \begin{pmatrix} 0{,}2 & 0{,}2 & 0{,}6 \\ 0{,}4 & -1{,}6 & -3{,}8 \\ 0{,}2 & -0{,}8 & -1{,}4 \end{pmatrix}$

b) $A^{-1} = \begin{pmatrix} 0 & \frac{1}{3} & \frac{1}{3} \\ \frac{2}{5} & -\frac{1}{5} & -\frac{3}{10} \\ \frac{1}{5} & \frac{1}{15} & -\frac{7}{30} \end{pmatrix} = \frac{1}{30}\begin{pmatrix} 0 & 10 & 10 \\ 12 & -6 & -9 \\ 6 & 2 & -7 \end{pmatrix}$

c) $A^{-1} = \begin{pmatrix} \frac{7}{25} & -\frac{2}{75} & \frac{16}{75} \\ \frac{4}{25} & -\frac{19}{75} & \frac{2}{75} \\ \frac{3}{25} & -\frac{8}{75} & -\frac{11}{75} \end{pmatrix} = \frac{1}{75}\begin{pmatrix} 21 & -2 & 16 \\ 12 & -19 & 2 \\ 9 & -8 & -11 \end{pmatrix}$

d) $A^{-1} = \begin{pmatrix} \frac{1}{3} & 0 & \frac{1}{3} \\ -\frac{1}{12} & \frac{5}{28} & -\frac{1}{84} \\ 0 & \frac{1}{7} & -\frac{1}{7} \end{pmatrix} = \frac{1}{84}\begin{pmatrix} 28 & 0 & 28 \\ -7 & 15 & -1 \\ 0 & 12 & -12 \end{pmatrix}$

4 $A^{-1} = \begin{pmatrix} 3 & -4 \\ -2 & 3 \end{pmatrix}$; $A^{-1} \cdot \begin{pmatrix} 10 \\ 7 \end{pmatrix} = \begin{pmatrix} 2 \\ 1 \end{pmatrix}$

Es können 2 Endprodukte x_1 und 1 Endprodukt x_2 hergestellt werden.

5 a) $A^{-1} = \begin{pmatrix} 0 & \frac{3}{14} & -\frac{1}{14} \\ 1 & -\frac{1}{7} & -\frac{2}{7} \\ 0 & -\frac{1}{14} & \frac{5}{14} \end{pmatrix}$

b) $A^{-1} \cdot \begin{pmatrix} 50 \\ 150 \\ 100 \end{pmatrix} = \begin{pmatrix} 25 \\ 0 \\ 25 \end{pmatrix}$

Es ergeben sich folgende Mengen an Endprodukten: 25 Einheiten x_1, 0 Einheiten x_2 und 25 Einheiten x_3.

6 $(A^{-1})^{-1} = A$; $E^{-1} = E$

Seite 408

9 a) $A^{-1} \cdot B = \begin{pmatrix} \frac{1}{2} & -\frac{3}{4} \\ -\frac{1}{10} & -\frac{19}{20} \end{pmatrix}$

b) $(A^2)^{-1} \cdot B = \begin{pmatrix} -0{,}025 & -0{,}2375 \\ 0{,}095 & -0{,}1975 \end{pmatrix}$

c) $B^{-1} \cdot A^{-1} = \begin{pmatrix} 0{,}0\overline{72} & -0{,}05 \\ -0{,}0\overline{18} & -0{,}05 \end{pmatrix}$

d) $(B \cdot A)^{-1} = \begin{pmatrix} -0{,}0\overline{45} & -0{,}02\overline{27} \\ -0{,}063 & 0{,}681 \end{pmatrix}$

10 Zeigen durch Nachrechnen. (Bei Teilaufgabe b) muss es lauten: $(A^{-1})^2 = (A^2)^{-1}$

11 a)
$\begin{pmatrix} a & b \\ c & d \end{pmatrix} \cdot \begin{pmatrix} 1 & 1 \\ 2 & 3 \end{pmatrix} = \begin{pmatrix} a + 2b & a + 3b \\ c + 2d & c + 3d \end{pmatrix} = \begin{pmatrix} 1 & 0 \\ 0 & 1 \end{pmatrix}$,

d.h. $a + 2b = 1 \wedge a + 3b = 0 \wedge c + 2d = 0 \wedge c + 3d = 1$,

also für $a = 3 \wedge b = -1 \wedge c = -2 \wedge d = 1$

Mit $\begin{pmatrix} 1 & 1 \\ 2 & 3 \end{pmatrix} \cdot \begin{pmatrix} 3 & -1 \\ -2 & 1 \end{pmatrix} = E$

ist $\begin{pmatrix} 1 & 1 \\ 2 & 3 \end{pmatrix}^{-1} = \begin{pmatrix} 3 & -1 \\ -2 & 1 \end{pmatrix}$.

b) $\begin{pmatrix} a & b \\ c & d \end{pmatrix} \cdot \begin{pmatrix} 1 & 1 \\ 2 & 2 \end{pmatrix} = \begin{pmatrix} a + 2b & a + 2b \\ c + 2d & c + 2d \end{pmatrix}$
$= \begin{pmatrix} 1 & 0 \\ 0 & 1 \end{pmatrix}$,

d.h. $a + 2b = 1 \wedge a + 2b = 0$.
Es gibt keine Zahlen a, b, c, d.

12 a) $A = \begin{pmatrix} 2 & 4 \\ 0 & 1 \end{pmatrix}$ b) $A \cdot B = E$

c) Die Gewürzmischung G_2 kommt nur in der Currymischung C_2 vor, und zwar so, dass die Anzahl von C_2 der Anzahl Teile von G_2 entspricht. Dies spiegelt sich jeweils in der zweiten Zeile der Matrizen wider, indem bei Multiplikation mit einem Vektor dessen erste Komponente nicht eingeht. Die für C_2 benötigten Teile von C_1 gehen in der Rechnung dadurch ein, dass entsprechend weniger Teile von C_1 hergestellt werden können, dies bewirkt das negative Element.

13 $A \cdot B \approx \begin{pmatrix} 1 & 0 & 0 \\ 0 & 1 & 0 \\ 0 & 0 & 1 \end{pmatrix}$

Das bedeutet $A^{-1} \approx B$ und $A \approx B^{-1}$.
Wie in der Aufgabe beschrieben, kann man durch A bzw. B die Normen ineinander umrechnen.

14 CODE: $\begin{pmatrix} 3 & 15 \\ 4 & 5 \end{pmatrix} \cdot \begin{pmatrix} 1 & 2 \\ 3 & 4 \end{pmatrix} = \begin{pmatrix} 48 & 66 \\ 19 & 28 \end{pmatrix}$.

Zur Entschlüsselung benötigt man die Inverse von A.

$\begin{pmatrix} 51 & 74 \\ 37 & 64 \\ 75 & 112 \\ 5 & 10 \end{pmatrix} \cdot A^{-1} = \begin{pmatrix} 9 & 14 \\ 22 & 5 \\ 18 & 19 \\ 5 & 0 \end{pmatrix}$ führt zu

9, 14, 22, 5, 18, 19, 5, 0, also zum Wort INVERSE.

$\begin{pmatrix} 16 & 30 \\ 74 & 112 \\ 81 & 114 \end{pmatrix} \cdot A^{-1} = \begin{pmatrix} 13 & 1 \\ 20 & 18 \\ 9 & 24 \end{pmatrix}$ wird zu

13, 1, 20, 18, 9, 24 und somit zum Wort MATRIX.

15 Angenommen es gibt eine weitere Matrix C, die zu A invers ist.
Dann gilt: $\quad A \cdot C = E$
$\Rightarrow \quad B \cdot A \cdot C = B \cdot E = B$
$\Rightarrow \quad\quad\quad E \cdot C = B$
$\Rightarrow \quad\quad\quad\quad\quad C = B$

Also hat die Matrix A, wenn sie eine Inverse besitzt, nur diese eine.

5 Stochastische Prozesse

Seite 409

Einstiegsproblem
Individuelle Lösungen

Seite 412

1 a) Übergangsmatrix nach einmaligem Wechsel: $U = \begin{pmatrix} 0{,}7 & 0{,}4 \\ 0{,}3 & 0{,}6 \end{pmatrix}$

b) Besucherzahlen nach einmaligem Wechsel: 59 in A, 51 in B bzw. nach fünfmaligem Wechsel: 63 in A, 47 in B.

c) LGS:
$-0{,}3\,x_1 + 0{,}4\,x_2 = 0$
$0{,}3\,x_1 - 0{,}4\,x_2 = 0$

Lösungsvektoren: $\begin{pmatrix} x_1 \\ x_2 \end{pmatrix} = t \cdot \begin{pmatrix} 4 \\ 3 \end{pmatrix}$ mit $t \in \mathbb{R}$

Aus $x_1 + x_2 = 350$ folgt $t = 50$.
Für $t = 50$ ergibt sich: 200 Besucher für A und 150 für B.

2 a) $P = \begin{pmatrix} 0{,}3 & 0{,}1 & 0{,}2 \\ 0{,}4 & 0{,}9 & 0{,}5 \\ 0{,}3 & 0 & 0{,}3 \end{pmatrix}$

b) $G \approx \begin{pmatrix} 0{,}13 & 0{,}13 & 0{,}13 \\ 0{,}81 & 0{,}81 & 0{,}81 \\ 0{,}06 & 0{,}06 & 0{,}06 \end{pmatrix}$, somit ist

$\vec{g} \approx \begin{pmatrix} 0{,}13 \\ 0{,}81 \\ 0{,}06 \end{pmatrix}$.

c) Da es insgesamt 100 Individuen gibt, verteilen sich diese wie folgt: 13 in A, 81 in B und 6 in C.

3 Da von C nur ein Pfeil und von B nur zwei Pfeile abgehen, wovon einer bekannt ist, gilt für das Zustandsdiagramm und die

Übergangsmatrix: $\begin{pmatrix} 0{,}5 & 0{,}5 & 1 \\ a & 0 & 0 \\ 0{,}5-a & 0{,}5 & 0 \end{pmatrix}$, da die

Spaltensumme in jeder Spalte 1 ergeben muss.

Mit $\begin{pmatrix} 0{,}5 & 0{,}5 & 1 \\ a & 0 & 0 \\ 0{,}5-a & 0{,}5 & 0 \end{pmatrix} \cdot \begin{pmatrix} 0{,}625 \\ 0{,}125 \\ 0{,}25 \end{pmatrix} = \begin{pmatrix} 0{,}625 \\ 0{,}125 \\ 0{,}25 \end{pmatrix}$

folgt aus zweiter Zeile:
$a \cdot 0{,}625 + 0 \cdot 0{,}125 + 0 \cdot 0{,}25 = 0{,}125$ und somit $a = 0{,}125 : 0{,}625 = 0{,}2$. Damit ist die

Übergangsmatrix: $\begin{pmatrix} 0{,}5 & 0{,}5 & 1 \\ 0{,}2 & 0 & 0 \\ 0{,}3 & 0{,}5 & 0 \end{pmatrix}$.

4 Übergangsmatrix: $\begin{pmatrix} 0,5 & 0,4 \\ 0,5 & 0,6 \end{pmatrix}$.

Für die Grenzmatrix G mit $G = \begin{pmatrix} 0,5 & 0,4 \\ 0,5 & 0,6 \end{pmatrix}^k$

mit $k \to \infty$ gilt: $G = \begin{pmatrix} \frac{4}{9} & \frac{4}{9} \\ \frac{5}{9} & \frac{5}{9} \end{pmatrix}$.

Es ist $G \cdot \begin{pmatrix} 360 \\ 0 \end{pmatrix} = \begin{pmatrix} 160 \\ 200 \end{pmatrix}$.

Es müssen 160 Besucher ins STARPLUS und 200 Besucher ins TOPDANCE, damit die Besucherzahlen stabil bleiben.

Seite 413

5 a) Übergangsmatrix $P = \begin{pmatrix} 0 & 0,3 & 0,5 \\ 0,6 & 0 & 0,5 \\ 0,4 & 0,7 & 0 \end{pmatrix}$.

Für $k \to \infty$ scheint P gegen
$G \approx \begin{pmatrix} 0,286 & 0,286 & 0,286 \\ 0,352 & 0,352 & 0,352 \\ 0,361 & 0,361 & 0,361 \end{pmatrix}$

zu konvergieren. Die stabile Verteilung beträgt somit 28,6% bei ADent, 35,2% bei BDent und 36,1% bei CDent.

b) $\begin{pmatrix} 0 & 0,3 & 0,5 \\ 0,6 & 0 & 0,5 \\ 0,4 & 0,7 & 0 \end{pmatrix}^{10} \cdot \begin{pmatrix} \frac{1}{3} \\ \frac{1}{3} \\ \frac{1}{3} \end{pmatrix} \approx \begin{pmatrix} 0,286 \\ 0,352 \\ 0,361 \end{pmatrix}$,

es wird also nahezu die stabile Verteilung erreicht. Verwenden anfangs alle Kunden ADent, so gilt:

$\begin{pmatrix} 0 & 0,3 & 0,5 \\ 0,6 & 0 & 0,5 \\ 0,4 & 0,7 & 0 \end{pmatrix}^{10} \cdot \begin{pmatrix} 1 \\ 0 \\ 0 \end{pmatrix} \approx \begin{pmatrix} 0,285 \\ 0,353 \\ 0,362 \end{pmatrix}$.

Auch hier wird fast die stabile Verteilung erreicht.

7 a) $P = \begin{pmatrix} 0,5 & 1 & 1 \\ 0,25 & 0 & 0 \\ 0,25 & 0 & 0 \end{pmatrix}$.

b) Kein Verbleib von B bei B und von C bei C.

c) Für $k \to \infty$ scheint P gegen

$G \approx \begin{pmatrix} \frac{2}{3} & \frac{2}{3} & \frac{2}{3} \\ \frac{1}{6} & \frac{1}{6} & \frac{1}{6} \\ \frac{1}{6} & \frac{1}{6} & \frac{1}{6} \end{pmatrix}$ zu konvergieren.

Die stabile Verteilung beträgt somit $\frac{2}{3}$ bei A, $\frac{1}{6}$ bei B und $\frac{1}{6}$ bei C.

d) Da jetzt auch Anteile von B nach C gehen, wird sich der Gesamtanteil von A verringern und der von C vergrößern.

e) Aus $P_2 = \begin{pmatrix} 0,5 & 0,5 & 1 \\ 0,25 & 0 & 0 \\ 0,25 & 0,5 & 0 \end{pmatrix}$ folgt:

$G \approx \begin{pmatrix} 0,615 & 0,615 & 0,615 \\ 0,154 & 0,154 & 0,154 \\ 0,231 & 0,231 & 0,231 \end{pmatrix}$

8 a) Damit alle drei Warenhäuser gleich oft besucht werden, muss die Verteilung der Kunden je $\frac{1}{3}$ betragen. Ein möglich Fixvektor ist damit $\frac{1}{3} \begin{pmatrix} 1 \\ 1 \\ 1 \end{pmatrix}$.

Die Gleichung $\begin{pmatrix} 0,2 & a & 0,5 \\ 0,4 & b & 0,2 \\ 0,4 & c & 0,3 \end{pmatrix} \cdot \begin{pmatrix} 1 \\ 1 \\ 1 \end{pmatrix} = \begin{pmatrix} 1 \\ 1 \\ 1 \end{pmatrix}$ führt

zu $a = 0,3$; $b = 0,4$ und $c = 0,3$.

b) Jetzt ist $\begin{pmatrix} 1 \\ 2 \\ 1 \end{pmatrix}$ ein Fixvektor:

$\begin{pmatrix} 0,2 & a & 0,5 \\ 0,4 & b & 0,2 \\ 0,4 & c & 0,3 \end{pmatrix} \cdot \begin{pmatrix} 1 \\ 2 \\ 1 \end{pmatrix} = \begin{pmatrix} 1 \\ 2 \\ 1 \end{pmatrix}$ führt zu $a = 0,15$;

$b = 0,7$ und $c = 0,15$.

9 Individuelle Lösung, zum Beispiel:

$G = \begin{pmatrix} 0,2 & 0,2 \\ 0,8 & 0,8 \end{pmatrix}$. Es gilt:

$\begin{pmatrix} 0,2 & 0,2 \\ 0,8 & 0,8 \end{pmatrix} \cdot \begin{pmatrix} a \\ b \end{pmatrix} = \begin{pmatrix} 0,2a + 0,2b \\ 0,8a + 0,8b \end{pmatrix}$

$= \begin{pmatrix} 0,2 \cdot (a+b) \\ 0,8 \cdot (a+b) \end{pmatrix}$.

Unabhängig von $\vec{x}$ gilt also: $\vec{g} = k \cdot \begin{pmatrix} 0,2 \\ 0,8 \end{pmatrix}$.

10 a) Gegeben seien die beiden stochastischen Matrizen

$A = \begin{pmatrix} a & b \\ 1-a & 1-b \end{pmatrix}$ und $B = \begin{pmatrix} c & d \\ 1-c & 1-d \end{pmatrix}$

mit $0 \leq a; b; c; d \leq 1$.

Dann ist
$C = A \cdot B$

$$= \begin{pmatrix} a & b \\ 1-a & 1-b \end{pmatrix} \cdot \begin{pmatrix} c & d \\ 1-c & 1-d \end{pmatrix}$$

$$= \begin{pmatrix} ac + b(1-c) & ad + b(1-d) \\ (1-a)c + (1-b)(1-c) & (1-a)d + (1-b)(1-d) \end{pmatrix}$$

$$= \begin{pmatrix} ac + b - bc & ad + b - bd \\ 1 - ac - b + bc & 1 - ad - b + bd \end{pmatrix}$$

Kontrolliert man die Spaltensumme, so ist diese beide Male eins.
Betrachtet man die letzte Umformung, so sieht man in der ersten Zeile, dass beide Einträge zwischen 0 und 1 liegen. Dies gilt auch für die zweite Zeile. Somit ist C eine stochastische Matrix.

b) Nimmt man eine allgemeine 3×3-Matrix $\begin{pmatrix} a & b & c \\ d & e & f \\ g & h & i \end{pmatrix}$ und multipliziert diese mit

$\vec{x} = \begin{pmatrix} 0 \\ 1 \\ 0 \end{pmatrix}$ und nutzt die Fixvektorbedingung,

so erhält man $\begin{pmatrix} a & b & c \\ d & e & f \\ g & h & i \end{pmatrix} \cdot \begin{pmatrix} 0 \\ 1 \\ 0 \end{pmatrix} = \begin{pmatrix} 0 \\ 1 \\ 0 \end{pmatrix}$.

Daraus folgt b = 0; e = 1; h = 0.
Die anderen Werte sind beliebig, z.B. ist

$G = \begin{pmatrix} 0{,}2 & 0 & 0 \\ 0{,}1 & 1 & 0{,}5 \\ 0{,}7 & 0 & 0{,}5 \end{pmatrix}$ eine gesuchte Matrix.

Seite 414

11 Fehler in der 1. Druckauflage. Es muss heißen: Eine Kleinstadt hatte im Jahr 2000 60 000 Einwohner.

a)   Z O
  $\begin{matrix} Z \\ O \end{matrix} \begin{pmatrix} a & b \\ c & d \end{pmatrix} = U$

a: Übergang von Z nach Z
c: Übergang von Z nach O
b: Übergang von O nach Z
d: Übergang von O nach O
Ansatz:
$U \cdot \begin{pmatrix} 48000 \\ 12000 \end{pmatrix} = \begin{pmatrix} 45600 \\ 14400 \end{pmatrix}$ und

$U \cdot \begin{pmatrix} 45600 \\ 14400 \end{pmatrix} = \begin{pmatrix} 43920 \\ 16080 \end{pmatrix}$

Man erhält die folgenden Gleichungen
48 000 a + 12 000 b = 45 600   (I)
48 000 c + 12 000 d = 14 400   (II)
45 600 a + 14 400 b = 43 920   (III)
45 600 c + 14 400 d = 16 080   (IV)
Aus I und III erhält
man a = 0,9 und b = 0,2.
Aus II und IV erhält
man c = 0,1 und d = 0,8.

$U = \begin{pmatrix} 0{,}9 & 0{,}2 \\ 0{,}1 & 0{,}8 \end{pmatrix}$ ist die Übergangsmatrix.

b)

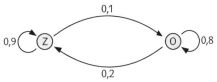

90% der Kleinstadtbewohner bleiben im Zentrum und 10% wechseln während eines Zeitraums von fünf Jahren in einen Vorort. 80% der Vorortbewohner bleiben dort und 20% wechseln ins Zentrum.

c) Ansatz 1995:

$U \cdot \begin{pmatrix} Z_{1995} \\ O_{1995} \end{pmatrix} = \begin{pmatrix} 48000 \\ 12000 \end{pmatrix}$

$\begin{pmatrix} Z_{1995} \\ O_{1995} \end{pmatrix} \approx \begin{pmatrix} 51428{,}6 \\ 8571{,}4 \end{pmatrix}$

Es lebten ca. 51 429 Einwohner im Zentrum und ca. 8571 in den Vororten.
2015: Ansatz:

$U \cdot \begin{pmatrix} 43920 \\ 16080 \end{pmatrix} = \begin{pmatrix} 42744 \\ 17256 \end{pmatrix}$

2015 werden 42 744 Einwohner im Zentrum und 17 256 in den Vororten leben.
2025 Ansatz:

$U^2 \cdot \begin{pmatrix} 42744 \\ 17256 \end{pmatrix} \approx \begin{pmatrix} 41344{,}6 \\ 18655{,}4 \end{pmatrix}$

2025 werden ca. 41 345 Einwohner im Zentrum und 18 655 in den Vororten leben.

$\Big($Alternative Lösung für 1995:

$U^{-1} \cdot \begin{pmatrix} 48000 \\ 12000 \end{pmatrix} \approx \begin{pmatrix} 51428{,}6 \\ 8571{,}4 \end{pmatrix}\Big)$

d) Es ist mit $\vec{x} = \begin{pmatrix} 48000 \\ 12000 \end{pmatrix}$

$U^{20} \cdot \vec{x} \approx \begin{pmatrix} 40\,006 \\ 19\,994 \end{pmatrix}$, $U^{40} \cdot \vec{x} \approx \begin{pmatrix} 40\,000 \\ 20\,000 \end{pmatrix}$ und
$U^{100} \cdot \vec{x} = \begin{pmatrix} 40\,000 \\ 20\,000 \end{pmatrix}$.

Langfristig ist zu erwarten, dass 40 000 Einwohner im Zentrum und 20 000 in den Vororten leben.

12 a) Übergangsmatrix $P = \begin{pmatrix} 0,5 & 0,3 & 0,4 \\ 0,3 & 0,5 & 0,4 \\ 0,2 & 0,2 & 0,2 \end{pmatrix}$.

Startvektor $\vec{x} = \begin{pmatrix} 0,9 \\ 0,1 \\ 0 \end{pmatrix}$.

$P \cdot \vec{x} = \begin{pmatrix} 0,48 \\ 0,32 \\ 0,2 \end{pmatrix}$. Für die zweite Partie ist

$q_A = 0,48$; $q_B = 0,32$ und $q_R = 0,2$.

b) $P^5 = \begin{pmatrix} 0,40016 & 0,39984 & 0,4 \\ 0,39984 & 0,40016 & 0,4 \\ 0,2 & 0,2 & 0,2 \end{pmatrix}$,

$P^{20} = \begin{pmatrix} 0,4 & 0,4 & 0,4 \\ 0,4 & 0,4 & 0,4 \\ 0,2 & 0,2 & 0,2 \end{pmatrix}$.

Für $k \to \infty$ scheint P gegen

$G \approx \begin{pmatrix} 0,4 & 0,4 & 0,4 \\ 0,4 & 0,4 & 0,4 \\ 0,2 & 0,2 & 0,2 \end{pmatrix}$ zu konvergieren.

c) $P \cdot \vec{x} = \vec{x}$ folgt

$\begin{pmatrix} 0,5 & 0,3 & 0,4 \\ 0,3 & 0,5 & 0,4 \\ 0,2 & 0,2 & 0,2 \end{pmatrix} \cdot \begin{pmatrix} x_1 \\ x_2 \\ x_3 \end{pmatrix} = \begin{pmatrix} x_1 \\ x_2 \\ x_3 \end{pmatrix}$ und $x_1 = 2t$;

$x_2 = 2t$; $x_3 = t$. Da $x_1 + x_2 + x_3 = 1$ ist also
$\vec{x} = \begin{pmatrix} 0,4 \\ 0,4 \\ 0,2 \end{pmatrix}$ Fixvektor.

13 a) Bei 0 € und 3 € hört das Spiel auf. Es bleibt also im jeweiligen Endzustand.

b) $P = \begin{pmatrix} 0 & 0 & 0,5 & 0 \\ 0,5 & 1 & 0 & 0 \\ 0,5 & 0 & 0 & 0 \\ 0 & 0 & 0,5 & 1 \end{pmatrix}$.

Wahrscheinlichkeiten q_1, q_2, q_3 und q_4 nach 1, 2 und 3 Spielen:

$P \cdot \begin{pmatrix} 1 \\ 0 \\ 0 \\ 0 \end{pmatrix} = \begin{pmatrix} 0 \\ 0,5 \\ 0,5 \\ 0 \end{pmatrix}$; $P^2 \cdot \begin{pmatrix} 1 \\ 0 \\ 0 \\ 0 \end{pmatrix} = \begin{pmatrix} 0,25 \\ 0,5 \\ 0 \\ 0,25 \end{pmatrix}$;

$P^3 \cdot \begin{pmatrix} 1 \\ 0 \\ 0 \\ 0 \end{pmatrix} = \begin{pmatrix} 0 \\ 0,625 \\ 0,125 \\ 0,25 \end{pmatrix}$

c) $P^5 = \begin{pmatrix} 0 & 0 & \frac{1}{32} & 0 \\ \frac{21}{32} & 1 & \frac{5}{16} & 0 \\ \frac{1}{32} & 0 & 0 & 0 \\ \frac{5}{16} & 0 & \frac{21}{32} & 1 \end{pmatrix}$ und

$P^{10} = \begin{pmatrix} 0 & 0 & 0 & 0 \\ \frac{341}{512} & 1 & \frac{341}{1024} & 0 \\ 0 & 0 & 0 & 0 \\ \frac{341}{1024} & 0 & \frac{341}{512} & 1 \end{pmatrix}$

Vermutete Grenzmatrix: $G = \begin{pmatrix} 0 & 0 & 0 & 0 \\ \frac{2}{3} & 1 & \frac{1}{3} & 0 \\ 0 & 0 & 0 & 0 \\ \frac{1}{3} & 0 & \frac{2}{3} & 1 \end{pmatrix}$

d) Es ergeben sich $x_1 = 0$, $x_2 = \frac{2}{3}$, $x_3 = 0$ und $x_4 = \frac{1}{3}$. Wenn man nur beim Erreichen von 3 € oder dem Verlust des Einsatzes aufhört, beträgt die Wahrscheinlichkeit für den Gewinn $\frac{1}{3}$ und für den Verlust $\frac{2}{3}$.

6 Populationsentwicklungen – Zyklisches Verhalten

Seite 415

Einstiegsproblem
Die Insektenverbreitung wiederholt sich zyklisch.

Seite 416

1 Übergangsdiagramm

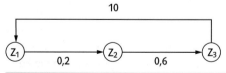

Zeitschritt	1	2	3	4	5
Z_1	50	600	180	60	720
Z_2	30	10	120	36	12
Z_3	60	18	6	72	21,6

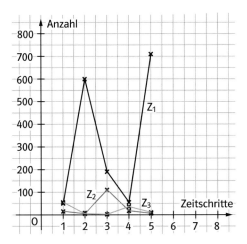

Seite 417

2

Zeitschritt	1	2	3	4	5	6
S_1	40	50	32	40	50	32
S_2	20	25	31 (ger.)	20	25	31 (ger.)
S_3	25	16	20	25	16	20

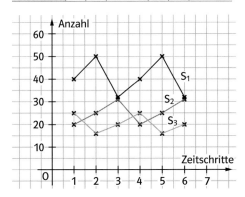

Mit $a = 0{,}625$ gilt: $a \cdot 0{,}8 \cdot 2 = 1$. Für diesen Wert von a verläuft die Entwicklung zyklisch. Maximalzahl: $50 + 25 + 16 = 91$ Säugetiere
b) Da $0{,}7 \cdot 0{,}8 \cdot 2 = 1{,}12 > 1$ ist, wird die Population langfristig zunehmen.
Gehört zur Startpopulation der 1. Zeitschritt, so erhält man nach sechs Zeitschritten jeweils gerundet $(36, 39, 25)$.

c) Nach acht Zeitschritten leben 118 Tiere mit der Verteilung $(63, 35, 20)$ im Park.

4 Mit $U^{-1} = \begin{pmatrix} 0 & \frac{5}{2} & 0 \\ 0 & 0 & \frac{10}{9} \\ \frac{1}{50} & 0 & 0 \end{pmatrix}$ gilt

$U^{-1} \cdot \begin{pmatrix} 70 \\ 50 \\ 20 \end{pmatrix} = \begin{pmatrix} 125 \\ \frac{200}{9} \\ \frac{7}{5} \end{pmatrix}$

5 a) Übergangsdiagramm:

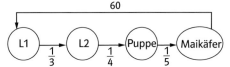

Übergangsmatrix:

$U = \begin{pmatrix} 0 & 0 & 0 & 60 \\ \frac{1}{3} & 0 & 0 & 0 \\ 0 & \frac{1}{4} & 0 & 0 \\ 0 & 0 & \frac{1}{5} & 0 \end{pmatrix}$

b) An $U^4 = E$ oder an $\frac{1}{3} \cdot \frac{1}{4} \cdot \frac{1}{5} \cdot 60 = 1$ erkennt man, dass die Entwicklung zyklisch verläuft. Der Zyklus dauert 4 Jahre.

6 a) u gibt an, wie die Anzahl der Jungtiere im nächsten Jahr von der Anzahl der ausgewachsenen Tiere im aktuellen Jahr abhängt (für u gilt $0 \leq u \leq 1$).
v gibt an, wie die Anzahl der Jungtiere im nächsten Jahr von der Anzahl der Alttiere im aktuellen Jahr abhängt (für v gilt $v > 0$).
b) Ist $u = 0$, so gilt mit $0{,}4 \cdot 0{,}25 \cdot v$:
Ist $v < 10$, so stirbt die Population aus, ist $v = 10$, so entwickelt sie sich zyklisch, ist $v > 10$, so nimmt die Population zu.
c) Nach der Forderung muss $u = 0{,}75$ sein (die Summe in der 2. Spalte muss 1 sein).
d) Aus $\begin{pmatrix} 0 & 0{,}75 & v \\ 0{,}4 & 0 & 0 \\ 0 & 0{,}25 & 0 \end{pmatrix} \cdot \begin{pmatrix} x_1 \\ x_2 \\ x_3 \end{pmatrix} = \begin{pmatrix} x_1 \\ x_2 \\ x_3 \end{pmatrix}$ erhält

man ein LGS, das nur für v = 7 eine vom Nullvektor verschiedene Lösung besitzt. Diese lautet dann $(10x_3, 4x_3, x_3)$.
Aus $10x_3 + 4x_3 + x_3 = 180$ folgt $x_3 = 8$. Also sind in der stabilen Verteilung 80 Jungtiere, 32 ausgewachsene Tiere und 8 Alttiere.

Wiederholen – Vertiefen – Vernetzen

Seite 418

1 Umsatz je Monat:
$$\begin{pmatrix} 200 & 210 & 110 & 240 \\ 220 & 200 & 90 & 260 \\ 190 & 230 & 120 & 220 \end{pmatrix} \cdot \begin{pmatrix} 120 \\ 80 \\ 160 \\ 110 \end{pmatrix} = \begin{pmatrix} 84\,800 \\ 85\,400 \\ 84\,600 \end{pmatrix}$$

Gesamtumsatz: $(1\ 1\ 1) \cdot \begin{pmatrix} 84\,800 \\ 85\,400 \\ 84\,600 \end{pmatrix} = 254\,800$

2 Die Grundstoff-Mischfarben-Matrix heißt A. B ist die Mischfarben-Farbgemisch-Matrix und C die Grundstoff-Farbgemisch-Matrix.

a) $C = A \cdot B = \begin{pmatrix} 2 & 3 & 3 \\ 1 & 4 & 3 \\ 5 & 8 & 8 \\ 3 & 9 & 7 \end{pmatrix}$

b) $B \cdot \begin{pmatrix} 30 \\ 40 \\ 20 \end{pmatrix} = \begin{pmatrix} 150 \\ 240 \\ 100 \end{pmatrix}$; $C \cdot \begin{pmatrix} 30 \\ 40 \\ 20 \end{pmatrix} = \begin{pmatrix} 240 \\ 250 \\ 630 \\ 590 \end{pmatrix}$

Für den Auftrag sind 150 Einheiten von M_1, 240 Einheiten von M_2 und 100 Einheiten von M_3 bereitzustellen, außerdem 240 Einheiten von G_1, 250 Einheiten von G_2, 630 Einheiten von G_3 und 590 Einheiten von G_4.

c) $(2\ 0{,}5\ 1\ 0{,}1) \cdot C = (9{,}8\ 16{,}9\ 16{,}2)$
Farbgemisch E_1 verursacht Rohstoffkosten von 9,80 €, E_2 von 16,90 € und E_3 von 16,20 €.

d) Herstellkosten je Einheit eines Farbgemisches:
$(9{,}8\ 16{,}9\ 16{,}2) + (0{,}5\ 0{,}5\ 1) \cdot B$
$+ (0{,}4\ 0{,}4\ 0{,}4)$
$= (11{,}7\ 21{,}8\ 20{,}1)$

Herstellkosten für den Auftrag:
$(11{,}7\ 21{,}8\ 20{,}1) \cdot \begin{pmatrix} 30 \\ 40 \\ 20 \end{pmatrix} = 1625$

Die Herstellkosten für den Auftrag aus Teilaufgabe b) betragen 1625 €.

3 Es gilt:
$\begin{pmatrix} 2 & 5 & 3 \\ 2 & 0 & 7 \\ 1 & 2 & 3 \end{pmatrix} \cdot \begin{pmatrix} a & 8 & 2 \\ b & 1 & 5 \\ c & 3 & 2 \end{pmatrix} = \begin{pmatrix} 25 & 30 & 35 \\ 10 & 37 & 18 \\ 11 & 19 & 18 \end{pmatrix}$

Und es folgt das LGS: $\begin{aligned} 2a + 5b + 3c &= 25 \\ 2a + 7c &= 10 \\ a + 2b + 3c &= 11 \end{aligned}$

Als Lösung ergibt sich:
$a = 5$, $b = 3$ und $c = 0$.

4 Matrixzustandsverteilungen

$A = \begin{pmatrix} 0{,}3 & 0 & 0 & 0 \\ 0{,}7 & 0{,}6 & 0 & 0 \\ 0 & 0{,}4 & 0{,}8 & 0 \\ 0 & 0 & 0{,}2 & 1 \end{pmatrix}$

Zustand	1	2	3	4
Wk. nach Runde 1	0,3	0,7	0	0
Wk. nach Runde 2	0,09	0,63	0,28	0
Wk. nach Runde 3	0,027	0,441	0,476	0,056
Wk. nach Runde 4	0,0081	0,2835	0,5572	0,1512

Seite 419

5

Übergangsmatrix: $\begin{pmatrix} 0{,}1 & 0{,}4 & 0 & 0 & 0 \\ 0 & 0{,}1 & 0{,}5 & 0 & 0 \\ 0{,}5 & 0 & 0 & 0 & 0 \\ 0{,}4 & 0 & 0{,}5 & 1 & 0 \\ 0 & 0{,}2 & 0 & 0 & 1 \end{pmatrix}$

Die Wahrscheinlichkeit, in Z_4 zu landen, beträgt ca. $\frac{39}{44}$, in Z_5 zu landen ca. $\frac{5}{44}$.

6 a) Prozessdiagramm siehe Figur.

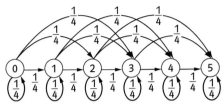

b) Die Wahrscheinlichkeit, mit zwei Würfen fertig zu sein, beträgt $\frac{1}{16} + \frac{1}{16} + \frac{1}{16} = \frac{3}{16}$. Also beträgt die gesuchte Wahrscheinlichkeit $\frac{13}{16}$.

c) Startverteilung: $\vec{v_1} = \begin{pmatrix} \frac{1}{4} \\ \frac{1}{4} \\ \frac{1}{4} \\ \frac{1}{4} \\ 0 \\ 0 \end{pmatrix}$

Übergangsmatrix und Folgeverteilungen.

$U = \begin{pmatrix} \frac{1}{4} & 0 & 0 & 0 & 0 & 0 \\ \frac{1}{4} & \frac{1}{4} & 0 & 0 & 0 & 0 \\ \frac{1}{4} & \frac{1}{4} & \frac{1}{4} & 0 & 0 & 0 \\ \frac{1}{4} & \frac{1}{4} & \frac{1}{4} & \frac{1}{4} & 0 & 0 \\ 0 & \frac{1}{4} & \frac{1}{4} & \frac{1}{4} & \frac{1}{4} & 0 \\ 0 & 0 & \frac{1}{4} & \frac{1}{4} & \frac{1}{4} & 1 \end{pmatrix}$, $\vec{v_2} = U \cdot \vec{v_1} = \begin{pmatrix} \frac{1}{16} \\ \frac{1}{8} \\ \frac{3}{16} \\ \frac{1}{4} \\ \frac{3}{16} \\ \frac{3}{16} \end{pmatrix}$,

$\vec{v_3} = U \cdot \vec{v_2} = \begin{pmatrix} \frac{1}{64} \\ \frac{3}{64} \\ \frac{3}{32} \\ \frac{5}{32} \\ \frac{3}{16} \\ \frac{1}{2} \end{pmatrix}$

Also beträgt die gesuchte Wahrscheinlichkeit $\frac{1}{2} - \frac{3}{16} = \frac{5}{16}$.

7 a) An $U^2 = \begin{pmatrix} 0 & 20b & 0 \\ 0 & 0 & 5 \\ 0{,}25b & 0 & 0 \end{pmatrix}$ und

$U^3 = \begin{pmatrix} 5b & 0 & 0 \\ 0 & 5b & 0 \\ 0 & 0 & 5b \end{pmatrix}$ erkennt man, dass sich

die Population für $b = 0{,}2$ zyklisch entwickelt.

b) Aus $20 \cdot 0{,}25 \cdot b = 2$ folgt $b = 0{,}4$.
Graph für die zeitliche Entwicklung von E.

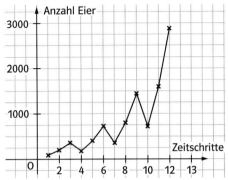

Gehört zur Startpopulation der 1. Zeitschritt, so gilt: $f(3) = 360$, $f(6) = 720$ und $f(9) = 1440$. Da eine exponentielle Entwicklung vorliegt, erhält man die Exponentialfunktion
$f(x) = 180 \cdot 1{,}26^x = 180 \cdot e^{x \cdot \ln(1{,}26)}$

8 Eine Population besteht aus Mitgliedern, die sich in einer von drei Entwicklungsstufen E_1, E_2 und E_3 befinden. Aus der Entwicklungsstufe E_1 erreicht die Hälfte im nächsten Zeitschritt die Entwicklungsstufe E_2. Und hiervon wieder die Hälfte im nächsten Zeitschritt die Entwicklungsstufe E_3. Jedes Mitglied aus der Entwicklungsstufe E_3 bringt v Nachkommen zur Welt und stirbt danach.
Übergangsdiagramm

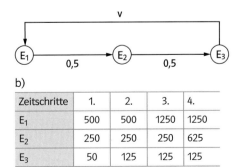

b)

Zeitschritte	1.	2.	3.	4.
E_1	500	500	1250	1250
E_2	250	250	250	625
E_3	50	125	125	125

Zeitschritte	5.	6.	7.	8.
E_1	1250	3125	3125	3125
E_2	625	625	1562,5	1562,5
E_3	312,5	312,5	312,5	781,25

Da $v = 10$ ist, wird aus den 50 Mitgliedern E_3 500 Mitglieder in E_1.
c) Aus $0,5 \cdot 0,5 \cdot v = 1$ folgt $v = 4$.

9 a) $U = \begin{pmatrix} 0 & 0 & 6 \\ \frac{1}{2} & 0 & 0 \\ 0 & \frac{1}{3} & 0 \end{pmatrix}$

b) Ja, die Startpopulation wiederholt sich nach 3 Zeitschritten. Die Käferzahl nimmt nur die Werte 40, 13 (gerundet) und 7 (gerundet) an.
c) Aus $U \cdot \vec{x} = \vec{x}$ erhält man das LGS
$\begin{pmatrix} 0 & 0 & 6 \\ \frac{1}{2} & 0 & 0 \\ 0 & \frac{1}{3} & 0 \end{pmatrix} \cdot \begin{pmatrix} x_1 \\ x_2 \\ x_3 \end{pmatrix} = \begin{pmatrix} x_1 \\ x_2 \\ x_3 \end{pmatrix}$ mit $x_3 = t$, $x_2 = 3t$
und $x = 6t$, also z.B. die Startpopulation (60, 30, 10).

d) $U = \begin{pmatrix} 0 & 0 & 6 \\ \frac{1}{2} & 0 & 0 \\ 0 & \frac{1}{3} & 0 \end{pmatrix}$

Da $\frac{1}{2} \cdot \frac{1}{3} \cdot 7 = \frac{7}{6} > 1$ ist, nimmt die Population zu. Im 10. Zeitschritt wird mit 64 Käfern (gerundet) zum ersten Mal die Maximalzahl überschritten.

Seite 420

10 a) Übergangsmatrix: $A = \begin{pmatrix} 0 & 0 & 0 \\ 1 & 1 & 1 \\ 0 & 0 & 0 \end{pmatrix}$.
Ein Jahr nach der Kreuzung gibt es
$A \cdot \begin{pmatrix} 100 \\ 0 \\ 100 \end{pmatrix} = \begin{pmatrix} 0 \\ 200 \\ 0 \end{pmatrix}$, also 200 rosablühende Rosen. (Die Biologen nennen das Uniformitätsregel.)

b) Neue Übergangsmatrix
$B = \begin{pmatrix} 0,5 & 0,25 & 0 \\ 0,5 & 0,5 & 0,5 \\ 0 & 0,25 & 0,5 \end{pmatrix}$. Ein Jahr später gibt es

$B \cdot \begin{pmatrix} 0 \\ 200 \\ 0 \end{pmatrix} = \begin{pmatrix} 50 \\ 100 \\ 50 \end{pmatrix}$, also 50 rotblühende, 100 rosablühende und 50 weißblühende Rosen. (Die Biologen nennen das Spaltungsregel.)

c) Die Übergangsmatrix ist dieselbe wie in Teilaufgabe b): $B = \begin{pmatrix} 0,5 & 0,25 & 0 \\ 0,5 & 0,5 & 0,5 \\ 0 & 0,25 & 0,5 \end{pmatrix}$

Rosenbestand nach
einem Jahr: $B \cdot \begin{pmatrix} 200 \\ 100 \\ 100 \end{pmatrix} = \begin{pmatrix} 125 \\ 200 \\ 75 \end{pmatrix}$;

zwei Jahren: $B^2 \cdot \begin{pmatrix} 200 \\ 100 \\ 100 \end{pmatrix} = \begin{pmatrix} 112,5 \\ 200 \\ 87,5 \end{pmatrix}$;

vier Jahren: $B^4 \cdot \begin{pmatrix} 200 \\ 100 \\ 100 \end{pmatrix} \approx \begin{pmatrix} 103,1 \\ 200 \\ 96,9 \end{pmatrix}$;

acht Jahren: $B^8 \cdot \begin{pmatrix} 200 \\ 100 \\ 100 \end{pmatrix} \approx \begin{pmatrix} 100,2 \\ 200 \\ 99,8 \end{pmatrix}$;

zehn Jahren: $B^{10} \cdot \begin{pmatrix} 200 \\ 100 \\ 100 \end{pmatrix} \approx \begin{pmatrix} 100 \\ 200 \\ 100 \end{pmatrix}$.

Es handelt sich um eine stochastische Matrix: sie ist quadratisch, die Elemente sind zwischen 0 und 1 und die Spaltensumme beträgt immer 1.

Die Grenzmatrix lautet:
$G = \begin{pmatrix} 0,25 & 0,25 & 0,25 \\ 0,5 & 0,5 & 0,5 \\ 0,25 & 0,25 & 0,25 \end{pmatrix}$.

Die Grenzverteilung ist $\vec{g} = \begin{pmatrix} 100 \\ 200 \\ 100 \end{pmatrix}$.

d) $D = \begin{pmatrix} 0,5 & 0,25 & 0 \\ 0,5 & 0,5 & 0,1 \\ 0 & 0,25 & 0,1 \end{pmatrix}$

Es handelt sich um keine stochastische Matrix, die Spaltensumme der letzten Spalte ist ungleich 1.

e) Nach 10 Jahren sind die Rosen so verteilt: $\begin{pmatrix} 100 \\ 200 \\ 100 \end{pmatrix}$. Der Rosenbestand ein Jahr nach den Schädlingsbefall ist: $D \cdot \begin{pmatrix} 100 \\ 200 \\ 100 \end{pmatrix} = \begin{pmatrix} 100 \\ 160 \\ 60 \end{pmatrix}$,

nach 2 Jahren: $\begin{pmatrix} 90 \\ 136 \\ 46 \end{pmatrix}$;

nach 5 Jahren ca. $\begin{pmatrix} 60 \\ 89 \\ 29 \end{pmatrix}$;

nach 10 Jahren ca. $\begin{pmatrix} 30 \\ 44 \\ 14 \end{pmatrix}$

und nach 20 Jahren ca. $\begin{pmatrix} 7 \\ 11 \\ 4 \end{pmatrix}$ Rosen.
Die Rosen sterben aus.

11 a) $A = \begin{matrix} N \\ O \\ S \\ W \end{matrix} \begin{pmatrix} 0,85 & 0,2 & 0,1 & 0,1 \\ 0,05 & 0,5 & 0,05 & 0,08 \\ 0,05 & 0,05 & 0,5 & 0,02 \\ 0,05 & 0,25 & 0,35 & 0,8 \end{pmatrix}$

Kundenanteile

nach einem Jahr: $A \cdot \begin{pmatrix} 0,25 \\ 0,25 \\ 0,25 \\ 0,25 \end{pmatrix} = \begin{pmatrix} 0,3125 \\ 0,17 \\ 0,155 \\ 0,3625 \end{pmatrix}$;

nach 2 Jahren: $A^2 \cdot \begin{pmatrix} 0,25 \\ 0,25 \\ 0,25 \\ 0,25 \end{pmatrix} \approx \begin{pmatrix} 0,35 \\ 0,14 \\ 0,11 \\ 0,40 \end{pmatrix}$;

nach 10 Jahren: $A^{10} \cdot \begin{pmatrix} 0,25 \\ 0,25 \\ 0,25 \\ 0,25 \end{pmatrix} \approx \begin{pmatrix} 0,44 \\ 0,11 \\ 0,07 \\ 0,38 \end{pmatrix}$.

b) Nach 2 Jahren ist der Kundenanteil von O und S jeweils unter 15% (siehe Teilaufgabe a).

$B = \begin{pmatrix} 0,85 & 0,15 & 0,1 \\ 0,1 & 0,5 & 0,1 \\ 0,05 & 0,35 & 0,8 \end{pmatrix}$

c) Man betrachtet die langfristige Entwicklung mithilfe der Übergangsmatrix B und dem Startzustand 2 Jahre nach Beginn der Beobachtung:

$\lim_{n \to \infty} \begin{pmatrix} 0,85 & 0,15 & 0,1 \\ 0,1 & 0,5 & 0,1 \\ 0,05 & 0,35 & 0,8 \end{pmatrix}^n \cdot \begin{pmatrix} 0,35 \\ 0,25 \\ 0,40 \end{pmatrix} = \begin{pmatrix} 0,375 \\ 0,200 \\ 0,425 \end{pmatrix}$.

Ja, es gelingt dem neuen Konzern langfristig einen Marktanteil über 15% zu erreichen. Wäre der Zusammenschluss zwei Jahre früher erfolgt, hätten sich langfristig dieselben Marktanteile eingestellt.

d) Neue Übergangsmatrix D:

$D = \begin{pmatrix} 0,85 & 0,075 & 0,1 \\ 0,1 & 0,5 & 0,1 \\ 0,05 & 0,175 & 0,8 \end{pmatrix}$.

$\lim_{n \to \infty} \begin{pmatrix} 0,85 & 0,075 & 0,1 \\ 0,1 & 0,5 & 0,1 \\ 0,05 & 0,175 & 0,8 \end{pmatrix}^n \cdot \begin{pmatrix} 0,375 \\ 0,200 \\ 0,420 \end{pmatrix} \approx \begin{pmatrix} 0,38 \\ 0,18 \\ 0,39 \end{pmatrix}$

Nein, der Konzern kann seinen Marktanteil langfristig nicht über 33% erhöhen.

e) Nein. Der Strommarkt in Deutschland wird heute schon stark beworben, die Kunden wechseln ihre Anbieter aber selten!

XIV Affine Abbildungen

1 Geometrische Abbildungen

Seite 426

Einstiegsproblem
Es handelt sich um eine Punktspiegelung am Ursprung (0|0). Die Koordinaten der gespiegelten Punkte sind A'(1|1); B'(3|1); C'(4|2); D'(5|1); E'(7|1); F'(7|4); G'(6|4); H'(6|2); I'(5|2); J'(4|3); K'(3|2); L'(2|2); M'(2|4); N'(1|4).

Seite 427

1 a) A'(0|0); B'(5|15); C'(−10|30); D'(−7,5|−15)

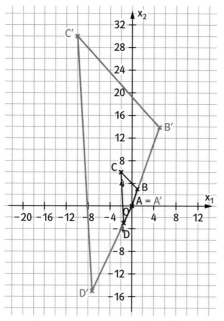

Die einzelnen Punkte wurden vom Ursprung aus gestreckt, das Viereck ist demnach größer.

b) A'(0|0); B'(3|−1); C'(6|2); D'(−3|1,5)

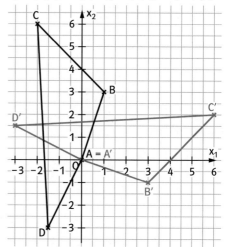

Die beiden Vierecke sind gleich groß. Das Bildviereck A'B'C'D' ist aus dem Viereck ABCD durch eine Drehung mit dem Drehzentrum A entstanden (Drehung um 270° gegen den Uhrzeigersinn um den Ursprung).

c) A'(0|0); B'(4|0); C'(4|0); D'(−4,5|0)

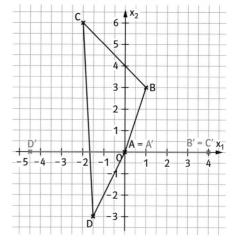

Das Viereck ABCD wird auf die x_1-Achse abgebildet.

d) A'(0|0); B'(2|15); C'(−16|18); D'(−4,5|−16,5)

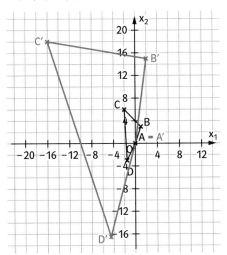

Das Viereck ABCD wird durch die Abbildung auf ein vergrößertes Viereck A'B'C'D' abgebildet.

Seite 428

2 Ansatz: g: $x_1 = 2t$ und $x_2 = 5t$
h: $x_1 = 1 + 3t$ und $x_2 = 2 − 4t$

a) $g': \begin{cases} x_1' = 4t \\ x_2' = 10t \end{cases}$ $g': \vec{x} = t \cdot \begin{pmatrix} 4 \\ 10 \end{pmatrix}$

g und g' liegen aufeinander, sie sind identisch (g = g').

$h': \begin{cases} x_1' = 2 + 6t \\ x_2' = 4 − 8t \end{cases}$ $h': \vec{x} = \begin{pmatrix} 2 \\ 4 \end{pmatrix} + t \cdot \begin{pmatrix} 6 \\ −8 \end{pmatrix}$

h und h' sind parallel zueinander (h ∥ h').

b) $g': \begin{cases} x_1' = t \\ x_2' = 2t + 3 \end{cases}$ $g': \vec{x} = \begin{pmatrix} 0 \\ 3 \end{pmatrix} + t \cdot \begin{pmatrix} 1 \\ 2 \end{pmatrix}$

g und g' schneiden sich (g ∦ g').

$h': \begin{cases} x_1' = −10t \\ x_2' = 4 + 3t \end{cases}$ $h': \vec{x} = \begin{pmatrix} 0 \\ 4 \end{pmatrix} + t \cdot \begin{pmatrix} −10 \\ 3 \end{pmatrix}$

h und h' schneiden sich (h ∦ h').

c) $g': \begin{cases} x_1' = t \\ x_2' = 24t \end{cases}$ $g': \vec{x} = t \cdot \begin{pmatrix} 1 \\ 24 \end{pmatrix}$

g und g' schneiden sich (g ∦ g').

$h': \begin{cases} x_1' = 1 + 13t \\ x_2' = 10 − 10t \end{cases}$ $h': \vec{x} = \begin{pmatrix} 1 \\ 10 \end{pmatrix} + t \cdot \begin{pmatrix} 13 \\ −10 \end{pmatrix}$

h und h' schneiden sich (h ∦ h').

3 Ansatz für die Gerade g:
$x_1 = 1 + 2t$; $x_2 = 2 − 4t$ und $x_3 = 1 + t$

a) A'(4|12|8); B'(0|0|16); C'(−20|−12|4)

$g': \vec{x} = \begin{pmatrix} 4 \\ 8 \\ 4 \end{pmatrix} + t \cdot \begin{pmatrix} 8 \\ −16 \\ 4 \end{pmatrix}$

Es handelt sich um eine Streckung mit dem Ursprung O(0|0|0) als Streckzentrum. Die Gerade g wird auf eine parallele Gerade g' abgebildet.

b) A'(6|3|0); B'(4|0|0); C'(−7|−3|0)

$g': \vec{x} = \begin{pmatrix} 4 \\ 2 \\ 0 \end{pmatrix} + t \cdot \begin{pmatrix} −1 \\ −4 \\ 0 \end{pmatrix}$

Da die x_3-Komponente immer null ist, wird jeder Punkt und jede Gerade in die x_1x_2-Ebene abgebildet.

c) A'(1|3|12); B'(0|0|14); C'(−5|−3|11)

$g': \vec{x} = \begin{pmatrix} 1 \\ 2 \\ 11 \end{pmatrix} + t \cdot \begin{pmatrix} 2 \\ −4 \\ 1 \end{pmatrix}$

Bei dieser Abbildung werden alle Punkte und Geraden um 10 Einheiten in die Richtung der x_3-Achse verschoben (senkrecht nach oben).

d) Siehe jeweils die Beschreibungen bei den Teilaufgaben a) bis c).

4 Fehler im 1. Druck der 1. Auflage: Die Kärtchen auf der Randspalte müssen lauten: $g_1: \vec{x} = t \cdot \begin{pmatrix} 1 \\ \frac{1+\sqrt{5}}{2} \end{pmatrix}$; $g_2: \vec{x} = t \cdot \begin{pmatrix} 1 − \sqrt{2} \\ 1 \end{pmatrix}$;

$g_4: \vec{x} = t \cdot \begin{pmatrix} 1 + \sqrt{2} \\ 1 \end{pmatrix}$; $g_5: \vec{x} = t \cdot \begin{pmatrix} 1 \\ \frac{1-\sqrt{5}}{2} \end{pmatrix}$

a) N ist Fixpunkt, da $x_1' = 0$ und $x_2' = 0$.
F ist kein Fixpunkt, da F'(2|8) ≠ F gilt.
T ist kein Fixpunkt, da T'(2|16) ≠ T gilt.
g_3 und g_6 sind Fixgeraden:

$g_3': \vec{x} = t \cdot \begin{pmatrix} 4 \\ 8 \end{pmatrix} = s \cdot \begin{pmatrix} 1 \\ 2 \end{pmatrix}$ und

$g_6': \vec{x} = t \cdot \begin{pmatrix} −4 \\ 8 \end{pmatrix} = s \cdot \begin{pmatrix} 1 \\ −2 \end{pmatrix}$

b) N ist Fixpunkt. F und T sind keine Fixpunkte. g_2 und g_4 sind Fixgeraden:

$g'_2: \vec{x} = t \cdot \begin{pmatrix} 3-2\sqrt{2} \\ 1-\sqrt{2} \end{pmatrix} = s \cdot \begin{pmatrix} 1-\sqrt{2} \\ 1 \end{pmatrix}$,

denn $\begin{pmatrix} 3-2\sqrt{2} \\ 1-\sqrt{2} \end{pmatrix} = (1-\sqrt{2}) \cdot \begin{pmatrix} 1-\sqrt{2} \\ 1 \end{pmatrix}$.

$g'_4: \vec{x} = t \cdot \begin{pmatrix} 3+2\sqrt{2} \\ 1+\sqrt{2} \end{pmatrix} = s \cdot \begin{pmatrix} 1+\sqrt{2} \\ 1 \end{pmatrix}$,

denn $\begin{pmatrix} 3+2\sqrt{2} \\ 1+\sqrt{2} \end{pmatrix} = (1+\sqrt{2}) \cdot \begin{pmatrix} 1+\sqrt{2} \\ 1 \end{pmatrix}$.

c) N ist Fixpunkt. F und T sind keine Fixpunkte. g_1 und g_5 sind Fixgeraden:

$g'_1: \vec{x} = t \cdot \begin{pmatrix} \frac{1+\sqrt{5}}{2} \\ \frac{3+\sqrt{5}}{2} \end{pmatrix} = s \cdot \begin{pmatrix} 1 \\ \frac{1+\sqrt{5}}{2} \end{pmatrix}$,

denn $\begin{pmatrix} \frac{1+\sqrt{5}}{2} \\ \frac{3+\sqrt{5}}{2} \end{pmatrix} = \frac{1+\sqrt{5}}{2} \cdot \begin{pmatrix} 1 \\ \frac{1+\sqrt{5}}{2} \end{pmatrix}$

$g'_5: \vec{x} = t \cdot \begin{pmatrix} \frac{1-\sqrt{5}}{2} \\ \frac{3-\sqrt{5}}{2} \end{pmatrix} = s \cdot \begin{pmatrix} 1 \\ \frac{1-\sqrt{5}}{2} \end{pmatrix}$,

denn $\begin{pmatrix} \frac{1-\sqrt{5}}{2} \\ \frac{3-\sqrt{5}}{2} \end{pmatrix} = \frac{1-\sqrt{5}}{2} \cdot \begin{pmatrix} 1 \\ \frac{1-\sqrt{5}}{2} \end{pmatrix}$

6

a) $\begin{cases} x'_1 = x_1 + 2 \\ x'_2 = x_2 - 5 \end{cases}$; $A'(-1|0)$; $B'(4|6)$; $C'(6|1)$

b) $\begin{cases} x'_1 = -x_1 \\ x'_2 = x_2 \end{cases}$; $A'(3|5)$; $B'(-2|11)$; $C'(-4|6)$

c) $\begin{cases} x'_1 = -x_1 \\ x'_2 = -x_2 \end{cases}$; $A'(3|-5)$; $B'(-2|-11)$; $C'(-4|-6)$

d) $\begin{cases} x'_1 = 7 \cdot x_1 \\ x'_2 = 7 \cdot x_2 \end{cases}$; $A'(-21|35)$; $B'(14|77)$; $C'(28|42)$

e) Individuelle Lösungen

7 Die Figur 4 auf Seite 426 enthält ein geeignetes Beispiel. Bei einer Spiegelung an der x_1-Achse wird eine senkrechte Gerade auf sich selbst abgebildet. Die Abbildung hat aber nur den Schnittpunkt der Senkrechten mit der x_1-Achse als Fixpunkt.

8 $A'(0|0)$; $B'(2\pi|0)$; $C'(0|1)$; $D'(2\pi|1)$
A bis D sind Fixpunkte der Abbildung.

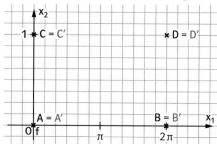

Untersuchung von Parallelen zu den Koordinatenachsen:
Parallelen zur x_2-Achse;
Beispiel: Senkrechte bei $x = \frac{\pi}{6}$.

$E\left(\frac{\pi}{6}\big|\frac{1}{8}\right) \Rightarrow E'\left(\frac{\pi}{6}\big|\frac{5}{8}\right)$

$F\left(\frac{\pi}{6}\big|\frac{3}{8}\right) \Rightarrow F'\left(\frac{\pi}{6}\big|\frac{7}{8}\right)$

$G\left(\frac{\pi}{6}\big|\frac{1}{2}\right) \Rightarrow G'\left(\frac{\pi}{6}\big|1\right)$

$H\left(\frac{\pi}{6}\big|\frac{3}{4}\right) \Rightarrow H'\left(\frac{\pi}{6}\big|\frac{5}{4}\right)$

Die Gerade wird auf sich selbst abgebildet. Es ist eine Fixgerade.
Dies gilt für alle Parallelen zur x_2-Achse.
Parallelen zur x_1-Achse;
Beispiel: bei $x_2 = \frac{1}{8}$.

$I\left(\frac{\pi}{6}\big|\frac{1}{8}\right) \Rightarrow I'\left(\frac{\pi}{6}\big|\frac{5}{8}\right)$

$J\left(\frac{5}{6}\pi\big|\frac{1}{8}\right) \Rightarrow J'\left(\frac{5}{6}\pi\big|\frac{5}{8}\right)$

$K\left(\pi\big|\frac{1}{8}\right) \Rightarrow K'\left(\pi\big|\frac{1}{8}\right)$

$L\left(\frac{5}{3}\pi\big|\frac{1}{8}\right) \Rightarrow L'\left(\frac{5}{3}\pi\big|\frac{1}{8} - \frac{\sqrt{3}}{2}\right) \approx \left(\frac{5}{3}\pi\big|-0{,}74\right)$

$M\left(\frac{1}{2}\pi\big|\frac{1}{8}\right) \Rightarrow M'\left(\frac{1}{2}\pi\big|\frac{9}{8}\right)$

$N\left(\frac{3}{2}\pi\big|\frac{1}{8}\right) \Rightarrow N'\left(\frac{3}{2}\pi\big|-\frac{7}{8}\right)$

$O\left(\frac{4}{3}\pi\big|\frac{1}{8}\right) \Rightarrow O'\left(\frac{4}{3}\pi\big|-0{,}74\right)$, x_2-Koordinate gerundet.

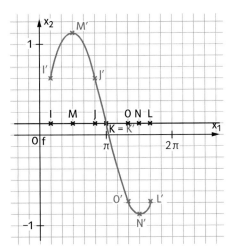

Wenn man die Parallele zur x_1-Achse mit $x_2 = \frac{1}{8}$ zeichnet und die berechneten Bildpunkte verbindet, erkennt man, dass die Gerade in eine Sinuskurvenform abgebildet wird.
Dies gilt für alle Parallelen zur x_1-Achse.

2 Darstellung von Abbildungen mit Matrizen

Seite 429

Einstiegsproblem

Die Matrizendarstellung (B) beschreibt die gegebene Abbildung. (Begründung etwa mithilfe des GTR).
Die Abbildung (D) stellt eine Streckung mit dem Streckfaktor k und dem Streckzentrum O(0|0) dar. Dies kann man an Beispielen erkennen, wenn man für k einen konkreten Wert einsetzt und einige Punkte der Ebene abbildet.
Für k = 2 wird die gegebene Abbildung beschrieben.

Seite 431

1 a) A'(35|63); B'(32|44); C'(52|97)
b) A'(31|−9); B'(−3|7); C'(−31|23)

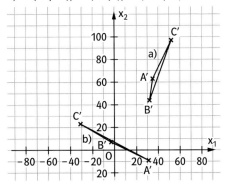

zu a): Das Dreieck ABC wurde an einer Achse gespiegelt, gedreht, verschoben und gestreckt (mit $|k| > 1$).
zu b): Das Dreieck ABC wurde gedreht, verschoben und gestreckt (mit $|k| > 1$).
c) A'(8|7|3); B'(12|17|21); C'(6|20|4).

2 a) $g': \vec{x'} = \begin{pmatrix} 4 \\ 1 \end{pmatrix} + t \cdot \begin{pmatrix} -1 \\ 19 \end{pmatrix}$

b) $g': \vec{x'} = \begin{pmatrix} 7 \\ 3 \end{pmatrix} + t \begin{pmatrix} 4 \\ 3 \end{pmatrix}$

c) $g': \vec{x'} = \begin{pmatrix} -1 \\ 21 \\ -2 \end{pmatrix} + t \begin{pmatrix} 6 \\ 15 \\ -5 \end{pmatrix}$

3 a) $\alpha: \vec{x'} = \begin{pmatrix} 2 & 1 \\ 1 & 2 \end{pmatrix} \cdot \vec{x} + \begin{pmatrix} 2 \\ 1 \end{pmatrix}$

b) P'(5|4); Q'(3,2|3,1); R'(6,5|5,5)
c) Der Flächeninhalt wird in etwa verdreifacht.

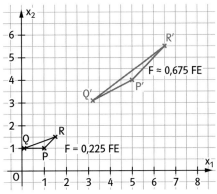

4 a) $\alpha: \vec{x'} = \begin{pmatrix} -1 & 3 & -2 \\ 1 & -2 & -3 \\ 0 & -3 & 0 \end{pmatrix} \cdot \vec{x} + \begin{pmatrix} 2 \\ 1 \\ 3 \end{pmatrix}$

b) $P'(2|-3|0)$; $Q'(-2|-8|-3)$; $R'(19{,}5|-4|-12)$

5 a) $\alpha: \vec{x'} = \begin{pmatrix} \frac{16}{9} & \frac{1}{9} \\ -\frac{7}{9} & \frac{8}{9} \end{pmatrix} \cdot \vec{x}$

b) $D(1|4)$

$A'\left(\frac{16}{9}\Big|-\frac{7}{9}\right)$; $B'\left(\frac{80}{9}\Big|-\frac{35}{9}\right)$; $C'\left(\frac{28}{3}\Big|-\frac{1}{3}\right)$; $D'\left(\frac{20}{9}\Big|\frac{25}{9}\right)$

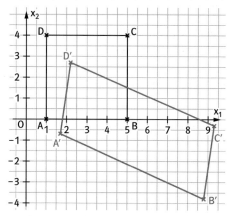

Es ist offensichtlich, dass das Bildviereck ein Parallelogramm aber kein Quadrat ist, da die Seiten nicht alle gleich lang sind und keine rechten Winkel vorliegen.

Seite 432

7 a) Verschiebevektor: $\vec{v} = \begin{pmatrix} -3 \\ 5 \\ 0 \end{pmatrix}$

Gesuchte Matrix: $A = \begin{pmatrix} a_1 & b_1 & c_1 \\ a_2 & b_2 & c_2 \\ a_3 & b_3 & c_3 \end{pmatrix}$

$\alpha: \vec{x'} = A\vec{x} + \vec{v}$

Da die Bilder der Einheitsvektoren gegeben sind, kann man die Matrix direkt bestimmen, da ihre Spalten die Bilder der Einheitsvektoren (ohne Verschiebungsvektor) direkt geben.

Aus $\begin{pmatrix} a_1 \\ a_2 \\ a_3 \end{pmatrix} + \vec{v} = \vec{e_1'}$ bzw.

$\begin{pmatrix} a_1 \\ a_2 \\ a_3 \end{pmatrix} + \begin{pmatrix} -3 \\ 5 \\ 0 \end{pmatrix} = \begin{pmatrix} -2 \\ 5 \\ 0 \end{pmatrix}$ folgt: $\begin{pmatrix} a_1 \\ a_2 \\ a_3 \end{pmatrix} = \begin{pmatrix} 1 \\ 0 \\ 0 \end{pmatrix}$

Entsprechend: $\begin{pmatrix} b_1 \\ b_2 \\ b_3 \end{pmatrix} = \begin{pmatrix} 2 \\ 3 \\ 0 \end{pmatrix}$, $\begin{pmatrix} c_1 \\ c_2 \\ c_3 \end{pmatrix} = \begin{pmatrix} 0 \\ 1 \\ 1 \end{pmatrix}$

Somit ist: $\alpha: \vec{x'} = \begin{pmatrix} 1 & 2 & 0 \\ 0 & 3 & 1 \\ 0 & 0 & 1 \end{pmatrix} \vec{x} + \begin{pmatrix} -3 \\ 5 \\ 0 \end{pmatrix}$

b) Verschiebungsvektor: $\vec{v} = \begin{pmatrix} 7 \\ 1 \end{pmatrix}$

$\alpha: \vec{x'} = \begin{pmatrix} a_1 & b_1 \\ a_2 & b_2 \end{pmatrix} \vec{x} + \begin{pmatrix} 7 \\ 1 \end{pmatrix}$

aus P: $\begin{cases} 2a_1 + 3b_1 + 7 = 19 & (1) \\ 2a_2 + 3b_2 + 1 = 6 & (2) \end{cases}$

aus Q: $\begin{cases} -a_1 + b_1 + 7 = 6 & (3) \\ -a_2 + b_2 + 1 = 1 & (4) \end{cases}$

Lösen des LGS aus (1) und (3) ergibt:
$a_1 = 3$ und $b_1 = 2$

Lösen des LGS aus (2) und (4) ergibt:
$a_2 = 1$ und $b_2 = 1$

Somit ist: $\alpha: \vec{x'} = \begin{pmatrix} 3 & 2 \\ 1 & 1 \end{pmatrix} \cdot \vec{x} + \begin{pmatrix} 7 \\ 1 \end{pmatrix}$

c) Das Dreieck OPQ ist spitzwinklig und gleichschenklig (es gilt $\overline{OP} = \overline{PQ} = \sqrt{13}$ LE). Diese Eigenschaften werden bei der Abbildung nicht erhalten. Das Dreick O'P'Q' ist stumpfwinklig und damit zwangsläufig nicht gleichschenklig.

8 $\alpha: \vec{x'} = \begin{pmatrix} 1 & \frac{3}{4} \\ 0 & \frac{1}{4} \end{pmatrix} \cdot \vec{x}$, denn $E_1(1|0)$ wird auf $E_1'(1|0)$ abgebildet (Punkt der x_1-Achse) und mit der Information, dass $P(1|4)$ auf $P'(4|1)$ abgebildet wird, erhält man ein LGS: $\begin{pmatrix} 1 & a \\ 0 & b \end{pmatrix} \cdot \begin{pmatrix} 1 \\ 4 \end{pmatrix} = \begin{pmatrix} 4 \\ 1 \end{pmatrix}$,

also $\begin{array}{l} 1 + 4a = 4 \\ 4b = 1 \end{array} \Rightarrow a = \frac{3}{4}$; $b = \frac{1}{4}$

9 a)

$g: \vec{x} = \overrightarrow{OP} + t \cdot (\overrightarrow{OQ} - \overrightarrow{OP}) = \begin{pmatrix} 3 \\ 1 \end{pmatrix} + t \cdot \begin{pmatrix} -10 \\ 5 \end{pmatrix}$

vereinfacht: $\vec{x} = \begin{pmatrix} 3 \\ 1 \end{pmatrix} + t \cdot \begin{pmatrix} -2 \\ 1 \end{pmatrix}$

$\alpha(\vec{x}) = \vec{x'} = \begin{pmatrix} 2 & 1 \\ -1 & -2 \end{pmatrix} \cdot \begin{pmatrix} 3 - 2t \\ 1 + t \end{pmatrix} + \begin{pmatrix} 1 \\ 1 \end{pmatrix}$

$= \begin{pmatrix} 8 \\ -4 \end{pmatrix} + t \cdot \begin{pmatrix} -3 \\ 0 \end{pmatrix}$

b) $P'(8|-4)$; $Q'(-7|-4)$

$g_{P'Q'}: \vec{x} = \overrightarrow{OP'} + t \cdot (\overrightarrow{OQ'} - \overrightarrow{OP'})$

$= \begin{pmatrix} 8 \\ -4 \end{pmatrix} + t \cdot \begin{pmatrix} -15 \\ 0 \end{pmatrix}$

vereinfacht: $\vec{x} = \begin{pmatrix} 8 \\ -4 \end{pmatrix} + t \cdot \begin{pmatrix} -3 \\ 0 \end{pmatrix}$ (wie in a))

c) Konkretes Beispiel mithilfe der Punkte P und Q.

$\overrightarrow{OM} = \begin{pmatrix} 3 \\ 1 \end{pmatrix} + \frac{1}{2} \cdot \begin{pmatrix} -10 \\ 5 \end{pmatrix} = \begin{pmatrix} -2 \\ 3{,}5 \end{pmatrix}$,

M(−2|3,5) ist Mittelpunkt der Strecke $\overline{PQ}$.
Es ist M′(0,5|−4).
Weiter erhält man

$\overrightarrow{OM'} = \begin{pmatrix} 8 \\ -4 \end{pmatrix} + \frac{1}{2} \cdot \begin{pmatrix} -15 \\ 0 \end{pmatrix} = \begin{pmatrix} 0{,}5 \\ -4 \end{pmatrix}$.

Demnach halbiert M′ die Strecke $\overline{P'Q'}$.
Allgemein:

$\overrightarrow{OP} = \begin{pmatrix} p_1 \\ p_2 \end{pmatrix}$; $\overrightarrow{OQ} = \begin{pmatrix} q_1 \\ q_2 \end{pmatrix}$;

$\overrightarrow{OM} = \overrightarrow{OP} + \frac{1}{2}(\overrightarrow{OQ} - \overrightarrow{OP})$

also $\overrightarrow{OM} = \begin{pmatrix} p_1 \\ p_2 \end{pmatrix} + \frac{1}{2}\begin{pmatrix} q_1 - p_1 \\ q_2 - p_2 \end{pmatrix}$

$= \begin{pmatrix} \frac{1}{2}(p_1 + q_1) \\ \frac{1}{2}(p_2 + q_2) \end{pmatrix}$,

$M\left(\frac{1}{2}(p_1+q_1) \mid \frac{1}{2}(p_2+q_2)\right)$ ist Mittelpunkt der Strecke $\overline{PQ}$.
Es ist
$M'\left(p_1 + q_1 + \frac{1}{2}(p_2 + q_2) + 1 \mid \right.$
$\left. -\frac{1}{2}(p_1+q_1) - (p_2+q_2) + 1\right)$.
$P'(2p_1 + p_2 + 1 \mid -p_1 - 2p_2 + 1)$;
$Q'(2q_1 + q_2 + 1 \mid -q_1 - 2q_2 + 1)$.
$g_{P'Q'}$:

$\vec{x} = \begin{pmatrix} 2p_1 + p_2 + 1 \\ -p_1 - 2p_2 + 1 \end{pmatrix}$

$+ t \begin{pmatrix} 2q_1 + q_2 + 1 - (2p_1 + p_2 + 1) \\ -q_1 - 2q_2 + 1 - (-p_1 - 2p_2 + 1) \end{pmatrix}$

$\overrightarrow{OM'} = \begin{pmatrix} 2p_1 + p_2 + 1 \\ -p_1 - 2p_2 + 1 \end{pmatrix}$

$+ \frac{1}{2}\begin{pmatrix} 2q_1 + q_2 - 2p_1 - p_2 \\ -q_1 - 2q_2 + p_1 + 2p_2 \end{pmatrix}$

$= \begin{pmatrix} p_1 + \frac{1}{2}p_2 + q_1 + \frac{1}{2}q_2 + 1 \\ -\frac{1}{2}p_1 - p_2 - \frac{1}{2}q_1 - q_2 + 1 \end{pmatrix}$.

Beide berechneten Mittelpunkte M′ stimmen überein, womit die Behauptung gezeigt wäre.

10 a) $g': \vec{x'} = \begin{pmatrix} 1 \\ -2 \end{pmatrix} + t \cdot \begin{pmatrix} 1 \\ 3 \end{pmatrix}$

mit $g: \vec{x} = t \cdot \begin{pmatrix} 1 \\ 0 \end{pmatrix}$

b) $g': \vec{x'} = \begin{pmatrix} 1 \\ -2 \end{pmatrix} + t \cdot \begin{pmatrix} -2 \\ 4 \end{pmatrix}$

mit $g: \vec{x} = t \cdot \begin{pmatrix} 0 \\ 1 \end{pmatrix}$

c) $g': \vec{x'} = \begin{pmatrix} 1 \\ -2 \end{pmatrix} + t \cdot \begin{pmatrix} -1 \\ 7 \end{pmatrix}$

mit $g: \vec{x} = t \cdot \begin{pmatrix} 1 \\ 1 \end{pmatrix}$

d) $g': \vec{x'} = \begin{pmatrix} 1 \\ 8 \end{pmatrix} + t \cdot \begin{pmatrix} 1 \\ 13 \end{pmatrix}$

mit $g: \vec{x} = \begin{pmatrix} 2 \\ 1 \end{pmatrix} + t \cdot \begin{pmatrix} 3 \\ 1 \end{pmatrix}$

11 a) $\alpha: \vec{x'} = \begin{pmatrix} 2 & -1 \\ -1 & 1 \end{pmatrix} \cdot \vec{x}$;
B′(10|−5); C′(−5|5)

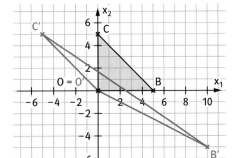

b) $\alpha: \vec{x'} = \begin{pmatrix} 1 & 0 \\ -1 & 2 \end{pmatrix} \cdot \vec{x}$; B′(5|−5); C′(0|10)

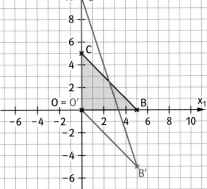

c) $\alpha: \vec{x}' = \begin{pmatrix} 1 & 2 \\ 0 & 1 \end{pmatrix} \cdot \vec{x}$; B'(5|0) = B; C'(10|5)

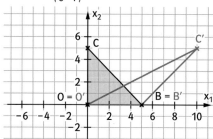

d) $\alpha: \vec{x}' = \frac{1}{3}\begin{pmatrix} 5 & -1 \\ -2 & 4 \end{pmatrix} \cdot \vec{x}$;

$B'\left(\frac{25}{3}\bigg|-\frac{10}{3}\right)$; $C'\left(-\frac{5}{3}\bigg|\frac{20}{3}\right)$

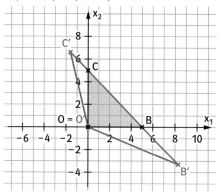

12 a) Wenn die Gleichung $A \cdot \vec{x} = \vec{x}$ erfüllt ist, wird $\vec{x}$ unter der Abbildung α mit $\alpha(\vec{x}) = A \cdot \vec{x}$ auf sich selbst abgebildet und ist somit ein Fixpunkt.

b) Ansatz:

$\alpha: \begin{pmatrix} 1 & -2 \\ 3 & 4 \end{pmatrix} \cdot \begin{pmatrix} x_1 \\ x_2 \end{pmatrix} = \begin{pmatrix} x_1 \\ x_2 \end{pmatrix}$

LGS: $\begin{matrix} x_1 - 2x_2 = x_1 \\ 3x_1 + 4x_2 = x_2 \end{matrix}$

also $\vec{x} = \begin{pmatrix} 0 \\ 0 \end{pmatrix}$ ist Fixpunkt von α.

$\beta: \begin{pmatrix} -3 & 4 \\ 4 & 3 \end{pmatrix} \cdot \begin{pmatrix} x_1 \\ x_2 \end{pmatrix} + \begin{pmatrix} -8 \\ 2 \end{pmatrix} = \begin{pmatrix} x_1 \\ x_2 \end{pmatrix}$

LGS: $\begin{matrix} -3x_1 + 4x_2 - 8 = x_1 \\ 4x_1 + 3x_2 + 2 = x_2 \end{matrix}$

also $x = \begin{pmatrix} -1 \\ 1 \end{pmatrix}$ ist Fixpunkt von β.

3 Spezielle Abbildungen – Drehung und Spiegelung in der Ebene

Seite 433

Einstiegsproblem

Man kann ein Dreieck mit den Eckpunkten A(2|0); B(4|0) und C(4|2) betrachten.
Berechnete Bildpunkte unter den Abbildungen: $\alpha(\vec{x}) = A_1 \cdot \vec{x}$: A'(−1,2|1,6); B'(−2,4|3,2); C'(−0,8|4,4)
$\alpha(\vec{x}) = A_2 \cdot \vec{x}$: A'(−2|0); B'(−4|0); C'(−4|−2)
$\alpha(\vec{x}) = A_3 \cdot \vec{x}$: A'(−2|0); B'(−4|0); C'(−4|2)
$\alpha(\vec{x}) = A_4 \cdot \vec{x}$: A'(0|−2); B'(0|−4); C'(2|−4)
$\alpha(\vec{x}) = A_5 \cdot \vec{x}$: A'(2|0); B'(4|0); C'(4|−2)
$\alpha(\vec{x}) = A_6 \cdot \vec{x}$: A'(0|2); B'(0|4); C'(−2|4)

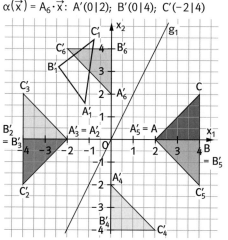

$g_2 = x_1$-Achse; $g_3 = x_2$-Achse
$A'_1 B'_1 C'_1$ entsteht aus ABC durch eine Spiegelung an der Geraden g_1. $A'_2 B'_2 C'_2$ entsteht aus ABC durch eine Drehung um 180° um den Ursprung. $A'_3 B'_3 C'_3$ entsteht aus ABC durch eine Spiegelung an der x_2-Achse (Gerade g_3). $A'_4 B'_4 C'_4$ entsteht aus ABC durch eine Drehung um 270° um den Ursprung. $A'_5 B'_5 C'_5$ entsteht aus ABC durch eine Spiegelung an der x_1-Achse (Gerade g_2). $A'_6 B'_6 C'_6$ entsteht aus ABC durch eine Drehung um 90° um den Ursprung.

Man erkennt bei allen Drehungen:

180°: $A_2 = \begin{pmatrix} -1 & 0 \\ 0 & -1 \end{pmatrix} = \begin{pmatrix} \cos(180°) & \sin(180°) \\ \sin(180°) & \cos(180°) \end{pmatrix}$

270°: $A_4 = \begin{pmatrix} 0 & 1 \\ -1 & 0 \end{pmatrix} = \begin{pmatrix} \cos(270°) & -\sin(270°) \\ \sin(270°) & \cos(270°) \end{pmatrix}$

90°: $A_6 = \begin{pmatrix} 0 & -1 \\ 1 & 0 \end{pmatrix} = \begin{pmatrix} \cos(90°) & -\sin(90°) \\ \sin(90°) & \cos(90°) \end{pmatrix}$

⇒ Abbildungsmatrix für Drehungen um den Winkel α um den Ursprung:

$A = \begin{pmatrix} \cos(\alpha) & -\sin(\alpha) \\ \sin(\alpha) & \cos(\alpha) \end{pmatrix}$

Man erkennt bei allen Spiegelungen:
– an g_1 mit m = 2 (Steigung):

$A_1 = \begin{pmatrix} -0{,}6 & 0{,}8 \\ 0{,}8 & 0{,}6 \end{pmatrix}$
$= \begin{pmatrix} \cos(2 \cdot \tan^{-1}(2)) & \sin(2 \cdot \tan^{-1}(2)) \\ \sin(2 \cdot \tan^{-1}(2)) & -\cos(2 \cdot \tan^{-1}(2)) \end{pmatrix}$

mit $\tan^{-1}(2)$ berechnet man den Winkel zwischen der x_1-Achse und der Geraden g_1.

– an g3 mit dem Steigungswinkel α = 90°:

$A_3 = \begin{pmatrix} -1 & 0 \\ 0 & 1 \end{pmatrix} = \begin{pmatrix} \cos(2 \cdot 90°) & \sin(2 \cdot 90°) \\ \sin(2 \cdot 90°) & -\cos(2 \cdot 90°) \end{pmatrix}$

– an g2 mit dem Steigungswinkel α = 0°:

$A_5 = \begin{pmatrix} 1 & 0 \\ 0 & -1 \end{pmatrix} = \begin{pmatrix} \cos(2 \cdot 0°) & \sin(2 \cdot 0°) \\ \sin(2 \cdot 0°) & -\cos(2 \cdot 0°) \end{pmatrix}$

⇒ Abbildungsmatrix für Spiegelungen an einer Ursprungsgeraden, wobei α den Winkel zwischen dieser Ursprungsgeraden und der x_1-Achse angibt:

$A = \begin{pmatrix} \cos(2\alpha) & \sin(2\alpha) \\ \sin(2\alpha) & -\cos(2\alpha) \end{pmatrix}$

Seite 434

1 a) 30°:

$\alpha: \vec{x}' = \begin{pmatrix} \frac{1}{2}\sqrt{3} & -\frac{1}{2} \\ \frac{1}{2} & \frac{1}{2}\sqrt{3} \end{pmatrix} \cdot \vec{x}$

$A'\left(-\frac{3\sqrt{3}+5}{2} \Big| \frac{5\sqrt{3}-3}{2}\right);\ B'\left(\frac{2\sqrt{3}-11}{2} \Big| \frac{11\sqrt{3}+2}{2}\right);$
$C'(2\sqrt{3}-3 | 3\sqrt{3}+2)$

(Näherungswerte: A'(−5,098 | 2,830); B'(−3,768 | 10,526); C'(0,464 | 7,196))

270°:
$\alpha: \vec{x}' = \begin{pmatrix} 0 & 1 \\ -1 & 0 \end{pmatrix} \cdot \vec{x}$

A'(5 | 3); B'(11 | −2); C'(6 | −4)

b) φ = $\tan^{-1}(-3)$ mit m = −3
φ ≈ −71,6°

$\alpha: \vec{x}' = \begin{pmatrix} -0{,}8 & -0{,}6 \\ -0{,}6 & 0{,}8 \end{pmatrix} \cdot \vec{x}$

A'(−0,6 | 5,8); B'(−8,2 | 7,6); C'(−6,8 | 2,4)

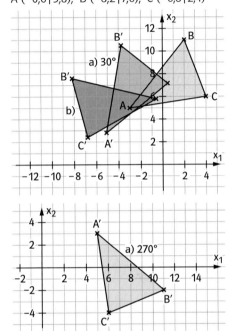

2 a) Abbildungsvorschrift:

$\alpha: \vec{x}' = \begin{pmatrix} 1 & 0 \\ 0 & -1 \end{pmatrix} \cdot \vec{x}$; A'(1 | −2); B'(5 | −3); C'(3 | −5)

b) $\alpha: \vec{x}' = \begin{pmatrix} -1 & 0 \\ 0 & 1 \end{pmatrix} \cdot \vec{x}$; A'(−1 | 2); B'(−5 | 3); C'(−3 | 5)

c) $\alpha: \vec{x}' = \begin{pmatrix} 0 & -1 \\ -1 & 0 \end{pmatrix} \cdot \vec{x}$; A'(−2 | −1); B'(−3 | −5); C'(−5 | −3)

d) $\alpha: \vec{x}' = \begin{pmatrix} -0{,}8 & 0{,}6 \\ 0{,}6 & 0{,}8 \end{pmatrix} \cdot \vec{x}$; A'(0,4 | 2,2); B'(−2,2 | 5,4); C'(0,6 | 5,8)

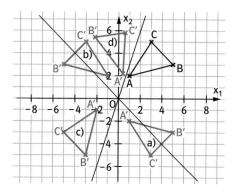

4 a) Der Ursprung ist bei jeder Drehung um den Ursprung Fixpunkt, denn
$$\begin{pmatrix} \cos(\varphi) & -\sin(\varphi) \\ \sin(\varphi) & \cos(\varphi) \end{pmatrix} \cdot \begin{pmatrix} 0 \\ 0 \end{pmatrix} = \begin{pmatrix} 0 \\ 0 \end{pmatrix}$$
für alle Winkel φ.
Die Drehungen um den Winkel $\varphi = 0°$ bzw. $\varphi = 360°$ bilden jeden Punkt auf sich selbst ab. Daher sind bei diesen beiden Abbildungen alle Punkte der Ebene Fixpunkte. Das gilt für alle Winkel φ, die Vielfache von 360° sind. Bei allen anderen Winkeln ist nur der Ursprung Fixpunkt.
Damit ist die Aussage „jede Drehung …" falsch.
b) Wahr. Eine Spiegelachse bildet sich immer auf sich selbst ab (jeder Punkt der Spiegelachse auf sich selbst).

5 a) Nach dem Satz von Pythagoras gilt für rechtwinklige Dreiecke $a^2 + b^2 = c^2$, wobei a und b die Katheten und c die Hypotenuse ist. Bei dem rechtwinkligen Dreieck in Fig. 1 auf S. 433 im Schülerbuch ist $c = 1$, $a = \sin(\varphi)$ und $b = \cos(\varphi)$.
Daher gilt: $\sin^2(\varphi) + \cos^2(\varphi) = 1^2$.
b) Es handelt sich um eine Drehung, wenn sich ein Winkel φ bestimmen lässt, für den gilt: $\cos(\varphi) = \frac{12}{13}$ und $\sin(\varphi) = \frac{5}{13}$.
Man erhält: $\varphi = \cos^{-1}\left(\frac{12}{13}\right) \approx 22{,}6°$ und $\varphi = \sin^{-1}\left(\frac{5}{13}\right) \approx 22{,}6°$.

Dies ist jeweils ein gerundeter Wert.
Wegen $\left(\frac{12}{13}\right)^2 + \left(\frac{5}{13}\right)^2 = 1$ weiß man mithilfe der Aussage aus Aufgabenteil a), dass es einen exakten Winkel φ gibt. Es ist $\varphi \approx 22{,}6°$.
$P(4|0)$ wird abgebildet auf $P'(3{,}7|1{,}5)$ – gerundete Werte. Die Zeichnung zeigt, dass gilt: $\sphericalangle POP' \approx 23°$.

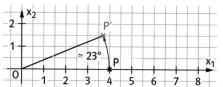

c) Es handelt sich um eine Spiegelung an einer Ursprungsgeraden, wenn es einen Winkel φ gibt mit $\cos(2 \cdot \varphi) = -\frac{12}{13}$ und $\sin(2 \cdot \varphi) = -\frac{5}{13}$. Dies ist der Fall für $2 \cdot \varphi \approx 202{,}6°$. Für den Winkel φ, den die Spiegelachse mit der x_1-Achse einschließt, gilt dann $\varphi \approx 202{,}6° : 2 \approx 101{,}3°$ und für die Steigung der Ursprungsgeraden gilt: $m = \tan(\varphi) = -5$. Die Spiegelachse ist daher die Gerade $x_2 = -5 \cdot x_1$.
$P(4|0)$ wird abgebildet auf $P'(-3{,}7|-1{,}5)$ – gerundete Werte. Auch aus der Zeichnung erhält man den Winkel $\varphi \approx 101{,}3°$.

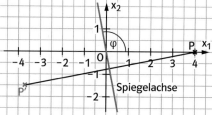

d) Aus der Bedingung $a^2 + b^2 = 1$ folgt, dass es einen Winkel φ gibt, für den gilt: $\cos(\varphi) = a$ und $-\sin(\varphi) = b$. Es handelt sich also um eine Drehung um den Winkel φ. Die Umkehrung ist offensichtlich, da für alle Winkel φ gilt: $\cos^2(\varphi) + \sin^2(\varphi) = 1$.
e) Aus der Bedingung $a^2 + b^2 = 1$ folgt, dass es einen Winkel γ geben muss, für den gilt: $\cos(\gamma) = a$ und $\sin(\gamma) = b$. Es handelt

sich also um eine Spiegelung an einer Ursprungsgeraden, die mit der x_1-Achse den Winkel $\varphi = \gamma:2$ einschließt.
Die Umkehrung ist offensichtlich, weil für alle Winkel $\gamma = 2 \cdot \varphi$ gilt:
$\cos^2(\gamma) + \sin^2(\gamma) = 1$.

4 Spezielle Abbildungen – Parallelprojektion vom Raum in eine Ebene

Seite 435

Einstiegsproblem
Individuelle Lösungen

Seite 436

1 a) Projektionsmatrix $P = \begin{pmatrix} 0 & 0 & 0 \\ -1 & 1 & 0 \\ -1 & 0 & 1 \end{pmatrix}$

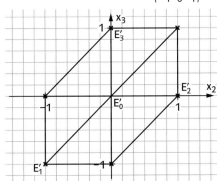

b) Projektionsmatrix $P = \begin{pmatrix} 1 & -1 & 0 \\ 0 & 0 & 0 \\ 0 & 1 & 1 \end{pmatrix}$

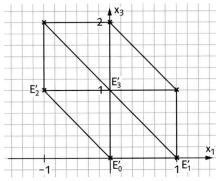

2 a) $O' = O$; $P'(0|0|0)$; $R'(0|-4|0)$; $S(0|-2|6,5)$; $T'(0|0|5)$

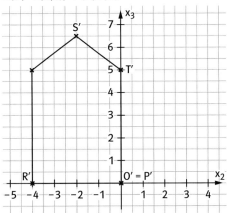

b) $O' = O$; $P'(-4|0|0)$; $R'(0|-4|0)$; $S'(-8,5|-8,5|0)$; $T'(-9|-5|0)$

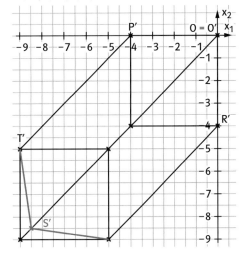

3 a) Zunächst wählt man einen beliebigen Punkt. $P(0|0|1)$ wird auf $P'(-3|-3|2)$ abgebildet. Der Vektor $\overrightarrow{PP'}$ gibt die Richtung der Sonnenstrahlen an.

$\begin{pmatrix} -3 \\ -3 \\ 2 \end{pmatrix} - \begin{pmatrix} 0 \\ 0 \\ 1 \end{pmatrix} = \begin{pmatrix} -3 \\ -3 \\ 1 \end{pmatrix} = \vec{r}$

($\vec{r}$ ist der Richtungsvektor)

b) Ansatz: Sei $P(x_1|x_2|x_3)$ als Fixpunkt ein Punkt der Hangebene:

$$\begin{pmatrix} x_1 \\ x_2 \\ x_3 \end{pmatrix} = \begin{pmatrix} 1 & -2 & -3 \\ 0 & -1 & -3 \\ 0 & \frac{2}{3} & 2 \end{pmatrix} \cdot \begin{pmatrix} x_1 \\ x_2 \\ x_3 \end{pmatrix}, \text{ also}$$

E: $x_2 + 1{,}5 x_3 = 0$

c) $\vec{r} = \begin{pmatrix} -3 \\ -3 \\ 1 \end{pmatrix}$, sei $P(a|b|c)$ ein beliebiger Punkt, der projiziert werden soll.

Es ist: h: $\vec{x} = \begin{pmatrix} a \\ b \\ c \end{pmatrix} + t \cdot \vec{r}$, also

$3(a-3t) + 4(b-3t) + 6(c+t) = 0$, also
$t = \frac{1}{15}(3a + 4b + 6c)$.

$\Rightarrow P = \frac{1}{15} \begin{pmatrix} 6 & -12 & -18 \\ -9 & 3 & -18 \\ 3 & 4 & 21 \end{pmatrix}$ ist die Projektionsmatrix.

5 a) $P = \begin{pmatrix} -1 & -4 & 1 \\ 0 & 1 & 0 \\ -2 & -4 & 2 \end{pmatrix}$ mit $\vec{x}' = P \cdot \vec{x}$

b) $P = \begin{pmatrix} -1 & -4 & 1 \\ 0 & 1 & 0 \\ -2 & -4 & 2 \end{pmatrix}$ mit $\vec{x}' = P \cdot \vec{x} + \begin{pmatrix} 2 \\ 0 \\ 2 \end{pmatrix}$

c) Die Projektion von Teilaufgabe a) und b) haben dieselbe Projektionsrichtung. Die Hangebene in Teilaufgabe b) ist im Vergleich zur Hangebene in Teilaufgabe a) um den Vektor $\begin{pmatrix} 2 \\ 0 \\ 2 \end{pmatrix}$ verschoben.

5 Verkettung von Abbildungen – Matrizenmultiplikation

Seite 437

Einstiegsproblem
Eine Drehung um 90° bildet P auf P' ab:
$A \cdot \vec{p} = \begin{pmatrix} -p_2 \\ p_1 \end{pmatrix} = \vec{p'}$

P' wiederum wird bei einer Drehung um 90° auf P'' abgebildet:
$A \cdot A \cdot \vec{p} = A \cdot \vec{p'} = \begin{pmatrix} -p_1 \\ -p_2 \end{pmatrix} = \vec{p''}$

Dies entspricht einer Multiplikation der Matrix B mit dem Vektor $\vec{p}$:
$B \cdot \vec{p} = \begin{pmatrix} -1 & 0 \\ 0 & -1 \end{pmatrix} \cdot \begin{pmatrix} p_1 \\ p_2 \end{pmatrix} = \begin{pmatrix} -p_1 \\ -p_2 \end{pmatrix}$

Das heißt, es gilt: $A \cdot A \cdot \vec{p} = B \cdot \vec{p}$
Analog erhält man:
$A \cdot A \cdot A \cdot \vec{p} = B \cdot A \cdot \vec{p} = C \cdot \vec{p} = \vec{p'''}$
$A \cdot A \cdot A \cdot A \cdot \vec{p} = C \cdot A \cdot \vec{p} = \vec{p} = E \cdot \vec{p}$

Da dies für beliebige Punkte P gilt, kann man folgern:
$A \cdot A = B$; $A \cdot A \cdot A = B \cdot A = C$;
$A \cdot A \cdot A \cdot A = C \cdot A = E$

Seite 438

1 a) „erst α dann β":
$\beta \circ \alpha: \vec{x}' = B \cdot A \cdot \vec{x}$ mit $B \cdot A = \begin{pmatrix} 0 & -4 \\ -1 & -3 \end{pmatrix}$
„erst β dann α":
$\alpha \circ \beta: \vec{x}' = A \cdot B \cdot \vec{x}$ mit $A \cdot B = \begin{pmatrix} -3 & -1 \\ -4 & 0 \end{pmatrix}$

b) $\beta \circ \alpha: \vec{x}' = \begin{pmatrix} 0 & 2 \\ -2 & -1 \end{pmatrix} \cdot \vec{x} + \begin{pmatrix} 1 \\ 1 \end{pmatrix}$;

$\alpha \circ \beta: \vec{x}' = \begin{pmatrix} 0 & -1 \\ 4 & -1 \end{pmatrix} \cdot \vec{x} + \begin{pmatrix} 1 \\ 3 \end{pmatrix}$

Die Verkettungen sind weder in Teilaufgabe a) noch in Teilaufgabe b) identisch.

2 a) α: „um den Ursprung um 45° drehen":

$\alpha: \vec{x}' = \begin{pmatrix} \frac{\sqrt{2}}{2} & -\frac{\sqrt{2}}{2} \\ \frac{\sqrt{2}}{2} & \frac{\sqrt{2}}{2} \end{pmatrix} \cdot \vec{x}$

β: „an der Geraden g: $\vec{x} = t \cdot \begin{pmatrix} 1 \\ -1 \end{pmatrix}$ spiegeln"
Der Winkel, den g mit der x-Achse einschließt, beträgt 135°.

$\beta: \vec{x}' = \begin{pmatrix} 0 & -1 \\ -1 & 0 \end{pmatrix} \cdot \vec{x}$

$\beta \circ \alpha: \vec{x}' = B \cdot A \cdot \vec{x}$ mit $B \cdot A = \begin{pmatrix} -\frac{\sqrt{2}}{2} & -\frac{\sqrt{2}}{2} \\ -\frac{\sqrt{2}}{2} & \frac{\sqrt{2}}{2} \end{pmatrix}$

$A'\left(-\frac{\sqrt{2}}{2} \Big| \frac{\sqrt{2}}{2}\right)$; $B'\left(-\frac{3\sqrt{2}}{2} \Big| -\frac{\sqrt{2}}{2}\right)$; $C'(-3\sqrt{2}|\sqrt{2})$

b) α: Streckung von O aus um den Faktor 2:
$\alpha: \vec{x}' = \begin{pmatrix} 2 & 0 \\ 0 & 2 \end{pmatrix} \cdot \vec{x}$

β: Spiegelung an der x_2-Achse:
$\beta: \vec{x}' = \begin{pmatrix} -1 & 0 \\ 0 & 1 \end{pmatrix} \cdot \vec{x}$

$\beta \circ \alpha: \vec{x}' = B \cdot A \cdot \vec{x}$ mit $B \cdot A = \begin{pmatrix} -2 & 0 \\ 0 & 2 \end{pmatrix}$
$A'(0|2)$; $B'(-4|2)$; $C'(-4|8)$

Seite 439

4 a) Die Parallelprojektion ist eine Abbildung des dreidimensionalen Raumes auf eine Ebene. Ist die Parallelprojektion einmal durchgeführt, so wird beim erneuten Abbilden das Bild auf sich selbst abgebildet, also $A \cdot A = A$.

b) Die inverse Abbildung einer Spiegelung S an einer gegebenen Achse ist die Spiegelung selbst: aus $S = S^{-1}$ und $S^{-1} \cdot S = E$ folgt $S \cdot S = E$.

c) Wenn 6-mal hintereinander um 60° gedreht wird, so beträgt die Gesamtdrehung 360°. Diese entspricht der Identitätsabbildung.

d) Aus $S^2 = E$ folgt $S^3 = S$ (vgl. Teilaufgabe b)).

5 a) $\alpha: \vec{x'} = \begin{pmatrix} 1 & 0 \\ 0 & k_1 \end{pmatrix} \cdot \vec{x}$; $\beta: \vec{x'} = \begin{pmatrix} k_2 & 0 \\ 0 & 1 \end{pmatrix} \cdot \vec{x}$

$\alpha \circ \beta = \beta \circ \alpha: \vec{x'} = \begin{pmatrix} k_2 & 0 \\ 0 & k_1 \end{pmatrix} \cdot \vec{x}$

b) $A'(0|-3)$; $B'(4,5|6)$; $C'(1,5|9)$
$A_{ABC} = 18$ FE; $A_{A'B'C'} = 20,25$ FE
Es gilt also
$A_{A'B'C'} = 0,75 \cdot 1,5 \cdot A_{ABC} = k_1 \cdot k_2 \cdot A_{ABC}$

6 a) $\vec{BA} = \begin{pmatrix} -3 \\ -3 \end{pmatrix}$; $\vec{BC} = \begin{pmatrix} 4 \\ -4 \end{pmatrix}$; also ist $\vec{BA} \cdot \vec{BC} = 0$.
Das Dreieck ABC ist rechtwinklig.

b) $\alpha: \vec{x'} = \begin{pmatrix} 1 & 0 \\ 0 & 2 \end{pmatrix} \cdot \vec{x}$; $\beta: \vec{x'} = \vec{x} + \begin{pmatrix} 1 \\ 3 \end{pmatrix}$

$\alpha \circ \beta: \vec{x'} = \begin{pmatrix} 1 & 0 \\ 0 & 2 \end{pmatrix} \cdot \vec{x} + \begin{pmatrix} 1 \\ 6 \end{pmatrix}$

$A'(0|4)$; $B'(3|10)$; $C'(7|2)$

c) Das Dreieck ABC ist rechtwinklig, A'B'C' ist spitzwinklig; die Seiten AB und A'B' sind jeweils am kürzesten. Es gilt:
$\overline{AB} < \overline{BC} < \overline{AC}$ aber $\overline{A'B'} < \overline{A'C'} < \overline{B'C'}$.

7

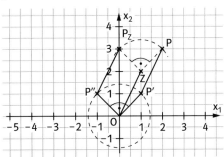

a) Verschieben von P um $-\vec{OZ}$ liefert P';
Drehen von P' um 90° um O liefert P";
Verschieben von P" um $\vec{OZ}$ liefert P_Z.
P_Z entspricht dem Bild von P bei einer Drehung um 90° um den Punkt Z.

b) $P'(1|1)$; $P''(-1|1)$; $P_Z(0|3)$

8 a) $A = \begin{pmatrix} \frac{1}{4} & -\frac{1}{4} \\ \frac{1}{4} & \frac{1}{4} \end{pmatrix}$

b) $A'(2,5|2)$; $B'(2|2,5)$; $C'(1,5|2)$; $D'(2|1,5)$
$A''(2,125|3,125)$; $B''(1,875|3,125)$;
$C''(1,875|2,875)$; $D''(2,125|2,875)$

c) Die Abbildung $\alpha \circ \alpha$ verkleinert die Seiten des Quadrats um den Faktor $\frac{1}{8}$, dreht das Quadrat um 90° und verschiebt es anschließend um den Vektor $\begin{pmatrix} 2 \\ 3 \end{pmatrix}$.

$\alpha \circ \alpha: \vec{x'} = \begin{pmatrix} 0 & -\frac{1}{8} \\ \frac{1}{8} & 0 \end{pmatrix} \cdot \vec{x} + \begin{pmatrix} 2 \\ 3 \end{pmatrix}$

d) Aus $A \cdot \vec{x} + \begin{pmatrix} 2 \\ 2 \end{pmatrix} = \vec{x}$ berechnet man $\vec{x} = \begin{pmatrix} 1,6 \\ 3,2 \end{pmatrix}$. Der Fixpunkt der Abbildung, also der Punkt, der auf sich selbst abgebildet wird, ist somit $F(1,6|3,2)$.

6 Inverse Matrizen – Umkehrabbildungen

Seite 440

Einstiegsproblem
Da der Ursprung ein Fixpunkt der Abbildung ist, hat α die Form $\alpha: \vec{x'} = A \cdot \vec{x}$.
Mithilfe der gegebenen Punkte und der zugehörigen Bildpunkte erhält man:
$A = \begin{pmatrix} 2 & -1 \\ 3 & 4 \end{pmatrix}$
Um die Punkte A, B und C zu bestimmen, müssen die Gleichungen $A \cdot \vec{a} = \vec{a'}$, $A \cdot \vec{b} = \vec{b'}$, $A \cdot \vec{c} = \vec{c'}$ gelöst werden.
Man erhält: $A(1|1)$; $B(3|1)$, $C(3|-2)$.
Diese Punkte errechnen sich auch durch die Umkehrabbildung $\alpha^{-1}: x = A^{-1}\vec{x'}$, mit
$A^{-1} = \frac{1}{11}\begin{pmatrix} 4 & 1 \\ -3 & 2 \end{pmatrix}$.

Seite 441

1 a) $A^{-1} = \begin{pmatrix} 1 & -1 \\ 0 & 1 \end{pmatrix}$ b) $A^{-1} = \frac{1}{10} \cdot \begin{pmatrix} 5 & 0 \\ -3 & 2 \end{pmatrix}$

c) $A^{-1} = -\frac{1}{24} \cdot \begin{pmatrix} 1 & -5 \\ -5 & 1 \end{pmatrix}$

d) $A^{-1} = \begin{pmatrix} \frac{1}{2} & \frac{5}{2} \\ \frac{1}{2} & \frac{3}{2} \end{pmatrix}$

Seite 442

2 a) $\alpha^{-1}: \vec{x'} = \frac{1}{5}\begin{pmatrix} 2 & -3 \\ 1 & 1 \end{pmatrix} \cdot \vec{x}$

b) $\alpha^{-1}: \vec{x'} = \begin{pmatrix} 2 & -1 \\ 1 & 3 \end{pmatrix} \cdot \vec{x}$

c) $\alpha^{-1}: \vec{x'} = \begin{pmatrix} 2 & -0,5 \\ -3 & 1 \end{pmatrix} \cdot \vec{x} - \begin{pmatrix} -3 \\ 5 \end{pmatrix}$

d) $\alpha^{-1}: \vec{x'} = \begin{pmatrix} 4 & -1 \\ 1 & 0 \end{pmatrix} \cdot \vec{x} + \begin{pmatrix} 8 \\ 1 \end{pmatrix}$

e) $\alpha^{-1}: \vec{x'} = \frac{1}{15}\begin{pmatrix} 11 & -6 & 2 \\ 2 & 3 & -1 \\ -8 & 3 & 4 \end{pmatrix} \cdot \vec{x}$

f) $\alpha^{-1}: \vec{x'} = \frac{1}{12}\begin{pmatrix} 3 & 3 & -3 \\ 2 & -10 & 6 \\ 1 & 1 & 3 \end{pmatrix} \cdot \vec{x}$

3 a) $\alpha \circ \gamma = \beta \Leftrightarrow \alpha^{-1} \circ \alpha \circ \gamma = \alpha^{-1} \circ \beta$
$\Leftrightarrow \gamma = \alpha^{-1} \circ \beta$
Somit ist $\gamma: \vec{x'} = A^{-1} \cdot B \cdot \vec{x} = \begin{pmatrix} -4 & -26 \\ 1,5 & 8,5 \end{pmatrix} \cdot \vec{x}$

b) $\beta \circ \gamma = \alpha \Leftrightarrow \gamma = \beta^{-1} \circ \alpha$
Somit ist $\gamma: \vec{x'} = B^{-1} \cdot A \cdot \vec{x} = \frac{1}{10}\begin{pmatrix} 17 & 52 \\ -3 & -8 \end{pmatrix} \cdot \vec{x}$

c) $\gamma \circ \alpha = \beta \Leftrightarrow \gamma = \beta \circ \alpha^{-1}$
Somit ist $\gamma: \vec{x'} = B \cdot A^{-1} \cdot \vec{x} = \begin{pmatrix} 2,5 & -4 \\ 0 & 2 \end{pmatrix} \cdot \vec{x}$

d) $\gamma \circ \beta = \alpha \Leftrightarrow \gamma = \alpha \circ \beta^{-1}$
Somit ist $\gamma: \vec{x'} = A \cdot B^{-1} \cdot \vec{x} = \begin{pmatrix} 0,4 & 0,8 \\ 0 & 0,5 \end{pmatrix} \cdot \vec{x}$

e) $\alpha \circ \gamma \circ \alpha = \beta \Leftrightarrow \gamma = \alpha^{-1} \circ \beta \circ \alpha^{-1}$
$\gamma: \vec{x'} = A^{-1} B \cdot A^{-1} \cdot x = \begin{pmatrix} 5 & -14 \\ -1,25 & 4 \end{pmatrix} \cdot \vec{x}$

f) $\alpha \circ \gamma \circ \beta = \alpha \Leftrightarrow \gamma \circ \beta = \alpha^{-1} \circ \alpha = \text{id}$
$\Leftrightarrow \gamma = \beta^{-1}$
$\gamma: \vec{x'} = B^{-1} \cdot \vec{x} = \frac{1}{10}\begin{pmatrix} 8 & 1 \\ -2 & 1 \end{pmatrix} \cdot \vec{x}$

g) $\alpha \circ \beta \circ \gamma = \alpha \Leftrightarrow \gamma = \beta^{-1}$
(weiter s. Teilaufgabe f))

h) $\alpha^{-1} \circ \gamma \circ \beta = \alpha \Leftrightarrow \gamma \circ \beta = \alpha \circ \alpha$
$\Leftrightarrow \gamma = \alpha \circ \alpha \circ \beta^{-1}$
$\gamma: \vec{x'} = A^2 \cdot B \cdot \vec{x} = \begin{pmatrix} 0,8 & 4,6 \\ 0,4 & 2,8 \end{pmatrix} \cdot \vec{x}$

5 a) α ist umkehrbar, da die Determinante der dazugehörigen Matrix ungleich 0 ist: $(-2) \cdot 1 - 1 \cdot 1 = -3 \neq 0$

b) $\alpha^{-1}: \vec{x} = A^{-1}\vec{x'} - A^{-1} \cdot \vec{c'}$

$A^{-1} = \begin{pmatrix} -\frac{1}{3} & \frac{1}{3} \\ \frac{1}{3} & \frac{2}{3} \end{pmatrix}$; $A^{-1} \cdot \vec{c} = \begin{pmatrix} -\frac{1}{3} & \frac{1}{3} \\ \frac{1}{3} & \frac{2}{3} \end{pmatrix}\begin{pmatrix} 2 \\ 5 \end{pmatrix} = \begin{pmatrix} 1 \\ 4 \end{pmatrix}$

Die Umkehrabbildung lautet:

$\alpha^{-1}: \vec{x'} = \begin{pmatrix} -\frac{1}{3} & \frac{1}{3} \\ \frac{1}{3} & \frac{2}{3} \end{pmatrix} \cdot \vec{x} - \begin{pmatrix} 1 \\ 4 \end{pmatrix}$

Urbild von $P'(2|8)$: $P(1|2)$

c) Gesucht: Abbildung γ mit $\beta \circ \gamma = \alpha$
$\beta^{-1} \circ \beta \circ \gamma = \beta^{-1} \circ \alpha \Rightarrow \gamma = \beta^{-1} \circ \alpha$
Bestimmung von β^{-1}:

$B^{-1} = \begin{pmatrix} 2 & -1 \\ -5 & 3 \end{pmatrix}$, also ist $\beta^{-1}: \vec{x'} = \begin{pmatrix} 2 & -1 \\ -5 & 3 \end{pmatrix} \cdot \vec{x}$

$\gamma = \beta^{-1} \circ \alpha: \vec{x'} = B^{-1} \cdot (A\vec{x} + \vec{c})$
$= B^{-1} \cdot A \cdot \vec{x} + B^{-1} \cdot \vec{c}$

Da $B^{-1} \cdot A = \begin{pmatrix} -5 & 1 \\ 13 & -2 \end{pmatrix}$ und $B^{-1} \cdot \vec{c} = \begin{pmatrix} -1 \\ 5 \end{pmatrix}$ ist, folgt:

$\gamma = \beta^{-1} \circ \alpha: \vec{x'} = \begin{pmatrix} -5 & 1 \\ 13 & -2 \end{pmatrix}\vec{x} + \begin{pmatrix} -1 \\ 5 \end{pmatrix}$

6 a) $\alpha: \vec{x'} = \begin{pmatrix} 3 & 0 & 0 \\ 0 & 3 & 0 \\ 0 & 0 & 3 \end{pmatrix} \cdot \vec{x}$;

$\alpha^{-1}: \vec{x'} = \begin{pmatrix} \frac{1}{3} & 0 & 0 \\ 0 & \frac{1}{3} & 0 \\ 0 & 0 & \frac{1}{3} \end{pmatrix} \cdot \vec{x}$

b) $\alpha: \vec{x'} = \begin{pmatrix} 0 & -1 \\ 1 & 0 \end{pmatrix} \cdot \vec{x}$; $\alpha^{-1}: \vec{x'} = \begin{pmatrix} 0 & 1 \\ -1 & 0 \end{pmatrix} \cdot \vec{x}$

c) $\alpha: \vec{x'} = \begin{pmatrix} 0 & 1 \\ 1 & 0 \end{pmatrix} \cdot \vec{x}$; $\alpha^{-1}: \vec{x'} = \begin{pmatrix} 0 & 1 \\ 1 & 0 \end{pmatrix} \cdot \vec{x}$

d) $\alpha: \vec{x'} = \begin{pmatrix} 2 & 0 \\ 0 & 2 \end{pmatrix} \cdot \vec{x} + \begin{pmatrix} 2 \\ 5 \end{pmatrix}$;

$\alpha^{-1}: \vec{x'} = \begin{pmatrix} 0{,}5 & 0 \\ 0 & 0{,}5 \end{pmatrix} \cdot \vec{x} - \begin{pmatrix} 1 \\ 2{,}5 \end{pmatrix}$

7 a) $\alpha^{-1}: \vec{x'} = \frac{1}{5} \begin{pmatrix} 3 & -1 \\ -1 & 2 \end{pmatrix} \cdot \vec{x}$

b) $\beta^{-1}: \vec{x'} = \frac{1}{10} \begin{pmatrix} 8 & 1 \\ -2 & 1 \end{pmatrix} \cdot \vec{x}$

c) $\beta^{-1} \circ \alpha^{-1}: \vec{x'} = \frac{1}{50} \begin{pmatrix} 23 & -6 \\ -7 & 4 \end{pmatrix} \cdot \vec{x}$

d) $\alpha^{-1} \circ \beta^{-1}: \vec{x'} = \frac{1}{50} \begin{pmatrix} 26 & 2 \\ -12 & 1 \end{pmatrix} \cdot \vec{x}$

e) $(\alpha \circ \beta)^{-1}: \vec{x'} = \frac{1}{50} \begin{pmatrix} 23 & -6 \\ -7 & 4 \end{pmatrix} \cdot \vec{x}$

f) $(\beta \circ \alpha)^{-1}: \vec{x'} = \frac{1}{50} \begin{pmatrix} 26 & 2 \\ -12 & 1 \end{pmatrix} \cdot \vec{x}$

(Fehler im 1. Druck der 1. Auflage: Die zwei letzten Aufgaben sollten e) und f) statt d) und e) lauten.)

8 Begründung: Die Umkehrung der zusammengesetzten Abbildung $\alpha \circ \beta$ besteht darin, dass man zuerst die Abbildung 2^{-1} anwendet und dann die Abbildung β^{-1}, kurz $(\alpha \circ \beta)^{-1} = \beta^{-1} \circ \alpha^{-1}$ (vgl. auch das untenstehende Schema).
$\alpha \circ \beta: \vec{x} \xrightarrow{\beta} \vec{x'} \xrightarrow{\alpha} \vec{x''}$ und
$\beta^{-1} \circ \alpha^{-1}: \vec{x''} \xrightarrow{\alpha^{-1}} x' \xrightarrow{\beta^{-1}} \vec{x}$

Ein genauer Beweis erfolgt über die Multiplikation der dazugehörigen Abbildungsmatrizen, es gilt $(A \cdot B)^{-1} = B^{-1} \cdot A^{-1}$.

9 a) Da eine Parallelprojektion eine Abbildung des $\mathbb{R}^3$ auf den $\mathbb{R}^2$ ist, ist sie nicht umkehrbar (denn man kann nicht jedem Bildpunkt ein eindeutiges Urbild zuordnen).

b) Drehung um den Ursprung um φ:
$A = \begin{pmatrix} \cos(\varphi) & -\sin(\varphi) \\ \sin(\varphi) & \cos(\varphi) \end{pmatrix}$;
$\det(A) = (\cos(\varphi))^2 + (\sin(\varphi))^2 = 1$
Spiegelung an einer Ursprungsgerade mit der Neigung φ zur x-Achse:
$A = \begin{pmatrix} \cos(2\varphi) & \sin(2\varphi) \\ \sin(2\varphi) & -\cos(2\varphi) \end{pmatrix}$;
$\det(A) = -(\cos(\varphi))^2 - (\sin(\varphi))^2 = -1$

c) α: Drehung um O um φ mit der Abbildungsmatrix A;

β: Spiegelung an der Ursprungsgeraden g mit dem Neigungswinkel ψ zur x-Achse mit dazugehöriger Abbildungsmatrix B

$\alpha \circ \gamma = \beta \Leftrightarrow \gamma = \alpha^{-1} \circ \beta$
Die Abbildung α^{-1} ist eine Drehung um O um den Winkel $-\varphi$. Es gilt:
$A^{-1} \cdot B$
$= \begin{pmatrix} \cos(-\varphi) & -\sin(-\varphi) \\ \sin(-\varphi) & \cos(-\varphi) \end{pmatrix} \cdot \begin{pmatrix} \cos(2\psi) & \sin(2\psi) \\ \sin(2\psi) & -\cos(2\psi) \end{pmatrix}$
$= \begin{pmatrix} \cos(2\psi - \varphi) & \sin(2\psi - \varphi) \\ \sin(2\psi - \varphi) & -\cos(2\psi - \varphi) \end{pmatrix}$

Da $A^{-1} \cdot B$ die zur Abbildung γ dazugehörige Matrix ist, ist γ eine Spiegelung an einer Ursprungsgeraden h, die einen Neigungswinkel von $\psi - \frac{\varphi}{2}$ zur x-Achse hat.

d) α: Spiegelung an der Ursprungsgeraden g mit dem Neigungswinkel φ zur x-Achse mit dazugehöriger Abbildungsmatrix A;

β: Drehung um O um ψ mit der Abbildungsmatrix B

$\gamma = \alpha^{-1} \circ \beta \Rightarrow \gamma = \alpha \circ \beta$, da $\alpha^{-1} = \alpha$ gilt (α Spiegelung). Da $\cos(-\psi) = \cos(\psi)$ und $\sin(-\psi) = -\sin(\psi)$, gilt:
$B = \begin{pmatrix} \cos(\psi) & -\sin(\psi) \\ \sin(\psi) & \cos(\psi) \end{pmatrix}$
$= \begin{pmatrix} \cos(-\psi) & \sin(-\psi) \\ -\sin(-\psi) & \cos(-\psi) \end{pmatrix}$.
Somit ist:
$A \cdot B$
$= \begin{pmatrix} \cos(2\varphi) & \sin(2\varphi) \\ \sin(2\varphi) & -\cos(2\varphi) \end{pmatrix} \cdot \begin{pmatrix} \cos(-\psi) & \sin(-\psi) \\ -\sin(-\psi) & \cos(-\psi) \end{pmatrix}$
$= \begin{pmatrix} \cos(2\varphi - \psi) & \sin(2\varphi - \psi) \\ \sin(2\varphi - \psi) & -\cos(2\varphi - \psi) \end{pmatrix}$

Die Abbildung γ ist somit eine Spiegelung an einer Ursprungsgeraden h mit dem Neigungswinkel $\varphi - \frac{\psi}{2}$ zur x-Achse.

10 α ist umkehrbar, denn
$\det(A) = 2 \cdot 3 - (-5) \cdot (-1) = 1 \neq 0$.
a) Aus der Koordinatenform von g ergibt sich die Parameterform von g indem man setzt: $x_1 = 7t$, $x_2 = -2t + \frac{4}{7}$.

g: $\vec{x} = \begin{pmatrix} 0 \\ \frac{4}{7} \end{pmatrix} + t \cdot \begin{pmatrix} 7 \\ -2 \end{pmatrix}$

Bild von g: g': $\vec{x} = \frac{1}{7} \cdot \begin{pmatrix} -13 \\ 19 \end{pmatrix} + t \cdot \begin{pmatrix} 24 \\ -13 \end{pmatrix}$

Umkehrabbildung von α:

$\alpha^{-1}: \vec{x} = \begin{pmatrix} 3 & 5 \\ 1 & 2 \end{pmatrix} \cdot \vec{x}' - \begin{pmatrix} 8 \\ 3 \end{pmatrix}$

Das Urbild h der Geraden h′ unter α entspricht dem Bild der Geraden h′ unter α^{-1}:

h: $\vec{x} = \begin{pmatrix} -5 \\ -2 \end{pmatrix} + t \cdot \begin{pmatrix} 21 \\ 8 \end{pmatrix}$

b) Bild der Geraden g unter α:

g': $x = \begin{pmatrix} 10 \\ -4 \end{pmatrix} + t \cdot \begin{pmatrix} -16 \\ 9 \end{pmatrix}$

Urbild der Geraden h′ unter α (gleich dem Bild von h′ unter α^{-1}):

h: $\vec{x} = \begin{pmatrix} 7 \\ 3 \end{pmatrix} + t \cdot \begin{pmatrix} 13 \\ 5 \end{pmatrix}$

11 Berechnen anhand eines Beispiels:
Gegeben ist die Abbildung α: $\vec{x}' = A \cdot \vec{x}$ mit der Abbildungsmatrix
$A = \begin{pmatrix} 2 & -1 \\ 2 & 1 \end{pmatrix}$. Es gilt $\det(A) = 4$. Die Spalten der Matrix geben die Bilder der Einheitsvektoren wieder, d.h.:

$\vec{e_1} = \begin{pmatrix} 1 \\ 0 \end{pmatrix} \xrightarrow{\alpha} \begin{pmatrix} 2 \\ 2 \end{pmatrix} = \vec{e_1}'$ und

$\vec{e_2} = \begin{pmatrix} 0 \\ 1 \end{pmatrix} \xrightarrow{\alpha} \begin{pmatrix} -1 \\ 1 \end{pmatrix} = \vec{e_2}'$.

Die Einheitsvektoren spannen ein Quadrat mit der Fläche 1 auf.
Die Bildvektoren stehen ebenfalls senkrecht aufeinander, da $\vec{e_1}' \cdot \vec{e_2}' = 0$. Die Fläche des von ihnen aufgespannten Rechtecks beträgt: $|\vec{e_1}'| \cdot |\vec{e_2}'| = \sqrt{2^2 + 2^2} \cdot \sqrt{1^2 + 1^2} = 4$.
Somit hat sich die aufgespannte Fläche beim Abbilden unter α um den Faktor $4 = \det(A)$ verändert.

7 Eigenwerte und Eigenvektoren

Seite 443

Einstiegsproblem

Gesucht sind Vektoren, für die gilt:
$\begin{pmatrix} 2 & 0 \\ 0 & -2 \end{pmatrix} \cdot \vec{v} = \lambda \vec{v}$, mit $\lambda \in \mathbb{R}$.

Die Gleichung ist erfüllt für $\vec{v} = \begin{pmatrix} v_1 \\ 0 \end{pmatrix}$ und

$\vec{v} = \begin{pmatrix} 0 \\ v_2 \end{pmatrix}$, wobei $v_1, v_2 \in \mathbb{R}$ beliebig.

Aus dem Ansatz $\begin{pmatrix} 1 & 1 \\ 0 & 1 \end{pmatrix} \cdot \lambda$

$\vec{v}$, mit $\lambda \in \mathbb{R}$ folgt: $\vec{v} = \begin{pmatrix} v_1 \\ 0 \end{pmatrix}$, mit $v_1 \in \mathbb{R}$ beliebig.

Seite 445

1 a) Charakteristische Gleichung:
$(1 - \lambda) \cdot (5 - \lambda) + 3 = 0 \Leftrightarrow \lambda^2 - 6\lambda + 8 = 0$
$\Rightarrow \lambda_1 = 2$ und $\lambda_2 = 4$

Ein Eigenvektor $\vec{u} = \begin{pmatrix} u_1 \\ u_2 \end{pmatrix}$ zum Eigenwert erfüllt das Gleichungssystem
$u_1 - u_2 = \lambda u_1$
$3u_1 + 5u_2 = \lambda u_2$

Daraus berechnet man
Eigenvektor zu $\lambda_1 = 2$: $\vec{u} = t \begin{pmatrix} 1 \\ -1 \end{pmatrix}$

Eigenvektor zu $\lambda_2 = 4$: $\vec{u} = s \begin{pmatrix} 1 \\ -3 \end{pmatrix}$

Die Geraden g: $\vec{x} = t \begin{pmatrix} 1 \\ -1 \end{pmatrix}$ und

h: $\vec{x} = s \begin{pmatrix} 1 \\ -3 \end{pmatrix}$ sind somit die einzigen Fixgeraden durch den Ursprung.

b) Charakteristische Gleichung:
$(-2 - \lambda) \cdot (-4 - \lambda) + 1 = 0 \Leftrightarrow \lambda^2 + 6\lambda + 9 = 0$
$\Leftrightarrow (\lambda + 3)^2 = 0; \lambda = -3$

Ein Eigenvektor $\vec{u} = \begin{pmatrix} u_1 \\ u_2 \end{pmatrix}$ zum Eigenwert $\lambda = -3$ erfüllt das Gleichungssystem:
$-2u_1 + \quad u_2 = -3u_1$
$-u_1 - 4u_2 = -3u_2$

Dies hat die Lösung $t \begin{pmatrix} 1 \\ -1 \end{pmatrix}$. Die Gerade

g: $\vec{x} = t \begin{pmatrix} 1 \\ -1 \end{pmatrix}$ ist somit die einzige Fixgerade durch den Ursprung.

c) Charakteristische Gleichung:
$(1-\lambda)\cdot(-1-\lambda) - 1 = 0 \Leftrightarrow$
$\lambda^2 = 2$, also $\lambda_1 = \sqrt{2}$ und $\lambda_2 = -\sqrt{2}$
Ein Eigenvektor $\vec{u} = \begin{pmatrix} u_1 \\ u_2 \end{pmatrix}$ zum Eigenwert λ erfüllt das Gleichungssystem:
$u_1 + u_2 = \lambda u_1$
$u_1 - u_2 = \lambda u_2$
Daraus berechnet man:
Eigenvektor zu $\lambda_1 = \sqrt{2}$: $\vec{u} = t\begin{pmatrix} 1 \\ -1+\sqrt{2} \end{pmatrix}$;
Eigenvektor zu $\lambda_2 = -\sqrt{2}$: $\vec{u} = s\begin{pmatrix} 1 \\ -1-\sqrt{2} \end{pmatrix}$
Die Geraden g: $\vec{x} = t\begin{pmatrix} 1 \\ -1+\sqrt{2} \end{pmatrix}$ und
h: $\vec{x} = s\begin{pmatrix} 1 \\ -1-\sqrt{2} \end{pmatrix}$ sind somit die einzigen Fixgeraden durch den Ursprung.

d) Charakteristische Gleichung:
$\lambda^2 + \lambda - 1 = 0$; $\lambda_1 = \frac{-1+\sqrt{5}}{2}$, $\lambda_2 = \frac{-1-\sqrt{5}}{2}$
Eigenvektor zu λ_1: $\vec{u} = t\begin{pmatrix} \frac{1}{2}(-1+\sqrt{5}) \\ 1 \end{pmatrix}$;
Eigenvektor zu λ_2: $\vec{u} = s\begin{pmatrix} -\frac{1}{2}(1+\sqrt{5}) \\ 1 \end{pmatrix}$
Die Geraden g: $\vec{x} = t\begin{pmatrix} \frac{1}{2}(-1+\sqrt{5}) \\ 1 \end{pmatrix}$ und
h: $\vec{x} = s\begin{pmatrix} -\frac{1}{2}(1+\sqrt{5}) \\ 1 \end{pmatrix}$ sind somit die einzigen Fixgeraden durch den Ursprung.

2 a) Charakteristische Gleichung:
$\lambda^2 - 1 = 0$; Lösungen: $\lambda_1 = 1$, $\lambda_2 = -1$
Eigenvektor zu λ_1: $\vec{u} = t\begin{pmatrix} 2 \\ 1 \end{pmatrix}$;
Eigenvektor zu λ_2: $\vec{v} = s\begin{pmatrix} 0 \\ 1 \end{pmatrix}$
Die Geraden mit dem Richtungsvektor
$\vec{u} = t\begin{pmatrix} 2 \\ 1 \end{pmatrix}$ bzw. $\vec{v} = s\begin{pmatrix} 0 \\ 1 \end{pmatrix}$ sind parallel zu ihren Bildgeraden (da der Richtungsvektor Eigenvektor ist, wird auf ein Vielfaches abgebildet und bleibt somit als Richtungsvektor erhalten).

b) Charakteristische Gleichung:
$\lambda^2 - 2\lambda + 3 = 0$; keine reellen Lösungen
Es gibt keine Gerade g, die parallel zu ihrer Bildgerade ist.

c) Charakteristische Gleichung:
$\lambda^2 + 3\lambda - 4 = 0$; Lösungen $\lambda_1 = 1$, $\lambda_2 = -4$
Eigenvektor zu λ_1: $\vec{u} = t\begin{pmatrix} 1 \\ 1 \end{pmatrix}$;
Eigenvektor zu λ_2: $\vec{v} = s\begin{pmatrix} 2 \\ -3 \end{pmatrix}$
Die Geraden mit dem Richtungsvektor
$\vec{u} = t\begin{pmatrix} 1 \\ 1 \end{pmatrix}$ bzw. $\vec{v} = s\begin{pmatrix} 2 \\ -3 \end{pmatrix}$ sind parallel zu ihren Bildgeraden.

d) Charakteristische Gleichung: $\lambda^2 + 5 = 0$; keine reellen Lösungen
Es gibt keine Gerade g, die parallel zu ihrer Bildgerade ist.

3 a) $A = \begin{pmatrix} 1 & 0 \\ 0 & -1 \end{pmatrix}$;
charakteristische Gleichung: $\lambda^2 - 1 = 0$;
Eigenwerte: $\lambda_1 = 1$, $\lambda_2 = -1$
Eigenvektor zu $\lambda_1 = 1$: $\vec{u} = t\begin{pmatrix} 1 \\ 0 \end{pmatrix}$;
Eigenvektor zu $\lambda_2 = 1$: $\vec{u} = s\begin{pmatrix} 0 \\ 1 \end{pmatrix}$
Geometrische Deutung: Die x_1-Achse und die x_2-Achse sind die einzigen Fixgeraden durch den Ursprung (die x_1-Achse ist sogar Fixpunktgerade).

b) $A = \begin{pmatrix} 0 & 1 \\ 1 & 0 \end{pmatrix}$;
charakteristische Gleichung: $\lambda^2 - 1 = 0$;
Eigenwerte: $\lambda_1 = 1$, $\lambda_2 = -1$
Eigenvektor zu $\lambda_1 = 1$: $\vec{u} = t\begin{pmatrix} 1 \\ 1 \end{pmatrix}$;
Eigenvektor zu $\lambda_2 = 1$: $\vec{u} = s\begin{pmatrix} 1 \\ -1 \end{pmatrix}$
Geometrische Deutung: Die Geraden
g: $\vec{x} = t\begin{pmatrix} 1 \\ 1 \end{pmatrix}$ und h: $\vec{x} = s\begin{pmatrix} 1 \\ -1 \end{pmatrix}$ sind die einzigen Fixgeraden durch den Ursprung (die Gerade g ist sogar Fixpunktgerade).

c) $A = \begin{pmatrix} 0 & -1 \\ 1 & 0 \end{pmatrix}$; charakteristische Gleichung:
$\lambda^2 + 1 = 0$; keine Lösungen, also keine Eigenwerte und keine Eigenvektoren

d) $A = \begin{pmatrix} 3 & 0 \\ 0 & 3 \end{pmatrix}$; charakteristische Gleichung:
$(3-\lambda)^2 = 0$; Eigenwert: $\lambda = 3$
Das Gleichungssystem $A \cdot \vec{u} = 3 \cdot \vec{u}$ hat unendlich viele Lösungen, damit sind alle Vek-

toren des $\mathbb{R}^2$ Eigenvektoren. Somit sind auch alle Ursprungsgeraden Fixgeraden.

5 a) Charakteristische Gleichung:
$(1 - \lambda)(-7 - \lambda) + 16 = 0 \Leftrightarrow (\lambda + 3)^2 = 0$;
Eigenwert: $\lambda = -3$;
Eigenvektor zu λ: $\vec{u} = t \cdot \begin{pmatrix} 1 \\ 1 \end{pmatrix}$;
einzige Fixgerade: g: $\vec{x} = t \cdot \begin{pmatrix} 1 \\ 1 \end{pmatrix}$

b) Damit g eine Fixpunktgerade ist, müsste für alle Punkte aus g gelten: $A \cdot \vec{x} = \vec{x}$.
Es gilt: $\begin{pmatrix} 1 & -4 \\ 4 & -7 \end{pmatrix} \cdot \begin{pmatrix} t \\ t \end{pmatrix} = \begin{pmatrix} -3t \\ -3t \end{pmatrix} \neq \begin{pmatrix} t \\ t \end{pmatrix}$
Die Gerade g ist somit keine Fixpunktgerade.

6 a) Charakteristische Gleichung:
$\left(-\frac{1}{3} - \lambda\right)(1 - \lambda) + 2t = 0$
$\Leftrightarrow \lambda^2 - \frac{2}{3}\lambda + 2t - \frac{1}{3} = 0$
Die Anzahl der Eigenwerte hängt von der Diskriminante D der Gleichung ab.
Es ist $D = \left(-\frac{1}{3}\right)^2 - \left(2t - \frac{1}{3}\right) = \frac{4}{9} - 2t$, somit gilt: $t < \frac{2}{9} \Rightarrow D > 0$: Die Abbildung hat zwei voneinander verschiedene Eigenwerte.
$t = \frac{2}{9} \Rightarrow D = 0$: Die Abbildung hat einen Eigenwert.
$t > \frac{2}{9} \Rightarrow D < 0$: Die Abbildung hat keine Eigenwerte.

b) Es muss gelten:
$\frac{1}{3} \pm \sqrt{\left(-\frac{1}{3}\right)^2 - \left(2t - \frac{1}{3}\right)} = -1$ bzw.
$\pm\sqrt{\frac{4}{9} - 2t} = -\frac{4}{3}$
Dies entspricht der Gleichung:
$\frac{4}{9} - 2t = \frac{16}{9} \Leftrightarrow t = -\frac{2}{3}$
Für $t = -\frac{2}{3}$ hat α_t die Eigenwerte -1 und $\frac{5}{3}$.

7 $A = \begin{pmatrix} a_1 & b_1 \\ a_2 & b_2 \end{pmatrix}$; charakteristische
Gleichung: $\lambda^2 - (a_1 + b_2)\lambda + a_1 b_2 - a_2 b_1 = 0$
a) Die Eigenwerte $\lambda_1 = 1$ und $\lambda_2 = 2$ der Matrix A sind die Lösungen der dazugehörigen charakteristischen Gleichung. Somit gilt für ihre Summe bzw. ihr Produkt:

$\lambda_1 + \lambda_2 = a_1 + b_2 = 3$ (I)
$\lambda_1 \cdot \lambda_2 = a_1 b_2 - a_2 b_1 = 2$ (II)
Für die vier gesuchten Zahlen a_1, a_2, b_1, b_2 sind zwei Gleichungen gegeben, d.h. zwei der Unbekannten können frei gewählt werden, die anderen zwei werden dann aus den gegebenen Bedingungen errechnet. Es gibt somit unendlich viele Lösungen, z.B.:
Man wählt: $a_1 = 1$; aus (I) folgt dann: $b_2 = 2$.
(II): $2 - a_2 b_1 = 2 \Rightarrow a_2 b_1 = 0$
eine mögliche Lösung: $b_1 = 0$; $a_2 = 3$
So ergibt sich: $A = \begin{pmatrix} 1 & 0 \\ 3 & 2 \end{pmatrix}$ mit den Eigenwerten 1 und 2.

b) A hat die charakteristische Gleichung $(\lambda - 2)^2 = 0$ bzw. $\lambda^2 - 4\lambda + 4 = 0$.
Somit gilt:
$a_1 + b_2 = 4$ (I)
$a_1 b_2 - a_2 b_1 = 4$ (II)
Wähle $a_1 = 1$; aus (I) folgt dann $b_2 = 3$.
(II): $3 - a_2 b_1 = 4 \Rightarrow a_2 b_1 = -1$;
eine mögliche Lösung: $b_1 = 1$; $a_2 = -1$
So ergibt sich: $A = \begin{pmatrix} 1 & 1 \\ -1 & 3 \end{pmatrix}$.

c) Die in Aufgabenteil b) angegebene Beispielmatrix erfüllt auch die zusätzliche Anforderung für c), der einzige Eigenvektor ist $\vec{u} = t \begin{pmatrix} 1 \\ 1 \end{pmatrix}$. Allgemein gilt:
Für alle Matrizen A, die den Eigenwert 2 haben, hat das Gleichungssystem
$A \cdot \begin{pmatrix} x_1 \\ x_2 \end{pmatrix} = 2 \cdot \begin{pmatrix} x_1 \\ x_2 \end{pmatrix}$ (I)
Lösungen der Form $x_1 = k \cdot x_2$, für $k \in \mathbb{R}$ (ein Parameter ist frei wählbar), das ist genau dann der Fall, wenn die Determinante des entsprechenden homogenen GLS
$(A - 2E) \cdot \begin{pmatrix} x_1 \\ x_2 \end{pmatrix} = 0$ (II)
den Rang 1 hat (unendlich viele Lösungen bei einem frei zu wählenden Parameter – daraus ergibt sich als Lösung ein Vektor mit seinen Vielfachen, der Eigenvektor). Für die Matrix A ist genau dann jeder von $\vec{o}$ verschiedener Vektor Eigenvektor, wenn die Determinante $|A - 2E|$ den Rang 0 hat (beide

Parameter frei wählbar). Damit dies nicht der Fall ist, muss gelten:
$A - 2E \neq 0$ bzw. $A \neq 2E$.
D.h. alle Matrizen A, mit $A \neq \begin{pmatrix} 2 & 0 \\ 0 & 2 \end{pmatrix}$, die die Bedingungen in b) erfüllen, sind Beispiele für c).

d) Die charakteristische Gleichung hat keine Lösungen; das ist genau dann der Fall, wenn die Diskriminante kleiner 0 ist.
$(a_1 + b_2)^2 - 4(a_1 b_2 - a_2 b_1) < 0$ bzw.
$(a_1 + b_2)^2 < 4(a_1 b_2 - a_2 b_1)$
Wähle $a_1 = 1$, $b_2 = 1$. Dann ist:
$4 < 4(1 - a_2 b_1) \Leftrightarrow a_2 b_1 < 0$;
z.B. $a_2 = 2$, $b_1 = -2$.
Mögliche Lösung: $A = \begin{pmatrix} 1 & -2 \\ 2 & 1 \end{pmatrix}$.

8 a) Charakteristische Gleichung: $(r - \lambda)^2 + s^2 = 0$ bzw. $\lambda^2 - 2r\lambda + r^2 + s^2 = 0$
Diskriminante $D = (-r)^2 - (r^2 + s^2) = -s^2 < 0$
$\Rightarrow$ keine Lösungen

b) Charakteristische Gleichung:
$(r - \lambda)(-r - \lambda) - s^2 = 0$ bzw. $\lambda^2 = r^2 + s^2 \neq 0$
Eigenwerte: $\lambda_1 = \sqrt{s^2 + r^2}$ und $\lambda_2 = -\sqrt{s^2 + r^2}$

c) Charakteristische Gleichung:
$(r - \lambda)^2 - s^2 = 0$ bzw. $r - \lambda = \pm s$
Eigenwerte: $\lambda_1 = r + s$ und $\lambda_2 = r - s$
Eigenvektor zu λ_1: $\vec{u} = t\begin{pmatrix} 1 \\ 1 \end{pmatrix}$;
Eigenvektor zu λ_2: $\vec{u} = s\begin{pmatrix} 1 \\ -1 \end{pmatrix}$
Aus $\begin{pmatrix} 1 \\ 1 \end{pmatrix} \cdot \begin{pmatrix} 1 \\ -1 \end{pmatrix} = 0$ folgt die Behauptung.

Seite 446

9 a) und b) Da g und h Fixgeraden sind, sind $\vec{u}_1 = t\begin{pmatrix} 1 \\ -1 \end{pmatrix}$ und $\vec{u}_2 = s\begin{pmatrix} 1 \\ 2 \end{pmatrix}$ Eigenvektoren. Um die Eigenwerte zu berechnen muss zuerst die Matrix der Abbildung bestimmt werden.
$\alpha: \vec{x}' = \begin{pmatrix} a_1 & b_1 \\ a_2 & b_2 \end{pmatrix} \cdot \vec{x} + \begin{pmatrix} c_1 \\ c_2 \end{pmatrix}$
Einsetzen der Punkte P und P' liefert die Gleichungen:

$a_1 - b_1 + c_1 = -2$ (I)
$a_2 - b_2 + c_2 = 2$ (II)
Einsetzen von Q und Q' liefert die Gleichungen:
$a_1 + 2b_1 + c_1 = 3$ (III)
$a_2 + 2b_2 + c_2 = 6$ (IV)
Aus (I) und (III) berechnet man $b_1 = \frac{5}{3}$;
(II) und (IV) liefern $b_2 = \frac{4}{3}$.
Wenn $\vec{u}_1$ Eigenvektor zu λ_1 und $\vec{u}_2$ Eigenvektor zu λ_2 ist, so gelten die Gleichungen:

$\begin{pmatrix} a_1 & \frac{5}{3} \\ a_2 & \frac{4}{3} \end{pmatrix} \cdot \begin{pmatrix} 1 \\ -1 \end{pmatrix} = \lambda_1 \begin{pmatrix} 1 \\ -1 \end{pmatrix}$ und

$\begin{pmatrix} a_1 & \frac{5}{3} \\ a_2 & \frac{4}{3} \end{pmatrix} \cdot \begin{pmatrix} 1 \\ 2 \end{pmatrix} = \lambda_2 \begin{pmatrix} 1 \\ 2 \end{pmatrix}$

Aus den vier Gleichungen berechnet man:
$a_1 = -\frac{1}{3}$, $a_2 = \frac{10}{3}$, $\lambda_1 = -2$ und $\lambda_2 = 3$.
Einsetzen der Werte für a_1 und a_2 in (I) und (III) liefert nun $\vec{c} = \vec{0}$. Die Matrixgleichung der Abbildung lautet somit:
$\alpha: \vec{x}' = \frac{1}{3}\begin{pmatrix} -1 & 5 \\ 10 & 4 \end{pmatrix} \cdot \vec{x}$
Eigenwerte: -2 und 3;
Eigenvektor zu -2: $\vec{u}_1 = t\begin{pmatrix} 1 \\ -1 \end{pmatrix}$;
Eigenvektor zu 3: $\vec{u}_2 = s\begin{pmatrix} 1 \\ 2 \end{pmatrix}$

10 a) Es gilt: $A \cdot \vec{x} = \lambda \vec{x}$
Aus $A^{-1} \cdot A = E$ folgt $A^{-1} \cdot A \cdot \vec{x} = E \cdot \vec{x}$
$\Rightarrow A^{-1} \cdot A \cdot \vec{x} = \vec{x}$.
Somit gilt:
$A^{-1} \cdot \lambda \vec{x} = \vec{x}$ $\quad | \cdot \frac{1}{\lambda}$
$A^{-1} \cdot \frac{1}{\lambda} \lambda \vec{x} = \frac{1}{\lambda} \vec{x}$
$A^{-1} \cdot \vec{x} = \frac{1}{\lambda} \vec{x}$
λ^{-1} ist somit Eigenwert der Abbildungsmatrix A^{-1}.

b) Ist $\alpha: \vec{x}' = A \cdot \vec{x}$ und $\beta: \vec{x}' = B \cdot \vec{x}$, so ist $\alpha \circ \beta: \vec{x}' = A \cdot B \cdot \vec{x}$ und $\beta \circ \alpha: \vec{x}' = B \cdot A \cdot \vec{x}$.
Für den Eigenvektor $\vec{u}$ zum Eigenwert λ_1 der Abbildung α bzw. zum Eigenwert λ_2 der Abbildung β gilt: $A \cdot \vec{u} = \lambda_1 \vec{u}$ und $B \cdot \vec{u} = \lambda_2 \vec{u}$. Daraus folgt:

$A \cdot B \cdot \vec{u} = A \cdot \lambda_2 \vec{u} = \lambda_2 \cdot A \cdot \vec{u}$
$\Rightarrow A \cdot B \cdot \vec{u} = \lambda_2 \lambda_1 \vec{u}$ bzw.
$B \cdot A \cdot \vec{u} = B \cdot \lambda_1 \vec{u} = \lambda_1 \cdot B \cdot \vec{u}$
$\Rightarrow B \cdot A \cdot \vec{u} = \lambda_1 \lambda_2 \vec{u}$
Somit ist $\vec{u}$ auch Eigenvektor der Abbildungen $\alpha \circ \beta$ und $\beta \circ \alpha$ jeweils zum Eigenwert $\lambda_1 \cdot \lambda_2$.

11 a) Aus dem Gleichungssystem
$-x_1 + 2x_2 - 3 = x_1$
$2x_1 + x_2 + 2 = x_2$
berechnet man: $x_1 = -1$, $x_2 = \frac{1}{2}$
Fixpunkt $F\left(-1 \mid \frac{1}{2}\right)$
b) Gleichung einer Geraden g, die durch den Fixpunkt verläuft:
$g: \vec{x} = \begin{pmatrix} -1 \\ 0,5 \end{pmatrix} + t \begin{pmatrix} u_1 \\ u_2 \end{pmatrix}$, mit $t, u_1, u_2 \in \mathbb{R}$
Bild der Geraden g unter α:
$g': \vec{x} = \begin{pmatrix} -1 \\ 0,5 \end{pmatrix} + t \begin{pmatrix} 2u_2 - u_1 \\ 2u_1 + u_2 \end{pmatrix}$ bzw.
$g': \vec{x} = \begin{pmatrix} -1 \\ 0,5 \end{pmatrix} + t \begin{pmatrix} p_1 \\ p_2 \end{pmatrix}$ mit $t, p_1, p_2 \in \mathbb{R}$
g' verläuft ebenfalls durch den Fixpunkt von α.
c) Charakteristische Gleichung:
$\lambda^2 - 5 = 0 \Rightarrow \lambda_{1,2} = \pm\sqrt{5}$
Eigenvektor zu λ_1: $\vec{u} = t \begin{pmatrix} 2 \\ 1 + \sqrt{5} \end{pmatrix}$;
Eigenvektor zu λ_2: $\vec{u} = s \begin{pmatrix} 2 \\ 1 - \sqrt{5} \end{pmatrix}$
d) Fixgeraden von α, die durch den Fixpunkt verlaufen:
$h_1: \vec{x} = \begin{pmatrix} -1 \\ 0,5 \end{pmatrix} + t \begin{pmatrix} 2 \\ 1 + \sqrt{5} \end{pmatrix}$;
$h_2: \vec{x} = \begin{pmatrix} -1 \\ 0,5 \end{pmatrix} + s \begin{pmatrix} 2 \\ 1 - \sqrt{5} \end{pmatrix}$
Herleitung des Zusammenhangs aus den Aufgabenteilen b) und c):
Wegen b) wird jede Gerade g, die durch den Fixpunkt F verläuft, auf eine Geraden g' abgebildet, die ebenfalls durch den Fixpunkt verläuft. Somit gehen die Geraden h_1' und h_2' durch den Fixpunkt.
Aus c) folgt: Da die Richtungsvektoren von h_1 bzw. h_2 Eigenvektoren sind, werden sie auf ein Vielfaches (um den jeweiligen Eigenwert) abgebildet, d.h. $h_1' \parallel h_1$ bzw. $h_2' \parallel h_2$. Das Zusammenführen beider Überlegungen liefert $h_1' = h_1$ bzw. $h_2' = h_2$, also h_1, h_2 sind Fixgeraden.

12 a) $\vec{x} = \begin{pmatrix} 1 \\ 2 \end{pmatrix}$ b) $\vec{x} = \begin{pmatrix} 0 \\ 2 \end{pmatrix}$
c) $\vec{x} = \begin{pmatrix} 3 \\ -4 \end{pmatrix}$ d) $\vec{x} = \begin{pmatrix} -1 \\ 5 \end{pmatrix}$

Wiederholen – Vertiefen – Vernetzen

Seite 447

1 Affine Abbildungen
a) Angenommen α wäre eine affine Abbildung. Dann existiert eine Matrix A,
$A = \begin{pmatrix} a_1 & b_1 \\ a_2 & b_2 \end{pmatrix}$ und ein Vektor $\vec{c} = \begin{pmatrix} c_1 \\ c_2 \end{pmatrix}$,
sodass gilt: $\alpha: \vec{x'} = A \cdot \vec{x} + \vec{c}$.
Einsetzen der Punkte und ihrer Bildpunkte in der Matrixgleichung der Abbildung liefert die Gleichungen:
P, P': $2a_1 + 4b_1 + c_1 = 5$ (I)
            $2a_2 + 4b_2 + c_2 = 6$ (II)
Q, Q': $6a_1 + 10b_1 + c_1 = 7$ (III)
            $6a_2 + 10b_2 + c_2 = 12$ (IV)
R, R': $a_1 + 5b_1 + c_1 = 4$ (V)
            $a_2 + 5b_2 + c_2 = 5$ (VI)
S, S': $9a_1 + 7b_1 + c_1 = 3$ (VII)
            $9a_2 + 7b_2 + c_2 = 4$ (VIII)
Aus den Gleichungen (I), (III) und (V) berechnet man $a_1 = \frac{4}{5}$, $b_1 = -\frac{1}{5}$ und $c_1 = \frac{21}{5}$.
Einsetzen dieser Werte in (VII) liefert:
$9a_1 + 7b_1 + c_1 = 10 \neq 3$. Da keine gemeinsame Lösung für die Gleichungen existiert, ist die Annahme falsch. Die Abbildung α kann nicht diese Form haben, ist somit nicht affin.
b) $A'(7 \mid 3)$; $B'(4 \mid 6)$; $C'(1 \mid 3)$
Die Abbildung ist nicht affin, denn sie ist nicht umkehrbar. Die Punkte z.B. $(1 \mid 1)$, $(1 \mid -1)$, $(-1 \mid 1)$ und $(-1 \mid -1)$ haben den gleichen Bildpunkt $(1 \mid 3)$; somit ist das Urbild von $(1 \mid 3)$ nicht eindeutig definiert (die

Abbildung ist allerdings umkehrbar, wenn man den Definitionsbereich auf einen Quadranten beschränkt).
c) Für das Bild der Geraden g gilt:
$\begin{pmatrix} 2 & 1 \\ 4 & 2 \end{pmatrix} \cdot \begin{pmatrix} 3+t \\ -1-2t \end{pmatrix} + \begin{pmatrix} -5 \\ -10 \end{pmatrix} = \begin{pmatrix} 0 \\ 0 \end{pmatrix}$
α bildet die Gerade g auf einen Punkt, ist also weder geradentreu noch umkehrbar und somit nicht affin.

2 a) Bildpunkte sind alle Punkte, für deren x_1'-Koordinate gilt: $0 < x_1' \leq 1$.
b) Für alle Punkte auf einer Geraden g mit $g \parallel x_2$-Achse gilt: $x_1 = a$ (fest), x_2 beliebig; somit gilt für die Bildpunkte $x_1' = \frac{1}{1+a^2}$ (fest), $x_2' = x_2$. Die Bildgerade g' ist also auch parallel zur x_2-Achse.
c) Für einen Fixpunkt $F(x_1|x_2)$ gilt $x_1' = x_1$ und $x_2' = x_2$, also gilt: $x_1 = \frac{1}{1+x_1^2}$ bzw. $x_1^3 + x_1 - 1 = 0$.
Eine Gleichung 3. Grades hat mindestens eine reelle Lösung, z.B. a_1. Die Parallele zur x_2-Achse an der Stelle a_1 ist somit eine Fixpunktgerade.
d) $g \parallel x_1$-Achse; für einen Punkt P aus g gilt: $P(x_1|a)$ mit a fest.
Bildpunkt: $P'\left(\frac{1}{1+x_1^2} \middle| a\right)$.
Bild von g ist die Strecke $\overline{AB}$ aus g mit den Endpunkten $A(-1|a)$, $B(1|a)$.

3 $A = \begin{pmatrix} a_1 & b_1 \\ a_2 & b_2 \end{pmatrix}$;
$\vec{x} = \begin{pmatrix} p_1 \\ p_2 \end{pmatrix} + r\begin{pmatrix} u_1 \\ u_2 \end{pmatrix} = \begin{pmatrix} p_1 + ru_1 \\ p_2 + ru_2 \end{pmatrix}$

$A \cdot \vec{x} = \begin{pmatrix} a_1 & b_1 \\ a_2 & b_2 \end{pmatrix} \cdot \begin{pmatrix} p_1 + ru_1 \\ p_2 + ru_2 \end{pmatrix}$

$= \begin{pmatrix} a_1(p_1+ru_1) + b_1(p_2+ru_2) \\ a_2(p_1+ru_1) + b_2(p_2+ru_2) \end{pmatrix}$

$= \begin{pmatrix} a_1 p_1 + b_1 p_2 + r(a_1 u_1 + b_1 u_2) \\ a_2 p_1 + b_2 p_2 + r(a_2 u_1 + b_2 u_2) \end{pmatrix}$

$= \begin{pmatrix} a_1 p_1 + b_1 p_2 \\ a_2 p_1 + b_2 p_2 \end{pmatrix} + r\begin{pmatrix} a_1 u_1 + b_1 u_2 \\ a_2 u_1 + b_2 u_2 \end{pmatrix}$

$= \begin{pmatrix} a_1 & b_1 \\ a_2 & b_2 \end{pmatrix} \cdot \begin{pmatrix} p_1 \\ p_2 \end{pmatrix} + r\begin{pmatrix} a_1 & b_1 \\ a_2 & b_2 \end{pmatrix} \cdot \begin{pmatrix} u_1 \\ u_2 \end{pmatrix}$

$= A \cdot \vec{p} + r(A \cdot \vec{u})$

4 a) Fehler in der ersten Druckauflage im Schülerbuch.
Es muss heißen: $Q'(-5|-2)$; $R(5|3)$.

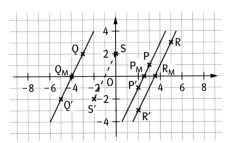

b) Die drei Geraden sind zueinander parallel.
c) Die Mittelpunkte der Geraden liegen auf der x_1-Achse.
d) $A = \begin{pmatrix} 1 & -1 \\ 0 & -1 \end{pmatrix}$
Schrägspiegelung zur x_1-Achse: Es wird an der x_1-Achse unter einem Winkel $\neq 90°$ gespiegelt, also nicht orthogonal sondern „schräg".
e) $S'(-2|-2)$

5 Für den Bildpunkt P' eines beliebigen Punktes $P(p_1|p_2|p_3)$ gilt:
$\overrightarrow{OP'} = \overrightarrow{OP} + \overrightarrow{PP'}$ (I); dabei liegt $\overrightarrow{PP'}$ auf der Lotgerade l durch P, die orthogonal zur Ebene E: $ax_1 + bx_2 = 0$ ist.
Geradengleichung von l: $\vec{x} = \begin{pmatrix} p_1 \\ p_2 \\ p_3 \end{pmatrix} + r\begin{pmatrix} a \\ b \\ 0 \end{pmatrix}$;

Für den Schnittpunkt P' von l mit E gilt:
$a(p_1 + ra) + b(p_2 + rb) = 0$
Nach r aufgelöst ergibt sich:
$r = \frac{1}{a^2+b^2}(-ap_1 - bp_2)$. Eingesetzt in (I) erhält man:

$$\overrightarrow{OP'} = \begin{pmatrix} p_1 \\ p_2 \\ p_3 \end{pmatrix} + \frac{(-ap_1 - bp_2)}{a^2 + b^2} \begin{pmatrix} a \\ b \\ 0 \end{pmatrix}$$

$$= \begin{pmatrix} \frac{b^2}{a^2+b^2}p_1 - \frac{ab}{a^2+b^2}p_2 \\ -\frac{ab}{a^2+b^2}p_1 + \frac{a^2}{a^2+b^2}p_2 \\ p_3 \end{pmatrix}$$

$$= \frac{1}{a^2+b^2} \begin{pmatrix} b^2 & -ab & 0 \\ -ab & a^2 & 0 \\ 0 & 0 & a^2+b^2 \end{pmatrix} \cdot \begin{pmatrix} p_1 \\ p_2 \\ p_3 \end{pmatrix}$$

Somit gilt für die Projektionsmatrix P:

$$P = \frac{1}{a^2+b^2} \begin{pmatrix} b^2 & -ab & 0 \\ -ab & a^2 & 0 \\ 0 & 0 & a^2+b^2 \end{pmatrix}$$

6 a) Es gilt: $\overrightarrow{AB} = \overrightarrow{DC} = \begin{pmatrix} 4 \\ 2 \end{pmatrix}$;

$\overrightarrow{AD} = \overrightarrow{BC} = \begin{pmatrix} -1 \\ 2 \end{pmatrix}$ und $\overrightarrow{AB} \cdot \overrightarrow{AD} = 0$

(d. h. ∢ BAD = 90°).
Das Viereck ABCD ist somit ein Rechteck.
b) A'(3|8); B'(5|22); C'(2|26); D'(0|12)
A'B'C'D' ist ein Parallelogramm aber kein Rechteck, denn es gilt:
$\overrightarrow{A'B'} = \overrightarrow{D'C'} = \begin{pmatrix} 2 \\ 14 \end{pmatrix}$ und

$\overrightarrow{A'D'} = \overrightarrow{B'C'} = \begin{pmatrix} -3 \\ 4 \end{pmatrix}$. Der Schnittwinkel α
zwischen $\overrightarrow{A'B'}$ und $\overrightarrow{A'D'}$ beträgt 45°, da
$\cos(\alpha) = \frac{|\overrightarrow{A'B'} \cdot \overrightarrow{A'D'}|}{|\overrightarrow{A'B'}| \cdot |\overrightarrow{A'D'}|} = \frac{50}{10\sqrt{2} \cdot 5} = \frac{\sqrt{2}}{2}$.

c) $A_{ABCD} = \overrightarrow{AB} \cdot \overrightarrow{AD} = \sqrt{20} \cdot \sqrt{5} = 10$ FE;
$A_{A'B'C'D'} = |\overrightarrow{A'B'}| \cdot |\overrightarrow{A'D'}| \cdot \sin(\alpha)$
$= 10\sqrt{2} \cdot 5 \cdot \frac{\sqrt{2}}{2} = 50$ FE

d) $(1 - \lambda)(3 - \lambda) + 2 = 0 \Leftrightarrow \lambda^2 - 4\lambda + 5 = 0$
Die charakteristische Gleichung hat keine Lösungen, damit gibt es keine Eigenwerte also auch keine Eigenvektoren. Somit wird keine Gerade auf einer zu sich parallelen Geraden abgebildet.
e) Umkehrabbildung

$\alpha^{-1}: \vec{x}' = \frac{1}{5}\begin{pmatrix} 3 & 1 \\ -2 & 1 \end{pmatrix} \vec{x} - \begin{pmatrix} \frac{2}{5} \\ -\frac{3}{5} \end{pmatrix}$

Man berechnet: P(3|3); Q(3|1); R(1|1).

Das Dreieck PQR ist gleichschenklig und rechtwinklig; P'Q'R' ist allgemein, stumpfwinklig.

Seite 448

7 (Fehler: In der 1. Druckauflage des Schülerbuchs ist die Abbildungsmatrix falsch angegeben: an der Position c_{33} muss $\frac{3}{5}$ statt $-\frac{3}{5}$ stehen.)
a) Es gilt: M·M = E; M beschreibt eine Spiegelung.
b) Für $P(p_1|p_2|p_3)$ ist
$P'\left(-\frac{3}{5}p_1 - \frac{4}{5}p_3 \Big| p_2 \Big| -\frac{4}{5}p_1 + \frac{3}{5}p_3\right)$.
c) Die Ebene F enthält genau dann die Fixpunkte der Abbildung, wenn F die Ebene ist, an der es bespiegelt wird. Es genügt also zu zeigen, dass F die Spiegelungsebene ist. Dafür sucht man (vgl. Infokasten auf Seite 298 des Schülerbuchs) die Spiegelungsmatrix S zu der orthogonalen Spiegelung an der Ebene F und zeigt dass S = M.
P(a|b|c) beliebiger Punkt, P' sein Bildpunkt, L Schnittpunkt der Lotgerade l durch P orthogonal zu F. Es gilt:
$\overrightarrow{OP'} = \overrightarrow{OP} + \overrightarrow{PP'} = \overrightarrow{OP} + 2 \cdot \overrightarrow{PL}$ (I).

$l: \vec{x} = \begin{pmatrix} a \\ b \\ c \end{pmatrix} + r\begin{pmatrix} 2 \\ 0 \\ 1 \end{pmatrix}$; man berechnet

$r = \frac{1}{5}(-2a - c)$. Einsetzen in (I) liefert:

$$\overrightarrow{OP'} = \begin{pmatrix} a \\ b \\ c \end{pmatrix} + 2 \cdot \frac{1}{5}(-2a - c)\begin{pmatrix} 2 \\ 0 \\ 1 \end{pmatrix} = \begin{pmatrix} -\frac{3}{5}a - \frac{4}{5}c \\ b \\ -\frac{4}{5}a + \frac{3}{5}c \end{pmatrix}$$

$$= \begin{pmatrix} -\frac{3}{5} & 0 & -\frac{4}{5} \\ 0 & 1 & 0 \\ -\frac{4}{5} & 0 & \frac{3}{5} \end{pmatrix} \cdot \begin{pmatrix} a \\ b \\ c \end{pmatrix} = M \cdot \overrightarrow{OP}$$

8 a) Die Spiegelungsmatrix wird wie im Infokasten auf Seite 448 des Schulbuchs berechnet:

Lotgerade l durch P(a|b|c) orthogonal zu E: $x_1 - x_2 - 2x_3 = 0$:

$l: \vec{x} = \begin{pmatrix} a \\ b \\ c \end{pmatrix} + r \begin{pmatrix} 1 \\ -1 \\ -2 \end{pmatrix}$; Schnittpunkt L mit E:

$a + r - (b - r) - 2(c - 2r) = 0$

$\Rightarrow r = \frac{1}{6}(-a + b + 2c)$

Einsetzen in $\overrightarrow{OP'} = \overrightarrow{OP} + \overrightarrow{PP'} = \overrightarrow{OP} + 2 \cdot \overrightarrow{PL}$ liefert:

$\overrightarrow{OP'} = \begin{pmatrix} a \\ b \\ c \end{pmatrix} + 2 \cdot \frac{1}{6}(-a + b + 2c) \begin{pmatrix} 1 \\ -1 \\ -2 \end{pmatrix}$

$= \frac{1}{3} \begin{pmatrix} 2a + b + 2c \\ a + 2b - 2c \\ 2a - 2b - c \end{pmatrix} = \frac{1}{3} \begin{pmatrix} 2 & 1 & 2 \\ 1 & 2 & -2 \\ 2 & -2 & -1 \end{pmatrix} \cdot \begin{pmatrix} a \\ b \\ c \end{pmatrix}$

Somit ist:

$P'\left(\frac{1}{3}(2a + b + 2c) \Big| \frac{1}{3}(a + 2b - 2c) \Big| \frac{1}{3}(2a - 2b - c)\right)$

b) Fehler: In der 1. Druckauflage des Schülerbuchs müsste die Matrix S lauten:

$S = \frac{1}{6} \begin{pmatrix} 4 & 2 & 4 \\ 2 & 4 & -4 \\ 4 & -4 & -2 \end{pmatrix}$. Die Lösung ist dann:

Die gegebene Matrix S entspricht der in Teilaufgabe a) ausgerechneten Projektionsmatrix (vgl. a)). Man sieht, dass jede Zeile der Matrix der entsprechend nummerierten Spalten gleicht, so dass beim Vertauschen der Zeilen und den Spalten die Matrix gleich bleibt. Daraus folgt, dass die Multiplikation von links mit einem (Spalten-)Vektor das gleiche Ergebnis liefert, wie die Multiplikation von rechts mit dem entsprechenden Zeilenvektor. Es gilt:

$(a\ b\ c) \cdot \frac{1}{6} \begin{pmatrix} 4 & 2 & 4 \\ 2 & 4 & -4 \\ 4 & -4 & -2 \end{pmatrix} = \frac{1}{3} \begin{pmatrix} 2a + b + 2c \\ a + 2b - 2c \\ 2a - 2b - c \end{pmatrix}$

c) $g': \vec{x} = \frac{1}{3} \begin{pmatrix} 4 \\ -1 \\ 1 \end{pmatrix} - r \begin{pmatrix} 1 \\ 0 \\ 2 \end{pmatrix}$

d) Die Matrizenmultiplikation ergibt:

$S^2 = E$. Es handelt sich um eine Spiegelung, d.h. der Punkt P wird auf den Punkt P' abgebildet und durch erneute Anwendung der Abbildungsvorschrift wieder auf P. Dies entspricht der Identitätsabbildung.

XV Wahrscheinlichkeit

1 Wahrscheinlichkeiten und Ereignisse

Seite 454

Einstiegsproblem
Bei dem Zahlenrad sind von 16 Zahlen 9 Sechsen. Da alle Felder gleich groß sind, beträgt die Wahrscheinlichkeit für „6" $\frac{9}{16}$.
Bei der Urne berechnet man die Wahrscheinlichkeit, keine 6 zu ziehen:

$\left(\frac{5}{6}\right)^3 = \frac{125}{216} \approx 0{,}5787$ (mit Zurücklegen)

$\frac{5}{6} \cdot \frac{4}{5} \cdot \frac{3}{4} = \frac{1}{2} = 0{,}5$ (ohne Zurücklegen)

Damit ist die Wahrscheinlichkeit, eine 6 zu ziehen:

$1 - \left(\frac{5}{6}\right)^3 \approx 0{,}4213$ (mit Zurücklegen)

$1 - \frac{1}{2} = 0{,}5$ (ohne Zurücklegen)

Bei den Würfeln ist die Wahrscheinlichkeit für Augensumme 6 nur $\frac{5}{36}$, da nur die Ausgänge (1,5), (2,4), (3,3), (4,2), (5,1) auf „6" führen und es insgesamt 36 gleichwahrscheinliche Ausgänge gibt.
Da $\frac{9}{16} > 0{,}5$, ist also eine Wette auf „6" am günstigsten beim Zahlenrad.

Seite 455

1 a) $\frac{4}{7} \cdot \frac{4}{7} = \frac{16}{49}$ $\left(\frac{4}{7} \cdot \frac{3}{6} = \frac{12}{42}\right)$.

b) $2 \cdot \frac{4}{7} \cdot \frac{3}{7} = \frac{24}{49}$ $\left(\frac{3}{7} \cdot \frac{4}{6} + \frac{4}{7} \cdot \frac{3}{6} = \frac{4}{7}\right)$

c) Wahrscheinlichkeit, mindestens eine rote Kugel zu ziehen: $\frac{4}{7} \cdot \frac{4}{7} + \frac{4}{7} \cdot \frac{3}{7} + \frac{3}{7} \cdot \frac{4}{7} = \frac{40}{49}$.

$\left(\frac{4}{7} \cdot \frac{3}{6} + \frac{4}{7} \cdot \frac{3}{6} + \frac{3}{7} \cdot \frac{4}{6} = \frac{6}{7}\right)$

Anderer Weg: Die Wahrscheinlichkeit, keine rote Kugel zu ziehen, beträgt $\frac{3}{7} \cdot \frac{3}{7} = \frac{9}{49}$
$\left(\frac{3}{7} \cdot \frac{2}{6} = \frac{1}{7}\right)$, also beträgt die Wahrscheinlichkeit, mindestens eine rote Kugel zu ziehen $1 - \frac{9}{49} = \frac{40}{49}$ $\left(1 - \frac{1}{7} = \frac{6}{7}\right)$.

d) Es ist höchstens eine blaue Kugel dabei, wenn mindestens eine rote Kugel dabei ist, also Ergebnis wie in Teilaufgabe c).

2 Ergebnismenge
S = {bbb, bbg, bgb, gbb, bgg, gbg, ggb, ggg}
a) dreimal gelb: $\frac{1}{4} \cdot \frac{1}{4} \cdot \frac{1}{4} = \frac{1}{64}$.
b) genau einmal blau:

$\frac{3}{4} \cdot \frac{1}{4} \cdot \frac{1}{4} + \frac{1}{4} \cdot \frac{3}{4} \cdot \frac{1}{4} + \frac{1}{4} \cdot \frac{1}{4} \cdot \frac{3}{4} = \frac{9}{64}$.

c) keinmal gelb: $\frac{3}{4} \cdot \frac{3}{4} \cdot \frac{3}{4} = \frac{27}{64}$;
also mindestens einmal gelb: $1 - \frac{27}{64} = \frac{37}{64}$.
d) genau zweimal blau:

$\frac{3}{4} \cdot \frac{3}{4} \cdot \frac{1}{4} + \frac{1}{4} \cdot \frac{3}{4} \cdot \frac{3}{4} + \frac{3}{4} \cdot \frac{1}{4} \cdot \frac{3}{4} = \frac{27}{64}$;

genau dreimal blau: $\frac{3}{4} \cdot \frac{3}{4} \cdot \frac{3}{4} = \frac{27}{64}$; also mindestens zweimal blau: $\frac{27}{64} + \frac{27}{64} = \frac{27}{32}$.

3 Man geht davon aus, dass die Wahrscheinlichkeit für Heilung $\frac{3}{4}$ beträgt.
a) Wahrscheinlichkeit, dass kein Patient geheilt wird: $\frac{1}{4} \cdot \frac{1}{4} \cdot \frac{1}{4} = \frac{1}{64}$.
Gegenereignis: Es wird mindestens ein Patient geheilt.
b) Wahrscheinlichkeit, dass genau ein Patient geheilt wird:

$\frac{3}{4} \cdot \frac{1}{4} \cdot \frac{1}{4} + \frac{1}{4} \cdot \frac{3}{4} \cdot \frac{1}{4} + \frac{1}{4} \cdot \frac{1}{4} \cdot \frac{3}{4} = \frac{9}{64}$.

Gegenereignis: Kein Patient oder mindestens zwei Patienten werden geheilt.
c) Wahrscheinlichkeit, dass nur ein Patient nicht geheilt wird:

$\frac{3}{4} \cdot \frac{3}{4} \cdot \frac{1}{4} + \frac{1}{4} \cdot \frac{3}{4} \cdot \frac{3}{4} + \frac{3}{4} \cdot \frac{1}{4} \cdot \frac{3}{4} = \frac{27}{64}$.

Gegenereignis: Alle Patienten oder höchstens ein Patient werden geheilt.
d) Wahrscheinlichkeit, dass alle Patienten geheilt werden: $\frac{3}{4} \cdot \frac{3}{4} \cdot \frac{3}{4} = \frac{27}{64}$, also werden höchstens zwei Patienten geheilt mit der Wahrscheinlichkeit $\frac{37}{64}$.
Gegenereignis: Alle Patienten werden geheilt.

4 Wahrscheinlichkeitsverteilung für die möglichen Punktzahlen:

Punktzahl	1	2	3	4	5	6
Wahrscheinlichkeit	$\frac{11}{36}$	$\frac{9}{36}$	$\frac{7}{36}$	$\frac{5}{36}$	$\frac{3}{36}$	$\frac{1}{36}$

So berechnet man z. B. die Wahrscheinlichkeit für 3 Punkte:
Man erhält 3 Punkte, wenn beide Würfel 3 zeigen oder einer 3 und der andere mehr als 3 zeigt, also beträgt die Wahrscheinlichkeit für 3 Punkte: $\frac{1}{6} \cdot \frac{1}{6} + \frac{1}{6} \cdot \frac{3}{6} + \frac{3}{6} \cdot \frac{1}{6} = \frac{7}{36}$
(siehe Baumdiagramm, Pfade für „< 3" sind hier weggelassen).

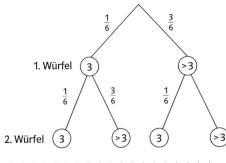

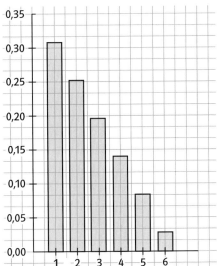

Seite 456

5 a) E = {1 – 1, 1 – 2, 2 – 1}.
F: Die zweite Kugel trägt eine 1.
$\overline{E}$: Die Summe der Zahlen auf den Kugeln beträgt mehr als 3 (oder: mindestens 4),
P(E) = $\frac{2}{9}$, P(F) = $\frac{1}{3}$.
b) $\frac{1}{6}$
c) $\frac{7}{18}$
Anmerkung: „oder" bedeutet hier das nicht ausschließende oder im Gegensatz zu „entweder – oder".

7 a) $1 - \left(\frac{5}{6}\right)^5 = \frac{4651}{7776} = 0{,}5981$
b) $\frac{6}{6} \cdot \frac{5}{6} \cdot \frac{4}{6} \cdot \frac{3}{6} \cdot \frac{2}{6} = \frac{5}{54}$
c) $\left(\frac{5}{6}\right)^4 \cdot \frac{1}{6} = \frac{625}{7776} = 0{,}0804$

8 a) $0{,}515^4 \cdot (1 - 0{,}515) = 0{,}0341$
b) $(1 - 0{,}515)^4 \cdot 0{,}515 = 0{,}0285$

9 a) $\frac{1}{13\,983\,816}$
b) Es gibt 44 Sechslinge, also beträgt die zugehörige Wahrscheinlichkeit $\frac{44}{13\,983\,816}$.
c) $\frac{43}{49} \cdot \frac{42}{48} \cdot \frac{41}{47} \cdot \frac{40}{46} \cdot \frac{39}{45} \cdot \frac{38}{44} = 0{,}4360$
Nahezu die Hälfte aller Tipps hat also null Richtige.

10 a) Die Wahrscheinlichkeit, dass ein Atom nach einem Tag nicht zerfallen ist, beträgt 0,85.
Die Wahrscheinlichkeit, dass ein Atom nach n Tagen nicht zerfallen ist, beträgt $0{,}85^n$. Also beträgt die Wahrscheinlichkeit, dass ein Atom nach 10 Tagen nicht zerfallen ist: $0{,}85^{10} = 0{,}1969$. Somit sind noch etwa 19,7 % vorhanden. Für die Halbwertszeit t gilt: $0{,}85^t = 0{,}5$, Lösung t = 4,27. Die Halbwertszeit des Stoffes beträgt etwa 4,27 Tage.

b) Für die Wahrscheinlichkeit p, dass ein Atom von Jod-131 in den nächsten 24 Stunden zerfällt, gilt (vgl. Teilaufgabe a)):
$(1-p)^8 = 0{,}5$, also $p = 0{,}083$ (gerundet).
Mit etwa 8,3% Wahrscheinlichkeit zerfällt ein Atom von Jod-131 in den nächsten 24 Stunden.

Seite 457

11 Die relativen Häufigkeiten betragen für Helena 0,708; Susanne 0,644; Pascal 0,621.
Mögliche Wahrscheinlichkeitsverteilungen:

	Helena	Susanne	Pascal
Kopf	0,7	0,65	0,62
Seite	0,3	0,35	0,38

Dabei kann man Pascals Verteilung wegen der großen Wurfzahl als am verlässlichsten ansehen.

12 a) Schätzung 1 gehört wohl zum Lego-Vierer
Schätzung 3 gehört wohl zum Lego-Sechser
Schätzung 2 gehört wohl zum Lego-Achter
b, c) Hier sollten am Ende alle Ergebnisse zusammengetragen werden. Bei einem Kurs von 20 Schülern hat man insgesamt 1000 Würfe. Wenn man die Ergebnisse in 50er-Schritten aufsummiert und dazu die relativen Häufigkeiten berechnet, erkennt man, wie sich diese immer besser stabilisieren.

2 Berechnen von Wahrscheinlichkeiten mit Abzählverfahren

Seite 458

Einstiegsproblem
Man kann hier noch leicht alle Paarungen aufschreiben oder folgende Überlegungen anstellen:
(Mannschaften mit 1 bis 5 bezeichnet)
1) 1 spielt gegen 2, 3, 4, 5;
2 noch gegen 3, 4, 5 usw.,
also gibt es $4 + 3 + 2 + 1 = 10$ Paarungen.
2) Es gibt $5 \cdot 4$ Paarungen, bei denen aber jede doppelt vorkommt. Also: bei einfacher Zählung gibt es 10 Paarungen.

Seite 460

1 a) $2^6 = 64$ b) $4! = 24$
c) $3^5 = 243$ d) $\binom{10}{2} = 45$

2 a) $4^4 = 256$
b) (1) $\frac{1}{2} \cdot \frac{1}{4} \cdot \frac{1}{8} \cdot \frac{1}{8} = \frac{1}{512}$
(2) $4! \cdot \frac{1}{2} \cdot \frac{1}{4} \cdot \frac{1}{8} \cdot \frac{1}{8} = \frac{3}{64}$
(3) $1 - \left(\frac{1}{2}\right)^4 = \frac{15}{16}$

3 a) Weil jede Ziffer ein Ergebnis eines Spiels an der entsprechenden Stelle auf dem Tippschein bezeichnet.
b) Annahme: Bei jedem Spiel beträgt die Wahrscheinlichkeit für 0, 1, 2 jeweils $\frac{1}{3}$. Dann ist die Wahrscheinlichkeit
$\left(\frac{1}{3}\right)^{11} = \frac{1}{3^{11}} = \frac{1}{177147}$
c) $2^{11} = 2048$

4 a) $6^5 = 7776$
b) „keine 6" ergibt sich in $5^5 = 3125$ Fällen.
Also ist die Wahrscheinlichkeit für mindestens eine 6: $\frac{7776 - 3125}{7776} = \frac{4651}{7776} \approx 59{,}8\%$
Alternativ mit Baumdiagramm:
$1 - \left(\frac{5}{6}\right)^5 = \frac{4651}{7776}$.
c) $6! = 6 \cdot 5 \cdot 4 \cdot 3 \cdot 2 \cdot 1 = 720$

5 $12 \cdot 11 \cdot 10 = 1320$

Seite 461

8 a) $5! = 120$ b) $\frac{1}{5}$
c) $\frac{1}{5 \cdot 4} = \frac{1}{20}$

9 a) $6 \cdot 5 \cdot 4 \cdot 3 = 360$
b) $\frac{4}{6}$ c) $\frac{1}{\binom{6}{4}} = \frac{1}{15}$

10 a) $\frac{1}{\binom{45}{6}} = \frac{1}{8145060}$
b) $\binom{5}{2} = 10$ c) $\binom{1000}{2} = 499500$

11 a) $\frac{6}{49} \cdot \frac{5}{48} \cdot \frac{4}{47} \cdot \frac{3}{46} \cdot \frac{43}{45} \cdot \frac{42}{44} = \frac{43}{665896}$
b) rrrrff, rrrfrf, rrfrrf, rfrrrf, frrrrf
rrrffr, rrfrfr, rfrrfr, frrrfr,
rrffrr, rfrfrr, frrfrr,
rffrrr, frfrrr,
ffrrrr

Es gibt $\binom{6}{4} = 15$ Möglichkeiten, die 4 r und 2 f auf 6 Stellen zu verteilen.

c) Jede Kombination aus Teilaufgabe b) hat dieselbe Wahrscheinlichkeit wie bei Teilaufgabe a). Wahrscheinlichkeit für 4 Richtige also $15 \cdot \frac{43}{665896} \approx 0{,}097\%$.

Alternative: Man tippt vier von sechs Richtigen, das geht auf $\binom{6}{4}$ Möglichkeiten, und zwei von 43 Falschen, das geht auf $\binom{43}{2}$ Möglichkeiten. Daher gibt es $\binom{6}{4} \cdot \binom{43}{2}$ Möglichkeiten, vier Richtige zu tippen. Da es insgesamt $\binom{49}{6}$ Möglichkeiten gibt, ist die Wahrscheinlichkeit für 4 Richtige $\frac{\binom{6}{4} \cdot \binom{43}{2}}{\binom{49}{6}}$
$= \frac{645}{665896}$ (s.o.).

d) $\binom{6}{2} \cdot \frac{6}{49} \cdot \frac{5}{48} \cdot \frac{43}{47} \cdot \frac{42}{46} \cdot \frac{41}{45} \cdot \frac{40}{44} = \frac{44075}{332948} \approx 13{,}2\%$;
alternativ $\frac{\binom{6}{2} \cdot \binom{43}{4}}{\binom{49}{6}}$.

e) $\frac{\binom{6}{3} \cdot \binom{43}{3} + \binom{6}{4} \cdot \binom{43}{2} + \binom{6}{5} \cdot \binom{43}{1} + 1}{\binom{49}{6}} \approx 0{,}0186$

50 Spiele: $1 - (0{,}9814)^{50} \approx 0{,}6089$
100 Spiele: $1 - (0{,}9814)^{100} = 0{,}8470$
1000 Spiele: $1 - (0{,}9814)^{1000} \approx 0{,}9999$

12 $(a+b)^2 = 1a^2 + 2ab + 1b^2$
$(a+b)^3 = 1a^3 + 3a^2b + 3ab^2 + 1b^3$
$(a+b)^4 = 1a^4 + 4a^3b + 6a^2b^2 + 4ab^3 + 1b^4$
Die Koeffizienten sind Binomialkoeffizienten.
$(a+b)^5 = 1a^5 + 5a^4b + 10a^3b^2 + 10a^2b^3 + 5ab^4 + 1b^5$

Randspalte
Das Gesetz für das Pascal'sche Zahlendreieck:
Man addiert zwei benachbarte Zahlen, um die darunterstehende Zahl zu erhalten.

Formel: $\binom{n}{k} + \binom{n}{k-1} = \binom{n+1}{k}$

3 Simulationen von Zufallsexperimenten

Seite 462

Einstiegsproblem
Wenn eine konkrete Durchführung nicht möglich ist, kann man eine Simulation durchführen. Denkbar sind z.B.
– Verwenden eines Glücksrades mit zwei Kreisausschnitten, deren Flächen 80 % bzw. 20 % der Kreisfläche betragen. Ein Treffer liegt vor, wenn das Glücksrad im 80-%-Feld stehen bleibt.
– Verwenden eines Würfels. Ein Treffer liegt vor, wenn eine 1, 2, 3 oder 4 fällt, ein Fehlschuss bei 5. Wenn eine 6 fällt, wird der Wurf übergangen.

Seite 464

1 a) Man ordnet z.B. Wappen die Augenzahlen 1, 2, 3 und Zahl die Augenzahlen 4, 5, 6 zu.

b) Man ordnet z.B. Treffer die Augenzahlen 1,2,3 und Fehlschuss die Augenzahl 4 zu. Bei 5 und 6 wird der Wurf übergangen.
c) Man ordnet z.B. „Partei wird gewählt" die Augenzahlen 1 und 2 und „Partei wird nicht gewählt" die Augenzahlen 3, 4, 5, 6 zu.
d) Man ordnet z.B. „Bauteil funktioniert" die Augenzahlen 1, 2, 3, 4 und „Bauteil funktioniert nicht" die Augenzahl 5 zu. Bei 6 wird der Wurf übergangen.

2 Ia) Man ordnet z.B. Wappen die Ziffern 0, 1, 2, 3, 4 und Zahl die Ziffern 5, 6, 7, 8, 9 zu.
Ib) Man verwendet Zweiergruppen von Zufallsziffern und ordnet z.B. Treffer die Doppelziffern 00 bis 74 und Fehlschuss die Doppelziffern 75 bis 99 zu.
Ic) Man verwendet Zweiergruppen von Zufallsziffern und ordnet z.B. „Partei wird gewählt" die Doppelziffern 01 bis 33 und „Partei wird nicht gewählt" die Doppelziffern 34 bis 99 zu. Die Doppelziffer 00 wird überlesen.
Id) Man ordnet z.B. „Bauteil funktioniert" die Ziffern 0 bis 7 und „Bauteil funktioniert nicht" die Ziffern 8 und 9 zu.

IIa) Man verwendet z.B. bei Excel den Befehl =ZUFALLSBEREICH(0;1). Sollte der Befehl nicht verfügbar sein, kann er als Add-In in „Analyse-Funktionen" installiert werden. Dadurch wird 0 oder 1 ausgegeben. Man ordnet z.B. Wappen den Wert 0 und Zahl den Wert 1 zu.
IIb) Man verwendet z.B. bei Excel den Befehl =ZUFALLSZAHL(). Dadurch wird eine Zufallsdezimalzahl zwischen 0 und 1 ausgegeben. Man ordnet z.B. Treffer alle Zahlen zu, die kleiner sind als 0,75 und Fehlschuss alle anderen Zahlen zu.
IIc) Man verwendet z.B. bei Excel den Befehl =ZUFALLSZAHL(). Dadurch wird eine Zufallsdezimalzahl zwischen 0 und 1 ausgegeben. Man ordnet z.B. „Partei wird gewählt" alle Zahlen zu, die kleiner sind als $\frac{1}{3}$ und „Partei wird nicht gewählt" alle anderen Zahlen zu.
IId) Man verwendet z.B. bei Excel den Befehl =ZUFALLSZAHL(). Dadurch wird eine Zufallsdezimalzahl zwischen 0 und 1 ausgegeben. Man ordnet z.B. „Bauteil funktioniert" alle Zahlen zu, die kleiner sind als 0,8 und „Bauteil funktioniert nicht" alle anderen Zahlen zu.

IIIa) Man verwendet ein Glücksrad mit zwei gleich großen Feldern mit Aufschrift Zahl bzw. Wappen.
IIIb) Man verwendet ein Glücksrad mit zwei Feldern mit Mittelpunktswinkel 270° bzw. 90° mit Aufschrift Treffer bzw. Fehlschuss.
IIIc) Man verwendet ein Glücksrad mit zwei Feldern mit Mittelpunktswinkel 120° bzw. 240° mit Aufschrift "gewählt" bzw. "nicht gewählt".
IIId) Man verwendet ein Glücksrad mit zwei Feldern mit Mittelpunktswinkel 288° bzw. 72° mit Aufschrift „Bauteil funktioniert" bzw. „Bauteil funktioniert nicht".

3 a) Man verwendet Zweiergruppen von Zufallsziffern und ordnet z.B. „rot" die Ziffern 00 bis 49, „blau" die Ziffern 50 bis 74 und „grün" die Ziffern 75 bis 99 zu.
Die Simulation ergibt individuelle Ergebnisse.
b) siehe Abb.
In B2 steht: =ZUFALLSZAHL( )
In C2 steht: =WENN(B2<0,5;1;0).
D2 siehe Abbildung
In E2 steht: =WENN(B2>=0,75;1;0).
Die Zellen B2 bis E2 sind bis Zeile 101 hintergezogen worden.
In C102 steht: =SUMME(C2:C101). Die Summation von C2 bis C101 ergibt die Anzahl der Hauptpreise.

D2		f_x	=WENN(UND(B2>=0,5;B2<0,75);1;0)	
	A	B	C	D	E
1	Drehung	Zufallszahl	rot	grün	blau
2	1	0,7029485	0	1	0
3	2	0,4445859	1	0	0
97	96	0,6597976	0	1	0
98	97	0,6409625	0	1	0
99	98	0,2467425	1	0	0
100	99	0,5752498	0	1	0
101	100	0,3454786	1	0	0
102		Hauptgew.:	46		

4 a) Man verwendet Zweiergruppen von Zufallsziffern und ordnet z. B. „Treffer" die Ziffern 00 bis 90, „Fehlschuss" die Ziffern 91 bis 99 zu.
Die Simulation ergibt individuelle Ergebnisse.
b) siehe Abbildung.
In D2 steht: =SUMME(C2:C201).
Die Zellen B2 bis C2 sind bis Zeile 201 hinuntergezogen worden.

C2		f_x	=WENN(B2<0,91;1;0)	
	A	B	C	D
1	Wurf	Zufallszahl	Treffer?	Anz. Treffer
2	1	0,371387	1	186
3	2	0,6791077	1	
4	3	0,6588288	1	
5	4	0,8299702	1	
6	5	0,9528807	0	
7	6	0,0067678	1	

6 a) Man ordnet z. B. für jeden Tetraeder Ergebnis 1 die Ziffern 1 und 5, Ergebnis 2 die Ziffern 2 und 6, Ergebnis 3 die Ziffern 3 und 7, Ergebnis 4 die Ziffern 4 und 8 zu. Die Ziffern 0 und 9 werden überlesen.
b) wie c) ohne den 3. Tetraeder. In D2 steht dann =WENN(B2=C2;1;0).

c) siehe Abb. In B2, C2 und D2 steht =ZUFALLSBEREICH(1;4). Die Zellen B2 bis E2 sind bis Zeile 151 hinuntergezogen worden. Im Mittel ist zu erwarten, dass etwa 9 mal drei gleiche Ergebnisse vorkommen.

E2		f_x	=WENN(UND(B2=C2;C2=D2);1;0)		
	A	B	C	D	E	F
1	Wurf	Tet-1	Tet-2	Tet-3	Gleich?	Anz. Gleiche
2	1	1	3	2	0	9
3	2	4	3	4	0	
4	3	4	4	3	0	
5	4	2	3	3	0	
6	5	4	1	3	0	
7	6	3	4	3	0	
8	7	2	3	1	0	
9	8	3	3	2	0	
10	9	3	2	2	0	
11	10	4	3	3	0	
12	11	1	2	2	0	
13	12	2	4	4	0	
14	13	1	1	3	0	
15	14	4	2	1	0	

7 a) in E2 muss stehen:
=WENN(UND(B2<C2;C2<D2;D2<E2);1;0)
b) Die Zellen B2 bis E2 herunterziehen bis Zeile 1001 und die Summe von E2 bis E1001 berechnen. Individuelle Ergebnisse.
Im Mittel sind bei 1000 Versuchen etwa 11,6 Reihen zu erwarten.

8 In C1 wird die Summe von C2 bis C11 berechnet. Dort erscheint 1, wenn die Zufallszahl in B2 bis B11 größer als 0,3 ist, sonst 0.
Beispiel für ein Zufallsexperiment: Bei einem Spiel verliert man mit 30 % Wahrscheinlichkeit. Wie oft gewinnt man? (Die Anzahl der gewonnen Spiele wird in C1 gezählt).

	A	B	C
		C1 ▼ fx =SUMME(C2:C11)	
1	Exp.	Zufallszahl	7
2	1	0,86807387	1
3	2	0,09824031	0
4	3	0,95715583	1
5	4	0,7727559	1
6	5	0,78795576	1
7	6	0,12330562	0
8	7	0,89634609	1
9	8	0,25072116	0
10	9	0,98255043	1
11	10	0,75512822	1

4 Wahrscheinlichkeiten bestimmen durch Simulation

Seite 465

Einstiegsproblem

Das Experiment führt man am besten direkt durch (z. B. 20 Schüler würfeln je 10-mal mit fünf Würfeln) oder durch eine Excel-Simulation:

	A	B	C	D	E	F
		B14 ▼ fx =ZÄHLENWENN(B13:IQ13;3)				
1		Wurf-1	Wurf-2	Wurf-3	Wurf-4	Wurf-5
2	Würfel-1	4	4	4	4	4
3	Würfel-2	5	5	3	3	6
4	Würfel-3	4	4	1	5	2
5	Würfel-4	6	4	2	3	1
6	Würfel-5	1	6	5	6	5
7	Einsen	1	0	1	0	1
8	Zweien	0	0	1	0	1
9	Dreien	0	0	1	2	0
10	Vieren	2	3	1	1	1
11	Fünfen	1	1	1	1	1
12	Sechsen	1	1	0	1	1
13	verschieden	4	3	5	4	5
14	3 verschiede	86				

Simulation für 250 Würfe mit jeweils fünf Würfeln.
Als Schätzwert für die unbekannte Wahrscheinlichkeit erhält man etwa 34 %.
Variante: exakte Berechnung für *drei* verschiedene Augenzahlen beim Würfeln mit drei Würfeln z. B. mithilfe eines Baumdiagramms: $\frac{6}{6} \cdot \frac{5}{6} \cdot \frac{4}{6} = \frac{5}{9} \approx 56\%$.

Die Wahrscheinlichkeit kann wie in Beispiel 3 auf Seite 463 auch näherungsweise durch Simulation bestimmt werden. Dann ist in Zelle D2 einzugeben:
=WENN(UND(A2<>B2;B2<>C2;A2<>C2);1;0)
und diese Simulation z. B. 100-mal zu wiederholen. Die relative Häufigkeit ist dann eine Näherung für die gesuchte Wahrscheinlichkeit.

Seite 467

1 Siehe Abb. (Tabellenanfang).
Die defekten Bauteile werden durch den Befehl =WENN(Bx<B1;1;0) ermittelt. (x steht für eine beliebige Zeile in der Rechnung).
Die relative Häufigkeit (z. B.) bei Teilaufgabe c) wird durch den Befehl
=SUMME(C3:C102)/100 ermittelt.

	A	B	C	D	E	F
		F3 ▼ fx =SUMME(C3:C102)/100				
1	p = 6%			a)	b)	c)
2	Bauteil Nr.	Zufallszahl	defekt?	relative Häufigkeit		
3	1	0,8860963	0	0,1	0,04	0,06
4	2	0,0514324	1			
5	3	0,2518677	0			
6	4	0,5208627	0			
7	5	0,6668418	0			
8	6	0,9525569	0			

2 Lösung für 1000 Wurfsimulationen siehe Abb. (Tabellenanfang):
Die Augensumme wird durch den Befehl =Summe(Bx:Dx) ermittelt.
Die Anzahlen (z. B.) für Augensumme 9 wird durch den Befehl
=ZÄHLENWENN(E2:E1001;9) ermittelt.

	A	B	C	D	E	F	G
		F2 ▼ fx =ZÄHLENWENN(E2:E1001;9)					
1	Wurf	Würfel 1	Würfel 2	Würfel 3	Augensumme	Anzahl(A59)	Anzahl(A510)
2	1	6	4	6	16	98	119
3	2	5	2	4	11		
4	3	3	2	4	9		
5	4	3	3	2	8		
6	5	5	1	6	12		
7	6	1	4	5	10		
8	7	4	6	6	16		
9	8	2	3	6	11		

Der Unterschied kommt dadurch zustande, dass es für das Ergebnis 3 + 3 + 3 nur eine Möglichkeit gibt (alle Würfel zeigen 3).

Beim Zählen der „Arten" muss die Reihenfolge der Würfe berücksichtigt werden.

3 Lösung für 1000 Simulationen siehe Abb. (Tabellenanfang):
Die Trefferzahl wird durch den Befehl
=ZÄHLENWENN(Bx:Fx;"<0,85") ermittelt.
Die relativen Häufigkeiten werden durch die Befehle
=ZÄHLENWENN(G2:G1001;"=4")/1000 bzw.
=ZÄHLENWENN(G2:G1001;">=4")/1000
ermittelt.

	A	B	C	D	E	F	G	H	I
1	Sim.	Schuss 1	Schuss 2	Schuss 3	Schuss 4	Schuss 5	Treffer	genau 4	mind. 4
2	1	0,68496	0,91622	0,92664	0,47491	0,2121	3	0,406	0,834
3	2	0,61391	0,03516	0,61003	0,10596	0,57686	5		
4	3	0,89663	0,63497	0,41747	0,20342	0,72359	4		
5	4	0,87759	0,8902	0,0228	0,74747	0,96293	2		
6	5	0,0708	0,68171	0,18805	0,34138	0,55425	5		
7	6	0,70572	0,61917	0,7866	0,22274	0,41374	5		

4 a) und b) siehe Abbildungen (Tabellenanfang) für 50 Simulationen und Startzahl 13.
Bei a) sieht man, dass die Folge ungeeignet ist, weil sich ab x_4 immer dieselbe Zahl ergibt. Bei b) wird der Maximumstest nicht bestanden.

	A	B	C	D	E	F	G	H	I	J
1	Nr.	Zahl	1.Zi	2.Zi	3.Zi	Max?	a	b	c	
2	1	13	0	1	3	0	1000	5	500	
3	2	565	5	6	5	1				
4	3	325	3	2	5	0	Anzahl			
5	4	125	1	2	5	0		1		
6	5	125	1	2	5	0		0,02		
7	6	125	1	2	5	0	rel.H. der Mittenmax.			
8	7	125	1	2	5	0				
9	8	125	1	2	5	0				
10	9	125	1	2	5	0				

	A	B	C	D	E	F	G	H	I	J
1	Nr.	Zahl	1.Zi	2.Zi	3.Zi	Max?	a	b	c	
2	1	13	0	1	3	0	1000	9	877	
3	2	994	9	9	4	0				
4	3	823	8	2	3	0	Anzahl			
5	4	284	2	8	4	1		22		
6	5	433	4	3	3	0		0,44		
7	6	774	7	7	4	0	rel.H. der Mittenmax.			
8	7	843	8	4	3	0				
9	8	464	4	6	4	1				
10	9	53	0	5	3	1				

c) Individuelle Ergebnisse, die „gute" Folgen von Zufallszahlen liefern können.
Anmerkung: Die drei Ziffern werden durch die Befehle
=(Bx-REST(Bx;100))/100 bzw.
=(Bx-Cx*100-REST(Bx;10))/10 bzw.
=Bx-Cx*100-Dx*10
extrahiert. Ob ein Max. in der Mitte liegt, wird durch =WENN(UND(Dx>Cx;Dx>Ex);1;0) ermittelt. Die Anzahl wird durch
=SUMME(F2:F51) bestimmt.

6 Lösung siehe Abb. für 100 Simulationen (Tabellenanfang).
Die Tabelle ist nach unten bis Fluggast 20 fortzusetzen, nach rechts bis zur Simulation Z-100. Für jeden Fluggast (von 1 bis 20) wird eine Zufallsziffer im Bereich 0 bis 9 erzeugt. 0 bedeutet „erscheint nicht". Oben in Zeile 1 ab Spalte E bis CZ wird durch
=ZÄHLENWENN(x3:x22;">0") gezählt, wie viele Fluggäste erscheinen. Die rel. Häufigkeit der „20 Mitflieger" wird durch
=ZÄHLENWENN(E1:CZ1;20)/100 bestimmt.

	A	B	C	D	E	F	G	H
1	20 Mitflieger	0,14		Mitflieger	19	16	17	16
2	mind. 18 Mitflieger	0,56		Fluggast	Z-1	Z-2	Z-3	Z-4
3				1	7	0	6	5
4				2	5	8	6	0
5				3	3	4	9	8
6				4	4	4	6	0
7				5	8	1	4	2
8				6	1	9	1	4
9				7	9	6	6	8
10				8	5	4	6	7

7 Vinzenz erzeugt in Zeile 2 zunächst für die vier Würfel je eine Zufallszahl im Bereich 1 bis 6. In F2 wird gezählt, wie viele der Würfel mehr als 4 Augen anzeigen. Zeile 2 wird z.B. bis Wurf 100 nach unten ausgefüllt, um 100 Würfe zu simulieren. In G2 wird dann noch mit
=ZÄHLENWENN(F2:F101;>=2)/100 die relative Häufigkeit für das Ereignis "mindestens zwei Würfel zeigen mehr als 4" bestimmt.

Schülerbuchseite 467–469

	F3	▼	fx	=ZÄHLENWENN(B3:E3;">4")	
	A	B	C	D	E	F
1	Wurf	Würfel-1	Würfel-2	Würfel-3	Würfel-4	Anzahl>4
2	1	2	6	6	4	2
3	2	1	1	3	6	1
4	3	1	3	6	1	1
5	4	4	1	2	2	0
6	5	1	6	2	4	1
7	6	1	3	4	3	0
8	7	1	1	4	6	1

8 Lösung siehe Abbildung: Die relativen Häufigkeiten werden mit
=SUMME(C2:Cx)/Ax bestimmt.
a) + b)

	D1	▼	fx	rel. H.
	A	B	C	D
1	Wurf	zeigt	Sechs?	rel. H.
2	1	3	0	0
3	2	3	0	0
4	3	1	0	0
5	4	5	0	0
6	5	6	1	0,2
7	6	6	1	0,33333
8	7	3	0	0,28571
9	8	3	0	0,25
10	9	2	0	0,22222
11	10	4	0	0,2
12	11	2	0	0,18182
13	12	1	0	0,16667

c)

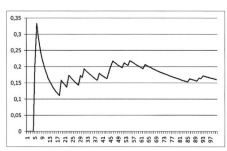

Man erkennt, dass sich die relativen Häufigkeiten, dass eine Sechs fällt, der Wahrscheinlichkeit $\frac{1}{6}$ annähern. Das empirische Gesetz der großen Zahlen wird veranschaulicht.

5 Gegenereignis – Vereinigung – Schnitt

Seite 468

Einstiegsproblem
Die Bildfolge soll auf die Problematik bei der Verwendung des Wortes „oder" vorbereiten.

Seite 469

1 a) $\left(\frac{1}{6}\right)^3 = \frac{1}{216}$ b) $\left(1 - \frac{1}{6}\right)^3 = \frac{125}{216}$

c) $1 - \left(1 - \frac{1}{6}\right)^3 = \frac{91}{216}$ d) $1 - \left(\frac{1}{6}\right)^3 = \frac{215}{216}$

2 E: „Zahl ist Primzahl", E = {2, 3, 5, 7, 11, 13, 17, 19}
F: „Zahl ist durch 5 teilbar", F = {0, 5, 10, 15}
a) E ∩ F = {5}, also $P(E \cap F) = \frac{1}{20}$
b) E ∪ F = {0, 2, 3, 5, 7, 10, 11, 13, 15, 17, 19}, also $P(E \cup F) = \frac{11}{20}$
c) U: „Zahl ist ungerade",
U = {1, 3, 5, 7, 9, 11, 13, 15, 17, 19}
$\overline{F}$ = {1, 2, 3, 4, 6, 7, 8, 9, 11, 12, 13, 14, 16, 17, 18, 19}
U ∩ $\overline{F}$ = {1, 3, 7, 9, 11, 13, 17, 19}
$P(U \cap \overline{F}) = \frac{8}{20}$
d) $\overline{U} \cup F$ = {0, 2, 4, 5, 6, 8, 10, 12, 14, 15, 16, 18}
$P(\overline{U} \cup F) = \frac{12}{20}$
e) $\overline{E \cup F}$ = {1, 4, 6, 8, 9, 12, 14, 16, 18}.
Die Zahl auf der Kugel ist keine Primzahl und sie ist nicht durch 5 teilbar.
$P(\overline{E \cup F}) = \frac{9}{20}$

3 $\overline{A}$: „Mindestens ein Pilz ist giftig"
$\overline{B}$: „Mindestens zwei Pilze sind giftig"
$\overline{C}$: „Alle Pilze sind giftig"

5 Zunächst sollte man die Anzahlen der Ergebnisse bei den auftretenden Ereignissen notieren, z.B. wie in der Tabelle.

	Oberstufe (O)	5–10	Gesamt
Fremdsprache Französisch (F)	48	144	192
Fremdsprache nicht Französisch	80	368	448
Gesamt	128	512	640

a) $\overline{O}$: „Die Schülerin bzw. der Schüler ist nicht in der Oberstufe", $P(\overline{O}) = \frac{512}{640}$
b) $O \cup F$: „Die Schülerin bzw. der Schüler ist in der Oberstufe oder sie/er hat die Fremdsprache Französisch", dazu gehören 272. Das sind 128 der Oberstufe und 144 dazu, die nicht in der Oberstufe sind, aber Französisch lernen.
c) $\overline{O \cap F}$: „Der Schüler oder die Schülerin ist nicht in der Oberstufe, oder er/sie lernt nicht Französisch als Fremdsprache", $P(\overline{O \cap F}) = \frac{592}{640}$.

6 Individuelle Lösungen

Seite 470

7 a) Aus der Additivität und der Normiertheit folgt:
$P(E) + P(\overline{E}) = P(E \cup \overline{E}) = P(S) = 1$.
Denn $E \cap \overline{E} = \{\ \}$, $E \cup \overline{E} = S$.
Also ergibt sich $P(\overline{E}) = 1 - P(E)$.
b) Nach Teilaufgabe a) und wegen der Positivität gilt: $P(E) = 1 - P(\overline{E}) \leq 1$, denn von 1 wird $P(\overline{E})$ abgezogen.
c) Da $E \subseteq F$, gibt es eine Menge G mit $E \cup G = F$, $E \cap G = \{\ \}$.
Wegen der Additivität gilt $P(E) + P(G) = P(F)$ und wegen der Positivität ($P(G) \geq 0$) daher $P(E) \leq P(F)$.

d) $\{e_1\}, \{e_2\}, \{e_3\}, \{e_4\}$ sind Ereignisse mit Schnittmenge $\{e_i\} \cap \{e_j\} = \emptyset$ für $i \neq j$ (i, j = 1, 2, 3, 4), also folgt durch wiederholte Anwendung der Additivität:
$P(E) = P(\{e_1\} \cup \{e_2\} \cup \{e_3\} \cup \{e_4\})$
$= P(\{e_1\}) + P(\{e_2\}) + P(\{e_3\}) + P(\{e_4\})$
$= P(e_1) + P(e_2) + P(e_3) + P(e_4)$.

6 Additionssatz

Seite 471

Einstiegsproblem
Wäre Marens Logik richtig, so würde sie bei sechs Würfen sicher eine Sechs erzielen (bei sieben Würfen sogar mit mehr als 100% Wahrscheinlichkeit). Das stimmt nicht. Ist E das Ereignis „mindestens eine Sechs bei n Würfen", so rechnet man am einfachsten über das Gegenereignis „keine Sechs bei n Würfen" mit der Wahrscheinlichkeit $\left(\frac{5}{6}\right)^n$; also gilt $P(E) = 1 - \left(\frac{5}{6}\right)^n < 1$.

Seite 472

1 a) $\frac{3}{6} + \frac{1}{6} - \frac{1}{6} = \frac{3}{6}$ b) $\frac{3}{6} + \frac{5}{6} - \frac{3}{6} = \frac{5}{6}$

2 a) $\frac{6}{32}$ b) $\frac{8}{32} + \frac{8}{32} = \frac{16}{32}$
c) $\frac{8}{32} + \frac{4}{32} - \frac{1}{32} = \frac{11}{32}$

3 a) E: „Beim ersten Drehen erscheint mindestens 3", $P(E) = \frac{1}{2}$.
F: „Beim zweiten Drehen erscheint höchstens 2", $P(F) = \frac{1}{2}$.
$E \cap F = \{3\text{–}1, 3\text{–}2, 4\text{–}1, 4\text{–}2\}$, $P(E \cap F) = \frac{4}{16} = \frac{1}{4}$,
also $P(E \cup F) = P(E) + P(F) - P(E \cap F)$
$= \frac{1}{2} + \frac{1}{2} - \frac{1}{4} = \frac{3}{4}$.
b) E: „Beim ersten Drehen erscheint mindestens 3", $P(E) = \frac{1}{2}$.
F: „Summe 4", $F = \{1\text{–}3, 2\text{–}2, 3\text{–}1\}$, $P(F) = \frac{3}{16}$

$E \cap F = \{3\text{-}1\}$, $P(E \cap F) = \frac{1}{16}$, also $P(E \cup F) =$
$P(E) + P(F) - P(E \cap F) = \frac{1}{2} + \frac{3}{16} - \frac{1}{16} = \frac{5}{8}$.

c) Vorsicht: Hier liegt keine Laplace-Verteilung vor.
E: „Beim ersten Drehen erscheint Blau", $P(E) = \frac{1}{4}$
F: „Beim zweiten Drehen erscheint Rot", $P(F) = \frac{1}{2}$
$E \cap F = \{b\text{-}r\}$, $P(E \cap F) = \frac{1}{4} \cdot \frac{1}{2} = \frac{1}{8}$ (Baumdiagramm), also $P(E \cup F) =$
$P(E) + P(F) - P(E \cap F) = \frac{1}{4} + \frac{1}{2} - \frac{1}{8} = \frac{5}{8}$.

5 a) $\frac{18}{37} + \frac{12}{37} - \frac{6}{37} = \frac{24}{37}$
(18 Zahlen, 12 Zahlen im mittleren Dutzend, 6 ungerade Zahlen im mittleren Dutzend)
b) $\frac{6}{37}$ (6 ungerade Zahlen im mittleren Dutzend)

6 a) $\frac{5}{8} + \frac{5}{8} - \frac{5}{8} \cdot \frac{5}{8} = \frac{55}{64}$
b) $\frac{3}{8} + \frac{3}{8} - \frac{3}{8} \cdot \frac{3}{8} = \frac{39}{64}$

7

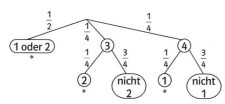

Die Pfade mit * ergeben $E \cup F$:
$P(E \cup F) = \frac{1}{2} + \frac{1}{4} \cdot \frac{1}{4} + \frac{1}{4} \cdot \frac{1}{4} = \frac{5}{8}$

7 Bedingte Wahrscheinlichkeit – Unabhängigkeit

Seite 473

Einstiegsproblem
Nein, Nichtraucher sind zufriedener $\left(\frac{45}{73} \approx 61{,}6\,\%\right)$ als Raucher $\left(\frac{15}{27} \approx 55{,}6\,\%\right)$.

Seite 475

1 a) $0{,}98^4 = 92{,}2\,\%$
b) Unabhängigkeit liegt eventuell nicht vor, wenn z. B. die Fahrzeuge alle gleichzeitig gekauft werden. Es könnte dann ein Fehler gehäuft auftreten.

2 a) $E = \{a\text{-}h, a\text{-}a\}$,
$P(E) = \frac{3}{5} \cdot \frac{2}{5} + \frac{3}{5} \cdot \frac{3}{5} = \frac{3}{5}$
$F = \{a\text{-}h, h\text{-}h\}$, $P(F) = \frac{3}{5} \cdot \frac{2}{5} + \frac{2}{5} \cdot \frac{2}{5} = \frac{2}{5}$
$E \cap F = \{a\text{-}h\}$, $P(E \cap F) = \frac{3}{5} \cdot \frac{2}{5} = \frac{6}{25}$
Also gilt $P(E \cap F) = P(E) \cdot P(F)$, E und F sind unabhängig.
b) $E = \{a\text{-}h, a\text{-}a\}$, $P(E) = \frac{3}{5} \cdot \frac{2}{4} + \frac{3}{5} \cdot \frac{2}{4} = \frac{3}{5}$
$F = \{a\text{-}h, h\text{-}h\}$, $P(F) = \frac{3}{5} \cdot \frac{2}{4} + \frac{2}{5} \cdot \frac{1}{4} = \frac{2}{5}$
$E \cap F = \{a\text{-}h\}$, $P(E \cap F) = \frac{3}{5} \cdot \frac{2}{4} = \frac{6}{20}$
Da $P(E \cap F) \neq P(E) \cdot P(F)$, sind E und F nicht unabhängig.
$P_E(F) = \frac{P(E \cap F)}{P(E)} = \frac{\frac{6}{20}}{\frac{3}{5}} = \frac{1}{2}$

3 a) $E = \{a\text{-}h, a\text{-}a\}$, $P(E) = \frac{3}{5} \cdot \frac{2}{5} + \frac{3}{5} \cdot \frac{3}{5} = \frac{3}{5}$
$F = \{a\text{-}a, h\text{-}a\}$, $P(F) = \frac{3}{5} \cdot \frac{3}{5} + \frac{2}{5} \cdot \frac{3}{5} = \frac{3}{5}$
$E \cap F = \{a\text{-}a\}$, $P(E \cap F) = \frac{3}{5} \cdot \frac{3}{5} = \frac{9}{25}$
Da $P(E \cap F) = P(E) \cdot P(F)$, sind E und F unabhängig.
b) $E = \{a\text{-}h, a\text{-}a\}$, $P(E) = \frac{3}{5} \cdot \frac{2}{5} + \frac{3}{5} \cdot \frac{3}{5} = \frac{3}{5}$
$F = \{a\text{-}h, h\text{-}a\}$, $P(F) = \frac{3}{5} \cdot \frac{2}{5} + \frac{2}{5} \cdot \frac{3}{5} = \frac{12}{25}$
$E \cap F = \{a\text{-}h\}$, $P(E \cap F) = \frac{3}{5} \cdot \frac{2}{5} = \frac{6}{25}$
Da $P(E \cap F) \neq P(E) \cdot P(F)$, sind E und F nicht unabhängig. Es gibt also auch beim Ziehen mit Zurücklegen Ereignisse, die nicht unabhängig sind.
c) zu Teilaufgabe a) $P_E(F) = \frac{\frac{9}{25}}{\frac{3}{5}} = \frac{3}{5}$
$P_F(E) = \frac{3}{5}$
zu Teilaufgabe b) $P_E(F) = \frac{\frac{6}{25}}{\frac{3}{5}} = \frac{2}{5}$
$P_F(E) = \frac{1}{2}$

4 a) Insgesamt sind es 21 Kugeln, 12 rote und 9 blaue. Daraus erhält man
$P(A) = \frac{1}{2}$, $P(B) = \frac{9}{21} = \frac{3}{7}$, $P(A \cap B) = \frac{1}{2} \cdot \frac{3}{7}$
Also sind A und B unabhängig. Dasselbe ergibt sich für $\overline{A}$ und $\overline{B}$.
b) Wenn man die Anteile der roten bzw. blauen Kugeln in den Strümpfen so abändert, dass sie nicht gleich den Anteilen bei der Gesamtzahl der Kugeln sind, beeinflusst die Auswahl eines Strumpfes das Ereignis B und auch $\overline{B}$.

5 Das Bauteil funktioniert, wenn alle Komponenten funktionieren. Wenn die Komponenten dabei unabhängig voneinander funktionieren, ist die Funktionswahrscheinlichkeit des Bauteils gleich dem Produkt der Funktionswahrscheinlichkeiten seiner Komponenten, also
$0{,}98 \cdot 0{,}95 \cdot 0{,}9 = 0{,}8379 \approx 0{,}838$.
Der Chefplaner hat Unabhängigkeit bei der Funktionswahrscheinlichkeit der einzelnen Komponenten vorausgesetzt und so die Funktionswahrscheinlichkeit des Bauteils berechnet.

Seite 476

8 Hier liegt keine Laplaceverteilung vor:
E = {6–1, 6–2, 6–3, 6–4, 6–5, 6–6},
$P(E) = 0{,}1 \cdot 0{,}1 + 0{,}1 \cdot 0{,}02 + 0{,}1 \cdot 0{,}45$
$\quad + 0{,}1 \cdot 0{,}31 + 0{,}1 \cdot 0{,}02 + 0{,}1 \cdot 0{,}1$
$\quad = 0{,}1$;
F = {1–6, 2–5, 3–4, 4–3, 5–2, 6–1},
$P(F) = 0{,}1 \cdot 0{,}1 + 0{,}02 \cdot 0{,}02 + 0{,}45 \cdot 0{,}31$
$\quad + 0{,}31 \cdot 0{,}45 + 0{,}02 \cdot 0{,}02 + 0{,}1 \cdot 0{,}1$
$\quad = 0{,}2998$
$E \cap F$ = {6–1}, $P(E \cap F) = 0{,}1 \cdot 0{,}1 = 0{,}01$
Da $P(E) \cdot P(F) = 0{,}02998$, sind hier E und F nicht unabhängig. Wenn nämlich im ersten Wurf eine 6 fällt, ist das Erreichen der Augensumme 7 ziemlich unwahrscheinlich, weil dann im zweiten Wurf eine 1 (geringe Wahrscheinlichkeit) fallen muss.

9 a) $E \cap F$: „Die Augenzahl ist eine gerade Primzahl", $P(E \cap F) = \frac{1}{6}$
b) E = {2, 3, 5}, $P(E) = \frac{1}{2}$, F = {2, 4, 6}, $P(F) = \frac{1}{2}$
$P(E \cap F) \neq P(E) \cdot P(F)$, also sind E und F abhängig.
c) Wenn man schon weiß, dass eine Primzahl gewürfelt wurde, dann ist eine gerade Zahl weniger wahrscheinlich.
d) Wenn man schon weiß, dass eine gerade Zahl gewürfelt wurde, dann ist eine Primzahl weniger wahrscheinlich.

10 a) Es sei E: „Einheimisch sein" und F: „Zum THG gehen".
$P(E) = \frac{420}{1050}$, $P(F) = \frac{600}{1050}$, $P(E \cap F) = \frac{240}{1050} = \frac{8}{35}$,
$P(E) \cdot P(F) = \frac{8}{35}$
Also sind E und F unabhängig. Das sieht man auch daran, dass der Anteil der einheimischen THG-Schüler bei den Einheimischen ebenso groß ist wie der Anteil aller THG-Schüler bei allen Schülern. Man kann sogar rechnerisch das eine in das andere überführen:
$P(E) \cdot P(F) = P(E \cap F) \Leftrightarrow \frac{420}{1050} \cdot \frac{600}{1050} = \frac{240}{1050}$
$\Leftrightarrow 420 \cdot \frac{600}{1050} = 240$
$\Leftrightarrow \frac{600}{1050} = \frac{240}{420}$,
und das bedeutet gerade, dass der Anteil der einheimischen THG-Schüler bei den Einheimischen ebenso groß ist wie der Anteil aller THG-Schüler bei allen Schülern.
b) Wenn nur ein Schüler das THG verlässt, gilt $P(E) \cdot P(F) = P(E \cap F)$ schon nicht mehr, die „Verhältnisse" sind dann leicht verändert. Bei realen Zahlen wird man es allerdings selten haben, dass $P(E) \cdot P(F) = P(E \cap F)$ genau erfüllt ist. Ist die Beziehung näherungsweise erfüllt, kann man von „statistischer" Unabhängigkeit sprechen.

11 a) Es sei E: „Helläugigkeit beim Vater" und F: „Helläugigkeit beim Sohn".
$P(E) = 0{,}622$, $P(F) = 0{,}619$, $P(E \cap F) = 0{,}471$; $P(E) \cdot P(F) = 0{,}385$
Also sind E und F nicht unabhängig. Das sieht man auch daran, dass der Anteil der Paare helläugiger Väter mit helläugigen Söhnen an allen Paaren mit helläugigen Vätern $\left(\frac{471}{622}\right)$ sehr verschieden ist von dem Anteil aller Paare mit helläugigen Söhnen an allen Paaren $\left(\frac{619}{1000}\right)$.

12 a) Unter der Annahme, dass die Beantwortung der Fragen rein zufällig und unabhängig erfolgt, wird man zunächst die Wahrscheinlichkeit für das Gegenereignis: „Keine Frage richtig beantwortet" bestimmen: $\left(\frac{2}{3}\right)^6 = 0{,}0878$. Also beantwortet er mindestens eine Frage richtig mit Wahrscheinlichkeit $1 - 0{,}0878 = 0{,}9122$.
b) Die Beantwortung der Fragen ist bei Kandidat B nicht unabhängig voneinander, weil z. B. die letzte Frage nur noch auf eine Weise angekreuzt werden kann. Damit kann man nicht so vorgehen wie bei Teilaufgabe a).

8 Regel von Bayes

Seite 477

Einstiegsproblem
a) Thomas: „Der erste Deckel mit 2 weißen Seiten scheidet aus, es bleiben die restlichen beiden, von denen einer auf der Rückseite rautiert, einer weiß ist. Daher ist die fragliche Wahrscheinlichkeit $\frac{1}{2}$."
Sonja hat aber recht, denn $P_r(rr) = \frac{\frac{1}{3}}{\frac{1}{2}} = \frac{2}{3}$

	ww	wr	rr	
w	$\frac{1}{3}$	$\frac{1}{6}$	0	$\frac{1}{2}$
r	0	$\frac{1}{6}$	$\frac{1}{3}$	$\frac{1}{2}$
	$\frac{1}{3}$	$\frac{1}{3}$	$\frac{1}{3}$	

Anschaulich: Bei dem beidseitig rautierten Deckel beobachtet man die rautierte Seite doppelt so häufig wie bei dem einseitig rautierten.
b) Wenn man das Experiment 600-mal durchführt, wird man etwa 300-mal die rautierte Seite r sehen, ungefähr 200-mal wird sie von einem rr Deckel, 100-mal von einem rw-Deckel stammen!

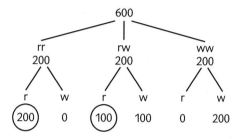

Seite 479

1 $P_I(A) = \dfrac{0{,}3 \cdot 0{,}1}{0{,}3 \cdot 0{,}1 + 0{,}7 \cdot 0{,}2} = 17{,}647\,\%$

$P_I(B) = 82{,}353\,\%$

$P_{\bar{I}}(B) = \dfrac{0{,}3 \cdot 0{,}9}{0{,}3 \cdot 0{,}9 + 0{,}7 \cdot 0{,}8} = 32{,}530\,\%$

$P_{\bar{I}}(B) = 67{,}470\,\%$

2 a) Die a-priori-Wahrscheinlichkeiten der Alternativen gesund und krank stehen in der letzten Zeile (0,9 bzw. 0,1).
Die totalen Wahrscheinlichkeiten der Indizien positives oder negatives Ergebnis stehen in der letzten Spalte (0,1 bzw. 0,9).
b) $P_+(krank) = \dfrac{0{,}09}{0{,}1} = 0{,}9 = 90\,\%$
c) $P_-(gesund) = \dfrac{0{,}89}{0{,}9} = 0{,}9889 = 98{,}98\,\%$
d)

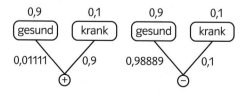

3 Als totale Wahrscheinlichkeit dafür, dass ein defekter Schalter geliefert wird, ergibt sich $1 - 0{,}95 = 0{,}05$. Die Wahrscheinlichkeit, dass A einen defekten Schalter montiert, beträgt $0{,}4 \cdot 0{,}1 = 0{,}04$. Damit erhält man für die gesuchte Wahrscheinlichkeit $\frac{0{,}04}{0{,}05} = 0{,}8$.

4 Die totale Wahrscheinlichkeit dafür, dass er pünktlich zu Hause ankommt, beträgt $\frac{3}{5}$. Die Wahrscheinlichkeit, bei Benutzung der Bahn pünktlich anzukommen, beträgt $0{,}8 \cdot \frac{2}{3} = \frac{8}{15}$. Damit erhält man für die gesuchte Wahrscheinlichkeit $\frac{8}{15} : \frac{3}{5} = \frac{8}{9}$.

6 a) $P_{schwarz}(B_1) = \frac{\frac{1}{2} \cdot \frac{5}{7}}{\frac{1}{2} \cdot \frac{5}{7} + \frac{1}{2} \cdot \frac{1}{2}} = \frac{\frac{5}{14}}{\frac{17}{28}} = \frac{10}{17} \approx 58{,}8\,\%$

$P_{schwarz}(B_2) \approx 41{,}2\,\%$

b) $P_{s\text{-}s}(B_1) = \frac{\frac{1}{2} \cdot \frac{5}{7} \cdot \frac{4}{6}}{\frac{1}{2} \cdot \frac{5}{7} \cdot \frac{4}{6} + \frac{1}{2} \cdot \frac{1}{8} \cdot \frac{4 \cdot 3}{8 \cdot 7}} \approx 68{,}97\,\%$

$P_{s\text{-}s}(B_2) = 31{,}03\,\%$

7 a) Wahrscheinlichkeit zum Indiz „2 – 3 – 2":

Würfel: $\frac{1}{2} \cdot \left(\frac{1}{6}\right)^3 = \frac{1}{432}$;

Münze: $\frac{1}{2} \cdot \frac{15}{64} \cdot \frac{20}{64} \cdot \frac{15}{64} = \frac{1125}{131072}$;

Summe $\frac{38567}{3538944}$

A-posteriori-Wahrscheinlichkeiten:

Würfel: $\frac{1}{432} : \frac{38567}{3538944} \approx 0{,}2124$

Münze: $\frac{1125}{131072} : \frac{38567}{3538944} \approx 0{,}7876$

b) Wahrscheinlichkeit zum Indiz „3 – 4 – 6":

Würfel: $\frac{1}{2} \cdot \left(\frac{1}{6}\right)^3 = \frac{1}{432}$;

Münze: $\frac{1}{2} \cdot \frac{20}{64} \cdot \frac{15}{64} \cdot \frac{1}{64} = \frac{75}{131072}$;

Summe $\frac{10217}{3538944}$

A-posteriori-Wahrscheinlichkeiten:

Würfel: $\frac{1}{432} : \frac{10217}{3538944} \approx 0{,}8011$;

Münze: $\frac{75}{131072} : \frac{10217}{3538944} \approx 0{,}198$

c) Wahrscheinlichkeit zum Indiz „6 – 6 – 6":

Würfel: $\frac{1}{2} \cdot \left(\frac{1}{6}\right)^3 = \frac{1}{432} \approx 0{,}002315$;

Münze: $\frac{1}{2} \cdot \frac{1}{64} \cdot \frac{1}{64} \cdot \frac{1}{64} = \frac{1}{524288} \approx 0{,}0000019$;

Summe: $0{,}002317$

A-posteriori-Wahrscheinlichkeiten:

Würfel: $\frac{0{,}002315}{0{,}002317} \approx 0{,}9991$;

Münze: $\frac{0{,}0000019}{0{,}002317} \approx 0{,}00082$

d) Wahrscheinlichkeit zum Indiz „6 – 0 – 4":

Würfel: $\frac{1}{2} \cdot \left(\frac{1}{6}\right)^2 \cdot 0 = 0$

Münze: $\frac{1}{2} \cdot \frac{1}{64} \cdot \frac{1}{64} \cdot \frac{15}{64} = \frac{15}{524288} \approx 0{,}00002861$

Summe: $0{,}00002861$

A-posteriori-Wahrscheinlichkeiten:

Würfel: $\frac{0}{0{,}00002861} = 0$

Münze: $\frac{0{,}00002861}{0{,}00002861} = 1$

Seite 480

8 Individuelle Lösung (Experiment mit vorbereiteter Software)

9 Individuelle Lösung

10 Individuelle Lösung

11 a)

	keine rote	eine rote	zwei rote
mit Zurücklegen	$\frac{4}{9}$	$\frac{4}{9}$	$\frac{1}{9}$
ohne Zurücklegen	$\frac{2}{5}$	$\frac{8}{15}$	$\frac{1}{15}$

b) Einstellungen der „Bayes-Matrix" wie folgt:

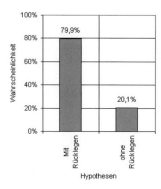

Fig. 1

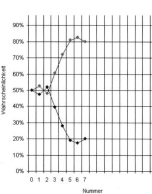

Fig. 2

9 Daten darstellen und auswerten

Seite 481

Einstiegsproblem
Während auf der rechten Fahrspur während des ganzen Tages zwischen 7 und 19 Uhr die Verkehrsdichte „nahezu konstant" ist, werden die Überholspuren in den Zeiten des Berufsverkehrs („rush-hours") besonders stark frequentiert. Sie „schlucken" dann etwa das Doppelte des Verkehrsaufkommens der Normalspur, wobei auf der zweiten Überholspur wegen der höheren Geschwindigkeit (bei gleichem Sicherheitsabstand) noch mehr Fahrzeuge

passieren. Nachts fahren dagegen die meisten Fahrzeuge auf der Normalspur.

Seite 484

1 a) Individuelle Lösungen bei Schätzungen.
Mittelwerte: 8,20 und 6,76
Standardabweichung: 3,1686 und 2,71963
b) Mittelwerte: 8,20 und 6,30
Standardabweichung: 3,2187 und 2,68514

2 a) Mittelwert: 2,07
Standardabweichung 0,63960926

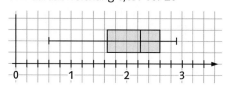

b) Im Intervall [1,43; 3,71] liegen 17 von 20 Werten, das sind 85%.

3 a) Jahrgangsstufe 5
Mittelwert $\bar{x}$ = 10,6
Standardabweichung: s = 0,423

Jahrgangsstufe 12
Mittelwert $\bar{x}$ = 19
Standardabweichung: s = 0,685
b) In der Jahrgangsstufe 12 findet man häufiger Schülerinnen oder Schüler mit unterschiedlichen Laufbahnen: Wiederholer, Überspringer oder ähnliches. Dadurch können mehr und größere Abweichungen beim Alter vorkommen.

4 a) Fehlstunden: Mittelwert 10,10; Standardabweichung 11,19
Zeugnisnoten: Mittelwert 2,96; Standardabweichung 0,429

b) Fehlstunden

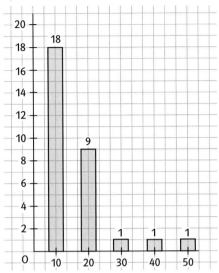

c) Fehlstunden

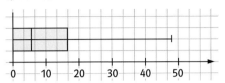

Noten

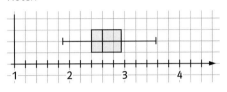

Seite 485

7 Beispiel einer Auswertung:

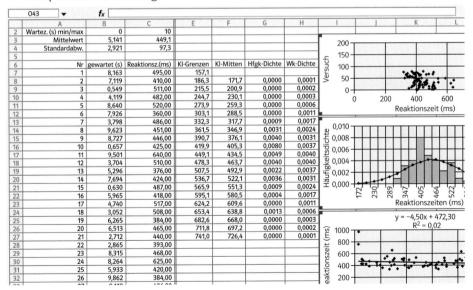

8 Hier hat die Testperson versucht, den Halbsekundentakt zu treffen. Die Grafiken kann man im Einzelfall durch Wahl der Achsenskalierungen den Versuchsergebnissen anpassen.

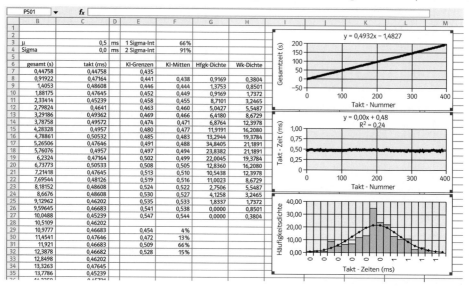

10 Erwartungswert und Standardabweichung bei Zufallswerten

Seite 486

Einstiegsproblem

Die Wahrscheinlichkeiten für rot bzw. blau betragen 0,25 bzw. 0,75. Bei Lotterie 1 zahlt man z.B. in 100 Spielen 50 € Einsatz und kann etwa 25-mal 1 € Auszahlung erwarten, d.h., man wird etwa 25 € verlieren. Bei Lotterie 2 zahlt man etwa 25-mal 1 € und erhält etwa 75-mal 0,2 €, wird also etwa 10 € verlieren. Lotterie 2 ist zwar günstiger, aber man verliert bei beiden Lotterien.

Seite 488

1 $\mu = (-10) \cdot \frac{1}{4} + 0 \cdot \frac{1}{6} + 5 \cdot \frac{1}{2} + 10 \cdot \frac{1}{12} = \frac{5}{6}$,

$\sigma^2 = (-10 - \mu)^2 \cdot \frac{1}{4} + (0 - \mu)^2 \cdot \frac{1}{6} + (5 - \mu)^2 \cdot \frac{1}{2}$
$+ (10 - \mu)^2 \cdot \frac{1}{12} = \frac{1625}{36}$; $\sigma \approx 6{,}7$

2 Wahrscheinlichkeitsverteilung

k	0	1	2	3
P(X = k)	11,76%	36,74%	38,23%	13,27%

$\mu = 0{,}3674 \cdot 1 + 0{,}3823 \cdot 2 + 0{,}1327 \cdot 3 = 1{,}53$
Diesen Wert erhält man auch intuitiv als $3 \cdot 0{,}51$.
$\sigma^2 = 0{,}1176 \cdot (0 - 1{,}53)^2 + 0{,}3674 \cdot (1 - 1{,}53)^2$
$+ 0{,}3823 \cdot (2 - 1{,}53)^2 + 0{,}1327 \cdot (3 - 1{,}53)^2$
$\sigma \approx 0{,}87$

Interpretation:
Für die einzelne Geburt hat der Erwartungswert nur die Bedeutung, dass wohl eher zwei Rüden als nur einer zu erwarten sind. Erst wenn man viele Geburten mit drei Welpen betrachtet, ist die Bedeutung von X, dass man durchschnittlich etwa 1,53 Rüden zu erwarten hat.
Die Standardabweichung zeigt, dass 0 oder 3 Rüdengeburten eher unwahrscheinlich sind.

3 $\mu = 0 \cdot 0{,}436 + 1 \cdot 0{,}413 + 2 \cdot 0{,}132 + 3 \cdot 0{,}0177 + 4 \cdot 0{,}000\,969 + 5 \cdot 1{,}85 \cdot 10^{-5} + 6 \cdot 7{,}15 \cdot 10^{-8} = 0{,}734$

Man hat durchschnittlich pro Tipp nur etwa 0,7 Richtige zu erwarten.
Der Erwartungswert ist aber nur eine Prognose für den Mittelwert und kennzeichnet nur das, was bei einer großen Anzahl von Spielen auf lange Sicht im Mittel zu erwarten ist.

$\sigma^2 = (0 - 0{,}734)^2 \cdot 0{,}436 + (1 - 0{,}734)^2 \cdot 0{,}413$
$\quad + (2 - 0{,}734)^2 \cdot 0{,}132 + (3 - 0{,}734)^2 \cdot 0{,}0177$
$\quad + (4 - 0{,}734)^2 \cdot 0{,}000\,969 +$
$\quad (5 - 0{,}734)^2 \cdot 1{,}85 \cdot 10^{-5} + (6 - 0{,}724)^2 \cdot 7{,}15 \cdot 10^{-8}$

$\sigma \approx 0{,}76$

Man wird wahrscheinlich nur 0 bis 1 Richtige haben.

4 X: Geldwert der gezogenen Münzen (in Euro)
Wahrscheinlichkeitsverteilung von X:

k	1	1,5	2	2,5	3	4
P(X = k)	22%	20%	$3\frac{1}{3}$%	32%	$13\frac{1}{3}$%	$9\frac{1}{3}$%

$m \approx \mu = 2{,}16; \; \sigma = 0{,}91$

5 a) $\mu = -0{,}3; \; \sigma = 1{,}32$
b) Der Einsatz müsste 0,7 € betragen.
Möglicher Lösungsweg:
Man ersetzt in der Tabelle die Werte wie angegeben;

g	-e	1 - e	2 - e	5 - e
P(X = g)	$\frac{2}{3}$	$\frac{1}{6}$	$\frac{1}{10}$	$\frac{1}{15}$

dabei ist e der gesuchte Einsatz in €. Damit ergibt sich die Gleichung:
$-\frac{2}{3}e + \frac{1}{6}(1 - e) + \frac{1}{10}(2 - e) + \frac{1}{15}(5 - e) = 0$
mit der Lösung e = 0,7.

c) Die maximale Auszahlung betrage m €, dann muss für m die Gleichung gelten:
$-\frac{2}{3} + \frac{1}{10} + \frac{m-1}{15} = 0$ mit der Lösung m = 9,5.

6 a) Wahrscheinlichkeitsverteilung:

r	0	1	2	3
P(X = r)	$\frac{1}{8}$	$\frac{3}{8}$	$\frac{3}{8}$	$\frac{1}{8}$

Erwartungswert:
$\mu = 0 \cdot \frac{1}{8} + 1 \cdot \frac{3}{8} + 2 \cdot \frac{3}{8} + 3 \cdot \frac{1}{8} = \frac{12}{8} = 1{,}5$

Standardabweichung:
$\sigma = \sqrt{(0 - 1{,}5)^2 \cdot \frac{1}{8} + (1 - 1{,}5)^2 \cdot \frac{3}{8} + (2 - 1{,}5)^2 \cdot \frac{3}{8} + (3 - 1{,}5)^2 \cdot \frac{1}{8}}$
$= \frac{1}{2}\sqrt{3}$
$\approx 0{,}87$

b)
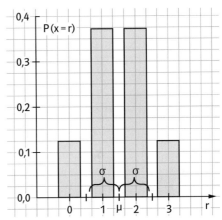

c) (dreimaliges „Werfen" einer Zufallszahl 0 oder 1, welche Anzahl Wappen simuliert)

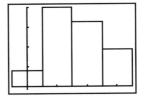

```
WINDOW
Xmin=-.5
Xmax=3.5
Xscl=1
Ymin=-1
Ymax=40
Yscl=10
Xres=■
```

$\bar{x} = 1{,}63$; $s = 0{,}88$

Mittelwert und Erwartungswert sowie die Standardabweichungen liegen nahe beieinander.
Die Graphen ähneln sich auch.
Die Zufallsgröße X modelliert das Zufallsexperiment und ermöglicht Prognosen.

Seite 489

9 a) Wahrscheinlichkeitsverteilung für den Zufallsversuch (vergleiche Beispiel 1 im Schülerbuch):

Augensumme	2	3	4	5	6	7
Wahrscheinlichkeit	$\frac{1}{36}$	$\frac{2}{36}$	$\frac{3}{36}$	$\frac{4}{36}$	$\frac{5}{36}$	$\frac{6}{36}$

Augensumme	8	9	10	11	12
Wahrscheinlichkeit	$\frac{5}{36}$	$\frac{4}{36}$	$\frac{3}{36}$	$\frac{2}{36}$	$\frac{1}{36}$

Damit ergibt sich die Wahrscheinlichkeitsverteilung für die Zufallsgröße Auszahlungsbetrag X:

a	5	6	7	8	9	15	20	55	120
P(X = a)	$\frac{4}{36}$	$\frac{5}{36}$	$\frac{6}{36}$	$\frac{8}{36}$	$\frac{4}{36}$	$\frac{2}{36}$	$\frac{4}{36}$	$\frac{2}{36}$	$\frac{1}{36}$

b) $\mu = 5 \cdot \frac{4}{36} + 6 \cdot \frac{5}{36} + 7 \cdot \frac{6}{36} + 8 \cdot \frac{8}{36} + 9 \cdot \frac{4}{36}$
$+ 15 \cdot \frac{2}{36} + 20 \cdot \frac{4}{36} + 55 \cdot \frac{2}{36} + 120 \cdot \frac{1}{36}$
$\approx 14{,}78$

Die Bank muss mindestens 14,78 Cent verlangen.

10 Man berechnet den Erwartungswert. Aus einem Baumdiagramm ergibt sich die Wahrscheinlichkeitsverteilung für die Anzahl X der geheilten Patienten:

g	0	1	2	3
P(X = g)	0,008	0,096	0,384	0,512

Damit ergibt sich:
E(X) $= 0 \cdot 0{,}008 + 1 \cdot 0{,}096 + 2 \cdot 0{,}384 + 3 \cdot 0{,}512 = 2{,}4$.
Einfache (intuitive) Alternative: Man erwartet 80 % von 3, d.h. 2,4 geheilte Patienten.

11 Die Mannschaften werden mit A und B bezeichnet. Nach drei Spielen ist Schluss bei Ausgang AAA und BBB (das heißt A bzw. B gewinnt dreimal).
Nach vier Spielen ist Schluss bei Ausgang BAAA, ABAA, AABA beziehungsweise ABBB, BABB, BBAB.
Nach fünf Spielen ist Schluss bei Ausgang BBAAA, BABAA, BAABA, ABBAA, ABABA, AABBA beziehungsweise AABBB, ABABB, ABBAB, BAABB, BABAB, BBAAB.
Daher hat die Zufallsvariable X (Anzahl der Spiele) die Verteilung

s	3	4	5
P(X = s)	$\frac{1}{4}$	$\frac{3}{8}$	$\frac{3}{8}$

und den Erwartungswert
$\mu = 3 \cdot \frac{1}{4} + 4 \cdot \frac{3}{8} + 5 \cdot \frac{3}{8} = \frac{33}{8} \approx 4{,}125$
sowie die Standardabweichung $\sigma = 0{,}78$.

12 Wahrscheinlichkeitsverteilung für „Gewinn in Dollar":

g	−1	0	1	2
P(X = g)	$\frac{125}{216}$	$\frac{75}{216}$	$\frac{15}{216}$	$\frac{1}{216}$

Auf lange Sicht entspricht der Gewinn dem Erwartungswert
$\mu = \frac{125}{216} \cdot (-1\$) + \frac{75}{216} \cdot 0\$ + \frac{15}{216} \cdot 1\$ +$
$\frac{1}{216} \cdot 2\$ = -\frac{108}{216}\$ = -0{,}50\$$.
Daher kann der Spieler durchschnittlich pro Spiel 50 Cent Verlust erwarten.

13 X: Gewinn in €
a) Wahrscheinlichkeitsverteilung von X:

g	1000	300	20	0
P(X = g)	0,0001	0,0004	0,0020	0,9975

$\mu = 0,62$ €; $\sigma = 14,7$ €
b) Es sei x die Anzahl der erforderlichen Lösungen.
Wahrscheinlichkeitsverteilung von X:

g	1000	300	20	0
P(X = g)	$\frac{1}{x}$	$\frac{4}{x}$	$\frac{200}{x}$	$\frac{x-205}{x}$

$E(X) = \frac{1000}{x} + \frac{1200}{x} + \frac{4000}{x} = \frac{6200}{x} = 0,45$.
Somit ist $x \approx 13778$.
Es müssten etwa 13 800 Lösungen eingehen.

Wiederholen – Vertiefen – Vernetzen

Seite 490

1 $1 - 0,1^3 = 0,999$

2 a) E: „Beim ersten Drehen erscheint mindestens 4";
E = {4–1, 4–2, 4–4, 4–8, 8–1, 8–2, 8–4, 8–8};
$P(E) = \frac{8}{16}$.
F: „Beim zweiten Drehen erscheint höchstens 2";
F = {1–1, 2–1, 4–1, 8–1, 1–2, 2–2, 4–2, 8–2};
$P(F) = \frac{8}{16}$.
E ∩ F = {4–1, 8–1, 4–2, 8–2}; $P(E \cap F) = \frac{4}{16}$;
also $P(E \cup F) = P(E) + P(F) - P(E \cap F)$
$= \frac{8}{16} + \frac{8}{16} - \frac{4}{16} = \frac{12}{16} = \frac{3}{4}$.

b) E: „Beim ersten Drehen erscheint höchstens 2";
E = {1–1, 1–2, 1–4, 1–8, 2–1, 2–2, 2–4, 2–8};
$P(E) = \frac{8}{16}$.
F: „Die Summe der Zahlen beträgt höchstens 4";
F = {1–1, 1–2, 2–1, 2–2}; $P(F) = \frac{4}{16}$.

E ∩ F = {1–1, 1–2, 2–1}; also
$P(E \cup F) = P(E) + P(F) - P(E \cap F)$
$= \frac{8}{16} + \frac{4}{16} - \frac{3}{16} = \frac{9}{16}$

3 Beim zweimaligen Drehen sehen die Ergebnisse anders aus, es sind 16 Paare von Zahlen 1–1, 1–2, ..., 4–4.
Die richtige Lösung mit dem Additionssatz wäre:
E: „Beim ersten Drehen erscheint höchstens 3",
E = {1–1, 1–2, 1–3, 1–4, 2–1, 2–2, 2–3, 2–4, 3–1, 3–2, 3–3, 3–4}
$P(E) = \frac{12}{16}$
F: „Beim zweiten Drehen erscheint mindestens 3",
F = {1–3, 1–4, 2–3, 2–4, 3–3, 3–4, 4–3, 4–4}
$P(F) = \frac{8}{16}$
E ∩ F = {1–3, 1–4, 2–3, 2–4, 3–3, 3–4};
$P(E \cap F) = \frac{6}{16}$,
also $P(E \cup F) = P(E) + P(F) - P(E \cap F)$
$= \frac{12}{16} + \frac{8}{16} - \frac{6}{16} = \frac{14}{16} = \frac{7}{8}$.

Allerdings sind bei Philipps Lösung P(E) und P(F) schon richtig, weil bei E die zweite Drehung und bei F die erste Drehung keine Rolle spielt.

4 a) $1 - 0,1^3 = 0,999$
b) Die Lösungen sind hier für den GTR TI-83/84 angegeben. Sie lassen sich in ähnlicher Weise auch mit einer Tabellenkalkulation durchführen. Die Simulationen sind der Übersichtlichkeit halber in Schritte aufgeteilt. Jede Simulation kann aber auch mit nur einer komplexen Eingabe durchgeführt werden. Das ist exemplarisch bei Aufgabe 6 durchgeführt.
Hinweis zum TI-83/84: Es ist nicht nötig, Befehle nach bereits erfolgter Eingabe nochmals vollständig einzugeben. Durch 2nd-EN-

TER (ENTRY) kann die letzte Eingabe wieder ins Display geholt und bearbeitet werden.

Mehrfaches Betätigen von ENTRY zeigt auch zuvor getätigte Eingaben erneut an.

Eine Simulation mit 500 Einzelsimulationen zeigt das Display unten. Es wird jeweils eine Liste mit 3 Zufallszahlen erstellt. Für jede Zufallszahl (entspricht Teilventil) wird getestet, ob sie kleiner als 0,9 ist. In diesem Falle ist das Testergebnis 1. Ist die Summe der drei Testergebnisse mindestens 1, so funktioniert das Sicherheitsventil: Ergebnis 1, sonst 0. Für jedes der 500 Sicherheitsventile wird die Liste dieser Ergebnisse der Übersicht halber abgespeichert und dann die Summe aller Ergebnisse durch 500 geteilt. Ergebnis bei der gezeigten Simulation: 0,998.

```
seq(sum(rand(3)<
0.9)≥1,X,1,500)→
L₁
{1 1 1 1 1 1 1 …
sum(L₁)/500
              .998
```

5 a) und b). Hier ist die Simulation (siehe unten) für 10 Würfel durchgeführt.
Der theoretische Erwartungswert beträgt 3,5-mal Würfelzahl, also hier 35.

```
seq(sum(randInt(
1,6,10)),X,1,100
)→L₁
{42 31 40 37 36…
sum(L₁)/100
              35.22
```

c) X: Augensumme
Erwartungswert für einen Würfel pro Wurf:

Augensumme a	1	2	3	4	5	6
P(X = a)	$\frac{1}{6}$	$\frac{1}{6}$	$\frac{1}{6}$	$\frac{1}{6}$	$\frac{1}{6}$	$\frac{1}{6}$

$E(X) = 1 \cdot \frac{1}{6} + 2 \cdot \frac{1}{6} + 3 \cdot \frac{1}{6} + 4 \cdot \frac{1}{6} + 5 \cdot \frac{1}{6} + 6 \cdot \frac{1}{6}$
$= 3,5$

Erwartungswert für zwei Würfel pro Wurf:

Augensumme a	2	3	4	5	6	7
P(X = a)	$\frac{1}{36}$	$\frac{2}{36}$	$\frac{3}{36}$	$\frac{4}{36}$	$\frac{5}{36}$	$\frac{6}{36}$

Augensumme a	8	9	10	11	12
P(X = a)	$\frac{5}{36}$	$\frac{4}{36}$	$\frac{3}{36}$	$\frac{2}{36}$	$\frac{1}{36}$

$E(X) = 2 \cdot \frac{1}{36} + 3 \cdot \frac{2}{36} + 4 \cdot \frac{3}{36} + 5 \cdot \frac{4}{36} + 6 \cdot \frac{5}{36}$
$+ 7 \cdot \frac{6}{36} + 8 \cdot \frac{5}{36} + 9 \cdot \frac{4}{36} + 10 \cdot \frac{3}{36} + 11 \cdot \frac{2}{36}$
$+ 12 \cdot \frac{1}{36} = 7$

Erwartungswert für drei Würfel pro Wurf:

Augensumme	3	4	5	6	7	8	9	10
Wahrscheinlichkeit	$\frac{1}{216}$	$\frac{3}{216}$	$\frac{6}{216}$	$\frac{10}{216}$	$\frac{15}{216}$	$\frac{21}{216}$	$\frac{25}{216}$	$\frac{27}{216}$

Augensumme	11	12	13	14	15	16	17	18
Wahrscheinlichkeit	$\frac{27}{216}$	$\frac{25}{216}$	$\frac{21}{216}$	$\frac{15}{216}$	$\frac{10}{216}$	$\frac{6}{216}$	$\frac{3}{216}$	$\frac{1}{216}$

$E(X) = 10,5$

6 a) $\frac{\pi \cdot r^2}{4 \cdot r^2} = \frac{\pi}{4}$

b) Eine Simulation mit 500 Einzelsimulationen zeigt das Display unten. Es werden jeweils zwei Zufallszahlen zwischen 0 und 1 bestimmt. Falls die Summe ihrer Quadrate kleiner als 1 ist, ist das Testergebnis 1 (der „Regentropfen" landet im Kreis), sonst 0.

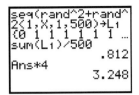

Für jeden der 500 simulierten Regentropfen wird die Liste dieser Ergebnisse der Übersicht halber abgespeichert und dann die Summe aller Ergebnisse durch 500 geteilt, um den Anteil zu erhalten. Das Vierfache des Anteils ist wegen Teilaufgabe a) eine Näherung für π. Das Vorgehen nennt man auch „Monte-Carlo-Methode". Ergebnis bei der gezeigten Simulation für π: 3,284.
Beim unten abgebildeten Display ist die gesamte Simulation mit einer Rechnereingabe durchgeführt. Damit kann die gesamte Durchführung durch Drücken der ENTER-Taste unmittelbar wiederholt werden.

7 a) Individuelle Lösungen.
b) Eine Simulation mit mehreren Einzelsimulationen kann mit dem GTR durch ein Programm (Fig. 2) realisiert werden. Das wesentliche Element ist dabei eine Liste aus fünf Zufallszahlen, jede im Bereich 1 bis 5 (Fig. 1), die dem Merkvorgang der Aufgabe entspricht. Ohne Programm kann man solche Listen durch die Schüler auswerten lassen. Das Programm erzeugt in einer FOR-Schleife 100 Mal eine solche Liste, speichert sie in L1, sortiert L1 und bildet die Differenzen mit dem Befehl ΔList. Es wird gezählt, wie oft dort die Differenzen 1 auftreten.

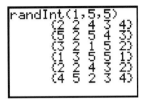

Fig. 1

Fig. 2

Fig. 3
Bei vier Einsen sind die „Merkzahlen" alle verschieden. Dann wird der Zähler A nicht erhöht, nur wenn nicht alle Differenzen 1 sind. Damit ergibt sich am Ende der Anteil der Durchführungen, bei denen mindestens zwei Merkzahlen gleich sind. Die Simulation in Fig. 3 ergibt eine Schätzung von etwa 0,94 für die gesuchte Wahrscheinlichkeit. Die theoretische Wahrscheinlichkeit beträgt $1 - 1 \cdot 0{,}8 \cdot 0{,}6 \cdot 0{,}4 \cdot 0{,}2 = 0{,}9616$.

Seite 491

8 a) Siehe die Tabelle; die fettgedruckten Werte waren gegeben.

	F	$\overline{F}$	insgesamt
M	40%	**20%**	**60%**
$\overline{M}$	10%	30%	40%
gesamt	**50%**	50%	**100%**

b) Mit dem Wert in den Feldern F ∩ $\overline{M}$ (Anteil von Frauen und Fußballinteressierten an der gesamten Umfrage) und $\overline{M}$ (Anteil befragter Frauen an der gesamten Umfrage) ergibt sich 10% von 40% = $\frac{1}{4}$.

c) P(F ∩ M) = 0,4. P(F) = 0,5; P(M) = 0,6. Da 0,5 · 0,6 ≠ 0,4, sind F und M nicht unabhängig. Man sieht das hier auch daran, dass der Anteil der fußballinteressierten Männer an den befragten Männern $\left(\frac{2}{3}\right)$ nicht gleich dem Anteil aller Fußballinteressierten an allen Befragten $\left(\frac{1}{2}\right)$ ist.

9 a) Es werden 10 000 Fahrgäste zugrunde gelegt. Damit erhält man die Tabelle.

	Männlich (M)	Weiblich	Gesamt
Schwarzfahrer (S)	150	50	200
Mit Fahrschein	5350	4450	9800
Gesamt	5500	4500	10 000

b) P($\overline{M} \cap \overline{S}$) = 0,445
c) P(M ∪ $\overline{S}$) = 0,55 + 0,445 = 0,995

10 a) P(A ∩ B) = 0,1; P(A) · P(B) = 0,6 · 0,15 = 0,09, also P(A ∩ B) ≠ P(A) · P(B). A und B sind abhängig.

b) $P_A(B) = \frac{P(A \cap B)}{P(A)} = \frac{0,1}{0,6} = \frac{1}{6}$;
$P_B(A) = \frac{P(A \cap B)}{P(B)} = \frac{0,1}{0,15} = \frac{2}{3}$

c)

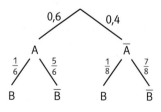

oder

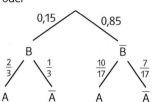

d) Ein Verein hat 15% weibliche Mitglieder (B), von denen sich $\frac{2}{3}$ durch Joggen fithalten. 60% der Mitglieder halten sich durch Joggen fit (A). Sie begegnen einem joggenden Vereinsmitglied. Es ist mit Wahrscheinlichkeit $\frac{1}{6}$ weiblich.

11 a)

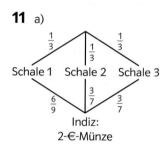

Indiz: 2-€-Münze

Schale 1 enthält sechs 2-€-Münzen. Wahrscheinlichkeit dafür, dass die Münze stammt aus

Schale 1: $\frac{\frac{1}{3} \cdot \frac{6}{9}}{\frac{1}{3} \cdot \frac{6}{9} + 2 \cdot \frac{1}{3} \cdot \frac{3}{7}} = \frac{14}{32} \approx 44\%$

Schale 2 bzw. 3: $\frac{\frac{1}{3} \cdot \frac{3}{7}}{\frac{1}{3} \cdot \frac{6}{9} + \frac{1}{3} \cdot \frac{3}{7}} = \frac{9}{32} \approx 28\%$ (jeweils)

b)

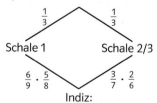

Indiz: 2-€-Münzen nacheinander

Wahrscheinlichkeit dafür, dass die Münzen aus Schale 1 stammen:

$\frac{\frac{1}{3} \cdot \frac{6}{9} \cdot \frac{5}{8}}{\frac{1}{3} \cdot \frac{6}{9} \cdot \frac{5}{8} + 2 \cdot \frac{1}{3} \cdot \frac{3}{7} \cdot \frac{2}{6}} = \frac{35}{59} \approx 59\%$

12 Man geht z. B. von 10 000 Grenzkontrollen aus und erhält aus den Textangaben die folgende Tabelle.

	Rauschgift-schmuggler	Kein Rauschgift-schmuggler	Gesamt
Hund bellt	98	297	395
Hund bellt nicht	2	9603	9605
Gesamt	100	9900	10 000

Daraus ergibt sich:
a) Die Wahrscheinlichkeit, dass der Hund bellt, beträgt 3,95 %. Diese Wahrscheinlichkeit ist ziemlich klein, weil es nur wenige Rauschgiftschmuggler gibt und weil der Hund bei Nichtschmugglern nur selten bellt.
b) Bei 98 von den 100 Schmugglern bellt der Hund, aber bei 297 von den 9900 Nichtschmugglern bellt er auch. Er bellt also insgesamt 395 Grenzgänger an, von denen aber nur 98 Schmuggler sind. Also beträgt die gesuchte Wahrscheinlichkeit $\frac{98}{395}$ = 24,8 %. Das ist enttäuschend wenig und kommt daher, weil fast nur Nichtschmuggler die Grenze überqueren, bei denen der Hund aber relativ häufig doch bellt.
c) Der Hund bellt nicht bei 2 von den 100 Schmugglern und bei 9603 von den 9900 Nichtschmugglern, also insgesamt bei 9605 Grenzgängern. Der Hund bellt also mit einer Wahrscheinlichkeit von $\frac{9603}{9605}$ = 99,98 % nicht, wenn kein Schmuggler die Grenze übertritt. Wenn der Hund nicht bellt, kann der Zollbeamte also praktisch sicher sein, dass tatsächlich kein Schmuggler die Grenze übertritt.
d) Individuelle Lösungen.

Seite 492

13 a) Mittelwert = $0 \cdot 0{,}1 + 1 \cdot 0{,}42 + 2 \cdot 0{,}35 + 3 \cdot 0{,}13 = 1{,}51$;
empirische Standardabweichung: 0,84, Rechnung siehe auf der Seite unten.
b) X ist binomialverteilt mit den Parametern n = 3 und p = 0,5. Also ist $\mu = 1{,}5$ und $\sigma = \sqrt{3 \cdot 0{,}5 \cdot 0{,}5} \approx 0{,}87$.

14 a) Die Zufallsvariable X (Gewinn in Cent) hat die Wahrscheinlichkeitsverteilung

g	−20	−10	0	30
P(X = g)	0,38	0,39	0,08	0,15

b) $\mu = -20 \cdot 0{,}38 - 10 \cdot 0{,}39 + 0 \cdot 0{,}08 + 30 \cdot 0{,}15 = -7$
Standardabweichung: 16,6, Rechnung siehe auf dieser Seite unten.
c) Der Erwartungswert muss dazu 0 sein, also muss man 13 Cent Einsatz nehmen.

15 X: Auszahlung in Cent. Wahrscheinlichkeitsverteilung von X siehe Tabelle.
a) Erwartungswert für die Auszahlung: 9,97 ct, also Erwartungswert für den Gewinn: −10,03 ct.
Standardabweichung (für beides): 10,83 ct.

zu Aufgabe 13:
empirische Standardabweichung =
$\sqrt{(0-1{,}5)^2 \cdot 0{,}1 + (1-1{,}5)^2 \cdot 0{,}42 + (2-1{,}5)^2 \cdot 0{,}35 + (3-1{,}5)^2 \cdot 0{,}13} \approx 0{,}84$

zu Aufgabe 14:
$\sigma = \sqrt{(-20-(-7))^2 \cdot 0{,}38 + (-10-(-7))^2 \cdot 0{,}39 + (0-(-7))^2 \cdot 0{,}08 + (30-(-7))^2 \cdot 0{,}15} \approx 16{,}6$

b) Der Einsatz müsste 9,97 ct betragen, also etwa 10 ct.

k	0	10	12	15	16	18	20	24
P(X = k)	$\frac{17}{36}$	$\frac{2}{36}$	$\frac{4}{36}$	$\frac{2}{36}$	$\frac{1}{36}$	$\frac{2}{36}$	$\frac{2}{36}$	$\frac{2}{36}$

k	25	30	36
P(X = k)	$\frac{1}{36}$	$\frac{2}{36}$	$\frac{1}{36}$

16 a) $E(X) = 0 \cdot 0{,}1 + 1 \cdot 0{,}25 + 2 \cdot 0{,}4 + 3 \cdot 0{,}2 + 4 \cdot 0{,}05 = 1{,}85$.
Der Erwartungswert gibt an, wie viele Geräte durchschnittlich pro Tag verkauft werden.
b) Siehe die Tabelle; es gibt noch andere Lösungen.

Anzahl a	0	1	2	3	4
P(X = a)	0%	10%	10%	50%	30%

17 X: Augensumme
Ein Würfel pro Wurf:

Augensumme a	1	2	3	4	5	6
P(X = a)	$\frac{1}{6}$	$\frac{1}{6}$	$\frac{1}{6}$	$\frac{1}{6}$	$\frac{1}{6}$	$\frac{1}{6}$

$\mu = E(X) = 1 \cdot \frac{1}{6} + 2 \cdot \frac{1}{6} + 3 \cdot \frac{1}{6} + 4 \cdot \frac{1}{6} + 5 \cdot \frac{1}{6} + 6 \cdot \frac{1}{6} = 3{,}5$

$V(X) = \sigma^2 = (1 - 3{,}5)^2 \cdot \frac{1}{6} + \ldots + (6 - 3{,}5)^2 \cdot \frac{1}{6} = \frac{35}{12}$;

$\sigma \approx 1{,}71$

Zwei Würfel pro Wurf:

Augensumme a	2	3	4	5	6	7
P(X = a)	$\frac{1}{36}$	$\frac{2}{36}$	$\frac{3}{36}$	$\frac{4}{36}$	$\frac{5}{36}$	$\frac{6}{36}$

Augensumme a	8	9	10	11	12
P(X = a)	$\frac{5}{36}$	$\frac{4}{36}$	$\frac{3}{36}$	$\frac{2}{36}$	$\frac{1}{36}$

$E(X) = 2 \cdot \frac{1}{36} + 3 \cdot \frac{2}{36} + 4 \cdot \frac{3}{36} + 5 \cdot \frac{4}{36} + 6 \cdot \frac{5}{36} + 7 \cdot \frac{6}{36} + 8 \cdot \frac{5}{36} + 9 \cdot \frac{4}{36} + 10 \cdot \frac{3}{36} + 11 \cdot \frac{2}{36} + 12 \cdot \frac{1}{36} = 7$

$V(X) = \sigma^2 = (2 - 7)^2 \cdot \frac{1}{36} + \ldots + (12 - 7)^2 \cdot \frac{1}{36} = \frac{35}{6}$;

$\sigma \approx 2{,}42$

Drei Würfel pro Wurf:

Augensumme	3	4	5	6	7	8	9	10
Wahrscheinlichkeit	$\frac{1}{216}$	$\frac{3}{216}$	$\frac{6}{216}$	$\frac{10}{216}$	$\frac{15}{216}$	$\frac{21}{216}$	$\frac{25}{216}$	$\frac{27}{216}$

Augensumme	11	12	13	14	15	16	17	18
Wahrscheinlichkeit	$\frac{27}{216}$	$\frac{25}{216}$	$\frac{21}{216}$	$\frac{15}{216}$	$\frac{10}{216}$	$\frac{6}{216}$	$\frac{3}{216}$	$\frac{1}{216}$

$E(X) = 10{,}5$

$V(X) = \sigma^2 = (3 - 10{,}5)^2 \cdot \frac{1}{216} + \ldots + (18 - 10{,}5)^2 \cdot \frac{1}{216} = \frac{35}{4}$;

$\sigma \approx 2{,}96$

18 X: Anzahl der Würfe, bis eine Zahl zum 2. Mal erscheint.
X hat nur die Werte 2 und 3.
$P(X = 2) = P(\{1\text{–}1; 6\text{–}6\}) = \frac{2}{3} \cdot \frac{2}{3} + \frac{1}{3} \cdot \frac{1}{3} = \frac{5}{9}$

$P(X = 3) = P(\{1\text{–}6\text{–}1; 1\text{–}6\text{–}6; 6\text{–}1\text{–}1; 6\text{–}1\text{–}6\})$
$= \frac{2}{3} \cdot \frac{1}{3} \cdot \frac{1}{3} + \frac{2}{3} \cdot \frac{1}{3} \cdot \frac{1}{3} + \frac{1}{3} \cdot \frac{2}{3} \cdot \frac{2}{3} + \frac{1}{3} \cdot \frac{2}{3} \cdot \frac{1}{3} = \frac{4}{9}$

Erwartungswert $E(X)$: $2 \cdot \frac{5}{9} + 3 \cdot \frac{4}{9} = \frac{22}{9} \approx 2{,}4$

Standardabweichung

$\sigma = \sqrt{\left(2 - \frac{22}{9}\right)^2 \cdot \frac{5}{9} + \left(3 - \frac{22}{9}\right)^4 \cdot \frac{4}{9}} = \frac{2}{9}\sqrt{5} \approx 0{,}50$

19 X: Zahl der Würfe eines Würfels bis zur ersten Sechs. Achtung: X ist nicht binomialverteilt.

a) $P(X \leq 3) = \frac{1}{6} + \frac{5}{6} \cdot \frac{1}{6} + \left(\frac{5}{6}\right)^2 \cdot \frac{1}{6} = \frac{91}{216} \approx 0{,}42$

$P(X \geq 6) = 1 - P(X \leq 5)$

$= 1 - \left(\frac{1}{6} + \frac{5}{6} \cdot \frac{1}{6} + \left(\frac{5}{6}\right)^2 \cdot \frac{1}{6} + \left(\frac{5}{6}\right)^3 \cdot \frac{1}{6} + \left(\frac{5}{6}\right)^4 \cdot \frac{1}{6}\right)$

$= \frac{3125}{7776} \approx 40\%$

b) $P(X \leq 8) = 0{,}7674$; $P(X \leq 9) = 0{,}8062$, also ist a = 9. Wenn man mit mindestens 80-prozentiger Wahrscheinlichkeit die erste Sechs erzielen will, muss man 9-mal würfeln.

20 Es gibt x rote Kugeln in der Urne.
X: Anzahl der roten Kugeln bei dreimaligem Ziehen aus der Urne.
Wahrscheinlichkeit für X:

a	0	1
P(X = a)	$\left(\frac{10}{x+10}\right)^3$	$3 \cdot \left(\frac{10}{x+10}\right)^2 \cdot \frac{x}{x+10}$
a	2	3
P(X = a)	$3 \cdot \frac{10}{x+10} \cdot \left(\frac{x}{x+10}\right)^2$	$\left(\frac{x}{x+10}\right)^3$

$E(X) = 3 \cdot \left(\frac{10}{x+10}\right)^2 \cdot \frac{x}{x+10} + 6 \cdot \frac{10}{x+10} \cdot \left(\frac{x}{x+10}\right)^2 + 3 \cdot \left(\frac{x}{x+10}\right)^3$

Man bestimmt mit dem Taschenrechner im Solver die Lösung der Gleichung
$E(X) = 1$ und erhält $x = 5$.
Diese Funktion kann auch in einen Funktionenplotter eingegeben werden. Dann wird die Schnittstelle des Graphen von $E(X)$ mit dem Graphen der Funktion g mit $g(x) = 1$ bestimmt. Man erhält $x = 5$. Also müssen 5 rote Kugeln in der Urne liegen. Das Ergebnis kann auch durch Raten und Bestätigen bestimmt werden.

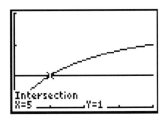

21 a) Werte von B(n) für n = 1: 1 und 2,
Werte von B(n) für n = 2: 1, 2 und 4,
Werte von B(n) für n = 3: 1, 2, 4 und 8,
Werte von B(n) für beliebiges n: 1, 2, ..., 2n.
b) Wahrscheinlichkeitsverteilung für n = 1:

w	1	2
P(B(1) = w)	$\frac{1}{2}$	$\frac{1}{2}$

$E(B(1)) = \frac{3}{2} = 1{,}5$
Wahrscheinlichkeitsverteilung für n = 2:

w	1	2	4
P(B(2) = w)	$\frac{1}{4}$	$\frac{1}{2}$	$\frac{1}{4}$

$E(B(2)) = \frac{9}{4} = 2{,}25$
Wahrscheinlichkeitsverteilung für n = 3:

w	1	2	4	8
P(B(2) = w)	$\frac{1}{8}$	$\frac{3}{8}$	$\frac{3}{8}$	$\frac{1}{8}$

$E(B(3)) = \frac{27}{8} = 3{,}375$
Wahrscheinlichkeitsverteilung für n = 4:

w	1	2	4	8	16
P(B(2) = w)	$\frac{1}{16}$	$\frac{4}{16}$	$\frac{6}{16}$	$\frac{4}{16}$	$\frac{1}{16}$

$E(B(4)) = \frac{81}{16} = 5{,}0625$
c) Vermutung $E(B(N)) = \left(\frac{3}{2}\right)^n$
Überprüfung für n = 5:
Wahrscheinlichkeitsverteilung für n = 5:

w	1	2	4	8	16	32
P(B(2) = w)	$\frac{1}{32}$	$\frac{5}{32}$	$\frac{10}{32}$	$\frac{10}{32}$	$\frac{5}{32}$	$\frac{1}{32}$

$E(B(5)) = \frac{243}{32} = 7{,}59375$
d) Mögliche Variationen:
B(0) abändern; Wahrscheinlichkeiten für Faktor tn ändern; Faktor tn anders definieren, auch mit mehr als zwei Verzweigungsmöglichkeiten; Gesetz für B(n) durch andere Wachstumsarten ersetzen.

XVI Binomialverteilung und Normalverteilung

1 Bernoulli-Experimente und Binomialverteilung

Seite 498

Einstiegsproblem
Wahrscheinlichkeit, dass Sarah genau 2 Freiwürfe verwandelt:
$3 \cdot 0{,}6^2 \cdot 0{,}4 = 0{,}432$.
Wahrscheinlichkeit, dass Mario genau 2 Freiwürfe verwandelt:
$3 \cdot 0{,}8^2 \cdot 0{,}2 = 0{,}384$.
Man würde eher auf Sarah wetten.

Seite 499

1 Binomialverteilung (die Wahrscheinlichkeitsverteilung von X)

r	P(X = r)
0	0,0081
1	0,0756
2	0,2646
3	0,4116
4	0,2401

$P(X \geq 3) = 0{,}6517$; $P(X \leq 2) = 0{,}3483$

2 Es liegt eine Bernoulli-Kette vor.
Treffer: „Wappen fällt", $p = \frac{1}{2}$; $n = 6$.
X sei die Anzahl der Wappen.
a) $P(X = 3) = 0{,}3125$
b) $P(X \geq 3) = 0{,}6563$
c) $P(X \leq 3) = 0{,}6563$

3 Es liegt eine Bernoulli-Kette vor.
Treffer: „Antwort richtig", $p = \frac{1}{3}$; $n = 8$.
X sei die Anzahl der richtigen Antworten.
a) $P(X = 4) = 0{,}1707$ b) $P(X \geq 4) = 0{,}2586$
c) $P(X \leq 3) = 0{,}7414$ d) $P(X > 4) = 0{,}0879$

4 Es liegt eine Bernoulli-Kette vor.
Treffer: „Flasche enthält weniger als $495\,cm^3$",
$p = 0{,}02$; $n = 20$.
X sei die Anzahl der Flaschen, die weniger als $495\,cm^3$ enthalten.
a) $P(X = 2) = 0{,}0528$
b) $P(X \geq 2) = 0{,}0599$
c) $P(X \leq 2) = 0{,}9929$

Seite 500

5 a) Ergebnisse z. B. „Wappen", „Zahl",
Treffer (z. B.): „Wappen", $p = \frac{1}{2}$
b) Ergebnisse z. B. „eine Sechs fällt", „keine Sechs fällt",
Treffer (z. B.): „eine Sechs fällt", $p = \frac{1}{6}$
c) Ergebnisse z. B. „Bauteil funktioniert", „Bauteil defekt";
Treffer (z. B.): „Bauteil funktioniert";
p kann aus einer Statistik bestimmt werden.
d) Ergebnisse z. B. „Das Medikament heilt die Krankheit", „Das Medikament heilt die Krankheit nicht",
Treffer (z. B.): „Das Medikament heilt die Krankheit"; p kann aus einer Statistik bestimmt werden.

8 Vollständiger Baum bei einer Bernoulli-Kette mit Länge $n = 4$ siehe Baumdiagramm auf der nächsten Seite. Es bezeichne X die Zahl der Einsen. Dann liest man ab:
Grafik siehe nächste Seite unten

$\binom{4}{0} = 1$ (ein Pfad zu X = 0)

$\binom{4}{1} = 4$ (vier Pfade zu X = 1)

$\binom{4}{2} = 6$ (sechs Pfade zu X = 2)

$\binom{4}{3} = 4$ (drei Pfade zu X = 3)

$\binom{4}{4} = 1$ (ein Pfad zu X = 4)

9 a) Es liegt eine Bernoulli-Kette vor. Dabei entspricht Treffer: „Sechs gewürfelt", $p = \frac{1}{6}$; n = 5.

r	0	1	2
P(X = r) (gerundet)	0,4019	0,4019	0,1608

r	3	4	5
P(X = r) (gerundet)	0,0322	0,0032	0,0001

$E(X) = \frac{5}{6}$.

b) Individuelle Lösungen.
Die relativen Häufigkeiten sollten allerdings nahe bei der in Teilaufgabe a) ermittelten Verteilung liegen. Größere Abweichungen können trotzdem noch auftreten.

c) Individuelle Lösungen.
Die relativen Häufigkeiten sollten allerdings nahe bei der in Teilaufgabe b) ermittelten Verteilung liegen. Größere Abweichungen sollten nur noch bei r > 2 auftreten.

10 a) Treffer: „Wappen liegt unten", Trefferwahrscheinlichkeit $p = \frac{1}{2}$, Länge der Kette n = 5

b) Treffer: „eine Sechs fällt", Trefferwahrscheinlichkeit $p = \frac{1}{6}$, Länge der Kette n = 6

c) Hier liegt keine Bernoulli-Kette vor, denn beim Ziehen der Lottozahlen ändert sich bei jeder Kugelentnahme die Wahrscheinlichkeit, d.h. die einzelnen Durchführungen sind nicht unabhängig.
Allgemein ist das Ziehen aus einer Urne ohne Zurücklegen keine Bernoulli-Kette, weil die Ziehungen nicht unabhängig voneinander sind.

d) Streng genommen liegt auch hier keine Bernoulli-Kette vor, denn eine Person kann nur einmal ausgewählt werden, d.h. die Wahrscheinlichkeit für die Auswahl einer Person mit Handybesitz ändert sich jedesmal. Allerdings ist die Änderung so geringfügig, dass man mit guter Näherung doch von einer Bernoulli-Kette sprechen kann. Immer wenn man aus einer sehr großen Grundgesamtheit (hier Telefonteilnehmer) eine relativ kleine Anzahl auswählt (1000 ist hier relativ klein), so kann man näherungsweise von einer Bernoulli-Kette ausgehen.

Baumdiagramm zu Aufgabe 8:

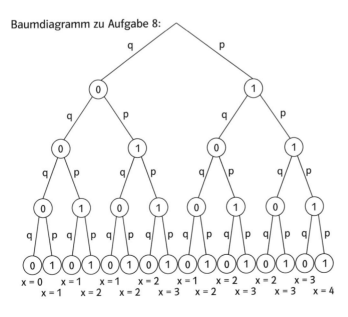

Hier bedeutet dann Treffer, dass ein Teilnehmer mit Handy ausgewählt wird. Die Trefferwahrscheinlichkeit p ist unbekannt. Sie kann einer Statistik entnommen werden, oder die Umfrage dient dazu, p als Schätzwert zu bestimmen. Länge der Kette n = 1000.

Seite 501

11 a) siehe Fig.

$$\begin{array}{c}1\\1\quad 1\\1\quad 2\quad 1\\1\quad 3\quad 3\quad 1\\1\quad 4\quad 6\quad 4\quad 1\\1\quad 5\quad 10\quad 10\quad 5\quad 1\\1\quad 6\quad 15\quad 20\quad 15\quad 6\quad 1\\1\quad 7\quad 21\quad 35\quad 35\quad 21\quad 7\quad 1\\1\quad 8\quad 28\quad 56\quad 70\quad 56\quad 28\quad 8\quad 1\end{array}$$

b) $\binom{4}{1} = 4$, $\binom{5}{3} = 10$, $\binom{5}{5} = 1$, $\binom{6}{0} = 1$, $\binom{7}{3} = 35$

c) Im Baumdiagramm einer Bernoulli-Kette der Länge n ist die Zahl der Pfade mit r Einsen ebenso groß wie die Zahl der Pfade mit n – r Einsen. Denn bei n – r Einsen gibt es r Nullen. Die Zahl der Pfade mit r Nullen ist aber auch $\binom{n}{r}$. Denn welches Ergebnis des Bernoulli-Versuchs man mit 1 (Treffer) bzw. 0 (kein Treffer) bezeichnet, ist willkürlich (vgl. Aufgabe 10).
Anschauliche Bedeutung: Das Pascal'sche Dreieck ist „symmetrisch".

d) Die Summe der Zahlen in der n-ten Zeile des Pascal'schen Dreiecks (wobei n die Nummer jeweils hinter der linken 1 ist) beträgt 2^n.
Begründung (nicht verlangt):
Stellt man sich die n Versuche der Bernoullikette nacheinander ausgeführt vor, so ist jedes Mal die Alternative Treffer – kein Treffer. Auf diese Weise entstehen die 2^n Ergebnisse im zugehörigen Baumdiagramm.
Andere Interpretation: Die Summe einer Zeile des Pascal'schen Dreiecks ergibt die Anzahl, auf wie viele Arten man die Zahlen 0 und 1 auf n Stellen anordnen kann. Das geht auf 2^n Arten. Denn das liefern ja die Pfade des zugehörigen Baumdiagramms.

e) Individuelle Lösungen.

12 a) $(a + b)^2 = 1a^2 + 2ab + 1b^2$,
$(a + b)^3 = 1a^3 + 3a^2b + 3ab^2 + 1b^3$,
$(a + b)^4 = 1a^4 + 4a^3b + 6a^2b^2 + 4ab^3 + 1b^4$
Die auftretenden Koeffizienten sind gerade die Zahlen im Pascal'schen Dreieck.

b) $(a + b)^5$
$= (a + b)^4 \cdot (a + b)$
$= (1 \cdot a^4 + 4 \cdot a^3b + 6 \cdot a^2b^2 + 4 \cdot ab^3 + 1 \cdot b^4) \cdot (a + b)$
$= 1 \cdot a^5 + (1 + 4)a^4b + (4 + 6)a^3b^2 + (6 + 4)a^2b^3 + (4 + 1)ab^4 + 1 \cdot b^5$
$= 1 \cdot a^5 + 5 \cdot a^4b + 10 \cdot a^3b^2 + 10 \cdot a^2b^3 + 5 \cdot ab^4 + 1 \cdot b^5$.

Jeweils zwei Terme ergeben zusammen (außer bei a^5 und b^5) den Koeffizienten für die nächste Zeile. Dabei werden gerade die Zahlen aus dem Pascal'schen Dreieck erzeugt.

c) $(a + b)^6 = 1 \cdot a^6 + 6 \cdot a^5b + 15 \cdot a^4b^2 + 20 \cdot a^3b^3 + 15 \cdot a^2b^4 + 6 \cdot ab^5 + 1 \cdot b^6$.

d) $(x + 3)^4 = x^4 + 12x^3 + 54x^2 + 108x + 81$
$(a – b)^3 = a^3 – 3a^2b + 3ab^2 – b^3$
$(x – 1)^5 = x^5 – 5x^4 + 10x^3 – 10x^2 + 5x – 1$
$(2 – x)^4 = x^4 – 8x^3 + 24x^2 – 32x + 16$

2 Wahrscheinlichkeiten berechnen mit der Binomialverteilung

Seite 502

Einstiegsproblem

Nur die rechts abgebildete Wahrscheinlichkeitsverteilung gehört zu einer Bernoulli-Kette (Länge n = 5, Trefferwahrscheinlichkeit p = 0,4). Die mittlere Verteilung gehört nicht zu einer Bernoulli-Kette, weil n = 5 sein müsste, aber damit wegen der Bernoulli-Formel nicht alle Werte gleich sein können. Bei der linken Verteilung sind die Werte für X: –1, 0, 1, 2, 3, 4. Das können aber keine Trefferzahlen sein.

Seite 503

1
a) P(X = 4) = 0,1876
P(X ≤ 4) = 0,8358
b) Das Gegenereignis zu „X ≥ 3" ist
„X ≤ 2", also gilt:
P(X ≥ 3) = 1 − P(X ≤ 2) = 0,6020
c) P(1 ≤ X ≤ 5)
= P(X ≤ 5 und X ≥ 1)
= P(X ≤ 5) − P(X = 0) = 0,9037
P(X ≤ 1 oder X ≥ 5)
= P(X ≤ 1) + P(X ≥ 5)
= P(X ≤ 1) + 1 − P(X ≤ 4) = 0,3314

2 a) n = 20; p = $\frac{1}{3}$
P(X = 4) = 0,0911
P(X ≤ 4) = 0,1515
P(X ≥ 3) = 1 − P(X ≤ 2) = 0,9824
P(1 ≤ X ≤ 5) = P(X ≤ 5) − P(X = 0) = 0,2969
P(X ≤ 1 oder X ≥ 5) = P(X ≤ 1) + P(X ≥ 5)
= P(X ≤ 1) + 1 − P(X ≤ 4) = 0,8518
b) n = 100; p = 0,03
P(X = 4) = 0,1706
P(X ≤ 4) = 0,8179
P(X ≥ 3) = 1 − P(X ≤ 2) = 0,5802
P(1 ≤ X ≤ 5) = P(X ≤ 5) − P(X = 0) = 0,8716
P(X ≤ 1 oder X ≥ 5)
= P(X ≤ 1) + P(X ≥ 5)
= P(X ≤ 1) + 1 − P(X ≤ 4) = 0,3768

3 a) X: Anzahl der keimenden Blumenzwiebeln.
X lässt sich beschreiben als Bernoulli-Kette der Länge n = 16,
Treffer: „Blumenzwiebel keimt",
Trefferwahrscheinlichkeit: p = 0,9.
Somit lässt sich X mithilfe einer Binomialverteilung mit den Parametern n = 16 und p = 0,9 modellieren.
b)
I: P(X = 16) = 0,1853
II: P(X = 14) = 0,2745
III: P(X ≥ 14) = 1 − P(X ≤ 13) = 0,7892
IV: P(X ≤ 13) = 0,2108
V: P(12 ≤ X ≤ 15) = 0,7979

Seite 504

4 a) X: Anzahl der Personen, die in der Kantine essen.
X lässt sich beschreiben als Bernoulli-Kette der Länge n = 20,
Treffer: „ein Angestellter der Firma nimmt am Kantinenessen teil",
Trefferwahrscheinlichkeit: p = 0,75.
Somit lässt sich X mithilfe einer Binomialverteilung mit den Parametern n = 20 und p = 0,75 modellieren
b)
I: P(X = 15) = 0,2023
II: P(X < 15) = P(X ≤ 14) = 0,3828
III: P(X > 15) = 1 − P(X ≤ 15) = 0,4148
IV: P(10 < X < 16) = P(X ≤ 15) − P(X ≤ 10)
= 0,5713
V: P(X < 10 oder X > 16)
= P(X ≤ 9) + 1 − P(X ≤ 16) = 0,2291
c) Die Kantine stellt somit etwas mehr Essen bereit, als durchschnittlich gekauft werden. Um zu beurteilen, ob das meistens ausreicht, kann man die Wahrscheinlichkeit P(X ≤ 16) berechnen.
Man erhält dafür etwa 77%. Das bedeutet: Durchschnittlich werden an 77% aller Essenstage die bereitgestellten Essen ausreichen, aber an 23% der Tage nicht.
Durch eine genauere Statistik (z.B. Berücksichtigung der Fragen: Welche Mahlzeiten sind besonders beliebt? Sind Teile der Belegschaft an bestimmten Tagen nicht da? o.ä.) kann weitgehend vermieden werden, dass zu wenig Essen da sind.

5 X: Anzahl der unbrauchbaren Schrauben, p = 0,03
A: n = 10, P(X = 0) = 0,7374
B: n = 20, P(X ≥ 1) = 1 − P(X = 0) = 0,4562
C: n = 50, P(X > 1) = 1 − P(X ≤ 1) = 0,4447
Also ist A am wahrscheinlichsten.

8 a) X: Anzahl der Sechsen bei zehn Würfen, n = 10; p = $\frac{1}{6}$

b) X: Anzahl defekter Werkstücke bei einer Stichprobe von 50; n = 50, p = 0,02
c) X: Trefferzahl bei 20 Würfen, n = 20; p = 0,7
d) Falls das Glücksrad z.B. ein rotes Feld enthält, das ein Viertel des Glücksrades einnimmt:
X: Anzahl von 10 Drehungen, bei denen rot erscheint, n = 10; p = 0,25
e) X: Anzahl der Schülerinnen und Schüler einer Klasse mit 30 Schülern, n = 30; p = 0,7 (geschätzt)
f) X: Anzahl der von 500 Zeichen richtig übertragenen Zeichen, n = 500; p = 0,05 (d.h. die Wahrscheinlichkeit für ein falsch empfangenes Zeichen beträgt 5%).

9 a) X: Anzahl der Würfe, bis eine Sechs fällt. Die Zufallsvariable ist nicht binomialverteilt, weil es keine feste Anzahl n von Würfen gibt; bei jedem Versuch wird man i. Allg. eine andere Wurfzahl benötigen.
b) X: Anzahl der Wähler der FDP. Streng genommen ändert sich durch die Befragung einer Person die Wahrscheinlichkeit, als nächstes einen FDP-Wähler zu befragen (Ziehen ohne Zurücklegen, vgl. Teilaufgabe e).
Wenn die Zahl der Befragten klein im Vergleich mit der Einwohnerzahl der Stadt ist, ist X aber in guter Näherung binomialverteilt (n = Zahl der Befragten, p = Wähleranteil der FDP in der Stadt)
c) X: Anzahl der Rosinen in einem Brötchen. Jede Rosine hat die gleiche Chance $\frac{1}{10}$, in einem bestimmten Brötchen zu landen. Also ist X binomialverteilt mit n = 20, p = $\frac{1}{10}$.
d) X: Anzahl, wie oft Wappen oben liegt. Wenn die Münze immer zufällig geworfen wird, liegt eine Bernoulli-Kette vor. n = 20, p hängt davon ab, wie verbeult die Münze ist. Anders ist die Situation, wenn man 20 verbeulte Münzen wirft, weil dann die Werte von p nicht gleich sind für die einzelnen Münzen.
e) X: Anzahl der Gewinne. X ist nicht binomialverteilt, weil bei jedem Ziehen eines Loses die Wahrscheinlichkeit abhängt von der Zahl bereits gezogener Gewinnlose. (Ziehen ohne Zurücklegen)

Seite 505

10 Es wird im Voraus ein Tipp angegeben, welche sechs Kugeln bei einem zufälligen Ziehen von sechs Kugeln aus der Schale entnommen werden. X sei die Zahl der richtig vorausgesagten Kugeln.
a) Jede Kugel wird nach dem Ziehen zurückgelegt. Durch das Zurücklegen ist bei jedem Zug die Wahrscheinlichkeit gleich, eine Kugel zu ziehen, die in dem Tipp vorkommt. Daher ist die Ziehung eine Kette gleicher Bernoulli-Versuche: X ist binomialverteilt mit den Parametern n = 6; p = $\frac{6}{49}$.
b) Jede gezogene Kugel wird nach dem Ziehen nicht zurückgelegt (wie beim Lotto). Dadurch ändert sich bei jedem Zug die Wahrscheinlichkeit, eine Kugel zu ziehen, die in dem Tipp vorkommt.
Daher ist die Ziehung keine Kette gleicher Bernoulli-Versuche: X ist nicht binomialverteilt.

11 Die Zufallsgröße X, Zahl der defekten Schalter, kann als binomialverteilt mit den Parametern n = 100 und p = 0,02 modelliert werden.
P(A) = P(X = 4) = 0,0902,
P(B) = P(X ≤ 3) = 0,8590,
P(C) = P(X ≤ 5) = 0,9845,
P(D) = $0,02^3 \cdot (1 - 0,02)^{97}$ = 0,000 001,

12 X: Zahl der Raucher unter den 15- bis 20-Jährigen. X kann durch Binomialverteilungen mit p = 0,2 modelliert werden.

a) $n = 10$;
$P(X > 3) = 1 - P(X \leq 3) = 0{,}1209$
b) $n = 25$;
$P(X > 6) = 1 - P(X \leq 6) = 0{,}2200$
c) $n = 50$;
$P(X > 10) = 1 - P(X \leq 10) = 0{,}4164$

13 X: Zahl der Gewinne. X kann durch Binomialverteilungen mit $p = 0{,}0186$ modelliert werden.
a) $n = 6$;
$P(X \geq 1) = 1 - P(X = 0) = 1 - (1 - 0{,}0186)^6$
$= 0{,}1065$
b) $n = 60$;
$P(X \geq 1) = 1 - P(X = 0) = 1 - (1 - 0{,}0186)^{60}$
$= 0{,}6758$
c) n möglichst klein, sodass
$P(X \geq 1) = 1 - P(X = 0) = 1 - (1 - 0{,}0186)^n$
$\geq 0{,}9$.
Man findet durch Probieren $n = 123$.

14 X: Anzahl der Infektionen,
$n = 10$; $p = 0{,}02$
a) $P(X \geq 1) = 1 - P(X = 0)$
$= 1 - 0{,}98^{10} = 0{,}1829$
b) $p = 0{,}04$: $P(X \geq 1) = 0{,}3352$;
$p = 0{,}01$: $P(X \geq 1) = 0{,}0956$
c) $W(p) = 1 - (1 - p)^{10}$;

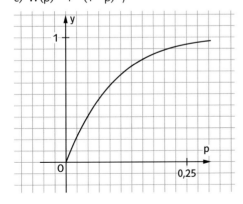

Seite 506

15 Lösung:

n	p
20	0,5

r	B(n, p, r) (zu Aufg. 15)	F(n, p, r) (zu Aufg. 16)
0	$9{,}537 \cdot 10^{-7}$	$9{,}537 \cdot 10^{-7}$
1	$1{,}907 \cdot 10^{-5}$	$2{,}003 \cdot 10^{-5}$
2	0,0001812	0,0002012
3	0,0010872	0,0012884
4	0,0046206	0,005909
5	0,0147858	0,0206947
6	0,0369644	0,0576591
7	0,0739288	0,131588
8	0,1201344	0,2517223
9	0,1601791	0,4119015
10	0,1761971	0,5880985
11	0,1601791	0,7482777
12	0,1201344	0,868412
13	0,0739288	0,9423409
14	0,0369644	0,9793053
15	0,0147858	0,994091
16	0,0046206	0,9987116
17	0,0010872	0,9997988
18	0,0001812	0,99998
19	$1{,}907 \cdot 10^{-5}$	0,999999
20	$9{,}537 \cdot 10^{-7}$	1

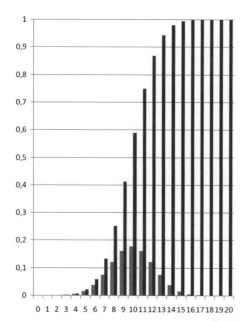

Fig. 1

a) Fig. 1 (linke Balken)
b) individuelle Lösungen
Z.B.: Verkleinert man n, so wird der Graph nach links verschoben, er wird schmaler und höher.
Vergrößert man n, so verschiebt sich der Graph nach rechts, wird flacher und breiter. Variiert man p, so ist die Verteilung nicht mehr symmetrisch.

16 a) siehe Aufgabe 15 Tabelle und Graph, Fig. 1 (rechte Balken)
b) individuelle Lösungen
Z.B.: Verkleinert man n, so wird der Graph schmaler und nach links verschoben.
Bei Verkleinerung von p steigt der Graph früher an, bei Vergrößerung von p steigt er später an.

17

n	p
10	0,5

r	B(n, p, r)	F(n, p, r)
0	0,00097656	0,00097656
1	0,00976563	0,01074219
2	0,04394531	0,0546875
3	0,1171875	0,171875
4	0,20507813	0,37695313
5	0,24609375	0,62304688
6	0,20507813	0,828125
7	0,1171875	0,9453125
8	0,04394531	0,98925781
9	0,00976563	0,99902344
10	0,00097656	1

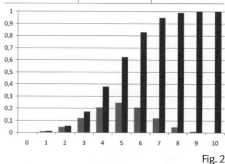

Fig. 2

a) Fig. 2 (linke Balken)
b) Die Symmetrie kommt von der Symmetrie der Binomialkoeffizienten bzw. des Pascal'schen Dreiecks (Schülerbuchseite 501); es gilt $\binom{n}{r} = \binom{n}{n-r}$. Für p = 0,5 erhält man also wegen der Bernoulli-Formel im gleichen Abstand links von $\frac{n}{2}$ und rechts von $\frac{n}{2}$ dieselben Werte (in der Tabelle z.B. für r = 3 und für r = 7).
c) In der kumulierten Binomialverteilung liegt keine erkennbare Symmetrie vor. Da die Werte der Binomialverteilung hier aufaddiert werden, ist dies nicht möglich.

18 Simulation für die Werte einer binomialverteilten Zufallsgröße mit den Parametern n = 15 und p = 0,6. Man erzeugt für jede simulierte Zahl 15 Zufallszahlen und zählt (in Zeile 2), wie viele dieser Zufallszahlen kleiner als 0,6 sind. In den Spalten M und N findet man die Häufigkeitsverteilung (zur Erstellung siehe Schülerbuchseite 483). In der abgebildeten Simulation ist die Zahl 8 („Treffer") am häufigsten. Da der Erwartungswert der Zufallsvariable 9 ist, erwartet man bei sehr vielen Durchführungen 9 als häufigste Zahl. Mit F9 startet man eine neue Simulation.

	A	B	C	D	E	F	G	H	I	J	K	L	M	N
1	Sim. Nr.	1	2	3	4	5	6	7	8	9	10		r	h
2	Ergebnis	8	7	8	10	7	6	5	11	8	9		0	0
3	ZZ 1	0,06	0,7	0,5	0,86	0,16	0,94	1	0,04	0,82	0,11		1	0
4	ZZ 2	0,96	0,34	0,24	0,59	0,46	0,52	0,88	0,28	0,98	0,83		2	0
5	ZZ 3	0	0,95	0,44	0,24	0,79	0,46	0,16	0,18	0,31	0,34		3	0
6	ZZ 4	0,78	0,85	0,84	0,5	0,69	0,97	0,29	0,2	0,83	0,1		4	0
7	ZZ 5	0,89	0,45	0,2	0,97	0,49	1	0,73	0,41	0,84	0,41		5	1
8	ZZ 6	0,07	0,28	0,86	0,4	0,06	0,64	0,19	0,97	0,11	0,77		6	1
9	ZZ 7	0,1	0,78	0,41	0,88	0,89	0,82	0,63	0,31	0,54	0,05		7	2
10	ZZ 8	0,45	0,46	0,69	0,49	0,67	0,82	0,83	0,99	0,08	0,48		8	3
11	ZZ 9	0,28	0,35	0,5	0,31	0,29	0,27	0,53	0,52	0,57	0,21		9	1
12	ZZ 10	0,86	0,12	0,88	0,92	0,6	0,68	0,47	0,32	0,72	0,11		10	1
13	ZZ 11	0,9	0,94	0,44	0,3	0,64	0	0,86	0,58	0,71	0,84		11	1
14	ZZ 12	0,61	0,64	0,74	0,02	0,9	0,21	0,66	0,91	0,71	0,6		12	0
15	ZZ 13	0,02	0,87	0,72	0,24	0,86	0,82	0,63	0,47	0,25	0,73		13	0

3 Arbeiten mit den Tabellen der Binomialverteilung

Seite 508

1 a) 0,3487 b) 0,0112 c) 0,0138
d) 0,1472 e) 0,0173 f) 0,1746
g) 0,2669 h) 0,0211 i) 0,7386
j) 0,0988

2 a) 0,9527 b) 0,3487 c) 0,9838
d) 0,1673 e) 0,9845 f) 0,9536
g) 0,0127 h) 0,0210 i) 0,5563
j) 0,2197

3 a) 0,1244 b) 0,1256 c) 0,2500
d) 0,7500 e) 0,1797 f) 0,1275
g) 0,7043 h) 0,8565 i) 0,8215
j) 0,5446

4 a) 0,0607 b) 0,5836 c) 0,1399
d) 0,0006 e) 0,9393 f) 0,1861
g) 0,5255 h) 0,8126 i) 0,4139
j) 0,2890

6 n = 100; p = $\frac{1}{6}$
a) P(X = 15) = 0,1003
b) P(X > 25) = 0,0119
c) P(15 ≤ X ≤ 25) = 0,7007

7 Wenn der Ausschussanteil (Fehlerwahrscheinlichkeit) 5 % beträgt, ist die Wahrscheinlichkeit für zwei oder mehr defekte Stücke 0,2642.

8 X: Anzahl der bestellten Fischgerichte.
X ist $B_{100;\frac{1}{3}}$-verteilt.
P(X > 33) = 0,4812
Mit fast 50-prozentiger Wahrscheinlichkeit müssen weitere Fischgerichte zubereitet werden.

4 Problemlösen mit der Binomialverteilung

Seite 509

Einstiegsproblem

Das linke Diagramm gehört zu P(X ≤ 11), das mittlere zu P(X ≤ 5) und das rechte zu P(X ≤ 7). Denn P(X ≤ 5) fällt am schnellsten ab mit wachsendem p, weil z. B. bei p = 0,5 die Wahrscheinlichkeiten nahe beim Erwartungswert 10 relativ groß sind, aber für kleinere Werte bis 5 nur sehr klein. Daher fällt P(X ≤ 11) erst für relativ große Werte von p ab.

Seite 510

1 a) 0,2503 b) 0,4744
c) 0,5256 d) 0,2241

2 a) 0,6333 b) 0,1720
c) 0,8108 d) 0,6232

3 X: Anzahl der Stornierungen; X ist binomialverteilt mit $n = 50$; $p = 0{,}1$.
a) $P(X \leq 1) = 0{,}0338$
b) $P(X > 3) = 0{,}7497$
c) Weil die Wahrscheinlichkeit in Teilaufgabe a) sehr klein ist. Wenn man z. B. 51 Buchungen entgegennimmt, liegt die Wahrscheinlichkeit für zu viele Buchungen bei etwa 10 %.

4 a) $0{,}75^n \leq 0{,}05$ gilt für $n \geq 11$.
b) $0{,}75^n + n \cdot 0{,}75^{n-1} \cdot 0{,}25 \leq 0{,}1$ gilt für $n \geq 15$.
c) $0{,}25^n \leq 0{,}01$ gilt für $n \geq 4$.
d) $0{,}75^n + n \cdot 0{,}75^{n-1} \cdot 0{,}25 + \binom{n}{2} \cdot 0{,}75^{n-2} \cdot 0{,}25^2 \leq 0{,}025$
gilt für $n \geq 27$.

Seite 511

5 a) Keine Sechs erzielt man mit Wahrscheinlichkeit $\left(\frac{5}{6}\right)^n$ bei n Würfen.
Daher muss gelten: $\left(\frac{5}{6}\right)^n \leq 0{,}01$.
Das gilt für $n \geq 26$.
b) $\left(\frac{1}{2}\right)^n \leq 0{,}01$ gilt für $n \geq 7$.
c) $\left(\frac{1}{2}\right)^n + n \cdot \left(\frac{1}{2}\right)^n \leq 0{,}01$ gilt für $n \geq 11$.
d) $\left(\frac{5}{6}\right)^n + n \cdot \left(\frac{5}{6}\right)^{n-1} \cdot \frac{1}{6} + \binom{n}{2} \cdot \left(\frac{5}{6}\right)^{n-2} \cdot \left(\frac{1}{6}\right)^2$
$\leq 0{,}01$ gilt für $n \geq 48$.

6 X: Zahl der Treffer, p gesucht
a) $n = 5$, $P(X \geq 1) \geq 0{,}75$ gilt, wenn $(1-p)^5 \leq 0{,}25$, also bei $p \geq 0{,}2421$.
b) $p \geq 0{,}0138$ (analog zu Teilaufgabe a))
c) $n = 10$, $P(X \geq 2) \geq 0{,}75$ gilt, wenn $(1-p)^{10} + 10 \cdot (1-p)^9 \cdot p \leq 0{,}25$,
also bei $p \geq 0{,}2474$.
d) $n = 25$, $P(X \geq 3) \geq 0{,}75$ gilt, wenn
$(1-p)^{25} + 25 \cdot (1-p)^{24} \cdot p$
$+ \binom{25}{2} \cdot (1-p)^{23} \cdot p^2 \leq 0{,}25$
also bei $p \geq 0{,}1509$.

7 X: Zahl der unzufriedenen Fahrgäste; $p = 0{,}05$
a) $n = 50$, $P(X \leq 2) = 0{,}5405$
b) Wie hoch ist die Wahrscheinlichkeit, dass unter 50 Fahrgästen genau zwei unzufrieden sind?
c) $P(X \geq 1) \geq 0{,}9$ führt für die unbekannte Zahl n der Fahrgäste auf die Gleichung $0{,}95^n \leq 0{,}1$ mit der Lösung $n \geq 45$.
d) $P(X \geq 2) \geq 0{,}9$ führt für die unbekannte Zahl n der Fahrgäste auf die Gleichung $0{,}95^n + n \cdot 0{,}95^{n-1} \cdot 0{,}05 \leq 0{,}1$
mit der Lösung $n \geq 77$.
e) $n = 100$, p unbekannt
$P(X \leq 1) = 0{,}05$ führt auf
$(1-p)^n + n \cdot (1-p)^{n-1} \cdot p = 0{,}05$
mit der Lösung $p = 0{,}0466$.

10 a) X: Anzahl der defekten Sicherungen. Man geht davon aus, dass X binomialverteilt ist mit den Parametern $n = 50$ und $p = 0{,}05$.
$P(A) = 0{,}2199$
$P(B) = 0{,}7604$
$P(C) = 0{,}0769$
$P(D) = 0{,}95^{47} \cdot 0{,}05^3 = 0{,}000\,011$
b) Es ergibt sich die Wahrscheinlichkeit $p = 0{,}95^2 = 0{,}9025$ dafür, dass zwei einwandfreie Sicherungen aus einer beliebigen Sendung (also auch aus der ersten) entnommen werden.
Die Zufallsgröße Y zählt die Zahl der Sendungen, die angenommen werden. Y kann als binomialverteilt mit den Parametern $n = 12$ und $p = 0{,}9025$ modelliert werden.
Es ist $P(Y \geq 10) = 0{,}8954$.
Mit dieser Wahrscheinlichkeit werden mindestens zehn der zwölf Sendungen angenommen.

5 Erwartungswert und Standardabweichung – Sigma-Regeln

Seite 512

Einstiegsproblem

Der linke Graph gehört zu B, der rechte zu E. Das erkennt man z.B. durch Vergleich mit den zugehörigen Wertetabellen. Man kann auch verwenden, dass sich beim Erwartungswert eine relativ große Wahrscheinlichkeit ergibt (wie man aus vielen Berechnungen zuvor weiß).

Seite 514

1 a)

n	10	25	50	100
μ	5	12,5	25	50
σ	1,58	2,5	3,54	5
$P([\mu - \sigma; \mu + \sigma])$	0,8906	0,7704	0,7974	0,7288

b)

p	$\frac{1}{6}$	0,25	0,4	0,8
μ	8,33	12,5	20	40
σ	2,64	3,06	3,46	2,83
$P([\mu - \sigma; \mu + \sigma])$	0,7439	0,8104	0,6877	0,7860

2 a) n = 25; p = 0,3; μ = 7,5; σ = 2,29;
P(X = 7) = 0,1712,
Wahrscheinlichkeit des 3-σ-Intervalls: 0,9981
b) n = 15; p = 0,3; μ = 4,5; σ = 1,77;
P(X = 4) = 0,2186,
Wahrscheinlichkeit des 3-σ-Intervalls: 0,9963
c) n = 70; p = 0,9; μ = 63; σ = 2,51;
P(X = 63) = 0,1570,
Wahrscheinlichkeit des 3-σ-Intervalls: 0,9965
d) n = 100; p = 0,9; μ = 90; σ = 3;
P(X = 90) = 0,1319,
Wahrscheinlichkeit des 3-σ-Intervalls: 0,9980

3 X ist binomialverteilt mit den Parametern n = 100 und $p = \frac{1}{6}$.
a) Erwartungswert $\mu = n \cdot p = 16,7$;
Standardabweichung
$\sigma = \sqrt{n \cdot p \cdot (1 - p)} \approx 3,7$.
b) 2-σ-Intervall
$[\mu - 2\sigma; \mu + 2\sigma] = [9; 24]$
(Die Grenzen der σ-Intervalle werden als ganze Zahlen angegeben, weil X nur ganzzahlige Werte annimmt. Dabei wird die linke Grenze auf 10 aufgerundet und die rechte auf 24 abgerundet.)
Wahrscheinlichkeit des 2-σ-Intervalls: 0,9688.

Seite 515

6 a)
$\mu = 0 \cdot q^3 + 1 \cdot 3p(1-p)^2$
$\quad + 2 \cdot 3p^2(1-p) + 3 \cdot p^3$
$= 3p(1 - 2p + p^2) + 6p^2(1-p) + 3p^3$
$= 3p$
$\sigma^2 = (0 - 3p)^2 \cdot q^3 + (1 - 3p)^2 \cdot 3p(1-p)^2$
$\quad + (2 - 3p)^2 \cdot 3p^2(1-p) + (3 - 3p)^2 \cdot p^3$
$= (-9p^5 + 27p^4 - 27p^3 + 9p^2)$
$\quad + (27p^5 - 72p^4 + 66p^3 - 24p^2 + 3p)$
$\quad + (-27p^5 + 63p^4 - 48p^3 + 12p^2)$
$\quad + (9p^5 - 18p^4 + 9p^3)$
$= -3p^2 + 3p = 3p(1-p) = \sigma^2$
(berechnet nach der Formel für die Binomialverteilung)
b) $\mu = 0 \cdot q^4 + 1 \cdot 4p(1-p)^3 + 2 \cdot 6p^2(1-p)^2$
$\quad + 3 \cdot 4p^3(1-p) + 4 \cdot p^4 = 4p$
$\sigma^2 = (0 - 4p)^2 \cdot q^4 + (1 - 4p)^2 \cdot 4p(1-p)^3$
$\quad + (2 - 4p)^2 \cdot 6p^2(1-p)^2$
$\quad + (3 - 4p)^2 \cdot 4p^3(1-p) + (4 - 4p)^2 \cdot p^4$
$= -4p^2 + 4p$
$= 4p(1-p) = \sigma^2$

7 Ergebnisse siehe Aufgabe 1.

8 a) Vorgehen wie in der Infobox auf Schülerbuchseite 505 bzw. auf Schülerbuchseite 515: $\mu = 10$; $\sigma = 2{,}24$
b) individuelle Lösungen

9 Erstellung von Tabelle und Graph wie in der Infobox auf Schülerbuchseite 505 beschrieben.
a), b) Wenn p variiert wird, bleiben die Wahrscheinlichkeiten nahezu gleich.

n	μ	Sigma	1-Sigma-Intervall	
100	30	4,58	25,42	34,58
200	60	6,48	53,52	66,48
400	120	9,17	110,83	129,17
800	240	12,96	227,04	252,96

Wahrsch.	2-Sigma-Intervall		Wahrsch.
0,6740	20,83	39,17	0,9625
0,6842	47,04	72,96	0,9466
0,7001	101,67	138,33	0,9566
0,6652	214,08	265,92	0,9510

10 a) $\mu = 10$ und $\sigma = 2{,}24$. Erstellung von Tabelle und Graph siehe Infobox auf Schülerbuchseite 506. Sigma-Intervall: [8;12]. Man bildet die Summe der Wahrscheinlichkeiten der Säulen für r = 8 bis r = 12 und erhält etwa 0,74. Diese Säulen liegen im Sigma-Intervall.
b) individuelle Lösungen.

11 Fig. 2: n = 10; p = 0,8.
Kontrolle: $\mu = 8$; $P(X = \mu) = 0{,}3020$;
$P(X = 6) = 0{,}0881$; $P(X = 10) = 0{,}1074$.
Fig. 3: n = 20; p = 0,4.
Kontrolle: $\mu = 8$; $P(X = \mu) = 0{,}1797$;
$P(X = 6) = 0{,}1244$; $P(X = 10) = 0{,}1171$.

12 Man geht vor wie bei Aufgabe 18 auf Schülerbuchseite 506 (100 Simulationen statt 10). Für r = 0 … 10 erstellt man die Häufigkeiten (h), dazu die relativen Häufigkeiten (rel.H.) und die Binomialverteilung. Das zugehörige Diagramm zeigt eine gute Übereinstimmung zwischen (simulierter) Realität (linke Säulen) und Modell; Wiederholungen können mit Taste F9 leicht durchgeführt werden. Je mehr Simulationen man durchführt, desto besser die Übereinstimmung.

r	h	rel. H.	B(10; 0,6; r)
0	0	0	0,0001
1	0	0	0,0016
2	0	0	0,0106
3	5	0,05	0,0425
4	13	0,13	0,1115
5	20	0,20	0,2007
6	23	0,23	0,2508
7	25	0,25	0,2150
8	12	0,12	0,1209
9	2	0,02	0,0403
10	0	0	0,0060

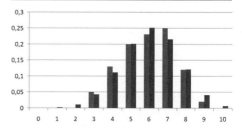

6 Zweiseitiger Signifikanztest

Seite 516

Einstiegsproblem
Man erwartet mit etwa 95-prozentiger Wahrscheinlichkeit, dass die Zahl X der Einsen im 2-σ-Intervall [18; 32] liegt. Die Zahl der Einsen betragen bei
Manuela: 24
Hannes: 22
Sina: 17
Mathis: 26

Also spricht viel dafür, dass Sina einen Knopf verwendet hat. Aber sicher ist das nicht, weil die Abweichung zwar nicht sehr wahrscheinlich ist, aber es gibt immerhin etwa 5 % Wahrscheinlichkeit für eine solche Abweichung (oder eine noch größere) vom Erwartungswert 25.

Seite 517

1 Zur Bestimmung des Annahmebereichs bestimmt man mithilfe der Sigma-Regeln Näherungswerte und verwendet dann bei der Suche in den Tabellen diese Näherungswerte.
Die Testvariable X zählt die Treffer; sie ist jeweils binomialverteilt mit den Parametern n und p_0.

	5 %-Annahmebereich	5 %-Ablehnungsbereich
a)	[18; 32]	[0; 17] und [33; 50]
b)	[40; 60]	[0; 39] und [61; 100]
c)	[27; 40]	[0; 26] und [41; 50]
d)	[57; 76]	[0; 56] und [77; 100]
	Irrtumswahrscheinlichkeit	
a)	$P(X \leq 17) + P(X \geq 33) = 0{,}0328$	
b)	$P(X \leq 39) + P(X \geq 61) = 0{,}0352$	
c)	$P(X \leq 26) + P(X \geq 41) = 0{,}0349$	
d)	$P(X \leq 56) + P(X \geq 77) = 0{,}0333$	

	1 %-Annahmebereich	1 %-Ablehnungsbereich
a)	[16; 34]	[0; 15] und [35; 50]
b)	[37; 63]	[0; 36] und [64; 100]
c)	[25; 42]	[0; 24] und [43; 50]
d)	[54; 78]	[0; 53] und [79; 100]
	Irrtumswahrscheinlichkeit	
a)	$P(X \leq 15) + P(X \geq 35) = 0{,}0066$	
b)	$P(X \leq 36) + P(X \geq 64) = 0{,}0066$	
c)	$P(X \leq 24) + P(X \geq 43) = 0{,}0066$	
d)	$P(X \leq 53) + P(X \geq 79) = 0{,}0079$	

e) 50-maliger Münzwurf: Nullhypothese ist: Die Münze fällt mit Wahrscheinlichkeit 0,5 auf eine Seite, kurz H_0: p = 0,5; Stichprobenumfang n = 50.

Seite 518

2 Nullhypothese ist jeweils: H_0: $p = \frac{1}{6}$, in Worten: Lukas hat keinen gezinkten Würfel (nur darauf kann man testen, sonst müsste man die Wahrscheinlichkeit für den gezinkten Würfel kennen).
Die Testvariable X zählt die Sechsen, Parameter sind n (je nach Teilaufgabe) und $p = \frac{1}{6}$.
a) Annahmebereich = [1; 8]. Da k im Annahmebereich liegt, wird die Nullhypothese beibehalten.
b) Annahmebereich = [4; 14]. Da k im Annahmebereich liegt, wird die Nullhypothese beibehalten.
c) Annahmebereich = [10; 24]. Da k im Annahmebereich liegt, wird die Nullhypothese beibehalten.

3 Nullhypothese: Eine rote Kugel wird zufällig gezogen; H_0: p = 0,2.
Testvariable X: Anzahl der roten gezogenen Kugeln, Parameter n = 50 bzw. 100 und p = 0,2.
Annahmebereich [5; 16] bzw. [12; 28].
Der Annahmebereich ist bei n = 50 relativ zu n groß, bei n = 100 ist er etwas kleiner. Da
$1 - P(5 \leq X \leq 16) = 1 - P(X \leq 16) + P(X \leq 4)$
$= 0{,}0329$
bzw. $1 - P(12 \leq X \leq 28)$
$= 1 - (P(X \leq 28) + P(X \leq 11)) = 0{,}0326$
sind, beträgt die Irrtumswahrscheinlichkeit jeweils etwa 3,3 %.

4 Nullhypothese: Der Stimmanteil ist gleich geblieben, H_0: p = 0,40.
Testvariable X: Anzahl der Wähler der Partei mit n = 100, p = 0,40.
Annahmebereich: [31; 50].

Bei dem Stichprobenergebnis 33 wird man aufgrund des Signifikanztests die Nullhypothese nicht verwerfen. Demnach hat sich der Stimmenanteil nicht signifikant verändert.

5 Nullhypothese: Die Mischung enthält 70 % Haselnüsse (und 30 % Walnüsse); H_0: $p = 0{,}7$.
Testvariable X: Anzahl der Haselnüsse mit $n = 100$, $p = 0{,}7$.
80 liegt nicht im Annahmebereich [61; 79], also kann die Abweichung nicht toleriert werden.

8 a) Auf diese Frage kann man keine Antwort erwarten, man kann aber einen Test der Nullhypothese: „Jedes vierte Los gewinnt", also H_0: $p = 0{,}25$, durchführen, wobei der Stichprobenumfang $n = 50$ beträgt.
Testvariable X: Anzahl der Gewinnlose, $n = 50$, $p = 0{,}25$.
Für einen Test auf dem 5-%-Signifikanzniveau ist der Annahmebereich [7; 19], also kann man die Behauptung auf dem 5-%-Signifikanzniveau nicht verwerfen (auf dem 1-%-Signifikanzniveau erst recht nicht).
b) Nun ist der Stichprobenumfang $n = 100$ und der Annahmebereich für einen Test auf dem 5-%-Signifikanzniveau: [17; 34], also wird man die Behauptung auf dem 5-%-Signifikanzniveau nicht verwerfen (auf dem 1-%-Signifikanzniveau erst recht nicht).

9 Nullhypothese: H_0: $p = 0{,}60$,
Testvariable X: Anzahl der Reißnägel, die auf dem Kopf landen,
Parameter: $n = 50$ (pro Teilnehmer) bzw. 50 mal Teilnehmerzahl, $p = 0{,}60$.
Bei einem Test auf dem 5-%-Niveau ergibt sich: Für die einzelnen Teilnehmer ist der Annahmebereich [23; 37], für z. B. 20 Teilnehmer zusammen [570; 630]. Es kann sein, dass bei einzelnen Teilnehmern die Hypothese zu verwerfen ist, insgesamt aber nicht. Auch der umgekehrte Ausgang ist möglich. Das Experiment macht deutlich, dass Testen keine Entscheidung wahr–falsch ist. Es entsteht ein Gefühl dafür, dass ein größerer Stichprobenumfang ein Ergebnis liefert, dem man eher trauen kann.
Näheres dazu siehe Aufgaben 10 und 11.

Seite 519

10 a) Wahr, denn es kann sein, dass bei einem Test eine richtige Hypothese verworfen wird.
b) Falsch, denn man weiß nicht, ob die Nullhypothese wahr oder falsch ist.
c) Wahr, denn die maximale Irrtumswahrscheinlichkeit ist das Signifikanzniveau.
d) Falsch, denn man weiß nicht, ob die Nullhypothese wahr oder falsch ist.
e) Wahr, denn je größer das Signifikanzniveau, desto größer der Ablehnungsbereich.

11 a) A: Annahmebereich: [110; 140];
B: Annahmebereich: [105; 145];
C: Annahmebereich: [112; 138];
D: Annahmebereich: [107; 143].
Also ist die Nullhypothese bei A zu verwerfen, bei B zu akzeptieren, bei C zu verwerfen und bei D zu akzeptieren.
b) Bei einem Signifikanztest muss vorher festgelegt werden, wie hoch Signifikanzniveau und Stichprobenumfang sind. Das gehört auch zu den Testdaten, damit jeder den Test nachvollziehen kann. Insofern ist es unzulässig, nachträglich eine Änderung vorzunehmen. Der Test sagt auch nicht aus: Eine Hypothese ist wahr bzw. falsch, sondern: Wenn man ein bestimmtes Signifikanzniveau und einen bestimmten Stichprobenumfang festgelegt hat, führt ein

bestimmtes Stichprobenergebnis zu einer bestimmten Entscheidung für oder gegen die Nullhypothese. Durch die nachträgliche Wahl des Signifikanzniveaus könnte der Mediziner seine Entscheidung für oder gegen die Nullhypothese so beeinflussen, dass er eine Entscheidung trifft, die seinen Vorstellungen entspricht.

12 a) A: Der Annahmebereich ist [40; 60], also ist bei der Stichprobe 30 bzw. 70 die Nullhypothese zu verwerfen.
B: Der Annahmebereich ist [86; 114], also ist bei der Stichprobe 80 bzw. 120 die Nullhypothese zu verwerfen
C: Der Annahmebereich ist [180; 220], also ist bei der Stichprobe 180 bzw. 220 die Nullhypothese beizubehalten.
D: Der Annahmebereich ist [228; 272], also ist bei der Stichprobe 230 bzw. 270 die Nullhypothese beizubehalten.
b) Je größer der Stichprobenumfang, desto größer wird auch der Annahmebereich, sodass für ausreichend großes n das Ergebnis im Annahmebereich liegt.

13 a) A: Der Annahmebereich ist [40; 60], also ist bei der Stichprobe 45 bzw. 55 die Hypothese beizubehalten.
B: Der Annahmebereich ist [86; 114], also ist bei der Stichprobe 90 bzw. 110 die Hypothese beizubehalten.
C: Der Annahmebereich ist [180; 220], also ist bei der Stichprobe 180 bzw. 220 die Hypothese beizubehalten.
D: Der Annahmebereich ist [228; 272], also ist bei der Stichprobe 225 bzw. 275 die Hypothese zu verwerfen.
b) Je größer der Stichprobenumfang, desto größer wird zwar der Annahmebereich. Er wächst aber wegen der Sigma-Regeln nur proportional zu $\sqrt{n}$, während die prozentuale Abweichung vom Erwartungswert proportional zu n wächst.

Das bedeutet: Wenn man bei einem Zufallsversuch immer eine etwa gleich große relative Abweichung vom Erwartungswert beobachtet, so kann man bei ausreichend hohem Stichprobenumfang die Nullhypothese verwerfen. Ein hoher Stichprobenumfang liefert also ein eher verlässliches Ergebnis.

Info: Durchführung eines Signifikanztests mit dem GTR

Als Beispiel wird der Signifikanztest zu der Nullhypothese $H_0: p = \frac{1}{6}$ bei einem Stichprobenumfang von 300 auf dem Signifikanzniveau 5% durchgeführt. Die Testvariable X hat die Parameter $p = \frac{1}{6}$ und n = 300. Es wird angenommen, dass die Stichprobe den Wert x = 37 liefert.
Der GTR stellt im Statistikbereich dazu eine passende Funktion zur Verfügung.
Auswahl des Tests:

```
EDIT CALC TESTS
1:Z-Test…
2:T-Test…
3:2-SampZTest…
4:2-SampTTest…
5:1-PropZTest…
6:2-PropZTest…
7↓ZInterval…
```

Eingabe der Parameter:

```
1-PropZTest
p0:.1666666666…
x:37
n:300
prop≠p0 <p0 >p0
Calculate Draw
```

Testergebnis:

```
1-PropZTest
prop≠.16667
z=-2.01395134
p=.0440145035
p̂=.1233333333
n=300
```

Grafische Darstellung:

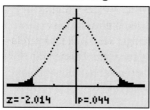

Interpretation der Werte beim Testergebnis und bei der grafischen Darstellung:
Der Wert p = 0,044 gibt die Wahrscheinlichkeit an, mit der das Stichprobenergebnis oder eines mit noch größerer Abweichung auftritt; x liegt also hier im Ablehnungsbereich, da p < 5 %. p entspricht hier der Irrtumswahrscheinlichkeit, das „p_0" aus der Hypothese dem Wert des GTR bei „prop". Die Nullhypothese wird also verworfen. Der Wert z = −2,0139… bedeutet, dass der Stichprobenwert x = 37 um etwa 2,014·σ vom Erwartungswert μ entfernt liegt.
Die relative Häufigkeit für x wird mit $\hat{p} = \frac{37}{300} = 0{,}1233$ angegeben.
In der grafischen Darstellung ist der Bereich außerhalb der 2,014·σ-Umgebung schwarz markiert und die zugehörige Wahrscheinlichkeit p = 0,044 angegeben.
Bemerkung: Der Test liefert nur Näherungswerte, da die Binomialverteilung durch die Normalverteilung angenähert wird (siehe Lerneinheit 12: Die Normalverteilung).
Die Näherungswerte entsprechen dabei im Wesentlichen denen der 2-σ-Regel.

7 Einseitiger Signifikanztest

Seite 520

Einstiegsproblem
Bisher wurde nur zweiseitig getestet. Wenn man hier auch zweiseitig testet – Nullhypothese H_0: p = 0,7 – erhält man bei einem Signifikanzniveau von 5 % als Annahmebereich [61; 79]. Man müsste dann die Nullhypothese verwerfen. Damit könnte man aber nicht bestätigen, dass das neue Mittel besser heilt, nur dass man die Hypothese, dass es mit 70 % Wahrscheinlichkeit heilt, ablehnt.
Ein zweiseitiger Test ist also hier nicht sinnvoll. Man möchte ja die Hypothese bestätigen, dass das neue Mittel mit einer Wahrscheinlichkeit heilt, die größer als 70 % ist. Man erkennt, dass hier der Annahmebereich für die Nullhypothese („das neue Mittel heilt nicht besser") ein Intervall der Form [0, b] sein muss, wobei b deutlich größer als 70 sein muss. Bei dem Signifikanzniveau 5 % wird man fordern, dass der Ablehnungsbereich [b + 1; 100] höchstens eine 5-prozentige Wahrscheinlichkeit hat.

Seite 522

1 X sei die Trefferzahl.
a) A = [0; 31];
Irrtumswahrscheinlichkeit = 0,0325
b) A = [19; 50];
Irrtumswahrscheinlichkeit = 0,0325
c) A = [0; 33];
Irrtumswahrscheinlichkeit = 0,0077
d) A = [28; 50];
Irrtumswahrscheinlichkeit = 0,0424

2 a) A = [0; 20];
die Nullhypothese wird beibehalten.
b) A = [7; 25];
die Nullhypothese wird beibehalten.
c) A = [0; 33];
die Nullhypothese wird verworfen.
d) A = [42; 100];
die Nullhypothese wird verworfen.

3 Testvariable X: Anzahl der Münzen, die „Kopf" zeigen, Parameter n = 100, p = 0,5.
a) A = [42; 100]
b) A = [40; 60]
c) A = [0; 58]

4 Testvariable ist jeweils X: Anzahl der angegegurteten Fahrer, Parameter n = 100; p = 0,7.
a) Autoklub: Nullhypothese p = 0,7, Alternative H_1: p > 0,7, weil H_0 verworfen wird, wenn es deutlich mehr als 70 % Angegurtete gibt. Rechtsseitiger Test mit Annahmebereich [0; 77].
Polizei: Nullhypothese H_0: p = 0,7, Alternative H_1: p < 0,7, weil H_0 verworfen wird, wenn es deutlich weniger als 70 % Angegurtete gibt. Linksseitiger Test mit Annahmebereich [62; 100].
b) Der Autoklub wird die Nullhypothese verwerfen, er sieht seine Behauptung bestätigt. Die Polizei kann die Nullhypothese nicht verwerfen, sie kann ihre Behauptung nicht bestätigt sehen.

5 a) Testvariable X: Anzahl der Kugelschreiber, die in Ordnung sind, Parameter n = 50; p ≥ 0,97.
Die Nullhypothese H_0: p ≥ 0,97 wird linksseitig getestet, da der Großabnehmer seine Behauptung bestätigt sieht, wenn sich ein relativ kleines Stichprobenergebnis ergibt; Stichprobenumfang n = 50, Annahmebereich [46; 50]. Die Nullhypothese wird bei weniger als 46 intakten Kugelschreibern verworfen.
b) Irrtumswahrscheinlichkeit
P(X ≤ 45) = 0,0168

Seite 523

6 Beide verwenden als Testvariable die Anzahl X der Projektbefürworter mit den Parametern n = 100 und p_0 = 0,75.
a) Stadtverwaltung: Alternative H_1: p > 0,75, rechtsseitiger Test, weil sie bei relativ großen Stichprobenergebnissen die Nullhypothese verwerfen kann und ihre Behauptung bestätigt sieht. Annahmebereich = [0; 82]. Bei einem Stichprobenergebnis, das größer als 82 ist, sieht die Stadtverwaltung ihre Behauptung bestätigt.
b) Bürgerinitiative: Alternative H_1: p < 0,75, linksseitiger Test, weil sie bei relativ kleinen Stichprobenergebnissen die Nullhypothese verwerfen kann und ihre Behauptung bestätigt sieht.
Annahmebereich = [68; 100]. Bei einem Stichprobenergebnis, das kleiner als 68 ist, sieht die Bürgerinitiative ihre Behauptung bestätigt.
c) Im Bereich der linken Grenze des Annahmebereichs von Teilaufgabe a) bis zur rechten Grenze des Annahmebereichs von Teilaufgabe b) bleiben beide bei der Nullhypothese, d.h. im Bereich [68; 82].

9 Testvariable X: Anzahl der Münzen, die „Kopf" zeigen, Parameter n = 25 (pro Teilnehmer), p = 0,5. Nullhypothese
H_0: p = 0,5, Alternative H_1: p > 0,5, rechtsseitiger Test. Für die einzelnen Teilnehmer ist der Annahmebereich [0; 17], für z.B. 20 Teilnehmer zusammen [0,268]. Es kann sein, dass bei einzelnen Teilnehmern die Nullhypothese zu verwerfen ist, insgesamt aber nicht. Auch der umgekehrte Ausgang ist möglich. Das Experiment macht deutlich, dass Testen keine Entscheidung wahr – falsch ist.

10 Man testet die Nullhypothese
H_0: p = 0,80 gegen die Alternative
H_1: p > 80, rechtsseitig; Testvariable X: Anzahl der geheilten Patienten, Parameter n = 100 und p = 0,80.
Signifikanzniveau 5%: Annahmebereich [0; 86]; Medikament B muss bei mindestens 87 Patienten heilend wirken, damit man von der Alternative ausgehen kann.
Signifikanzniveau 1%: Annahmebereich [0; 89]; Medikament B muss bei mindestens 90 Patienten heilend wirken, damit man von der Alternative ausgehen kann.

Signifikanzniveau 0,1 %: Annahmebereich [0; 91]; Medikament B muss bei mindestens 92 Patienten heilend wirken, damit man von der Alternative ausgehen kann.

11 a) Mögliche Beschreibung: „Ich stelle die Nullhypothese p = 0,30 auf. Es wird rechtsseitig getestet, weil die Nullhypothese verworfen werden soll, wenn deutlich mehr Wähler als 30 % in der Stichprobe ermittelt werden. Als Signifikanzniveau wird z.B. 5 % gewählt. Als Stichprobenumfang wird z.B. n = 100 für eine telefonische (repräsentative) Umfrage gewählt. Dazu wird z.B. auf jeder zehnten Seite im Telefonbuch der fünfte Teilnehmer ausgesucht, bis man 100 Teilnehmer hat, und befragt. Als Testvariable verwende ich also X, die Anzahl der Wähler von Partei P, wobei die Parameter n = 100 und p = 0,30 sind. Als Annahmebereich ergibt sich [0; 38]. Bei mehr als 38 Wählern kann man davon ausgehen, dass der Wähleranteil gestiegen ist."
b) 35 % von 100 sind 35. Damit kann die Nullhypothese nicht verworfen werden. Zu einem anderen Ergebnis würde man gelangen, wenn man insgesamt 1000 Befragte hätte. Wenn dann für die gesamte Befragung wieder 35 % Wähler von Partei P herauskämen, so wären es nun 350 Befürworter. Für n = 1000 wäre [0; 324] der Annahmebereich der Nullhypothese. In diesem Falle könnte man von einer Erhöhung des Wähleranteils ausgehen.

12 a) Falsch, man kann mit einem Signifikanztest nicht entscheiden, ob eine Hypothese richtig ist.
b) Falsch, bei größerem Signifikanzniveau wird der Annahmebereich kleiner.
c) Falsch, man kann mit einem Test nicht entscheiden, ob eine Hypothese richtig ist.

Die Irrtumswahrscheinlichkeit gibt die Wahrscheinlichkeit an, mit der man die Nullhypothese verwirft, obwohl sie eigentlich stimmt.

8 Fehler beim Testen von Binomialverteilungen

Seite 524

Einstiegsproblem
Frau Neumann verwirft die Hypothese A, obwohl sie in Wirklichkeit richtig ist; die Alternative B ist falsch. Man sagt: Frau Neumann begeht einen Fehler 1. Art.
Herr Altmann akzeptiert die Hypothese A, obwohl sie in Wirklichkeit falsch ist; die Alternative B ist richtig. Man sagt: Herr Altmann begeht einen Fehler 2. Art.

Seite 525

Bei den Lösungen wird die Schreibweise $F_{n;p}(r)$ verwendet für $P(X \leq r)$, wobei X die Testvariable mit den Parametern n und p ist (vgl. S. 629 im Schülerbuch).

1 a) Annahmebereich [0; 17]
Wahrscheinlichkeit für einen Fehler 1. Art:
$1 - F_{25;\,0,5}(17) = 0{,}0216$
b) Wahrscheinlichkeit für einen Fehler 2. Art:
$F_{25;\,0,6}(17) = 0{,}8464$
$\left(F_{25;\,0,75}(17) = 0{,}2735;\ F_{25;\,0,9}(17) = 0{,}0023\right)$
c) Signifikanzniveau 1 %:
Annahmebereich [0; 18]
Wahrscheinlichkeit für einen Fehler 1. Art:
$1 - F_{25;\,0,5}(18) = 0{,}0073$
Wahrscheinlichkeit für einen Fehler 2. Art:
$F_{25;\,0,6}(18) = 0{,}9264$
$\left(F_{25;\,0,75}(18) = 0{,}4389;\ F_{25;\,0,9}(18) = 0{,}0095\right)$
d) Signifikanzniveau 5 %,
Stichprobenumfang n = 100:
Annahmebereich [0; 58]

Wahrscheinlichkeit für einen Fehler 1. Art:
$1 - F_{100;\,0,5}(58) = 0,0443$
Wahrscheinlichkeit für einen Fehler 2. Art:
$F_{100;\,0,6}(58) = 0,3775$
$\left(F_{100;\,0,75}(58) = 0,0001;\; F_{100;\,0,9}(58) = 0,0000\right)$

Seite 526

2 a) Siehe Fig. 1 (Fig. 2; Fig. 3)
Annahmebereich [24; 50]
Wahrscheinlichkeit für einen Fehler 1. Art:
$F_{50;\,0,6}(23) = 0,0314$
Wahrscheinlichkeit für einen Fehler 2. Art:
$1 - F_{50;\,0,5}(23) = 0,6641$
$(1 - F_{50;\,0,4}(23) = 0,1562;$
$1 - F_{50;\,0,25}(23) = 0,0004)$
b) Annahmebereich [22; 50], Wahrscheinlichkeit für einen Fehler 1. Art:
$F_{50;\,0,6}(21) = 0,0076$
Wahrscheinlichkeit für einen Fehler 2. Art:
$1 - F_{50;\,0,5}(21) = 0,8389;$
$(1 - F_{50;\,0,4}(21) = 0,3299;$
$1 - F_{50;\,0,25}(21) = 0,0026)$
c) Signifikanzniveau 5%,
Stichprobenumfang n = 100 (siehe Fig. 4):
(bei den entsprechenden Figuren
zu p = 0,4 bzw. p = 0,25 verschieben sich
die Bereiche wie bei Fig. 2 und Fig. 3).
Annahmebereich [52; 100]
Wahrscheinlichkeit für einen Fehler 1. Art:
$F_{100;\,0,6}(51) = 0,0423$
Wahrscheinlichkeit für einen Fehler 2. Art:
$1 - F_{100;\,0,5}(51) = 0,3822$
$(1 - F_{100;\,0,4}(51) = 0,0100;$
$1 - F_{100;\,0,25}(51) = 0,0000)$
Wesentlicher Unterschied zwischen n = 50
und n = 100:
Die Fehler 2. Art werden bei (nahezu) gleichem Fehler 1. Art deutlich kleiner.

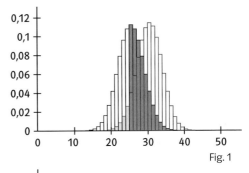

Fig. 1

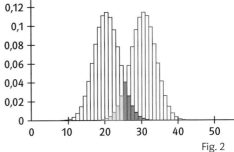

Fig. 2

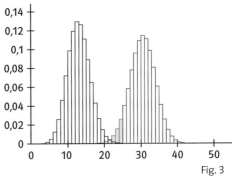

Fig. 3

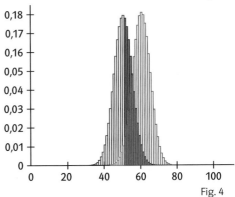

Fig. 4

3 a) $n = 50$: $A = [4; 14]$; die Hypothese H_0 kann nicht verworfen werden.
Wahrscheinlichkeit für einen Fehler 1. Art:
$1 - \left(F_{50; \frac{1}{6}}(14) - F_{50; \frac{1}{6}}(4)\right) = 0{,}0377$
$n = 500$: $A = [67; 100]$; die Hypothese H_0 wird verworfen.
Wahrscheinlichkeit für einen Fehler 1. Art: $1 - \left(F_{500; \frac{1}{6}}(100) - F_{500; \frac{1}{6}}(66)\right) = 0{,}0411$

b) $n = 50$: $A = [5; 12]$
Wahrscheinlichkeit für einen Fehler 1. Art:
$1 - \left(F_{50; \frac{1}{6}}(12) - F_{50; \frac{1}{6}}(4)\right) = 0{,}1270$
$n = 500$: $A = [50; 120]$
Wahrscheinlichkeit für einen Fehler 1. Art:
$1 - \left(F_{500; \frac{1}{6}}(120) - F_{500; \frac{1}{6}}(49)\right) = 0{,}000\,018\,5$

c) Teil a)
Wahrscheinlichkeit für einen Fehler 2. Art:
$F_{50; \frac{1}{4}}(14) - F_{50; \frac{1}{4}}(3) = 0{,}7476$
$\left(F_{500; \frac{1}{4}}(100) - F_{500; \frac{1}{4}}(66) = 0{,}0049\right)$
Teil b)
Wahrscheinlichkeit für einen Fehler 2. Art:
$F_{50; \frac{1}{4}}(12) - F_{50; \frac{1}{4}}(4) = 0{,}5089$
$\left(F_{500; \frac{1}{4}}(120) - F_{500; \frac{1}{4}}(49) = 0{,}3235\right)$

4 a) H_0: $p \leq 0{,}03$; H_1: $p > 0{,}03$
Es wird rechtsseitig getestet.
b) $A = [0; 6]$
Wahrscheinlichkeit für einen Fehler 1. Art:
$1 - F_{100; 0{,}03}(6) = 0{,}0312$
Wahrscheinlichkeit für einen Fehler 2. Art:
$F_{100; 0{,}04}(6) = 0{,}8936$
$(F_{100; 0{,}05}(6) = 0{,}7660; F_{100; 0{,}06}(6) = 0{,}6064)$

5 a) H_0: $p = 0{,}5$; H_1: $p > 0{,}5$
Rechtsseitiger Test mit $A = [0; 14]$
b) H_0 wird beibehalten, dem Lord wird nicht die behauptete Fähigkeit zuerkannt.
Bei dieser Entscheidung kann es sein, dass ein Fehler 2. Art begangen wird:
H_0 ist falsch, wird aber beibehalten.

c) Wahrscheinlichkeit für einen Fehler 2. Art:
$F_{20; 0{,}6}(14) = 0{,}8744$
$(F_{20; 0{,}7}(14) = 0{,}5836; F_{20; 0{,}8}(14) = 0{,}1958;$
$F_{20; 0{,}9}(14) = 0{,}0113)$

Seite 527

7 H_0: $p = 0{,}3$; H_1: $p = 0{,}7$; $n = 10$; $A = [0; 4]$.
Es wird angenommen, dass eine $B_{n;p}$-Verteilung vorliegt.
a) Fehler 1. Art:
H_0 ist wahr, aber H_1 wird angenommen.
Fehler 2. Art:
H_1 ist wahr, aber H_0 wird angenommen.
Wahrscheinlichkeit für einen Fehler 1. Art:
$1 - F_{10; 0{,}3}(4) = 0{,}1503$
Wahrscheinlichkeit für einen Fehler 2. Art:
$F_{10; 0{,}7}(4) = 0{,}0473$
b) Bei $A = [0; 5]$ ist die Wahrscheinlichkeit für einen Fehler 1. Art:
$1 - F_{10; 0{,}3}(5) = 0{,}0473$.
In diesem Fall ergibt sich der kleinste Annahmebereich mit weniger als 10% Wahrscheinlichkeit für den Fehler 1. Art. Die kleinstmögliche Wahrscheinlichkeit für einen Fehler 2. Art ist unter dieser Bedingung daher:
$F_{10; 0{,}7}(5) = 0{,}1503$.
Entscheidungsregel ist also: H_0 ist anzunehmen, wenn höchstens 5 Perlen der Größe 1 in der Stichprobe gefunden werden.
c) Bei $n = 10$ ist die Aufgabe nach Teilaufgabe b) nicht lösbar. Bei $n = 11$ ergibt sich für $A = [0; 5]$:
Wahrscheinlichkeit für einen Fehler 1. Art:
$1 - F_{11; 0{,}3}(5) = 0{,}0782$;
Wahrscheinlichkeit für einen Fehler 2. Art:
$F_{11; 0{,}7}(5) = 0{,}0782$.
Also reicht ein Stichprobenumfang von $n = 11$ aus. Entscheidungsregel ist dann:

H_0 ist anzunehmen, wenn höchstens 5 Perlen der Größe 1 in der Stichprobe gefunden werden.

8 a) Annahmebereich: [0; 8],
$f(p) = P(X_p \le 8)$
Der Graph zeigt im Überblick, wie die Wahrscheinlichkeit bei dem Fehler 2. Art für $p > p_0$ kleiner wird, je größer p wird.

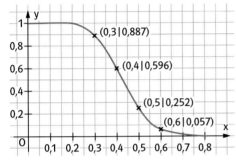

b) Annahmebereich: [2; 9],
$f(p) = P(2 \le X_p \le 9)$
Der Graph zeigt im Überblick, wie die Wahrscheinlichkeit für den Fehler 2. Art kleiner wird, je weiter p von p_0 entfernt ist.

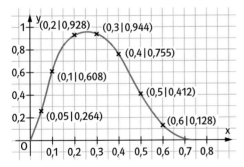

c) Annahmebereich: [2; 20],
$f(p) = P(X_p \ge 2)$
Der Graph zeigt im Überblick, wie die Wahrscheinlichkeit für den Fehler 2. Art für $p < p_0$ kleiner wird, je kleiner p wird.

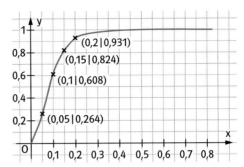

d) zu a) Annahmebereich: [0; 19],
$f(p) = P(X_p \le 19)$,
Bei n = 50 erkennt man im Vergleich mit n = 20, dass der Graph steiler abfällt. Bei $p > p_0 = 0{,}25$ werden also die Wahrscheinlichkeiten mit wachsendem p für den Fehler 2. Art schneller kleiner.

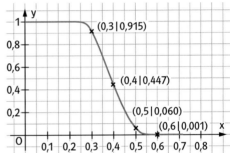

d) zu b) Annahmebereich: [7; 18],
$f(p) = P(7 \le X_p \le 18)$
Bei n = 50 erkennt man im Vergleich mit n = 20, dass der Graph steiler ansteigt und abfällt. Bei Entfernung von $p_0 = 0{,}25$ werden also die Wahrscheinlichkeiten für den Fehler 2. Art schneller kleiner.

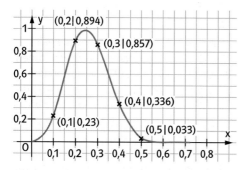

d) zu c)
Annahmebereich: [8; 50], $f(p) = P(X_p \geq 8)$
Bei $n = 50$ erkennt man im Vergleich mit $n = 20$, dass der Graph steiler ansteigt. Bei $p < p_0 = 0{,}25$ werden also die Wahrscheinlichkeiten mit abnehmendem p für den Fehler 2. Art schneller kleiner.

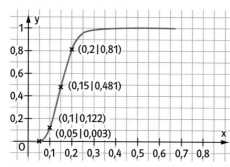

e) Bei $p = p_0$ liegt kein Fehler 2. Art vor, weil dann die Nullhypothese gilt und daher nicht irrtümlich angenommen werden kann. Also ist die Operationscharakteristik für $p = p_0$ eigentlich nicht definiert. Trotzdem liefert f dort einen Funktionswert, nämlich
$f(p_0) = P(X_{p_0} \in A)$
$\qquad = 1 - P\left(X_{p_0} \in \overline{A}\right)$
$\qquad = 1 -$ Irrtumswahrscheinlichkeit.
Beim zweiseitigen Test hat f bei $p = p_0$ sein Maximum.

9 Wahrscheinlichkeiten schätzen – Vertrauensintervalle

Seite 528

Einstiegsproblem

Das Einstiegsproblem soll intuitiv darauf vorbereiten, dass es sinnvoll ist, für p einen Bereich bzw. ein Intervall anzugeben. Zunächst wird man die einzelnen relativen Häufigkeiten (also im Beispiel 0,67; 0,75; 0,69; 0,74; 0,70) bzw. ihren Mittelwert 0,71 als Schätzungen für p angeben.
Da diese schwanken, ist es naheliegend, etwa den Bereich 0,68 bis 0,74 als Schätzung anzugeben.
Wenn man das Experiment mehrfach wiederholt, sieht man, dass sich vorwiegend Werte aus diesem Bereich ergeben.
Bei allen Aufgaben sind nur Näherungswerte für die Grenzen des Vertrauensintervalls angegeben.
Exakte Werte können nur nach dem Vorgehen in Lerneinheit 14 gewonnen werden. Die Näherungen sind aber in der Regel ausreichend und umso besser, je größer n ist.

Seite 530

1 a) [0,212; 0,288] b) [0,223; 0,277]
c) [0,231; 0,269] d) [0,469; 0,531]
e) [0,723; 0,777] f) [0,881; 0,918]

2 a) [0,404; 0,456] b) [0,400; 0,461]
c) [0,390; 0,470]

3 [0,599; 0,675]

4 Das 99 % (95 %; 90 %)-Vertrauensintervall für die Wahrscheinlichkeit, bei einer solchen Operation hypoton zu werden, ist [0,137; 0,283] ([0,150; 0,261], [0,157; 0,251]).
Der von Dr. Steinhart genannte Wert liegt außerhalb. Die Patienten von Dr. Steinhart stammen offensichtlich nicht aus der gleichen Grundgesamtheit oder er übertreibt.

5 Die relative Häufigkeit beträgt zwar nur 26,7 %. Das 99 % (95 %; 90 %)-Vertrauensintervall für die Wahrscheinlichkeit, dass ein Wähler die Partei wählt, ist aber [0,191; 0,358] ([0,207; 0,336], [0,216; 0,324]). Der alte Wert 30 % liegt innerhalb. Das spricht nicht für eine Änderung des Stimmenanteils.

6 Das 95 %-Vertrauensintervall für den Anteil der Hasen auf der Insel ist [0,199; 0,442]. Ist N die Zahl der Hasen auf der Insel, so entsprechen die Anteile aus diesem Intervall dem Wert 75/N.
Für N ergibt sich damit der Bereich 173 bis 377.

7 a) Wahr, denn die Intervalllänge des Vertrauensintervalls beträgt $2c\sqrt{\frac{h(1-h)}{n}}$ (mit dem Vorfaktor c aus dem Kasten von S. 529), und da in diesem Term n im Nenner steht, wird bei kleiner werdendem n die Intervalllänge größer.
b) Falsch, die zugehörige unbekannte Wahrscheinlichkeit kann auch außerhalb liegen, allerdings ist dann die Wahrscheinlichkeit für die beobachtete relative Häufigkeit sehr gering.
c) Wahr, beim 90 %-Vertrauensintervall beträgt die Intervalllänge $2 \cdot 1{,}64 \sqrt{\frac{h(1-h)}{n}}$, beim 95 %-Vertrauensintervall beträgt die Intervalllänge $2 \cdot 1{,}96 \sqrt{\frac{h(1-h)}{n}}$.
d) Wahr, denn je höher das Vertrauensniveau, desto größer ist das Vertrauensintervall. Denn wenn ß steigt, steigt auch c und damit die Intervalllänge.
e) Falsch, denn die Intervalllänge des Vertrauensintervalls ist zu $\frac{1}{\sqrt{n}}$ proportional. Bei doppeltem Stichprobenumfang ändert sich die Intervalllänge auf das $\frac{1}{\sqrt{n}}$-fache.

Seite 531

10 Als Grundlage für eine Beurteilung kann man vom 95 %-Vertrauensintervall [0,0325; 0,0506] ausgehen. Demnach stehen die Chancen auf einen Einzug in den Bundestag nicht sehr gut, aber immerhin ist der Wert 5 % noch im Vertrauensintervall enthalten. Es gibt also noch berechtigte, wenn auch geringe Hoffnungen.

11 Nach dem Satz in der Infobox auf Seite 531 des Schülerbuches muss gelten:
$n \geq \frac{1{,}96^2}{0{,}02^2} = 9604$. Man müsste etwa 9600 Patienten testen.

12 a) Die FDP hätte nach der Hochrechnung etwa 10 785 Wähler in der Stichprobe, vorausgesetzt, alle befragten Wähler waren bei der Hochrechnung schon berücksichtigt. Das 99 % (95 %; 90 %)-Vertrauensintervall für die Wahrscheinlichkeit, dass ein Wähler die FDP wählt, wäre dann [0,1025; 0,1075] ([0,1031; 0,1069], [0,1034; 0,1066]). Damit wäre ein Stimmanteil von nur 9,8 % äußerst unwahrscheinlich, aber natürlich auch nicht unmöglich. Mögliche Gründe für die starke Abweichung könnten aber auch sein: nicht alle Befragungsergebnisse waren zu dem frühen Zeitpunkt berücksichtigt, die Befragung war nicht ausreichend repräsentativ.
b) Die Länge der Vertrauensintervalle wäre etwa doppelt so groß. Dann erscheint das Ergebnis von Teilaufgabe a) nicht mehr so unwahrscheinlich.
c) Nach dem Satz in der Infobox müsste gelten: $n \geq \frac{1{,}96^2}{0{,}002^2} = 960\,400$. Man müsste also etwa 1 000 000 Wähler fragen.

13 a) Das 95%-Vertrauensintervall für die Wahrscheinlichkeit, dass ein Artikel Ausschuss ist, beträgt [0,027; 0,093]. Intervalllänge: 0,066.
b) Nach dem Satz in der Infobox müsste gelten: $n \geq \frac{1{,}96^2}{0{,}04^2} = 2401$. Demnach wäre r mindestens 12. Mit dem Stichprobenumfang n = 2400 und r = 144 hat das 95%-Vertrauensintervall [0,051; 0,070] die Länge 0,02. Also müsste bereits bei einem Viertel des Stichprobenumfangs die Länge 0,04 erzielt werden. Für r = 3 erhält man in der Tat das Vertrauensintervall [0,041; 0,079] mit der Länge 0,038. Es reicht also, r mindestens 3 zu wählen. Der Satz in der Infobox liefert hier ein relativ schlechtes Ergebnis, weil h weit weg von 0,5 liegt und damit h(1 − h) viel kleiner als $\frac{1}{4}$ ist (vgl. die Herleitung in der Infobox).

10 Stetige Zufallsgrößen: Integrale besuchen die Stochastik

Seite 532

Einstiegsproblem
Die Wahrscheinlichkeiten der fraglichen Zahlen sind $\frac{1}{10}$ bzw. $\frac{1}{100}$; $\frac{1}{1000}$; $\frac{1}{100000}$; $\frac{1}{100000000}$. Wenn man die Genauigkeit auf n Ziffern einstellt, dann ist die Wahrscheinlichkeit einer Zahl mit n Nachkommastellen $\left(\frac{1}{10}\right)^n$.

Seite 534

1 a) Es gilt $f(x) \geq 0$ und $\int_0^2 f(x)\,dx = 1$
b) $P(X = 1) = 0$, $P(1 < X < 2) = 0{,}5$
c) $\mu = \int_0^2 0{,}5 \cdot x\,dx = \left[\frac{1}{4}x^2\right]_0^2 = 1$
$\sigma^2 = \int_0^2 (x-1)^2 \cdot \frac{1}{2}\,dx = \frac{1}{3}$; $\sigma = \sqrt{\frac{1}{3}}$
d) $f(x) = \frac{1}{5}$ bzw. $f(x) = \frac{1}{10}$ bzw. $f(x) = 5$

Die Wahrscheinlichkeitsdichte ist stets eine konstante Funktion, deren Wert dem Kehrwert der Intervalllänge entspricht.

Seite 535

2 a) Es gilt $f(x) \geq 0$ und $\int_0^2 f(x)\,dx = 1$
b) $P(X = 0) = 0$; $P(X = 1) = 0$;
$P(X < 0{,}5) = \frac{1}{8}$; $P(0{,}5 \leq X \leq 1{,}5) = 0{,}75$
c) $\mu = \int_0^1 x^2\,dx + \int_1^2 x(2-x)\,dx = 1$;
$\sigma^2 = \int_0^1 (x-1)^2 x\,dx + \int_1^2 (x-1)^2 (2-x)\,dx = \frac{1}{6}$;
$\sigma = \sqrt{\frac{1}{6}}$

3 a) Es gilt $f(x) = \frac{2\pi x}{25\pi} = 0{,}08x$.
b) $\mu = 3{,}333$
c) $\sigma^2 = \frac{25}{18} \approx 1{,}388$; $\sigma = \sqrt{\frac{25}{18}}$

4 a) Die Punkte liegen jeweils im Inneren des Quadrates auf der Geraden mit der Gleichung f(x) = S − x. S = 0 beschreibt die Ecke links unten, S = 40 die Ecke rechts oben und S = 20 die Flächendiagonale von links oben nach rechts unten.
Zur Berechnung der Wahrscheinlichkeiten bestimmt man Dreiecksflächen, es gilt:
$P(0 < S < 10) = \frac{50}{400} = \frac{1}{8}$ und
$P(10 < S < 20) = \frac{1}{2} - \frac{1}{8} = \frac{3}{8}$.
b) Es gilt für x < 20:
$P(S < x)$
$= \frac{\text{Fläche des Dreiecks mit den Ecken }(0\,|\,0),\,(0\,|\,x),\,(x\,|\,0)}{\text{Fläche des Quadrates}}$,
also: $P(S < x) = \frac{\frac{1}{2} \cdot x^2}{400} = \frac{1}{800}x^2 = \int_0^x \frac{1}{400}t\,dt$.
Daraus folgt die Behauptung $f(x) = \frac{1}{400}x$ für x < 20. Für x > 20 führt eine Symmetrieüberlegung zum Ziel.
c) $\mu = 20$, $\sigma^2 = 66\frac{2}{3}$; $\sigma = \sqrt{66\frac{2}{3}} \approx 8{,}16$

5 a) $f(x) = 3(x-1)^2$ ist im Intervall [0; 1] positiv und es gilt $\int_0^1 3(x-1)^2 dx = 1$.

b) Für die Wahrscheinlichkeiten erhält man
$\int_0^{0,1} 3(x-1)^2 dx = 0,271$ und
$\int_0^{0,5} 3(x-1)^2 dx = 0,875$.

c) Es gilt $\mu = \int_0^1 x \cdot 3(x-1)^2 dx = \frac{1}{4}$ und
$\sigma = \sqrt{\int_0^1 (x-\mu)^2 \cdot 3(x-1)^2 dx} = \sqrt{\frac{3}{80}} \approx 0,193649$.

d) Es muss gelten $k = \frac{5}{32}$.

e) Für die Wahrscheinlichkeiten erhält man nun $\int_0^{0,1} \frac{5}{32}(x-2)^4 dx = 0,2262 < 0,271$
und $\int_0^{0,5} \frac{5}{32}(x-2)^4 dx = 0,762 < 0,875$.

Der Eindruck täuscht nicht: Die Wahrscheinlichkeit, die Münzen nahe an der Wand zu platzieren, ist bei Tim etwas kleiner als bei Niki.
Auch für den Erwartungswert erhält man nun mit $\mu = \int_0^1 x \cdot g(x) dx = \frac{1}{3} > \frac{1}{4}$ einen größeren Wert als bei Niki.

Seite 536

6 a) f ist positiv und es gilt $\int_0^\infty e^{-x} dx = 1$.

b) $\int_1^2 e^{-x} dx = e^{-1} - e^{-2} = 0,23254$
Mit ca. 23%-iger Wahrscheinlichkeit dauert das Gespräch zwischen einer und zwei Minuten.

c) Erwartungswert und Standardabweichung haben den Wert 1.

d) Die Wahrscheinlichkeiten ergeben sich zu
$\int_{0,5}^{1,5} e^{-x} dx = 0,3834$; $\int_{1-\frac{1}{60}}^{1+\frac{1}{60}} e^{-x} dx = 0,0122$
bzw. zu 0.

e) $k = 2$

f) Erwartungswert und Standardabweichung haben den Wert 2.
Die Wahrscheinlichkeit, dass das Gespräch eine Minute dauert, hat im Falle verschiedener Rundungen den Wert 0,3180 bzw. 0,00902 bzw. 0.

7 a) Die Funktion ist positiv und es gilt:
$$\int_{-100}^{100} 1 \div \sqrt{2\times\pi} \times e^{-x^2 \div 2} dx$$
$$= 1$$

b) Man integriert numerisch:
$$\int_2^4 1 \div \sqrt{2\times\pi} \times e^{-x^2 \div 2} dx = 0.02271846071$$

$$\int_{-100}^3 1 \div \sqrt{2\times\pi} \times e^{-x^2 \div 2} dx = 0.998650102$$

c) Man integriert numerisch:
$$\int_{-100}^{100} x \times 1 \div \sqrt{2\times\pi} \times e^{-x^2 \div 2} dx = 0$$
(also $\mu = 0$)

$$\int_{-10}^{10} x^2 \times 1 \div \sqrt{2\times\pi} \times e^{-x^2 \div 2} dx = 1$$
(also $\sigma^2 = 1$)

d) Man integriert numerisch:
$$\int_{-2}^2 1 \div \sqrt{2\times\pi} \times e^{-x^2 \div 2} dx = 0.9544997361$$

10 a) Fiffi hält sich meistens am Rand des Grundstückes auf, rechts oder links mit gleichen Wahrscheinlichkeiten.
Gully bevorzugt stark die Mitte, Hasso ist auch lieber in der Mitte, aber er besucht die Ränder häufiger als Gully.

b) Der Erwartungswert der Position ist in allen Fällen die Grundstücksmitte, Fiffi ist dort aber kaum anzutreffen, Maika hat recht. Der Erwartungswert ist nicht die Stelle, an der die Wahrscheinlichkeit(sdichte) maximal ist.
c) $P(-0,1 \leq X \leq 0,1)$: Fiffi $0,1^2 = 1\%$, Gully 19% und Hasso ca. 15%
$P(0,9 < X)$: Fiffi 95%, Gully 99%, Hasso ca. 98%

11 Die Analyse der Gauß'schen Glockenfunktion

Seite 537

Einstiegsproblem
f(x): B
g(x): C
h(x): E
i(x): D
k(x): A
l(x) = i(x)
m(x) = k(x)

Seite 538

1 a), b), c)

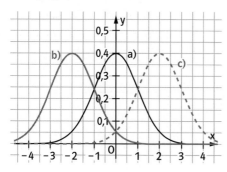

d)

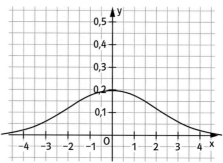

Der Hochpunkt ist $H\left(\mu \mid \frac{1}{\sigma\sqrt{2\pi}}\right)$.

Die Wendepunkte sind $W\left(\mu \cup \sigma \mid \frac{1}{\sigma\sqrt{2\pi}} e^{-\frac{1}{2}}\right)$.

Je größer σ ist, desto breiter und schmaler ist der Graph.
Man erhält
a) $H(0; 0,3989)$ und $W(\pm 1; 0,2420)$
b) $H(-2; 0,3989)$ und $W(-2 \pm 1; 0,2420)$
c) $H(2; 0,3989)$ und $W(2 \pm 1; 0,2420)$
d) $H(0; 0,1995)$ und $W(\pm 2; 0,1210)$

Seite 539

2 Der Graph B hat Glockenform, man schätzt: $\mu = 0$, $\sigma = 2$;
der Graph D hat Glockenform, man schätzt: $\mu = 3$, $\sigma = 1,25$.

3 a) $\int_{-\infty}^{1,2} \varphi_{0,1}(x)\,dx = 0,8849$

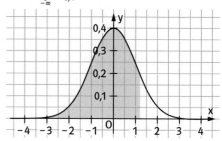

b) $\int_{1,15}^{\infty} \varphi_{0,1}(x)\,dx = 0,125$

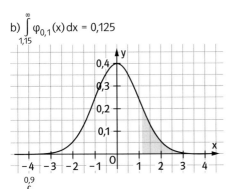

c) $\int_{-0,9}^{0,9} \varphi_{0,1}(x)\,dx = 0,6319$

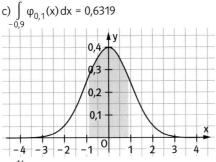

d) $\int_{10}^{14} \varphi_{12;1,5}(x)\,dx = 0,8176$

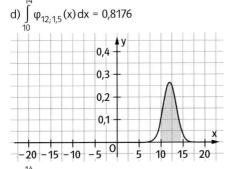

e) $\int_{-\infty}^{14} \varphi_{12;1,5}(x)\,dx = 0,909$

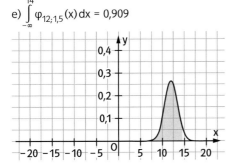

4 Die erste und die zweite Ableitung haben die Terme

$-\dfrac{\sqrt{2}\cdot x \cdot e^{-\frac{x^2}{2}}}{2\cdot\sqrt{\pi}}$ bzw. $\dfrac{\sqrt{2}\cdot x^2 \cdot e^{-\frac{x^2}{2}}}{2\cdot\sqrt{\pi}} - \dfrac{\sqrt{2}\cdot e^{-\frac{x^2}{2}}}{\sqrt{\pi}\cdot 2}$.

Die Nullstelle der ersten Ableitung ist 0, die zweite Ableitung hat Nullstellen bei −1 und 1.

6 a)

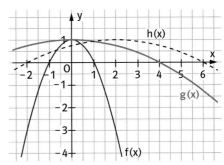

b) Zunächst wird der Graph in x-Richtung um den Faktor σ gestreckt, denn man muss als Argument x·σ einsetzen, um unter g den gleichen Funktionswert zu erhalten wie bei f(x).
Der in x-Richtung gestreckte Graph wird dann um μ nach rechts verschoben, denn man muss als Argument x − μ einsetzen, um unter h den gleichen Funktionswert zu erhalten wie bei g.

7 a) Diese Aufgabe lässt sich einfach mithilfe eines GTR lösen:

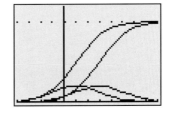

XVI Binomialverteilung und Normalverteilung

b)

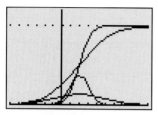

c) Alle Integralfunktionen steigen monoton von 0 auf 1 an, umso schneller, je kleiner σ ist.
Der steilste Anstieg der Integralfunktion liegt bei x = μ.

8 Beispiel: μ = 2 und σ = 5

$$\frac{\int_{-100}^{100} X \times 1 \div (5 \times \sqrt{2 \times \pi}) \times e^{-(X-2)^2 \div (2 \times 5^2)} \, dx}{2}$$

$$\frac{\int_{-100}^{100} (X-2)^2 \times 1 \div (5 \times \sqrt{2 \times \pi}) \times e^{-(X-2)^2 \div (2 \times 5^2)} \, dx}{25}$$

12 Die Normalverteilung

Seite 540

Einstiegsproblem
Der Hahn im linken Diagramm tropft schneller und gleichmäßiger.

Seite 542

1 a) 0,5   b) 0,5   c) 0,6827
d) 0,4772   e) 0,1587   f) 0

2 a) 0,4801   b) 0,5199   c) 0,7063
d) 0,4545   e) 0,1711   f) 0,0242

3 Im Mittel sind in einem Keks 15 Schokoladenstückchen, mit ca. 95 % sind zwischen 9 und 21 Schokoladenstücke in einem Keks. Katharina sollte besser sagen: „Die Anzahl der Schokoladenstückchen ist annähernd normalverteilt mit …", denn ganzzahlige Zufallsvariablen können höchstens näherungsweise normalverteilt sein.

4 0,0228

5 a) 0,9545 (2-σ-Intervall)
b) Wenn (bei gleichem μ) σ wächst, wird diese Wahrscheinlichkeit kleiner.
c) Wenn sich (bei gleichem σ) μ ändert, wird die Wahrscheinlichkeit kleiner.

6 Es gilt P(85 ≤ X ≤ 115) ≈ 68,3 % (nach der Sigma-Regel); P(115 ≤ X) ≈ 15,9 %; P(130 ≤ X) ≈ 2,3 %.
Die Zeitungsangaben stimmen.

8

	linke Intervallgrenze	rechte Intervallgrenze
a)	6,99	9,41
b)	5,89	10,51
c)	5,24	11,16
d)	4,67	11,73
e)	3,56	12,83

9 a) 0,158 519; 0,079 656; 0,015 957; 0,000 000
b) 0,159 577; 0,079 788; 0,015 958
Man erkennt: Wenn man den Funktionswert der Wahrscheinlichkeitsdichte mit der Intervallbreite multipliziert, erhält man näherungsweise die Wahrscheinlichkeit des zugehörigen Intervalls. Die Übereinstimmung ist umso besser, je kleiner das Intervall ist.

Seite 543

10 a), b) Der Mittelwert ist 139, die Standardabweichung 27.
c) Wahrscheinlichkeit für [110; 120]: 10 % (relative Häufigkeit 11 %).
Wahrscheinlichkeit für [120; 160]: 54 % (relative Häufigkeit 54 %).

Für einen detaillierteren Vergleich siehe folgende Tabelle:

Klassenmitte	relative Häufigkeit	Wahrscheinlichkeit
55	0%	0%
65	0%	0%
75	0%	1%
85	3%	2%
95	3%	4%
105	8%	7%
115	11%	10%
125	15%	13%
135	13%	15%
145	16%	14%
155	10%	12%
165	8%	9%
175	3%	6%
185	6%	3%
195	3%	2%
205	1%	1%
215	0%	0%
225	0%	0%
235	0%	0%
245	0%	0%

11 a), b) Diese Aufgabe lässt sich mithilfe der Excel-Tabelle Realität-Modell lösen, die nach Eingabe des Online-Links auf der Klett-Homepage heruntergeladen werden kann. Es ergibt sich ein Diagramm, das etwa folgendermaßen aussieht.

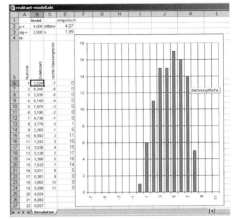

In der Regel stimmen der Mittelwert und die empirische Standardabweichung recht gut mit dem Erwartungswert und der Standardabweichung der Normalverteilung überein.
c) $P(1{,}5 \leq X \leq 2{,}5) = 0{,}121$
$P(X < 0) = 0{,}023$
d) Individuelle Lösungen.

12 a) Bei normalverteilten Merkmalen hat die Wahrscheinlichkeit, dass man einen „Sollwert", hier 200 ml, erhält, den Wert 0.
b) Mittelwert der Abweichungen vom Sollwert: 1,96 ml; Standardabweichung 3,65 ml.
c) $P(X \geq 6\,\text{ml}) = 13{,}4\%$; $P(X \leq -6\,\text{ml}) = 1{,}5\%$

13 Arbeiten mit den Tabellen der Normalverteilung

Seite 544

Einstiegsproblem
Binomialverteilungen kann man durch die entsprechende Normalverteilung annähern. Um den Fehler, der dabei entsteht, zu verringern, kann man eine „Stetigkeitskorrektur" vornehmen.

1 a) 0,5596 b) 0,4404 c) 0,9599
d) 0,0401 e) 0,9981 f) 0,0116
g) 0,001 h) 0,0014

Seite 545

2 a) Je größer x wird, desto größer wird bei $\Phi(x)$ der Integrationsbereich. Da der Integrand positiv ist, wächst auch der Wert des Integrals. Bei $\Phi(-x)$ wird mit wachsendem x der Integrationsbereich immer kleiner.
b) Es gilt $\Phi(0) = 0{,}5$, da das gesamte Integral 1 ist und der Integrand symmetrisch zur Geraden $x = 0$ ist.
c) Man liest z. B. ab: $\Phi(-1) = 0{,}1587$ und $\Phi(1) = 0{,}8413$.
Beide Werte ergänzen sich zu 1.
d) Die auf vier Nachkommastellen gerundeten Werte liegen bei 0 bzw. 1.
Für praktische Zwecke sind diese Werte ausreichend.

3 Differenzenquotient:
$\frac{\Phi(1{,}01) - \Phi(1)}{1{,}01 - 1} = 0{,}25$
Funktionswert: $\varphi(1) = 0{,}2420$

4 a) 0,5   b) 0,5   c) 0,6826
   d) 0,4772   e) 0,1587   f) 0

5 0,0228

6 4,6880

8 $\mu = 40$
$\sigma = 2{,}8284$
Ergebnisse mit Stetigkeitskorrektur:
a) 0,0559   b) 0,5714   c) 0,1428
d) 0,0000   e) 0,9441   f) 0,1894
g) 0,5452   h) 0,8066

9 $\mu = 70$
$\sigma = 4{,}5826$
Ergebnisse mit Stetigkeitskorrektur:
a) 0,1151   b) 1,0000   c) 0,8365
d) 0,0192   e) 0,4562   f) 1,0000
g) 0,0000   h) 0,5438

10 $\mu = 16{,}6666667$
$\sigma = 3{,}7268$
Ergebnisse mit Stetigkeitskorrektur:
a) 0,0973   b) 0,0089   c) 0,7101

11
70 Würfe
$\mu = 35$
$\sigma = 4{,}1833$
98-%-Grenze (Normalverteilung): 43,6176
aufgerundet: 44
$P(X \leq 44) = 98{,}84\,\%$

280 Würfe
$\mu = 140$
$\sigma = 8{,}3666$
98-%-Grenze (Normalverteilung): 157,2352
abgerundet: 157
$P(X \leq 157) = 98{,}17\,\%$

12 a) 0,4801   b) 0,5199   c) 0,7062
    d) 0,4545

14 Wahrscheinlichkeiten schätzen: Vertrauensintervalle genau berechnen

Seite 546

Einstiegsproblem
Wenn man nur eine relative Häufigkeit zur Verfügung hat, ist es durchaus sinnvoll, diesen Wert als Schätzwert für die Wahrscheinlichkeit anzugeben. Man muss sich aber bewusst sein, dass man mit Wahrscheinlichkeiten den Bereich der Modelle betritt, die von dem Bereich der gemessenen Realität begrifflich zu unterscheiden ist.

Seite 548

1 Vertrauensintervall [a; b] für $\beta = 70\,\%$:
[0,044 834 04; 0,079 867 16]   exakt
[0,042 595 32; 0,077 404 68]   Näherung
Vertrauensintervall [a; b] für $\beta = 85\,\%$:
[0,040 043; 0,088 9814]   exakt
[0,035 826 16; 0,084 173 84]   Näherung

2 a) Vertrauensintervall [a; b]
[0,59792994; 0,6298254]   exakt
[0,59804418; 0,62995582]   Näherung
b) Vertrauensintervall [a; b]
[0,59409897; 0,63352718]   exakt
[0,5942706; 0,6337294]   Näherung
c) Vertrauensintervall [a; b]
[0,5884023; 0,6389825]   exakt
[0,58867759; 0,63932241]   Näherung
d) Vertrauensintervall [a; b]
[0,56237868; 0,66317908]   exakt
[0,56334256; 0,66465744]   Näherung

3 Je größer man einen Bereich macht, desto sicherer enthält er eine unbekannte Größe.

4 Mit d = 0,005 ergibt sich
n ≥ 65 695 (80 %-Niveau) und
n ≥ 433 103 (99,9 %-Niveau).

Seite 549

7 Wenn nur 3 oder 30 Personen befragt wurden, sagt das Ergebnis „$\frac{1}{3}$ der Befragten kennen das Produkt" wenig über die tatsächliche Bekanntheit in der gesamten Bevölkerung aus. Seriöse Meinungsforscher publizieren neben ihren Ergebnissen immer auch den zu Grunde liegenden Stichprobenumfang.
So ergeben sich bei einem Vertrauensniveau von 95 % folgende Vertrauensintervalle
n = 3: Vertrauensintervall [a; b]
[0,06138325; 0,79215676]   exakt
[−0,20030112; 0,86630112]   Näherung
n = 30: Vertrauensintervall [a; b]
[0,1920 4448; 0,511869]   exakt
[0,16435538; 0,50164462]   Näherung
n = 3000: Vertrauensintervall [a; b]
[0,31635854; 0,3500686]   exakt
[0,31613554; 0,34986446]   Näherung

8 a) Die Rechtsachse wird mit „Wahrscheinlichkeit" beschriftet, die Hochachse mit „relative Häufigkeit".
b) Wenn in einer Bernoulli-Kette der Länge n = 50 die relative Trefferhäufigkeit h = 0,6 erzielt wurde, ist das 80 %-Vertrauensintervall für die unbekannte Wahrscheinlichkeit
ungefähr [0,5; 0,7]
Kontrolle durch Rechnung:
Vertrauensintervall [a; b]
[0,50939662; 0,68424281]   exakt
[0,5112115; 0,6887885]   Näherung
Für das 99,9 %-Vertrauensintervall ergibt sich:
Abgelesen: [0,38; 0,8]
Kontrolle durch Rechnung:
Vertrauensintervall [a; b]
[0,37474385; 0,7896553]   exakt
[0,37202562; 0,82797438]   Näherung
c) Dass die „senkrecht liegenden" Intervalle der relativen Häufigkeiten „unsinnige" Werte enthalten, liegt daran, dass die Normalverteilungsnäherung (Sigmaregel) verwendet wurde, die nur näherungsweise gilt.

9 a) Je höher n, desto kleiner werden die Vertrauensintervalle.

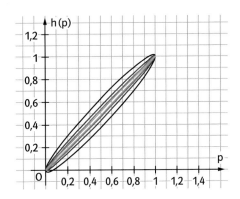

b) Je niedriger das Vertrauensniveau, desto kleiner werden die Vertrauensintervalle.

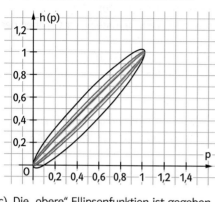

c) Die „obere" Ellipsenfunktion ist gegeben durch $f(p) = p \pm k \cdot \frac{\sqrt{p(1-p)}}{\sqrt{n}}$, bei dem Graphen kommt es nur auf den Faktor $\frac{k}{\sqrt{n}}$ an. Diese entnimm man der folgenden Tabelle:

zu a)

n	25	100	400	1600
$\frac{k}{\sqrt{n}}$	0,256	0,128	0,064	0,032

zu b)

β	0,5	0,6	0,7	0,9	0,99
$\frac{k}{\sqrt{n}}$	0,067	0,084	0,104	0,164	0,329

10 Man könnte auf dem 95% Niveau (k = 1,96) arbeiten und in beiden Fällen wegen $n \geq \left(\frac{k}{d}\right)^2$ mit n = 153 658 arbeiten. Diese Stichprobenanzahl ist sehr groß, sodass man in der Praxis auf ein niedrigeres Vertrauensniveau ausweichen wird.

11 Man löst die quadratische Gleichung
$n \cdot (p - h)^2 = k^2 \cdot p(1 - p)$
nach p auf:
$n \cdot (p^2 - 2hp + h^2) = k^2 \cdot p - k^2 p^2$
$p^2(n + k^2) + p(-2hn - k^2) + nh^2 = 0$
$p^2 + \frac{-2hn - k^2}{n + k^2} p + \frac{nh^2}{n + k^2} = 0$
$p^2 + \frac{-2h - \frac{k^2}{n}}{1 + \frac{k^2}{n}} p + \frac{h^2}{1 + \frac{k^2}{n}} = 0$

Mit der Lösungsformel für quadratische Gleichungen ergibt sich

$p_{1;2} = \frac{\frac{k^2}{2n} + h}{\frac{k^2}{n} + 1} \pm \sqrt{\left(\frac{\frac{k^2}{2n} + h}{\frac{k^2}{n} + 1}\right)^2 - \frac{h^2}{1 + \frac{k^2}{n}}}$

$p_{1;2} = \frac{\frac{k^2}{2n} + h}{\frac{k^2}{n} + 1} \pm \sqrt{\frac{\left(\frac{k^2}{2n}\right)^2 + \frac{k^2 \cdot h}{n} + h^2}{\left(\frac{k^2}{n} + 1\right)^2} - \frac{h^2 + \frac{h^2 k^2}{n}}{\left(\frac{k^2}{n} + 1\right)^2}}$

$p_{1;2} = \frac{\frac{k^2}{2n} + h}{\frac{k^2}{n} + 1} \pm \sqrt{\frac{\frac{k^4}{4n^2} + \frac{k^2 \cdot h \cdot (1-h)}{n}}{\left(\frac{k^2}{n} + 1\right)^2}}$

$p_{1;2} = \frac{\frac{k^2}{2n} + h}{\frac{k^2}{n} + 1} \pm k \cdot \frac{\sqrt{\frac{k^2}{4n^2} + \frac{h \cdot (1-h)}{n}}}{\left(\frac{k^2}{n} + 1\right)^2}$

Damit ergibt sich das Konfidenzintervall wie angegeben zu:

$\left[\frac{\frac{k^2}{2n} + h - k\sqrt{\frac{k^2}{4n^2} + \frac{h \cdot (1-h)}{n}}}{\frac{k^2}{n} + 1} ; \frac{\frac{k^2}{2n} + h + k\sqrt{\frac{k^2}{4n^2} + \frac{h \cdot (1-h)}{n}}}{\frac{k^2}{n} + 1}\right]$

12 a) Ein Lösungsvorschlag ergibt sich aus der beigelegten Datei auf der CD zum Schülerbuch.
b) Die Simulationen bestätigen die Aussage, egal ob man den Wert von p zufällig variiert oder fest vorgibt.

Wiederholen – Vertiefen – Vernetzen

Seite 550

1 a) Wahrscheinlichkeitsverteilung siehe Tabelle

k	0	1	2	3	4
P(x = k)	$\frac{1}{16}$	$\frac{4}{16}$	$\frac{6}{16}$	$\frac{4}{16}$	$\frac{1}{16}$

Erwartungswert: 2; Standardabweichung: 1
b) Man erwartet 1/4/6/4/1 Kugeln (aber bei der wirklichen Durchführung weicht das Ergebnis meist davon ab).
Wenn in der Sammlung kein Galtonbrett vorhanden ist, kann man im Internet eine Simulation mit einem Applet durchführen, z. B. bei http://www.learn-line.nrw.de/angebote/eda/medio/galton/galton.exe.

Randspalte
Wenn man das Brett z.B. nach links neigt, wird die Wahrscheinlichkeit p_l für „links" zunehmen, die Wahrscheinlichkeit p_r für „rechts" abnehmen. Bei a) werden dann die Wahrscheinlichkeiten für 0 und 1 entsprechend der Bernoulli-Formel zunehmen, bei den anderen Werten abnehmen, bei b) entsprechend die erwarteten Anzahlen. Der Erwartungswert von X ist $4\,p_r$, die Standardabweichung ist $\sqrt{4\,p_r \cdot (1-p_r)}$, denn X ist binomialverteilt mit den Parametern $n = 4$ und $p = p_r$.

2

	n	μ	σ	Wk exakt	*
a)	20	14	2,0494	41,64%	40,36%
b)	50	35	3,2404	43,08%	43,87%
c)	100	70	4,5826	77,03%	76,99%
d)	20	14	2,0494	77,96%	77,75%
	50	35	3,2404	72,04%	71,99%
	100	70	4,5826	67,40%	67,39%

* W. Näherung Normalverteilung mit Stetigkeitskorrektur

3

n	μ	σ
100	50	5
	Wk im 2-σ-Intervall	Wk für „mindestens einer von 20 Werten außerhalb des 2-σ-Intervalls"
	0,954	0,61

Wenn man n vergrößert, ändert sich die Wahrscheinlichkeit für das 2-σ-Intervall nicht mehr. Die Wahrscheinlichkeit, dass bei 20-Realisierungen von X mindestens ein Wort außerhalb des 2-σ-Intervalls liegt, bleibt also gleich.

4 X: Anzahl fehlerfreier Chips, binomialverteilt mit n = 50, p gesucht
a) Bedingung $P(X \geq 40) \geq 0{,}8$;
Lösung ist die Schnittstelle der Graphen der Funktion $y_1 = P(X \geq 40)$
(GTR: binomcdf(50,x,40)) und y_2 mit $y_2 = 0{,}8$
bestimmt (vgl. Beispiel 3 auf Seite 510 im Schülerbuch).
Die Lösung kann auch durch Probieren bzw. durch Heraussuchen aus der Wertetabelle von y_1 bestimmt werden. p muss mindestens 0,84 (gerundet auf zwei Dezimalen) sein.
b) Bedingung $P(X \geq 40) \geq 0{,}95$;
wie bei Teilaufgabe a) wird der Schnittpunkt der Graphen von y_1 und y_2 mit $y_2 = 0{,}95$ bestimmt.
Die Lösung kann auch durch Probieren bzw. durch Heraussuchen aus der Wertetabelle von y_1 bestimmt werden. p muss mindestens 0,88 (gerundet auf zwei Dezimalen) sein.

5 a) X: Anzahl der Patienten mit allergischer Reaktion, n = 15, p = 0,05
$P(X > 1) = 0{,}1710$
b) Y: Anzahl des Auftretens von $X > 1$, n = 5, p = 0,1710 $P(Y \geq 2) = 0{,}2046$

6 X: Anzahl der zum Flug erscheinenden Fluggäste, n = 150, p = 0,95
a) $P(X \leq 145) = 0{,}8744$
Die Wahrscheinlichkeit, dass alle Fluggäste einen Platz bekommen, ist mit fast 90% sehr hoch.
b) $P(X > 146) = 0{,}0548$
Die Wahrscheinlichkeit, dass mehr als ein Fluggast entschädigt werden muss, ist mit etwa 5% sehr klein.

Seite 551

7 a) Näherung: 0,1784
Es wurde richtig gerechnet, die Wahrscheinlichkeit ist so klein, weil die benachbarten Werte 8, 9, 10, 11, 12 alle fast gleich wahrscheinlich sind. Insbesondere kann die Wahrscheinlichkeit nicht bei 50% liegen.
b) Exakt: 0,176 20
c) Die Wahrscheinlichkeit, dass man zwischen 9 und 11 Treffer erzielt, ist exakt 0,496 555 328.
Das angegebene Integral ist eine Näherung dieses exakten Wertes. Die Wahrscheinlichkeit liegt etwas unterhalb des Dreifachen der Lösung aus Teilaufgabe b).

8 Die Wahrscheinlichkeit ist 0,098 79 also ca. 10%.

9 a) Die rechte Fahrspur übernimmt die Grundlast. Nachts fährt kaum jemand auf der Überholspur. In der Rushhour übernehmen die Überholspuren mehr Verkehr, auf der linken Überholspur passieren dann die meisten Autos.
b)
– ca. die Hälfte des Stundenwertes: 565,
– ca. $\frac{1}{12}$ des Stundenwertes, also 94 Autos in 5 Minuten,
– ca. $\frac{1}{60}$ des Stundenwertes, also 19 Autos je Minute,
– kein oder ein Auto, das stetige Modell passt hier nicht mehr.
c) Wenn man die gezeichnete Funktion als Verkehrsdichte (in Autos je Stunde) bezeichnet, dann erhält man die Anzahl der Autos zwischen zwei Zeitpunkten a und b als Integral über die Verkehrsdichten zwischen a und b.
d) Man teilt die Verkehrsdichte durch die Gesamtzahl der Autos, die an einem ganzen Tag vorbeifahren, dann hat das Integral den Wert 1.

10 a) Binomialverteilung:
F(4) = 0,166
F(8) = 0,954
Normalverteilung:
F(4) = 0,309
F(8) = 0,933
b) Je mehr Werte für die Zufallsgröße X zugelassen werden, desto größer wird die zugehörige Wahrscheinlichkeit. Wenn alle reellen Zahlen zugelassen werden, ist die Wahrscheinlichkeit 1, wenn keine zugelassen sind, ergibt sich der Wert 0.
c)

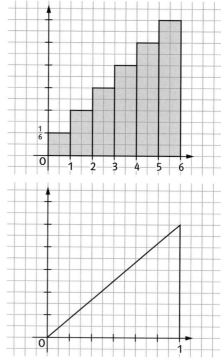

d) Immer wenn x einen möglichen Wert x_0 überschreitet, nimmt F um die Wahrscheinlichkeit $P(X = x_0)$ zu. Das äußert sich als Sprung im Graphen der Verteilungsfunktion F.

Seite 552

11 a) Man wählt als (konservative) Nullhypothese H_0: p = 0,3, die man erst dann verwirft, wenn die Zahl X der Testpersonen, die das Produkt kennen, deutlich über dem Erwartungswert μ = 30 liegt.
Wegen P(X ≥ 39) = 0,033 978 998 und
P(X ≥ 38) = 0,053 045 586 wird man H_0 erst dann verwerfen und das Honorar auszahlen, wenn 39 oder mehr Personen das Produkt kennen.
b) Die Irrtumswahrscheinlichkeit liegt mit ca. 3,4 % unter dem Signifikanzniveau.
c) Wenn man den Stichprobenumfang vervierfacht, wird es leichter, H_0 zu verwerfen, auch wenn der tatsächliche Bekanntheitsgrad nur ein wenig über p = 0,3 liegt, aber deutlich unter dem angestrebten Wert von p = 0,4.
P(X ≥ 136) = 0,046 596 256
P(X ≥ 135) = 0,057 971 671
d) Die Werbeagentur möchte möglichst lange bei der für sie günstigen Hypothese H_0: p = 0,4 bleiben, die ihr das Honorar garantiert.
Die Wahrscheinlichkeit, dass bei Gültigkeit von p = 0,4 gilt: X ≤ 33, ist
P(X ≤ 33) = 0,091 253 601.
Das Signifikanzniveau ist 9,2 %.
Der Fehler 2. Art, also, dass man trotz p = 0,3 X ≥ 34 erhält, hat die Wahrscheinlichkeit $P_{0,3}$(X ≥ 34) = 0,220 742 239.

e) Jeder Statistiker wählt das Verfahren, das seinen Auftraggeber am besten abschneiden lässt. Die Wahl der Nullhypothese ist interessengeleitet, es gibt nicht die eine richtige Lösung.

12 a) [0,551 990 883 2; 0,648 009 116 8]; Näherung
[0,548 929 573 2; 0,644 508 743]; exakt
b) 1537

13 a) P(X = 0) = 0,6703
μ = 0,4; σ = 0,63; 2-σ-Intervall: [0; 1].
Nach der Sigmaregel wäre die Wahrscheinlichkeit etwa 95 %, dass keine oder nur eine Person erkrankt ist. Probe:
P(X = 0) + P(X = 1) = 0,938.
Allerdings: Auch das 1-σ-Intervall ist [0; 1], und dafür müsste die Wahrscheinlichkeit etwa 68 % betragen. Das ist eine große Abweichung, da σ relativ klein ist (nach Faustregel sollte σ > 3 sein, vgl. Schülerbuch S. 513).
b) 95 %-Vertrauensintervall von h = 0 ist (als Näherung!) [0; 0]. Offenbar ist die Näherung hier unbrauchbar. Exakte Lösung ist gemäß Seite 546, Gleichung (1) mit h = 0 und n = 1000 das Intervall [0; 0,0038] (siehe Fig., CAS-Lösung).